谨以此书献给：

我国现代生态学的先驱

钱国桢先生

（1918—1985）

生　态　学　名　著　译　丛

Fundamentals of Ecology Fifth Edition

生态学基础（第五版）

[美] Eugene P. Odum　Gary W. Barrett　著

陆健健　王　伟　王天慧　何文珊　李秀珍　译

高等教育出版社·北京

内容提要

Odum E. P. 是 20 世纪生态学界最有影响力的人物之一,《生态学基础》在出版后的 50 年内,始终是首选的教学参考书,它影响了全世界几代生态学家。

本版坚持了经典的整体论方法,强调基于等级理论的多层次方法,注重将生态学原理用于解释人类面临的问题。主要内容包括:生态学与环境科学的发展历史,生态系统概念与系统能量学,生物地球化学过程,调节因素与过程,种群、群落、景观、区域、全球生态学,生态系统发育,生态学专业学生的统计学思维。本书适合做生态学、环境科学等专业的教学参考书,也是值得专业人员保存的经典论著。

目　　录

序

  《生态学基础》是生物学领域中一部标志性的教科书——以阅读本书进入生态学领域并成为研究者和教师的学生数量为依据,本书是最有影响力的。这本经典著作的新版与前面的版本相比,有很大的修改,但仍沿用先前的书名。

  即使在 20 世纪早期,生态学被认为不过是对自然历史的描绘和思想派系,它也已经具备了作为一门学科的必然性。生态学一直都是关于生物群体的最高和最复杂层次的学科。生态学始终研究整体论和涌现论,是一门自上而下研究生命特性的科学。即使是在实验室工作的倔强的科学家们,他们关注最简单的(更易接近的)分子和细胞层次,在他们的内心深处,也深知生物学家最终还是要到达生态学这个层次。为了彻底理解生态学,就要了解生物学的所有方面,而要做一个彻底的生物学家就是做一名生态学家。但在《生态学基础》出第一版的时候,生态学还是最受冷落的学科,被封围在一个知识的角落里,除了一些分散碎片外,难以进行描述。Odum 这本书犹如一张地图,让我们得以辨明方向。我们仍需要它来学习生态学的范畴和主要特征。2002 年,美国生物科学研究所对《生态学基础》早期几个版本的效果进行了一项调查,表明本书引导了最多的专业人士进入个体和环境生物学领域(Barrett 和 Mabry,2002)。

  与第一版相比,第五版展现了我们在有关复杂的理论和模型方面实质性的进步和实验研究进展。最初的基本主题——生态系统分析、能量和物质循环、种群动态、竞争、生物多样性等——已经成为学科分支。它们相互之间以及与个体生物学的相关性不断增强。

  此外,生态学如今被认为不只是一门生物科学,还是一门人类科学。人这个物种的未来取决于我们对其的理解程度,以及我们利用生态学来明智管理自然资源的程度。我们以市场经济(我们的日常福利所必需)为生,同时也以自然经济为生,后者是我们的长远福利(甚至关乎我们的生存)所必需的。可以说对公共健康的追求在很大程度上是生态学的一个应用。这丝毫没什么令人吃惊的。毕竟我们是生态系统里的一个物种,适应这个星球表面特有的条件,和其他生物物种遵循相同的生态学原理。

  这一版《生态学基础》提供了生物组织较高层次间的一个平衡方法。它可以作为大学主修课的一个基础生态学课本——不仅是生态学和普通生物学,还包括保育生物学和自然资源管理等新专业。此外,它对诸如可持续性、环境问题解决以及市场资本和自然资本间关系等重要主题进行了未来展望。

Edward O. Wilson

前　言

　　《生态学基础》(第五版)保留早期几个版本中生态学经典的整体论方法,但更强调基于等级理论的多级方法,更关注生态学原理在诸如人口增长、资源管理和环境污染等人类困境方面的应用。这一版一方面更强调超越所有组织水平之上的功能(Barrett 等,1997),另一方面也关注了个体水平上独特的涌现特性。

　　如同前几个版本,第五版强调了生态学和环境科学丰富的发展历史(第 1 章),对生态系统概念和方法的理解(第 2 章)。第 3 章至第 5 章聚焦于生态系统(景观)动态的主要功能组分,即系统能量(第 3 章)、生物地球化学循环(第 4 章)和调节因子和过程(第 5 章)。

　　为了与生态学更大时空尺度的方法相一致,第 6 章至第 11 章逐步涉及各个组织水平,包括超越所有水平之上的过程,这些组织层次为种群(第 6 章)、群落(第 7 章)、生态系统(第 8 章)、景观(第 9 章)、区域/生物群区(第 10 章)和全球水平(第 11 章)。最后一章题为"面向生态学专业学生的统计学思维",提供了生态学领域的一个定量综合方法。贯穿整本书的目标是将理论和应用相结合,介绍整体论和还原论的方法,将系统生态学和进化生物学相整合。第五版附有一组电子图像和照片可供下载,网址为 http://www.brookscole.com/biology。

　　尽管 Arthur G. Tansley 在 1935 年首先提出"生态系统"一词,1942 年 Raymond L. Lindeman 注重生态系统结构和功能间的营养动态关系,但是 Eugene P. Odum 在 1953 年出版了《生态学基础》(第一版),教育了全世界的几代生态学家。第二版由 Eugene P. Odum 和他的弟弟 Howard T. Odum 合作完成,在这一版中,他们对水生生态系统和陆生生态系统的整体论方法的清晰认识和热情极为引人注目(Barrett 和 Likens,2002)。事实上,对美国生物科学研究所(AIBS)成员的一个调查发现,《生态学基础》已被列为生物科学领域最有影响的专业培训课本(Barrett 和 Mabry,2002)。

　　自从 1970 年以来,生态学已经从生物科学的根基中完全显现出来,成为一门独立学科,如生态学一词的希腊文词根"oikos(住所)",它是一门综合生物、自然环境和人类的学科。按照我们的观点,生态学作为对地球家园的研究,已经足够成熟,是将环境作为一个整体的基础和综合科学,它促进了 C. P. Snow 的"第三文化",是一座联结科学和社会所需的桥梁(Snow,1963)。

　　每周出版的科学期刊 *Nature* 有一个不定期的特辑称为"观念(Concepts)",是一页由著名科学家写的评论。在 2001 年的一篇题为"《宏观进化:大景象》(*Macroevolution: The Big Picture*)"的评论中,Sean B. Carroll 提出,"许多遗传学家声称宏观进化显而易见是微观进化的一个产物,但一些古生物学者相信在更高组织层次所执行的过程也有进化趋势。"在 2002 年的一篇题为"《复杂性:更大景象》(*Complexity: The Bigger Picture*)"的评论中,Tamas Vicsek 对这一观点进行了扩展:"描述复杂系统行为的规律同那些支配单元的规律,存在性质上的差异。"在

《生态学基础》(第五版)中,我们格外强调宏观进化是传统进化理论的延伸,并强调复杂系统发展和调节中的自我调节理论。

连续版本的教科书通常会变得越来越宽泛,逐渐扩充为在某一术语下包含太多内容的大百科全书。当 1971 年完成《生态学基础》第三版时,我们决定下一版将缩减内容并更换不同的书名。因此,1983 年出版第四版时更名为《基础生态学》。现在第五版我们仍沿用最初的书名,即《生态学基础》。

与前面几个版本一样,这一版本是美国佐治亚大学生态学研究所学生和同事共同努力的一项成果。我们尤其感谢已故的 Howard T. Odum,他的许多成果都被应用于本书。

Eugene P. Odum 和 Gary W. Barrett

致　　谢

感谢 Eugene P. Odum 博士邀请我合著《生态学基础》(第五版)。Odum 博士是我的终身导师和长久以来的朋友。我很荣幸在过去十年间担任美国佐治亚大学生态学的 Odum 教授之职。2002 年 8 月 10 日,88 岁高龄的 Odum 博士过世,在此前不久,他和我刚递交了本书的草稿。因此,这使得接下来应对出版者的大量审阅产生的变化成为我的责任。

特别要感谢萨瓦纳河国家实验室(Savannah River National Laboratory)的 R. Cary Tuckfield 所贡献的第 12 章"面向生态学专业学生的统计学思维",另外感谢哈佛大学的 Edward O. Wilson 为本书写序。Odum 博士和我要感谢 Terry L. Barrett 为整本书抄写、编辑并提出建议。我要感谢 Lawrence R. Pomeroy 对本书的第 4 章进行审阅,并提出有益的建议;还要感谢 Mark D. Hunter 对第 6 章的编辑建议。尤其感谢佐治亚大学的电脑画家 Krysia Haag 对本书图像方面的贡献。其他在第五版中提供信息和材料的人有:匹兹堡大学的 Walter P. Carson、萨瓦纳河生态学实验室的 Steven J. Harper、Joseph W. Jones 生态学研究中心的 Sue Hilliard,佐治亚大学的 Stephen P. Hubbell,堪萨斯州立大学的 Donald W. Kaufman,俄亥俄州迈阿密大学的 Michael J. Vanni。我还要感谢那些审阅文字的人,包括科罗拉多大学波尔得分校的 David M. Armstrong 博士、Whitworth 学院的 David L. Hicks 博士、北卡罗来纳州立大学的 Thomas R. Wentworth 博士,以及南伊利诺伊州大学的 Matt R. Whiles 博士。

诚挚感谢 Thomson Brooks/Cole 出版社的出版人 Peter Marshall、开发编辑 Elizabeth Howe 以及编辑制作项目经理 Jennifer Risden 在出版过程各个方面的工作。我要感谢 G & S 图书公司的出版协调人 Gretchen Otto,感谢文字编辑 Jan Six、图片编辑 Terri Wright 在各自领域的优秀表现。

如果我不感谢所有那些致力于本书早期几个版本的同事和 Odum 博士的研究生们也会是我的疏忽。我已经从事生态学教学近 40 年,其中 26 年在俄亥俄州迈阿密大学,我感谢所有那些在生态学教育中与我教学相长的学生们。我相信本书的第五版将帮助未来几代人意识到理解与决策环节相关的生态学理论、概念、机理和自然规律的重要性,就像第二版曾深刻影响我的事业和对生态学的理解。

Gray W. Barrett

第 1 章　生态学的范畴

1.1　生态学的历史及与人类的关系

"Ecology"一词源于希腊文,由词根"oikos""和"logos"演化而来,"oikos"表示"家庭"或"住所","logos"表示"研究"。对住所的研究必然包括所有生活在住所中的有机体以及各种提高住所可居住性的功能过程,因此,从字面意义上讲,生态学(ecology)是研究生物住所的科学,强调有机体与其栖息环境之间的相互关系,这个定义作为标准定义收录于词典中(《韦氏词典》(第 10 版))。

"Economics"(经济学)一词也源于同一希腊文词根"oikos",而"nomics"表示"管理",经济学可以解释为"家庭的管理",因此,生态学与经济学应该是具有密切相关性的科学。然而,许多人却认为生态学家和经济学家是观点对立的对手。表 1.1 试图列出经济学和生态学在感知上存在的一些差异。在本书的后面章节,将进一步阐述由于各自学科研究视角的相对狭窄性而导致的二者之间的冲突,但重在阐述一门新兴交叉学科的发展——生态经济学,它是正在开始联系生态学和经济学的桥梁(Costanza,Cumberland 等,1997;Barrett 和 Farina,2000;L. R. Brown,2001)。

表 1.1　经济学与生态学的认知差异

特征	经济学	生态学
学派	丰饶学派	新马尔萨斯
流通	货币	能量
生长型	J - 型	S - 型
选择压力	r - 选择	K - 选择

续表

特征	经济学	生态学
技术方法	高新技术	适用技术
系统服务	经济资本提供服务	自然资本提供服务
资源利用	线性	循环
系统调节	指数增长	环境容量
未来目标	探索与发展	可持续性与稳定性

在人类历史的早期,生态学还仅仅是一种实践兴趣。在原始社会,每个人都必须了解他们周围的环境,也就是说,为了生存每个人都必须了解自然的力量,了解他们周围的动植物特征。实际上,文明社会是从人类学会使用火和其他工具来改造环境的时候开始的。而随着技术的不断发展,人们的日常所需似乎不再依赖于自然环境,我们中的许多人忘记了我们仍需从自然界获取空气、水和间接获得食物,忽略了自然界为人类提供分解废物、娱乐休闲和许多其他服务。还有,无论在何种政治意识形态下,经济学体系依据是否使个体获利来评定人造产物的价值,却忽略了自然界为人类社会所提供的物质和服务的货币价值。人们总是认为从自然界中获取物质产品和服务是理所应当的,直到危机出现。即使人们知道诸如氧气和水等生活必需品可能是可循环的但却不可替代的,可还是会想当然地认为自然界的物质和服务是无限的,或者可以通过技术革新找到替代品。只要人们可以不受约束的享受自然界为人类提供的生命支持服务体系,那么在当前市场体系下,这些服务就是没有货币价值的(参见 H. T. Odum 和 E. P. Odum,2000)。

和其他学科的发展一样,生态科学在有历史记载以来,是一个逐步的、间歇的发展过程。在古希腊的 Hippocrates(希波克拉底)、Aristotle(亚里士多德)等众多哲学家的著作里,很明显地包含了生态学的内容。然而,希腊人并没有创出"ecology"一词。"ecology"这个词是近代起源的,它首先由德国生物学家 Ernst Haeckel(厄尔斯特·赫克尔)提出。赫克尔将"ecology"定义为"对自然环境,包括生物与生物之间以及生物与其环境间相互关系的科学的研究"(Haeckel,1869)。在此之前,18~19 世纪生物学复兴阶段,许多学者已经致力于这门学科,尽管他们并没有使用"生态学"这个词。例如,18 世纪早期,以最早使用显微镜而闻名的 Antoni van Leeuwenhoek(列文虎克),开创了"食物链"和"种群调节"研究;英国的植物学家 Richard Bradley 在他的著作中揭示了对"生物生产力"的理解。以上提到的三个主题都是现代生态学重要的研究领域。

大约从 1900 年开始,生态学成为一门公认的、独立的科学领域,但也仅仅在过去的几十年,"生态学"一词才成为一个常用的词汇。起先,生态学研究领域根据分类学界限来严格划分(如植物生态学和动物生态学),而 Frederick E. Clements 和 Victor E. Shelford(谢尔福德)提出的生物群落概念,Raymond Lindeman(林德曼)和 G. Evelyn Hutchinson(哈钦松)的食物链和物质循环概念,Edward A. Birge 和 Chauncy Juday 的整体湖泊研究,这些都有助于建立普通生态学的基础理论。以上这些先驱者的工作将在本书后面章节中时常提及。

随着宇航员从太空拍摄了地球的第一张照片，1968 到 1970 年的两年间，环境意识运动在世界范围内掀起。因为这是人类历史上第一次，我们能够完整地观测地球，并意识到盘旋在太空中的地球是这么孤单和脆弱（图 1.1）。20 世纪 70 年代，随着大众出版物对环境问题的广泛关注，突然间，几乎每个人都开始关注污染、自然区域、人口增长、食物和能源消耗以及生物多样性。1970 年 4 月 22 日是首个地球日（Earth Day），由此 20 世纪 70 年代经常被称为"环境年代（decade of the environment）"。由于对犯罪、冷战、政府预算和福利等人类关系问题的关注，20 世纪 80～90 年代，环境问题被赋予一定政治背景。进入 21 世纪早期阶段后，由于人类滥用地球资源程度的逐步升高，环境问题再次成为前沿焦点。我们希望在

©NASA

图 1.1　从探月旅行的阿波罗 17 号宇宙飞船拍摄的地球全景图，这是来自外层空间的生态圈视图

此阶段，打个医学上的比方，将重点集中在如何去预防而非单纯地治疗，希望本书所阐述的生态学理论对保育技术和生态系统健康能有所裨益（Barrett，2001）。

公众关注的增强对理论生态学的发展具有深远的影响。20 世纪 70 年代以前，生态学通常被认为是生物学的子学科。那时，生态学家隶属于生物学系，生态学通常仅开设在生命科学课程中。此后，尽管生态学依然是根植于生物学，但却已经开始从生物学中跃出成为一门新兴的综合学科，连接物理学和生物学过程，成为自然科学和社会科学的桥梁（E. P. Odum，1977）。目前，多数大学都将生态学设为学校选修课，并且有了生态学独立的专业、系、学院、中心或研究所。生态学的范围正日益扩大，生物个体和物种间如何界定，如何利用资源等研究正逐步加强。在下文将列出生态学的多级研究方法，可以归纳为"进化论"方法和"系统论"方法，它们是最近几年来的主流研究方法。

1.2　生物组织层次

也许生物组织水平（levels of organization）是现代生态学最好的划分方式，图 1.2 和图 1.3 分别形象地列出了生态学组织层次谱和更进一步的生态学划分层次。层次（Hierarchy）的意思是"等级系列排列"（《韦氏词典》（第 10 版））。各组织层次和物理环境（物质和能量）相互作用形成特定的功能系统。根据标准定义，系统（system）指"各组分相互作用、相互依赖形成的统一体"（《韦氏词典》（第 10 版））。系统包含生物成分和非生物成分，从而构成生物系统，其范畴从基因系统延伸到生态系统层次（图 1.2）。可以从图 1.2 所示的生物组织层次谱的任一层次开展研究，另外，为了分析的方便和可行，也可以在两个层次间展开研究。如，寄主 - 寄生物系统或者相互连接的双物种系统（如真菌 - 藻类结合成为苔藓）就是种群和群落的中间层次。

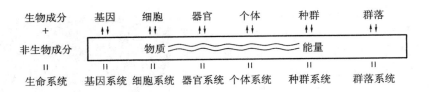

图 1.2   表明生物成分和非生物成分相互关系的生态学组织层次谱

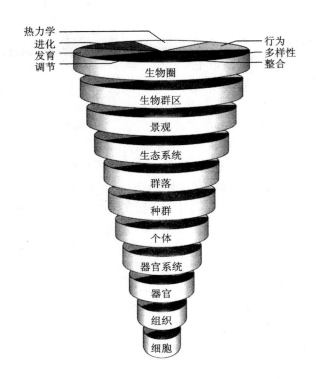

图 1.3   生态学组织层次等级；包括 11 个综合组织层次，每
个层又纵向分为 7 个超越性过程或功能（仿 Barrett 等，1997）

　　生态学的研究对象主要是个体以上的系统层次（图 1.3、图 1.4）。种群（population）这个
词最初用于人类，在生态学里，种群指某种生物个体的集合。同样，群落（community）（有时称
为生物群落）在生态学中的定义指一定面积内所有种群的集合。群落和非生物环境相互作用
形成生态学系统或者生态系统（ecosystem）。生物群落和生物地理群落（按字面意思，指生命
和地球结合的功能单位）这两个词常见于欧洲和俄罗斯的著作中，分别大致等同于群落和生
态系统的概念。如图 1.3 所示，生态系统以上的层次是景观，这个词最初和绘画有关，指"视
线范围内的风景"（《韦氏词典》（第 10 版））。而景观（landscape）在生态学中的定义是指"由
相互作用的生态系统镶嵌构成，并以类似形式重复出现，具有高度空间异质性的区域"（For-
man 和 Godron，1986）。由于集水区通常具有明确的自然分界，因此它是在大尺度研究和管理

中的一个景观水平的便利单位。生物群区广泛应用于大区域或次大陆系统研究中,通常根据优势植被类型或其他可识别的景观外貌来划分不同生物群区,如温带落叶林生物群区或大陆架海洋生物群区。区域指大的地理或行政面积,其范围可能包括多个生物群区,如,中西部地区、阿巴拉契亚山脉或太平洋海岸带。生态圈(ecosphere)是最大、最接近自足的生物系统,它是地球上所有与自然环境相互作用的生命有机体所组成的统一整体,维持自我调节的、松散控制的波动状态(更多关于波动的概念见本章后文)。

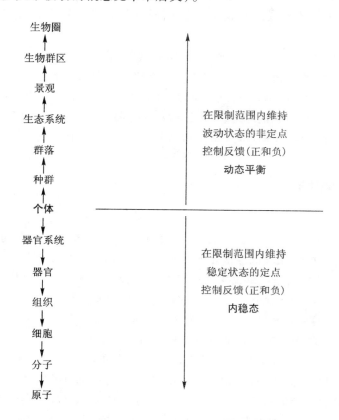

图 1.4 与个体及以下层次的较强定点控制相比,种群及以上层次的组织和功能的调控相对松散,有更大的波动和无序行为,但它们仍受正负反馈控制——换言之,与内稳态相对应它们表现为动态平衡。控制论无法区分这种差异已导致对许多自然平衡产生混淆

层次理论为复杂情形或广阔梯度的细分和研究提供了便利的构架,然而,我们不能简单地把层次理论当做一个有用的等级序列。它是一个全面理解和处理复杂问题的整体方法,也是一个把问题降低到较低层面分析来寻求答案的还原论者的可选方法(Ahl 和 Allen,1996)。

半个多世纪以前,Novikoff(1945)指出宇宙的演化同时具有连续性和间断性。发育可以看做是连续的,因为它是由连续的变化组成的,但同时它也是间断的,因为它经过一系列不同的组织层次。生命的组织状态是由连续但又逐步的能量流动来维持的,这些我们将在第 3 章中讨论。因此,在许多实例研究中梯度序列或者层次的划分都存在一定随意性,但有时可以基于自然的间断性对这些层次进行进一步细分。因为在组织层次谱中,每一个层次都是"整合的",或者是和其他层次相互依赖的,因此层与层之间在功能上不存在明显的界线或间断,即便在个体和种群间也是如此。例如,如同没有有机体器官将无法作为一个自保持单元长期存活一样,个体脱离种群也无法长期存活。同样,没有生态系统的物质循环和能量流动,群落也不能存在。这个观点同样可以用来推翻前面讨论过的人类文明可以脱离自然界而存在的谬论。

强调在自然界中,层次理论的"嵌套"是非常重要的,也就是说,每一个层都是由更低层次的单元群体组成的(如,种群由个体群组成)。与此截然相反,政府、企业、高校或军队等人类组织层次中就不存在这种"嵌套"(如,军官不是由士兵群组成的)。因此,相对自然组织层次,人类组织层次有更严格和明确的划分。想更多了解有关层次理论,可以参见 T. F. H. Allen 和 Starr(1982)、O'Neill 等(1986)以及 Ahl 和 Allen(1996)等人的研究。

1.3 涌现性原理

组织层次的一个重要意义是组分或者子集合可以联合起来产生更大的功能整体,从而突现新的功能特性,这些特性在较低层次是不存在的。因此,每个生态层次或者单元上的涌现性(emergent property),是无法通过研究层次或单元的组分来预测的。这个概念的另一种表述是不可还原性(nonreducible property),也就是说,整体的特征不能还原成组分特性的综合。尽管对一个层次的研究发现会有助于另一个层次的研究,但却不能完全解释发生在另一层次的现象,另一个层次发现的也只能通过对其详细的研究才能获得。

上述涌现性可以通过下面的物理学和生态学领域的两个例子来阐明。氢气和氧气发生作用成为某一分子结构即生成水,水的特性完全不同于生成它的两种气体。某种藻类和腔肠动物演化成珊瑚,会形成一个高效的营养循环机制从而能够在低的营养供给的水体中维持高效生产力。珊瑚礁惊人的生产力和多样性是仅在珊瑚礁群落的层次才有的一种涌现性。

为区别于以前定义的涌现性,Salt(1979)提出综合特性(collective properties)一词,指组分行为的综合。涌现性和综合特性都是整体特性,但综合特性却不涉及整体单元功能的新的或唯一的特性。出生率是一个种群层次的综合特性,它仅仅指某一特定阶段个体出生的总合,表示为种群内全部个体数量的分数或百分数。新特性的产生是由于组分间的相互作用,而非组分的基础特征发生改变。组分不是削弱了,而是相互整合产生新的独特的特性。在相同数量单元情况下,整合层次系统的组分比非层次系统的组分演化更快速,这是可以精确证明的;另外,整合层次系统对外界干扰具有更强的恢复能力。理论上,当层次体系被分为各个层次的亚系统时,后者仍可相互作用并重整成为更高层次的复杂体系。

如前所述,一些特性在更高组织层次会变得更加复杂和多样化,但通常另有一些特性在从低层次到高层次时复杂性和多样性都会变低。由于反馈机制(控制和平衡、作用和反作用)的作用,较大单元内部小单元功能波动的幅度趋于减弱。统计结果表明,整体系统特征的变化要低于部分特征变化的综合。例如,一个森林群落光合作用速率的变化幅度要比群落内单个的树叶或树木的光合作用变化幅度小,这是因为当群落内一个组分的光合作用削减时,可能会通过另一组分光合作用的加强得以弥补。当我们研究每一层次的涌现性和渐增的内稳态时,首先要从了解整体的角度进行研究,这样才能更好把握各个组分。这一点很重要,因为一些人认为在对低层次单元未完全了解的情况下研究复杂种群和群落是做无用功。恰恰与之相反,倘若既考虑所研究的层次也考虑相邻的层次,那么我们可以在层次谱的任何一个点开始研究。正如我们前面提到的,有些特性(综合特性)是可以预测的,而有些(涌现性)则不可以。理论上,一个系统水平的研究包括三个层次:系统、亚系统(其下的层次)和超系统(其上的层次)。想更多了解涌现性的内容,可以参见 T. F. H. Allen 和 Starr(1982),T. F. H. Allen 和 Hoekstra(1992)以及 Ahl 和 Allen(1996)等人的研究。

每一个生物系统层次既存在涌现性和差异的降低,又存在它的亚系统组分的综合特性。民间有句谚语说森林不仅仅是树木的集合,这其实是生态学的最初实践理论。尽管哲学总是强调整体分析,试图从整体角度全面了解现象,但最近几年实践科学却多聚焦在越来越低层次的研究上。Laszlo 和 Margenau(1972)把科学的发展历史描述为还原论和整体论的选择(也有人称为还原论 - 构造论的对立,或原子论 - 整体论的对立)。收益递减规律在这里很适用,物极必反。

自从牛顿(Isaac Newton)的重大科学发现后,还原论的方法一直支配着科学技术的发展。例如,细胞和分子水平的研究为生物个体水平癌症的治疗和预防建立了稳固的基础。然而,细胞水平的科学研究对人类的安康和生存没有太多作用,如果我们不能充分地了解更高组织层次,我们将无法找到方法来解决种群爆发、污染以及其他社会和环境无序问题。必须认识到整体论和还原论具有相同的价值,二者是同时存在的而非二者择一的(E. P. Odum,1977;Barrett,1994)。生态学倾向于整体论,而不是个体论。整体论复兴的部分原因是由于某些专业科学家对一些急需关注的大尺度问题持淡漠态度,这一点引起了民众的不满。(1980 年历史学家 Lynn White 在《大众科学——生态学》一文中就涉及这个观点,推荐阅读)。因此,我们应该从生态系统层次来讨论生态学原理,适当地关注个体、种群和群落这些生态系统以下的层次以及景观、生物群区和生物圈这些更高层次。这正是本书各章结构的哲学基础。

很幸运,在过去 10 年,技术的发展使人们能够定量地研究更大、更复杂的系统,如生态系统和景观。示踪法、质量化学(光谱法、比色法和色谱法)、遥感技术、自动监测技术、数学模型、地理信息系统(GIS)以及计算机技术的发展为生态学的研究提供了更有利的工具。当然,技术是把双刃剑,既可以用来更好地了解人类和自然界构成的整体,但同时它又可能会破坏这个整体。

1.4　超越性功能和控制过程

虽然生态组织层次的每个水平都有其独特的涌现性和综合特性,但是,也会有控制所有层次的基础功能。超越性功能(transcending functions)指一些行为、发展、多样性、能量学、演化、整合和调节等(图 1.3)。某些此类功能(如能量学)在每一个组织层次都作用相同,但其他一些在不同组织层次间又有所不同。如,自然选择演化涉及个体水平的突变和其他一些直接的基因相互作用,却不包括更高层次的间接协同进化及其他一些群体选择过程。

值得强调的是,虽然正反馈和负反馈控制是普遍的,但是在个体水平以下的层次,这种控制是定点的,确切到控制生长和发育的某个基因、激素和神经系统,达到通常所说的内稳态(homeostasis)。如图 1.4 的右侧部分所示,个体水平以上的层次不存在定点控制(自然界中不存在恒化器和自动调温装置)。因此,反馈控制更松散,引起系统的波动而非稳定状态。动态平衡(homeorhesis)一词源于希腊文,意思是"持续的流动",现在被专门用来表示波动控制。换句话说,在生态系统和生物圈层次不存在绝对的平衡,只有波动平衡,如生产和呼吸平衡,或大气中氧气和二氧化碳的平衡。由于人们没有认清控制论(解决控制或调节机制的科学)中的这点差异,所以人们对所谓"自然平衡"实质的理解很混乱。

1.5　生态交叉学科

由于生态学是一门广泛的、多层次的学科,它与其他相对较狭窄的传统学科有着很好的交叉。过去十年期间,生态学与其他学科的交叉研究领域快速发展,相伴产生了一些相应新的学会、杂志、会议论文集、著作,甚至新的职业。本章一开始提到的生态经济学,即是其中最为重要的交叉领域之一。其他一些交叉学科也受到大量关注,尤其与资源管理相关的领域,如农业生态学、生物多样性、保育生态学、生态工程、生态系统健康、生态毒理学、环境伦理学以及恢复生态学等。

在最初,交叉使得学科的研究方法更加丰富,学科间建立了交流网,各个领域的专业技术人员都有所扩张。然而,随着交叉领域成为一门新兴学科,一些新的内容也会应运而生,比如产生一些新概念或新技术。以生态经济学为例,产生了诸如非市场化产品和服务等新概念,这些概念最初在生态学或经济学的教科书中都没有提到过(Daily,1997;Mooney 和 Ehrlich,1997)。

纵观全文,本书将涉及自然资本和经济资本两个概念。自然资本(natural capital)指自然生态系统为人类提供的利益和服务,或者未加管理的自然系统所提供的"免费成本"。这些利益和服务包括由自然过程所致的水质和大气净化、废弃物分解、生物多样性维持、虫害控制、作物授粉、泄洪、美学价值和娱乐等(Daily,1997)。

经济资本(economic capital)指人类或人力劳动提供的商品和服务,通常表示为国民生产总值(GNP)。国民生产总值(gross national product)指一个国家每年所产生的所有商品和服务的全部货币价值。通常以能量单位来量化和表达自然资本,而经济资本却是以货币单位来表达的(表 1.1)。仅在最近几年,人们才开始尝试将全球生态系统的服务和自然资本进行货币价值估算。Costanza d'Arge 等人(1997)估算全球生态系统的服务价值为 16 万亿~54 万亿美元/年,平均每年约为 33 万亿美元。自然生态系统为人类社会提供利益和服务,因此无论从生态学角度还是生态经济学角度,保护自然生态系统都是明智的,相应内容将在接下来的章节中予以阐述。

1.6   生态学模型

如前所述,生态学要从生态系统水平来进行探讨,那么如何来处理这个纷繁复杂的系统呢? 我们首先将一些最重要,或者最基础的特征和功能进行简化。在科学上,真实世界的简化称为模型,现在来介绍这个概念是合适的。

模型(model)从定义上是指模拟真实世界某种现象的公式,并通过它可以进行预测。最简单的模型形式可能是文字的或者图表的(非正式的)。然而,如果需要合理量化预测的话,必须建立统计学和数学分析的精确模型(正式的)。例如,模拟昆虫种群数量变化并可预测某一时刻种群数量的数学模型才可以认为是有生物学意义的模型。若所模拟和预测的昆虫种群是一种害虫,那么此模型可能具有重要的经济应用价值。

当模型中的参数发生变化,或增加新的参数,或去除旧的参数时,计算机模拟的模型能够预测可能产生的结果。因此,可以通过计算机运算对数学模型进行"校准",提高与真实世界现象的吻合程度。首先,模型要对被模拟情形所了解的内容进行概括,进而需要新的或更好的数据,或新的原则来为模型外相定界。当一个模型无法正常运行时,即不能很好地模拟真实世界时,计算机运算通常可以对需要改进或变化之处提供线索。模型一经证明能有效地模拟,就有无限的实验机会,因为人们可以引入新的因子或者干扰来查看它们对系统的影响。甚至,即使一个模型不能充分地模拟真实世界(这种情况多见于模型发展的早期阶段),但只要它能揭示一些有益于某些特别关注问题的关键成分和关键相互作用,那么它仍然是非常有用的教育和科研工具。

许多人对模拟自然界的复杂性持怀疑态度,其实正相反,许多时候少数的相关变量信息就足以成为一个有效模型的基础,因为关键因子以及1.2节和1.3节所讨论的涌现性和其他整合特性,经常支配或者控制着大部分作用。如同瓦特(Watt,1963)所述:"我们不需要大量变量的巨量信息来构建有启迪作用的数学模型。"尽管数学部分是一些高级模型的主题,我们还是应该先来看模型构建中的一些主要步骤。

模型通常始于图表构建,或者叫"图解模型",这种模型通常是箱式模型或分室模型,如图1.5所示。在图1.5中,特性P_1和P_2相互作用(I)产生或者影响特性P_3,系统在一种能源E所驱使下,产生5个流动途径F,F_1代表输入,F_6代表输出。因此,一个有效的生态模型至少要有五个因素或者组分,包括:① 一种能源或者其他外界强制函数(forcing function),E;② 状态变量(state variables),$P_1,P_2,\cdots,P_n$;③ 流动途径(flow pathways),$F_1,F_2,\cdots,F_n$,表示连接特性间或特征与强制因子的能量流动或者物质传输;④ 相互作用(interaction functions),I,强制因子和特性之间相互作用,修正、放大或控制流动或产生新的"涌现性";⑤ 反馈环(feedback loops),L。

图1.5可以用于模拟洛杉矶大气中光化学烟雾产生的模型。P_1代表碳氢化合物,P_2代表氮氧化物,二者都源于汽车尾气排放。在太阳能E作用下,相互作用产生光化学烟雾P_3。在这个例子中,相互作用I具有促进或者增强作用,对人类来说,P_3是比P_1或者P_2更严重的污染物。

图 1.5 还可以用来描述一个草原生态系统，P_1 代表转化太阳能 E 的绿色植物，P_2 代表以植物为食的食草动物，P_3 代表既吃草又吃食草动物的杂食性动物。在这个例子中，相互作用 I 代表几种可能性：如果在真实世界观察到的情况是杂食动物 P_3 根据可获得情况来食用 P_1 或者 P_2，那么就不存在偏好选择；如果不管 P_1 和 P_2 如何，P_3 的食物都由 80% 的植物和 20% 的动物组成，那么 I 可能指定为一个常数；如果 P_3 在一年中一段时间以植物为食，而另一段时间以动物为食，那么 I 可能是一个随季节变换的值；如果 P_3 仅在 P_2 减少到一定量时才由食肉转为食草，那么 I 可能是一个阈值开关。

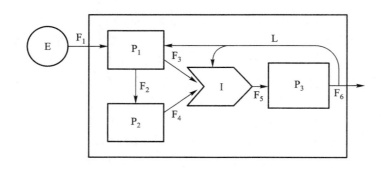

图 1.5   模拟生态系统的五个重要基本成分的分室图

E = 能源（强制函数）；P_1，P_2，P_3 = 状态变量；F_1 ~ F_6 = 能流途径；I = 相互作用函数；L = 反馈环

反馈环因代表着控制机理而成为生态学模型的重要特征。图 1.6 是一个具反馈环系统的简图，图中，"下游"输出物或输出物的某些部分通过反馈或者再循环来影响或控制"上游"成分。例如，反馈环可以表示"下游"生物 C 的捕食过程，这种捕食降低并从而控制了食物链中"上游"食草动物或植物 BA 的增长。通常，这种反馈可以有效地提升"上游"生物的生长或存活力，例如，食草动物促进植物的生长（称为"报偿反馈"）。

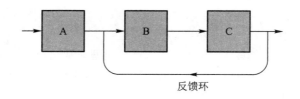

反馈环

1.6   带有可把线性系统转变为部分循环系统的反馈或控制环的分室模型

图 1.6 也可以代表一个理想的经济系统，其中，资源 A 被转化成有用的商品和服务 B，同时产生废物 C，后者又通过再循环作用于 A 到 B 的转化过程，从而降低系统的废物输出。基本上，自然生态系统都是环状而非线性结构。反馈和控制论、控制科学将在第 2 章中详细讨论。

图 1.7 表明在大气中 CO_2 浓度与气候变暖的关系之间正反馈和负反馈如何相互作用。CO_2 的增加促进气候变暖的温室效应，对植物增长也是正效应，然而，土壤系统对变暖有适应

性,因此土壤呼吸作用并不随着变暖而增强。有研究表明(Luo 等,2001),这种适应导致对土壤碳截存有负反馈作用,从而减少了 CO_2 向大气的释放量。

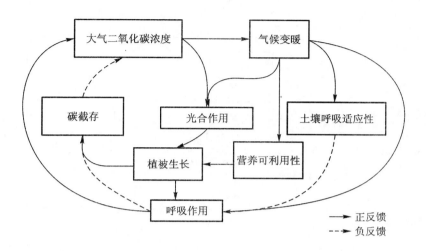

图1.7 大气 CO_2、气候变暖、土壤呼吸和碳截存之间的正负反馈的相互作用

通过用盒子的形状来标识单元的基本功能,分室模型得到了很大的改进。图 1.8 对一些符号进行了描述,它们是 H. T. Odum 的能量语言(H. T. Odum 和 E. P. Odum,1982;H. T. Odum,1996),在本书也用到。在图 1.9 中,这些符号用于佛罗里达某个松林的模型。在这个图中,单元间的能量流动量通过单元功能的相对重要值来估测。

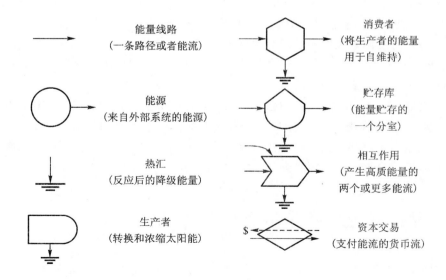

图1.8 本书中模式图所采用的 H. T. Odum 能量语言符号

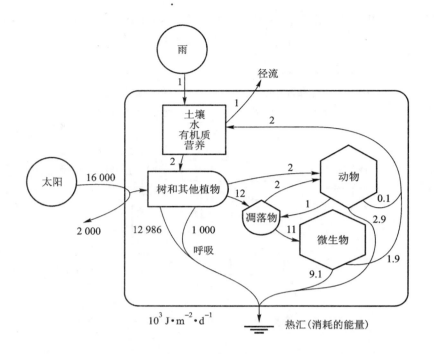

图 1.9 采用能量语言符号的生态系统模型,其中包括对佛罗里达州某个松树林的能流速率估测(H. T. Odum 提供)

总之,一个较好的模型应该包括以下三个要素:① 空间因素(系统如何划分界线);② 在所有功能单元中最重要的亚系统(组分);③ 时间间隔。只有一个生态系统、生态状态或者问题被完整地阐述和界定,才能对某个或一系列假设进行判定,得出这些假设正确与否,或者至少可以对某些暂时悬而未决的假设进行更深入地实验或分析。想了解更多关于生态模型的内容,可参考 Patten 和 Jørgensen(1995)、H. T. Odum 和 E. C. Odum(2000)以及 Gunderson 和 Holling(2002)等人的出版物。

本书下面的章节中,每段开头的概述(statement),实际上可以看做是所讨论的生态学原理的"语言模型"。在许多情况下还包括图解模型,有些情况下需要构建简单的数学公式。本书试图提出一些生态学原理、概念、简化和抽象。在人们理解和处理一些状况或问题之前,或在构建数学模型进行分析前,这些内容是人类必须从真实世界中推导出来的。

1.7 学科还原论到跨学科整体论

E. P. Odum(1977)在其论文《生态学作为一门新兴综合性学科出现》中指出,生态学已经成为一门综合性的学科,它不单是生物学的一门分支学科,它还融合了生物、物理和社会科学的内容。因此,生态学的目标是将自然和社会科学链接起来。如图 1.10 所示,大多数学科及学科方法(disciplinary approaches)是在逐渐分化的基础上发展起来的。生态学最初的演变和发展常常基于多学科(multidiscilinary,multi = "many")方法,尤其在 20 世纪六七十年代期间。然而,这些多学科方法缺乏学科间的协作和集中。为了达成学科间的协作,世界范围内许多高校都成立了研究院或中心,如美国佐治亚大学的生态学研究院。这些十字学科(crossdisci-plinary,cross = "traverse")方法往往导致学科两极化,出现专门的单一学科概念、经费短缺的管理部门或者狭窄的使命。十字学科方法往往也会导致学校教员薪酬系统的两极分化。传统上,高等教育学院由多学科组成,这给项目执行、从事环境问题以及在更高时空尺度利用机遇等方面都带来许多困难。

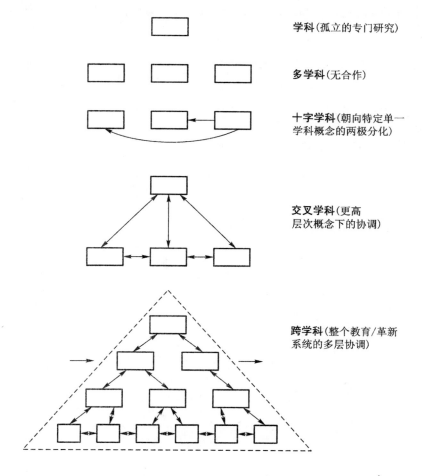

图 1.10 从学科还原论到跨学科整体论的学科间的关系进程(仿 Jantsch,1972)

为了解决这种进退两难的局面,交叉学科(interdisciplinary,inter = "among")应运而生,带来更高层次上观念、问题或疑问等方面的合作。例如,自然生态演替过程及研究为萨瓦纳河生态学实验室(SREL)带来更高层次的理论,并使其走向成功。研究者们推论出在生态系统演变期间产生一些新的系统特性,这些新特性在很大程度上说明了物种及生长型的变化(E. P. Odum,1969,1977;详见第 8 章)。如今,在进行生态系统、景观和全球层次的研究中,学科交叉已是很常见的事情。

　　然而,还是有很多问题等待解决。从跨学科(transdisciplinary)的角度来说,解决各种问题、增强环境认知及管理资源的需求不断增加。这个多层次、大尺度的方法包括整体教育和革新体系(图 1.10)。这种需要跨越多学科来探索因果关系的综合方法(达成交叉学科的理解)被称为协同科学(E. O. Wilson,1998),可持续科学(Kates 等,2001)以及综合科学(Barrett, 2001)。事实上,生态学(研究住所或者居住地的科学)很可能不断发展成为未来最为需要的综合学科。本书试图阐述这些知识、概念、原理和方法以满足教育需要及学习进程。

第2章 生态系统

2.1　生态系统和生态系统管理的概念

2.1.1　概述

生物(biotic)有机体与其非生物(abiotic)环境有着不可分割的相互联系和相互作用。生态学系统(ecological system)或生态系统(ecosystem)就是在一定区域中共同栖居着的所有生物(即生物群落,biotic community)与其环境之间由于不断进行物质循环和能量流动过程而形成的统一整体。生态系统不仅仅是一个地理单元(或者生态区,ecoregion),还是一个具有输入和输出,具有一定自然或人为边界的功能系统单位。

生态系统是生态学层次的第一级单位(见第1章图1.3),它是完整的,即包含生存所必需的所有成分(生物成分和非生物成分)。因此,生态系统是生态学的基本单位,生态学的理论和实践都围绕其而展开。此外,在过去几年,由于短期的技术和经济学方法存在"零碎"的缺点,其在处理复杂问题方面的缺陷越来越明显,生态系统管理(ecosystem management)应运而生来应对未来的挑战。因为生态系统是功能开放的系统,考虑输入环境和输出环境是这一概念的重要部分(图 2.1)。

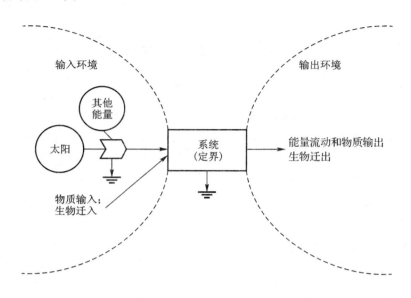

图 2.1   生态系统模型,强调外部环境必须作为生态系统概念整体的一部分
(Patten,1978 首次提议)

2.1.2   解释

生态系统这个概念,最初是由英国生态学家 Arthur G. Tansley(坦斯利)爵士在 1935 年提出的(Tansley,1935)。生物体和环境的统一(以及人与自然的统一)的思想,如果仔细搜索,在古代文字记录史中就能发现类似的提法。然而,直到 19 世纪晚期,才出现正式的陈述,并且更有趣的是在美国、英国和俄国的生态学文献中同时出现。1877 年,德国人 Karl Möbius 把一个牡蛎礁上的生物群体称为生物群落;1887 年,美国人 S. A. Forbes 发表了他的经典著作《湖泊微宇宙》。俄国的生态学先驱 V. V. Dokuchaev(1846—1903)和他的学生 G. F. Morozov 着重强调了生物群落的概念,后来这个概念又由俄国生态学家扩展为地理生物群落(Sukachev,1944)。

不仅仅是生物学家,物理学家和社会学家也开始从系统角度来思考自然和人类社会的功能。1925 年,物理化学家 A. J. Lotka 在其《自然生物学的要素》一书中提到:有机与无机世界是一个功能整体,如果不了解整个系统是不可能了解其中任一部分的。更重要的,一位生物学家(Tansley)和一位物理科学家(Lotka)分别几乎在同一时间提出了生态系统的理念。由于 Tansley 提出了生态系统一词并流行开来,他因此获得了很多荣誉,也许这些荣誉应该由 Lotka 和他一起分享。

20 世纪 30 年代,社会科学家提出了行政区划分的整体概念,尤其是 Howard W. Odum 用社会指标对美国南部地区与其他地区进行了比较(H. W. Odum,1936;H. W. Odum 和

Moore,1938)。最近,Machlis 等(1997),Force 和 Machlis(1997)提出了人类生态系统的概念,将生物生态学和社会理论结合起来作为生态系统管理实践的基础。

直到 20 世纪中期,Bertalanffy(1950,1968)和其他一些生态学家发展了一个普适系统理论,尤其 E. P. Odum(1953)、E. C. Evans(1956)、Margalef(1958)、Watt(1966)、Patten(1966,1971)、Van Dyne(1969)和 H. T. Odum(1971)着手发展了生态系统生态学这一明确的、定量的领域。生态系统作为一个综合系统,其实际运行的程度和其自组织的程度仍处于不断研究和讨论之中,本章稍后将对这些内容进行阐述。利用生态系统或者系统的方法来解决现实生活中环境问题目前得到了广泛关注。

还有其他一些概念也用来表达整体性的观点,包括生物系统(Thienemann,1939)、智慧系统(Vernadskij,1945)和子整体(Koestler,1969),但这些概念与生态系统有本质不同。与各种、各层次的生物系统(生物学系统)相比,生态系统是开放的系统,即使外观和基本功能在很长一段时间内保持不变,虽然系统有着不断地输入和输出。图 2.1 所示的是一个生态系统的图表模式,方块表示系统,代表我们感兴趣的领域,两个大的虚线圆弧分别代表输入环境(input environment)和输出环境 (output environment)。系统的边界可以被任意界定(根据方便或者研究兴趣)来描绘一个区域,如一片森林或一段海滩;边界也可能是自然形成的,如湖岸,以此为界,整个湖泊就是一个系统,或者山脊可以作为一个流域的分界。

能量输入是非常必要的。太阳是生态圈最根本的能量来源,直接为生物圈内大部分自然生态系统提供能量。但是,其他一些能源对许多生态系统也是十分重要的,例如风、雨、水流和矿物燃料(现代城市的主要能源)。能量以热能及其他一些转变或加工后的形式流出系统,如有机物质(食物和废物)和污染物质。水、空气、营养等生命必需物质,连同其他各种物质,不断输入和输出系统。当然,生物与其繁殖体(种子或孢子)以及其他生殖阶段的个体也不断输入(迁入)和输出(迁出)系统。

在图 2.1 中,生态系统的系统部分用一个黑箱表示,它被建模者定义为不需详细了解其内部成分就可估计其基本作用或功能的一个单元。然而,我们需要透过这个黑箱了解其内部是如何运作的,输入的物质发生了怎样的变化。图 2.2 就以模型的形式展示了一个生态系统的内容。

生态系统内部 3 个基本成分① 群落、② 能量流动和③ 物质循环的相互作用,被简化成图表的房室模型,其普适特征在上一章中已经论述过。能量流动是单向的,部分输入的太阳能从质量上被生物群落所转化、升级(即转变为有机质,一种比太阳能更高质的能量),但大部分输入能被降解并以低质热能(热汇)的形式输出系统。如图 2.2 所示,能量是可以储存的,然后得以反馈或输出,但是不能再重复利用。物理定律支配着能量的运转,这将在第 3 章详细论述。与能量相比,包括生命必需营养(如碳、氮和磷)和水在内的物质是可以反复循环利用的。营养循环效率及输入、输出量随不同类型的生态系统变化很大。

依照第 1 章所介绍的"能量语言"(图 1.8),图 2.2 的每一个框都用一个特定形状来显示其基本功能。群落是一个由自养生物 A 和异养生物 H 通过适当的能量流动、物质循环和贮存库 S 连接在一起形成的食物网。食物网将在第 3 章详细讨论。

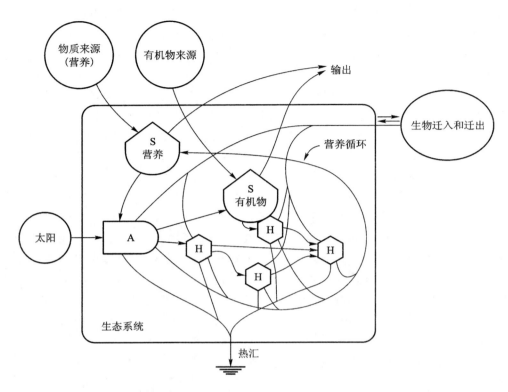

图 2.2　强调涉及能量流动和物质循环的内在动态的生态系统功能图

S＝贮存库；A＝自养生物；H＝异养生物

　　图 2.1 和图 2.2 都强调了从概念上讲，一个完整的生态系统应该包括一个输入环境（IE）、一个输出环境（OE）以及作为界限的系统（S），即生态系统 = IE + S + OE。这个公式解决了人们在什么位置划定所研究实体的边界这一问题，因为如何划界生态系统的"框"并不非常重要。通常，自然边界如湖岸或森林边界，或者行政边界如省或市的界限，是很方便用的边界，但只要能从几何学角度上精确指出，那么边界也可以随意界定。图 2.2 中的框并不包括生态系统的全部，因为如果框是一个密封容器的话，在这种孤立条件下它的生命成分（湖泊或城市）将无法长期存在。一个性能良好的或现实世界的生态系统必须有一个输入通道，另外在多数情况下还要有能量和物质的输出渠道。

　　输入和输出环境的程度极为不同，主要取决于几个变量，如① 系统的大小（系统越大，对外界依赖性越小）；② 新陈代谢的强度（速率越高，输入和输出越大）；③ 自养 – 异养平衡（不平衡性越大，依靠更多外界因子来达到平衡）；④ 发育阶段（未成熟系统与成熟系统的差别较大，详见第 8 章）。因此，与小溪流或城市相比，大面积森林山区的输入 – 输出环境要小得多。在对生态系统进行讨论的例子列出了一些这类对照（见 2.4 节）。

　　在农业和工业革命以前，人类依靠从自然系统中采集和狩猎来生活。早期人类作为末端异养生物 H（顶级捕食者和杂食者），适合图 2.2 所示的生态系统模式。现代城市工业化社会不再仅影响和改造自然系统，而且还创造了一种全新的装置，我们称之为人类主宰的技术生态系统，这将在 2.11 节对此进行解释和模拟。对生态系统概念的历史回顾，参见 Hagen（1992）和 Golley（1993）。

2.2　生态系统的营养结构

2.2.1　概述

从营养结构（trophic structure，来自 trophe = "nourishment"）这个角度看，生态系统分为两个层次：① 上层即自养生物层（autotrophic（"self-nourishing"）stratum），或含叶绿素植物的"绿色地带"，主要通过这一层固定太阳能，利用简单的无机物质，形成复杂的有机物质；② 较低的是异养生物层（heterotrophic（"other-nourished"）stratum），或土壤和沉淀物、腐败物质、根系等组成的"棕色地带"，主要在这一层中利用、调配和分解复杂的物质。生态系统可分为以下六个组成成分：① 物质循环中的无机物（inorganic substances）（碳、氮、二氧化碳、水等）；② 连接生物和非生物组分的有机化合物（organic compounds）（蛋白质、糖类、脂肪、腐殖质等）；③ 空气（air）、水（water）和基质环境（substrate environment），包括气候变化格局（climate regime）及其他物理因子；④ 生产者（producers）（自养生物），大部分的绿色植物能利用简单无机物制造食物；⑤ 吞噬生物（phagotrophs，来自 phago = "to eat"），异养生物，主要为动物，以其他生物或颗粒有机物为食；⑥ 腐生生物（saprotrophs，来自 sapro = "to decompose"）或分解者，也是异养生物，主要为细菌和真菌，通过分解死亡的组织，或吸收从植物或其他生物中渗出或提取的可溶性有机物，来获得能量。食腐生物以死亡的有机物为食。食腐生物通过分解作用产生能被生产者所利用的无机养分；同时也为大型消费者提供食物，并经常分泌抑制或刺激生态系统中的其他生物成分的物质。

2.2.2　解释

无论是陆地、淡水、海洋生态系统，还是人工生态系统（如农业），所有生态系统都具有的一个共同特征，就是自养生物和异养生物之间存在相互作用。参与该过程的生物在空间上是部分分隔的；自养型新陈代谢在可获得光能的上层的"绿色地带"中最强烈。下层的"棕色地带"中异养型新陈代谢最强烈，在这一层，有机物质在土壤和沉积物中聚积。此外，由于异养生物在利用自养生物的产品时存在一个明显的时滞，因此生态系统的基本功能也存在时间上的部分分隔。例如，光合作用主要发生在森林生态系统的冠层。通常是很小一部分的光合作用产物能立刻直接被植物和以树叶及植物的其他活跃生长组织为食的草食动物与寄生生物所利用。多数合成物质（叶子、木质及种子和根中贮藏的食物）不会被立即取食，最终进入枯枝落叶层和土壤（或者进入水生生态系统的沉积物），共同形成一个界限分明的异养系统。利用所有累积的有机物可能需要几周、几个月甚至几年时间(或者几千年,人类社会现在正快速消耗某些化石燃料就是一例)。

有机碎屑物(organic detritus)(分解产物,源自拉丁文"deterere",意为磨损)这个词是从地理学上借鉴而来,在地理学中通常这个词是指岩石被剥蚀后的产物。在本书中,碎屑物(detritus)指的是分解死亡生物体所产生的所有有机物质。在描述有机世界和无机世界之间的重要联系的许多词汇中,碎屑物是最恰当的一个。环境化学家用缩写表示了如下两种本质不同的分解产物:POM 指颗粒态有机物;DOM 指溶解态有机物。POM 和 DOM 在食物链中的作用将在第 3 章详细阐述。我们也可以添加挥发性有机物质(VOM)一词,其主要功能是作为"信号",例如,花香能够吸引授粉昆虫。

非生物成分对生物的限制和控制将在第 5 章进行讨论。生物在控制非生物环境中所起的作用将在本章节稍后讨论。从实际操作角度看,作为一个基本原理,生态系统中的生物和非生物成分混杂在自然结构中难以分离;因此,生物和非生物在操作上或者功能上的分类不是很严格。

大部分生命元素(如 C、N 和 P)和有机化合物(如糖类、蛋白质和脂肪)不仅存在于生物体内外,还存在于生物和非生物状态之间不断的流动与周转之中。但是,某些物质只能处于这些状态中的一种。例如,储存高能量的化合物 ATP(腺苷三磷酸)仅存在于活细胞中(或在活细胞外只能短时存在);而作为分解作用的稳定的最终产物的腐殖质(humic substances)却从来不存在于活细胞中,而 ATP 和腐殖质都是所有生态系统的重要和特征成分。其他重要生物化合物,如 DNA(脱氧核糖核酸)和叶绿素,虽然在生物体内外都存在,但当它们在细胞外时将无任何功能。

生态学分类(生产者、消费者、分解者)是一种功能上的分类,而不是物种分类。一些物种占据中间位置,而另一些物种随环境条件改变其营养模式。因为研究所需的方法很不相同,虽然把异养生物划分为大型或小型消费者是随意的,但在实践中这种划分被证明是合理的。异养的小型消费者(细菌、真菌等)移动性相对较差(通常被包埋在分解物之中),个体极小,但具有较高的新陈代谢和周转速率。它们在生化上的功能分化比在形态的分化更加明显;因此,不能通过目测或计数等直接方法来确定它们在生态系统中的作用。大型消费者通过异养摄取颗粒有机物来获取能量。从广义上讲这些主要都是"动物"。这些高等形式在形态上趋于发展出复杂的感觉神经、消化、呼吸和循环系统,来适应积极觅食或食草。小型消费者或腐生生物都是典型的分解者。但是,不要指定某种生物为分解者,把分解作用(decomposition)看成是一个涉及所有生物和非生物的一个过程似乎是更可取的。

我们推荐生态学专业的学生阅读 Aldo Leopold(利奥波德)的《土地伦理》(*The Land Ethic*)(1933 年第一次出版,1949 年收录到他的畅销书籍——《沙郡志:各地简评》(*A Sand County Almanac:And Sketches Here and There*))中,这是一个非常有说服力,并被经常引用和再版的与生态系统概念密切相关的环境伦理学方面的评论。(最近,Callicott 和 Freyfogle,1999,以及 A. C. Leopold,2004 对《土地伦理》进行了批判)。我们也推荐阅读美国佛蒙特州的预言家 George Perkins Marsh 所著的《人与自然》(*Man and Nature*),他分析了古文明衰退的原因,并预言了除非世界范围内采纳现代生态系统观,否则将无法逃避现代文明的毁灭。B. L. Turner 主编(1990)的一本书里重申了这一主题,该书回顾了在过去的 300 年中地球因人类活动而发生的转变。还有另外一个观点,Goldsmith(1996)论证了必须有从简化科学和消费经济学转变到一个生态系统世界观这一个重要范式,他认为这将提供一个更全面和更长远的方法来拯救危机日益严重的地球。特别推荐阅读 Flader 和 Callicott(1991)及 Callicott 和 Freyfogle(1999)对利奥波德哲学的评论。

2.3 梯度和生态交错带

2.3.1 概述

生物圈以物理因子的一系列梯度或带状分布为特征。例如,从南北极到赤道,从山顶到山谷都形成一定的温度梯度;沿着主要气候系统,形成从湿到干的湿度梯度;从水体的岸边到底部形成一定深度梯度。环境条件,包括生物对这些条件的适应,都沿一个梯度逐渐变化,但通常有个突变点,称为生态交错带。生态交错带(ecotone)是由不同栖息地或不同生态系统类型的重叠而产生的。这个概念假定两个或更多生态系统间(或生态系统内的斑块间)存在活跃的相互作用,导致生态交错带具有邻近的任一生态系统中都不存在的特性(Naiman 和 Décamps,1990)。

2.3.2 解释与实例

图 2.3 所示的是与生物群落相关的物理因子带状分布的四个例子。陆地生物群系地带分布的划分,通常依据与区域性气候或多或少相对应的本土植被类型(图 2.3A)。在大型水体中(湖泊,海洋),绿色植物通常都很小、不显眼,最好基于物理或地貌特征划分带状分布(图 2.3B)。一个池塘基于生产力和呼吸作用,或基于水温分层所呈现的带状分布(图 2.3C 和图 2.3D),这将在本章稍后进行讨论。

海滩就是一个具有独特的特征和物种的生态交错带的例子,潮涨潮落是它独特的特征,另外还具有种类丰富的生物,而这些生物在陆地或远海都不存在。海滩近陆地的河口地区是另一个生态交错带的例子,形成草原－森林交错区。除了外部过程(如潮汐)造成梯度的不连续外,还有内部过程,如沉积物固定、根垫、特殊水土条件、抑制性化学物质或动物活动(如海狸筑坝)等可以维持一个与邻近群落不同的生态交错带。除了独特的物种,陆地生态交错带有时具有比毗邻的、更均质的群落更多的物种(增加的生物多样性)。在狩猎动物和鸟类方面,野生生物管理人员将这种现象称为边缘效应(edge effect),例如,他们经常推荐在田地和森林等交界带进行特殊种植来增加狩猎动物数量。栖息在这些边缘生境的物种通常称为边缘物种(edge species)。然而,一个锐利边缘,如一个皆伐森林和一个未伐森林的交界处,可能是一个贫瘠的栖息地,而一个破碎、被归化的景观存在的大量边缘,通常会降低生物多样性。正如后面将要讲到的,人类趋于将景观破碎成具有锐利边缘的块状和带状,从而或多或少地废除了自然梯度和生态交错带。Janzen(1987)把这个趋势称作"景观锐化"。

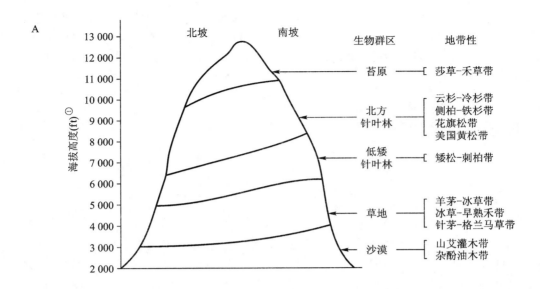

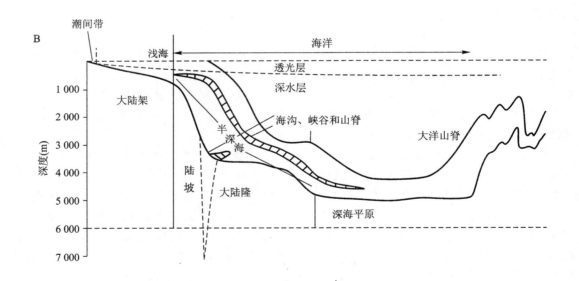

────────────

①　译者注:1 ft = 0.304 8 m,在原著中出现了很多非我国法定计量单位,但由于涉及很多图表,在译著中修改有困难,固保持原计量单位不变,文中加注单位换算关系

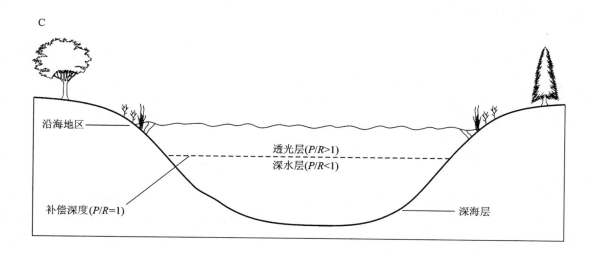

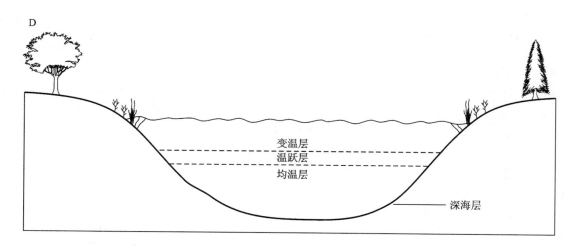

图 2.3　（A）在北美西部山区基于植被的地带性分布（根据 Daubenmire，1966 的地带信息）。（B）海洋中的水平和垂直地带性分布（根据 Heezen 等，1959 的图形。）（C）一个池塘基于生产力（P）和呼吸作用（R：群落维持）的新陈代谢地带性分布。（D）美国中西部夏季的一个池塘基于水温分层所呈现的地带性分布

2.4　生态系统实例

　　研究小池塘和弃耕地是开始生态学研究的一个很好方式,在这里,可以很方便地调查生态系统的基本特征,并可与水生和陆生生态系统的属性对照。小池塘或荒地是大学生教学实验和野外实习中进行生态系统水平的野外研究的理想场所。在这一节中,我们列举四个例子:池塘、弃耕地、流域和农业生态系统。在 11 节,我们将阐述作为人类技术生态系统的城市。

2.4.1　小池塘和弃耕地

　　生物与非生物环境的不可分割性随着对池塘和弃耕地的首次取样即可出现。植物、动物和微生物不仅在小池塘和弃耕地(或草地)中生活,它们还改变着组成自然环境的水体、土壤和空气的化学性质。因此,一瓶池塘水,或者满满一铲底泥或草地土壤,都是生物(植物和动物)与无机和有机化合物的混合物。可以通过计数来将一些大型的动物和植物从研究取样中分离,但却很难在不改变水或土壤属性的情况下从无生命母体中完全分开无数的小生命。的确,人们可以对水、底泥或土壤样品进行高压灭菌从而仅留下无机物,但这种残留物却不再是池塘水或荒地土;它将有完全不同的外观、特性和功能。

　　接下来讨论水生和陆生生态系统的基本组分。

2.4.1.1　非生命物质

　　非生命物质包括无机和有机化合物,如水、二氧化碳、氧气、钙、氮、硫和磷盐、氨基和腐殖酸等。生命所必需的营养物质,只有少量呈溶解状态,并能直接为生物所利用,而大量必需营养储存(如图 2.2 所示功能图中的贮存库 S)在颗粒物质中以及在生物体自身内。例如,在新汉普郡森林中,大约90%的氮储存在土壤的有机质中,9.5%储存在生物量(木质、根、叶片)中,只有大约 0.5%以溶解的、可被迅速利用的形式存在于土壤水中(Bormann 等,1977)。

　　营养从固态的释放速率,太阳光输入,以及温度、日照长度和其他气候条件的变化,这些是最为重要的过程,调节着整个生态系统每日的功能速率。

　　为了全面评估环境化学,样品的大量实验室分析是非常必要的。例如,以 pH 或氢离子浓度来表示的相对酸度或碱度,往往决定了何种生物能生存。酸性土壤和水域(pH 小于 7)通常是火成岩和变质岩地区的特征;石灰石及相关基质的地区往往出现"硬水"或碱性水和碱性土壤。

2.4.1.2　生产者

　　池塘中的生产者可以分成两种主要类型:① 生根植物或大型浮水水生植物(macrophytes),一般生长在浅水区;② 小型漂浮植物,通常是藻类或绿细菌或原生动物,称为浮游植物(phytoplankton)(phyto = "plant,"植物,plankton = "floating,"漂浮的),遍布在池塘能穿透阳光的水深处。水中浮游植物丰富时,水呈浅绿色;否则,这些生产者是不可见的,它们的存在不为偶然的观察者所察觉。然而,在大而深的池塘和湖泊(还有海洋),在生态系统基础食物生产方面,浮游植物比有根植被更为重要。

通常,在弃耕地或草原以及陆地群落,情况与上相反;大型有根植物为优势种,但小的光合自养生物,如藻类、苔藓和地衣,也存在于土壤、岩石和植物茎秆潮湿且有光照的基质中,这些微小生产者对有机物质的生产可能做出重大贡献。

2.4.1.3　消费者

初级大型消费者或食草动物(herbivores)直接以活的植物或植物局部为食。在后文叙述中,这些食草动物也被称为初级消费者(primary consumers)(第一级消费者)。在池塘中,与两种生产者相对应,也存在两种类型的微型消费者,即浮游动物(zooplankton)和底栖动物(benthos)。草原或弃耕地中的食草动物也有两种类型:小型的食草昆虫和其他无脊椎动物,大型的牧食啮齿类和偶蹄哺乳动物。次级消费者(secondary consumers)或者食肉动物(carnivores),如池塘中的食肉昆虫和供垂钓的鱼(自游生物[nekton],即能在水体随意游动的自游水生动物),草地上以初级消费者或其他次级消费者(三级消费者[tertiary consumers])为食的食肉昆虫、蜘蛛、鸟和哺乳动物。另一种重要的消费者是食碎屑者(detritivore),它以来自上层自养生物层的有机碎屑为食,并且与食草动物一起成为食肉动物的食物。很多食碎屑者(如蚯蚓)通过摄取取食碎屑颗粒的微生物来获得多数食物能量。

2.4.1.4　分解者

这些非绿色的细菌、鞭毛虫和真菌遍布整个生态系统,但在池塘的泥-水界面,以及草地或弃耕地生态系统的枯枝落叶-土壤交界处尤为丰富。虽然有少数细菌和真菌是致病的,它们攻击活生物体引发疾病,但是大多数的攻击只发生在生物体死后。重要的微生物群也与植物互利合作,甚至在某种程度上成为植物根系及其他结构的一部分(见第7章)。当温度和湿度条件适宜时,分解作用的第一阶段迅速发生。死亡生物不可能长时间保持完整,而是在食碎屑微生物和物理过程的共同作用下迅速分解。某些营养物质被释放并且重新利用。碎屑的抗性组分,如纤维素、木质素和腐殖质,耐受分解并为土壤和沉积物提供一层海绵结构,有助于为植物根系和许多微小无脊椎动物形成一个高质栖息地。有些微小无脊椎动物能将大气中的氮转换成植物可利用的形式(氮固定,见第4章),或执行既有益于自身又能增强整个生态系统的其他过程。

2.4.1.5　测量群落的新陈代谢

通过测量池塘水体氧的日变化,可以部分地将水体分层,上层为生产区,下层为分解/营养再生区。应用"黑白瓶"技术可以测量整个水生生物群落的新陈代谢。从不同深度采集来的水样放置于配对的瓶中;一个瓶(黑瓶)用黑色胶带或铝箔覆盖来遮挡阳光。在绑着配对瓶的绳子被降到水体某位置以前,通过化学方法,或更容易地应用电子氧探针的方法,确定所选深度水的原有含氧浓度。经过24小时后,将配对瓶取出,测定每个瓶中的氧浓度并与原有浓度进行比较。黑瓶中氧的浓度下降表示生产者和消费者(整个群落)呼吸作用的量,而白瓶中氧的改变量反映了因呼吸作用消耗氧和光合作用产生氧之间的差。假若两个瓶子在开始的时候具有相同的氧浓度,黑色瓶呼吸作用 R 与白瓶的净生产 P 相加,就可以估计一段时间内的总光合作用(总初级生产)。

在温暖、阳光明媚的日子对较浅且营养丰富的池塘进行"黑白瓶"实验,白瓶中的氧含量会增加,可以预料在池塘上层 2m 或 3m 深的地方,光合作用超过呼吸作用。在池塘的上部区域,其生产远远大于呼吸作用($P/R > 1$),被称为透光层(limnetic zone)(图 2.3C)。3m 以下,肥沃的池塘的光照强度通常太低而无法进行光合作用,因此水体底部只发生呼吸作用。池塘的底部,呼吸作用远大于生产($P/R < 1$),称为深水区(profundal zone)。在植物刚好可以平衡食物生产和利用(白瓶 0 变化)的光照梯度的那个点称为补偿深度(compensation depth),它是自养层和异养层之间适宜的功能界限,此处 $P/R = 1$(图 2.3C)。

　　除满足呼吸作用所需外,每日还生产 $5 \sim 10 \ \mathrm{g \cdot m^{-3}}$($5 \times 10^{-6} \sim 10 \times 10^{-6}$)的氧气,这表征着一个健康的生态系统,因为,多生产的食物可以被底层生物利用,并且当光照和温度条件不利的时候可被所有生物所利用。如果假设的池塘被有机物污染,氧气的消耗(呼吸作用)将大大超过氧气的产生,造成氧耗竭。一旦这种失衡状态持续下去,最终形成缺氧(anaerobic)条件,鱼类和大多数其他动物难以生存。对于大部分自游生物(nekton),如鱼,氧气的浓度低于 4×10^{-6} 就会对它们的健康造成不利影响。为了分析水体的“健康”状况,我们不仅需要测量氧浓度这个生存条件,而且还要测定昼夜和年周期中氧的变化速率以及氧的生产与消费之间的平衡。那么,监测氧浓度便于我们“感受水生生态系统的脉搏”。测定水样中的生化需氧量(BOD),也是实验室内分析污染的标准方法,但它不能测量群落新陈代谢率。

　　流水,如一条小溪,它的群落新陈代谢可以通过与黑白瓶法非常相似的上层–下层氧浓度日变化来估测。夜间的变化是等同于“黑瓶”,而 24 小时的变化对应“白瓶”。其他测量生态系统新陈代谢的方法将在第 3 章讨论。

　　虽然水生和陆生生态系统有相同的基本结构和相似的功能,但是正如表 2.1 所总结的那样,其生物组成和营养组成的数量各不相同。如前所述,最明显的对照是绿色植物的大小。陆地上的自养生物往往很少,但是个体较大,两者都采用单位面积的生物量和个体数来表示(表 2.1)。在对比开放海域和雨林时尤为明显,开放海洋的浮游植物甚至比池塘里的还小,而雨林中是庞大的树木。浅水域生物群落(池塘、湖泊、海洋和沼泽的边缘)、草原和沙漠介于这些极端之间。

表 2.1　具有可比较的中等生产力的水生和陆生生态系统中生物的密度(个/m²)和生物量干重($\mathrm{g_{干重} \cdot m^{-2}}$)的对照

生态组成	池　塘			草地或弃耕地		
	组成	个 · m⁻²	g干重 · m⁻²	组成	个 · m⁻²	g干重 · m⁻²
生产者	浮游植物、藻类	$10^8 \sim 10^{10}$	5.0	草本被子植物(禾本科和非禾本科植物)	$10^2 \sim 10^3$	500.0
自养层中的消费者	浮游动物、甲壳类动物、轮虫类	$10^5 \sim 10^7$	0.5	昆虫、蜘蛛	$10^2 \sim 10^3$	1.0
异养层中的消费者	底栖昆虫、软体动物、甲壳类动物[①]	$10^5 \sim 10^6$	4.0	土壤节肢动物、环节动物、线虫[②]	$10^5 \sim 10^6$	4.0

续表

生态组成	池 塘			草地或弃耕地		
	组成	个·m^{-2}	g$_{干重}$·m^{-2}	组成	个·m^{-2}	g$_{干重}$·m^{-2}
大型消费者	鱼类	0.1~0.5	15.0	鸟类、哺乳动物	0.01~0.03	0.3[③]~15.0[④]
微生物消费者（腐食者）	细菌、真菌	10^{13}~10^{14}	1~10.0[⑤]	细菌、真菌	10^{14}~10^{15}	1.0~100.0[⑤]

① 包括小至介形类甲壳动物

② 包括小至小线虫和土壤螨虫

③ 只包括小型鸟类（燕雀类）和小型哺乳动物（啮齿动物、似鼠类动物）

④ 每公顷包括2~3种大型食草哺乳动物

⑤ 生物量精确到10^{13}个细菌＝1 g 干重

因为空气密度远低于水的密度（决定支撑能力），陆地自养生物（生产者）必须将其很大一部分的生产能量用于支持组织。这种支持组织有高含量的纤维素和木质素，大多数消费者都无法消化，因此几乎不需要能量来维护。因此，陆生植物比水生植物对生态系统的结构基质贡献得更多，并且单位体积或重量的陆生植物的新陈代谢率相对低得多；因此，替换或周转速率也是不同的。

周转（turnover）广义上讲是生产量与现存量之比。周转也可以用率或周转时间来表达，周转时间是率的倒数。将生产的能流作为生产量，现存的生物量（表2.1中的 g$_{干重}$·m^{-2}）作为现存量。如果我们假设池塘和草地相对的总光合作用速率为 5 g·m^{-2}·d^{-1}，那么池塘的周转率就为5/5，或1，而周转时间为一天。相比之下，草地的周转率为5/500，或0.01，而周转时间为100天。因此，当池塘的新陈代谢达到峰值时，池塘中的小型植物可以在一天之内就自我更新，而陆生植物则更长寿，周转时间比较慢（对一个大型森林来说周转时间可能是100年）。在第4章中，周转概念在计算生物和环境之间的营养交换中尤为有用。

在陆地和水生生态系统中，大部分的太阳能以水分蒸发的方式消耗了，只有少部分，通常小于1%，每年通过光合作用固定。但是，在陆生和水生生态系统中，蒸发在运输营养和维持温度方面的作用是不同的。在一个草原和森林生态系统中，每固定1g CO_2，就有100 g 的水通过植物组织移出土壤并被蒸发（通过植物表面蒸发）。浮游植物或其他沉水植物的生产中不存在这种大规模的水利用。

2.4.2 集水区的概念

虽然池塘和草地的生物组成似乎是自给自足的，但是它们实际上是开放系统，属于更大集水区系统的一部分。它们的功能以及数年的相对稳定性主要由水、原料和集水区内其他部分的生物的输入和输出速率所决定。当水体较小、输出受限或排入污水或工业废水的时候，原料通常表现为净输入。在这种情况下，池塘会淤积成为沼泽，后者可以通过周期性水位降低或火烧来移出一些积累的有机物来维持。否则，水体会发展成为陆地环境。

人为富营养化（cultural eutrophication）一词用于表示人类活动导致的有机物污染。由于森林受到干扰或耕地疏于管理导致了土壤侵蚀和养分丧失，这会使生态系统变得衰弱，不仅如此，这些流出物还可能会造成"下游"富营养化或其他影响。因此，就人类的理解力和资源管理而言，不只是水体或植被斑块，而是整个集水区也都必须视为生态系统的最小单元。那么，对于每平方米或每公顷（2.471 英亩）的水域来说，为了实践管理，生态系统单元必须至少包括 20 倍的陆地集水区的面积。当然，水面与集水区面积的比率变化幅度大小，主要取决于降雨量、底层岩石的地质结构和地形。换句话说，田野、森林、水体，以及由溪流或河流系统联系在一起的城镇，或在由地下排水网形成的石灰岩区域内，相互作用成为一个综合性的研究和管理单元。这一综合性单元或集水盆地，称为集水区（watershed），它也被定义为某一溪流或河流排水后的陆地环境的面积。Likens 和 Bormann（1995）对测量景观内个别集水区中化学物质的输入和输出的小集水区技术（small watershed technique）的发展进行了说明（关于这些化学物质循环和滞留的更多讨论见第 4 章）。图 2.4 为对一个集水区进行操纵和监测的实验研究图片。

图 2.4　（A）在北卡罗来纳州 Otto 附近山区中的 Coweeta 水文实验室中进行的流域内树木皆伐试验，这是美国国家自然科学基金资助的长期试验研究项目（LTER）。1977 年，流域内所有的树木都被砍伐（照片中心），在过去的 27 年里一直监测其恢复过程。（B）图片所示的是用来测量从每个流域中流出水量的 V 形凹槽坝和记录装置

集水区的概念有助于我们深入分析很多问题和矛盾。例如,只盯着水体本身,是无法发现水污染的原因及其解决方法的;通常,正是对集水区的不当管理(如传统农业措施导致化肥流失)破坏了我们的水资源。必须将整个流域区或集水盆地视为一个管理单元。位于佛罗里达南部的永乐湿地国家公园(Everglades National Park),就是一个说明需考虑整个集水区的例子。尽管公园面积很大,但现在没有淡水资源,若想保留其独特的生态环境,必须将淡水向南引入公园。换句话说,公园不算是整个的集水区。最近,湿地公园的恢复工程主要集中在恢复和净化流入农业和佛罗里达城市化黄金海岸的淡水(Lodge,1994)。更多有关陆地和水域生态系统相结合的内容,参见 Likens 和 Bormann(1974b,1995)以及 Likens(2001a)。

2.4.3　农业生态系统

农业生态系统(agroecosystems)在三个基本途径上不同于湖泊和森林等自然或半自然的太阳能生态系统:① 增强或补充太阳能输入的补充能源是由人类控制的,由人和动物的劳力、化肥、杀虫剂、灌溉水、燃力机械等组成;② 显著降低生物和农作物的多样性以使某种特定粮食作物或其他产品的产量最大化;③ 优势植物和动物由人工选择而非自然选择。换句话说,人类设计和管理农业生态系统,使其尽可能多地将太阳能和补充能源转化为食品或其他有销路的产品,这主要通过以下两个过程来完成:① 通过利用补充能源来完成自然生态系统中太阳能所完成的工作,从而使更多太阳能直接转化为食物;② 在专门的、有补充能源的环境中,通过对食用植物和家畜的基因筛选来优化产量。集约化和专门化的土地利用有利也有弊,弊端包括土壤侵蚀、杀虫剂和化肥流失造成的污染、高成本的补充燃料、生物多样性降低以及更易受天气变化和虫害的攻击等。

大约10%的世界无冻土地面积是耕地,大多从天然草原和森林转化而来,另外也有从沙漠和湿地转变来的。另外20%的陆地面积是牧场,专用于动物而不是植物的生产。因此,从广义上讲,大概30%的陆地表面用于农业。最近对世界粮食形势的全面分析强调,所有最好的土地(即最易于通过现有技术进行耕作的土地)目前都在使用中。最近的农业生产已经由传统农业生产转变为替代型(或可持续)农业,传统农业注重增加补充能源来提高作物产量,而替代型农业强调低投入、可持续的农业,降低土壤侵蚀并增加生物多样性(见国家科学研究委员会[NRC],1989)。

尽管存在过于简化的风险,但人们仍可以将农业生态系统分成三大类型(模型见图2.5):

(1) 工业革命前的农业(pre-industrial agriculture):是自给自足和劳动密集型农业(人和动物劳力提供补充能源),为农民及家庭提供食物,并在当地市场销售或交易,但没有大量过剩的产品出口(图2.5A)。

(2) 集约机械化、燃料补助的农业:称为传统农业:(conventional agriculture)或工业农业(industrial agriculture)(机械和化学物质提供能量补助),食物生产超过当地输出和贸易需求,因此食物更多作为一种商品和经济中的一种重要市场力量,而非仅提供生命支持物品和服务(图2.5B)。

(3) 低投入的可持续农业(LISA):常被称为替代型农业(alternative agriculture)(NRC,1989),在降低化石燃料、杀虫剂和补充肥料输入的同时,强调可持续的作物生产和利润(图2.5C)。

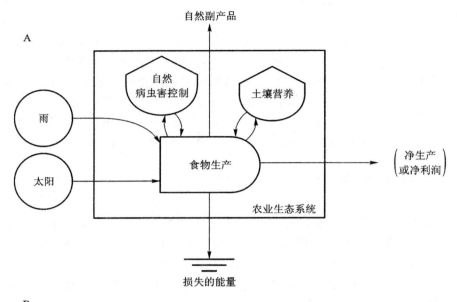

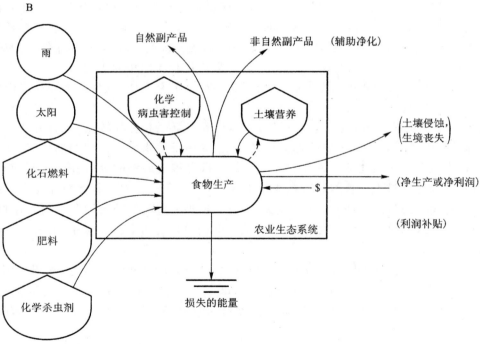

图 2.5 （A）说明自然的、未补偿的、以太阳能为能源的工业革命前的农业生态系统（仿 Barrett 等,1990）。（B）说明有人工补偿的、以太阳能为能源的工业化农业生态系统（仿 Barrett 等，1990）

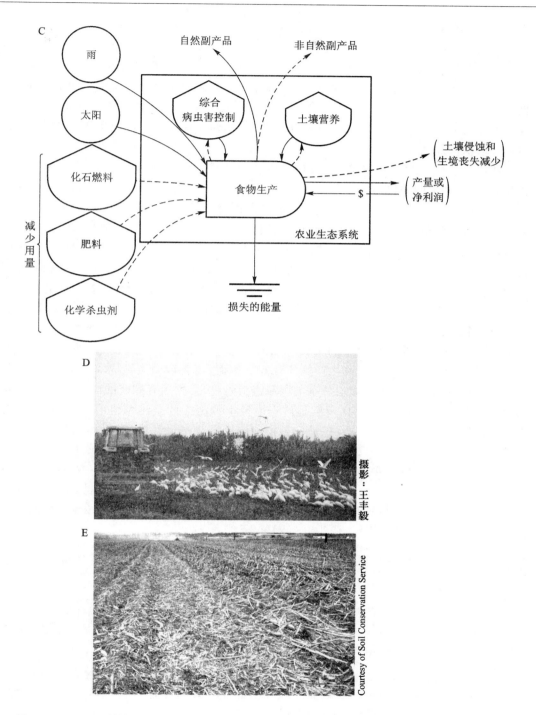

图 2.5 C～E(C)低输入、可持续农业生态系统的实例。(D)上海南汇的传统耕地(犁耕)。这块田地在播种前也经常采用圆盘耙耕作几次,由于风和雨水的侵蚀导致大面积土壤流失。(E)艾奥瓦保护性耕作的实例。大豆被直接种植在上一年玉米作物残茬的土地上,并不需要预先犁耕

全世界大约 60% 耕地处于工业革命前的农业,其中很大一部分是在亚洲、非洲、南美洲的人口众多的不发达国家。有多种多样适应土壤、水和气候条件的农业类型,但作为一般性讨论时,主要有三种类型:① 畜牧系统;② 移动或临时性农业;以及③ 漫灌和其他非机械化系统。

畜牧业(pastoralism)包括在干旱和半干旱地区(尤其非洲的热带稀树草原和草地地区)的放牧牛群或其他家畜,人类依赖它们所提供的畜牧产品,如牛奶、肉类和皮革等为生。曾经在全世界范围内都有所实践的移动农业(shifting agriculture),现在还广泛应用于热带森林地区。森林斑块被砍伐并烧毁残枝(有时留在地上作为覆盖物)后,农作物只能耕种几年,土壤中的营养就被耗尽和被淋出。之后这个地方被遗弃,然后更新为自然重新生长出的森林。在东南亚和其他地方,持久的非机械化农业已持续了几个世纪,哺育了百万人民。生产力最高的农业生态系统是漫灌(flood irrigation)辅助农业,灌溉是通过自然的沿江和肥沃三角洲的季节性淹水,或者人为控制淹水——古代就有运河灌溉稻田的栽培方法。

即便工业革命前的农业系统具有良好的适应性、持久性和高能效,但仍无法生产出足够的粮食来满足庞大的城市需求。过去,在农场、遗传学、食品加工以及营销方面,机械化农业都利用相对廉价的燃料、化肥和农业化学产品(需要大量燃料来生产),当然,还有先进的技术。在一个相当短的时间内(相对农业的历史长河来说),在美国(表 2.2)和其他工业化国家,农业由小农场(相当比例的人住在乡村以小农场为生)转变为只有 3% 的人口来耕种以往大片的土地,并在较少的土地上生产出更多的粮食。在大约 40% 的世界耕地上,燃料补助农业生态系统的产量,暂缓了人口增长和食物生产间的竞赛。然而,随着辅助能量成本的提高,以及越来越多不再能够养活自己的国家被迫从别的国家进口食物,如美国有剩余的产品可以出口,这种竞赛面临着严峻的威胁。图 2.5D 所示是位于中国上海南汇的采用犁耕的一块田地,是有大型机械的典型传统农业耕作。这块田地在种植前要用圆盘耙耕几次,由于风和降雨的侵蚀从

表 2.2   美国中西部地区集约农业的发展史

年 份	农 业 类 型
1833—1934	大约有 90% 的北美草原、75% 的湿地以及大多数土质良好的森林转变为耕地和牧场,受陡坡和浅薄贫瘠土壤制约的天然植被未被利用
1934—1961	与燃料和化学补助、机械相关的农业得到加强,农作物分化也增强。总耕地面积减少;随着较少土地收获更多食物,森林覆盖率也增加了 10%
1961—1980	能源辅助和农场规模有所增加,农场集中在优良土地上,更注重谷类及大豆类农作物的连续性耕作(降低轮耕和休耕)。谷物多用来出口。随着城市化和土地侵蚀,耕地丧失加剧。化肥和杀虫剂的过多流失导致水质下降
1980—2000	能效有所提高,作物秸秆被利用作覆盖物和饲料,多样的种植,更低投入的可持续农业,生态方法控制害虫,采用保护土壤、水和昂贵燃料并降低空气和水污染的耕作方式。发展特殊的高糖类作物来生产燃料乙醇

引自:NRC1980—2000 的数据(1989,1996a,2000b)

而加剧了土壤流失。另一方面,图 2.5E 表示的是保护型耕作,它极大降低了土地侵蚀,提升了土壤生物多样性,也增强了营养(碎屑)循环。

那些发达国家的农民数量明显减少,但是农场动物并没有减少,并且畜牧产品和农产品的生产强度也有所提高。因此,谷物养牛代替了草养牛,鸡也是作为产蛋和产肉的机器来饲养和管理,它们被关在铁笼子中,人工光源照射,并且使用加速增长的饲料和药物喂养。在美国,大多数玉米(以及其他谷物和大豆)用于喂养家畜,而家畜又供给世界上富裕的人食用(并且或许已经食用过量)(详见 2003 年 2 月 7 日的《科学》特刊,题为《肥胖症》一文)。

考虑到人口(目前已超过 60 亿人)对环境和资源的压力时,不应忽视世界范围内还存在着比人类数量更多的家畜,而且这些动物消耗着超过人类 5 倍的热量。也就是说,在人口当量(population equivalent)方面,家畜(牛、马、猪、羊、家禽)的生物量是人类的 5 倍,种群当量是建立在种群平均所消耗的卡路里数量基础上的一个值。这里还并不包括消耗大量食物的宠物。

总之,工业化农业极大地增加了单位土地上食物和纤维的产量。这是技术有益的一面,但它也有两个缺点:① 世界范围内许多小农场破产,使这些家庭搬进城市成为消费者而不再是食物生产者;② 工业化农业极大地加剧了面源污染和土壤流失。为了解决第二个缺点,一种称为低投入可持续农业(low-input sustainable agriculture, LISA)的新兴技术正逐步应用(图 2.5C 和图 2.5E)。更多关于农业生态系统生态学的内容,参见 Edwards 等(1990),Barrett (1992),Soule 和 Piper(1992),W. W. Collins 和 Qualset(1999),Ekbom 等(2000),NRC (2000a),Gliessman(2001),以及 Ryszkowski(2002)。

2.5　生态系统多样性

2.5.1　概述

生态系统多样性(ecosystem diversity)可以定义为维持着复杂系统的遗传多样性、物种多样性、栖息地多样性以及功能过程的多样性。认识多样性的两种组成非常有用:① 丰度(rich-ness)或多样性组成(variety component),表示单位空间内各种组分(如物种、遗传多样性、土地利用分类和生化过程)的数量;② 不同多样性分类中每个单元的相对丰度(relative abundance)或配置组分(apportionment component)。保持适当高的多样性是很重要的,不仅可以确保所有关键功能生态位的正常运行,尤其可以维持生态系统的冗余和恢复力,换言之,可以避免遭受迟早会发生的胁迫(如暴风雨、火、疾病或温度变化)的次数。

2.5.2　解释

相对丰度和丰度组成成为一重要考虑因素的原因是两个具有相同丰度的生态系统,由于种类分配不同会有很大差别。例如,两个不同的生态系统的群落可能都有 10 个物种,但一个群落中每个物种可能有相同数量（如 10 个）的个体（高度均匀），而另一个群落多数个体可能都属于一个优势物种（均匀度较低）。多数天然景观都有适中的均匀度，每个营养级或分类群都有少数优势种（dominant）和众多稀有物种。通常，人类活动直接或间接地增加了优势度并降低了均匀度和多样性。

Hanski（1982）呼吁关注分布和丰度之间的关联。他提出了核心 – 附属物种假说（core-satellite species hypothesis）来解释这种关系，指出核心物种（core species）更为常见并分布较广，而附属物种（satellite species）是稀少的并局部分布。根据这个假说，在表示分布范围大小的频度分布中，分布范围较广的核心物种应该有一个峰值，而分布范围较小的附属物种占据另一个峰值。某些数据的确显示了这种双峰分布（Gotelli 和 Simberloff，1987），但多数数据不支持核心 – 附属假说（Nee 等，1991）。

多样性可以量化，并且用两种基本方法进行统计比较：①以部分对整体的比例（或 n_i/N）为基础计算多样性指数，n_i 为重要值或其百分率（如数量、生物量、基部面积、生产力），N 是所有重要值的总和；②绘制半对数图形，称为优势度 – 多样性曲线（dominance-diversity curves），其中每个组分的数量或百分比按最高丰度到最低丰度排序。曲线越陡，多样性越低。

2.5.3 实例

物种或生物多样性可能会被分为丰度和配置组分（图 2.6A）。单位面积（平方米或公顷）的物种总数和马加利夫（Margalef）多样性指数是用于计算物种丰度的两个简单公式。香农指数 $\overline{H}$（Shannon 和 Weaver，1949）和皮洛均性指数 e（Pielou，1966），是两种常用于计算物种分配的指数。

对一个未放牧的高秆草草原和一个耕作的、肥沃但未使用除草剂的田地进行比较，可以说明物种组成和多样性指数的应用（表 2.3 和表 2.4）。高秆草草原中少数常见和多数相对稀有的物种模式（表 2.3A）是典型的最自然的植物群落。如此高的多样性与耕作农田中单个物种占优势形成了鲜明的对比。如果不使用除草剂或其他控制杂草的方法，可能就会有一些杂草物种出现（表 2.3B）。

表 2.3　天然草原（A）和耕作谷类农田（B）中植被物种组成的对比

（A）俄克拉何马州未放牧的高秆草草原的植被物种组成

物　　种	所占比例（%）[1]
Sorghastrum nutans（垂穗假高粱）	24
Panicum virgatum（柳枝稷）	12
Andropogon gerardii（杰氏须芒草）	9
Silphium laciniatum（裂叶松香草）	9
Desmanthus illinoensis（伊利诺合欢草）	6
Bouteloua curtipendula（垂穗草）	6
Andropogon scoparius（帚状须芒草）	6
Helianthus maximiliana（马氏向日葵）	6

续表

物　　种	所占比例（%）①
Schrankia nuttallii（纳氏棘荚草）	6
其他 20 个物种（每个平均占 0.8%）	16
总计	100

引自：Rice，1952，基于 40 个 1 m² 的样方

（B）美国佐治亚州稷类耕种地的植被物种组成

物　　种	所占比例（%）②
Panicum ramosum（多枝稷）	93
Cyperus rotundus（香附子）	5
Amaranthus hybridus（绿穗苋）	1
Digitaria sanguinalis（马唐）	0.5
Cassia fasciculata（簇生决明）	0.2
其他 6 个物种（每个平均占 0.05%）	0.3
总计	100.0

引自：Barrett 1968，基于 7 月末调查的 20 个 0.25 m² 的样方

① 根据占 34% 的全部植被盖度的百分比

② 根据占地上植物生物量干重的百分比

　　对这两个生态系统的两个常用分配指数进行了计算（表 2.4）。辛普森指数与每个 n_i/N 概率比例的平方和相关。辛普森指数在 0 到 1 之间，数值越高代表优势度越高、多样性越低。香农指数 $\overline{H}$ 的对数转化形式如下：

$$\overline{H} = -\sum P_i \log P_i \text{①}$$

这里，P_i 指群落中 i 种的个体比例。

表 2.4　天然草原与稷类耕作农田中物种种类、优势度和植被多样性的比较

生　　境	物种数量	优势度（辛普森指数）	多样性（香农指数）
天然草原	29	0.13	0.83
耕作农田	11	0.89	0.06

引自：基于表 2.3 的数据

　　香农指数的值越高，代表多样性越高。香农指数源于信息论，代表了一种广泛用于评估各种系统的复杂性和信息含量的公式类型。如表 2.4 所示，与耕地相比，草原是一个优势度低、多样性高的生态系统。

---

① 译者注：原文中 log 应为 ln。

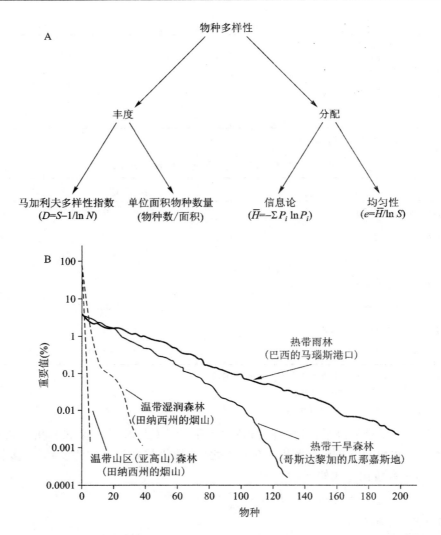

图 2.6　（A）图说明测量物种丰度和分布的公式。（B）比较两种热带森林和两种温带森林的优势度–多样性曲线。温带森林的重要值计算基于每年的净初级生产力；哥斯达黎加的干旱森林的重要值计算基于某个物种所有茎的横截面面积值；亚马孙河森林的重要值计算基于地上生物量（仿 Hubbell,1979）

　　一旦计算出 $\overline{H}$,那么用 $\overline{H}$ 除以 $\log S$（S 为物种数）就可以计算出均匀度 e。倘若 N 为整数（Hutcheson,1970）,香农指数与样方大小无关,并呈正态分布,因此常规的统计方法可以用来检测平均值之间的差异显著性。如果每个物种的个体数量是未知的,也可以采用生物量或生产力,这两个指标在生态学上更适用。

　　图 2.6B 所示的是多样性轮廓图的应用,比较了从温带山区到热带地区的 4 种森林的乔木多样性。从最高丰度到最低丰度对每个物种的相对重要性依次绘图。曲线越平缓,多样性越

大。图表方法揭示了丰度和相对丰度组分。图 2.6B 记录了从少于 10 个树种的高山森林到超过 200 个树种的潮湿的热带雨林的乔木种类数量。多样性越高的森林中的大多数物种是稀少的,其数量少于重要比例值总数的 1%(生物量或产量)。

在 1940 至 1982 年间,尽管土地利用类型没有发生变化,但俄亥俄中部地区农村的作物多样性(几种土地利用类型之一)有所降低(Barrett 等,1990)。随着作物多样性的下降,农田变得更大,尤其玉米和大豆面积增加很多,因此根据香农指数计算出的优势度升高而多样性下降(表 2.5)。这是一个景观尺度内多样性组成改变而种类多样性不发生变化的例子。

表 2.5 美国俄亥俄州中部乡村的景观多样性

组成	种类(数量,种)		多样性(香农指数)	
	1940	1982	1940	1982
作物	18	9	0.80	0.60
景观	6	6	0.61	0.48

引自:Barrett 等,1990

2.6 生态系统的研究

2.6.1 概述

以往,生态学家通过两种方法研究大型、复杂的生态系统,如湖泊和森林:① 整体研究(holological,自 holos = "whole",整体),测量和收集输入和输出项,评估整个系统的涌现性(第 1 章已有所讨论),然后根据需求对系统组分进行调查;② 分部研究(merological,自 meros = "part",部分),首先研究主要部分,然后将其整合进一个完整系统。没有一个方法可以独立解决所有问题,因此基于等级理论的包含上行和下行方法的综合方法目前应运而生。实验模型和地理信息系统(GIS)技术正越来越多地用于各个组织层次上各种假说的检验。

2.6.2 解释与实例

美国著名的生态学家 G. E. Hutchinson 在 1964 年发表的《再提湖泊微宇宙》(*The Lacustrine Microcosm Reconsidered*)一文中讲到,1915 年 E. A. Birge 在湖泊热量计算方面的工作是整体观方法的先驱。Birge 将其研究集中在测量湖泊能量的输入和输出方面,很少关注湖泊发生什么。Hutchinson 将这个研究方法和 1887 年 Stephen A. Forbes 发表的论文《湖泊微宇宙》(*The Lake as a Microcosm*)中所提出的组分或局部方法进行了对比,在后面一种方法中,Forbes 聚焦于系统的部分组分并尝试将这些组分建成一个完整系统。

　　而科学家们的争论继续集中于在不依赖于更高组织层次的情况下,复杂系统大多数的行为如何能从系统组分的行为中得以解释,生态学家主张整体观(整体研究法)和简化观(分部研究法)并非对立的而是互补的(见 E. P. Odum,1977;Ahl 和 Allen,1996)。如果不将组分从"整体"或者"系统"中抽象出来,组分是不能被分辨出来的,同时除非它们是整体的组成部分,否则也不能成为一个整体。当组分结合较紧密时,涌现性才会在整体水平上显示出来。若仅采用分部研究法,这些特性就会被遗漏。更多关于自上而下和自下而上的方法的讨论,参见 Hunter 和 Price (1992),Power(1992),S. R. Carpenter 和 Kitchell(1993),以及 Vanni 和 Layne(1997)。

　　综上所述,在不同的系统中,某个生物的行为可能差异性非常大,这种差异与该生物和其他组分的相互作用有关。例如,很多在农业上认为是害虫的昆虫,在它们所处的自然生境中并不是有害的,在自然生境中,寄生虫、竞争者、捕食者或其他化学抑制剂将它们控制在一定水平。

　　透视生态系统的一个有效的方法是去对其进行实验(即用某种方式对生态系统进行干扰,以期系统反应将能阐明人们从观察中推理出的假说)。近年来,胁迫生态学或干扰生态学已经成为一个重要的研究领域(本章稍后将进行讨论)。除了利用真实实物外,我们也可以利用模型来增加对生态系统的理解,第 1 章已对此进行了简要讨论。当你读这本书的时候,注意这些方法所举的例子。

2.7　　地球化学环境的生物控制:盖亚假说

2.7.1　　概述

　　生物个体不仅能适应自然环境,另外通过它们在生态系统中的协作,还能改造地球化学环境来适应它们的生物需求。大气的化学物质,地球强大的缓冲物理环境,以及需氧生物的现存生物多样性等都大大不同于太阳系中其他星球的环境条件,这个事实引出了盖亚假说(Gaia hypothesis)。盖亚假说认为,生物特别是微生物,已随物理环境演化成一个错综复杂的自我调控系统,以维持有利于地球生命的环境条件(Lovelock,1979)。

2.7.2　　解释

　　尽管多数人已知道非生物环境(物理因子)控制着生物的活动,但并不是所有人都认识到生物以许多重要方式来影响并控制着非生物环境。惰性物质的物理和化学属性正不断被生物所改变,特别是细菌和真菌,它们将新合成的物质和能源返回到环境中。海洋生物的活动在很大程度上决定了海洋及其底质的含量。生长在沙丘上的植物所处的土壤与其原先的基底截然不同。南太平洋的一个珊瑚岛是一个生物如何改变非生物环境的典型例子。利用海洋里的简单原料,整个岛屿完全是通过动物(珊瑚虫)和植物的活动所构筑成的(图 2.7)。生物控制着大气的真实组分。

© Tim McKenna/CORBIS

图 2.7 位于法属玻利尼西亚 Bora Bora 岛的南太平洋环礁,即
一个环形的珊瑚礁

生物学控制在全球水平上的拓展是 James Lovelock 提出盖亚假说(源于希腊神话中名叫盖
亚的大地女神)的基础。Loveock 是一位物理学家、发明家和工程师,他与微生物学家 Lynn Mar-
gulis 在一系列文章和著作中诠释了盖亚假说(Lovelock,1979,1988;Lovelock 和 Margulis,1973;
Margulis 和 Lovelock,1974;Lovelock 和 Epton,1975; Margulis 和 Sagan,1997)。他们得出结论认
为,如果没有早期生命形式的重要缓冲活动以及植物和微生物的持续协调活动来抑制生命系统
组织失调时物理因子的波动,那么将不能形成具有独特的高氧/低二氧化碳含量的地球大气及地
球表面适中的温度和 pH。例如,微生物产生的氨维持着土壤和沉积物中适合于大多数生命的
pH。如果没有这种生物输出,地球土壤的 pH 会变得很低,除了个别物种外,其他物种都会灭亡。

图 2.8 对比了地球、火星和金星上的大气,如果火星和金星上有生命的话,肯定无法控制。换
句话说,地球大气不可能仅通过物理因子的偶然相互作用,发展为维持生命和自我调节的状态,并
进行生命进化来适应这种状态。更确切地说,从最初开始,生物在发展和控制对其有利的地球化学
环境中扮演了一个非常关键的角色。Lovelock 和 Margulis 设想生命中的微生物网在"棕色地带"中
的运行如同一个错综复杂的控制系统,行使维持一个动态平衡的功能。这个控制系统(Gaia)让地
球成为一个复杂但统一的控制论系统。尽管大多数人都已接受生物强烈影响着大气这个观点,但
对具有怀疑精神的科学家来说,所有这些都不过是个假说或仅仅是个隐喻。Lovelock 承认"盖亚的
探索"是长期的、困难的,因为如此庞大的整体控制机制必需涉及上百种的过程。

当然,与其他任何一种物种相比,人类做出更多尝试去改变物理环境来迎合其即时所需,但
这样做的过程中人类的目光越来越短浅。我们的生理存在所必需的生物成分正日益破坏,全球
平衡也受到干扰和改变,代表性的过程如全球气候变化(global climate change)。因为人类是接
近复杂食物链和能量链末段的异养生物,不管技术有多完善,我们还是要依赖自然环境。当我们
考虑空气、水、燃料和食物等生命维持资源(life-support resources)时,城市可以看做是生物圈的
"寄生者"。城市的技术发展程度越高范围越广,它们对周围乡村的需求也就越多,对自然资产
的破坏程度越严重(自然生态系统所给予人类社会的利益详见 Daily 等,1997)。

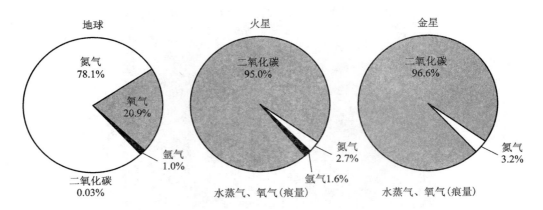

图 2.8　地球、火星和金星上的主要大气成分对比。百分比代表分子的数量（摩尔数），不是相对质量。没有百分比值的元素以痕量来表示（仿 Margulis 和 Olendzenski，1992）

2.7.3　实例

　　我们建议生态学专业的学生阅读的一篇经典文章是 Alfred Redfield 在 1958 年发表的综述《环境中化学因子的生物控制》。Redfield 列举证据证明空气中含氧量和海洋中硝酸盐含量都是由有机物活动所产生和控制的，此外，还证明海洋中这些生命要素的数量由磷的生物循环所决定。这个系统是一个如同精确的手表一样错综复杂的组织，但它又不像手表，因为这个海洋调节器并不是由工程师制造的，另外，相对而言我们对其了解甚少。Lovelock 的著作将 Redfield 的假设扩展到全球水平。也可以参见 Jantsch 的《自组织的宇宙》(1980)。

　　在美国田纳西州铜山(Copperhill)的铜盆地(Copper Basin)以及加拿大安大略省萨德伯里市附近的一小片类似的荒芜区(Gunn,1995)，从小尺度上阐明了没有生命的土地会是什么样子的。在这些地区，铜和镍熔炼所产生的硫酸烟气使所有有根植物灭绝，这些受破坏的面积大到从宇宙中看就像地球表面的伤痕一样。一种叫"煅烧"的熔炼方法需要点燃大量的矿石、木材和焦炭。这些燃料不断闷燃产生酸性烟气。大多数土地都被侵蚀，形成壮观的沙漠，看起来像火星表面的景观一样。尽管已经停止开矿，但自然恢复非常缓慢。在铜山，使用含有矿物质或淤泥的大量肥料进行的人工造林已稍有成效。在松树苗上嫁接共生菌根，这些菌根可以帮助树木从贫瘠的土地中汲取营养，当多数输入肥料耗尽的时候，这些松树可以自我维持生存(E. P. Odumm 和 Biever,1984)。最后，这些实验证明局部破坏的生态系统可以恢复到一定程度，但需要付出巨大的努力和代价。

　　圣海伦斯火山的实例证明了自然干扰的影响，以及干扰后的快速恢复或修复进程（图 2.9A和图 2.9B；更多信息见第 8 章"生态系统发育"部分）。恢复生态学(restoration ecology)相对而言是用于指导已经被污染、物种入侵或人类干扰破坏的群落、生态系统和景观管理的一门新兴科学。当然对污染、物种入侵或人类干扰的预防要比治理好得多。正是由于这个原因，生态系统健康(ecosystem health)科学需要与恢复（或重建）生态学紧密联系，正如预防性药物与人类健康和疾病控制亲密联系一样。更多的内容见 W. R. Jordan 等(1987)和 Rapport 等(1998)。

图2.9 （A）位于华盛顿西南部的喀斯喀特山脉的圣海伦斯火山1980年5月18日喷发后的景象。在火山喷发（自然干扰）毁掉所有植被之前，茂盛的花旗松林覆盖了这片区域。（B）同一地区16年后的景象。与人类干扰（毒害）后较慢的恢复速率相比，这个系统在自然干扰后恢复得很快

2.8 全球生产和分解

2.8.1 概述

每年，地球上的光合作用生物产生大约10^{17}g（大约1 000亿吨）的有机物。生物的呼吸作

用在相同时间内又将大约等量的有机物氧化为二氧化碳和水,但这个平衡并不精确。

从前寒武纪开始,大多数地质时代中,非常少但又很重要的部分有机物在无氧沉积物中不完全的分解,或者不经过呼吸和分解作用而完全埋藏和矿化。尽管使二氧化碳长时间脱离大气的石灰石的形成在这一点上可能也很重要,这种过量的有机物可能有助于降低大气中二氧化碳的含量,并使氧气含量增加到接近近期地质时代中的含量。在任何情况下,高氧量和低二氧化碳量才能使高等生命形式的进化和生存成为可能。

大约 3 亿年前,超额生产所形成的化石燃料,使工业革命得以实现。在过去的 6 000 万年间,生物平衡的改变,连同火山活动、岩石风化、沉积作用和太阳能输入的变化,已经导致大气中 CO_2/O_2 比率的动荡。大气中二氧化碳的变动与天气冷热更替密切相关并推测是其变化的原因。在过去的半个世纪里,人类工农业活动极大地增加大气中 CO_2 的浓度。因为 CO_2 浓度是气候变化的潜在威胁,目前已成为一个严重的全球性问题,1997 年,各国首脑在日本京都召开会议,寻找可以减少 CO_2 排放的方法。

生态系统外的有机物生产称为外来(allochthonous)(源于希腊文"chthonos"和"allos",分别意为"地球的"、"其他")输入;生态系统内部的光合作用称为原生(autochthonous)生产。在后面的章节中,我们试图均等地详细讨论有机物的生产与分解。为了了解和处理世界的现在和未来,区域、全球和生态系统一系列演化序列中的生产与呼吸(P/R 率)平衡(或不平衡)(见第 8 章),以及人类技术生态系统中生产和维持代价间的平衡,可能是我们需要了解的重要值。

2.8.2 解释

2.8.2.1 光合作用和生产者的种类

光合作用将部分太阳能转化为化学能作为食物中潜在或内在的能量贮存起来。氧化还原反应的基本公式如下:

$$CO_2 + 2H_2A \xrightarrow{\text{光能}} (CH_2O) + 2A$$

氧化过程为:

$$2H_2A \longrightarrow 4H + 2A$$

还原过程为:

$$4H + CO_2 \longrightarrow (CH_2O) + H_2O$$

通常对绿色植物(绿细菌、藻类和高等植物)来说,A 是氧,即 H_2O 氧化释放 O_2,CO_2 还原成为糖类(CH_2O)同时释放出水。因为多年前利用放射性同位素已发现上面的公式中的 O_2 来自于 H_2O 输入,光合作用的平衡公式如下:

$$6CO_2 + 12H_2O \xrightarrow{\text{光能}} C_6H_{12}O_6 + 6O_2 + 6H_2O$$

另一方面,在一些细菌光合作用类型中,H_2A(还原剂)不是 H_2O 而是一种无机硫化合物,如在绿色及紫色硫细菌(分别为绿硫细菌科(Chlorobacteriaceae)和色硫菌科(Thiorhodaceae)中的硫化氢(H_2S),或者是紫色及褐色非硫细菌(紫色非硫细菌科(Athiorhodaceae))所具有的一种有机化合物。相应的,这些细菌类型的光合作用并不释放氧。

释放氧气的光合细菌(photosynthetic bacteria)大部分是水生(海洋和淡水)蓝细菌(cyanobacteria),它们在有机物生产中多发挥次要作用。但是,在不利条件下,它们仍在循环水沉积物中的某些矿物元素中保持功能。如,绿色及紫色硫细菌在硫循环中非常重要。它们是专性厌氧生物(obligate anaerobes)(仅能在无氧条件下发挥功能),出现在光照强度很低的沉积物中或水中氧化带和还原带之间的边界处。潮滩是观察这些细菌的良好场所,因为它们经常在上层泥滩绿色藻类带(换句话说,在上部厌氧或还原层,此处有光照但可利用氧气不多)以下形成鲜明的粉红或紫色层。与之形成对比,非硫光合细菌通常是兼性厌氧生物(facultative anaerobes)(有氧无氧条件下都能发挥功能)。在没有光照的情况下,它们能像许多藻类一样发挥异养生物的功能。细菌光合作用对污染和富营养水体很有帮助,因此出现越来越多的相关研究,但它不可替代世界所依赖的常规的产氧光合作用。

高等植物中CO_2还原(公式的还原部分)生化途径的差异有重要的生态学含义。在大多数植物中,CO_2固定遵循C3戊糖磷酸循环(C3 pentose phosphate)或卡尔文循环(Calvin cycle),这是多年以来光合作用所认同的模式。到了20世纪60年代,植物生理学家发现某些植物以C4二羧酸循环(C4 dicarboxylic acid cycle)这种不同的方式来还原CO_2。例如C4植物围绕叶脉的维管束鞘中含有大量的叶绿体,这个明显的形态学特征早在一个世纪以前就已经被提出来了,但没有把它作为一种重要的生理学特征。更重要的是,利用二羧酸循环的植物,对光照、温度和水的响应存在差异。为了讨论生态学含义,将进行这两种光合反应类型的植物称为C3植物(C3 plant)和C4植物(C4 plant)。

图2.10对比了C3和C4植物对光照和温度的反应。C3植物在适中的光照强度和温度下光合作用速率(单位叶面积)达到峰值,而在高温和高强度光照条件下光合作用被抑制。相比之下,C4植物则适应强光和高温,在这些条件下明显超出C3植物的生产力。C4植物对水的利用率也更高,通常生产1 g干物质的需水量不到400 g,而C3植物需要400~1 000 g的水。此外,C4植物不像C3植物一样被高氧浓度所抑制。C4植物在强光高温状态下更有效率的原因之一是因为它们很少有光呼吸,也就是说,植物的光合作用产物不随着光照强度的升高被呼吸掉。已有报道说一些C4植物更能抵抗昆虫牧食(Caswell等,1973),这或许是因为它们的蛋白质含量较低的缘故。另一方面,Haines和Hanson(1979)报道说盐沼中C4植物产生的碎屑物,与C3植物产生的碎屑物相比,是消费者更丰富的食物资源。

具有C4类型光合作用的物种在禾本科(Gramineae)中为数众多。和预期的一样,C4植物在暖温带及热带的沙漠和草原中占优势,但它们在光照强度和温度较低的森林以及多云的北纬地区较稀少。表2.6表明了从美国中西部寒冷、潮湿的草原到西南部炎热、干旱的沙漠,C4物种所占比例如何沿着这个环境梯度升高,以及温带沙漠中C4/C3比例如何随季节变化。马唐(*Dogitaria sanguinalis*)这种破坏草坪的杂草,和在人造的温暖空地上旺盛生长的大量其他杂草一样都是C4植物,这一点并不令人惊讶。

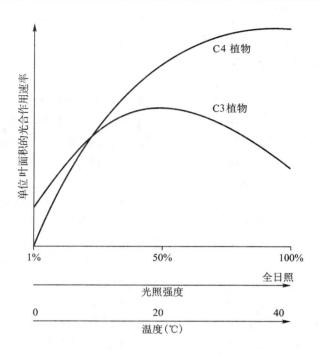

图 2.10 对比 C3 和 C4 植物对光照和温度增加的反应。
C3 植物在适中的光照强度和温度下光合作用速率达到峰
值,而 C4 植物则在强光和高温条件下比较繁茂

表 2.6   在美国东—西样带草原和沙漠中 C4 植物的比例

生态系统	C4 物种所占比例
高秆草草原	50
混合草种草原	67
矮禾草草原	100
沙漠夏季一年生植物	100
沙漠冬季一年生植物	0

引自:仿 E. P. Odum,1983

　　尽管 C3 植物在叶片水平的光合作用效率较低,但它们承担了世界的大多数光合作用生
产,大概是因为它们在遮蔽的、光照和温度处于平均值而非极端的混合群落中具有更强的竞争
力(图 2.10 所示在低光照和低温条件下 C3 植物比 C4 植物表现更好)。这是另一个表明"整
体并非所有部分的总和"原理的很好例证。在真实世界中,与单物种栽培的处于最优生理状
态下的物种相比,多物种栽培和不总处于最优状态的变化条件下的物种生存力更强。换句话
说,隔离状态有效的在生态系统中并不一定是有效的,生态系统内物种间的相互作用和非生物
环境在自然选择中非常重要。

　　目前人类从中获取赖以生存食物的植物,例如,小麦、水稻、土豆和多数蔬菜,是 C3 植物

的重要部分,这是由于这些适于机械化农业的农作物多在北温带培育。热带地区的农作物,如玉米、高粱、甘蔗都是 C4 植物。应该培育更多的 C4 植物品种用于灌溉沙漠和热带地区。

另一种尤其适应于沙漠地区的光合作用模式的是景天酸代谢(crassulacean acid metabolism, CAM)。包括仙人掌在内的几种沙漠多汁植物,在炎热的白天关闭气孔,而在凉爽的夜晚打开气孔。气孔开放时 CO_2 吸收并储存在有机酸中(由此得名),直到第二天才固定。这种延迟的光合作用极大降低了在白天水分的流失,因此增强了多汁植物保持水分平衡和储存水的能力。

一种称为化能合成细菌(chemosynthetic bacteria)的微生物被认为是化能无机营养(chemolithotrophs),因为它们并非通过光合作用而是通过简单无机化合物的化学氧化(如氨到亚硝酸盐、亚硝酸盐到硝酸盐、硫化物到硫以及铁到三价铁)获得能量将 CO_2 同化为细胞组分。它们能在夜间生长,但大多数需氧。经常在含硫温泉中含量丰富的硫细菌产硫酸杆菌(*Thiobacillus*),以及在氮循环中非常重要的各种氮细菌,都是化能合成细菌。

大多数情况下,化能无机营养存在于碳恢复而非初级生产中,因为它们最终的能量来源是光合作用产生的有机物。然而,1977 年,生态学家发现独特的深海生态系统完全基于化能营养细菌而并不依赖光合作用产物。这些生态系统位于海底广阔的完全黑暗地带,形成溢流口,灼热且矿质丰富的含硫水从中流出。这种情形下,演化形成包含地方性(endemic)(就是该物种未在其他地方发现)海洋生物的整个食物网。食物链开始于细菌,它们通过氧化 H_2S 及其他化学物质获得能量来固定碳和生产有机物。在溢流口结构较凉的部位,蜗牛和其他食草动物以细菌团为食;奇怪的是,30cm 长的蛤和 3m 长的管虫与居住其组织内部的化能合成细菌已演化出了互利共生关系;螃蟹和鱼等捕食者也存在于溢流口处。这些溢流口的群落实际上是一个古老的以地热为能源的生态系统,因为地热能生产还原的硫化合物从而作为这个生态系统的能源。溢流口结构的图解见图 2.11。对一些动物的评述和图片参见 Tunnicliffe(1992)。

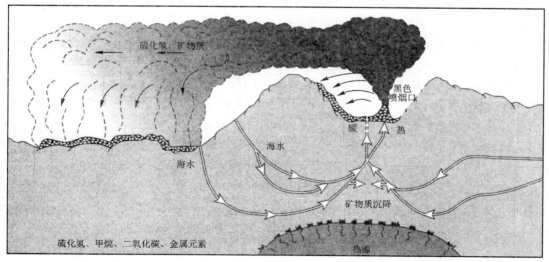

图 2.11 深海热量溢流口。在海洋中部的火山口产生富含硫化氢的矿物质的"黑烟"。溢流口的烟气通道处布满帽贝、海下蠕虫(例如多毛目环节动物)和大型管虫。螃蟹和贻贝也在沉积物富集的地方安家(V. Tunnicliffe 提供)

全球范围内的多细胞生命形式中,自养生物和异养生物之间的差别是很明显的,氧气对大多数异养生物的生存来说是必需的。但是在微生物(细菌、真菌以及更原始的藻类和原生动物)中,很多物种及变种并不是专性化的。更多时候,它们会适应介于自养作用和异养作用之间的状态,或在有氧或无氧条件下,在自养作用和异养作用之间转换。

2.8.2.2　分解和分解者的类型

在世界普遍范围内,分解作用的异养过程(分解代谢)与自养代谢(合成代谢)近似平衡,本小节会对此有所阐述,但这种平衡在不同场所变化范围较大。如果分解在广义上被认为是"产能生物的氧化过程",那么当考虑需氧量的时候,与光合作用的类型相对应的几种分解作用的类型大致如下:

- 类型1　需氧呼吸:氧气(分子氧)是电子受体(氧化剂)。
- 类型2　厌氧呼吸:不需要氧气,无机化合物代替氧气或有机化合物作为电子受体(氧化剂)。
- 类型3　发酵作用:也是厌氧的,但电子受体(氧化剂)是被氧化的有机化合物。

需氧呼吸(aerobic respiration)(类型1)与光合作用相反;需氧呼吸是将有机物(CH_2O)分解为 CO_2 和 H_2O,并释放能量的过程。所有高等植物和动物以及大部分原核生物和原生生物都通过有氧呼吸获得能量来维持和形成细胞物质。完整的呼吸作用会产生 CO_2、H_2O 及细胞物质,但是这个过程可能会不完全,会留下部分含有能量的有机化合物被其他生物所利用。有氧呼吸的典型方程式如下:

$$C_6H_{12}O_6 + 6O_2 \longrightarrow 6CO_2 + 6H_2O$$

看到这个方程式你会想到在光合作用中,太阳能被捕捉并以储存在糖类高能键中;同时释放氧气。糖类(如单糖 $C_6H_{12}O_6$)被自养生物利用或被异养生物摄取。在呼吸作用期间通过糖酵解和三羧酸循环,释放出糖类中的能量以及 CO_2 和 H_2O。在几乎所有的生态系统中,光合自养生物为整个生态系统提供能量。因此,系统的最终能源都是太阳辐射。

尽管高等动物的某些组织的相关过程(如肌肉收缩)进行无氧呼吸(anaerobic respiration),但无氧呼吸却在很大程度上制约着腐生生物,如细菌、酵母菌、霉菌和原生动物。甲烷细菌是专性厌氧菌,通过有机碳或矿物碳(碳酸盐)的还原(两种厌氧代谢类型)来分解有机化合物并产生 CH_4 气体。在水生环境中,比如淡水林泽和草泽,CH_4 也就是大家常说的沼气升到沼泽表面被氧化,如果着火的话可能报道为 UFO(不明飞行物)!甲烷细菌也能分解牛和其他反刍动物瘤胃中的草料。当我们耗尽天然气和其他化石燃料时,可以驯化这些微生物大规模分解肥料或其他有机资源来制造 CH_4 气体。

脱硫弧菌和其他硫酸盐还原菌是厌氧呼吸的重要生态学范例(类型2),因为它们在深层沉积物和不含氧的水(如黑海)中能将 SO_4 还原为 H_2S 气体。H_2S 可以上升到浅层沉积物或水体表面,从而被其他生物(如光合硫细菌)氧化。另外,H_2S 可以与 Fe 和 Cu 及其他矿物元素相结合。几百万年以前,矿物元素的微生物生产已经带来大多数我们现今最重要的金属矿存。另外也存在消极的一面,硫酸盐还原菌所产生的 H_2S 会腐蚀金属并导致每年数十亿美元的损失。当然,酵母菌是一种众所周知的用于发酵(fermentation)的生物(类型3)。酵母菌不仅具有重要的商业价值,而且土壤中丰富的酵母菌有助于分解植物残留物。

正如上文所指出的,很多种细菌既能进行有氧呼吸又能进行无氧呼吸,但两种反应的最终产物却是不同的,另外无氧呼吸下释放的能量会少得多。例如,相同种类的产气杆菌,在无氧和有氧条件下的生长都以葡萄糖为碳源。在有氧的情况下,几乎所有葡萄糖都转化为细菌的生物量和CO_2,但在无氧的情况下,分解并不完全,一小部分葡萄糖转化为细胞碳,并释放一系列的有机化合物(如乙醇、甲酸、乙酸和丁二醇)到环境中。另外需要一些细菌来专门进一步氧化这些化合物并重新获得补充能量。当有机物碎屑以较高的速率输入到土壤和沉积物中时,细菌、真菌、原生动物和其他生物会以超过氧气扩散到水体和土壤的速度快速消尽氧气而产生无氧环境。假若存在足够多样的厌氧微生物代谢类型,那么分解就不会停止而是通常以一个较低的速率继续进行。

图 2.12 所示的是当营养输入(未处理的城市污水)到溪流或河中时需氧和厌氧代谢的末段产物。在点源污水注入以前,溪流中含有大量溶解氧,物种多样性较高。污水的输入会导致在废水分解期间由细菌呼吸引起的生物需氧量(biological oxygen demand,BOD)。因此,溪流系统会因为分解过程而变得更加缺氧,具有较低的含氧量及生物多样性。应该注意的是无氧代谢的末段产物包含酸、乙醇和其他会破坏溪流水生生物的产物。

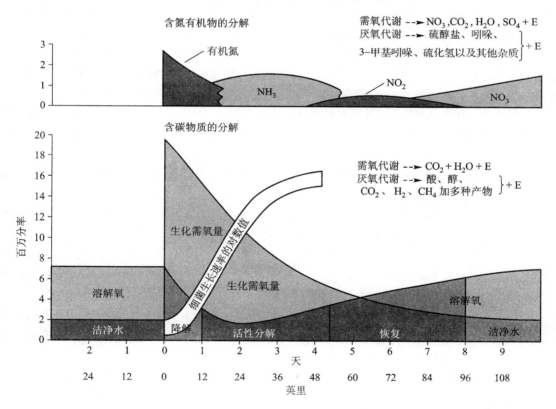

图 2.12　说明当急性剂量的污泥(包含含氮物质和含碳物质)输入到溪流中时,有氧和无氧代谢的末端产物。这种营养输入很快引起系统中的生化需氧量增加

尽管厌氧分解者(包括专性和兼性)是群落中不引人注意的组分,但它们在生态系统中非

常重要,因为它们是唯一可以在黑暗中、土壤的缺氧层和水体沉积物中呼吸或者发酵有机物的生物。因此,它们"拯救"了临时遗失在土壤碎屑物和沉积物中的能量和物质。

今天的无氧世界可能是原始世界的一个清晰的模型,因为我们相信最早的生命形式是厌氧的原核生物。Rich(1978)描述生命进化的两个阶段如下:第一阶段,由于来自加长电子传递的自由能的增加(生命可利用能质增加)引起的前寒武纪的生命进化;在第二阶段,在常规多细胞进化领域,单位生物的高能值被固定(终端电子受体为氧),生命响应可利用的能量而进化。

在当今世界,由厌氧微生物过程产生的还原无机和有机化合物作为碳和能量的贮存库用于光合作用固定能量。之后化合物暴露于有氧条件下,作为需氧的异养生物的基底。因此,两种生命类型最终合并起来并为了相互利益共同执行功能。例如,污水处理系统是一个人工分解亚系统,依赖于需氧和厌氧分解者的共同作用而达到最高效率。

2.8.2.3　分解作用纵览

分解源自非生物和生物过程。例如,草原和森林火烧不仅是重要的限制和控制因子(稍后将讨论),它们也是碎屑物的"分解者",向大气中释放大量的 CO_2 和其他气体,向土壤输入大量的矿物元素。在微生物分解者跟不上有机物生产进程条件下,火烧是火烧依赖型(干扰依赖)生态系统的一个重要的甚至必需的过程。像结冰、融化和水流之类的碾磨作用也会分解有机物,部分地减小微粒大小。但最终基本上是异氧微生物或腐生生物来分解死亡的动植物尸体。当然,这种分解过程也是细菌和真菌获得自己食物的途径。因此,分解作用通过生物体内与生物间的能量传递得以发生,这是一个至关重要的功能。如果没有分解作用,所有营养物质都会很快限制在动植物尸体中,无法产生新的生命。在细菌细胞和真菌菌丝体内存在执行专性化学反应所必需的酶。这些酶隐藏在死亡物质中;一些分解产物作为食物被生物吸收,而其他产物仍然存在于环境中或从细胞中分泌出来。单单一种腐生生物是无法完全分解一个尸体的。然而,生物圈内由多个物种组成的优势分解者种群,通过一系列作用,可以完全分解尸体。动植物尸体的所有部分并不是同时被分解的。脂肪、糖和蛋白质能被迅速分解掉,而植物的纤维素、树木的木质素、昆虫的几丁质和动物的骨头都分解得非常慢。图 2.13 所示对佐治亚州盐沼放置在尼龙网凋落物袋中死亡的沼泽草和招潮蟹的分解速率进行了对比。在大约两个月的时间内,动物大部分依然保留着,而沼泽草干重的 25% 被分解掉了,但剩下的 75% 主要是纤维素,分解速度很慢。10 个月后,依然剩有 40% 草,但网袋里所有保留着的蟹都消失了。碎屑分解得很细微并从网袋中漏出,这种微生物的剧烈活动经常引起氮和蛋白质的富集,从而为食碎屑动物提供更营养的食物。图 2.14 所示的图解模型表明,森林枯枝落叶(叶子和小枝)的分解作用受木质素含量(抗性聚合物)和天气状况的影响很大。直到几十年前,人们还相信木质素只有在有氧条件下才会被分解。然而,自那以后的研究表明即使抗性很强的化合物在无氧条件下也会被微生物降解(尽管很慢)(Benner 等,1984)。

分解作用的较强抗性产物形成腐殖质(humus 或 humic substances),这也是生态系统的普遍组分。为研究方便可将分解作用简化为 4 个阶段:① 初始淋洗阶段,可溶性糖和其他化合物溶解于水中而流失;② 物理和生物过程(碎屑作用)的共同作用下形成颗粒碎屑物阶段,同时伴随着溶解有机物的释放;③ 腐殖质的相对快速生产和腐生者释放另外一些可溶性有机物阶段;④ 腐殖质的缓慢矿化阶段。矿化作用(mineralization)是将束缚有机营养释放为植物和微生物可利用的无机形式的过程。

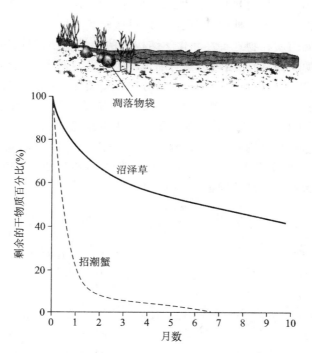

图 2.13 佐治亚州盐沼分解的实例。根据放置在每日潮汐涨落的盐沼中的尼龙网凋落物袋中保留的死亡的大米草(*Spartina alterniflora*)和招潮蟹(*Uca pugnax*)的百分比来计算分解速率

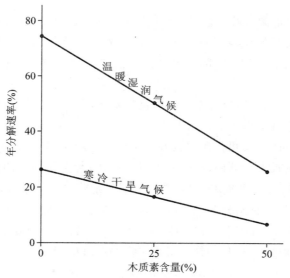

图 2.14 森林枯枝落叶的分解作用是木质素含量和天气状况的函数(仿 Meentemeyer,1978)

　　腐殖质的分解作用缓慢是引起受胁迫生态系统分解作用滞后和氧积累少的一个因素。通常腐殖质在外观上经常呈现为一种深黄褐色、无定形或胶状的物质,难以进行化学分类。不同的陆地生态系统中的腐殖质在物理特性和化学结构上的差异很小,但已有研究表明海洋腐殖质与陆地腐殖质的来源不同,因此结构也就与陆地的不同。这种差异与海洋中缺乏木质素含量高的木本植物有关,因此腐殖质化合物是少量芳香族藻类化学物质的衍生物。

　　从化学成分上讲,腐殖质是芳香族化合物(苯酚类)与蛋白质和多糖分解产物相结合的浓缩物质。如图 2.15 所示是一个从木质纤维素衍生而来的腐殖质的分子结构模型。苯酚的苯环和侧链键的存在使这类化合物对微生物分解具有一定抗性。具有讽刺意味的是,人类正向环境中添加许多有毒物质,如除草剂、杀虫剂和工业排污,这些都是苯的衍生物,由于它们较低的可降解性和毒性导致严重的环境问题。

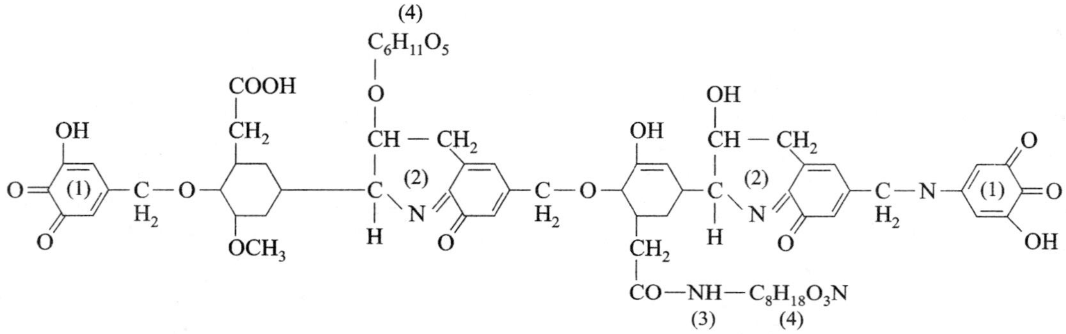

图 2.15　腐殖酸的分子结构模型,图示(1)芳香族或酚的苯环;(2)环状的氮环;(3)氮的侧链;和(4)糖类残基;所有这些结构都使腐殖质难以降解

　　一个生态系统的总能源预算,就像银行存款一样,反映了系统的收支平衡(即生产和分解的平衡)。生态系统中的绿色植物(自养生物)通过光合同化作用从太阳光照中获得能量,并将有机物从外源传递到生态系统内部。更多关于生产 P 和分解或呼吸 R 之间平衡的内容见第 3 章。

　　碎屑物、腐殖质和其他经历分解作用的有机物对土壤肥力非常重要。这些物质为植物生长提供了一个有利的土壤结构。正如园丁所知道的,将腐烂或分解的有机物添加到多数土壤里都能大大增加园地生产蔬菜和花卉的能力。此外,许多有机物与矿物质形成络合物对矿物质的生物可利用性影响很大。例如,与金属无机盐相比,与金属离子的螯合作用(chelation,来自 chele = "claw",指抓住)或形成络合物,能使金属元素溶解并不再具有毒性。工业废水富含有毒金属,幸运的是有机物自然分解产生的络合物可以减轻它们对生物的毒性。例如,铜对浮游植物的毒性与自由离子(Cu^{2+}[①])的浓度有关,而非与铜的整个浓度有关。因此,与很少存在能够络合金属的有机物的远海相比,在有机物丰富的近海岸带,一定量的铜几乎没有毒性。

---

　　①　译者注,原文中为 Cu^{++}。

　　土壤由矿物质、有机物、水和空气多变的组合所组成。最近关于土壤的定义（Coleman 和 Crossley，1996）包括土壤中"具有活性的有机体"。因此，健康的、肥沃的土壤是有生命的，由相互作用的生物和非生物组分构成（详见第 5 章土壤生态学部分）。

　　众多的研究已经表明，小型动物（如原生动物、土壤螨、弹尾目昆虫、线虫、介形类甲壳动物、蜗牛和蚯蚓）在分解作用和土壤肥力维持方面非常重要。如图 2.16 所总结的那样，当这些微动物群选择性的迁移时，死亡植物的分解会大大减缓。尽管许多以碎屑为食的动物（食碎屑者）并不能真的消化木质纤维素，但在很大程度上它们从这些物质中的菌群获得它们的食物能源，它们通过多种间接方式加速植物枯枝落叶的分解：① 将碎屑物或粗颗粒有机物（coarse particulate organic matter，CPOM）分解为小碎屑，从而提高微生物活动的可利用表面积；② 添加蛋白质和其他促进微生物生长的物质（通常在动物排泄物中）；③ 通过取食一些细菌和真菌促进这些微生物种群的生长和代谢活性。此外，许多食碎屑者是食粪动物（coprophagic 来自 kopros = "dung"，粪）；也就是说，当环境中的粪球通过真菌和微生物的活动富集以后，这些食碎屑者就会有规律地摄取粪球。海洋中的浮游被囊类动物以水中菌群为食，它排出的大粪球已证明是包括鱼在内的其他海洋动物的重要食物来源。在草原，兔子也经常有再摄取它们自己粪球的食粪行为。

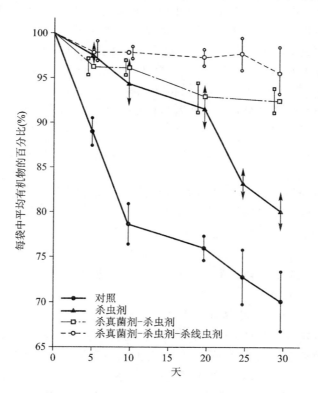

图 2.16　当小型节肢动物、真菌或线虫类被选择性地移除时，草地中埋藏的凋落物袋中有机质的降解极大地降低（仿 Santos 等，1981）。这些数据说明小型无脊椎动物和真菌在土壤有机质分解中的重要性

通过对比耕作和非耕作农业,可以揭示粒度的重要性。传统的耕作,包括一年一次或多次的深耕,有机残渣被破碎成小碎块,形成以细菌为基础的碎屑食物链。当减少或取消犁耕(有限的耕作或不耕作)时,以真菌为基础的食物链会占优势,因为真菌在破碎大颗粒方面比细菌更有效率。食碎屑者,如蚯蚓,当减少的犁耕的时候会更丰富(Hendrix 等,1986)。许多研究也已表明,吞噬生物确实能够加速污水分解过程(关于在农业生态系统中将污泥和废水用于作物生产的成本和收益问题详见 NRC,1996b,《粮食作物生产中回收水和污泥的利用》)

尽管目前已强调提供植物营养的有机物矿化作用是分解作用的重要功能,但另一个功能更为生态学家所关注。除腐生营养作为其他生物的食物这个重要性之外,分解过程中释放到环境中的有机物还可能对生态系统中其他生物的生长有着非常显著的影响。1935 年,Julian Huxley 将通过外部媒介对系统发挥相关作用(或反馈)的那些化学物质称为"外扩散激素"。一个物种通过分泌某种物质来影响另一个物种,对这种物质最常用的名称是次生代谢产物(secondary metabolites)或次生化合物(secondary compounds)。这些物质可能是抑制性的,如抗生素青霉素(由一种真菌类产生),或者是促进性的,如各种维生素和其他生长物质(如维生素 B_1、维生素 B_{12}、维生素 H、组氨酸、尿嘧啶等等),许多这类物质还没有从化学上鉴定出来。

一个物种分泌有害或有毒化合物对其他物种的直接抑制性称为化感作用(allelopathy)。这些分泌物通常称为化感物质(allelopathic substances,来自 allelon = "of each other",互相的,pathy = "suffering",忍耐)。藻类释放的化感物质对水生生物群落的结构和功能影响很大。高等植物叶片和根系分泌的抑制性物质也非常重要。例如,众所周知黑胡桃树(*Juglans nigra*)会产生胡桃醌,这是一种化感化学物,会抑制其他植物在其附近生长。已经证明化感代谢物以复杂的方式与火烧相互作用控制着沙漠和灌丛植被。与在多雨气候相比,干旱气候下这种分泌物易于累积并因此影响更大。Whittaker 和 Feeny(1971),Rice(1974)、Harborne(1982),Gopal 和 Goel(1993)以及 Seigler(1996)已经详细论述了生化分泌物在群落演化和结构形成中的作用。

总之,有机物的降解是一个漫长而复杂的过程,涉及许多物种和化学反应过程——可见维持生物多样性的重要性。分解作用控制着生态系统中几个重要的功能。例如,① 通过对死亡有机体的矿化作用来循环物质;② 螯合和络合矿物营养;③ 通过微生物活动恢复营养和能量;④ 为碎屑食物链中的一系列生物生产食物;⑤ 生产具有抑制性或刺激性并常具有调节性的次级代谢物;⑥ 改变地球表面惰性物质的产生,如土壤这种独特的地球复合物;⑦ 维持大气对生物量较大的需氧生物如人类的传导性。

2.8.2.4   研究分解作用的分子生物学新方法

由于我们不能鉴定或区分许多细菌物种,微生物群落分解作用的研究直到最近都一直受很大限制。除了少数形态上与众不同的物种,人类从显微镜看去,所有的细菌都差不多。然而,看上去相同的细胞可能执行着非常不同的过程。最近,基于精确、短小的 DNA 探针进行细胞染色的方法,已经使土壤、沉积物和水样中的细菌鉴定成为可能,甚至可以确定一个单独的细胞是否包含参与分解特定化合物的基因。这些分子技术也能显示细胞中的基因是否开启。这些技术使生态学家详细研究分解者群落如何执行功能成为可能,就像生态学家目前已经详细掌握了高等生物群落是如何执行功能的。

2.8.2.5 全球生产－分解平衡

尽管自然界纷繁复杂并具有各种各样的功能,但是简单地将其分为自养者－异养者－分解者对描述生物群落的生态结构来说是很有效的工作方式。生产、消费和分解是用于描述群落全部功能的有用术语。这些及其他生态学分类都是根据功能进行的,而根据物种来分类则是不必要的,因为某个特定的种群可能行使多种基本功能。细菌、真菌、原生动物和藻类的个别物种可能只参与专门的代谢,但这些低等生物门类联合起来会具有非常多的功能,并且能执行许多生化转化。若没有LaMont Cole 所称的"友好微生物"(Cole,1966)的话,人类及其他高等生物是无法生活的;由于微生物能快速适应变化的环境条件,在一定程度上能够维持生态系统的稳定性和可持续性。

异养生物在完全利用和分解自养代谢产物上总是落后,这是生物圈最重要的时空特征之一。了解这一点对工业化的社会尤为重要,因为存在这种时滞,才使矿物燃料在地面积累,使氧气在大气中累积。急需关注的是人类通过以下活动,无意但非常快速地加速了分解作用:① 燃烧贮存在矿石燃料中的有机物;② 提高腐殖质分解速率的农业实践;③ 世界范围内的森林退化和木材燃烧(居住在世界不发达国家的 2/3 人口所利用的重要能源)。所有这类活动将贮存在煤炭、石油、树木和深层森林土壤中的腐殖质中的 CO_2 释放到空气中。尽管通过农业工业活动散布到大气中的 CO_2 的量与循环总量相比还比较小,但大气中 CO_2 的浓度自 1900年后已有大幅度的升高,这可能导致的气候变化问题将在第 4 章阐述。

2.9 微宇宙、中宇宙和宏宇宙

2.9.1 概述

瓶子或其他容器(如养鱼缸)中的小型自给世界或微宇宙(microcosms),能模拟缩微的自然生态系统。这种容器可以认为是个微观生态系统。大型实验蓄水池或室外围栏称为中宇宙(mesocosms),由于受控于自然波动环境因子,如光照和温度,并且能够容纳具有更复杂生活史的大型生物,所以它们是非常有现实意义的实验模型。地球、大集水区或自然景观,称为宏宇宙(macrocosms),是用于原始的或"对照"测量的自然系统。

一个包括人类的自给中宇宙称为"生物圈二号",是建立一个生物再生圈的首次尝试,将来有一天可能会建造在月球或其他临近星球上。目前运转的太空船和空间站不是自给的,除非它们能频繁地从地球获得补给,否则只能在太空保持较短的时间。为了设计模拟生态系统可持续性的系统,需要将自然演化的生物圈的特征和过程与人类设计的工业"合成圈"(Severinghaus 等,1994)相结合。

2.9.2 解释与实例

实验室微宇宙可以分为两种类型:① 在培养媒介内采用自然样品播种的直接源于自然的微观生态系统;② 通过添加纯种培养或无菌培养物种(与其他生物隔离)构建系统,直到获得期望的结合体。所获得的系统代表自然消减或简化的那些能较长时间在容器、培养媒介和实验者施加的光温环境的限制范围内生存并发挥功能的生物。因此,这种系统通常用于模拟某些具体的室外情形。例如,图 2.17 所示的微宇宙,源自一个废水池塘;图 2.18 描绘了一个标准水生微宇宙(standardized aquatic microcosm,SAM)(仿 Taub,1989,1993,1997)。所构建的微观生态系统存在的问题是它们的精确组分(尤其细菌)难以确定。H. T. Odum 和他的学生是衍生系统或"多块"系统的生态学应用的先驱。

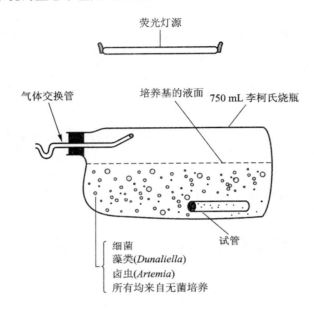

荧光灯源

气体交换管　　　　培养基的液面　750 mL 李柯氏烧瓶

试管

细菌
藻类(*Dunaliella*)
卤虫(*Artemia*)
所有均来自无菌培养

图 2.17　包含三个无菌培养物种的限菌微宇宙。试管
为藻类提供了一个没有卤虫采食的自由繁殖区域,从而
防止过度采食(仿 Nixon,1969)

　　在纯性培养中,通过增加先前独立并仔细研究过的成分来构建明确的系统(图 2.17)。相应这种培养方式常称为限菌培养(gnotobiotic),因为精确的成分甚至与细菌存在与否都是明确的。限菌培养已广泛应用于研究某个物种或变种的营养、生物化学等方面,或用于研究物种的相互作用,但是生态学家已尝试用复杂的多种培养来设计自给生态系统(Taub,1989,1993,1997;Taub 等,1998)。这些实验室微观生态系统的方法与两个在真实世界长期存在的、生态学家已经将其用于研究湖泊和其他大型系统的方法(整体研究法和分部研究法)相对应。有关微宇宙的早期生态学研究,以及有关平衡水族馆理论的讨论,见 Beyers(1964)、Giesy(1980)、Beyers 和 Odum(1995)以及 Taub(1993,1997)。

　　对"平衡的"水族馆存在一个常见的误解。如果鱼对水和植物的比率保持较小,那么就可以达到一个水中气体和食物的适当平衡。1851 年,Robert Warington 在一个 12 加仑的养鱼缸里,用少数金鱼、蜗牛和许多苦草(*Vallisneria*)以及多种多样相伴的微生物"建立了动植物间令人惊奇和惊叹的平衡"(Warington,1851)。他不仅明确指出鱼和植物之间的互惠作用,而且还恰当地指出了蜗牛食碎屑者"在分解植被和丝状黏液"中的重要性,从而"将有毒物质转变为植物生长所需的肥沃富饶的食物"。由于有效资源中养了太多鱼(种群过密的例子),多数平衡水族馆的尝试都失败了。为了完全自给,一条中等大小的鱼需要一定的水和附带食物生物。因为观赏是家庭、办公室或者学校养鱼的主要原因,大量鱼挤在小空间里,食物、通风和定期清洁等辅助工作就是必需的。换言之,养鱼专家若根据生态系统科学,将构建一个很好的养鱼缸。鱼,甚至人类所需的空间比想象的更大。

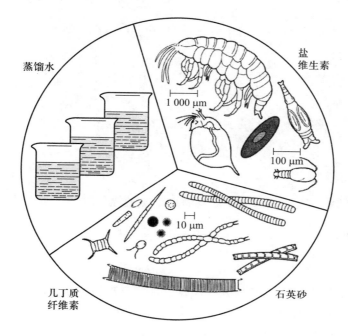

图 2.18 标准水生微宇宙(SAM)装置图(引自 Taub,F. B. ,1989.标准水生微宇宙进展和测试.见:A. Boudou 和 F. Ribeyre 主编,水生毒理学:基本概念和方法论.第二卷,47 - 92.佛罗里达州 Boca Raton:CRC 出版社。有使用许可)

大型室外蓄水池和流水槽等水生系统和各种封围的陆生系统,代表了介于实验室培养系统和自然生态系统或景观之间的中宇宙(mesocosms),目前对其应用正日益增加。图 2.19 所示为一系列作为水生中宇宙的实验水池。水池底部填满了沉积物,根据研究需要添加水和生物。这些中宇宙很好地追踪了自然发生的季节变化下的生物行为和群落代谢(生产和呼吸)。室内和室外模型中宇宙,为尝试性地初步估计污染或实验添加的与人类活动相关的干扰的影响提供了一个有用的工具。Boyle 和 Fairchild(1997)研究了生态风险分析中中宇宙研究的作用。

目前生态学家已证明各种围封起来的陆生中宇宙在估计火烧、杀虫剂和富营养化对整个生态系统的影响方面非常有用(Barrett,1968,1988;Crowner 和 Barrett,1979;W. P. Carson 和 Barrett,1988;Hall 等,1991;Brewer 等,1994),另外在阐述农业生态学和景观生态学的问题和检验假说方面也很有用(Barrett 等,1995;R. J. Collins 和 Barrett,1997;Peles 等,1998)。例如,

Barrett(1968)在评估杀虫剂胁迫对草原中宇宙的影响时,不仅确定杀虫剂的使用在短期内会降低目标植食性昆虫,而且从长期看,还会降低植物枯枝落叶的分解速率,延迟小型哺乳动物棉鼠(*Sigmodon hispidus*)的繁殖,以及降低肉食性昆虫的多样性。因此,这种中宇宙的方法阐明了一个被推荐的杀虫剂的施用如何影响系统整体的动态。更多关于中宇宙的概念和方法,见 E. P. Odum(1984)以及 Boyle 和 Fairchild(1997)。

图 2.19　位于南卡罗来纳州 Aiken 市萨瓦纳河生态实验室(SREL)的实验水生中宇宙

　　微观和中宇宙生态系统研究,在检验各种源于自然观察的生态学假说时也非常有用。例如,采用图 2.20 所示的陆地中宇宙来评估生境(斑块)破碎化对实验景观斑块中草原野鼠(*Microtus pennsylvanicus*)种群动态的影响。这个实验结果表明,在生境大小全部相同的破碎化处理中,雌性野鼠多于雄性野鼠,导致草原野鼠种群社会结构的差异(R. J. Collins 和 Barrett,1997);这一发现证明生境破碎化对个别物种既有正面影响又有负面影响。在下面几章里,将阐述有助于建立和阐明生态学基本原理的一些微宇宙和中宇宙的研究方法。

2.9.2.1　太空船生态系统

　　使生态系统的模型更形象化的方法是进行太空旅行。当我们离开生物圈去进行持续多年的探索时,我们必须把自己放在一个有明确边界、封闭的环境中,这个环境利用太阳光照作为太空的能量输入来供给所有生命需求。几天或几个星期的旅行,如往返月球,因为可以贮存充足的氧气和食物,CO_2 和其他废物也能短期内被固定或去除,我们就不需要一个完全自给的生态系统。然而,长期的旅行,如到行星的旅行或去构建太空生物居住地,我们必须设计一个再生的太空飞船,包含所有重要非生物物质以及可以使其循环的方法。生产、消费和分解等重要过程也应处于平衡状态,通过生物组分或机械装置来调节。实际上,自给太空飞船是人类中宇宙。

　　所有远程发射太空船的生命支持舱是一种贮存库;某些情况下,水和大气中的气体通过物理化学方法部分再生。科学家已经开始考虑将人类和微生物结合在一起(就像藻类和氢细菌的结合一样)的可能性,但发现是不可行的。在没有地球供给的情况下,多样性较高的大型生物(尤其是用于食物生产的生物)以及最重要的大量空气和水,将是真正再生的、在太空中长期维持的生态系统所必需的(回顾前面我们关于一条鱼或一个人需要大量空间的评论)。因此,该生态系统还必须包括一些类似传统农业及其他大型植物群落的事物。

Courtesy of Gary W. Barrett

图 2.20　俄亥俄州牛津市迈阿密大学生态研究中心的 16 个陆地中宇宙航空照片。这个图片阐明如何采用中宇宙方法研究生境恢复(左侧是 8 个细分的中宇宙)和生境(斑块)碎片对小型哺乳动物(草原鼠)种群动态的影响(右侧的 8 个中宇宙)。右侧的中宇宙(四周有围栏的)阐明一个规则的成对实验设计,围栏用于模拟景观(斑块和基质)组分(仿 R. J. Collins 和 Barrett, 1997)

关键问题是如何提供大气和海洋的缓冲承载力,这种承载力使生物圈成为一个稳定整体。在地球表面的每平方米土地上,有超过 1 000 m³ 的大气和接近 10 000 m³ 的海洋,以及大量永久植被,这些都是可利用的汇、调节器和循环者。明显地,居住在太空中,必须应用太阳能(也可能是原子能)机械地完成某些此类缓冲作用。美国国家航空和航天管理局(NASA)提出,"是否能够建立一个没有物质输入输出的完全封闭的、完全循环的、完全通过生物组分调节的人造生态系统,这是一个悬而未决的问题"(MacElroy 和 Averner,1978)。然而,1991—1993 年间,在完全不依靠 NASA 的私人基金的资助下,建立了一个固着于地面的典型中宇宙。在此简称为生物圈二号。

2.9.2.2　生物圈二号实验

为了确定在生物再生基础上维持一群人在月球或火星上生活需要什么,在美国亚利桑那州图森市以北 50 km 的索诺兰沙漠,建立了一个称为"生物圈二号"(地球为"生物圈一号")的地面太空舱。图 2.21 所示的就是占地 1.27 hm²(3.24 英亩)的生物圈二号,它的密封玻璃建筑和外部支持结构。1991 年秋季,8 个人被送进"生物圈二号",尽管为其提供了充足的能流(任何生命支持系统所需要的)和不受限制的信息交换(如收音机、电视和电话),在与外界没有任何物质交换情况下他们只在那里生活了两年。

A

B

摄影：王丰毅

摄影：王丰毅

图 2.21　生物圈二号的照片，一个实验性的生物再生中宇宙和它的
支撑结构。(A)占地 1.3 hm^2，玻璃密封空间兼有自然和人工系统
与控制装置。在 1991 到 1993 年的两年时间里，8 个人生活在隔离
的有能量输入(太阳能和化石燃料)和信息交流的太空舱内。在最
后 6 个月里，不得不添加 O_2，因为总的光合作用不足以维持 O_2 -
CO_2 平衡(Severinghaus 等，1994)。(B)含有雨林、热带草原/海洋/
沼泽、沙漠、集约耕作和人类生境等生命支持环境的温室

生物圈二号内部 6 个，从雨林到沙漠自然生境占据了 80% 的空间。这些生境类型提供了大量的生物多样性，人们预期一些物种将会在密封舱内繁盛而另一些可能无法适应而死去。剩余空间的大部分（大约 16%，或 0.2 hm²）是粮食作物（作物区），为人和少量家畜（山羊、猪和鸡）提供食物，这些家畜提供奶和少量肉满足人的低胆固醇饮食；人的栖息地非常小，有 8 个人的房间（好像城市地区），占了空间的 4%。空间分配为三个基本环境类型：自然环境、耕作环境和发达环境，类似美国的土地利用比例。但在生物圈二号内的"发达地区"内，没有汽车或产生污染的工业。如果人口多些，或人口会增长的话，就需要更多的生命支持环境。更多的描述和图片见 J. Allen(1991)。

1993 年秋季，8 个"生物圈人"结束了两年的隔离生活，他们能相互讲话，并且身体比刚进入的时候还要健康。维持空气和水循环、再生、加热和制冷等的复杂设备运转良好。有充足的太阳能来维持劳动力密集型的食物园，包括在密封空间内阳光充足的地方到处种植在盆内的香蕉植株。然而，全部光合作用不足以维持 $O_2 - CO_2$ 的平衡；在最后的 6 个月期间，不得不添加氧气（O_2）来避免"高空病"。很显然，玻璃就像一种不寻常的室外多云天气削弱了光照，另外，还有农业区有机物丰富的土壤，联合起来降低了氧气的生产并增加了其消耗，这远超出人们的预计(Severinghaus 等,1994)。

一些科学家批评生物圈二号是"伪科学"，因为里面的工作人员并不是科学家，而只是根据其能力选择来一起工作的人，种植他们自己所食用的所有食物，以及控制装备，另外这些人是自愿维持最低水平来生活两年。例如，那些工作人员，不得不将 45% 的工作时间用于种植和准备食物，25% 的时间用于维持和修理，20% 的时间用于交流，5% 的时间用于小的研究项目，只留下很少的时间（5%）用于休息和娱乐。作为人类生态系统和环境工程的一种训练，生物圈二号实验是成功的。最重要的是，它揭示了若没有来自地球的持续供应，维持人们在太空的生活是多么困难和昂贵。这个中宇宙的方法也表明了自然生态系统服务提供给人类社会的利益(Daily 等,1997)。不幸的是，生物圈二号作为一个实验研究设备（中宇宙）的未来仍被人质疑(Mervis,2003)。

尽管我们还不能建造一个人类中宇宙（即便我们知道如何建但也无法知道如何能负担它），但对空间居住狂热的人预言，在 21 世纪期间，百万人将居住在一个仔细筛选过的太空生物区中，这个区内没有地球上人类与之斗争的害虫和其他有害或非生产性的生物。在"高级领域"（它的支持者这样称呼）的定居成功将允许人类种群不断增长，并且这种增长后引起的种群的繁盛将不再受地球的限制。太阳能以及月球和小行星的矿产可以开发用于支持这种增长。然而真正让人无法应付的是这种中宇宙内的社会、经济、政治和污染问题。社会政治力量塑造和限制地球上人类生活和增长的程度将稍后在本章进行阐述。在任何情形下，关心地球的未来比计划通过迁移到太空殖民区逃离将要死亡的生物圈更重要。

2.10　生态系统控制论

2.10.1　概述

除了 2.1 节简要阐述的能量流动和物质循环外（详见第 3 章和第 4 章），生态系统还有丰富的信息网络,包括将系统所有部分连接起来的物理和化学信息的流动,并操纵或调节系统作为一个整体。因此,在属性上可以把生态系统视为一个控制论系统(来自 kybernetes = "pilot"或"governor",控制),但是,就像第 1 章所强调的那样,有机体以上组织层次的控制论系统与有机体或机械控制装置水平的是截然不同的。人工控制装置是外部的、特定的(定点),而自然控制功能是内部的、分散的(非定点)。缺失定点控制导致形成一个波动状态而非稳定态。变化幅度,或稳定性达到的程度,差异很大,这与外界条件的严酷性和内部控制的效率相关。将稳定性分为两种类型切实可用:抗性稳定(面对胁迫保持稳定的能力)和恢复稳定(快速恢复的能力);这两种类型可能是逆相关的。

2.10.2　解释与实例

图 2.22 所示的是控制论(cybernetics)基本原理的模型,A 是像机械装置中的一个具有特定外部控制的目标搜寻自动控制系统,B 是一个具有扩散亚系统调节的非技术系统。在两种情形下,控制都依赖于部分输出返回作为输入时所发生的反馈(feedback)。当这个反馈输入是正反馈时类似复制法,是原理的组成部分,数量增加。正反馈(positive feedback)加速偏离原来的状态,当然,正反馈对生物的生长和生存是必需的。然而,为了达到系统的控制,如阻止一个房间过热或阻止一个种群过增长,必须有负反馈(negative feedback),它抵消掉偏离的输入。不管它是一个家用控制加热系统,还是一个生物,或一个生态系统,与系统流动的全部能量相比,负反馈信号中所包含的能量是非常少的。低能组分具有超级放大、高能反馈效果,这是控制论系统的重要特征。

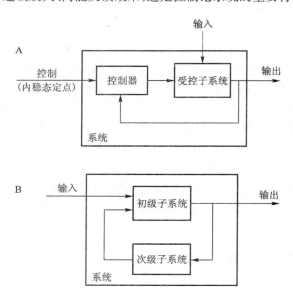

图 2.22　反馈控制系统。(A)适于人造自动控制系统和内稳定的目标搜索有机系统。(B)适于包括生态系统等非目的论系统的模型,生态系统中的控制机制是内在和分散的,包含初级和次级子系统之间的相互作用(仿 Patten 和 Odum,1981)

由 Norbert Wiener(1948)创立的控制论科学,包括无生命控制和生命控制。机械反馈设备常被工程师称为自动控制装置(servomechanisms),而生物学家在生物系统中用内稳态机制(homeostatic mechanisms)一词。有机体层次的内稳态(homeostasis,来自 homeo = "same",相同,statis = "standing",状态)是生理学中有名的概念,Walter B. Cannon 在他的经典教科书《身体的智慧》(1932)一书中对此进行了概述。在自动控制装置和有机体中,准确的机械或解剖学"控制器"都具有一个特定的定点控制(图 2.22A)。例如,在常见家用制热系统中,温度调节装置控制着炉子;在温血动物体内,一个特定大脑中枢控制着身体的温度;基因严密控制着细胞、器官和生物的生长和发育。自然中不存在温度调节装置或化学稳定器;在大的生态系统中,物质循环和能量流动相互影响,以及来自亚系统的反馈,共同产生一个自我调整的动态平衡(homeorhesis,rehesis = "flow"或"pulsing",流动)(图 2.22B)。Waddington(1975)提出动态平衡一词,表示进化稳定性,或系统流的保持,或随时间变化的波动过程。动态平衡的目标是使系统保持与过去相同的方式变化(Naveh 和 Lieberman,1984)。仅举几例来说,生态系统层次的控制机制包括调节营养贮存和释放的微生物亚系统,行为机制,以及控制着种群密度的捕食者 - 猎物亚系统等。(关于控制论和自然平衡的对比观点,见 Engelberg 和 Boyarsky,1979;Patten 和 Odum,1981。)

生态系统层次中的组分通过各种物理和化学信息形成网状关联,这类似于生物的神经或激素系统,但不像后者那么明显,因此生态系统层次的控制行为难于察觉。H. A. Simon(1973)指出,随着系统大小和时间尺度的增加,连接组分的"键能"变得更加扩散和微弱。在生态系统尺度上,这些微弱但数量众多的结合能及化学信息已被称为"自然的隐形线路"(H. T. Odum,1971),生物对低浓度物质剧烈反应现象不仅局限于激素调节。低能物质引发高能效果的现象在生态系统网络中是普遍存在的(H. T. Odum,1996);下面的两个例子足以阐明这一点。在草地生态系统中,微小昆虫如寄生膜翅目昆虫,其代谢仅占总群落代谢的非常小的一部分(通常少于0.1%),然而它们可以寄生在食草昆虫上,对整个初级能量流动(生产)产生非常大的调节效应。在寒冷春季的生态系统模型中,Patten 和 Auble(1981)描述了其中的一个反馈环,在这个环中,输入到系统中的能量仅有 1.4% 被反馈到细菌的碎屑层中。在生态学系统的图表中(见图 1.5,图 1.6 和图 1.7),这个现象通常表现为一个反向环,其中少量下游能量反馈回上游系统中。这种放大控制类型,凭借它在网络中的位置优势,分布非常广泛并能够反映生态系统复杂的全球反馈结构。在食物链中,食草动物和寄生生物(下游组分)通过报偿反馈(reward feedback)过程,经常促进或提升它们的食物和寄主(上游组分)的繁荣(Dyer 等,1993,1995)。在整个进化过程中,这类相互作用能够防止食草作用的"繁盛与衰落",以及防止捕食与被捕食之间灾难性的振荡,使生态系统保持稳定。就像前面已经提到的那样,尽管在生物圈层次的反馈调节程度是一个有争议的问题,但它也遵循我们已知的生态系统层次上的自然规律。

除反馈控制外,功能组分的冗余对稳定性也有贡献。例如,如果群落内存在几种自养生物,每一种生物发生功能的温度范围不同,那么不管温度如何变化,群落整体的光合作用速率都能保持稳定。

C. S. Holling(1973)及 Hurd 和 Wolf(1974)提出,种群具有超过一个以上的平衡状态,并经常在干扰后返回到一个与前不同的平衡状态,并推论到生态系统也有这种情况。通过人类活动

排放到大气中的 CO_2，很大一部分（并非全部）被海洋和其他碳库的碳酸盐系统所吸收，但随着输入的增加，大气新的平衡水平升高了。在许多场合，调节性控制只在一段进化调整期后才会出现。新生生态系统，如一个新型农业生态系统或一个新的宿主 - 寄生者组合，往往有剧烈波动，并且与成熟系统相比更可能生长过度，而成熟系统中的组分则能够联合起来彼此调节。

稳定性的概念从语义上较难理解。例如，词典对稳定性（stability）的定义为"事物的一个特性，当平衡状态受到干扰时，这个特性会通过发挥某种力量使其恢复到原始条件"（《韦氏词典》第 10 版，"stability"）。这似乎足够简单易懂了，但在实践中，稳定性在不同的专业（如工程学、生态学或经济学）呈现不同的意思，尤其是当人们试图测量和定量化稳定性时。因此，文献中对稳定性的叙述有些混乱，而对稳定性理论进行太多讨论也超出了本书的范畴。但是，根据生态学观点，可以将稳定性分为两种类型，如图 2.23 所示。

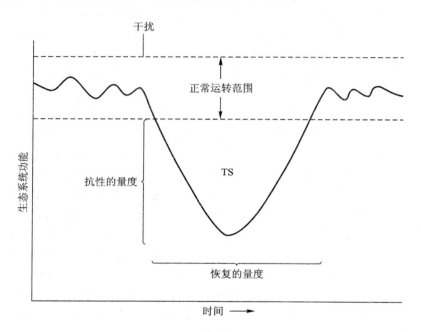

图 2.23　抗性稳定和恢复稳定。当扰动（干扰或胁迫）引起重要生态系统功能偏离它的正常运转范围，偏离度是相对抗性稳定的量度，而恢复所需的时间是相对恢复稳定的量度。总的稳定性（TS）可以通过曲线下的面积来表示（仿 Leffler，1978）

抗性稳定（resistance stability）表示一个生态系统抵制干扰并保持其结构和功能完整性的能力。恢复稳定（resilience stability）表示系统被干扰后的恢复能力。越来越多的证据表明这两种稳定性可能是相互排斥的；也就是说，很难同时具有这两种稳定性。因此，加利福尼亚一个红杉森林对火有很强的抵抗力（厚树皮和其他适应特性），但一旦发生火烧，其恢复将非常缓慢或也许将无法恢复。相比之下，加利福尼亚的北美夏旱硬叶常绿灌丛（Chaparral）丛林植被很易于燃烧（抗性稳定较低），但火烧后几年内就恢复（恢复稳定较高）。通常，物理环境优良的生态系统具有较高的抗性稳定和较低的恢复稳定，而在不稳定的物理环境中的生态系统则相反(见 Gunderson 对生态学恢复力的综述,2000)。

总之,一个生态系统与一个生物体是不同的;因为生态系统无法受基因的直接控制,它是一个超生物体的组织层次,但是它不是一个超级生物体,也不像一个工业复合体(如一个原子能动力装置)。生态系统有一样是与生物体相同的:固有的(尽管也存在一些不同)控制论行为。因为中枢神经系统的进化,智人(*Homo sapiens*)已经逐渐成为最强有力的生物,至少有能力改造生态系统的运行。人类大脑仅需要很少量的能量就可想出各种有影响的主意。我们许多的短期思想具有正反馈作用可以促进能量、技术的扩展和资源的开发。然而,从长远来看,除非能建立足够的负反馈来加以控制,否则人类生活和环境的质量将可能遭到破坏。

社会评论家 Lewis Mumford(1967)在其著名评论《数量控制中的质量》中有说服力地证明了低能引起高能效果的控制论原理。人类作为"一个强有力的地质因素"其作用越来越重要,Vernadskij(1945)提出我们要关注智慧圈(noösphere)(源于希腊文"noös",意为"思想"),或关注由人类思想主宰的世界,智慧圈正逐渐代替生物圈这个已经存在几十亿年的自然进化的世界。Barrett(1985)评论了智慧圈的概念,并提出智慧圈可以作为生态系统内一个将生物、物理和社会组分结合在一起的基本单元。尽管人脑是一个具有大量控制潜力的"低能量高能质"的"装置",但 Vernadskij 提出的智慧圈的时代可能还没有到来。当你读完本书的时候,你可能同意我们还不能操纵我们的生命支持系统,尤其不能像自然过程(自然资产)一样高效工作(花费较少)。

2.11 人类技术生态系统

2.11.1 概述

当前的城市－工业社会不仅影响了自然的生命支持生态系统,而且它已经创造了一种全新的配置,我们称之为人类技术生态系统(technoecosystem),与自然生态系统相互竞争并寄生于自然生态系统。这些新生系统涉及先进的技术和强大的能源。城市－工业社会若想在一个有限的世界生存,人类技术生态系统就必须以一种更积极和互惠的方式与自然生命支持生态系统相联系,而不能像现在的情形一样。

2.11.2 解释

就像 2.1 节提到的那样,工业革命以前,人们是自然生态系统的一部分,而非脱离自然生态系统。在图 2.2 所示的生态系统模型中,人类是顶级捕食者和杂食动物(食物网中的末端H)。早期农业,即传统或工业革命前农业,目前在世界的许多地方还广为实施着,它与自然生态系统是协调的,并且除了提供食物外还丰富了景观类型。然而,随着化石燃料和核裂变(强过太阳能许多倍的能源)使用的增加,以及城市的增长和货币市场经济的增加,图 2.2 所示的模型不再适用。我们需要为这种新生人类技术生态系统建立一个新模型,该系统由景观生态学的先驱 Zev Naveh(1982)命名。最近,Naveh 用整体人文生态系统(total human ecosystem)一词来描述工业社会(人类技术生态系统)和整个生物圈的关系(Naveh,2000)。

图 2.24 所示是我们对这些新(根据人类历史)系统的图解模型。图中包括化石燃料和铀能源以及自然资源的输入,以及气体、液体和固体废弃物污染输出的增加,这些污染物比自然生态系统产生的任何物质都更多、更有毒性! 在图 2.24,我们把自然生态系统也完善进模型中,自然生态系统提供生命支持商品和服务(呼吸的、喝的和食用的),并维持大气、土壤、淡水和海洋的全球动态平衡(可持续性)。货币流通是社会和人造生态系统而非自然生态系统中的一个反向流动,因此当社会无法偿付生态系统服务时,会导致一个巨大的市场失败。

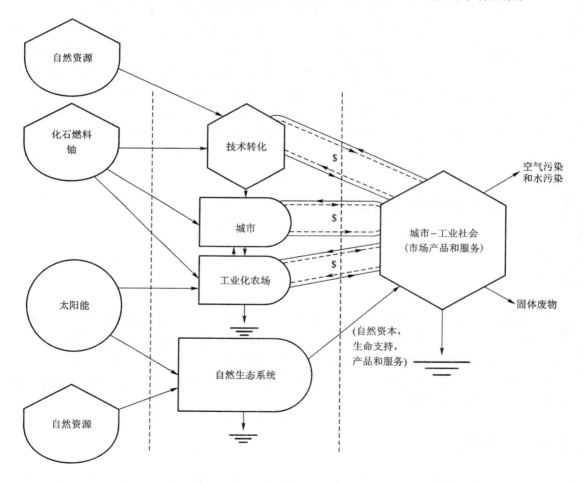

图 2.24 城市－工业化的人类技术生态系统与自然生态系统关系的模型,包括资金流动。模型说明人类占主体的人类技术生态系统如何必须与提供产品和服务的(自然资本)自然生态系统相联系,以便增加景观的可持续性

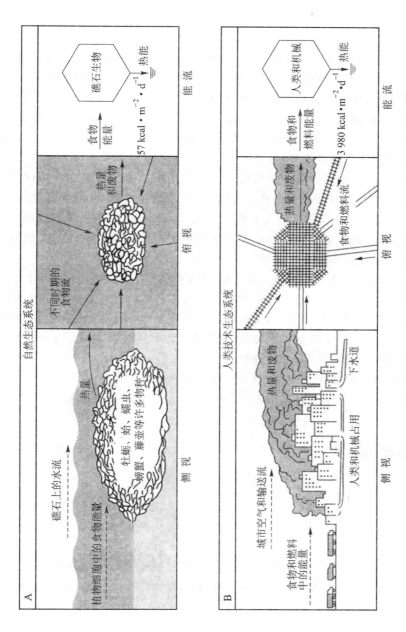

图 2.25 异养生态系统。（A）自然生态系统。一个牡蛎礁石，依靠从大面积的周围环境中获得食物量输入。（B）人类建立的人类技术生态系统（工业化城市），由大量的燃料和食物输入来维持，同时相应伴随大量的废物和热量输出。该系统的能量需求，以每平方米面积为单位，每年达到约 150 万 kcal（仿 H. T. Odum, 1971）分开量相应伴随从大面积的周围环境中获得食物 70 倍，约 4 000 kcal·m⁻²·d⁻¹，每年达到约 150 万 kcal，大约是礁石系统的

注：1 kcal = 4.186 8 kJ

2.11.3   实例

当然,一个现代城市是人类技术生态系统的重要组分,它是一个能量活跃的地区,需要大面积低能量密度的自然和半自然乡村来维持它。当前的城市种植极少或不种植粮食作物,并产生大量的废物排入溪流,影响了大面积的下游乡村景观和海洋。城市输出货币来偿付一些自然资源,并提供许多乡村地区所没有的良好的文化机构,如博物馆和交响乐团。图 2.25 比较一个城市和一个很低能量、本质上类似于城市的牡蛎礁石。应该指出,城市人类技术生态系统需要的能量大约超过自然生态系统的 70 倍。

本质上,城市可以看做是寄生于低能量乡村的。自然中的寄生者和宿主往往协同进化来达到共存,我们将在第 7 章对此进行讨论;否则,如果寄生者从宿主摄取太多,两者都会死亡。John Cairns(1997)表示希望自然生态系统和人类技术生态系统能够以某种方式协同进化以阻止世界末日的到来。Wackernagel 和 Ress(1996)使用生态足迹一词来描述城市的影响及以一种可持续方式来供给城市居民的资源需求。

发展中国家巨大城市的暴增尤其威胁着全球生命支持系统,这部分地由另一种人类技术生态系统——工业化农业的统治地位的日益增加所引起,这种增加经常伴随着过多地消耗水,并使用有毒和引起富营养的化学产品。此外,这些系统不仅造成污染,而且从本质上排挤掉了一些小型农场,大多数的家庭被重新安置到了城市,而城市无法以与他们迁入城市地区相同的速率来接纳他们。这种情况正如麻省理工学院的前校长和工程师 Paul Gray(1992)所提,他写到:"每一项技术发展都带来好坏参半的结果,这是我们的时代所存在的矛盾"。换言之,技术既有好的一面又有坏的一面。第 11 章将讨论如何来解决这些及其他"过度问题"。

2.12   生态足迹的概念

2.12.1   概述

维持城市居民生活所需要的城市以外的生产性生态系统(农田、森林、水体和未开发的自然区域)的面积称为一个城市的生态足迹(ecological footprint)(见 Rees 和 Wackernagel,1994;Wackernagel 和 Rees,1996)。

2.12.2   解释

正如我们对人类技术生态系统所讨论的,城市需要输入大量的生命支持商品和服务,并且有大量废物输出。生态足迹的面积取决于两点:① 城市需求(流入);② 周围环境满足这些需求的能力。

2.12.3 实例

Folke 等(1997)和 Jansson 等(1999)估计环绕波罗的海的 27 个富裕城市的资源消耗和废物同化足迹是城市本身面积的 500～1 000 倍。加拿大的温哥华土壤肥沃、水源充足,它的生态足迹据估计大于城市面积的 22 倍。发展程度越低国家的城市的生态足迹越小。

Luck 等(2001)对美国不同城市的水和食物足迹进行了比较,这是不同的基质环境提供服务能力差异的一个很好例证。纽约和洛杉矶这两个大都市人口数量差不多,但洛杉矶的水足迹是纽约的 2 倍,食物足迹是纽约的 4 倍,这是由于纽约位于更加潮湿的区域。位于沙漠中的美国亚利桑那州的菲尼克斯市,如果灌溉水需求也包括进来的话,它的水足迹是临近几个州面积的一半。

足迹的概念也可以按人口平均来计算。例如,美国一个公民的生态足迹估计为每人 5.1 hm^2;加拿大一个公民的生态足迹估计为每人 4.3 hm^2;印度一个公民的生态足迹估计为每人 0.4 hm^2(Wackernagel 和 Rees,1996)。如果高度发达国家能降低它们过多的资源和能源消耗的话,那么国际争端和恐怖分子的威胁将可能会减小。例如,占世界人口 4.7% 的美国消耗了 25% 的世界能源。Schumacher(1973)提出"小是美丽的";我们认为"小的生态足迹"也应该被认为是美丽的。

2.13 生态系统分类

2.13.1 概述

生态系统可以根据其结构特征或功能特征来进行分类。植被和重要的结构性物理特征是广泛用于生物群落(该术语将在第 10 章详细讨论)分类的基础。一个有效的功能配置是基于能量输入强制函数的数量和质量的分类。

2.13.2 解释

尽管生态系统的分类不像生物分类(分类学)一样是其本身内的一个学科,但在解决种类繁多的实体(如同图书馆的信息)时,人类的思维似乎需要一些有序的分类。生态学家对任何一种生态系统分类都不能达成共识,甚至在什么是恰当的分类基础方面也无法达成共识。但是,还是有许多方法是有效的。

能量是进行功能分类的极好基础,因为它是所有生态系统,包括自然或人为管理的生态系统的一个重要共同特点。显著的、长期存在的宏观结构特征是普遍应用的生物群落分类的基础。在陆生环境中,植被通常呈现的宏观特征是植、动物与气候、水和土壤条件整合成的一体。

在水生环境中,植物通常不显眼,其他明显的物理特征,如"静水"、"流水"、"海洋大陆架"等,通常是区分生态系统主要类型的基础。

2.13.3 实例

本书在第 3 章介绍能量行为的基本定律后,将会对以能量为基础的生态系统分类进行详细讨论。基于生物群落的生态系统分类和全球生态系统类型将在第 10 章阐述。表 2.7 所示的 21 个重要生态系统类型,把人类文明社会也包含在分类中。海洋生态系统类型是在海洋系统的结构和功能基础上进行分类的;陆生生态系统类型基于植被的自然或当地条件进行分类;水生生态系统类型以地理和物理结构为基础进行分类;人工生态系统依赖自然生态系统提供的商品和服务进行分类。

表 2.7　生物圈的重要生态系统类型

海洋生态系统	开阔大洋(远洋)
	大陆架水域(近岸海域)
	上升流地区(渔业高产区域)
	深海(热液喷口)
	河口地区(海湾、海峡、河口、盐沼)
淡水生态系统	静水:湖泊和池塘
	流水:河流和溪流
	湿地:草泽和林泽
陆生生态系统	苔原:北极苔原和高山苔原
	北方针叶林
	温带落叶林
	温带草原
	热带草原和稀树草原
	北美夏旱硬叶常绿灌丛:冬季降雨、夏季干旱的地区
	沙漠:草本和灌木
	半常绿热带森林:干湿季分明
	常绿热带雨林
人工生态系统	农业生态系统
	人工林和经济林系统
	农村人类技术生态系统(传输通道、小城镇、工业)
	城市－工业人类技术生态系统(大都市地区)

第3章 生态系统中的能量

3.1 与能量相关的基本概念:热力学定律

3.1.1 概述

能量(energy)被定义为做功的能力。能量的行为可以用下述法则来描述。首先是热力学第一定律(first law of thermodynamics),或者称为能量守恒定律(law of conservation of energy),即能量可以从一种形态转变为另一种形态,但它不能被创造或消灭。举例来说,光是能量的一种形态,在不同条件下,它可以转变为功、热或者食物的潜能,但它一点也不会被消灭;其次是热力学第二定律(second law of thermodynamics),即熵定律(law of entropy)。它可以通过以下几种方式来表达:① 从集中型到耗散型的过程中有能量的衰减,没有任何能量转变过程会自动产生。如热物体中的热能会自动消散到周围更冷的环境中;② 某些能量常常消散为不可利用的热能,因此没有任何一种能量(如:太阳光能)能够百分之百有效地自动转变为潜能(如:原生质)。熵(entropy)(其中"en"="in",即在……之中;"trope"="transformation",即转换形态),是能量形态转换产生的不可利用热能的一种量度,这个术语同样被作为一个普通指标,用来表示和能量衰减相关的无序状态。

　　生物有机体、生态系统以及整个生物圈都具有以下几个基本热力学特征：它们能够创造并维持一个内部有序的高级状态或一个低熵的状态（无序的量较少）。低熵是从高效能状态（如光或食物）转变为低效能状态（如热能）时，能量持续、有效地损失所获得的。在生态系统中，一个复杂生物量结构的秩序是通过整个群落不断地排除无序的呼吸作用来维持的。因此，生态系统及生物有机体是一个开放的、非平衡的热力学系统，这个系统持续地和周围环境进行能量和物质交换，以此来降低自身的熵值，并使外界的熵值增加（符合热力学的两个定律）。

3.1.2　解释

　　上面所叙述的热力学基本概念是应用到生物学或生态系统中最重要的自然法则。迄今为止，没有一个例外，也没有任何的技术革新可以违反这些物理学法则。任何一个人造的或自然的系统，如果不能遵守这些法则，那么将注定不能存在下去。图 3.1 中的例子是栎树叶中的能量流动所阐述的热力学两大定律。

　　生命的各种形式都和能量的转变分不开，但没有能量产生或消灭（热力学第一定律）。到达地球表面的能量如光，被逸出地球表面的能量如看不见的热辐射所平衡。生命的本质是成长、自我复制以及复杂物质合成等这些变化过程的连续。如果没有与此相伴的能量转换，那么生命及生态系统将不会存在。人类仅仅是一种明显的自然增殖，而这种自然增殖依赖于能量连续流入才能实现。

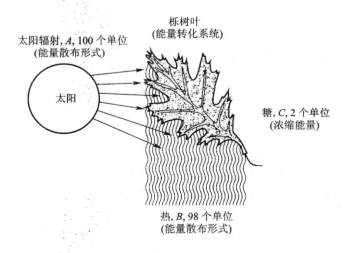

　　图 3.1　通过栎树叶的能量流动，阐明了热力学两大定律。第一定律——通过光合作用，太阳能 A 转化为食物能（糖，C），（$A = B + C$）。第二定律——由于能量转化过程中，热耗散 B 的存在，所以 C 总是小于 A

　　生态学家认识到光和生态系统是如何相关的，以及能量是如何在系统中转换的。植物（生产者）和动物（消费者）之间的关系，捕食者和猎物之间的关系，更不用说在一个给定环境中生物有机体的数量和种类的关系，都是受到从集中状态到耗散状态能量流动的限制和控制的。现在生态学家和环境工程师都在尝试以自然生态系统作为模型,设计更加节能的人造系统,用以转换化石能源、核能源以及在工业和科技领域中的其他集约能源形态。这个法则同样束缚着非生命系统,诸如汽车和电脑;它还束缚着各种形式的生态系统,如农业生态系统。其中的区别是,生命系统使用其自身的部分能量进行自我修复和排除无序;而非生命系统必须利用外部的能量进行修复和更换。在一些人对机械和科技的狂热中,有一点被遗忘了,即相当多的能量资源必须一直被储存起来,从而消除机器运转时所产生的熵值。

某个物体吸收光能,温度升高,光能就转换为其他形式的能量:热能。热能由构成物质的分子的运动和振动形成。陆地和水吸收来自太阳不同波长的光能,形成冷热不同的地区,结果产生了气流,气流能推动风车做功,如完成克服地心引力的抽水工作等。在这个例子中,光能转变为地球表面的热能,接着转变为移动气体的动能(kinetic energy),动能可以完成抽水的工作。但能量并没有因完成抽水工作而消灭,而是转变为一种势能(potential energy),因为这种势能是通过将水抽压到高处而获得的,因此将抬高的水释放到原始位置,势能可以转换成其他形式的能。

如之前的两章所指出,由绿色植物进行光合作用所形成的食物含有势能,当食物被有机体所利用时,势能转换成其他形式的能量。因为一种形式能量的总量(数量而不是质量)总是和它所转换成的另一种形式的能量相等。我们可以根据其中一种量来计算另一种量。"消费"的能量实际上并没有用光,而是从一个高质能状态转换到一个低质能状态(在本章的后半部分我们会讨论高质能的概念)。汽车油箱里的汽油会被逐渐消耗掉,但是,油箱中的能量并没有消失,而是转换成其他不能再被汽车利用的形式。

热力学第二定律指的是能量转换成更不易利用及更耗散的状态。就太阳系而言,最终耗散状态是所有能量以均匀发散的热能形式终结。这个逐渐损耗的过程通常被称作"太阳系的衰减"。

就目前而言,地球远远没有达到稳定的能量状态,因为巨大的势能和温度差异主要是由太阳不断流入的能量来维持的。但是,这种趋向于稳定状态的过程使地球上自然现象的能量变化得以不断地进行。这就像一个跑跑步机的人,他永远也跑不到终点,但是,所作的运动却给他带来了良好的体魄以及健康的身体。因此,当太阳能抵达地球时,它倾向于转化为热能,只有很小部分光能(少于1%)被绿色植物所吸收,并转换为势能或食物能,其他大部分光能都转换成了热能,逐渐从植物、生态系统以及生物圈中消逝。生物世界的其余部分,主要从植物光合作用或微生物化学合成所形成的有机物中获取化学势能。举例说,动物获取食物中的化学势能,并将其中的大部分转化成热能,从而使小部分能量重新构成新生原生质的化学势能。当能量从一个有机体转换到另一个有机体时,在每一步骤中大部分能量降解为热能。但是,熵值并不总是负值,随着可利用能量数量的衰减,剩余能量的质量也逐渐增强。

许多年来,很多理论学家(如 Brillouin,1949)一直被一个事实所困扰着,即生命系统内所维持的功能序似乎违反了热力学第二定律。Ilya Prigogine(1962)凭借在非平衡态热力学方面的研究而获得诺贝尔奖,他通过说明自组织和新结构的产生能够出现在远离平衡态的系统中,并且具有引起无序的发育完全的"耗散结构",从而解决了这个表面矛盾(见 Nicolis 和 Progogine,1977)。高度有序生物体的呼吸作用是一个生态系统中的"耗散结构"。

熵从技术含义上讲与能量有关,但从广义上讲,它指物质的衰减。新生产出来的钢代表铁的低熵(高效的)状态;汽车生锈的框架代表钢的高熵(低效的)状态。因此,高熵状态的社会文明是以能量衰减为标志的,例如一些荒废的公共设施(生锈的水管、腐烂的木头等)或者受侵蚀的土壤。持续地修复是高能社会文明的主要成本之一。

表3.1列出了能量量化的基本单位。其基本单位分为两级:和时间无关的势能单位(A类),和时间相关的功率单位或速率单位(B类)。速率单位之间的互换必需考虑到所用的时间单位,因此,1瓦特 = 860卡路里/小时($1\ W = 860\ cal \cdot h^{-1}$)。当然,A类的单位如果包括时间单位,可以转变为功率单位(如,BTU/小时、天或年)(BTU英国热量单位),并且功率单位乘以时间单位,能够重新转换成能量单位(如本例中的千瓦时这个例子)。

表 3.1   能量单位和功率单位以及一些有用的生态近似值

(A)势能的单位		
单位(缩写)	定义	
卡(cal)或克卡(gcal)	15℃时,$1 cm^3$的水每上升1℃所需要的热能	
千卡或千克卡(kcal)	15℃时,1L水上升1℃所需要的热能 = 1 000 cal	
英制热量单位(BTU)	1磅水上升1℉所需要的热能	
焦耳(J)	1 J相当于将1kg提升10cm所做的功(或者是将1磅提升约9英寸) = 0.1 kg·m	
尺磅	相当于将1磅提升1英尺所做的功	
千瓦小时(kWh)	相当于将1 000 W的电能持续输送1 h所做的功 = 3.6×10^6J	
(B)功率单位(能量 – 时间 单位)		
单位(缩写)	定义	
瓦特(W)	国际标准功率单位 = 1 J/s = 0.239 cal/s;在电压1 V的情况下输送1 A电流所做的功	
马力(hp)	550 尺磅/秒 = 745.7 W	
(C)参考数值(平均或近似值)		
组成	干重($kcal \cdot g^{-1}$)	无灰干重($kcal \cdot g^{-1}$)
食品		
糖类	4.5	
蛋白质	5.5	
脂类	9.2	
生物量 *		
陆生植物(总计)	4.5	4.6
种子植物	5.2	5.3
藻类	4.9	5.1

（C）参考数值（平均或近似值）

组成	干重（kcal·g^{-1}）	无灰干重（kcal·g^{-1}）
无脊椎动物（昆虫除外）	5.0	5.5
昆虫	5.4	5.7
脊椎动物	5.6	6.3

物种	日常食物所需（kcal·g^{-1}生命体重量）
人	0.04^{+}
小型鸟类或哺乳类	1.0
昆虫	0.5

（D）化石燃料所含能量（整数）

单位燃料	所含能量
1 克煤	7.0 kcal = 28 BTU
1 磅煤	3 200 kcal = 12.8 × 10^3 BTU
1 克汽油	11.5 kcal = 46 BTU
1 加仑汽油	32 000 kcal = 1.28 × 10^5 BTU
1 立方英尺天然气	250 kcal = 1 000 BTU = 1 therm
1 桶原油（45 加仑）	1.5 × 10^6 kcal = 5.8 × 10^6 BTU

* 由于大多数生命体是由 2/3 或更多的水和矿物质组成的，2 kcal·g^{-1}鲜（湿）重是总生物量的一个非常粗略的近似值

+ =40 kcal·kg^{-1} = 大约 3 000 kcal·d^{-1}（体重 70 kg 的成年人）

在一个生态系统中，通过食物链的能量转换称为能流（energy flow）。根据热力学定律，相对于物质循环而言，能量的转换是"单向的"。在本章后面几节，我们将分析通过生态系统生命组分的总能流。并且进一步学习能质、净能量、能值和以能量为基础的生态系统的分类，从而证明无论是自然生态系统还是人工生态系统，能量是各种类型系统共有的特性。

3.2 太阳辐射和能量环境

3.2.1 概述

接近地表或在地表的有机体一直都接受着来自于太阳以及地表附近长波热能的辐射。二者都会对气候环境产生一定的影响（温度、水的蒸发、空气和水的运动）。到达地表的太阳辐

射(solar radiation)由三部分构成:可见光和两种不可见成分,即短波的紫外线和长波的红外线
(图3.2)。因其有着易削弱、发散的本质,可见光中只有很少的一部分(最多5%)能通过光合
作用转换成生态系统生物组分中更集中的能量形式。宇宙中的太阳光以 2 gcal·cm^{-2}·
min^{-1}(太阳常数,the solar constant)的速率进入电离层,但当它通过大气层的时候呈指数衰减;
在晴朗夏日的中午,最多有 67%(1.34 gcal·cm^{-2}·min^{-1})能够到达地球表面的海平面。当
它通过云层、水和植被时,太阳辐射会发生较大程度地改变。在一个北温带地区,如美国,每天
到达生态系统自养层的太阳光平均是 300~400 gcal·cm^{-2}(= 3 000~4 000 kcal·m^{-2})。在
生态系统的不同层(strata)之间,随着季节、地点的不同,总辐射量的变化是巨大的,并且分配
给生物个体的能量也相应发生变化。

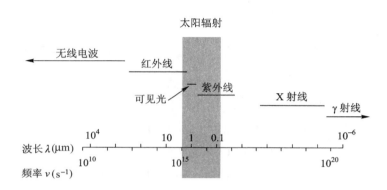

图 3.2　电磁辐射的光谱。到达地表的太阳辐射位于光谱的中间范围内,
从近红外线到紫外线

3.2.2　解释

　　图 3.3 表示宇宙中太阳辐射以 2 cal·cm^{-2}·min^{-1}的恒定速率到达地球时,其光谱分布与
(1)晴天实际到达海平面的太阳辐射;(2)太阳光穿透云层(cloud light);以及(3)阳光透过植被
等的对比。每一条曲线代表水平面上入射的能量。在一些山区,南坡接受更多的太阳辐射,而北
坡比水平面接受得更少一些;这最终形成了植被组成和局部气候(微气候)的显著差异。
　　穿透大气的辐射能受大气中的气体和微尘的影响以指数衰减,但衰减的程度取决于波长
或频率。大气层外部的臭氧层(约海拔 18 英里或 25 km 高度)阻止了波长小于 0.3 μm 的短
波紫外线继续穿透,这对于地球上的生物来说是有利的,因为这种辐射对裸露的原生质会产生
致命的伤害。正因为如此,人们密切关注臭氧层减少(由氯氟烃的化学分解所导致的)和皮肤
癌患病几率增加之间的关系。大气的吸收明显减少了可见光的穿透,也使红外线辐射产生不
规则的衰减。晴天到达地球表面的辐射能中大约有 10%的紫外光、45%的可见光和 45%的红
外光。可见光在穿透稠密云层和水层的时候,其衰减程度是最小的,这意味着即使在阴天或是

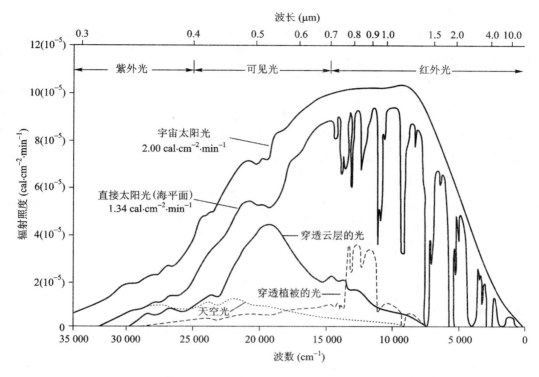

图 3.3 宇宙太阳辐射、晴天到达海平面的太阳辐射、穿过云层的光，以及区别于直接太阳辐射的穿透植被的光和由空气分子散射的漫射光的光谱分布图。每条曲线代表入射到水平面的能量（引自 Gates,1965）

在清澈水中一定深度的地方，光合作用仍然可以进行（限于可见范围内）。植被主要强烈吸收可见光中的蓝光和紫光以及远红外光，对绿光的吸收则较弱，而对于近红外光的吸收则是非常微弱的。因为近红外光和绿光都会被植物反射，所以这些特殊光谱波段可以用于航空及卫星的遥感和摄影技术上，从而揭示自然植被格局、作物的生长状况、病害植物的表征以及被干扰的景观。

热辐射（thermal radiation）是能量环境的另一个组成部分，只要高于绝对零度（−273℃），任何物体及表面都会形成热辐射。这不仅仅指土壤、水和植被会产生辐射，同样也包括了云层产生的辐射，云层的作用是把辐射出的热能大部分重新反射回生态系统。例如，冬天时，晴朗夜晚的温度常常低于阴天夜晚的温度。第 4 章将详细讨论再辐射和热能截留的"温室效应"，以及 CO_2 浓度升高对全球气候变化的作用。当然，长波辐射流随时都会发生，并且来自各个方向，而太阳光的成分是有方向性的，且只有在白天才出现（大气散射的蓝光和紫外光除外）。生物量吸收的热辐射比太阳辐射要大很多。因此，热辐射的日变化有很大的生态学意义。在某些地方如沙漠或高山苔原地带，白天的辐射流比夜间大，而在深水区或是热带森林的内部（当然了，还有岩洞的内部），总的辐射环境在 24 h 内也许是稳定的。水以及生物体都试图减少在能量环境中的波动，从而可以使得各种条件对生命来说更加宽松——这是另一个生态系统水平减压的例子。

尽管总的辐射流决定了有机体的生存条件,所有到达自养层的直接太阳光辐射总量对生产力和营养物质的循环有重要意义,这些直接太阳辐射总量即绿色植物每天、每月、每年所吸收的太阳能。输入的太阳能推动了整个生物和生态系统的运转。表3.2列出了美国五个地区每月所吸收的日平均太阳辐射能。比较湿润的东南部和干旱的西南部显示,除了纬度和季节之外,云量也是主要因素。除了在极地和干旱的热带地区,地球表面的大部分地区在大部分时间内,太阳辐射能处在 $100 \sim 800$ gcal $\cdot$ cm$^{-2} \cdot$ d^{-1}这个范围内。在极端条件下,很有可能少有生物输出。所以,对于生物圈中的大多数情况而言,辐射能量的输入数量级是 $3\,000 \sim 4\,000$ kcal $\cdot$ m$^{-2} \cdot$ d^{-1},即 $1.1 \sim 1.5$ 百万 kcal $\cdot$ m$^{-2} \cdot$ a^{-1}。

表3.2　美国各地区单位水平面上所接收的太阳光辐射

月份	日平均兰利（单位面积上太阳辐射的能通量单位）（gcal $\cdot$ cm$^{-2} \cdot$ d^{-1}）				
	东北	东南	中西	西北	西南
一月	125	200	200	150	275
二月	225	275	275	225	375
三月	300	350	375	350	500
四月	350	475	450	475	600
五月	450	550	525	550	675
六月	525	550	575	600	700
七月	525	550	600	650	700
八月	450	500	525	550	600
九月	350	425	425	450	550
十月	250	325	325	275	400
十一月	125	250	225	175	300
十二月	125	200	175	125	250
平均值（gcal $\cdot$ cm$^{-2} \cdot$ d^{-1}）	317	388	390	381	494
平均值（kcal $\cdot$ m$^{-2} \cdot$ d^{-1}）（整数）	3 200	3 900	3 900	3 800	4 900
估计值（kcal $\cdot$ m$^{-2} \cdot$ a^{-1}）（整数）	1.17×10^6	1.42×10^6	1.42×10^6	1.39×10^6	1.79×10^6

引自:Reif snyder 和 Lull,1965

通常用日射表(solarimeters)来测量太阳光的组分。测量所有波长的能量流的仪器称为辐射仪(radiometers)。净辐射表(net radiometer)有朝上和朝下两个面,记录太阳辐射能流和热能流之差。航天飞机和卫星上装备的热成像仪能够定量分析地球表面的热度变化。其生成的照片能够显示城市的"热岛效应"、水体的位置、微气候的差异(如一个峡谷南北朝向之间的差异),还有能量环境上其他很多有用的方面。相对于视觉上的影像,云量对这种遥感技术的影响更小。

表3.3表明进入生物圈的太阳能的最终命运。尽管只有不到1%转换成了食物和其他生物体;70%左右转换成热能、蒸汽、降水、风等其他形式的能源,但这些并没有被浪费,因为这些能流创造了一个适宜的温度,并驱动了地球上生命所依赖的气候系统和水循环。尽管在一定区域内,潮汐和来自地球内部的热能可以供给人类能源,但是在全球的范围内这是不够的。地球内部有着丰富的热能资源(所谓的地热能),但是在世界的大多数地方,用来开发地热能的打钻仪器自身就会消耗很多能源。然而,正如第2章所描述的,在深海裂缝中存在一些以地热能为能源的独特自然生态系统。

表3.3 每年输入生物圈的太阳辐射能量分配百分比

能量	百分比
被反射	30.0
直接转换成热能	46.0
蒸发降水	23.0
风、波浪、洋流	0.2
光合作用	0.8

引自:Hulbert,1971

3.3 生产力的概念

3.3.1 概述

一个生态系统的初级生产力(primary productivity)定义是:生产者(主要是绿色植物)通过光合作用和化学合成作用,把辐射能转换成有机物的速率。要注意区分生产过程中的下述四个连续步骤:

(1)总初级生产力(gross primary productivity,GPP)是总的光合作用的速率,包括在测量过程中,植物呼吸作用所消耗的有机物质。也可以称为总光合作用效率。

(2)净初级生产力(net primary productivity,NPP)是在测量过程中植物组织中除去呼吸作用所消耗(R)之外的有机物质的储存速率,也被称作净同化率。实际上通常用植物呼吸加上净初级生产力的测量值来估计总初级生产力的值($GPP = NPP + R$)。

(3)净群落生产力(net community productivity)是指在测量阶段,通常是生长季节或是一年的时间,不被异养生物所利用的有机物质的储存速率(即,净初级生产量减去异养的消费量)。

（4）最终,消费者水平上的能量储存效率称为次级生产力(secondary productivities)。因为消费者只利用已生产出来的食物资源,通过一个完整的过程将这些食物能量转换成不同的组织,并伴随着适量的呼吸损失。次级生产力并不被分成总次级生产力和净次级生产力。在异养生物水平,总能流与自养生物的总生产力相似,应该定义为同化量,而不是生产量。

在所有这些定义中,生产力(productivity)和生产速率(rate of production)这两个术语是可以互换的。当生产这个术语指的是有机物质的积累总量时,时间因素始终是被设定好的(例如,农业生产中作物生长的时间指的是一年)。因此,为了避免混淆,研究人员应当首先设定好时间间隔。由热力学第二定律可知,能流在每一阶段中都有减少,这是由于能量从一种形式转换成另一种形式的时候,出现热量损失所引起的。

当物理因素都适宜时,特别是系统外部有能量补给(energy subsidies)(如肥料)加速系统内的生产或繁殖速率时,在自然和人工生态系统中均出现高生产率。能量补给由森林中的风或雨、河口的潮汐、化石燃料以及在种植农作物时人或动物(如耕牛)所做的功产生。因此在评价生态系统的生产力时,不仅要考虑气候、收获、污染和其他引起生产过程中能量损失的性质和数量,同样也要考虑可以加速生态系统生产的能量补给的性质和数量,这些能量补给是通过减少维持生物结构所必需的呼吸热能损耗(即消除无序)而增加生产力。

3.3.2　解释

上述定义的关键词是速率。当然,时间要素(time element)——即一定时间内固定的能量总和——也应当被考虑。因此,生物生产力与化学或工业上的产量意义不同。在工业上,反应以生产一定量的物质为结束;在生物群落中,生产过程在一定的时间内是持续的,因此,必须设定好时间单位这个参数(例如,每天或每年生产的食物总量)。尽管一个生产力更高的群落,其所含的有机体数量相对于低生产力的群落更多,但是当这个高生产力的群落中的有机体被迅速移除或周转时,情况也并不一定总是如此。例如,在一定时间内,如果一块肥沃的草地经常被家畜所啃食,那么,相对于没有被家畜啃食的低生产力草地,其青草的现存量更少。生物量或在一定时间内的现存量应该和生产力的概念区分开。生态学专业的学生经常把这两个量混淆。通常情况下,尽管通过在一定时间内(如一个生长季)没有被捕食掉的活体物质积累的现存量(如,培养的作物)可以估算出净初级生产力,但仅仅凭借某一时刻的生物体数量测定(数量普查)和重量统计还是无法计算出一个系统的初级生产力或种群组成的生产状况。

在理想的条件下,总的太阳辐射能只有约一半被吸收,至多有 5%(吸收能量的 10%)通过总光合作用能够被转换。因此,植物的呼吸作用减少了——通常是 20% ~ 50%——异养生物可利用的食物量。

在生长季节的最高峰时,特别是在长日照的夏季,每天光能输入的 10% 能够被转换成总的生产量,并且在 24 h 内,这些能量中的 65% ~ 80% 仍保留为净初级生产力。但是,即使是在最适宜的条件下,在一年的循环当中,或在农场的大面积区域内,以及在和整个国家内或是世界范围内的实际收获量比较,是无法一直维持这么高的日产率的(见表3.4和表3.5)。下一节将会讨论在不同类型的生态系统中初级生产量的变化。随着纬度的变化,自然界陆地植物的总生产力和净生产力的关系也会相应产生变化,如图3.4所示。总生产力转变为净生产力的比例在高纬度地区是最高的,在低纬度地区是最低的,可能是由于在热带地区需要消耗更多的能量进行呼吸作用用来维持生物量。

表 3.4 主要生态系统中净初级生产力和植物生物量的估计

生态系统类型	单位面积净初级生产力($g \cdot m^{-2} \cdot a^{-1}$)			单位面积生物量($kg \cdot m^{-2}$)	
	面积($10^6 km^2$)	范围	平均值	范围	平均值
热带雨林	17.0	1 000 ~ 3 500	2 200	6 ~ 80	45
热带季雨林	7.5	1 000 ~ 2 500	1 600	6 ~ 60	35
温带常绿林	5.0	600 ~ 2 500	1 300	6 ~ 200	35
温带落叶林	7.0	600 ~ 2 500	1 200	6 ~ 60	30
北方针叶林	12.0	400 ~ 2 000	800	6 ~ 40	20
林地和灌木丛	8.5	250 ~ 1 200	700	2 ~ 20	6
热带稀树草原	15.0	200 ~ 2 000	900	0.2 ~ 15	4
温带草原	9.0	200 ~ 1 500	600	0.2 ~ 5	1.6
苔原和高山	8.0	10 ~ 400	140	0.1 ~ 3	0.6
沙漠和半沙漠灌木	18.0	10 ~ 250	90	0.1 ~ 4	0.7
极端沙漠、岩石、沙滩、冰原	24.0	0 ~ 10	3	0 ~ 0.02	0.02
耕地	14.0	100 ~ 3 500	650	0.4 ~ 12	1
沼泽和湿地	2.0	800 ~ 3 500	2 000	3 ~ 35	15
湖泊和溪流	2.0	100 ~ 1 500	250	0 ~ 0.1	0.02
总的陆地	149.0		773		1 837
开放海域	332.0	2 ~ 400	125	0 ~ 0.005	0.003
上升流区	0.4	400 ~ 1 000	500	0.005 ~ 0.1	0.02
大陆架	26.2	200 ~ 600	360	0.001 ~ 0.04	0.01
海藻床和暗礁	0.6	500 ~ 4 000	2 500	0.04 ~ 4	2
河口区	1.4	200 ~ 3 500	1 500	0.01 ~ 60	1
总的海洋	361		152		0.01
总计	510		333		3.6

引自:Whittaker,1975

表 3.5　以每年碳的 10 亿吨值表示的全球净初级生产量的两个估计值

（$1Pg = 10^{15}g$ 或者 $10^{9}t$）

研究	土地	海洋	总计
Whittaker 和 Likens,1973	57.5	27.5	85.0
Field 等,1998	56.4	48.5	104.9

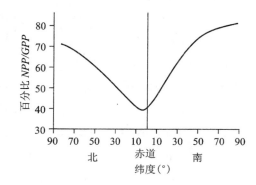

图 3.4　自然植被中,总初级生产力(GPP)转变为净初级生产力(NPP)的比例
随纬度的变化。主要趋势是赤道地区少于 50% ,而高纬度地区为 60%～70%
（图解模型根据 E. Box,1978 的数据绘制）

人类用来增加食物资源产量的方法并不一定是增加总生产力,而是可以利用基因筛选来增加食物纤维比率(food-to-fiber ratio)的比例或收获率(harvest ratio)。例如,野生的水稻也许会选择将 20% 的净生产量以种子的形式储存起来（足够它生存所需了）,而人工培育的水稻植株却会将尽可能多的净生产量储存进种子(50% 或者更多)——可食用的部分。在大多数作物中,这种籽粒－茎秆的干重比例已经增加了好几倍。然而缺点是这种基因工程植物缺少足够的能量用以产生防御食草动物的化学物质（从而可以保护自身）,所以更多的杀虫剂被用于高产作物的种植中。

绿色革命(Green Revolution)这个术语包括了基因选择创造的高收获率的作物品种,这些变种适应高能量、灌溉水源以及营养补充。有些人认为发展中国家可以通过借鉴发达国家农业生产经验和使用他们提供的高产种子,以此来提高农业生产量,但是他们没有认识到发展中国家无法负担必须能量补充所需的成本。因此,迄今为止,相对于经济较贫困的国家,经济富余的国家从绿色革命中获益更多(Shiva,1991)。图 3.5 生动地说明了这个情况,该图比较了各个国家从 1950 年开始的三种主要农作物——玉米、小麦和水稻的最高和最低产量。在经济发达国家（美国、法国和日本）农作物的产量增加了 2～3 倍,而在经济落后国家（印度、中国和巴西）的增长却是很少的。

20 世纪 60 年代,植物遗传学家培育出了小麦和水稻的新品种,其产量相当于传统品种的 2～3 倍。Norman Borlaug 因其在新品种发展方面的领导作用而获得 1970 年诺贝尔奖。在植

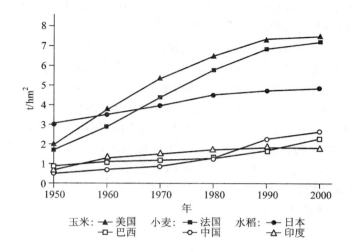

图 3.5 自 1950 年,发达国家(美国、法国和日本)与发展中国家(印度、中国和巴西)小麦、水稻和玉米的农业生产力比较

物培育方面的进步被看做是绿色革命的开始。在当时,人们还没有明白伴随这些新品种所必需的增加补给(如最优施肥和灌溉)将否定它们的许多好处。这是其中一个发明被授予诺贝尔奖,但日后却出现无法预料的环境问题的例子。

另外一个例子,德国化学家 Fritz Haber,因其发现了从氮气和氢气合成氨的催化反应过程(称为哈伯制氨法[Harber process])获得了 1918 年的诺贝尔奖。目前,全球氮循环的人为改变是社会所面对的主要环境问题之一(Vitousek,Aber,等,1997)。同样地,在第二次世界大战中发明的杀虫剂 DDT 帮助人们控制了蚊子的数量,并且极大地减少了因患疟疾而死亡的人数。实际上,DDT 的成功似乎是巨大的,以至于发明 DDT 的瑞士化学家 Paul Muller 在 1948 年获得了诺贝尔奖。然而广泛使用 DDT(以及其他氯代烃类杀虫剂)的倡议者们并没有意识到这个发明的长效衍生物所带来的副作用(例如这些化合物进入食物链的生物放大作用)。直到 1962,Rachel Carson 出版了《寂静的春天》这本书,人们才开始注意到这些大规模杀虫剂的应用所带来的生态学效应。这里传递的信息是某一时刻某个突破式的发现可能在随后的时间引起一系列重要的生态学效应。

3.3.2.1 能量补给的概念

当一些物理条件(如水、营养和气候)适宜的时候,无论是自然还是人工的生态系统中的初级生产量都会很高,特别是当来自系统外部的辅助能量减少了维持的成本(增加了无序消耗)时尤其如此。任何一种次级能量或辅助能量能够起到补给太阳能的作用,并且使得植物可以储存和传送更多的光合作用产物,这种辅助的能量被称为辅助能流(auxiliary energy flow)或能量补给(energy subsidy)。雨林中的风和降雨,河口的潮汐,以及用于栽培作物的矿物燃料,这些都是能量补给的例子;这些均增加了植物产量,并且对于那些已经学会利用这些能量补给的动物也是有好处的。例如,潮汐能给沼泽里的植被带来养分,给牡蛎带来食物,也可以将生产过程中的废物带走,因此减少了生物体在这方面的能量消耗,从而可以利用更多的能量进行生长(这是自然资本发挥作用的另一个实例)。

农作物中的高生产力和高净－总生产力比例的维持需要大量的能量输入,包括在种植、灌溉、施肥、基因筛选和害虫控制等方面的能量输入。用在农场机器上的燃油就如同输入的太阳光能,而且可以通过转换成热量的卡路里和马力来量化,这些热能都是用在维持农作物生长方面的。在美国,从 1900 年到 20 世纪 80 年代,用在农业方面能量补给的输入增加了十倍,每卡食物生产的投入从 1cal 变为 10cal(Steinhart 和 Steinhart,1974;Tangley,1990;Barrett,1990,1992)。图 3.6 表明矿物燃料、肥料、杀虫剂与工作能量的投入生产 1cal 食物能量之间的关系;在这些方面增加十倍的投入,才可能在农作物上获得两倍的产出。改变食物纤维比率的基因筛选是使农作物产量增加的另一条途径。例如,在过去的一百年里,小麦和水稻的籽粒－茎秆的干重比例从 50% 增加到了 80% 。

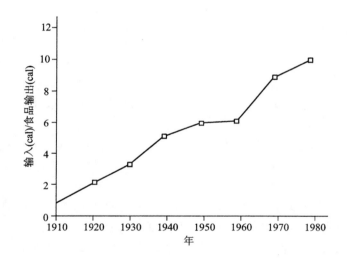

图 3.6   在美国食品系统中,为获得 1 cal 的食物输出,所采用的能量补助量
随时间的变化(仿 Steinhart 和 Steinhart,1974)

H. T. Odum 是首次阐述能量输入、选择和农业生产力之间重要关系的科学家之一。他写道:"集约农业种植所带来的土豆、牛肉以及各种植物产品,其能量实际上在很大程度上来自于矿物燃料而不是太阳能。我们所吃的食物部分是由石油所构成的。"

通常在高温(高强度的水胁迫)环境下,植物需要消耗更多的能量在呼吸作用上。因此,在气候炎热的地区尽管 C4 植物进化出不同的光合作用周期可以用来缓解炎热干旱对其生长的抑制作用,但植物仍需要消耗更多的能量来维持它的结构。图 3.4 展示了自然植被总生产量和净生产量是纬度的函数的大致关系。这些比例在 C3 植物如水稻中仍然适用。

受益于自然能量补给(即来自自然资本,Daily 等,1997)的自然群落具有最高的总生产力。

在受益于最佳的潮汐和其他水流辅助的河口海岸和沼泽地区,潮汐作用所带来的总生产力和艾奥瓦州一个密集种植的玉米田中的总生产力是相当的(参见表 3.4 中的比较)。

作为一个普遍法则,栽培生态系统中的总生产力并没有超过自然界生态系统中的。当然,通过在营养和水受限的区域(如沙漠、草地等)内增加水和营养物质,我们确实增加了生产力。但是,最重要的是我们通过能量补给,减少了自养和异养的消耗从而增加了净初级生产量和总的群落生产量,进而增加了收获的产量。

关于总的能量补给的概念还有很重要的一点:同样一个因子,如果在一个环境条件下或是低密度水平,可以作为能量补给,但是在另一个环境条件下或是输入水平较高的条件下,这个因子也许会变成能量消耗,进而降低生产力。例如,流动水体系统,像佛罗里达的银泉(Silver Spring)(H. T. Odum ,1957),它似乎比静止的水体系统含有更多的养分,但前提必须是水体不能流动得过于缓慢或是没有规律。在盐沼、红树林以及珊瑚礁,缓慢潮汐是这些群落高生产力的原因,但是,北部的岩石海岸遭受到潮水猛烈的冲刷使冬季结冰、夏季较热,因此这种系统需要消耗巨大的能量。在冬天和早春的休眠时期经历规律的洪水冲刷的湿地和河边森林,比那些在生长季中持续或长期受洪水冲刷的具有较高的生产速率。

在农业生产上,耕翻土壤对温带落叶生物群区有帮助,但在热带地区则不适合,因为在热带地区耕翻土壤引起营养物质淋洗和有机物质损失,严重威胁随后的作物生长。这种免耕农业是减少物质流失的一种解决方法,在第 2 章中已经指出过。最后,某些类型的污染,诸如处理过的下水道污水,可以作为一种补充物,也可能成为威胁,这主要取决于输入速率和周期。处理后的下水道污水当以一种稳定温和的速率释放进入生态系统时,能够增加生产力,但是大量的、无规律的倾入就会破坏作为生物实体的系统。

3.3.2.2 补给 - 胁迫梯度

同样一个因子,在一个环境条件或输入水平下,可能作为能量补助,但是在另一个环境条件下或是输入水平较高的条件下,这个因子也许会变成减小生产力的能量消耗(energy drain)或胁迫(stress)。人们总是后来才意识到,一样东西,如果太多(如,过多的肥料、过多的汽车),就可能像太少那样成为严重的胁迫。图 3.7 阐述了补给 - 胁迫梯度(subsidy - stress gradient)的定义。如果输入或干扰是有害的,那么任何输入水平都会有负面影响。但是,如果输入包含了可用的能量或物质,生产力以及其他性能指标也许会增加,这在前一小段中也有说明。正如模型所展现的那样,当补给输入的水平增加时,系统的同化能力也达到了饱和状态,各种性能接着就会下降。例如,在一块草坪上施用少量的氮肥就能够增加生长并改善草坪的健康状况;太多的氮肥反而会让草坪代谢过快,或者使草死亡(有关生态草坪护理的信息,见 Bormann 等,2001)。随着补给开始转变成胁迫,变异增加,如图 3.7 中的误差所示,并且系统开始振荡出可控范围,直到被另外一个抗干扰性更好的系统所取代或者直到生命终结。

总之,几乎文明社会所做的任何事情对自然环境和人类生存质量的影响都是复合的。人类能够使环境丰富多彩,也能够使环境退化。通常情况下,这是时间和空间尺度的问题。我们经常通过低水平的输入来增强生态系统的反应或质量,但是高水平的输入却使生态系统的功能和质量退化。如果热能、CO_2 或者磷酸盐在自然条件下是受限的,那么少量的输入也许会增加水体的生产力,但是过量的话,就会破坏水体的基本功能,对某些物种造成负面影响,并且降

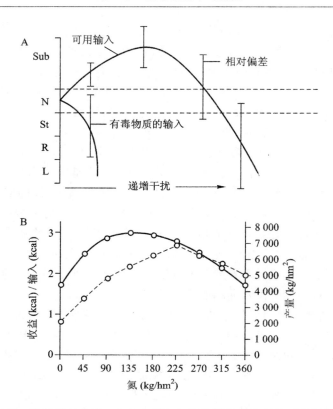

图 3.7   补给 – 胁迫梯度曲线。(A)表明如何增加能量或物质输入能够偏离正常的
运作范围,N。如果输入是有效的,在中等输入水平时,生产力等基本功能可能增加
(补给效应;Sub),随后随着输入的增加(胁迫效应;St)而下降。如果输入是有毒的,
功能将会被削弱,群落将有可能被耐性更强的所取代或完全灭亡。R = 取代;L = 致命
的。(B)增加氮肥(磷肥保持不变)的补给 – 胁迫对谷物作物的影响。实线 = 效率曲
线,单位输入量收益(收获)的能量(千卡)。虚线 = 产量曲线,kg/km² 。注意效率曲
线达到峰值所需的肥料比例比产量曲线的低(仿 Pimentel 等,1973)

低人类所使用的水源质量。

   人类很少认识到何时由规模收益递增(经济学家喜欢谈论的)转变为规模收益递减(经济
学家不喜欢谈论的)。或者说,人们很难决定究竟什么情况下的充足才是足够的。

3.3.2.3   源 – 汇能量学的概念

   根据补给能量可以推理出源 – 汇能量学(source-sink energetic)的概念,它指的是一个生
态系统生产有过剩的有机产物(源),输出到另一个低生产力的生态系统(汇)。例如,一个高
生产力的河口生态系统也许会将其有机物质或生物体转移给低产的海岸水体生态系统,这个
过程被称为"溢出"(outwelling)。因此一个生态系统的生产力是由这个系统中生产的速率加
上接受输入能量物质或减去从源系统输出的能量物质决定的。在物种水平,一个种群会产生
多于维持自身所需的后代数量,那么多出来的个体就会转移到邻近的种群中去,否则,后一个

种群很难继续自我维持下去(Pulliam,1988)。同样地,在种群水平,小的景观斑块(与其他相似的生境半隔离)的某种物种存活情况可能更多地取决于个体从斑块中迁入和迁出的情况,而斑块中的出生率和死亡率影响不大。第6章和第9章所讨论的复合种群理论就是建立在这一观察基础上的。

3.3.2.4 初级生产的分配

图3.8表示了初级生产量在海洋中和陆地上的垂直分布及其与生物量之间的关系。表3.4比较了在温带落叶林和海洋中净初级生产力速率($g \cdot m^{-2} \cdot a^{-1}$)。森林中的周转率(生物量与产量的比率)是以年为单位进行测量,而海洋中的周转率是以天为单位进行测量的。即使我们仅考虑组成整个森林生物量的1%～5%的绿色树叶,与浮游植物相比,森林中的更

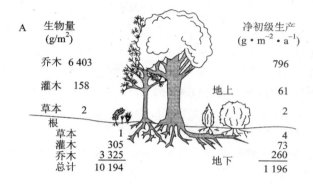

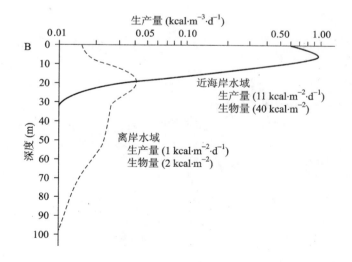

图3.8 初级生产 *P* 和生物量 *B* 之间的垂直分布比较。(A)在森林中的垂直分布,(B)在海洋中的垂直分布。这些数据也对海洋中快速的周转率(*B/P* = 2～4 天)与森林中较慢的周转率(*B/P* = 9 年)进行了对比(数据来自 Whittaker 和 Woodwell,1969 对幼年期的栎树–针叶林的调查,Currie,1958 对大西洋东北部的调查)

替时间还要长一些。在更肥沃的海岸水体中,初级生产主要集中在上层水体大约 30 m 的深度;在透明度高但缺乏营养物质的开放海域,初级生产带可向下延伸到 100 m 的深度或者更深的区域。这就是为什么沿岸水域的颜色呈深绿色,而外海水域呈蓝色的缘故。在所有水域中,由于环流的浮游植物是适阴性的,在阳光充足条件下会受抑制,所以光合作用的高峰值出现在表层下。在森林中,光合作用的基本单位(叶)在空间上是长期固定的,位于树顶端的树叶是适阳性的,而下层的叶子则是适阴性的(那些更大更绿的叶片)。

对全世界太阳能驱动的自然系统中有机物生产效率或初级生产率进行估测的尝试是一段很有趣的历史。1862 年,农业化学家及植物营养学家先驱 Baron Justus von Libig,以一块简单的绿色草地为样本,对全球的干物质生产量进行了估算。非常有趣的是,他的估计是约 10^{11} t·a^{-1},这个数值非常接近 Lieth 和 Whittaker 对陆地区域所估计的 118×10^9 t·a^{-1}(见《生物圈的初级生产力》,Lieth 和 Whittaker,1975)。由于他的估计基于对近海岸肥沃水域的测量,Gordon Riley(1944)过高估计了海洋的生产力。直到 20 世纪 60 年代,C^{14} 同位素测量技术引入之后,大多数开放海域的生产力是较低的这一点才被人们所意识到。在地球上,海洋的面积是陆地面积的 2.5 倍,因此人们很自然就会认为,海洋生态系统比陆地生态系统能固定更多的太阳能,如 Riley。实际上,陆地比海洋的生产量更多,差不多高达 5 倍(表 3.4)。

图 3.9 是陆地和海洋生产量的纬度分布比较。在对大面积区域估计的平均值中,生产力的变化程度差不多是 10^2 数量级(100 倍),从 200 到 20 000 kcal·m^{-2}·a^{-1},全球的总生产量是 10^{18} kcal·a^{-1}。

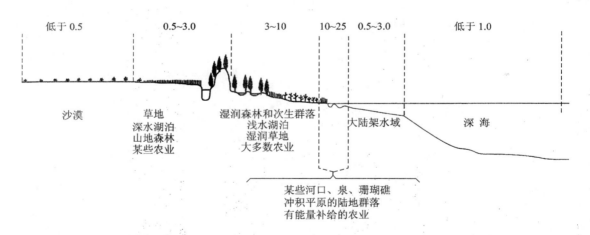

图 3.9   根据主要生态系统类型的年总生产力(10^3 kcal·m^{-2}·a^{-1})表示的初级生产力的世界分布
(仿 E. P. Odum,1963)

地球上有很多地方是属于低生产力这一类的,因为水(在沙漠和草原中)和营养物质(在开放海域中)都是非常有限的。自然界中肥沃的地区(即能够接受到自然能量补给的区域),主要集中在河流三角洲、河口、海岸上升流区域,含丰富冰碛物的区域,以及降雨量充足地区的风力运积土或火山土区域。

从实用观点看，$50\ 000\ kcal \cdot m^{-2} \cdot a^{-1}$ 应该是总光合作用的上限。大多数农业生产每年的生产力都是低的，原因是大多数一年生作物的生产不到半年。一年两熟型作物（即能够一整年进行生产的作物）能够达到自然群落最高的总生产力。但是，净初级生产力平均只占总生产力的 60%，作物中"人类所用的部分"占总生产力的 1/3 或更少一些。光合作用的维持系统（细胞、叶、茎和根）和总生物量的呼吸作用，包括分解有机物质和进行营养物质循环的微生物，这些都是能量消耗极大的。

3.3.2.5　人类对初级生产的利用

Vitousek 等（1986）估计，尽管只有大约 4% 的陆地净生产被人类和家养动物直接作为食物利用，但仍有超过 34% 的部分和人类活动有关，主要是产物当中不能食用的部分（如草坪）或者被人类活动所破坏的部分（如热带雨林的开垦）。Haberi（1997）估测适于人类利用的占 41%。这种类型的估计是很难作出的，并且需要后期进行大量的修订，不过似乎随着人类进入 21 世纪，至少有 50% 的陆地净生产量和大部分的水中净生产量用于生命支持商品和服务（即自然资本），维持与我们同样生存在地球上的生物的生长。

据估计到 2000 年，地球上 61 亿人平均每人每年需要消耗 100 万千卡的能量，或总共 6×10^{15} kcal 的维持人类生物量所需的食物能。世界范围内收获的食物是不够的，主要是因为分配制度的不完善、浪费的存在以及低蛋白质质量。只有 1% 的食物是来自海洋的，这当中的大部分是来自于动物（小个体且能够迅速周转的浮游植物使其可收获的生物量无法累计）。因为过度捕捞已经成为一个全世界范围的现象，从海洋中获取更多食物似乎不成问题。水产业负责目前市场上的大部分海产品和鱼类。就像已经注意到的，在过去的半个世纪里，发展中国家和发达国家在食物生产方面之间的差距正在逐渐增大（图 3.5），因为一些国家负担不起支持高产转基因品种所必需的补给能量。

表 3.6　主要农作物在四个蛋白质水平和两个能量补给水平的
可食用部分的年产量（净初级生产量）

作物	收获重量（$kg \cdot hm^{-2}$）									
	发达国家（化石燃料补给农业）				发展中国家（低补给能量）				世界平均水平		
	国家	1970	1990	1997	国家	1970	1990	1997	1970	1990	1997
糖*（蛋白质 <1%）	美国	9 210	7 940	7 620	巴基斯坦	4 250	4 160	4 350	5 480	6 160	6 380
大米（蛋白质 10%）	日本	5 630	6 330	6 420	孟加拉国	1 690	2 570	2 770	2 380	3 540	3 820
小麦（蛋白质 12%）	荷兰	4 550	7 650	8 370	阿根廷	1 330	1 900	2 520	1 500	2 560	2 670
豆类（蛋白质 30%）	加拿大	2 090	2 610	2 580	印度	438	1 020	955	1 480	1 900	2 180

注：数据是根据《1997 年 FAO 产量年报》平均值完成的。从 1990 年开始，基本农作物产量趋于，稳定增加很少（有时是减少），但是发达国家和发展中国家之间的差距仍然是巨大的，世界平均水平仍然较接近发展中国家水平，而离发达国家水平较远

* 在《年报》中，糖被估计为收获糖源作物重量的 10%

　　表 3.6 中是部分发达国家和发展中国家的主要食物作物的净初级生产量的估计值,及其与世界平均水平的比较。发达国家的定义是人均国民生产总值超过 8 000 美元。世界上有 30% 的人生活在这样的国家里,并且人口的增长率也是很低的(每年 1% 或者更低)。与此相反,世界人口的 65% 生活在发展中国家,人均国民生产总值少于 300 美元,通常都少于 100 美元,并且有更高的人口增长率(高于每年 2%)。因为发展中国家无法承担高产所需的补给能量,它们每公顷作物产量较低。因此人类这个群体被分为了两个阵营,即人均收入和单位面积生产量的分配在统计学上是双峰的。

　　图 3.10 表示的是以太阳能为动力的一个自然的、没有补给能量的生态系统,或是包含能量输入(雨和太阳光)、自然副产物(CO_2 和水体的流动)、产量(净初级生产力)和能量损失或呼吸作用(系统中的熵或是热能损失)的景观。这是森林、草地或有机农场等自然生态系统的模型。

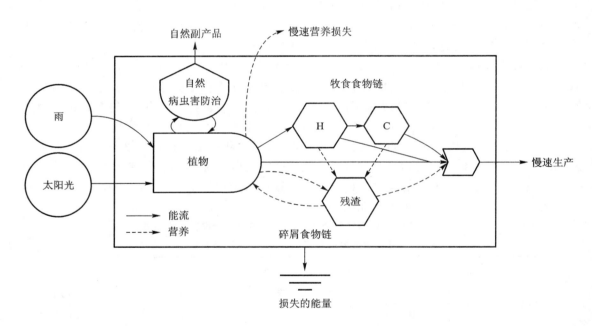

图 3.10　图示一个以太阳能为动力的自然的、没有补给能量的生态系统

　　我们来比较图 3.10 和图 3.11,图 3.11 代表一个有人工能量补给的以太阳能为动力的生态系统或一景观,在其中另有雨水和太阳能的输入,大量的矿物燃料、肥料和化学杀虫剂的输入。从系统中除经常释放出自然副产物外还经常释放非自然的副产物,后者需要花费巨额的资金和能量来清除。有趣的是,有人工能量输入系统的产量或净初级生产量是以政府津贴或资金形式补充的。在这个模型中,只有热力学第二定律(能量)不是补给的(图 3.11)。由于对自然生态系统如何运作有限理解,人类甚至可能试图去补给热力学第二定律,只可惜这是一项不可能的任务!

　　近几年,世界范围内农田的产出已经增长了 15%,但是在欧洲、美国和日本,收获的面

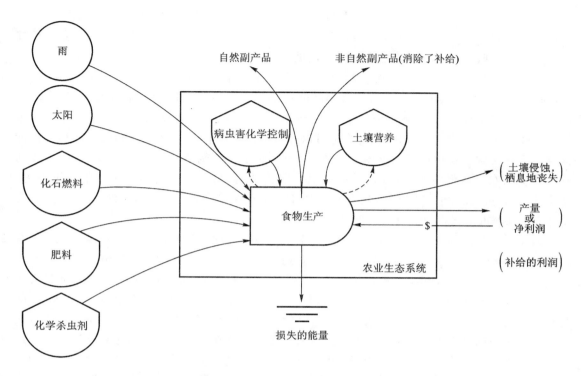

图 3.11 西方国家有人工能量补给的以太阳能为动力的生态系统,这个系统基于太阳能、化石燃料和物质补助的输入和输出

积开始减少了。发展中国家在增加产量的同时,增加耕种土地面积,以此来增加食物供给。如果这个趋势继续的话,越来越多的贫瘠土地将会被耕种,但代价是增加了成本以及环境退化的风险。进一步说,发展中国家的饮食主要受到食物中蛋白质含量而不是卡路里的限制。在同等的条件下,高蛋白作物(如豆类)的产量总是比糖类作物(如糖)的产量要低(以总卡路里来计算,见表 3.6)。还必须注意的是,土豆的产量很高但其蛋白质含量却比谷类的低。

初级生产产物还有着其他的一些用途,即作为纤维(如棉花)和燃料。目前对于世界半数以上人口而言,木材仍是用于烹饪、供暖、轻工业的主要燃料。在最穷的一些国家里,木材被消耗的速度甚至超过了生长的速度,森林演变成灌木丛,灌木丛变成了荒漠。能作为燃料的木材的缺乏被称作“另一种形式的能源危机”(当然,现在谈论最多的是石油造成的能源危机)。在非洲的坦桑尼亚和冈比亚,人均可燃木材消耗是 $1.5 \ t \cdot a^{-1}$,而这些国家中 99% 的人都是使用木材作为燃料的。

在北美和其他一些有着大面积植被现存量的地区,更多的人开始将森林和农田中的生物量作为燃料的补充物和石油这个不可再生资源供给短缺的替代物。可利用的选择有:① 种植在短时间内可以收获(在 10 年或更短的时间内能够皆伐和重新种植)的速生林(其中主要是松树、梧桐、白杨),这些速生林被称做"燃料森林";② 将树枝和其他一些不适合做木材和纸张的部分,留在森林中以便分解;③ 使用再生纸以此来减少对纸浆的需求,使用造纸木材来进行居民区供热和供电;④ 使用农作物和动物排泄物(肥料)来生产甲烷或乙醇气体;⑤ 种植甘蔗和玉米等一些作物特别用于生产驱动内燃机的酒精。

将高质食物(如玉米)转换成酒精燃料并不能满足当今的生态学理论。几项研究(Hopkinson 和 Day,1980)表明生产酒精所需的高能能量和酒精自身的产量差不多或更多,净能量收益很低或根本没有。Brown(1980)估计需要 8 英亩(3.2 hm^2)的面积来种植可以让一辆车运行一年的燃料作物,而相同面积的土地可以养活 10 到 20 个人。在大多数地区,酒精 – 汽油混合燃料在美国谷物种植区的市场上销售,因为这些生产过剩的谷物既不能被吃掉(人或动物),也无法在全球市场上出售(饥饿的人没有购买的能力)。类似的情形不可能持续下去。从整体的长远的角度看,作为燃料使用的初级生产量仅能代替当前使用石油的一小部分,因为全球总的生物量仅相当于总太阳能的 1% 。

人类对生物圈的影响也许可以以另外一种方式展现出来。现在的人口密度是一个人占有 2.37 hm^2(6 英亩)的土地。当把家畜也包括在内后,密度为一个个体占有 0.65 hm^2。这是低于每人 2 hm^2 以及和人相当的家畜的消费量的。如果人口数量在 21 世纪增加一倍,而且人类希望继续消费和使用动物的话,那么只有大约 1 英亩(0.4 hm^2)的面积来提供一个 50 kg 重的消费者的所有需求(水、氧气、矿物质、纤维、生物燃料、生存空间以及食物);这并不包括对人类生活质量贡献甚大的宠物和野生动物。大多数农业生态学家认为人们过多强调了一年生的单一物种种植。这使人们从生态学意义和普遍意义上来考虑增加作物多样性、建立多种种植系统、采用有限耕种工艺(对土壤结构的干扰较小)和增加多年生物种的应用。美国土地研究所位于堪萨斯盐沼旁边,这个机构的科学家对美国中西部草原当地多年生长物种的收获问题的可行性方面做了很多思考和研究。美国当地的草原是多物种的生态系统,这使得土壤变得更加肥沃,根植于土壤中的根系较深,并且使其抗自然变化的能力更强(Pimm,1997)。这样自然的没有额外能量补给的生态系统和景观最终也许会转变成"终结农业",就像 Wes Jackson 这一类的科学家所认为的,它们将很有希望作为可持续农业流行开来。关于能量和食物产量之间的关系,可见 NRC(1989),Barrett(1990,1992),Soule 和 Piper(1992),Pimm(1997),Jackson 和 Jackson(2002)以及 E. P. Odum 和 Barrett(2004)。

3.3.2.6　生产力和生物多样性:一个双向(Two-way)关系

在低营养的自然环境中,生物多样性的增加似乎能够增加生产力,这在有关草地的实验研究中可以看出来(Tilman,1999)。但是,在高营养或富营养化的环境中,生产力的提高能够增加优势种的数量,降低生物多样性。换句话说,当生物多样性提高的时候,生产力也许会提高,而生产力提高的时候却几乎总是使生物多样性降低——一个双向的通路。而且充足的营养(如富营养化、氮肥以及废物)将会带来有毒的野草、外来害虫和危险的害病生物,因为这些生物能够适应高营养环境,且在这种环境下旺盛增长(E. P. Odum 和 Barrett,2000)。

当珊瑚礁受到人类诱导的富营养化干扰时,我们发现了一些令生物窒息的丝状藻类优势种的增多,和先前不知道的疾病,这两者中的任一个都能迅速破坏很好地适应于低营养水域的多样化生态系统。另一个例子是赤潮引起美国佛罗里达州海岸定期出现大量海鱼死亡的。形成赤潮的微生物——涡鞭毛虫(dinoflagelate),能够产生毒素,科学家假设其产生这种毒素的原因是出于自我防卫,防止自己被捕食。在正常密度时,毒素产生不足,不会对鱼类产生负面影响,但当海岸受到污染的时候,腰鞭毛虫种群爆发(在短时间里大量增值),最终导致大量的鱼类死亡。

这也许和我们所讨论的定律相差甚远,但是我们可以认为,人类在努力增加生产力来维持日益增加的人口和家畜数量(这两者反过来都向环境排泄大量的营养物质),这会导致世界范围内的富营养化,这对于生物圈的多样性、恢复能力和稳定性都是一个最大的威胁——本质上就是"好东西太多综合征"。大气中的 CO_2 过多导致的全球变暖,是全球各系统不稳定表现的一个方面,而氮过多则导致全球范围内的水生和陆生环境的无序状态(Vitousek,Aber 等,1997)。我们在这儿进退两难,我们努力生产供应市场的商品和服务,以此来适应不断增加的人口,但这却逐渐成为多样性和我们环境质量的一个主要威胁。

3.3.2.7 叶绿素和初级生产

Gessner(1949)观测了"每平方米"叶绿素的总量,这和群落中的多样性是相似的。这个发现表明在整个群落中绿色素的含量比在单个植物和植物各部分之间的差异性更小。整体并不仅仅和部分有差异,但这并不能单独解释。包括各种植物——年幼和年老、耐阴和耐阳的——原生态群落是完整的,并以所在地区限制因素所允许的最大限度与输入的太阳能相适应。太阳能是以"平方米"为单位输入进生态系统的。

喜阴植物或其主要部分比喜阳植物或其主要部分的叶绿素浓度高;这种特性使他们能够捕获和转化尽可能多的稀少的可见光光子。因此,在阴生系统中光利用率较高,但光合作用的产量和同化比例却较低。实验室中的藻类如果生长在光源微弱的条件下,则会逐渐变成喜阴的。这种喜阴植物有着较高的效率,因此有时人们会错误地将一些对人类有用的、大量培育的藻类放置在全日照的条件下。但是实际上,在任何种类的植物中,当光能输入增加时,产量会增加,然而效率却会降低。

3.3.2.8 生态金字塔

生物群落水平的数量、生物量及能量流(新陈代谢)之间的关系能够通过生态金字塔(ecological pyramid)直观地表现出来,第一级或是生产者营养级水平形成基础的一层,接着连续的营养级形成后面的几层。一些例子见图 3.12。当单个生产者比平均消费者大得多时,数量金字塔经常是倒置的(底层比上面几层更小),如温带阔叶林。生物量金字塔则是另一种情况,当单个生产者更小的时候才会产生,如以浮游藻类为主的水生生物群落。但是正如热力学第二定律所指的那样,能量金字塔必须总是有一个正确的形状——只要考虑到所有来源的食物能量。

同样,能流为比较生态系统和种群之间区别提供了一个比数量和生物量更好的基础。表 3.7 列举了不同个体大小和生境的水平上,6 个种群在密度、生物量、能流速率之间的差异。在这个系列中,个体数量上有着 10^{17} 数量级的巨大变化,生物量上是 10^5 数量级的变化,相比较下,能流只有 5 倍的变化。能流的相似性表明 6 个种群在相同的营养级水平(初级消费者)发挥作用,但数量和生物量都没有显示出这些相似性。这方面的生态学上的定律是:从数量水平考虑,过分强调了个体较小生物的数量,而从生物量的水平考虑,则过分强调了个体较大生物

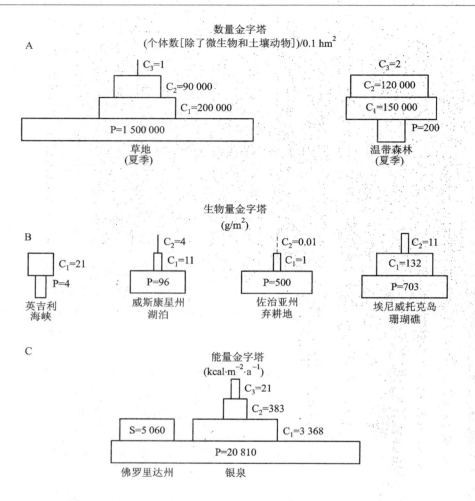

图 3.12　不同生态系统类型的（A）数量，（B）生物量和（C）能量的生态金字塔。P = 生产者；C_1 = 初级消费者；C_2 = 次级消费者；C_3 = 三级消费者；S = 腐生生物（细菌和真菌）。草地植物的数据引自 F. C. Evans 和 Cain（1952）；温带森林的数据引自 Elton（1966）和 Varley（1970）；英吉利海峡的数据引自 Harvey（1950）；威斯康星州湖泊的数据引自 Juday（1942）；佐治亚州弃耕地的数据引自 E. P. Odum（1957）；埃尼威托克岛珊瑚礁的数据引自 H. T. Odum 和 E. P. Odum（1955）；佛罗里达州银泉的数据引自 H. T. Odum（1957）

的重要性。因此，当种群之间的个体大小 – 新陈代谢之间的关系差别较大时，这两者都不能作为一个可信赖的标准来比较这些种群的功能，尽管有的时候，生物量水平的数据比数量水平的数据更加可信。因此，能流提供了一个更加适于比较一个生态系统中一个或所有组分的指标。

　　分解者和其他小生物体的活动也许和任意时刻的总数量及生物量关联较小。例如，通过增加土壤有机物质的含量可以使耗散能增加 15 倍，同时这也会使细菌和真菌增加小于两倍的数量。换句话说，这些小的生物体只有处在活跃状态的时候，周转速率更快。它们并不会像较大的生物体那样，成比例地增加现存生物量。当一个特定的群落不稳定的时候，这个群落中的营养级似乎呈现出倾向于重组的基本特性。

表3.7 6个初级消费者种群密度、生物量和能流随个体大小的变化

种群	密度近似值(No.·m^{-2})	生物量(g·m^{-2})	能流(kcal·m^{-2}·d^{-1})
土壤细菌	10^{12}	0.001	1.0
海洋桡足类(纺锤水蚤属)	10^5	2.0	2.5
潮间螺类(滨螺)	200	10.0	1.0
盐沼蝗虫(长角虫)	10	1.0	0.4
草原鼠(田鼠)	10^{-2}	0.6	0.7
鹿类(白尾鹿)	10^{-5}	1.1	0.5

引自:E. P. Odum,1968

但是,当一个生态系统受到外界的持续胁迫时(相对急性胁迫来说),营养级结构似乎因为其中的生物组分适应慢性干扰而改变。例如,20世纪60年代和70年代,发生在北美五大湖的连续污染事件。

3.3.2.9 初级生产的测量方法

在我们结束生物生产量这一部分的内容之前,我们应该讨论一下初级生产的测量方法当中会遇到的难题。测量初级生产力最好的方法是测量气体交换——氧气产生和二氧化碳吸收。这在水中是非常容易操作的。在静止的水体中(池塘、湖泊、海洋),测量氧气浓度的日变化,就像在第2章中所讨论的黑白瓶实验,这种方法可以用来估算总生产量和净生产量。在流动的水体中,可以使用上升流－下降流方法,这包括每天测量上升流和下降流中氧气变化,这通常都是有效的。使用放射性同位素^{14}C来测量二氧化碳的变化,这种方法被广泛应用,尤其是在海洋环境的测量中。

陆地生境的气体交换测量就更加困难了。目前常用的方法,尤其是运用于作物的测量中的是测量从地面到植被顶部的CO_2浓度梯度,Transeau(1926)在玉米田中以及Woodwell和Whittaker(1968)在森林中首次使用这种方法。在生物量较大的生态系统中如森林生态系统,总生产量是很难被测量的,尽管这在单独的树木和枝条上已经做过测试,试图将整个森林装在一个塑料袋或帐篷里是不现实的(因为袋中的空气会迅速升温,袋子需要降温处理)。因此多数陆地植被生产力的测量是通过估测每年积累的树叶、树干以及根生长的净产量。对于一个课堂练习,如果一个人考虑(1)树叶与树木产量之比和(2)总生产量与净生产量比率的纬度变化,一个简单测量物种多样性和估计生产力的方法是用放置在森林地面上的大箱子收集落叶。对于北温带地区,年落叶量与净生产量的比例大约是1～4 g·m^{-2}。图3.13表示位于实验区的树叶收集器。

对一些大的景观、区域和全球的初级生产量的近似估计,主要依靠带有地面观测系统的卫星获得的彩色的景观遥感图像。因此,如果有一块浅绿色的陆地景观或深绿色的水体,那么就说明了这些区域有着非常高生产力的生态系统。在陆地上,黄绿和棕色色块分别代表中度和低度生产力。亮蓝色的水域代表低生产力。量化值可以通过与地表的局部量化测量进行颜色对比来获得。航空或卫星红外线照相也同样有效。红外线当中显示越明亮的区域说明这个区域的生产效率越高。但要注意的是这些遥感数值必须通过地面上的实际测量数值进行校准。

摄影：马春晖

图 3.13 位于实验区的树叶收集器

3.3.2.10 普适的能量流模型

一个能量流模型最基础的组成元素是什么呢？图 3.14 展示的是一个普适模型(universal model)——适用于任何一个生物组分，无论是植物、动物、微生物、个体、种群或营养级。这样的能流模型能够描述整个生态系统的食物链(图 3.15)或生物能量学。在图 3.14 中，阴影部分代表组分中有生命的现存生物量。虽然生物量有时以重量作为量度(存活的或"湿"重、干重或者去灰干重)，但生物量应该以卡作为度量，这样才能够建立能流速率与现存量的瞬时或平均值之间的关系。图 3.14 中的 I 代表总的能量输入或摄入。对于完全自养的生物来说，I 是太阳光，对完全异养的生物来说，I 是有机物质。

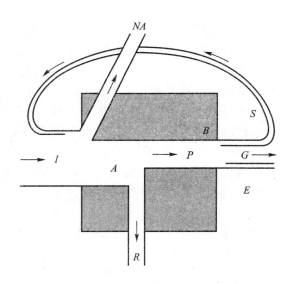

图 3.14 生态能量流模型的各个组分。I = 输入(或摄取的能量)；NA = 未同化的能量(或排泄的)；A = 同化的能量；P = 生产；R = 呼吸；G = 生长和繁殖；B = 现存生物量；S = 储存的能量；E = 排泄的能量

营养级(trophic level)的概念最初并不是用来区分物种的。群落中能流的逐步传递是符合热力学第二定律的,但是一个给定物种的种群也许(通常情况下)包含的营养级不只一级。因此,图3.14中普适的能流模型可以通过两种途径使用。这个模型能够代表单物种种群,在这种情况下,常规的、有物种定位的食物网图能够表明适当的能量输入以及与其他物种之间的关系(见图3.15),或者模型能够代表一个不连续的能量水平,在这些例子中,生物量和能量通道代表相同能量来源所维持的种群的全部或部分。例如,狐狸经常取食植物(如水果)或取食小的食草哺乳动物(诸如兔子和田鼠)。如果种群内存在能量胁迫,那么一个单独的框图表能够代表整个狐狸种群。图3.16是在圈养以兔子为食物的环境下,赤狐(*Vulpes vulpes*)的能流图(Vogtsberger 和 Barrett,1973)。所有的数值都以每天每千克个体重量的千卡数来表示。另一方面,如果根据狐狸所消费植物和动物的比例不同,将狐狸种群的新陈代谢分为两个营养级,那么就应该使用两个或多个框图。根据这种方式,狐狸种群能够放到群落或生态系统水平的总的能流模式中。

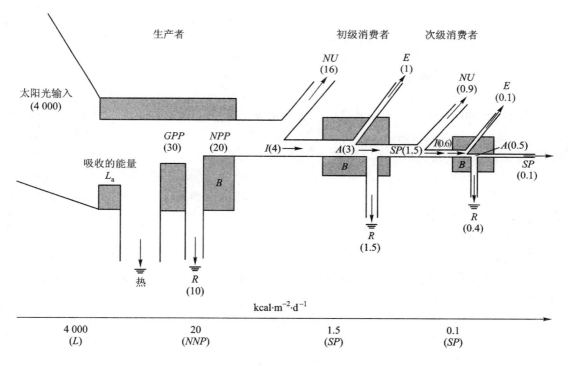

图3.15 简化的能流图,阐明在一个直线食物链中的三个营养级。连续能流的标准符号如下:L_a = 植物冠层吸收的光;GPP = 总初级生产力;A = 总同化量;NPP = 净初级生产力;SP = 次级(消费者)生产力;NU = 没有被下一个营养级消费的能量;E = 未被消费者同化的能量(排泄);I = 输入(或摄取的);B = 现存作物生物量;R = 呼吸。图表中的基线表示从每天每平方米4 000 kcal 的太阳输入起始,在主要的转化点上预计能量损失的数量级

这些都是有关能量输入来源的问题。并不是所有输入有机体、种群或营养级中的生物量都被转换,其中的一些只是通过生物结构,正如食物没有被消化,通过消化道排泄出来,或是光

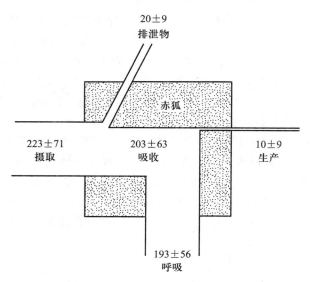

图 3.16   赤狐(*Vulpes vulpes*)的能流图,所有数值以每天每千克体重的千卡
数来表示(引自 Vogtsberger L M,Barrett G W,1973.圈养赤狐的生物能学.野
生动物管理杂志,37:495 – 500。野生动物学会许可重印)

通过植物体而没有被固定下来。通过 *NU*(没有被使用)或者 *NA*(没有被同化,见图 3.14)来
说明这种能量组分。被使用或被同化的部分,用图表中的 *A* 代表。*A* 和 *I* 之间的比例(即同化
的效率)变化很大。其比例值可以很低,如植物中光能的固定或者在食碎屑动物中的同化率;
这个值也可以是很高的,如动物或细菌取食能量较高的糖、氨基酸等物质时。在自养生物中,
A 所指代的同化效率当然是指总的初级生产量或是总的光合作用量。在异养生物中相似的组
分(组分 *A*)指代的是吸收的食物减去排泄物(粪便)。因此,总初级生产量这个术语应该严格
用在自养生物范围内。

同化能量(*A*)的分配是这个模型的关键特征。同化能量由生产量(*P*)和呼吸量(*R*)组成。
其中一部分固定能量被燃烧和以热的形式损失掉,这部分能量是呼吸能(*R*),转换成新的或不
同有机物的能量是生产量(*P*)。因此,*P* 在植物中代表净初级生产量,在动物中代表次级生产
量。在消费者个体中的次级生产(secondary production,*SP*)由组织生长和新个体的产生组成。
组分 *P* 可以提供能量给下一个营养级,而 *NU* 和非同化组分(如粪便)进入碎屑食物链(即,如
排泄物等对于细菌和真菌的分解作用来说是有用的)。

P 和 *R* 之间的比例以及现存生物量 *B* 和 *R* 之间的比例变化很大,且具有生态学意义。从
整体来看,在更高营养级的种群中或是有着大量现存生物量的群落中,呼吸所占的比例(维持
能量)更高。当一个系统受胁迫的时候,*R* 值会增加(E.P. Odum,1985)。相反的,在一些由较
小生物体组成的活跃群落中,如细菌或者藻类群落;在发展史较短、快速生长的群落中;以及在
受益于补给能量的系统中,*P* 组分相对更大。从人类角度考虑食物产量中 *P/R* 比例的相对性
将会在第 8 章讨论。

3.4 食物链及食物网中的能量分配

3.4.1 概述

来自自养生物(植物)的食物能,通过一系列生物的消费与被消费进行传递,形成了食物链(food chain)。在每次转化中,一定比例(经常是 80% 或 90%)的势能以热能形式散失。因此,食物链越短——或者生物离生产者营养级越近——其种群能获得的能量越多。然而,尽管能量的数量在每次传递中减少,但能量的品质或者浓度在传递中增加。食物链有两种基本形式:① 牧食食物链(grazing food chain),其从绿色植物开始,结束于食草动物(以取食植物细胞或组织为生的生物)和食肉动物(取食动物);和② 碎屑食物链(detritus food chain),其从死亡有机质开始,到微生物然后再到食碎屑动物和它们的捕食者结束。食物链并非孤立的序列而是彼此联系的。这种联结模式常称作食物网(food web)(图 3.17)。在复杂的自然群落中,生物体通过相同梯级从太阳中获得能量,它们就属于同一营养级。因而,绿色植物位于第一级

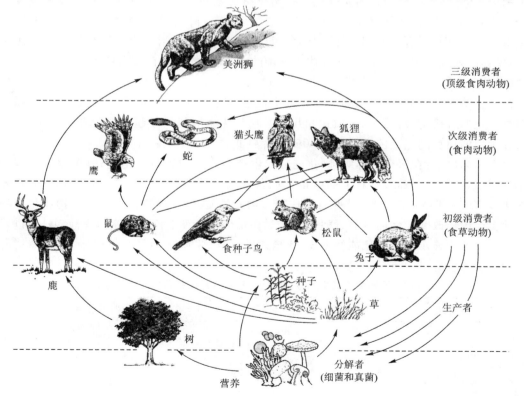

图 3.17 陆地生态系统的典型食物网

(生产者营养级)，植食动物(食草动物)占据了第二级(初级消费者营养级)，初级食肉动物占据了第三级(次级消费者营养级)，次级食肉动物占据了第四级(三级消费者营养级)。这种营养分级是一种功能分级而不是相同物种的分级。一个特定的物种种群可能占据一个或多个营养级，这取决于实际吸收能量的来源。

3.4.2 解释

每个个体都置身于食物链中，比如我们吃大鱼，大鱼吃小鱼，小鱼吃浮游动物，浮游动物吃浮游植物，浮游植物从阳光中固定能量；或者我们可能吃牛，牛吃草，草固定太阳的光能；或者我们使用一个更短的食物链，我们直接吃谷物，谷物固定太阳的能量。在最后一个例子中，人类的作用是第二营养级中的初级消费者。在草-牛-人食物链中，我们的作用在第三营养级，是次级消费者。一般来说，人类趋向于初级消费者和次级消费者两者皆有，因为我们的饮食绝大多数是由植物性食物和动物性食物的混合物组成。同时消费植物性和动物性食物的动物通常称为杂食动物(omnivores)。因此，能量流动在两个或多个营养级间成比例的被分为取食植物和取食动物的百分比。

势能在每次食物传递中损失。仅一小部分(通常小于1%)可利用的太阳能被植物在第一步中固定。因此，由一个给定的初级生产输出维持的消费者数量(例如人类)，很大程度上依赖于食物链的长度。我们传统农业食物链中的每个环节都以大约一个数量级(大约10倍)的顺序减少可利用的能量。因此，在一个特定的初级生产量下，当饮食中肉类成分占的比例越多，能供养的人就越少。然而，正如综述中强调的，当能量的数量在每次传递中减少时，能量的浓度(品质)上升，这是一个"喜忧参半"的状况。

当能量源头的营养品质较高时，转化效率能够高于20%。然而，因为植物和动物都产生很多难消化的有机物(纤维素、木质素和几丁素)，与化学抑制剂一起使消费者消费受阻，在整个营养级间的典型的能量传递平均为20%或者更低。

表3.8列出了：在每个营养级，同化能分成生产和呼吸的近似比例值；每个营养级的利用效率，它表示从前一营养级中获取的能量在此营养级中被消费(利用)的百分比；每个营养级的同化效率($I-NA$)。自然地，这些百分比随食物的品质，恒温动物还是变温动物和每个物种的生活史阶段而改变。然而这些近似值确实对在每个营养级中行使功能的物种多样性进行了评估。表3.8中显示的百分比能像图3.15描述的一样，来阐述能量在生产者、初级消费者和次级消费者等营养级中流动的过程。

表3.8 不同营养级生产量、呼吸作用、利用效率和同化效率百分比

营养级	生产量(%)	呼吸作用(%)
生产者	60~70	30~40
初级消费者	40~50	50~60
次级消费者	5~10	90~95

续表

营养级	利用效率(%)
生产者	<1
初级消费者	20~25
次级消费者	30~40
营养级	同化效率(%)
生产者	60~70
初级消费者	70~80
次级消费者	90~95

图3.18表明牧食食物链和碎屑食物链以"Y"字形分开,或者说分成两条通路的能量流动。这个模型比单通路模型更符合事实,因为①它符合生态系统的基本分层结构;②活体植物与死亡有机质的直接消费量往往在时间与空间上是分开的;③大型消费者(吞噬型动物)和微型消费者(腐生型细菌和真菌)在个体大小 - 新陈代谢的关系及所需的研究技术上有很大不同。

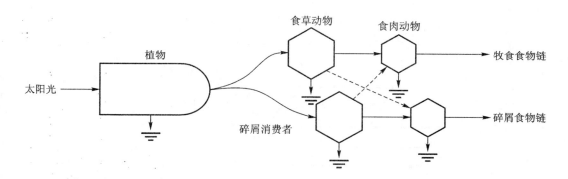

图3.18 牧食食物链和碎屑食物链连接的"Y"字形能流模型图

流入两个途径的净生产能量比例在不同类型的生态系统中不同,而且在相同生态系统中经常呈季节性或周年性变化。在一些浅水区和重度放牧牧场或草原中,50%或者更多净生产量会流入牧食食物链。相比较而言,湿地、海洋、森林和绝大多数自然生态系统都依靠碎屑系统而运作,直到叶、茎或植物的其他部分死亡并且在水、沉积物和土壤中被分解为微粒和可溶性有机质时,90%或者更多的自养生产量才被异养生物消费。正如在第2章中强调的,这种延迟消费在增加生态系统贮藏量和缓冲容量同时,也增加了其结构的复杂性和生物多样性。如果所有树在播种后一萌发就被吃掉,森林也就不会存在了。

在所有生态系统中,牧食和碎屑食物链都互相联系,因而两者间的能量流动在系统受到外力影响时能快速发生响应而进行转换。被取食的植物并不都会被食草动物真正同化;一些物质(例如粪便中的未消化物质)转向于碎屑途径。食草动物对群落的影响取决于活的植物组织的移除率,而不仅仅取决于食物中被同化的能量总数。被陆生食草动物或割草直接移除的一年生植物超过 30% 到 50% 的话,生态系统抵御未来胁迫的能力将会减弱。

自然界中很多机制,就像人类过去有能力控制驯养的草食动物一样,通过本地物种来控制或减少放牧和食草动物数量的说法是不被人信服的。过度放牧导致文明社会的衰退。这里名词的选择尤为重要,从定义上来说过度放牧是不利的,而不同生态系统中那些构成过度放牧的要素现在仅能用热力学、长远经济利益和生态系统承载力来说明。

放牧不足也是不利的。在完全缺乏对植物活体直接消费的情况下,碎屑的积累速度将高于微生物的分解速度,从而延缓了矿物质的再利用,并且或许会使系统易受火的破坏。轻度表面火烧在分解作用中的积极价值将在第 4 章讨论,并且食草动物对于植物的报偿反馈作用将在本章的后面部分讨论。

从死亡有机质开始的能量流动包括几个独特的食物链途径,如图 3.19。这表示了图 3.18 中的碎屑途径被再细分为图 3.19 中的三条流程。最主要的一条通常起源于颗粒有机物(particulate organic matter,POM);另外两条途径从溶解有机物(dissolved organic matter,DOM)开始。被称为菌根的共生菌、蚜虫、其他寄生虫和病菌直接从植物维管系统或组织中吸取光合产物(DOM),然而绝大多数腐生微生物(分解者)常常消费细胞、根和叶的分泌物中的 DOM。

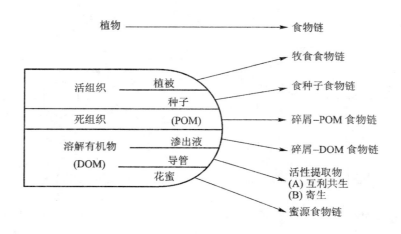

图 3.19　分支食物链模型,尤其应用于陆生生态系统
DOM = 溶解有机物;POM = 颗粒有机物

另两个独特的次要系统的食物链大多限于陆地或浅水生态系统,如图 3.19 所示:食种子食物链(granivorous food chain),从种子开始,种子是高品质能量的来源,是动物和人类的主要食物;食花蜜食物链(nectar food chain),开始于靠昆虫和动物授粉的开花植物的花蜜。在植物与授粉者和植物与食种子动物间进化出的复杂的互惠共生关系会在第 7 章讨论。

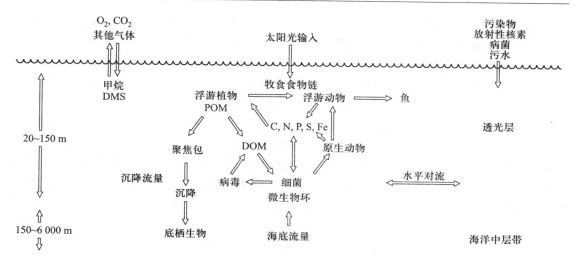

图 3.20 现代观点的浮游食物网,强调微生物环作为有机质流动的主要途径。三种主要流动途径(牧食食物链、微生物环和沉积流)之间的竞争显著影响海洋碳循环和生产力。DMS = 二甲亚砜;DOM = 溶解有机物;POM = 颗粒有机物(引 Azam F. 1998. 海洋碳通量的微生物控制:更加复杂. 科学,280:694 – 696. AAAS 版权所有,重印许可)

　　最后,图 3.20 所绘的食物链中还有另一条途径,这条途径特别适用于水生环境。第 2 章的某些细节中讨论过厌氧途径,该途径沿着直接取食途径分为 DOM 和 POM 流程(沉水途径和微生物循环)。所有 4 条能量流动途径都是重要的,仅仅是初始能量在不同类型生态系统中分别流入 4 条线路的多少不同。

3.4.3 实例

　　有三个例子能充分阐明食物链、食物网和营养级的主要特征。第一,在遥远的被称为苔原的北方地区,只有相对极少数的几种生物成功适应了低温环境。因此食物链和食物网相对简单。英国的生态学家先驱 Charles Elton 最先意识到这点,并在 1920 年到 1930 年间对北极大陆的生态系统进行了研究。他是率先阐明食物链概念和原理的人之一(Elton,1927)。苔原上的植物——驯鹿苔藓(石蕊 *Cladonia*;经常被称为“驯鹿藓”)、草、莎草和矮柳——为北美苔原的北美驯鹿和其生态学近亲(东半球苔原的驯鹿)提供食物。这些动物依次被狼和人类捕食。苔原植物同时也被旅鼠和柳雷鸟(*Lagopus lagopus*)或岩雷鸟(*Lagopus mutus*)取食。在漫长的冬季和短暂的夏季,北极白狐(*Alopex lagopus*)和雪鸮(*Nyctea scandiaca*)还有其他猛禽捕食旅鼠、野鼠和松鸡。因为可选择的食物非常少,啮齿类的数量和石蕊的密度有任何明显的变化都将影响到各营养级。这就是为什么有些北极生物种群数量会从过剩到濒临灭绝间发生大波动的原因。同样的事也发生在依靠单一或相对较少的本地食物来源而生存的人类社会中,例如爱尔兰的马铃薯歉收造成的饥荒。我们将在第 6 章里详细讨论这些北极的循环。

　　第二,数千个建造数年的用于垂钓的鱼塘提供了一个极好的在相当简单环境下的食物链例子。因为经营者往往期望鱼塘能提供最大数量的特定种类和特定尺寸的鱼,所以设计的管理步骤是通过把生产者限制为一个物种(漂浮藻类或者浮游植物)来尽可能多的将可获得能量导入最终产物。阻止其他绿色植物,例如有根水生植物和丝状藻类的生长。图 3.21 显示了一个垂钓塘的分室模型,其中食物链中每个环节都是根据 kcal·m^{-2}·a^{-1} 来计量的。在这个模型中,只显示了摄取能量的连续输入;呼吸作用和同化作用中的损失没有显示。水体中的甲壳类浮游动物以浮游植物为食,而且浮游生物的碎屑被某些底栖无脊椎动物,一种特别的红色蠕虫(摇蚊)摄取,而红色蠕虫又是太阳鱼喜爱的食物;这些太阳鱼又是鲈鱼的食物。对于人类捕鱼业来说,后两个物种(太阳鱼和鲈鱼)在食物链中的平衡是非常重要的。只有太阳鱼的鱼塘中实际产鱼量大于有鲈鱼和太阳鱼的鱼塘,但是因为有高的繁殖率和获取可利用食物的竞争,大多数太阳鱼保持较小的个体。当用钩和线钓太阳鱼时,很快就会觉得很乏味。当垂钓者想钓大鱼时,对于一个好的垂钓塘来说,终极捕食者(三级消费者)的存在是必要的。

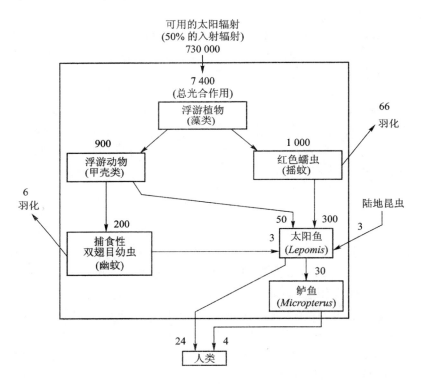

图 3.21　佐治亚州一个以垂钓为经营目的的鱼塘中主要食物链的分室模型。估计的能量输入以 kcal·m^{-2}·a^{-1} 计算。模型说明如果消除幽蚊(*Chaoborus*)的侧食物链,那么鱼的产量可能增加,但是另一方面也值得考虑的是侧食物链可能会促进系统的稳定性(数据引自 Welch,1967)

　　鱼塘的例子能够很好地说明次级生产力如何与① 食物链的长度;② 初级生产力;和③ 鱼塘系统外输入能量的类别和范围相互联系的。较大的湖泊和海洋每公顷或每平方米产出的鱼要比小的添加养料的集约型管理的鱼塘少,这不仅仅是因为湖泊和海洋的初级生产力较低且食物链较长,而且还因为在大面积水域中仅有的一部分消费者种群(适于销售的种类)被捕捞。同样的,被当作饲料的食草鱼(如鲤鱼)的产量比捕捞的食肉鱼(如鲈鱼)大很多倍;当然后者需要一个更长的食物链。通过添加系统外的食物能获得高产(通过加入植物、动物即在其他地方固定的能量作为额外养料)。事实上,这些补给产量不应该根据面积来表达,除非人们将面积调整到包括获得补充食物的地区(第二章所描述的生态足迹)。正如所料,鱼类的养殖取决于人口密度。人多而食物匮乏的地方,鱼塘被用于生产食草和食碎屑的消费者;在没有额外饲料投入的情况下很容易获得每英亩 1 000 到 1 500 磅的产量(450 ~ 675 kg · hm^{-2});在人少且食物充足的地方,人们需要供垂钓的鱼。由于这些鱼类通常是较长食物链末端的食肉者,产量会低很多——每英亩 100 ~ 500 磅(每 0.4 hm^2 450 ~ 675 kg)。最后,在多产的自然水系或短食物链的鱼塘(从净初级生产量到初级消费者生产量的转化率为 10%)中,每年每平方米鱼产量为 300 kcal。

第三个例子是 W. E. Odum 和 E. J. Heald(1972,1975)描述的,基于红树林树叶的碎屑食物链。在美国佛罗里达州南部红树林立的地方,大红树(*Rhizophora mangle*)的树叶以 9 t · hm^{-2} · a^{-1}(大约 2.5 g · m^{-2} · d^{-1} 或 11 kcal · m^{-2} · d^{-1})的速率落入咸水中。由于只有 5% 的树叶在掉落前被食草昆虫取食,大部分的年净初级生产量被数公顷的海岸和河口的潮汐和季节性的水流所扩散。如图 3.22 所示,常被称为小型底栖动物("小动物")的关键群,虽然仅由少数几个物种组成,但与微生物和少数藻类一起吸收大量的维管植物碎屑。河口中的小型底栖动物通常包括小型螃蟹、小虾、线虫、多毛目环节动物、小型双壳贝类和蜗牛,另外,在盐度较低的水体中还有昆虫幼虫。从较大的叶子碎片到微小的有机物已被吸收的黏土颗粒,都被这些碎屑消费者取食吸收掉了。这些微粒接连通过各种生物体的肠道(粪便的产生过程),从而通过吸取和重吸收有机物,直至将基层消耗殆尽。

图 3.15 表示的模型可以适用所有的生态系统,如森林、草地或河口生态系统。流动模式可以被认为是相同的,只是物种有所不同。碎屑系统增强了营养的再生和循环,由于植物、微生物和动物组分紧密结合,营养在释放后被快速再吸收。

3.4.3.1 资源品质

食物资源的品质与流入不同食物链中的能量数量一样重要。在图 3.19 中,牧食和碎屑途径被细分为 6 条资源品质显著不同的途径。从消费者角度来看,植物产物资源品质的巨大差异取决于可利用的糖类、脂类和蛋白质的含量,同时也取决于难分解物质的含量,如木质纤维,这些物质降低了可食性。促进物与抑制物的有无和植物各部分的生理结构(尺度、形状、表面纹理和硬度)都会影响能量从自养生物流入食物网的比例和时间。例如,种子的资源品质比植物的叶和茎要高很多。渗出或提取的 DOM(溶解有机物)比碎屑的 POM(颗粒有机物)更有营养。

花蜜和渗出的光合产物为适合的异养生物提供了非常高品质的食物,并且这些植物输出在可利用的情况下会很快被消费。例如,当花分泌花蜜时,整个昆虫家族中的食蜜者(诸如蜜蜂和蝴蝶)、鸟类(诸如蜂雀和太阳鸟),甚至还有某些蝙蝠会在其周围忙碌着。许多物种与开花植物为了共同利益协同进化(图 3.23)。Colwell(1973)阐明来自不同分类群(昆虫、螨虫和

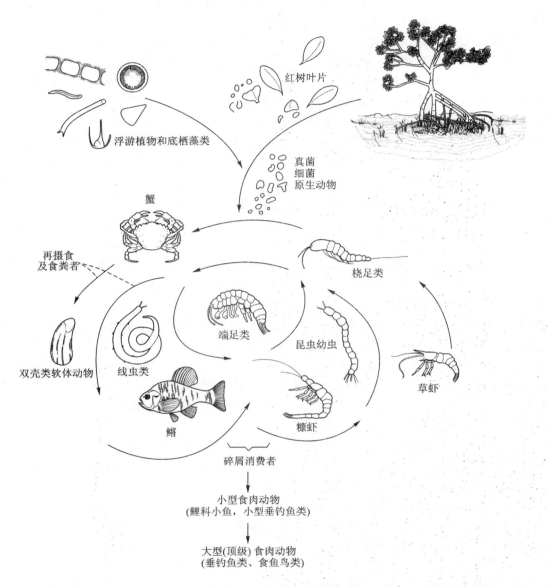

图 3.22　南佛罗里达浅河口水域中基于落入红树叶片的碎屑食物链。腐生生物作用于叶碎片,藻类也附生于这些碎片,这些碎片被小食碎屑消费者的关键类群再食用(食粪者)。食碎屑者又为垂钓鱼类、苍鹭、鹮和鹈提供主要食物(仿 W. E. Odum 和 Heald,1975 重绘)

鸟)的 9 种动物与 4 种热带植物花有着十分密切的关系,从而产生了一个紧密联系的亚群落。

　　Coleman 等(1998)估计,根际和土壤中分解作用活跃的新陈代谢"热点"可能只占整个土壤体积的 10%。在海洋环境中,细菌像"日晕"一样围绕在藻类细胞周围,Bell 和 Mitchell (1972)把这种现象称为藻际(phycosphere)。这些细菌不接触或者渗入细胞膜,而且很明显是

图 3.23 采食某兰花(*Elleanthus sp.*)花蜜的紫耳绿蜂鸟

靠渗出的有机物为生。

3.4.3.2 报偿反馈和异养生物在食物链中的作用

食物网中不只包括捕食 – 被捕食关系,或者说"谁吃谁"的关系。与负反馈一样,同时还存在正反馈或者是互惠共生的反馈。当能量流中"下游"生物对它的"上游"食物来源有正面影响时,我们称为报偿反馈(reward feedback),也就是说,一个消费者生物(例如食草动物或寄生虫)的某些习性对维持它的食物资源(植物或寄主)的生存有一定作用。

有研究显示,在东非草原上,广阔的羚羊群的牧食增加了草的净生产量;也就是说,植物被取食时的年生长要大于未被取食时的年生长(McNaughton,1976)。正如"时间就是一切"的意思,在牧群大范围季节性迁移时,植物就免除了被过度牧食的危险。而动物围栏则抵消了这种适应。在堪萨斯十年的研究中发现,北美草原上野牛的放牧也有相同结果(S. L. Collins 等,1998)。不仅仅是净初级生产量会在适度放牧情况下增长,而且生物多样性也会增长。有人曾假设蝗虫和食草哺乳动物的唾液中含有促生长的激素(复合肽),其能刺激根的生长,并且能促使植物长出新的叶子,这恰是正反馈效应的机制(Dyer 等,1993,1995)。

如一个水体中的例子,一种能以海岸湿地表面的藻类和碎屑为食的招潮蟹属(*Uca*)的蟹,通过几种方式来"培养"它们的植物食物。它们挖的洞增进了湿地草类植物根系周围的水循环,并且给深层的无氧区域带来了氧气和营养。这些蟹不断地给它们的食物添加富含有机物的肥沃泥土,从而改善了水底藻类的生长条件。最终,排泄的沉积颗粒和残渣给固氮菌和其他细菌的生长提供了物质原料,从而使这个系统更加肥沃(Montague,1980)。

总之,当消费者在消费食物的同时也能促进食物的生长时,"食者"和"被食者"的生存都会在更大的时空尺度上得以增加,就像人类既消费又促进了栽培植物和家畜的健康生长。随着从总体上对食物网的研究增多,人们发现的生产者和消费者还有各级消费者之间合作与互惠就会越多。

食物链的长度也很重要。各营养级可利用的能量依次减少明显限制了食物链的长度。然而,可利用的能量可能不是唯一的因素,因为长食物链经常占据贫瘠的系统,例如贫营养的湖泊,而多产的或富营养环境中也经常发现短食物链。有营养的植物快速生产可能引发重牧,从而导致能流在前两三个营养级聚集。湖水的富营养化(eutrophication)(营养富集)也增加了前几个营养级的能流,并且使浮游生物食物网从浮游植物—大型浮游动物—供垂钓鱼的序列转变为不能供钓鱼者娱乐的微生物—碎屑—微型浮游动物系统。

3.4.3.3　生态效率

在食物链的不同点间的能量流动比率具有相当大的生态学意义。当这些比率用百分比来表示时,通常称为生态效率(ecological efficiencies)。表 3.9 列出了一些这类比率,并用能流图表来对它们进行定义。这些比率对整个营养级组成和种群组成都有重要意义。由于这几种效率经常会混淆,所以明确界定它们之间的关系是非常重要的;能流图(图 3.14 和图 3.15)有助于阐明这些定义。我们鼓励生态学专业的学生阅读 Raymond L. Lindeman 的经典论文《生态学的营养动力》(Lindeman,1942),以便于对生态效率加深理解。

表 3.9　各种类型的生态效率

比率	名称和解释
A. 营养级之间的比率	
I_t/I_{t-1}	营养级能量输入,或林德曼(Lindeman)效率
	对于生产者营养级,这个比率为 P_G/L 或者 P_G/L_A
A_t/A_{t-1}	营养级同化效率
P_t/P_{t-1}	营养级生产效率
B. 营养级内的比率	
P_t/A_t	组织生长或生产效率
P_t/I_t	生态学生长效率
A_t/I_t	同化效率

符号说明:L = 光(总);L_A = 吸收的光;P_G = 总光合作用(总初级生产量);P = 生产的生物量;I = 能量输入;A = 同化作用;t = 当前营养级;$t-1$ = 前一营养级

最重要的是,效率比只有当它的分子和分母都用相同的量度单位表达时才有意义。否则,对于效率的论述会被误解。例如,家禽养殖者可能说他给鸡喂的饲料在鸡中的转化效率是 40%(表 3.9 中的 P_t/I_t 比率)。但这事实上是“湿重”或活鸡重(相当于约 2 kcal·g^{-1})与干饲料(相当于约 4 kcal·g^{-1})之比。在这个例子中,正确的生态学生长效率(kcal/kcal)更接近于 20%。因此,任何情况下,生态效率都应用相同的“能量货币”(例如卡与卡)来表示。

营养级间转换效率的一般特性已经讨论过了。次级营养级间生产效率的典型值在 10% 到 20% 之间。因为比起冷血动物(变温动物),温血动物(恒温动物)必须要用至少 10 倍或更高的同化能量用于呼吸作用,以此来维持持续高的体温,温血动物的生产效率(production efficiency)(P/A)肯定较低。因此,无脊椎动物食物链中营养级间的转换效率要比哺乳动物食物链中的高。例如,在美国密歇根州的皇家岛(Isle Royale)上,驼鹿与狼间的能量转换大约是 1%,相比之下,水蚤－水螅食物链(Lawton,1981)中的转换有 10%。食草动物与食肉动物比起来,总是拥有较高的 P/A 效率但 A/I 效率较低。

因为在人工和其他机械系统中常存在明显相对较高的效率,所以未开化自然系统中低的基本效率这一特征让很多人感到困惑;这使得许多人开始考虑提高自然效率的方法。事实上,大尺度的生态系统中长期的基本效率无法直接与那些短期的机械系统相比较。首先,许多燃料被用来修理或维护机械系统,并且折旧费和维修费没有包括在发动机燃油效率中。换句话说,很多能量(人类或其他的)不同于燃油的消费,需要建造一个机器并且维持它运转、维修和替换。除非所有能量的花费和补充都被考虑到,否则机械发动机和生物系统不能同等的比较,因为生物系统是能自我修复和自我维持的。而且,在某些条件下,单位时间较快生长可能比最大的能量利用率更有生存价值。做一个简单的类比,车辆以 65mph 速度快速行驶到达目的地可能比为实现最大效率而慢速驾驶到达目的地在耗费燃油上要更好。工程师应该明白要获得生物系统中任何效率的提升都要以系统维护为代价的。因而,在增加效率中获得的利益会在增加的花费中失去——更别提给系统增加压力后随之增加的无序性的危险。像已经提到的,在工业化农业中已达到这样一个正在缩小的回归点,因为单位面积产量上升的同时,能量输出—能量输入比率在下降。

3.4.3.4 食物网中能流自上而下控制和自下而上控制的关系

Hairston 等(1960)提出过"自然平衡"假说,这个假说在几年前起了生态学家之间激烈的讨论和争辩。他们的论点是,因为从总体看来植物积累了大量的生物量(地球是绿色的),所以肯定有些东西抑制了牧食。这种东西,他们推测是食肉动物。从而,初级消费者被次级消费者限制,而初级生产者是被资源限制而不是食草动物限制。随后,大量研究,特别是在水体系统中的研究,得出了"自下而上"和"自上而下"两种对立的观点来理解食物链的动态性。自下而上假说(bottom-up hypothesis)坚持认为生产量由诸如能量可用性的上游因子来调节,例如能量的可获得性;自上而下假说(top-down hypothesis)预测食肉动物或者食草动物调节着生产力。两种假说都有证据支持。例如,大量的研究证明,增加氮肥的输入对草原和弃耕地群落增加初级生产力有重要意义(W. P. Carson 和 Barrett,1988;Brewer 等,1994;Wedin 和 Tilman,1996;Tilman 等,1996)。然而应该指出的是,E. P. Odum(1998b)提出在贫养环境中生产力与生物多样性是相关的(Tilman 和 Downing,1994),生物多样性的增加总是增强了生产力,但在高营养环境中,增加生产力会增加优势物种但却降低了多样性。

S. R. Carpenter 等(1985)提出,在湖中尽管营养输入(自下而上控制,bottom-up controls)决定了生产率,但食鱼或食浮游生物的鱼类对初级生产量的偏移有着重大影响。这种下游消费者对生态系统动力学产生的影响就是自上而下控制(top-down controls)。S. R. Carpenter 和 Kitchell(1988)提出,消费者通过食物网和营养级对初级生产量的繁殖产生影响。他们称这种影响营养级或生态系统动力的现象为营养瀑布。营养级联假说(tropic cascade hypothesis)提出在湖中能通过喂养食鱼和食浮游生物的消费者来影响初级生产量比率(一种自上而下的影响)。

例如,降低食浮游生物鱼类的种群数量会导致较低的初级生产量。当缺乏食浮游生物的鲤科小鱼时,食肉无脊椎动物幽蚊(*Chaoborus*)将增多。因为幽蚊以较小的食草浮游动物为食,所以食草浮游动物的优势度从小型种向大型种转移。当存在大量大型食草浮游动物时,浮游植物的生物量和初级生产率都会减少。这个例子通过水体生态系统中的几个营养级说明了级联效应。

陆地消费者也能对初级生产力起到重要的自上而下的影响（见 McNaughton，1985；McNaughton 等，1997，关于塞伦盖蒂草原生态系统中大型哺乳动物牧食对初级生产的影响和营养循环）。图 3.24 说明了自下而上和自上而下控制机制（即营养级联系着生物群落中的所有营养级）。要了解更多关于自下而上和自上而下的控制机制，请参看 Hunter 和 Price（1992）；Harrison 和 Cappuccio（1995）和 Price（2003）。

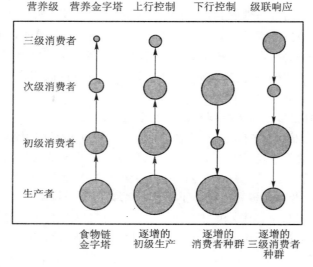

图 3.24　图示说明营养级联假说中控制机制的各种可能类型

当然，机制不同于消费者和资源，它不能决定初级生产物如何利用。植物生产的抑制化学物，诸如纤维素、单宁和木质素，抑制异养生物的消费（见本章的先前部分）。这些机制都是生产者和消费者之间在进化中军备竞赛的一部分，它使自然保持着前进状态。

3.4.3.5　同位素示踪在食物链研究中的应用

对食量的观察和调查已成为确定食物资源异养消费的传统方法，但这些方法经常没有可行性，尤其对小型与隐居的动物和分解者（细菌和真菌）来说。在一些案例中，在许多物种相互作用的自然生态系统中同位素示踪被用来追踪食物网。放射性示踪被证明在确定哪种昆虫取食哪种植物或者哪种捕食者捕食哪种猎物中很有用。例如，用放射性磷（^{32}P）分离弃耕地生态系统中的食物链，显示在一些植物中食物链是从植物的叶和茎渗出的糖所吸引的蚂蚁开始的，而其他植物支撑更传统的食草动物—食肉动物食物链。这些实验显示了植物免于被取食的三个方法中的两个，这三个方法就是① 饲养一群蚂蚁来保护自己；② 依靠大型食肉动物来控制食草动物；或者③ 产生抗取食的化学物质。

随着改良的检测仪器的发展,稳定(而不是放射性)同位素越来越多地被使用。稳定碳同位素比率被证实尤其是在绘制食物链中的物质流动图时很有用,而用其他方法很难研究。C_3 植物、C_4 植物和藻类有着不同的 $^{13}C/^{12}C$ 比率,这个比率将在任何消费这种植物或其碎屑的生物(动物或微生物)中延续。例如,在研究河口食物链时,Haines 和 Montague(1979)发现牡蛎主要以浮游藻类为食,然而一种小蟹以深海藻类和来源于湿地植物(一种 C_4 植物)的碎屑为食。

3.5 能质:能值

3.5.1 概述

能量不仅具有量的特征,而且还有质的特征。不是所有卡(或其他任何所用的能量单位)是同等的,因为不同形式相同量的能量其作用势能相差很大。高度浓缩的能量,例如化石燃料,和许多分散形式的能量,如太阳光比起来,就有着更高的品质。我们能根据一种能量形式(如太阳光)转化为等量另一种能量形式(如石油)所需的用量来表示能量品质。术语能值(eMergy)已经被提出作为这个量度;能值可以概括地定义为可用的被直接或间接用于创造服务或产品的能量总量。在比较人类直接利用的能量来源中,一定要考虑可用能量的量和质,而且无论什么情况下,都应让来源的质与使用的质相匹配(图3.25)。

3.5.2 解释与实例

我们在本章已经讨论过食物链中的能量如何在数量下降的同时品质上升,以及其他能量转换的顺序(图3.15)。为什么大多数人似乎没察觉能量浓度或品质因素的一个重要性原因是,尽管有无数的关于能量数量的术语(如卡、焦耳和瓦特),但在通常使用中没有关于能量品质的术语。在 1971 年,H. T. Odum 提出体现能(embodied energy)(1996 年重命名为能值(eMergy))的术语作为能量品质的量度,定义为被直接或间接用于创造服务和产品的所有可用能量(H. T. Odum,1996)。因此,如果植物用 1 000 cal 阳光来生产 1 cal 食物,那么能值转换率(transformity)就是 1 000 cal 太阳能对 1 cal 食物,食物的能值就是 1 000 cal 太阳能。能值可以被理解为"能量存储器",因为它是以合计所有生产最终的产品或服务的能量来换算的。为了便于比较,所有有贡献的能量都被归为一类,当然还要用相同的量的单位来表示。从另一观点看,能量的品质能用从太阳开始的热力学长度来计量。对消费者来说,提升品质的成分是否可用(例如食物)取决于资源的品质。

在表3.10中一些能值用整数表示,以太阳能和化石燃料为单位。如表3.10显示,化石燃料拥有的作业势能至少是太阳光的 2 000 倍。如果要用太阳能来代替现在用煤和石油的工

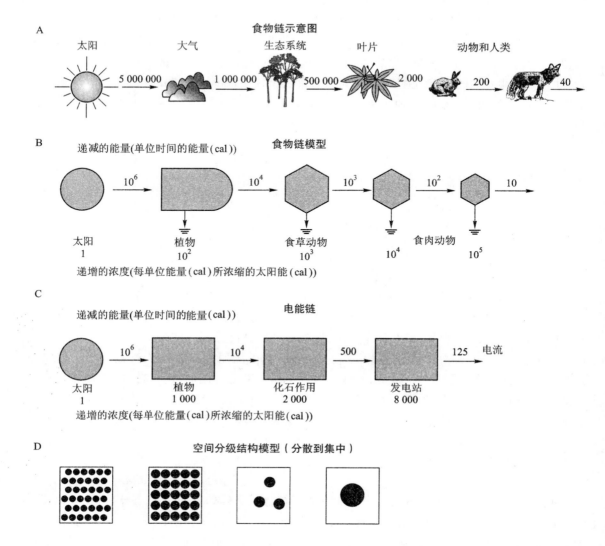

图 3.25   图示说明在(A)食物链,(B)能流,(C)电能产生,(D)空间能量集中这四个过程中,能量浓度(品质)是如何随着能量数值的递减而递增的。从输入到输出的第 5 级的能量浓度甚至可达到 10^5。图中数据的单位为 kcal · m^{-2}(仿 H. T. Odum,1983,1996)

作,太阳能必须提高数千倍。换句话说,太阳光不能作为汽车或冰箱的能源,除非它被浓缩到汽油或电的级别。社会不能将太阳能替代化石燃料作为主要能源,除非分散的太阳能能被大量升级成电能或其他类型的浓缩燃料——这种转换将十分昂贵。

太阳能可在不升级时直接用于低能量品质的工作,如贮存热量。能量的品质在使用和来源上能相协调的话,将减少现在对化石燃料的浪费,并且也给社会更多的时间使其转换为其他可能的浓缩能量来源。换句话说,石油仍旧会被储备来运行机器,但只要太阳可以用于取暖时,就不用在炉子里用石油来燃烧取暖。

表 3.10　能量质量值(eMergy):太阳能与化石燃料作单位

能量类型	太阳能等价卡	化石燃料等价卡
太阳光	1.0	0.000 5
植物总生产物	100	0.05
植物净生产物(木材)	1 000	0.5
化石燃料(使用流通)	2 000	1.0
高水位的能量	6 000	3
电能	8 000	4

引自:仿 H. T. Odum 和 E. C. Odum,1982

　　能值是一个特别有用的量度,可以用来比较和连接市场上的货物与服务的价值和自然(非市场的)的货物与服务的价值。参见 H. T. Odum(1996)为详细回顾能值概念所写的《环境会计学:能值(EMergy)和环境决策的制定》。

3.6　新陈代谢和个体大小:3/4 幂法则

3.6.1　综述

　　食物链中能量稳定流动所提供的现存生物量(以任一时间中存活的生物的总干重或总热量表示)不仅仅取决于它在食物链中的位置,同时取决于个体大小。因此,一个较小生物的较低生物量能在生态系统中一个特定的营养级上得到支持。相反的,生物越大,现存生物量越大。因此,任意时刻存活的细菌的生物量都要远远小于鱼或哺乳动物的现存生物量,即使两者的能量使用可能相同。通常,动物个体的新陈代谢率以它们体重的 3/4 次幂变化。

3.6.2　解释与实例

　　在非常小的生物中(例如藻类、细菌和原生动物),每克生物量的新陈代谢率比大型生物(例如树木和脊椎动物)单位重量的新陈代谢率高出许多。在很多例子里,群落中重要的新陈代谢作用不是发生在少数大型的显眼的生物中,而是发生在大量的小型生物中,包括肉眼不可见的微生物。因此,任意时刻湖泊中每公顷仅数千克的微型藻类(浮游植物)的新陈代谢速率能与森林中每公顷内体积较大的树木一样高。同样的,数千克牧食藻类的小型甲壳类(浮游动物)的呼吸作用总量与许多数百千克重的牧食草类的野牛相当。

　　生物或生物群落的新陈代谢率经常通过测量生物的耗氧率(或者在光合作用中的产生)来估计。一个动物个体的新陈代谢率总是以其体重的 3/4 次幂来增加。尽管植物和动物之间不同的构造使得直接比较变得困难,但在植物中也存在相似的关系。图 3.26 显示了单位个体或单位重量下体重(或体积)与呼吸作用之间的关系。下面的曲线(图 3.26B)很重要,因为它显示了当个体尺寸减小时,单位重量新陈代谢率是如何增加的。关于这种趋势的各种理论,通常被称为 3/4 幂法则(3/4 power law)。这些理论已将注意力集中在扩散过程上——大型生物单位重量有较少的表面积,通过表面扩散过程可能会出现。当然对比应该在相同温度下进行,因为新陈代谢率通常在高温下比低温下要高(除非存在温度适应)。

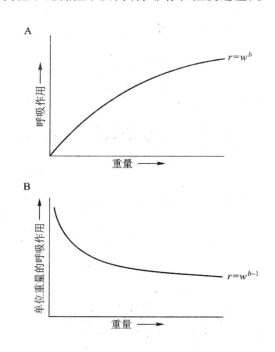

图 3.26 　(A)呼吸作用和单位个体重量的关系图,(B)单位重量的呼吸作用和总重量的关系图

West 等(1999)检查了动物和植物异速生长的比例关系,并且提出了下面这个一般模型:

$$Y = Y_0 M^b$$

其中,Y 是新陈代谢率,Y_0 是不同物种的特征常数,M 是质量,b 是比例指数。这个比例指数通常是 1/4 的倍数。

尺寸相同的生物作比较时,图 3.26 中显示的关系不总是正确。这是可预料的,因为除了尺寸外很多因素都会影响新陈代谢率。例如,相同尺寸的温血脊椎动物比冷血脊椎动物有更高的呼吸比率。然而,这种差别与脊椎动物和细菌间的差别比起来是微不足道的。因此,给定相同可用的食物能量,鱼塘中冷血食草鱼类的标准收获量与陆地上温血食草哺乳动物的标准收获量有着相同的数量级。然而,就像在第 2 章提到的,氧气在水中比在陆地上更难获得,因此,在水中可能有更多的限制。通常来说,相同尺寸的水生动物似乎比陆生动物有更低的单位重量呼吸率。这种适应现象完全可能对营养结构产生很大影响。

哺乳动物的种群密度和个体数量间的幂法则关系也涉及初级和次级消费者(Marquet,2000)。例如,初级消费者(食草动物)的这种关系存在 -3/4 的斜率,而次级消费者(食肉动物)的斜率要更陡。

在对植物的尺寸-新陈代谢关系的研究中,人们经常发现判定植物"个体"很困难。因此,一棵大树可以被认为是一个个体,但就尺寸-表面积关系来说,叶子可能担当了"功能个体"。这种关系与叶面积指数相似,后者即单位面积内叶覆盖面积。对各种海藻(大型多细胞藻类)的研究发现,纤细或分支细的种类(从而有高的表面积-体积比)与分支粗的种类相比,每克生物量的食物加工、呼吸作用和从水中吸收放射性磷的比率高。因此,在这个例子中,我们可以看到分支或者甚至单个细胞都是功能个体,而不是以固着器附着在基质上的含有大量分支的整株植物。

个体大小与新陈代谢间的反比关系也能在单一物种的个体发生中观测到。例如卵细胞,显示出的每克新陈代谢率比大的成年个体高得多。值得注意的是,这里指的是重量-物种新陈代谢率而不是总个体新陈代谢率随尺寸的增加而减少。因此,成年人类比小孩需要更多食物总量,但每千克体重所获得的食物较少。

3.7　复杂性理论,能量学的尺度及收益递减规律

3.7.1　概述

当系统的尺度和复杂性增加时,维持系统所消耗的能量总是以一个高比率增加。尺度加倍通常需要超过双倍的能量来排出增加的熵同时维持增加的结构和功能的复杂性。伴随着尺度和复杂性的增加,诸如在面对干扰时品质和稳定性的增加,会有规模收益递增(increasing returns to scale)或规模经济(economics of scale)(大多数经济学家爱谈论这个);然而,随着为排出无序性而增加花费,也会有收益递减(diminishing returns to scale)或规模经济递减(diseconomics of scale)(大多数经济学家所不爱谈论的)。这些收益递减是大而复杂的系统所固有的,但能通过改进增加能量转换效率的方法使其稍许下降。然而,它们不能被完全消除。收益递减规律(law of diminishing returns)适合于所有类型的系统,包括人类技术生态系统中的电源网格。当一个生态系统变得越来越大和越来越复杂时,用于群落生物呼吸来支撑群落的总初级生产的比例会增加,用于进一步增长的比例会降低。当这些输入和输出平衡时,如果没有过量的维持能力,尺度将不会进一步增加,结果导致周期性的"繁荣和破产"。

3.7.2　解释

在处理诸如电话交换台之类的物理网络所得到的工程学经验表明,当使用者或者通话数量(C)上升时,转换开关的数量(N)也需要上升,接近于这个数字的平方,如下所示:

$$C = N\left(\frac{N-1}{2}\right)$$

1950 年贝尔电话实验室的 C. E. Shannon 证明了这种规模经济递减是网络的一个固有特征,并且没有构建方法然而可以巧妙地避免它。转换网络中所用的最好的方法就是降低一些因素的非经济性,如把 N 降到 1.5 次幂。参见 Shannon(香农)和 Weaver(威纳)(1949),Pippenger(1978)及 Patten 和 Jørgensen(1995)对复杂性理论背景的回顾。

这种规模经济递减也是自然生态系统的一个固有特征,但至少一些由于复杂性而增加的花费被节约型因素,如规模经济的利益所平衡。单位体重的新陈代谢率随着生物尺寸或生物量(如在森林里)的增加而下降,因此每单位的能量流动能维持更多的结构(B/P 效率)。增加功能循环和反馈环也能增加能量利用效率、物质再循环和对干扰的抵抗力和恢复能力。生物间的能值占有和互惠关系也可增加全部的效率。然而无论怎样调节,随着尺度任意增加,必须被消除的总熵都会快速增加,所以越来越多的总能量流(总初级生产量加上沉积物)必须转向维持呼吸作用,并且越来越少的能量流用于新的生长。当用于维持的能量花费与可用能量相平衡时,就达到了理论上的最大尺寸或承载力,超过时尺寸回报缩减。

3.7.3   实例

单位税款提供了一个成本以尺寸幂函数增加的网络规律的例子。单位国家税款和地方税款与人口密度有着典型的紧密的关系,尤其与国家的城市化百分比相关。例如,住在美国纽约州的人要比住在密西西比州的人多付三倍的税款。尽管市民“反感税款”,但如果一个人选择住在大城市而且不希望见到城市变得混乱,那他就不能拒绝高税款。近几十年,城市与乡村区域的单位税款差别随着城市化蔓延的加强而增大。参见 Barrett 等(1999)的关于乡村与城市景观再接合必要性的讨论。

3.8   承载力及可持续性的概念

3.8.1   概述

根据生态系统水平上的热力学,承载力(carrying capacity)就是所有可用的输入能量用以维持所有基础结构和功能的达到的状态——也就是说,P(生产量)与 R(呼吸消耗)相等。在这些条件下所能支持的总生物量被称为最大承载力(maximum carrying capacity),并且在理论模型中用大写字母 K 表示。这个水平不是绝对的(不是最高限度的反映),当增长率要素很高时,它是很容易被超过的。越来越多证据显示,最适承载力(optimum carrying capacity)(在面对环境的不确定性时能长时间维持生态系统稳定)要低于最大承载力(见 Barrett 和 Odum,2000 年的详述)。在个体和种群方面,承载力不仅取决于生物数量和生物量,还取决于生活型

（确切地说,就是单位能量消费）。

3.8.2　解释

图 3.27 中曲线图表示的 S 型增长的简单数学模型将在第 6 章中详细讨论。现在,增长曲线中有两点需要指出:K,曲线上部的渐近线,表示概述中定义的最大承载力;I,拐点,此时增长率最高,正如下图(图 3.27B)所显示的。I 的水平常被垂钓和渔业经营者称为最大可持续产量(maximum sustained yield)或最适密度(optimum density),因为理论上在这个点上收获的生物量会迅速回复。

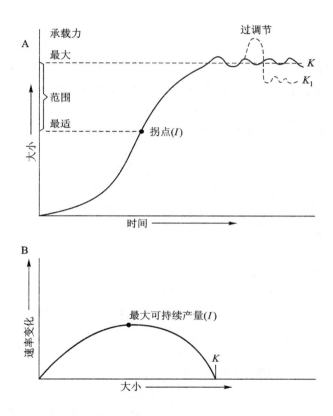

图 3.27　S - 型种群增长的承载力。(A)增长曲线。(B)与种群大小相关的增长率的变化。K 表示给定空间和资源所能维持的最大密度。如果密度超过这个水平,那么 K 就可能至少是暂时的降到 K_1。拐点(I)表示最高增长率的种群水平,并且从理论上来说此点是猎物或鱼种群最大可持续产量的最优点

在波动的环境中维持 K 的最大水平时可能会发生调节,因为增长动力导致了种群大小超过了 K,而可获得资源的周期性减少(例如干旱)暂时降低了 K。当过调节发生并且熵超过系

统消除熵的承载力时,系统尺寸减小或"滑坡"必将发生。如果环境的生产容量在滑坡中受到破坏,那 K 本身可能会至少暂时降低至一个新水平(图 3.27A 中的 K_1)。考虑到当前技术、政治、经济和分配约束等因素,为人类供食的全球挑战正在接近达到最大生产能力才能满足食物供应需求的状况。处在像战争、干旱、疾病或者恐怖主义等广泛存在的混乱局面中,作物减产超过一年就意味着使数百万人生活在严重营养不良或饥荒的边缘。

最大承载力水平下安全限度是非常小的。从长期安全和稳定型观点出发,在 K 和 I(如图 3.27A 所示)之间某处将表现出令人满意的可长期维持的承载力水平。许多自然种群已经发展出在这个安全可靠水平上维持密度的机制了。

3.8.3　实例

3.8.3.1　承载力概念

有一个在美国密歇根州进行的有关动物世界中鹿群的承载力的经典研究(McCullough,1979)。1928 年 6 只鹿被引入 2 平方英里($5km^2$ 或 500 hm^2)的围栏中,到 30 年代中期增加到了约 220 头。这个兽群过度啃食植被从而显著破坏了生存环境时,通过选择性猎食使种群数量降到了约 115 头,并且在这个水平维持了数年。McCullough 提出, ± 200 水平(每2 hm^2 1 头鹿)显示了最大承载力水平 K,并且鹿的种群总是"跟随"这个最大水平。让其自然发展,鹿群将一直增加到这个食物或其他重要资源所限制的极限水平。从而, ± 100 这个数字(大约每 4 hm^2 1 头鹿)显示了最适密度时的承载力 I(见图 3.27),它消除了过调节、饥饿压力、疾病和对栖息地可能的损害带来的风险。在这个特定物种中,捕食使种群持续低于最大承载力,这似乎是一种偏好品质而不是数量的功能。其他的种群发展出的自我调节机制趋于维持承载力水平远低于最大承载力。

关于对蚂蚁群体中能量流动的研究可能揭示的某些关于尺度和承载力的热力学规律也适用于智人(*Homo sapiens*)。住在潮湿的热带森林的切叶蚁(*Atta colombica*)从植物上获取部分新鲜叶片,并运入地下巢穴作为培养真菌的基质,这些真菌为其提供食物。这些真菌区就像农夫栽培作物一样被照料和施肥(部分是蚂蚁的排泄物)。Logu 等(1973)估计了群体中所有主要活动的能量支出并且推断当输入的热量(以获取的叶片为形式)与切割和运输叶片、维护踪迹和培养作物等工作时消耗的能量相平衡时会达到最大承载力(群体最大)。在大型群体中任意时刻,近 25% 的蚂蚁在运输叶片,75% 维护踪迹和真菌区。当这些维护耗费与能量输入平衡时,群体便停止增长。对其他生物的反馈报偿,例如森林地表上蚂蚁的沉积物能促进叶片生长,增加了效率并提高了最大承载力 K。

要估计一个由农业供给的农耕文明社会的承载力不是很难,因为输入能量的来源几乎都来源于当地资源而不是来源于较远的区域。例如,Mitchell(1979)报道印度乡村地区人口密度与降雨量呈线性关系,其在缺乏灌溉或其他辅助条件时决定了作物的产量。他报道了 10cm 的降雨量时每公顷耕地面积能供给 2 人,100cm 能供给 3 人,200cm 能供给 4.5 人,300cm 能供给 6 人。另一个关于耕作承载力的有趣研究是 Pollard 和 Gorenstein(1980)做的,他们证明了在早期墨西哥塔拉斯科(Tarascan)文明中玉米产量与人口密度之间的关系。

　　而要估计城市工业社会的承载力则困难很多,因为这样的社会所需要的大量辅助能量来自于遥远的地方和从人类出现之前就已贮存的,诸如化石燃料、地下水、新木材和深层有机土壤等累积物中开采获取。所有这些资源在大量使用后都会减少。有一件事是肯定的:人类像鹿一样,似乎在景观或区域尺度上跟随着最大承载力 K 的水平(智人是少数几个在全球尺度上达到承载力条件的物种之一)。我们的人口数量总是一直上涨到或超过一个又一个极限(食物、化石燃料和疾病是目前被关注的限制)。报偿反馈,或维持最适承载力而不是最大承载力的其他方法发展微弱,有以下几个原因:① 许多住在发达国家的人们相信科学技术会继续寻找日益减少的资源替代品并且不断的增加 K 值;② 许多住在发展中国家的家庭经常出于强烈的经济和社会原因重视家庭大小;③ 传统信仰系统总是不断地支配着对生态学的理解。因此,伴随着过调节的危险波动游戏将继续着。虽然有好的生态因素能调节人口数量,但复杂的社会、经济和宗教问题使这类调节变得十分困难。

　　承载力(或者阈值)的概念也能用于经济学。例如,Max-Neff(1995)将国内生产总值(GNP)趋势与 Daly 和 Cobb(1989)的可持续经济福利指数(ISEW)作比较。他的发现表明存在一个最适经济承载力。图 3.28 说明了美国 GNP 和 ISEW 的趋势。这两个指数互相跟随轨迹,直到 20 世纪 70 年代中期在被称为经济福利阈值(economic welfare threshold)或经济承载力(economic carrying capacity)处发生分离(Barrett 和 Odum,2000)。似乎在 70 年代间,经济增长开始有超过长期经济福利(生活品质)的趋势。这个趋势表明美国的经济增长已经增加到远超过最适经济增长承载力的地步。

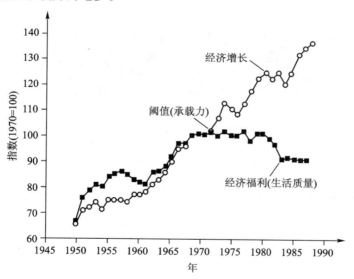

图 3.28　美国国内生产总值(GNP)指数和可持续经济福利指数(ISEW)的变化趋势图。其中的阈值作为最优承载力。空心圆＝GNP 指数,实心方框＝ISEW 指数(仿 Max-Neff,1995;Barrett 和 Odum,2000 修订)

因此,单势能量的使用或生活方式在决定人类承载力方面与数量一样重要。例如,一个住在美国的人消费高品质能量比一个住在印度的人高 40 多倍。换句话说,在给定资源基础上,以印度生活方式生活能比以美国生活方式生活多供给 40 多倍的人口。要了解更多关于这两方面的承载力,请参见 Catton(1980,1987)。

3.8.3.2　可持续性概念

可持续性的概念与承载力概念有直接关系。字典中关于持续的定义包括"保持"、"保持存在"、"支持"、"维持"或"以食物或营养物供给"(《韦氏词典》(第 10 版)对"sustain"的解释)。在环境术语中,Goodland(1995)定义可持续性(sustainability)为维持自然资本和资源。可持续性一词日益被用作未来发展的向导,实事求是地说,现在人们在消费区域和环境管理上所做的显然大多是不可持续的。关于使用可持续发展概念作为目标或政策指导的难点将在第 11 章讨论。Barrett 和 Odum(2000)已经表明在长期的人类活动中,可持续性可能被人们更有效理解并根据最适承载力被更有效处理,最适承载力在本节的前面部分已作概述。新的策略和技术,例如用风车发电(图 3.29),显示了自然资本(在这个例子中的风力)能用于产生经济资本(电能)。

Courtesy of Gary W. Barrett

图 3.29　原东德风车发电站

3.9　净能的概念

3.9.1　概述

越来越多的人明白生产能量(和回收物资)要耗费能量,因为任何这些能量生产的特定转换系统都必须通过附加的外部能量反馈或补充来维持。要生产净能(net energy),产量必须大于用于维持转换系统的能量耗费。

3.9.2　解释与实例

净能量的概念已列在图 3.30 中。为了得到净能量,产量 A 必须大于用于维持转换系统的能量耗费 B。举例来说,为了使能源设备真正有价值,净能量需要至少两倍、最好四倍于能量花费或能量损失,就像工程师所声称的那样。

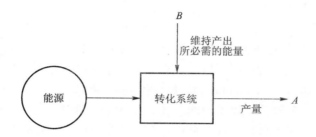

图 3.30　净能概念。为了使系统产出净能量,一个能量转换系统的产出(A)必须大于维持系统所消耗的能量(B)

当面对人类能源来源时,问题将不在于有多少石油和目前陆地和海洋下有多少天然气,而是当所有与消除熵(例如钻井、保护人类健康和防止污染)有关的能量处罚都支付后还能得到多少能量。例如 1998 年的美国,当汽油变得非常便宜时,许多维护昂贵的海上钻井平台都关闭了。

再看另一个例子,在美国,目前铀裂变发电厂在建造和维护方面耗资可观,以至于它们基本没什么净能,另外发电厂保持运行还必须有各种政府补贴——如支付废弃物围阻费用。到目前为止,核聚变实验没有产生任何净能量。因为发生聚变时需要有极高的温度和压力,“驯服”氢弹是极其困难的。

3.10　以能量为基础的生态系统分类

3.10.1　概述

可用能量的来源和质量或多或少地决定生物的类型和数量,决定功能和发展过程的方式,以及直接或间接地决定着人类的生活方式。由于能量是所有生态系统,无论是自然的还是人为的生态系统中都普遍具有决定性的和终极制约性的因素,因此,它成为“一级”分类的合理要素。基于这个要素,很容易地将生态系统分为四种类型:

- 自然的,无补给的太阳能生态系统。

- 自然的,受其他自然能量补给的太阳能生态系统。
- 人类补给的太阳能生态系统。
- 燃料供能的城市工业技术生态系统(以化石燃料或其他有机物或核能燃料为能源)。

这种分类以环境的能量输入为基础(见图 2.1),并且与生物群区分类(见第 10 章)相互区别相互补充,生物群系分类主要是以生态系统中主要植物群落结构为基础的。

3.10.2 解释

表 3.11 描述了根据能量来源、等级和数量分类的 4 种主要生态系统类型。生态系统依赖于两种不同的能源:① 太阳;② 化学或核燃料。尽管这两种能源都能用于任何地方,我们仍能很容易地区分太阳能(solar-powered)和燃料供能(fuel-powered)系统。在各生态系统主要分类(表 3.11)的比较中,我们以单位面积能量流动作为能量密度(power density)(此处功率指单位时间内使用或损耗的能量)。如果系统仍然能生存的话,这个量度也可考虑用于代表一定数量的必须被消除的无序性或熵。

表 3.11 根据能量来源和等级分类的生态系统

种类	举例	年能流(能量等级)(kcal·m^{-2})*
无补给自然太阳能生态系统 +	开阔大洋、高地森林、草原	1 000 ~ 10 000(2 000)
自然的有补给的太阳能生态系统 ｷ	潮汐河口、某些雨林	10 000 ~ 40 000(20 000)
人类补给太阳能生态系统 §	农业、水产业	10 000 ~ 40 000(20 000)
燃料供能城市工业系统 **	城市、市郊、工业园	100 000 ~ 3 000 000(2 000 000)

* 括号中的数字是估计的整数平均数

+ 这些系统由地球这个宇宙飞船(spaceship Earth)的基础生命维持模块(自然资本)组成

ｷ 这些是自然界中自然的生产系统,它们不仅有高的生命支持能力,而且生产过剩的有机物能出口到其他系统或贮存。

§ 这类系统是食物和纤维生产系统,由人类提供辅助燃料或其他能量补给

** 这些是我们财富生产(也是污染生产)系统,其中燃料代替太阳成为主要能源。它们要依赖(寄生于)其他类型生态系统提供生命支持、食物和燃料

自然界中主要或完全依赖于太阳辐射的系统被称为无补给太阳能生态系统(unsubsidized solar-powered ecosystem)(表 3.11 中的种类 1)。无补给指的是即便存在可用的辅助能源,但对于增强或补充太阳辐射来说仍是微乎其微的。在未来的决策模式中,人类应该尽量保护和增加种类 1 的利益。开阔大洋、大面积高地森林和草原,还有深水湖都是相对无补给太阳能生态系统的例子。它们也经常受限于其他限制因素,例如营养物或水的缺乏。因此,这一种类中的生态系统非常广泛,但它们通常能量较少,并且生产力或做功能力低下。这类生态系统中的生物已进化出了非凡的适应能力以生活在缺乏能量和其他资源的环境中,并且有着高效地利用资源的能力。

尽管这一种类中的自然生态系能量密度并不理想,并且这类生态系统本身不能支持高密度种群,但由于其分布广泛(仅海洋就覆盖了地球几乎 70% 的面积),它们仍是非常重要的。

对于人类来说,无补给太阳动力自然生态系统整体上可以被认为——并且很值得被认为——是稳定的和自我控制的地球这个宇宙飞船的基础生命维持模块。在这些系统中,大量空气每天被净化,水被循环,气候是可控的,天气适宜,并且其他许多有用的工作都完成。这些过程和服务被称为自然资本(natural capial)。一部分人类需要的食物和纤维也被作为无需经济成本和管理成本的副产品生产。这些估计当然不包括浩瀚的海洋、庄严的原生态森林或对绿色和开放空间的文化需求等所固有的无价的美学价值(见 Daily,1997;Daily 等,1997,关于自然生态系统给人类提供利益的概述)。

当辅助能源能用来增加太阳辐射时,能量密度会有一定程度地上升,或许是一个数量级。能量补给就是能降低生态系统自身维护的单位成本,从而提高用于有机物生产的太阳能数量的辅助能源。换句话说,非太阳能可增加用于有机物生产的太阳能。这些补给可以是自然的也可以是人工的(当然也能是混合的)。为了简明分类,自然补给(naturally subsidized)和人为补给太阳能生态系统(human-subsidized solar-powered ecosystem)在表 3.11 中被分别列为第 2 和第 3。

河口海岸是受潮汐、波浪和洋流辅助能量补给的自然生态系统的一个例子。因为水的起落和流动使矿质营养发生部分再循环并且运输了食物和废物,使河口中的生物能集中它们能力,也就是说,使之更有效实现太阳能向有机物的转换。在真正意义上,河口中的生物适应了使用潮汐能量。所以说,河口总是比邻近的有相同太阳能输入但没获得潮汐能量补给的陆地区域或池塘更肥沃。补给可以通过其他许多形式增加生产力——例如,热带雨林中的风和降雨,河流中流动的水,或者从小型湖泊的流域中输入的有机物和营养物质。

人类很早就学会了如何对自然界进行修正和补给来满足自身的直接利益,我们不仅日益熟练于增加生产力,而且尤其熟练于改变生产力流向,使其流入易于收获、加工和使用的食物和纤维素中。农业(以地面为基础培养)和水产业(以水为基础培养)是第 3 类(人为补给太阳能生态系统,表 3.11)的主要类型。通过将大量化石燃料(在原始农业中是人类和动物的劳动)输入到耕作、灌溉、施肥、遗传选择和病虫害控制中,来维持高产量。因此,拖拉机的燃料(以及动物或人类的劳动)像阳光一样输入到农耕生态系统中,并且能用马力或卡支出来度量,这种度量不仅存在于耕地中,也存在于加工和运输食物到市场的过程中。

在表 3.11 中,自然和人为补给的太阳能生态系统中的生产力或能量水平是相同的。这个估计是通过观察得出的,最高生产的自然生态系统和最高生产的农耕生态系统有着相同的生产力水平;50 000 kcal·m^{-2}·a^{-1}似乎是所有植物长期持续光合作用系统的上限。这两类系统的真正区别是能流的分配。人们引导能量尽可能多地流入他们能直接使用的食物中,然而自然更趋向于分配光合作用产物到多种物种和生产中,并且将能量储存为对抗恶劣时期的"保值物",这将在后文中作为生存多样性(diversification for survival)策略来讨论。

燃料供能生态系统(fuel-powered ecosystem)(表 3.11 中的种类 4)也被称为城市工业系统,是人类的最高成就。高度浓缩的潜能燃料代替了——而不仅仅是补充——太阳能。就像现在管理的城市,太阳能几乎没有用,而变成了昂贵的麻烦,它使混凝土变热、对烟雾产生有作用。食物——太阳能系统的产物——被认为是外来的,因为它被大量从城市外界进口。由于燃料变得越来越贵,城市将开始对使用太阳能感兴趣。或许一个新的生态系统分类,太阳补给的燃料供能城市将在 21 世纪时日益变成一个新的类型。开发一种新的技术以浓缩太阳能到一定程度,使其部分代替而不仅仅是补充燃料的做法是明智之举(见图 3.29 的举例)。

3.11   能量的未来

3.11.1   概述

文明的历史与可利用能源的关系十分密切。猎人和采集者作为太阳能生态系统的自然食物链中的一部分生活于其中,在海岸和河流处达到他们在自然补给系统中的最高密度。在大约 10 000 年前农业发展时,承载力会随着人类栽培植物、驯化动物和补给可食初级产物技术的熟练而大大增加。对许多国家来说,木材和其他生物量提供了主要能量来源。建筑学和农业随着生物量燃料变为肌肉力量(人类和动物的体力劳动)而达到其成就。这一时期可被称为肌肉力量时代。下个到来的时代是化石燃料时代,它给每半个世纪就倍增的全球人口提供了庞大的供给。以油和电供能的机器在发达国家中已经逐渐代替了动物和人类劳动。直到最近,似乎由于化石燃料的逐渐耗尽,人类的第三个时代将为原子能时代。但是如何从这一极为无序的能量源中获取净能量至今仍是棘手的问题,所以原子能的未来仍是不可预知的。未来的其他选择(技术时代)还包括回归太阳能和使用氢为燃料。

3.11.2   解释

文明的发展已经经历了表 3.11 中概述的四种生态系统类型。在 20 世纪的近几十年与 21 世纪的头十年里,世界部分区域大量消费石油和其他化石燃料形成了燃料供能系统,然而被称为第三世界的那部分本质上仍然是依靠生物量(食物和木材)和人类劳动作为主要能源。就像已经提到的,高能量和低能量国家间人均收入的差异造成了社会不安、经济和政治斗争。虽然全世界都在努力缩小这条鸿沟,但诸如 2001 年 9 月 11 日发生在世贸中心大厦的恐怖袭击又使其增大而不是减小了。

在 1955 年日内瓦举行的第一届和平使用原子能国际会议上,会议的主席,印度已故的 Homi J. Bhabha 把人类三个时期描述为肌肉力量时代、化石燃料时代和原子时代。Bhabha 作了雄辩的演讲,他坚信因为全球开始使用原子,即将到来的原子时代将缩小富裕国家和贫穷国家间的鸿沟。所有国家都能从原子中获得平等的和丰富的能量的梦想仍有待实现,因为捕获大量潜在原子能被证明会产生远超过 1955 年所能预料的大量无序性潜能。美国原子能委员会第一代综合管理者 Carroll Wilson,在一篇名为《什么出问题了?》的文章(1979)中写道:“如果整个系统不连贯结合在一起,所有都不可能被接受,看起来没人领会这一点。”直到从原材料到废物处理整个循环变得“连贯”了,才能建立一套新的、更有效的从核资源中捕获能量的方法,在这之前即将到来的原子时代难免要延迟。

同时,21世纪中正被考虑的其他选择包括有回归太阳能,连同更有效(更少的浪费)利用剩余的化石燃料以尽可能长地延长它们的可用年限。正如在能量质量讨论(3.5节)中指出的,浓缩这个分散的但含量丰富并且可更新的能源可能十分昂贵,并且将需要新的或改进现有的技术(例如光电作用)。从区域上来说,得自于风、水流和热带海洋的温度差的间接太阳能已经被获取(见图3.29)。后者可作为十分有前途的可再生能源,它利用被称为海洋热能转换(ocean thermal energy conversion, OTEC)的技术,该技术捕获温暖的表层水和深层冷水间的温度差异来驱动兰金(Rankin)圈发动机并且产生电力。这类电力设备的使用,宛如将储存的能量固定到锚定于赤道水体上的驳船中(见 Avery 和 Wu,1994)。地热能量是在地球内部热量存在接近表面处的位点所具有的潜在的另一种可再生能源。

最后,利用氢代替汽油或天然气来驱动汽车和其他机器是另一个选择。燃烧氢气而不是以碳为基础的化石燃料能降低全球变暖的威胁,如不会产生温室气体 CO_2。水中有大量氢,但打破 H_2O 中的键来释放氢气需要大量高品质能源;因此,又面临了净能量的问题。OTEC 生产的电能或其他直接和间接的太阳能可以满足这个需要。

我们当中还有许多丰饶学派("丰满之角"[①])——尤其是 Jesse Ausubel(1996)和他的洛克菲勒大学中的同事——指出氢气经济、无污染工业和土地还原农业的结合将不仅能养活大量人口,而且可能保存大量自然环境区域来提供生命支撑必需的空气和水体并且为濒危物种提供避难所。

3.12 能量和金钱

3.12.1 概述

金钱,作为一种流通的货币,与能量有直接关系,因为要花费能量来赚钱,并且要花费钱来购买能量。金钱是能量的逆流,流出城市和农庄的金钱用以支付流入的能量和物质。流通经济惯例中的问题是金钱是跟随人造货物和服务的轨迹,而不是自然系统提供的同等重要的货物和服务。在生态系统水平上,金钱只在一个自然资源被转化为可供销售的货物或服务时才会进入,自然系统用以维持这种资源的工作都无法估价(并且因此不被欣赏)。如果我们想要避免由不必要地损耗自然资本来生产过多市场商品和服务所引起的全球性经济繁荣与萧条之间的交替循环,那么人类市场资本和自然资本的融合以及环境质量的维护是很重要的。

3.12.2 解释与图示

图3.31显示了一个以海鲜形式生产商品的河口能量流动模型。金钱只在收获虾和鱼后

---

① 译者注:希腊神话中主神宙斯所用的山羊角,角中的乳永远倒不完。

才进入图中,而河口的所有作用无法定价。在这个例子中,河口作用的价值从能量转化为美元,并被计算成至少 10 倍于市场货物和服务的价值。图 3.32 描述了一个典型的人类能量供给系统。要注意的是金钱与能流的方向相反,是从人造和驯化生态系统开始的,而不是从自然生态系统开始。

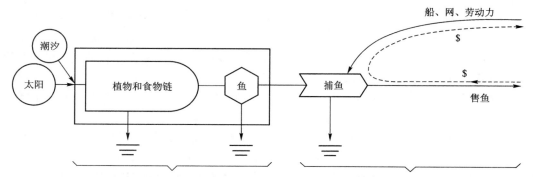

维持渔业和其他重要服务功能(无法评价)的河口作业。能量转化为美元时,相当于$10^3 \cdot ac^{-1} \cdot a^{-1}$

鱼产品价值(包括过程中的附加价值),相当于$10^2 \cdot ac^{-1} \cdot a^{-1}$

图 3.31 一个生产海鲜的河口生态系统能量流动模型,其中包括了货币流($)。在传统经济中,货币只在收获鱼时才会卷入其中。生产鱼的河口的作用没有给出任何经济价值。而从对人类所做的有用成效来说,河口的整个价值至少是收获产品价值的 10 倍(Gosselink 等,1974)

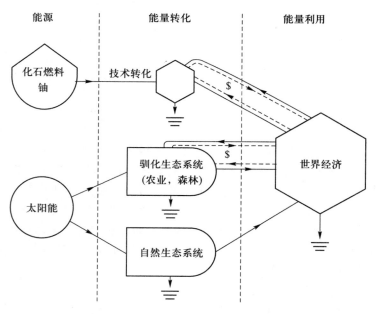

图 3.32 人类的传统能量维持系统。对人造和驯化生态系统来说,货币流($)伴随着能量流。而对自然生态系统,则不然(H. T. Odum 提供)

Kenneth Boulding 是第一个被选为享有美国国家科学院(NAS)荣誉的经济学家之一。在 20 世纪 60 和 70 年代,他提出关于能缩小市场(有定价)和非市场(无定价)间价值鸿沟的整体经济学的发展观点。他的许多书籍和文章都有诱人的标题,例如《经济的重建》(1962)、《即将到来的地球这个宇宙飞船的经济》(1966)和《生态动力学:社会进化的新理论》(1978)。他的著作被广泛引用,但对他所处时代的经济实践影响甚微。然而,在 21 世纪,随着新学会和期刊的涌现,经济学家和生态学家间的重要对话已经开始开创新的生态经济学(ecological economics)领域,Daly 和 Cobb(1989),Costanza(1991),Daly 和 Townsend(1993),H. T. Odum(1996),Prugh 等(1995),Costanza、Cumberland 等(1997)和 Barrett 和 Farina(2000)这些人引领的对话,最终受到世界公民和政治首脑的注意。在许多情况下,时间选择是最重要的,改革的时间已经到了。

最后,货币流通是一个重要的发明,它提供了一个在绝大多数社会层次做决定的基础。然而我们必须记住,货币系统目前没有涉及生活中所有的真实花费。我们必须纠正这种"市场缺陷"并且要注意金钱不能作为决策过程的唯一因素。当涉及人类生活质量时,金钱和以流通经济为基础的人造市场产物的消费不能作为唯一的考虑因素。自然资本的增值和对生态系统与人类健康承担的义务应该在不断追求快乐和安宁的过程中拥有更高的优先权。

第4章　生物地球化学循环

4.1　生物地球化学循环的基本类型

4.1.1　概述

各种化学元素,包括生命所必需的各种元素,在生物圈中具有沿着特定途径,从周围环境到生物体,再从生物体返回到周围环境的趋势。这些程度不同的循环途径称为生物地球化学循环(biogeochemical cycles)。生命活动所必需的各种元素和无机化合物的运动通常称为营养物质循环(nutrient cycling)。每种营养物质循环又可以分为两个分室或库:① 贮存库(reservoir pool),其容积较大而活动缓慢,通常为非生物成分;② 流动库或循环库(labile or cycling pool),在生物体和周围环境之间进行快速转换(即来回活动),是容积较小但更活跃的部分。许多元素有多重贮存库,而某些元素(例如氮)有多重循环库。从整个生物圈的观点出发,生物地球化学循环分为两个基本类群:① 气体型(gaseous types),它的贮存库在空气或水圈(海洋);② 沉积型(sedimentary types),它的贮存库在地壳。物质循环过程必然会消耗某种形式的能量。

4.1.2　解释

正如在第 2 章中所强调过的,生态学不仅研究生物体相互之间的关系,而且也研究基本的非生命环境与生物体之间的关系。我们已经了解如何区分生命和非生命系统,这二者协同进化并且互相影响彼此的行为。在自然界已经发现的元素中,有 30 到 40 种为生物所需要的(必需元素)。有一些元素如碳、氢、氧和氮是大量需要的,其他元素的需要则是少量的,甚至微量的。不管需要量的多少,必需元素都明确地参与生物地化循环。而非必需元素(生命体所不需要的元素),虽然与生物体少有关联,但也会参与循环,经常在水循环中随着必需元素一起参与循环,或者因它们与必需元素之间有某种化学亲和力而参与循环。

"Bio"指生命有机体,而"geo"指地球。地球化学(geochemistry)研究地球的化学组成,也研究地壳、大气、海洋、河流及其他水体之间各种元素的交换。地球化学的概念由俄国人 Polynov(1937)首先提出,定义为化学元素在各种物质的合成与分解中的作用,特别强调风化的影响。生物地球化学(biogeochemistry)是由俄国人 V. I. Vernadskij 在 1926 年创立的(1998),通过 G. E. Hutchinson(1944,1948,1950)早期的专著而闻名,从而成为研究生物圈的生命与非生命成分之间各种物质交换的一门科学。Fortescue(1980)根据景观地球化学(landscape geochemistry)的理论,从生态学和整体论的角度重新阐述了地球化学这一名词。Butcher 等(1992)和 Schlesinger(1997)对生物地球化学领域发展过程中的一些重要文章进行了概述。

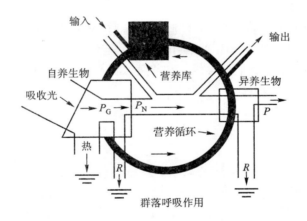

图 4.1　在简化的能流图上,添加生物地球化学循环(黑圈),对比物质循环与单向的能流(仿 E. P. Odum, 1963)

P_G = 总初级生产;P_N = 净初级生产;P = 次级生产;R = 呼吸作用

图 4.1 在简化的能量流动图上添加了生物地球化学循环,来表明单向能流如何驱动物质循环。这里必须强调的是物质的再循环通常必需消耗某种形式的能量——这是当人类对水、矿物、纸和其他材料的再循环需求量日益增加时,人们才意识到的事实。因此,人类生态学(human ecology)——研究人类对自然系统的影响及其与自然系统整合的科学——已经成为

自然和人工系统管理的一个重要部分。

　　自然界的各种元素基本都不是均匀分布的,它们在整个生态系统中也不以相同的化学形式存在。图 4.1 中,贮存库(循环中化学地或物理地远离生物体的部分),以注明"营养库"的方框表示,而循环库则设计为在自养者和异养者间的循环圈。有时贮存库称为"不可利用库",而活跃的循环库称为"可利用库"或"交换库"。例如,农艺学家往往通过估测可交换营养物质的浓度来测定土壤的肥力,而这个浓度通常仅是植物可快速利用的土壤总营养含量的很小的一部分。只要清楚地了解这些术语之间是相关的,那么如此的设计就是可允许的。由于在可利用和不可利用成分之间有缓慢的能流,因而贮存库中的元素对生物体未必是永久不可利用的。在土壤测试(通常用弱酸和碱来提取)中,用于估测可交换的营养物质的方法最多只能是近似的指示方法。当估测人类活动对生物地球化学循环的影响时,贮存库的相对大小就很有意义。通常,元素通量的改变首先影响最小的贮存库。例如,虽然大气中碳(多数以 CO_2 的形式)的量占生物圈总碳量的很少一部分,但是这个库的微小改变都会对地球的温度产生巨大的影响。

　　人类是唯一的不仅需要 40 种必需元素,同时利用几乎其他所有元素,包括新合成的元素的生物。人类大大加速了许多物质的运动,这使得维持系统协调的自我调节过程遭到破坏,营养循环变得不完全或"无循环",导致一些物质过多或过少的反常状况。例如,人们在开采和加工磷酸盐矿石过程中,由于管理疏忽引起矿区和磷酸盐工厂附近严重污染。人类增加农田系统中化肥的输入,不去考虑这不可避免地会导致径流中化学物质的增加,从而严重影响水道并降低水质,这是同样缺乏远见的行为。

　　污染(pollution)已经频繁被定义为"资源错位"。广义上说,自然资源保护的目的是使得非循环过程变成可循环的。"再循环"必须日益成为全社会的一个重要目标。实现水的再循环是一个好的开端,因为如果我们能够维持和修复水循环,我们将能更好地控制那些随着水流动的营养物质。

4.1.3　实例

　　以下将通过五个实例来阐述循环的原则。氮循环(nitrogen cycle)是非常复杂的、缓冲较好的气体型循环;磷循环(phosphorus cycle)是较简单的、缓冲较差的沉积型循环。这两种元素往往是限制或控制生物体丰度的非常重要的因素,并且在最近一段时间,用这两种元素的过量施肥已经在全球范围内产生了严重的副作用。

　　硫循环(sulfur cycle)用来阐明① 大气圈、水圈与岩石圈之间的联系,因为这些库内部和彼此之间都具有活跃的循环;② 微生物的重要作用;③ 工业化的空气污染所引起的复杂性。表 4.1 列出了 4 种有生物活性的元素贮存库的大小和周转时间。碳循环(carbon cycle)(表 4.1)和水循环(hydrologic cycle)(表 4.2)对生命是至关重要的并且越来越受到人类活动的影响。在讨论生物地化循环时,区分生态系统的边界(自然边界与生态学家为研究和建模所设立的那些边界)和生态系统的足迹或者影响区域间的不同也是非常重要的。

表 4.1　有生物活性的元素贮存库的大小和周转时间

贮存库	数量	周转时间*
氮(10^{12}g N)		
大气(N_2)	4×10^9	10^7
沉积物	5×10^8	10^7
海洋(可溶性 N_2)	2.2×10^7	1 000
海洋(无机氮)	6×10^5	
土壤	3×10^5	2 000
陆地生物量	1.3×10^4	50
大气(N_2O)	1.4×10^4	100
海洋生物量	4.7×10^2	
硫(10^{12}g S)		
岩石圈	2×10^{10}	10^8
海洋	3×10^9	10^6
沉积物	3×10^8	10^6
土壤	3×10^5	10^3
湖泊	300	3
海洋生物区	30	1
大气	4.8	8~25 天
磷(10^{12}g P)		
沉积物	4×10^9	2×10^8
陆地	2×10^5	2 000
深海	8.7×10^4	1 500
陆地生物区	3 000	~50
海洋表面	2 700	2.6
大气		0.028 天
碳(10^{12}g C)		
沉积物、岩石	77×10^6	$>10^6$
深海(DIC)	38 000	2 000
土壤	1 500	$<10 \sim 10^5$
海洋表面	1 000	10 年
大气	750	5
深海(DOC)	700	5 000
陆地生物量	550~680	50
表面沉积物	1 50	0.1~1 000
海洋生物量	2	0.1~1

＊　如果没有另外注明,周转时间为年

4.2 氮循环

图 4.2 以两种不同方式描述了氮循环的复杂性,每个方式都阐明了一个主要整体特性或驱动力。图 4.2A 显示了氮循环以及有机体与环境之间基础交换所需要微生物种类。原生质里的氮被一系列分解者细菌从有机的形式分解为无机的形式,每种细菌专用于循环的特定部分。有些氮以铵和硝酸盐的形式告终,即绿色植物最容易利用的形式。含有约 78% 氮的大气是这个系统的最大储存器和安全阀。氮通过反硝化细菌的活动持续进入大气,又通过微生物固氮(生物固定)和闪电以及其他物理固定方式不断返回到循环中来。

从蛋白质到硝酸盐的降解步骤通过为生物体提供能量来完成分解,而从硝酸盐返回蛋白质的步骤则需要从其他来源,如有机物质或阳光来得到能量。例如化学合成细菌亚硝化单胞菌(Nitrosomonas,把氨转化为亚硝酸盐)和硝化细菌(Nitrobacter,把亚硝酸盐转化为硝酸盐)从有机质的分解中获得能量,而反硝化细菌和固氮菌则需要从其他来源获取能量来完成它们各自的转化。

在生物圈内也存在着一个重要的较短的氮循环,异养生物通过酶分解蛋白质,并且释放出过量的氮,如尿素、尿酸或者铵。专性细菌通过将铵氧化为亚硝酸盐,亚硝酸盐再被氧化为硝酸盐来获得能量。铵盐、亚硝酸盐、硝酸盐都可以被植物体作为基础氮源。利用硝酸盐的植物必须产生一定的酶,把硝酸盐再转化为铵盐,所以对于植物来说,与铵盐相比,硝酸盐是一个更高耗能的氮源,因此多数植物会优先利用铵。

1950 年以前,人们认为只限于以下少数几类但种类丰富的微生物具有固定大气中氮的能力:

- 自由生活的细菌:固氮菌(Azotobacter)(好氧的)和梭菌(Clostridium)(厌氧的)。
- 豆科植物共生的根瘤菌:根瘤菌(Rhizobium)
- 蓝细菌(Cyanobacteria):鱼腥藻属(Anabaena)、念珠菌属(Nostoc)及几个其他属的成员(以前称蓝细菌为蓝绿藻,但它们其实是绿色细菌,而非藻类)。

后来发现紫色细菌红螺菌属(Rhodospirillum)及其他光合作用细菌也具有固氮能力,而且各种类似假单胞菌(Pseudomonas)的土壤细菌也有这种能力。后来,人们也发现在桤木属(Alnus)和其他非豆科木本植物的根瘤中的放线菌(actinomycetes)(一种细丝状的菌)具有同豆科植物的根瘤菌同样有效的固氮作用。固氮作用也同样出现在海洋中。例如,海洋中蓝藻属(Trichodesmium)蓝绿菌的固氮作用受铁的制约,因此,固氮作用是季节性的,并且受海洋上空灰沉降的格局控制,这些灰沉降来自戈壁和撒哈拉沙漠以及上升流或海岸带。迄今为止,人们已经发现 5 科 8 属的 160 种双子叶植物存在放射菌类诱发的根瘤。豆科植物最初主要起源于热带,而这些固氮植物起源于北温带。大多数物种适应氮素匮乏的贫瘠的沙地或沼泽土壤环境。一些物种,如桤木属植物,当与其他树木套种的时候能够增加森林的产量。图 4.3 描述了根瘤固氮的例子。

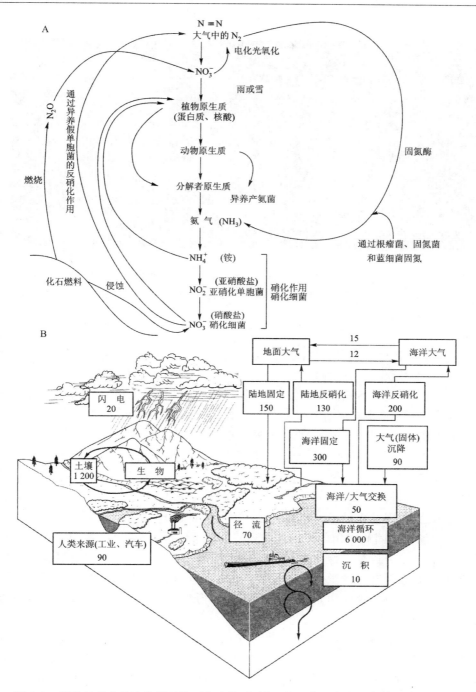

图4.2　描述氮的生物地化循环的两条途径,氮循环是一个具有大的气体贮存器的相对缓冲较好的、自我调节循环实例。(A)氮在有机体与环境之间的循环,同时阐明担负关键步骤的微生物。(B)氮循环的示意图,阐明全球库和通量,以每年 10^{15} g 来表示(引自 Schlesinger,1997;感谢 Lawrence Pomeroy 对这些数值进行的最近修正)

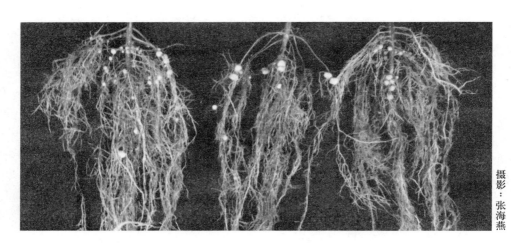

摄影：张海燕

图 4.3　描述互利共生的固氮菌（*Rhizobium leguminosarum*）在大豆植物（*Glycine max*）根瘤中的位置。根瘤是细菌固定空气中的氮并转化为氮化合物的场所，植物用这些化合物合成蛋白质和核酸

　　蓝细菌的固氮作用可以自由生活型或与真菌共生型来进行，如共生在某种地衣内部，或者与苔藓、蕨类共生，至少是与一种种子植物共生。小型漂浮水生蕨类植物满江红（*Azolla*）的叶片含有小孔，孔内共生有活跃固氮能力的鱼腥藻属（*Anabaena*）。几个世纪以来，这种蕨类植物在东方各国的稻米种植业中发挥着重要作用。在稻苗种植以前，淹水的稻田覆盖着水生蕨类，蕨类植物能为作物的生长成熟固定足够的氮。这种实践，再加上自生固氮微生物的促进作用，可以使稻米一季又一季生长在相同的稻田中而不需额外添加化肥。然而，稻田也是反硝化作用和甲烷产生的主要场所之一。

　　生物固氮的关键是固氮酶（nitrogenase），固氮酶催化 N_2 的裂解（图 4.2A）。这种酶也能把乙炔还原为乙烯，因此提供了一种方便的方法来测量根瘤、土壤、水或者其他任何怀疑有固氮作用发生的场所的固氮作用。应用乙炔还原方法，结合同位素示踪物 ^{15}N，已经揭示了在光合作用微生物、化学合成微生物以及异氧微生物中，普遍存在固氮能力。更显著的是在潮湿的热带森林中，生长在树叶上的微生物和附生菌固定大量的空气中的氮，其中一部分可能用于树木本身。简言之，生物固氮作用是在生态系统的自养层与异养层，在土壤和水中沉积物的好氧带与厌氧带中进行的。

　　氮的固定特别消耗能量，因为打破 N_2 分子（$N \equiv N$）的三键转化为两个氨分子（NH_3）（结合水中的氢原子）需要许多能量。对于豆科根瘤固氮菌，每固定 1 g 氮需要消耗植物光合作用产生的 10 g 葡萄糖（大约 40 kcal）（效率是 10%）。自生固氮者的效率较低，每固定 1 g 氮至少需要消耗 100 g 葡萄糖（效率是 1%）。同样地，工业上的氮固定也需要消耗矿物燃烧所释放的能量，这就是为何氮肥比其他多数肥料更贵的原因。

总之,只有原核生物(原始的微生物)能够把无生物学用途的氮气转化为建立和维持生命细胞所需的氮的形式。当这些微生物与高等植物形成互利共生关系时,固氮作用就大大增强了。植物提供一个适合的家(根瘤或叶囊),防止微生物获得过多的 O_2(O_2 抑制 N_2 的固定),并且供给微生物高质的能量需求。反过来,植物也获得了易于吸收的可同化的氮供给。这种互利共生是自然系统中非常普遍的生存对策,在人工系统中效仿这种互利共生能够获得更大的利益。当环境中氮的供应量低时,固氮作用会很强;而给豆科作物施加氮肥却会使生物固氮作用终止。

在玉米和其他谷类作物上合成遗传工程瘤是可能的,这样可以减少作物对无机氮肥的需求,同时减少无机氮肥施加所引起的污染(无机氮肥比有机复合氮更容易逸失到环境中)。许多基因公司正在进行把固氮基因转入玉米中的研究工作。然而,这是以降低谷粒产量为代价的,正如前面所提到的,用于谷粒生产的那一部分初级生产力将会有一部分转移到维持根瘤的生长中。

4.2.1　氮过剩的毒害作用

在这本书的早期版本中,主要强调氮作为主要限制因子的作用。这里,主要关注氮过剩的副作用(一种好的东西过量的状况)。图 4.2B 列出了最近以万亿克为单位估测的年全球氮通量(1 Tg $= 10^{12}$ g 或 100 万吨),包括直接与人类活动相关的通量的估测。化肥的生产和应用、豆科作物固氮以及矿物燃料燃烧使得全世界大约新产生 140 Tg $\cdot$ a^{-1} 的氮沉积到土壤、水和空气中,基本等同于自然固氮的估计值。此外,人类污水和家畜的粪便所产生的氮又大概是上述数值的一半。这些输入几乎是不可再循环的,因为它们直接进入土壤或河流,或与重金属及其他毒素混合。

大多数的自然生态系统和本地物种适应于低营养环境。氮和其他营养物质的富集为适于高营养环境的机会主义者"杂草型"物种提供了扩展的机会。例如,在美国明尼苏达州和加利福尼亚州的天然草地上,几乎所有的本地植物种都被外来杂草物种所取代,从而导致生物多样性降低(Tilman,1987,1988)。在大量田间实验的基础上,Tilman 等(1997)预言氮的沉积可能会严重影响生态系统的进程。通过与对照区的长期对比研究,每年通过肥料和当地淤泥对美国俄亥俄州弃耕地群落的氮输入显著降低了植物的多样性(Brewer 等,1994)。

这样的例子屡见不鲜,任何有害于自然生态系统的事件最终都将有害于人类。在饮用水、食物、特别是空气中过量的氮化合物都威胁着人类的健康。有毒的豆科植物也能引起饮用水中氮过量,例如,第二次世界大战之后,从菲律宾引入的豆科植物银合欢(*Leucaena leucocephala*)使关岛大部分地区的地下水被污染。

总之,氮富集降低生物多样性,增加全球有害物质和疾病,并且逐步威胁到人类的健康。目前氮过量越多,将来对环境的威胁越大,参见 Vitousek,Mooney 等(1997)。

4.3 磷循环

磷循环与氮循环比起来,看来似乎比较简单,因为磷元素存在的化学形式较少。正如图4.4所示,磷是构成原生质的必需组分,随着有机化合物以磷酸盐的形式循环,磷酸盐再为植物所利用。磷的主要贮存库不是空气,而是以往地质年代形成的磷灰石矿物沉积(也就是在岩石圈中)。大气尘埃和悬浮颗粒每年返还 5×10^{12} g 磷(不是磷酸盐)到陆地,而磷酸盐不断返还到海洋中,其中一部分储存在浅层沉积物中,而另一部分消失于深层沉积物中。

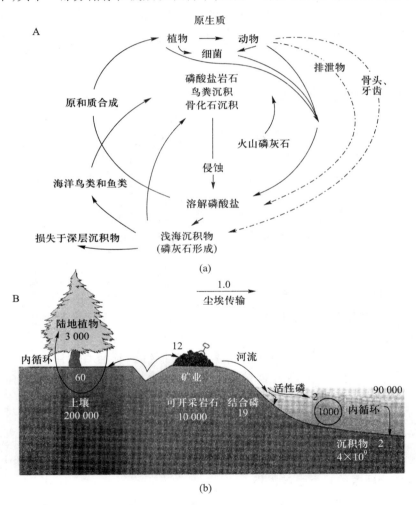

图 4.4 (A)磷循环的模式图。(B)全球磷循环,贮存库和流量的单位以每年 10^{12} 克磷来表示。(引自 Schlesinger W H. 1997. 生物地化学:全球变化分析. 397 页,图 12.6. 第二版. 圣迭戈:学术出版社. Elsevier 版权许可)

与传统的观点相反,海鸟在磷的返回循环中起的作用是有限的(典型证据是秘鲁海岸存在海鸟粪的堆积物)。海鸟不断地把磷和其他物质从海洋带到陆地上(可能与过去的速度相同),不过人们已经开采了大量海鸟粪的堆积物。虽然各地的海鸟群居地会产生局部磷酸盐和尿酸的密集,但对全球范围的影响是有限的。目前从佛罗里达和俄罗斯的远古矿床又重新找到了磷酸盐。

不幸的是人类活动加快了磷的损失速度,从而使磷循环不完全。虽然人们捕捞了许多海鱼,但经估算,每年以这种办法返回的磷大约仅有 60 000 t,而我们所开采的并用于做肥料的磷酸盐为 100 万 ~ 200 万吨,而且大部分被冲走并流失。现在不需担忧磷酸盐对人类的供给,因为磷酸盐矿床的已知储备是大量的。然而,用磷酸盐作为肥料的开采和利用过程产生了严重的局部污染问题,例如美国佛罗里达州的坦帕湾磷酸盐的大量沉积。

Walsh 和 Steidinger(2001)认为引起美国佛罗里达州赤潮的可能原因之一是磷酸盐的开采,另一个原因是撒哈拉沙漠的尘土为海洋氮固定提供了铁元素。Walsh 和 Steidinger 推测撒哈拉沙漠的尘土到达墨西哥湾,带来铁元素(铁元素能够促使束毛藻(*Trichodesmium*)繁盛)。由此固定的氮元素加上佛罗里达沉积物中的磷酸盐促使浮游植物大爆发。而浮游动物采食所有无毒的浮游植物,引起短凯伦藻(*Karenia brevis*)残留的赤潮现象。此外,在陆地上喷洒废水和污水的情况已非常普遍,并成为一种新的污染形式。因不断增加的城市工业污染和农业径流的输入而导致的水生系统溶解磷酸盐的过量是目前值得关注的问题。为了避免磷匮乏需要在较大的范围内实现磷的再循环。

一种磷的"上行"再循环的试验方法是把废水喷洒在高地或弃耕地植被,或者流过自然或人工湿地(草泽或者林泽)来代替管道直排到溪流和江河(见 Woodwell,1977;Soon 等,1980,W. P. Carson 和 Barrett,1988;Levine 等,1989)。佛罗里达的大沼泽(Everglades)是磷酸盐污染的"代言人",在这个湿地对 PO_4 在流动水域和马尾藻海水面的积累进行了对比。佛罗里达的大沼泽已经被农业径流污染数十年,而运河快速的水流动使污染加剧。目前,人们正计划以昂贵代价——牺牲临近农业区域的湿地来吸收磷,并在沉积物中保留磷,这项计划很可能将来会是另一个人类"快速修正"导致不可预料后果的典型。

正如图 4.4 所描述的,以任何速率循环,磷的问题将来都会很严重。因为根据地球表面可利用库中磷的相对丰富度,在所有的大量元素(生命所必需的重要元素)中,磷是最缺乏的。

氮和磷的相互作用特别值得关注。平均生物量中 N/P 比率是 16:1,在溪流和江河中大约是 28:1。Schindler(1977)报道了不同 N/P 比率的肥料添加到整个湖中的试验,当 N/P 比率下降到 5 时,固氮的蓝细菌是浮游植物的优势种,固定充足的氮增加 N/P 的比率,达到许多自然湖泊的正常范围。Schindler 假定湖泊生态系统具有补偿氮和碳缺乏的自然机制,但是不能补偿磷缺乏,因为磷没有气态的阶段。因此,淡水生态系统的初级生产力经常与可利用的磷相关。

4.4 硫循环

硫酸盐（SO_4）与硝酸盐和磷酸盐一样是生物可利用的主要形式，能被自养生物还原并合成到蛋白质中。硫是某些氨基酸的基本组成部分。生态系统对硫的需要量不像对氮和磷需要那么多，硫也不会限制动植物的生长。尽管如此，硫循环在生产与分解作用的一般模式中是个关键的循环。例如，当在沉积物中形成硫化铁时，磷会从不溶解的形式转化为可溶解的形式，如图 4.4，从而进入生物体可利用的库中。这是一个营养循环是如何调节另一个循环的实证。作为硫循环一部分的磷的恢复在湿地厌氧沉积物中最明显，而此处也是氮和碳循环的重要场所。

图 4.5A 估测贮存库（岩石圈、大气和海洋）中硫的含量，以及进出这些库的年通量，其中包括直接与人类活动相关的进出量。图 4.5B 强调专性硫细菌的重要作用，它的功能就如同土壤、淡水和湿地硫循环中的"接力队"。陆地和湿地生态系统中气态硫化氢（H_2S）的上升促进了土壤和沉积物中深层厌氧地带的微生物活动。蛋白质的分解也增加了硫化氢的产生。硫化氢一旦进入到大气中，这种气态的形式就会转化为其他形式，主要是二氧化硫（SO_2），硫酸盐（SO_4）和硫的悬浮微粒（非常细小的漂浮的 SO_4 粒子）。和 CO_2 不同，硫的悬浮微粒可以把太阳光反射回天空，从而导致全球变冷和酸雨。

4.4.1 空气污染的影响

氮和硫循环日益受到工业引起的空气污染的影响。气态氮的氧化物（N_2O 和 NO_2）和硫的氧化物（SO_2）与硝酸盐和硫酸盐不同，它们有不同程度的毒性。它们通常仅是各自循环中短暂的阶段，并以极低的浓度出现在多数环境中。化石燃料的燃烧大大增加了空气中这些挥发性氧化物的浓度，特别是在市区和发电站附近，其浓度达到了毒害生态系统重要生命组分和过程的程度。当植物、鱼、鸟或微生物中毒时，人类最终也受到毒害。这些氧化物大约占释放到美国空气中的工业空气污染物的 1/3。《空气洁净法案》（1970，1990 修订）中提到了削减排放的标准，但这也只能轻微减小排放量。

煤燃烧和汽车尾气排放是 SO_2 和 SO_4 产生的主要来源，并与其他工业燃烧排放物一起成为含氮的有毒气体的主要来源。20 世纪 50 年代初期，当洛杉矶流域的叶菜、果树和森林均出现胁迫迹象时，人们才发现 SO_2 会破坏植物的光合作用。炼铜炉周围的植被破坏主要由 SO_2 引起。更令人担忧的状况是硫和氮的氧化物与水蒸气相互作用产生稀硫酸和硝酸（H_2SO_4 和 H_2NO_3），形成酸雨（acid rain）降到地面（详见 Likens 和 Bormann，1974a，Likens 等，1996，Likens，2001a）。酸雨对软水湖泊和溪流以及缺少 pH 缓冲的酸性土壤（例如碳酸盐、钙、盐和其他基质）有很大影响。阿迪朗代克公园（Adirondack）一些湖泊的酸性增加（pH 降低）使得鱼类不能存活。酸雨也成为斯堪的纳维亚和北欧其他国家的主要环境问题。燃煤发电站为了减少局部的空气污染，修建高烟囱，反而使问题更加严重，因为氧化物在云层中存留的时间越长，酸形成越多。这是短期的"快速修正"产生更为严重的长远问题的一个典型例子（局部污染扩展到区域污染）。长期的解决方法是实现煤燃料的气化和液化，从而完全清除污染物的排放。

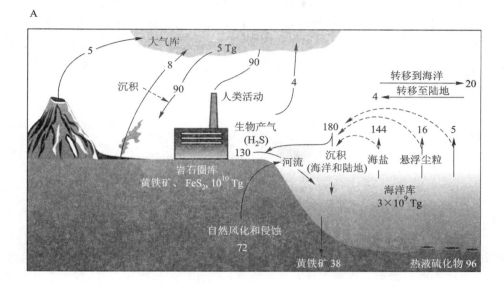

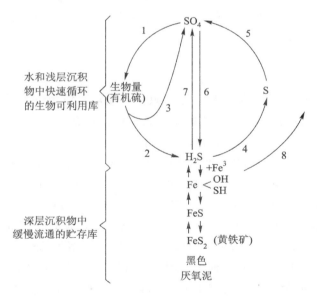

图 4.5 （A）全球硫循环，强调贮存库和流动组分之间的关系。图中的值以硫 Tg/year 来表示（据 Schlesinger，1997 修正）。（B）水生环境中的硫循环，强调微生物的作用。第 1 步，植物的初级生产力。其他生物，大多数是专性微生物，执行第 2 到 7 步：2 ＝ 异养微生物的分解；3 ＝ 动物的排泄；4 和 5 ＝ 无色、绿色、紫色硫细菌。6 ＝ 厌氧硫 - 还原细菌（*Desulfovibrio*）；且 7 ＝ 需氧硫 - 氧化细菌（*Thiobacillus*）。第 8 步代表当铁的硫化物形成时，磷从不可利用形式转化为可利用形式，这说明一种必需元素循环是如何影响另一种的

氮的氧化物也直接威胁人类的生活质量。氮的氧化物阻碍高等动物及人类的呼吸,而且与其他污染物质发生化学反应,产生协同作用(相互作用的总效果超过每一个物质的效果总和),从而增大威胁。例如在阳光的紫外辐射情况下,NO_2 与未燃烧的碳氢化合物(二者均大量来自于汽车尾气)发生反应产生光化学烟雾(photochemical smog),光化学烟雾不仅使人流泪而且能引起肺损伤。有关氮、磷、硫循环的更多内容参见 Butcher 等(1992)和 Schlesinger (1997)。

4.5 碳循环

4.5.1 概述

从全球水平来看,碳循环和水循环是非常重要的生物地化循环,因为碳是生命的基本元素,水是所有生命所必需的。这两个循环具有容量小但却活跃的气体贮存库,易受人为干扰的影响,而这种干扰本身也能够改变天气和气候从而极大地影响地球上的生命。事实上,20 世纪后半期,大气中的 CO_2 及其他反射太阳热量到地球的温室气体的含量已大大增加。

4.5.2 解释

全球碳循环如图 4.6A 表示,标有贮存库的数量与通量的估测值,而图 4.6B 描绘了夏威夷莫纳罗亚山气象台测得的从 1958 年到 2002 年大气中 CO_2 含量的增加。正如图中所标示的那样,大气中的碳库相对于海洋、矿物燃料以及其他岩石圈中的贮存库来说含量很小。化石燃料的燃烧以及农业生产、砍伐森林都会使大气中的 CO_2 含量持续增加。农业上 CO_2 的净损耗(进入大气中的 CO_2 多于转移的)似乎是惊人的,这是由于农作物固定的 CO_2(许多农作物的生长期仅在一年中的部分时间)不能补偿土壤中 CO_2 的释放,尤其还加上频繁的犁耕。当土地被开发为农田或城市建设时,森林砍伐必然会释放树木中贮存的碳,尤其是将伐木立刻进行燃烧时,碳会通过木质素氧化释放出来。相反的,年轻的快速增长的森林是碳汇,因此大面积的造林可以降低大气中 CO_2 含量增加而引起的全球气候变暖的速率降低。

1850 年以前(工业革命以前),大气中 CO_2 的含量大约是 280 ppm($\times 10^{-6}$,体积分数)。在过去的 150 年里,大气中 CO_2 已经增加到超过 370 ppm。这一增加已经引起了众所周知的温室效应。温室效应(greenhouse effect)是指由于 CO_2 及某些其他气体污染物的增加引起的全球气候变暖。温室气体(甲烷、臭氧、一氧化二氮和含氯氟烃)吸收由太阳能加热的地表发出的红外线,并且将大部分热能反射回地表,导致全球气候变暖。

腐殖质快速氧化并释放出土壤中的气态 CO_2 有更微妙的效果,包括对其他营养物质循环的影响。农艺学家现在认识到他们必须在肥料中添加微量元素以维持许多地区作物的产量,因为农业生态系统不能像自然生态系统那样进行这些营养的再生。

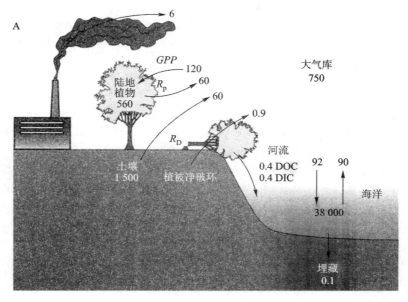

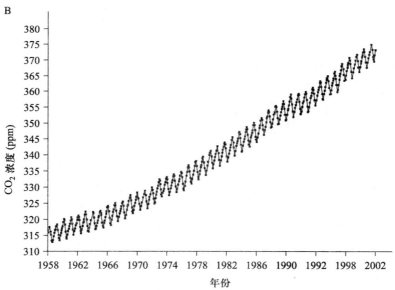

图 4.6 （A）全球碳循环。图中值以每年 10^{15} g 碳来表示（数值引自：Schimel 等，1995 和 Schlesinger，1997）。GPP = 总初级生产；P_R = 植物呼吸；P_D = 碎屑物的呼吸；DOC = 溶解的有机碳；DIC = 溶解的无机碳。（B）点图表明从 1958 年到 2002 年，大气中 CO_2 持续增加，观测值来自夏威夷莫纳罗亚山气象台（Mauna Loa Observatory）。**数据**点代表月平均 CO_2 含量。（引自 Keeling C D，Whorf T P. 加利福尼亚州拉霍亚的加利福尼亚大学 Scripps 海洋学研究所，USA 92093）

从生态学角度,当前土地的不合理利用正在从根本上改变着许多元素的贮存库和交换库之间的流动。有实践表明人类可以采取补偿措施,例如,通过提升农业的保护性耕作方式,可以减少径流排放和土壤侵蚀。如果人类意识到所发生的事并且学会补偿措施,这种改变就不一定是有害的。试想一下地球上的大气是如何逐渐达到目前的低 CO_2 和高 O_2 含量的状态的(参见第 2 章盖亚假说那部分)。

海洋中碳酸盐产生的同时也会放出 CO_2:

$$Ca^{2+} + 2HCO_3^- \rightarrow CaCO_3 + H_2O + CO_2$$

因为反应从左到右 pH 减小,每摩尔碳酸盐仅产生 0.6 mol 的 CO_2 释放到海水中。珊瑚礁和其他钙化有机质是 CO_2 的碳源,而不是碳汇。海洋在碳的固定中扮演着非常重要的角色。海洋中包含 40 种重碳酸盐和可溶性有机碳(DOC),是重要的碳贮存库。海洋因而是非常有效的气态 CO_2 的缓冲器,因为海洋和大气是彼此平衡的。这可能是大气 CO_2 的首要控制机制。未来化石燃料燃烧的大量增加,加上城市绿化带对 CO_2 移除量的减少,必然导致大气中 CO_2 含量持续增加。回顾前面的讨论,对于小而活跃的组分,流动量或流通量的变化对它会产生很大影响。

除了 CO_2,碳的其他两种形式在目前大气中含量较少:一氧化碳(CO)大约为 0.1 ppm,甲烷大约为 1.6 ppm。一氧化碳和甲烷都来源于有机物质的不完全或厌氧分解;在大气中,都被氧化为 CO_2。如今,大量的一氧化碳通过化石燃料的不完全燃烧,特别是机动车尾气排放到空气中,这个量相当于自然分解所形成的量。一氧化碳是人类致命的毒气,但并不构成全球的危害,只有当空气不流通时,它才成为城市中令人担忧的污染物。在机动车交通拥挤的区域 CO 的含量达到 100 ppm 是很常见的,具有导致循环和呼吸系统疾病的危险。

甲烷是无色,易燃的气体,是厌氧细菌分解的有机物,尤其存在于淡水湿地、稻田和反刍动物(如牛)和白蚁的消化管中。甲烷也是自然气体的一个主要组分,因此与化石燃料开采有关的地化学干扰会引起甲烷的释放。尽管目前甲烷在大气中含量较少(2ppm,相对于 CO_2 的 370ppm 较低),但是由于人类活动如垃圾填埋和化石燃料的使用,甲烷的含量在过去的一个世纪中已经成倍增加。甲烷是一种温室气体,同样是一个分子,甲烷分子是 CO_2 吸收热量的 25 倍。甲烷在大气中存在的时间大约 9 年,而 CO_2 是 6 年。古时候,大气中甲烷的含量高于现在。甲烷是加剧全球变暖的潜在因素。全球持续变暖的一个真正的威胁是另一个"甲烷嗝",它由冰冻层和海底的甲烷族氢氧化物引起,这种情况在西伯利亚和美国阿拉斯加州正在发生(D. J. Thomas 等,2002;R. V. White,2002)。有关碳循环的概述参见 Schimel(1995)的论文。

4.6   水循环

4.6.1   概述

地球与太阳系中其他行星的区别在于地球上有大量的水资源,且多数以液体的形式存在,这些水资源是地球上生命赖以生存的基础。水循环(water cycle 或 hydrologic cycle)包括海洋(最大的贮存库)中的水蒸发进入大气(最小的贮存库),然后以降水的形式返回到地表,随着地下渗透和地表径流再返回到海洋。有一些降水可以直接蒸发或由植被蒸腾返回到大气。大约 1/3 的入射太阳能成为水循环的驱动力。虽然现在全球水资源的总量与冰河时期相同,但是冰冻量随地质年代有了很大地改变。水分运动也到处发生改变并日益受到人类活动的影响。

4.6.2 解释

图 4.7 表现了水循环的两个观点。图 4.7A 描述的是进入和流出大贮存库的水资源量和年通量的估测值。图 4.7B 以能量的形式表达水循环,上行环由太阳能驱动,下行环表示释放出可为生态系统所利用的能量和产生水力发电的能量。大约 1/3 的太阳能被水循环所消耗。同时,我们依靠太阳能作为天然的首要能源,人类并没有感激太阳的这种服务,因为我们并没有付钱。如果我们继续干扰这种服务,那么我们可能真的要付钱了。

关于水循环有两点需要特别强调:

(1)海洋中所蒸发的水量比降雨量要多,而陆地则相反。换言之,维持陆地生态系统(包括大部分食物的生产)的一部分雨水是来自海洋所蒸发的水,在许多地方(如密西西比河谷),据估测有 90% 的降雨来源于海洋。

(2)正如已经表明的,人类活动倾向于增加降水的速率(例如铺路、河流开沟筑堤、压实农田土以及砍伐森林等),这些都会降低非常重要的地下水储存的补给。地下水是全球第三大水贮存库,含水量超过湖泊、江河和土壤中所有淡水的 13 倍(表 4.2)。最大的地下水储藏在蓄水层(aquifers),蓄水层是可渗透的地下层,通常由石灰石、沙子或沙砾组成,以密封的岩石或黏土为边界,像一个巨大的管道或伸长的槽体把水保存起来。

表 4.2　全球水(H_2O)的贮存库的大小和周转时间

贮存库	数量	周转时间*
海洋	1 380 000	37 000
两极冰川、冰河	29 000	16 000
地下水(活跃的交换库)	4 000	300
淡水湖泊	125	10 ~ 100
盐湖	104	10 ~ 10 000
土壤湿度	67	280 天
河流	1.32	12 ~ 20 天
大气水蒸气	14	9 天

* 除特殊标注外,周转时间的单位是年

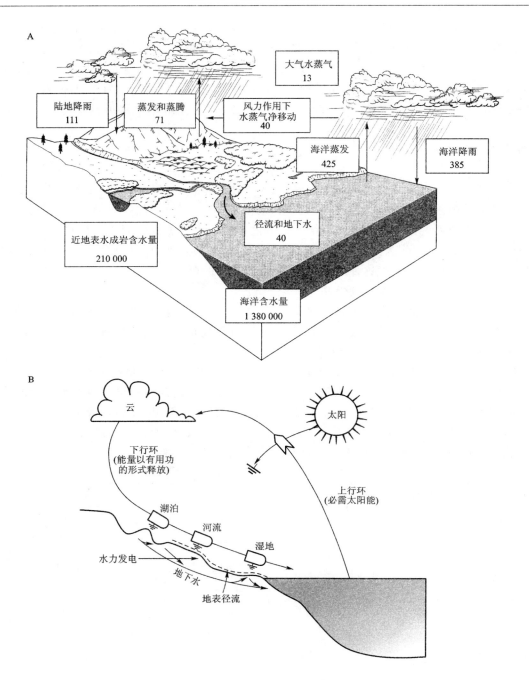

图 4.7 （A）地球上水的全球库和通量。图中值以每年万亿吨（10^{18} g）来表示（数据引自：Graedel 和 Crutzen，1995 及 Schlesinger，1997）。（B）水循环的热力学，太阳能驱动上行环，下行环释放能量到湖泊、江河和湿地中，并做了对人类直接有益的有用功，例如水力发电站

在美国,大约一半的饮用水以及多数灌溉用水和一部分工业用水都来源于地下水。在干旱地区,如西部平原,地下蓄水层的水从本质上来讲属于"化石"水它储存于较早的湿润的地质年代,现在不可能再有补给。因此,它如同石油一样是不可再生的资源。一个明显的例子就是,在有重度灌溉稻田的美国西部内布拉斯加州、俄克拉何马州、得克萨斯州和堪萨斯州的部分地区,那里主要的蓄水层称为奥格拉拉(Ogallala)蓄水层,将在 2030—2040 年被抽空(Opie,1993)。那时除非有大量的水由管道从密西西比河输送过来,否则对土地的利用将不得不回复到放牧和干旱农田状态,但输水耗资巨大且需要消耗大量能量的公益项目,将会加重纳税人的负担。有关水供给和水利用的决策还没有制定,但是未来的政治争端必然尖锐化,许多人会受到由不可再生资源被不计后果地开采所导致的经济崩溃的影响。

正如表 4.2 中所显示的那样,两极常年不化的冰盖和山地冰川构成了第二大水资源的贮存库。由于全球浮冰群的融化,海平面在 20 世纪已经持续上升(图 4.8)。海平面上升的一半原因是由于热膨胀,因为暖水比冷水或冰占据更多的空间。这种微小的但却显而易见的海平面上升是全球气候变暖趋势的一个最好例证。

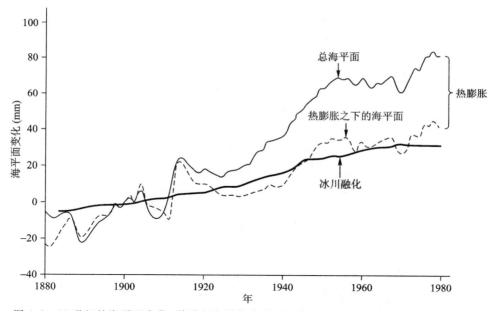

图 4.8　20 世纪的海平面变化,说明由海洋热膨胀所引起的变化和由冰川融化所引起的变化(引自 Gornitz V,Lebedeff S,Hansen J. 1982. 20 世纪的全球海平面. 科学,215:1611 – 1614. 1984ⓒAAAS 版权所有)

图 4.9A 是水循环下行环的模式图,表明生物群落如何适应变化的环境条件,这种环境条件称为河流连续体概念(river continuum concept)(从小到大不同的河流梯度;Cummins,1977;Vannote 等,1980)。河流上段河流很小并且经常是完全遮阴的,几乎少有光线为水生植物群落所利用。消费者依靠叶片和其他从流域进入的有机碎屑存活。主要是一些大的粗颗粒有机物(CPOM),例如叶的碎片,以此为食的是一些水生昆虫和其他初级消费者,它们被研究河流的生态学家归类为碎食者。河流源头生态系统是异养的,P/R 比远小于 1。

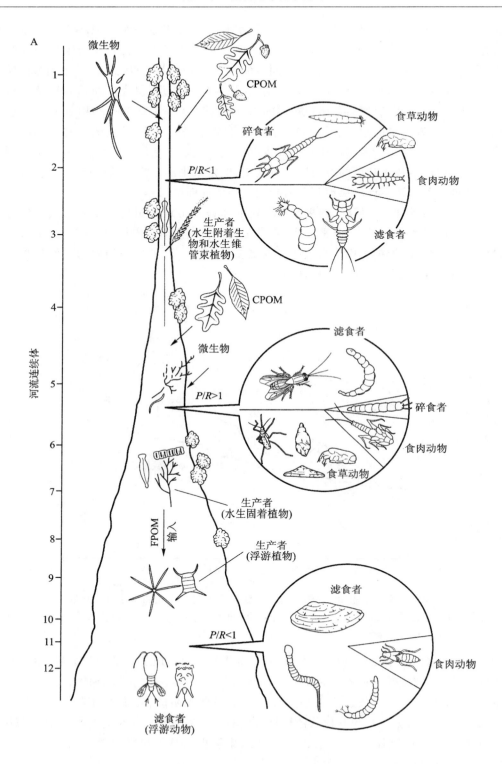

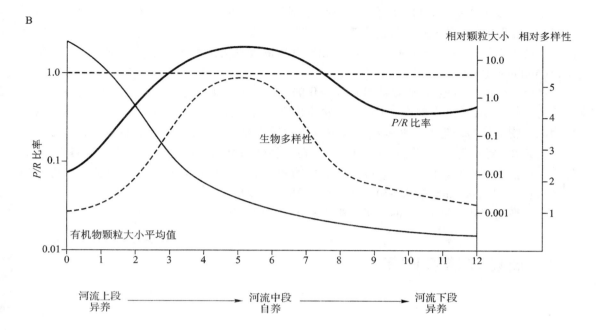

图 4.9　(A)河流连续体纵览,阐明通过河流层分级和摄食类型来划分的颗粒物质以及生物的变化。CPOM = 粗颗粒有机物质;FPOM = 细颗粒有机物质(仿 Cummins,1977)。(B)河流连续体的模型,阐明从溪流上游源头到大的江河中,群落新陈代谢(*P/R* 比例)、多样性和颗粒大小的变化(仿 Vannote 等,1980)

　　相反的,河流中段较宽,没有荫蔽,因为有自养的藻类和大型水生植物提供净初级生产力,较少依靠从流域输入的有机质。细颗粒有机物(FPOM)和具备收集适应性的滤食动物(有滤网)占优势。溪流中段的群落新陈代谢是自养的,*P/R* 比等于或大于1(图 4.9B)。物种多样性和昼夜温差通常在河流中段达到峰值。在一些大河流的下游河段,水流速度下降,水通常比较深、多泥沙,因而降低了光的穿透性和水生生物的光合作用。河流再次成为异养的(*P/R* < 1),多数营养级的物种多样性减少。

　　尽管河流连续体的概念纵向地描述了一条河流,但洪水脉冲理论(flood pulse concept)使我们既能横向又能纵向地描述这条河流,既包括河流本身也包括与之相关的河边泛滥平原(B. L. Johnson 等,1995)。洪水脉冲理论认为周期性洪水是生物群落能够适应的自然事件。每年洪水的涨落使河流扩展到泛滥平原上。因此,河流系统不仅包括主要的干道,也包括非主要干道的河流和泛滥平原。河流泛滥平原上有高生产力的河边低洼森林、各种各样的水生栖息地,以及呈梯度分布的适应季节性旱涝的植物物种(Junk 等,1989)。在洪泛期间,大量的营养物质和各种沉积物进入河流生态系统。同时洪水也把幼鱼和水生无脊椎动物带到这些周期性变化的哺育地带。退去的洪水加速了草本和灌木的腐烂速率和再生,同时也促进了一些小的哺乳动物的繁殖。

　　河流开渠、修建水坝以及污染的加剧危及河流连续体理论和洪水脉冲理论。这两个理论的理解在管理和效仿自然水文规律方面是很重要的(Gore 和 Shields,1995)。因为许多河流都建筑了一个或多个水坝,这样就可能会产生"河流不连续体"的概念。太多地方修建了太多的水坝(社会无力判断多少是适量的,又一个过调节的例子),因此如今人们正着手拆除一些小河流上的水坝。环境学记者 John Mcphee 已经就拆除设在美国缅因州里的大坝发表了详细的评论(McPhee,1999)。

在生物圈的其他地方,生物体对梯度变化的物理环境并不只是消极的适应者。例如,溪流动物的一致行动,对回收和减少下游营养物质逸失到海洋方面发挥作用。水生昆虫、鱼和其他生物以食物链循环产生的一些颗粒和溶解有机物质为食。溪流螺旋(stream spiraling)是指生命必需元素(例如氮、碳和磷)向下游移动时,在生物体和可利用库之间的循环。换言之,溪流螺旋性也是指必需元素向下游移动时,在有机物和无机物之间的转换过程。有关溪流螺旋的更多信息,见 Mulholland 等(1985)及 Munn 和 Meyer(1990)。

水循环的概述,见 Hutchinson 的《湖沼概论》(1957)和 Postel 等(1996)。

4.7　周转与滞留时间

4.7.1　概述

周转的概念在第 2 章中已经介绍过,它是个有用的概念,可以用来比较脉冲平衡建立以后生态系统各个不同库之间的交换率。周转率(turnover rate)是指单位时间内出入一个贮存库的营养物质流通量占库存营养物质总量的比例,而周转时间(turnover time)是周转率的倒数,即移动贮存库中全部营养物质所需的时间。例如,如果这库有 1 000 个单位,而每小时是 10 个单位进出,周转率就为 10/1 000(0.01),或每小时 1%。那么周转时间就是 1 000/10 或 100 h。滞留时间(residence time)广泛用于地球化学的文献,是类似于周转时间的一个概念,它是指一定量的物质留在系统的某个库中的时间。

4.7.2　解释

正如前面所强调的,在了解生态系统是如何运作时,营养物质进出库的流量和流速比库内的数量更为重要。例如,Pomeroy(1960)提出在维持生物体高速生产方面磷酸盐的快速流动比累积更重要。

4.7.3　实例

在全球循环中贮存库大小和周转时间的估测已经在前面 5 个部分中有讨论,并在表 4.1 和 4.2 中列出。虽然周转时间在小的库中较短,但是库的大小与周转的关系并非线性的。这更多地取决于贮存库所在的场所。

探测技术的发展使对非常少量的主要生命元素的放射性与稳定性同位素的测量成为可能,它们的发展极大地促进了在景观水平上的循环研究,因为这些同位素可作为"示踪物"或"标记"来追踪物质运动。因为池塘和湖泊的营养循环在较短的时间内是相对独立的,所以它们是非常有利于示踪研究的地点。

美国佐治亚州的盐沼模型通过田间观察和实验研究,用^{32}P说明滤食动物和碎屑复合体在河口系统的磷循环中的重要性。Kuenzler(1961a)发现滤食性矮偏顶蛤(*Modiolus demissus*)种群在两天半的时间内从水中循环大量颗粒磷,其数量等于水中存在的总量(即水中颗粒磷的周转时间仅 2.5 天)。Kuenzler(1961b)也测定了种群的能流并得出结论:就贻贝种群在生态系统中所承担的角色来说,它作为生物地化因子比作为能量的转化者更为重要(即作为供给动物或人类食物的潜在来源)。这些实例说明一个物种并不是必须成为食物链的一个环节才对生命有价值,许多物种的价值表现在其以间接的方式提供一些不易察觉的生态系统服务。

4.8　流域生物地球化学

4.8.1　概述

像所有的生态系统一样,水体是开放的系统,需要把它们看成更大的集水盆地(drainage basins)或集水区(watershed)的一部分来考虑。在考虑实际管理的情况下,集水区是一种最小的生态系统或景观单元。长期的(10 年或更多周年的)流域实验性监测研究(野外的宏观研究),例如,有目前正在进行的美国新罕布什尔州的哈伯德(Hubbard)溪流实验森林、北卡罗来纳州西部的科维塔(Coweeta)水文实验室以及 Schindler(1990)在加拿大的湖流域进行的长期研究,这些研究已经大大加强了人们对在相对无干扰的生态系统内发生的基本生物地球化学过程的理解。如,Schindler 的工作已经表明在水生系统内磷频繁短缺,经常限制淡水的生产力。他用塑料隔板将一个湖分隔成两个相似的湖,通过在其中一个湖中添加磷证明了磷在水体富营养化过程中的重要作用。添加磷的系统在两个月内便被具有光合作用的蓝细菌形成的严重水华所覆盖。陆续地,这些研究已经为大多数人生活的农业、城市及其他人类聚集区域的集水区的比较提供了基础。这些比较研究揭示了人类活动对资源的浪费,并且指出了减少下行损失、恢复重要营养物质的循环和节约能源的方法。

4.8.2　实例

图 4.10 是位于美国新罕布什尔州的哈伯德溪流研究区域的山区和森林流域钙循环的量化模型。数据基于大小为 12 到 48 hm^2 不等的 6 个小流域的研究(Bormann 和 Likens,1967,1979；Likens 等,. 1977,1996；Likens,2001a)。根据测量站的网络数据,年平均降水量是123 cm(58 英寸),在每个小流域的排水渠中流出流域的水量通过与图 2.4B 相似的 V 型 - 凹

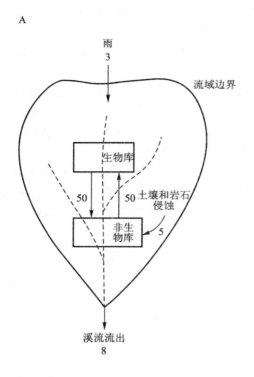

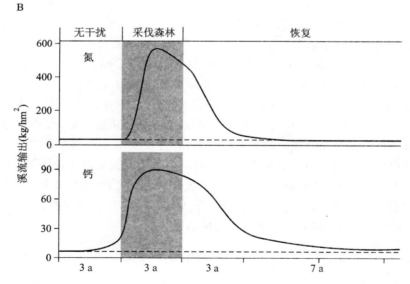

图 4.10　（A）在美国新罕布什尔州的哈伯德溪流实验森林的一个森林流域钙的平衡预算。图中值为钙的流量，单位为 g·hm^{-2}·a^{-1}。与流域生态系统内生物和非生物库之间的交换相比较，输入和输出量是很小的。（B）采伐森林和自然造林（恢复）对溪流氮和钙输出的影响（仿 Bormann 和 Likens,1979）

口堰测得。从输入和输出水中以及生物和土壤库中的钙和其他元素的浓度,可以计算出小流域内输入－输出的"预算",结果表示为如图 4.10A 所示的简化形式。

在无干扰的快速生长的森林内,钙的滞留和循环是很有效的,钙从这个生态系统所估算的损失仅 8 kg·hm^{-2}·a^{-1}(和其他营养物质的量差不多)。因为有 3 kg 的钙在雨水中重新得到了,故仅需要 5 kg·hm^{-2}的输入就能达到平衡。这个量很容易从构成贮存库的下层岩石中以正常速率风化而得到供给。用 ^{45}Ca 测量美国田纳西州橡树岭(Oak Ridge)流域周转率的实验指出下层树木,如佛罗里达山茱萸(*Cornus florida*)是如何发挥钙泵的作用,它与土壤中的向下运动相反,因而使钙在生物体与枯落物和土壤的活跃上层之间保持着循环。

表 4.3 总结了美国北卡罗来纳州富兰克林的科维塔水文实验室的三种植物中的平均钙浓度。圣栎(*Quercus prinus*)由于其个体较大,所有营养物质的现存量最大,叶片中氮的现存量最大。北美大杜鹃(*Rhododendron maximum*)是一种常绿植物,在三个物种中叶的现存生物量最大。由于叶片是常绿的,北美大杜鹃营养循环周期超过七年,而其他两个物种的营养循环周期是典型的一年。佛罗里达山茱萸(图 4.11)具有最小的生物量,但它却有用最高的叶片钙积累量(表 4.3)。佛罗里达山茱萸在单位叶面积上所积累的钙量超过圣栎的三倍。佛罗里达山茱萸幼苗的循环钙量的 66% 就有圣栎的那么多,超出北美大杜鹃的 150%。因此,基于植物大小、生活史和寿命的不同,不同植物物种对营养循环有着显著但不同的影响。

表 4.3　美国北卡罗来纳州弗兰克林市的科维塔水文实验室取样的三种植物的平均 Ca 含量(千重百分比)

物　种	树皮	树干	树枝	叶
圣栎	1.25 ± 0.17	0.09 ± 0.01	0.68 ± 0.06	0.58 ± 0.07
佛罗里达山茱萸	2.36 ± 0.26	0.11 ± 0.01	0.80 ± 0.06	1.85 ± 0.11
北美大杜鹃	0.30 ± 0.10	0.07 ± 0.31	0.99 ± 0.24	1.20 ± 0.29

引自:F. P. Day 和 McGinty,1975

注:表中的值是平均值 ± 标准误

佛罗里达山茱萸通常会受到一种叫山茱萸炭疽病(*Discula destructiva*)的致命病害侵袭。这种病害由真菌类引起,已经散布超过 160 万公顷(400 万英亩),从而改变了遍布阿巴拉契亚山脉的森林组成与景观(Bolen,1998;Rossell 等,2001)。Stiles(1980)把佛罗里达山茱萸的核果归为一种高质量的秋季果实,它为 40 种迁徙和越冬的鸟类和许多哺乳动物提供食物资源。山茱萸炭疽病最重大的影响可能是将会使佛罗里达山茱萸从景观中衰亡,从而引起果实产量的下降。因为众所周知佛罗里达山茱萸在森林生态系统的钙循环方面是非常重要的,所以,这种在群落(森林)水平的植物－菌类之间的关系在生态系统水平导致直接的结果,并可能会引起景观水平上生产力和生物多样性的变化。这是组织水平的因果关系如何导致几个组织水平的联级效应的一个最好的例证。

在哈伯德河流实验的一个小流域内,所有的植被都被采伐,并且接下来三个季节都利用喷洒除草剂来抑制其再生。在这一过程中,虽然土壤几乎没有受到干扰,而且也没有除去有机物质,但从河流流出的矿物营养物质的损失比未受干扰的对照小流域的损失增加 3~15 倍。如图 4.10B 所示,钙的损失呈 6 倍的增加,氮的损失呈 15 倍的增加。径流量在皆伐的生态系统

图 4.11　佛罗里达山茱萸(*Cornus florida*)对于森林生态系统的钙循环来说是一个重要物种。白色的像花瓣的"花"实际上是一种变态了的叶片,称为"苞叶"

中的增加主要是由于没有了植物的蒸腾作用,而水流量的增加会带走更多的矿物质。某种程度上,流出物与地球化学上所称的相对迁移率有关系。例如,钾和氮是非常易移动的(容易通过淋溶迁移),而钙等元素则能更牢固地固着在土壤中。

当允许植被恢复时(即不再使用除草剂),尽管需要 10~20 年的时间,所有的营养物质才能回到无干扰的森林流域的输出基线水平,但营养损失的速率会快速下降,在 3~5 年的时间内可恢复到"平衡预算"(图 4.10B)。在物种组成和原始森林的生物量恢复以前,营养保持力的快速恢复受许多机制的帮助,如 Marks(1974)所称的"埋藏种子对策"(buried seed strategy)等。快速生长的先锋树种,例如宾州李(*Prunus pennsylvanica*),其种子可以埋藏在土中多年仍保持活力。当森林被移除时,这些种子萌发,快速生长的宾州李树快速形成一种暂时的森林,固定水和营养的流量,并减少土壤和营养从流域中流失。当然,这种快速恢复的适应性是响应暴风雪和火灾等自然干扰的一种进化。事实上,在人类干扰以后,经常受到自然周期性干扰的森林(和其他生态系统)与自然环境良好较少受到严重自然干扰的森林相比,前者更能快速恢复。因此,内在恢复力是一个生态系统层次的特性,当决定采用收获方法或其他管理实践时,需要考虑到其内在的恢复力。

　　科维塔流域位于美国北卡罗来纳州的山地落叶森林中,由一系列上游源头溪流所组成,这些溪流汇集到一条更大的河流中并流到盆地中部。自1934年以后,人们对这段流域展开了频繁的研究,使其成为北美洲所有景观中研究时间最长的。科维塔是最早采用大尺度实验方法来研究自然景观和建立永久水流和测量渠的地点之一(Swank等,2001)。

　　在科维塔最早的研究主要集中在水文,尤其集中在受不同的土地利用方式和林业实践影响的下游给水度的研究。源头流域保持自然状态、选择性地砍伐、完全砍伐、种植作物或者用松树林代替阔叶树林等几种方式。大体上,这些实验都表明减少植被的生物量会增加下游的水量,但是降低了水和土壤的质量(Swank和Crossley,1988),这是数量和质量两者难以取舍的一个实例(人们似乎不能同时使两者都达到最大值)。

　　最近几年,科维塔作为一个由美国自然科学基金资助的长期生态研究站,集中研究生态系统的生物组分,如树木、昆虫、土壤生物区、河流生命成分及凋落物的分解者,和集中研究自然干扰,如干旱、洪水、暴风雪和毛虫引起落叶等的影响。

　　在哈伯德河和科维塔的研究已经说明受频繁的自然干扰影响的森林和其他生态系统可以从急性干扰中快速恢复,但很少能从长期持续的慢性干扰,如富营养化或有毒化学污染中复原。沿河流上游,从无干扰森林流域流失的营养很少,并且大部分通过降雨和风化的输入而替换,但是受人类活动剧烈影响的下游地区情况则完全不同。随着流域被开发的加剧(也就是说随着用于农业和城市的流域面积的增大),在江河溪流中的氮和磷的浓度快速增加。从都市农业景观带流出的水中营养物质的浓度比从完全是森林的流域排出的水中的浓度高7倍。从农业和城市区排出的磷中有80%是无机磷(磷酸盐),而有机磷主要存在于完全由森林或其他自然植被占据的流域径流中。大多数其他营养物质和其他化学物质(包括有毒物质)显示相同的规律,随着人类利用土地和能量的强度增大,在径流中含量增加。大量营养物质和其他化学物质从受人类活动影响的地区,特别是工业区的输出,或多或少是农业和工业化学物质以及人类和家养动物的有机废物的大量输入的直接结果。河流富营养化及生物放大作用等生态系统过程也因此而加剧。

4.9　非必需元素的循环

4.9.1　概述

　　尽管非必需元素对生物体的价值很小或还未被人所知,但它们同必需元素一样,以相同的方式在生物体与环境之间来回运动。许多非必需元素主要在一般性沉积循环中,也有一些进入到空气中。许多非必需元素有时由于和某些生命必需元素有化学相似性,而在某种组织里集中起来。由于人类活动牵扯到许多非必需元素,生态学家已经开始关注这些元素的循环;事实上,我们必须关注排放到或由疏忽而溢出到环境中并损害必需元素基本循环的不断增加的有毒废物的量。

4.9.2 解释

许多海洋动物可以富集化学元素,例如砷,它是一种磷的相似物,这些化学元素不能从环境中移除。海洋动物把砷转换为贮存在自己组织中的一种惰性化学形式。一些元素,如汞通过食物链上传,因此大的食肉动物往往会积累高浓度的汞。这个过程被称为生物放大作用(biological magnification),这就是许多鱼类如箭鱼和金枪鱼含有潜在有害剂量汞的原因。生物放大作用将在第 5 章中详细说明和讨论。

在大多数自然生态系统中,多数非必需元素在正常发现的浓度影响通常很小,可能是因为生物体已经适应了它们的存在。因此,要不是采矿业、制造业、化学和农业产业的副产品含有大量经常会进入环境的高浓度的重金属元素、有毒有机化合物和其他潜在有毒物质的话,非必需元素的生物地球化学运动将很少会被关注。因此每种元素的循环都是很重要的,甚至于当一种非常稀有元素以一种剧毒金属化合物或放射性同位素的形式存在时,就会与生物有利害关系,因为少量的这种物质(从生物地球化学的观点)往往具有显著的生物学效果。

4.9.3 实例

锶是一种以前几乎不为人所了解,而现在必须受到特别关注的元素,因为放射性锶会严重威胁到人和其他脊椎动物。锶的活动与钙相似,放射性锶进入动物的骨骼中并与骨骼中富集钙的造血组织紧密接触。流入河流的总沉淀物中大约有 7% 是钙。对每 1 000 个钙原子就有 2.4 个锶原子随着钙原子进入海洋。当铀在核武器的制备和试验中以及核电站中裂变时,它产生废弃物放射性的锶 – 90,锶 – 90 是许多种缓慢衰变的裂变产物之一。锶 – 90 是生物圈中增加的新物质,原子裂变以前它在自然界中并不存在。从核武器试验原子尘释放及从核反应堆中逃逸的微量的放射性锶目前已经随着钙元素从土壤和水中进入植被、动物、人类食物和人的骨骼中。人的骨骼中存在锶 – 90 会致癌作用。

放射性的铯 – 137 是另一种有害裂变产物,它与钾的活动相似,因此可以通过食物链快速循环。北极苔原带是受过去核武器试验中核辐射沉降影响的生态系统。1986 年,切尔诺贝利核电站爆炸产生的放射性物质又输入到北极苔原带。大量的放射性裂变产物现在被贮存在原子能试验室的集装箱中。由于安全运输和贮存这些废弃物的技术知识的缺乏,限制了原子能的合理利用。有关危险废弃物的问题将在第 5 章中详细讨论。

在工业时代以前,汞是由于低浓度和低活动性对生命几乎没有影响的又一例自然元素。但是采矿业和制造业已经完全改变了这种状况,汞和其他重金属元素(例如镉、铅、铜和锌)的污染问题目前很严重,Levine 等(1989)、Brewer 等(1994)以及 Brewer 和 Barrett(1995)回顾了一个弃耕地生态系统由于当地淤泥处理产生的整个营养级的 10 年重金属含量调查。

许多水生植物能够在它们的组织富集和贮存大量有毒重金属元素,而不伤害它们自己。对这些植物进行繁殖并应用生物工程学的方法处理来清除工业溢出汞、镍和铅的可行性现在正在调查中。对汞的全球性问题,包括其清除方法的综述见 Porcella 等(1995)。

4.10 热带的营养循环

4.10.1 概述

热带的营养循环模式,特别是西部热带,在一些重要的方式上不同于北温带地区。在寒冷地带大部分有机物质和可利用的营养物质始终存在于土壤里或沉积物中,而在热带相当大比例的营养物质存在于生物量中,并在包括微生物与植物之间的互惠共生等在内的许多贮存营养的生物适应的帮助下,在系统的有机结构内快速再循环。当这些进化了的组织良好的生物结构被移除(例如森林砍伐)时,营养物在高温、多降雨的条件下会快速溢出流失,特别是在营养本来就贫瘠的地方。因此,北温带单一栽培生活周期短的一年生植物的农艺措施,对热带地区非常不适合。如果人类有意去改正过去所犯的错误并避免将来的自然灾害,那么对热带农业进行生态学再评估和环境管理是非常急需的。同时必须保护热带丰富的遗传、物种和生境多样性。许多热带地区独创的临时性农田更适合于潮湿的山区地带。

4.10.2 解释

图4.12对北温带和热带雨林地区有机质和营养的分布进行了比较。有趣的是在这个比较中,两个生态系统含有大约相同量的有机碳,但是在温带森林里超过半数是在枯落物和土壤中,而在热带森林中,超过3/4是在植被中,特别是在木本的生物量中。

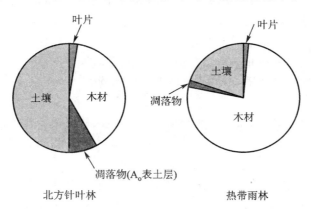

图4.12 北温带和热带雨林生态系统中积累在非生物(土壤和凋落物)和生物(木材和叶片)组分中的有机碳分布的比较。虽然总量很小(约250 t·hm^{-2}),但在热带森林较大比率的总有机碳贮存的生物量中

当北温带的某个森林被移除时,土壤营养和结构不变,而且可以用传统农业耕种多年,这种农业一年犁地一次或多次,种植一年生物种和应用无机肥料。在冬季,冻结温度有助于维持营养和控制病虫害。然而在湿润的热带地区,如果去除森林,在面临全年高温和长期降雨淋溶的情况下,将会使土地失去保存和营养物质循环的能力。农作物生产力经常急剧下降,并且土地被废弃,产生一种"移动或临时性农业"的模式。通常群落控制,特别是营养物循环,在北温带更多倾向于"物理的"方法,而在热带更多地倾向于"生物的"。换言之,温带的营养库主要存在于土壤和落叶层中,而在潮湿的热带地区,营养库主要存在于生物量中。

然而应当指出的是,当人口密度像过去一样较低并且长期进行缓慢而持续的轮作时,临时性农业是可以维持的。临时性农业的问题不在于过程本身而在于人口过剩,人口过剩导致需要越来越多的开垦地,并且在再次开垦之间没有足够长的时间间隔。此外,并不是所有的热带纬度的农业都处在雨林地区,例如生活在秘鲁、厄瓜多尔和巴布亚新几内亚的人们已经发展了几个世纪持续不变的农业(Rappaport,1968)。当然这个简短的叙述把复杂的情况简单化了,但是它揭示了基本的生态学原因,说明了为什么亚热带或热带生境支持枝叶繁茂和具有高生产力的森林或其他植被,而在传统的温带作物管理模式下产量如此低。

C. F. Jordan 和 Herrera(1981)指出在营养贮存循环机制中,热带森林"投资"的程度可以说取决于当地的地理和基本肥力条件。有很大面积的热带森林(例如亚马逊河盆地东中部地区)分布在远古的、高度淋溶的前寒武纪土壤或寡营养的沙地堆积物上。这些寡营养的地区仍然像更肥沃的地区一样支持枝叶繁茂和高生产力的森林,如波多黎各和哥斯达黎加的山区以及安第斯山脚下的森林。自养和异养生物之间复杂的共生现象,包括特殊的微生物媒介,可能是这种寡营养的生态系统成功的关键。

C. F. Jordan 和 Herrera(1981)列出了几条相关机制,尤其适用于寡营养地区的雨林生态系统:

(1)由无数细小营养根组成的根系穿过表面的落叶层,在被淋溶之前,从落叶和降雨中重新获得营养。根系明显抑制反硝化细菌的活动,从而阻止氮流失到空气中。

(2)与根系相关联的菌根真菌发挥营养获取的功能,极大促进营养的恢复和生物量的保持。这种互利的共生现象在北温带寡营养的地区也很普遍。

(3)常绿叶片具有较厚的蜡质表皮,可以阻止水和营养从树中散失,也抵制了草食动物和寄生虫。

(4)叶片的"滴水尖端"(长而突出的叶尖)排去雨水,从而减少叶片营养的淋溶。

(5)叶片表面的藻类和苔藓从雨水中提取营养,其中某些是可以被叶片迅速汲取利用的,同时苔藓也能固氮。

(6)厚的树皮抑制营养从韧皮部向外扩散以及随后在径流中流失(雨水沿树干流下)。

总之,营养贫瘠的热带生态系统能够在自然条件下通过一系列营养保存机制来维持较高的生产力。这些进化机制提供了从植物返回到植物的更直接的循环,或多或少地避开土壤。当将这种森林清除用来发展大规模的农业或树木种植时,这些机制将被破坏,生产力会迅速下降,作物产量也会如此。当空旷地被遗弃时,森林又会慢慢恢复。相比之下,营养丰富的地区更容易恢复。

在高温地区（例如美国东南部）和热带气候区（例如菲律宾），推广与试验具有发育良好的菌根和固氮根系的作物，以及大量利用多年生植物，是有效的生态学目标。水稻在热带地区能够成功种植是由于这种古老的农业类型具有特殊的营养保持特性。在菲律宾，水稻在相同的地点的栽培史已经超过 1 000 年了，目前所采用的传统农业系统很少能达到这样的成功记录。有一件事是可以肯定的：北温带的工业化农业技术是不可能毫无改变地转移到热带地区来使用的。

4.11　循环途径：循环指数

4.11.1　概述

因为水和营养的循环是生态系统的重要过程并且日益为人类所关注，根据循环途径来回顾生物地球化学是十分有意义的。可以将主要循环途径（recycling pathways）划分为 5 种：① 微生物分解；② 动物排泄；③ 通过微生物共生体在植物与植物之间的直接循环；④ 太阳能直接作用下的物理方式；⑤ 燃料燃烧能量的利用，例如工业中氮的固定。循环需要消耗来自有机质、太阳辐射或化石燃料等来源的能量。不同生态系统相对循环量可以通过循环指数的计算进行相互比较，循环指数是系统内各个库间的循环总量占总流通的比率。

4.11.2　解释

我们把焦点集中在生态系统的生物活动部分内的营养物循环是适当的。回顾第 3 章提及能量时也应用了同样的方法，首先考虑总的能量环境，然后把注意力放在食物链中的小能量部分。由于循环日益成为人类社会的主要目标，因此关于生物更新的讨论也是非常相关的。

在所有土壤和自然水域中，由细菌、真菌和消耗有机碎屑物的微生物所组成的微生物食物网的形式只是稍有不同。土壤和水中可溶性的和微粒状的有机物质部分被细菌处理，一些附着在水中的微粒和一些自由飘浮物上。细菌被原生动物食用，原生动物分泌铵和磷酸盐，可以陆续被植物重新利用。这种食物网经常被定义为碎屑途径（detritus pathway）或碎屑循环（detritus cycle）。微生物和小的食屑动物的复杂相互作用在第 2 章中已有描述。在禾草或浮游植物等微小植物重度放牧的地方，通过动物排泄物方式的循环也很重要。

周转率的测定表明原生动物在其生命周期内所排泄出的营养物质是它们死后经微生物分解所释放的可溶性营养物质的量的许多倍（Pomeroy 等，1963；Azam 等，1983）。这些排泄物包括可溶性的无机磷与有机磷、N 和 CO_2 的化合物，这些可能无需被细菌进一步化学分解而被生产者直接利用。

共生的微生物作用下的直接循环，例如珊瑚礁中的腰鞭毛虫，在诸如海洋或湿地等营养贫瘠或寡营养的环境是很重要的。水，正如我们所看到的，大部分循环是通过太阳能的直接作用及风化和侵蚀过程,后者与水的向下流动有关的,并因此把非生物贮存库中的沉积元素带入生物循环。当人类消耗燃料能源来除去海水中盐分、生产肥料、循环铝或其他金属元素的时候,人类也进入了循环圈。

通过机械的或物理的方法所完成的循环能够为整个系统提供能量补充。在人类和工业所产生废弃物的处理系统中,输入一种机械能来粉碎有机物并从而加速它的分解作用常常是有利可图的。利用自由放养的大型哺乳动物的物理破碎作用,对耐久性碎屑中营养物质的释放也是很重要的(McNaughton 等,1997)。

循环不是一项免费的服务,总是需要一定的能量消耗。当太阳光和有机质作为循环的能量来源时,人类不需要支付由天然资本所提供的服务。假若没有被瓦解或损害,自然循环机制是能够承担水循环和营养循环的大多数工作的。制造业中的工业材料(例如重金属)则不同,它们的循环需要花费大量的燃料和金钱,然而当供给量有限或废弃物威胁人类健康的时候,我们别无选择,只能承受这些花费。

4.11.2.1　循环指数

生态系统内的循环可以根据物质在离开系统前从一个库循环进入另一个库的比例来定义。循环分数是通过每个库的循环总量,如下式:

$$CI = \frac{TST_c}{TST}$$

这里 CI 是循环指数(cycling index), TST_c 是总的系统流通中循环的部分, TST 是总的系统流通。如果该量是负值,流量(throughflow)定义为所有输入减去系统内贮量的变化,相反的,如果该量是正值,那么流量就是所有输出加上贮量的变化。

Finn(1978)计算哈博德溪流流域钙的循环指数在 0.76～0.80 之间。这表明大约80%的钙流量是循环的。钾和氮的循环指数甚至更高。这个流域的营养循环效率看来遵循下列顺序(循环指数 CI 从高到低):K > Na > N > Ca > P > Mg > S。这个排序与每种元素从系统外的输入、元素的活性和生物区的生物需求有关。非必需元素,例如铅;或者相对于它们的可利用性而言需要量很小的必需元素,如铜;它们的循环指数通常很低。人类社会认为有价值的元素,如铂和金,90%或以上是循环的。能量(热量)的循环指数是 0,正如本书前面所强调的那样,基于热力学第二定律,能量直接通过系统,不能循环。

4.11.2.2　纸的循环

在城市工业系统中,循环是可以与自然系统中的重要物质循环相平行的方式进行,纸的循环提供了很好的例证。如图 4.13A 所示,当生态系统的生物组分变得更大、更复杂,当输入环境中的资源越来越缺乏,或当对生态系统内生命有损害的废弃产物在输出的环境中堆积时,通过循环指数测定的自然生态系统的循环也随之增加。

只要有足够的树木、造纸厂和处理废纸的空地,那么在城市工业系统中纸循环流动几乎不需要设备投资和能量投入(图 4.13B)。然而,随着城市变得拥挤,土地升值,采取垃圾掩埋法或堆放的方式的难度和花费日益增加。当纸浆用木材的供应或粉碎产量开始下降到供不应求的时候,压力来自于输入的环境。在这两个实例中,都需要考虑到循环需要的花费。纸循环要想成功,旧报纸和卡片的市场(循环工厂)就必须存在。这种工厂的节能循环机制类似于森林和珊瑚礁等自然系统中发现的消费结构。

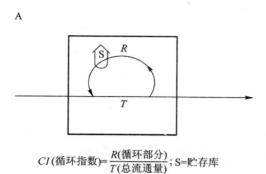

$$CI(循环指数) = \frac{R(循环部分)}{T(总流通量)}; S = 贮存库$$

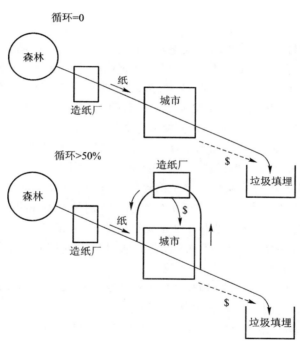

图 4.13　(A)关于循环的生态理论。当资源丰富的时候,对于非必需元素来说,循环指数(CI)在生态系统发育(演替)的早期阶段较低(0 到 10%)。当资源匮乏时,对必需元素来说,CI 在生态系统发育的成熟阶段较高(>50%)。关键因素需要能量(能量本身不能循环)来驱动循环。(B)城市工业系统的纸循环流动,说明了有益于纸循环的条件。通过再循环,减少了对森林、河流和陆地的环境负面影响以及城市服务的税,居民因此受益

4.12   全球气候变化

4.12.1   概述

正如第 2 章所强调的那样,大的、复杂的系统会在缺乏定点控制时发生大范围的波动。在过去的大约 150 000 年里,全球气候在两种状态间波动:温 – 湿和冷 – 干。目前,人类活动正开始影响全球变暖的强制函数。

4.12.2   解释

至少有三种方式用来研究以往的气候波动:① 年轮树木学;② 湖泊、沼泽和海底核心;③ 冰核。沉积物核心揭示在 130 000 到 115 000 年之前存在一个像今天气候的温暖时期,随后是威斯康星冰期,这个时代于 12 000 年前结束,当时目前相对较暖的全新世纪开始了(M. B. Davis,1989)。虽然这些冷热气候变迁发生在很长时间以前,为生物体提供时间适应或者移动它们的地理范围,但最近对两极冰核的研究揭示,过去也存在着发生在少于 50 年内的快速气候改变的时期。因此,人类活动,例如与全球 CO_2 增加相关的化石燃料的燃烧,已经驱动了快速的气候改变,以至于人类将很难扭转它,这些问题引起人们关注。

回顾图 4.6B,夏威夷莫纳罗亚山气象站测得的空气中的 CO_2 浓度从 1958 年到 2002 年持续增加。近年来许多研究和讨论都是关于温室气体(特别是 CO_2 和甲烷)增加引起的地球变暖的。而尘埃和悬浮微粒(粒子足够小可以在大气的最低层,即海拔 $10 \sim 20$ km 的对流层中悬浮数星期或数月)或云量的作用却鲜为人知,它们通过反射太阳辐射回到宇宙从而降低行星的温度。悬浮微粒的间接制冷效应具有相当大的不确定性(Andreae,1996;Tegen 等,1996)。火山爆发的长期影响也是不确定的,例如 1991 年爆发的宾纳杜部(Pinatubo)火山,使全球平均温度降低大约 0.5℃。同样地,重新造林(生物量增加)及土壤和海洋汇中碳固定的影响也存在不确定性,它们能够行使负反馈功能减缓全球变暖(J. L. Sarmiento 和 Gruber,2002)。

然而,在过去的几十年里,可以确定的是 CO_2 和其他温室气体的增加导致全球气温升高(图 4.14)。现在已经有充足的证据来评估近来气候变化对从两极陆地到海洋环境等不同生态系统类型的影响。在系统和不同生物层次上,似乎存在一个生态改变的模式,例如生态群落内的物种集合的变化、各种行为事件的时间调控和外来物种的入侵)。这些响应涉及种群(植物区系和动物区系)、群落、生态系统、景观和生物群区等层次的变化(见 Walther 等,2002 对最近气候变化的生态响应的概述)。

尽管可以确定在过去的几十年里 CO_2(图 4.6B)和其他温室气体的增加已经导致全球气温的升高(图 4.14),但在全球变暖对降雨的影响方面仍存在相当大的不确定性。正如 Kaiser (2001)所指出的,草地比森林或沙漠对降雨变化更敏感。随着降雨量上升,灌丛和乔木将会

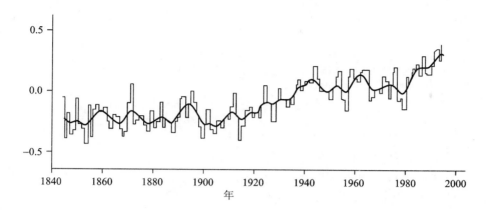

图 4.14　根据平均温度表示的全球变暖(1860—2000)。全球温度波动显著,但仅从 20 世纪 30 年代起才有显著上升(由英国诺里奇 East Anglia 大学哈德利中心提供)

入侵到草地中;而随着降雨量下降,沙漠化灌丛将会入侵到草地中。草地的变化也依赖于放牧的强度,重牧将形成沙漠化灌丛。只有对这些全球变化进行长期、综合的观察,才能为世界范围内的资源管理提供必要的信息。

第5章 限制与调节因子

5.1 限制因子的概念:李比希最小因子定律

5.1.1 概述

生物体、种群或整个生物群落的生存和繁荣取决于环境条件的综合作用。任何达到或超过生物耐受限度的条件称为限制条件(limiting condition)或限制因子(limiting factor)。在稳定条件下,当某种基本要素的可利用量最接近于最小需要量时,这种基本要素将成为一个限制因子,这就是李比希最小因子定律(Liebig law of the minimum)。最小因子定律很少应用于不稳定状态的情况下,因为这时许多要素的含量及作用效果都处于剧烈的变动中。

5.1.2 解释

一个生物并不比它需求的生态链中的最弱环节强壮些,Baron Justus von Liebig(李比希)在1840年就首次明确表达了这个观点。李比希最早研究了各种因子对植物,尤其是对栽培作物生长的影响。正如目前农学家所了解的那样,他发现,作物的产量往往不是受其需要量最大的营养物质,如二氧化碳和水的限制,因为它们在自然环境中含量丰富,而却受到一些需要量较少的原料(例如锌)的限制,因为它们在土壤中非常稀少。他提出"植物的生长取决于那些处于最少量状态的营养成分",这被称为李比希最小因子定律(Liebig's law)。

自李比希时期以来的大量工作表明,要使这个概念应用于实践,必须补充两个辅助原理。首先李比希定律只能在稳定状态下,即能量和物质的平均输入和输出在一个年循环中处于平衡状况下才适用。为阐述这一点,我们假定二氧化碳是湖中主要的限制因子,生产力因此受有机物分解产生的二氧化碳的供应速率控制。我们再假定光照、氮和磷等其他必需元素的供应都超过了需要(因此这时它们不是限制因子)。如果一场大暴雨把更多的二氧化碳带进湖中,生产率就会改变,并且同样受到其他各种因素的影响。当生产率发生变化的时候,就不存在最小因子,而反作用取决于湖内当时所有要素的浓度,变化阶段的生产率与加入最缺乏要素时的生产率不同。随着各种要素的耗尽,生产率剧烈变化,直到某些要素,或许还是二氧化碳起限制作用,而湖泊生态系统的生产率将再次受到最小因子定律控制。

第二个需要考虑的是因子替代作用。就是说,某些物质的高浓度和高效用,或者某些因子的作用,与最小因子不同,它们能够改变限制因子的利用率。有时生物能够以一种化学上非常相近的物质代替另一种在自然环境中欠缺的物质,至少可以部分地代替。例如在锶丰富的地方,软体动物能用锶部分地代替贝壳内的钙。有些植物生长在荫蔽处比生长在充足的阳光下对锌的需要量少,所以,土壤中低浓度的锌,对荫蔽植物的限制作用就比对同样条件下阳光充足中植物的限制作用小。

5.1.2.1 耐受限度的概念

生物所需的生态因子,不仅像李比希(1840)提出的太少会成为一个限制因子,像热、光、水这样的因子太多也会成为限制因子(例如第4章中叙述的氮的例子)。因此,生物就有一个生态学上的最小量和最大量,它们之间的幅度就是耐受限度。把最大量和最小量的限制作用的概念被合并成为谢尔福德耐受性定律(Shelford law of tolerance)(Shelford,1913)。自此以后,生态学家们在"胁迫生态学"方面做了大量工作,了解清楚了各种植物和动物能够生存的耐受性限度。"胁迫试验"是其中尤为有用的一项工作,这项实验在实验室或野外进行,研究一定变化幅度范围内的条件对生物的影响(详见 Barrett 和 Rosenberg,1981)。这种生理学研究方法有助于生态学家们理解生物在自然界的分布情况;但是,这只是其中的一部分。所有物理要素都在某生物耐受限度范围内,但是,由于生物的相互作用,例如竞争或捕食,生物还是可能会衰落(详见第7章)。对整体生态系统的研究必须包括实验性的实验室研究,而这就必须将个体从它们的种群和群落中分离出现。

对耐性定律的一些补充原理可以概述如下:

(1)生物对一个因子的耐受范围可能很广,而对另一个因子的耐受范围可能很窄。

(2)对所有因子的耐受范围都很广的生物一般分布很广。

(3)当一个物种的某一生态因子不是处于最适状态时,对另一些生态因子的耐受限度将会下降。例如,当土壤中的氮有限时,草本植物对干旱的抵抗力下降(植物在低氮水平比在高氮水平时,需要更多的水分以防止凋萎)。

(4)经常可以发现,自然界的生物实际上并没有在某个环境因子最适的范围内(如实验所测定的那样)生活。这种情况下是因为其他一些因子起着更大作用。例如,互花米草(*Spartina alterniflora*)是美国东海岸盐沼地的优势种,实际上它在淡水中生长得比盐水中好,但在自然界中它仅分布在盐水中,显然是因为它的叶片排盐能力强于其他有根沼泽植物(也就是说,这种机制使它能够战胜其他竞争者)。

(5)繁殖期通常是一个临界期,环境因子最可能在繁殖期起限制作用。繁殖个体、种子、卵、胚胎、种苗和幼体等对生态因子的耐受限度一般都要比非繁殖期植物或动物成体的耐受限度狭窄些。所以,丝柏木的成体能在长期水淹或干燥山地中生长,但是,只有在种苗能发育的潮湿但未被水淹没的土地上,它才繁殖。青蟹成体及其他许多海洋动物都能够耐受半咸水或氯化物含量高的淡水,因此,沿河向上一段距离经常能发现它们的成体,但是,其幼体不能在这样的水域中生活;因而,它们不能在河流中繁殖,并且不能在河流中永久定居。猎鸟的地理分布区经常取决于气候对卵和幼鸟的影响而不是对成鸟的影响。更多的例子不胜枚举。

生态学中通常使用一系列名词以表示耐性的相对程度。用"steno –"为字首表示狭的意思,字首"eury –"表示广的意思。例如:

狭温性(stenothermal)—广温性(eurythermal),分别指对温度耐受的窄和宽;

狭水性(stenohydric)—广水性(euryhydric),分别指对水耐受的窄和宽;

狭盐性(stenohaline)—广盐性(euryhaline),分别指对盐度耐受的窄和宽,

狭食性(stenophagic)—广食性(euryphagic),分别指对食物耐受的窄和宽,

狭栖性(stenoecious)—广栖性(euryecious),分别指对栖息地选择耐受的窄和宽。

这些词不仅适用于个体水平,也同样适用于种群和生态系统水平。例如珊瑚礁生态系统是狭温性的,仅在很窄的温度范围内生存繁殖。持续降低 2℃ 会发生胁迫作用,引起"漂白"或大量共生藻类的死亡,而正是有了这些共生藻类,珊瑚虫才得以能在低营养的水域中生存繁殖。

限制因子的概念是非常有价值的,因为它为生态学家研究复杂的生态系统提供了一个"敲门砖"。生物的环境关系是复杂的,所幸的是在特定的条件下或者对特定的生物体来说,不是所有的因子都有同样的重要性。研究某个特定场所时,生态学家经常发现可能的薄弱环节,并且,至少最初是集中关注那些很可能是临界的或"限制的"环境条件。如果生物对某个因子的耐受限度很广,而这个因子在环境中比较稳定、数量适中,那么这个因子不可能成为一个限制因子。相反,如果已经知道生物对某个因子耐受限度是有限的,而这个因子在自然环境中又容易变化,那么这个因子就需要仔细研究,因为它可能是一个限制因子。例如在陆地环境中,氧气丰富而稳定,并很容易利用它,因此对陆生生物很少起限制作用,除非是寄生物或者生活在土壤深处或高海拔地区的生物。另一方面,氧气在水中比较少,而且经常剧烈变化,因此,氧气对水生生物,特别是水生动物经常是一个重要的限制因子。

5.1.3　实例

在物种水平的限制因子,我们以红点鲑(*Savelinus*)和豹蛙(*Rana pipiens*)的卵发育和孵化的环境条件的比较为例。红点鲑卵在 0℃ 和 12℃ 之间发育,约在 4℃ 为最适温度。豹蛙卵在 0℃ 和 30℃ 之间发育,约在 22℃ 为最适温度。因此,红点鲑卵是狭温性而耐低温的,而豹蛙卵是广温性而耐高温的。一般说来,鲑鱼类的卵和成鱼都是相对狭温性,但有些种类和红点鲑相比是明显的广温性。同样地,各种蛙类对温度的适应情况亦是不同的。图 5.1 图解说明了这些概念以及与温度相关的名词的使用。狭窄耐受限度的进化在某种意义上可以看做是有助于增加群落或生态系统多样性的一种特化形式。而广耐性限度的进化可以看做是促进对人类干扰不敏感的"全能"物种。

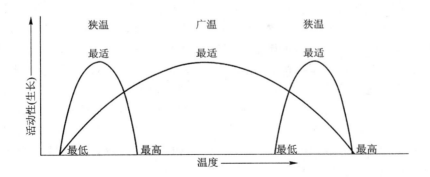

图 5.1　广温性和狭温性生物的耐性相对限度的比较。狭温性种类的最低温度、最适温度和最高温度比较相近,所以对广温性种类只有很小影响的微小温度差别,对狭温性种类经常是临界的

两种矿质营养,铁和硅对世界开放海域大面积的初级生产力的限制是生态系统水平限制因子的例子。Menzel 和 Ryther(1961)是发现铁是他们研究北百慕大群岛海域的限制因子首批学者之一。Martin 等 (1991)和 Mullineaux(1999)综述了铁是几乎所有开放海域的限制因子的证据。因为硅藻壳的形成需要硅,而这种微量元素在海水中含量很低,因此只要是硅藻为优势浮游植物的海域,硅就是限制因子(Tréguer 和 Pondaven,2000)

可以用下面几个简明扼要的例子来说明限制因子概念的重要性和概念本身的局限性。

(1)在异常的地质形成过程中发展起来的生态系统,一种或多种化学成分可能异常地稀少或丰富,因此这种生态系统是分析研究限制因子的良好场所。蛇纹岩土壤就属于这类场所(它由镁—铁—硅酸盐岩石衍变而来),它主要的营养成分——(Ca、P、N)低,而镁、铬、镍含量高,其中后两者的浓度高到接近对生物有毒的水平。在这种土壤中生长的植被特点是发育受阻碍,并由许多地方性种类(局限于某个特殊的生境)组成一个特殊的植物区系,这和邻近生长在非蛇纹岩土壤中的植被明显不同。例如,一种沟酸浆属植物 *Mimulus nudatus* 仅在蛇纹岩土壤中生长繁殖。尽管有主要营养的匮乏和大量的有毒金属这两个限制因子存在,生物群落还是已随地质年代进化并能够耐受这些条件,但是群落的结构和生产力水平都较低。

(2)纽约长岛(Long Island)的南大湾(Great South Bay)的例子戏剧性地说明了“物极必反”,太多有利的条件反而完全改变一个生态系统,从而损害了水产业。这个常被称为“鸭与牡蛎”的故事已被很好的论证过了,并已通过实验弄清楚了其因果关系。沿着流入海湾的支流建造了许多养鸭场,鸭粪使河水变得营养丰富,从而使浮游植物密度大大增加。由于海湾中循环率低,营养物质很少流入大海而多半沉积下来。初级生产力的增加,本应带来好处,但事实并非如此。新增加的有机营养物和低的氮 – 磷比例使生产者的类型完全改变。这个海区正常的浮游植物组合应该是硅藻、绿鞭毛藻和腰鞭毛藻,但现在几乎完全被非常小的绿藻属(*Nannochloris*)和列丝藻属(*Stichococcus*)的绿鞭毛藻所取代。多年来生长繁盛的著名“蓝点”牡蛎是以正常浮游植物为食的,它支撑着有利可图的工业,然而现在却因不能利用新兴的藻类而逐渐消失。研究发现牡蛎是由于不能消化利用肠道中大量的绿鞭毛藻而饥饿致死。该水域中其

他的贝类亦被消灭,重新引进它们的尝试屡次失败。养殖试验已经证明:当氮以尿素、尿酸和铵盐的形式存在时,绿鞭毛藻生长繁盛,而正常的浮游植物菱形硅藻(*Nitzschia*)需要的是无机形式的氮(硝酸盐)。很明显,入侵的鞭毛藻能够使氮循环"短路"(它们无需等待有机物质还原为硝酸盐)。在正常波动的环境中很少出现的"特殊种类",当不正常的环境条件稳定下来时,它是如何取代其他种类的,上述实例可能很好的对此做了解释。这个例子还可以证实实验生物学家的一个常见经验,他们发现生活在未污染的自然界中的普通种类,在水温稳定和介质丰富的实验条件下很难养殖,这是因为它们适应于相反的,即低营养物质和多变的条件。另一方面,在自然界正常情况下很少出现或者是昙花一现的"野草"种类很容易养殖,因为它们是狭食性,在营养物质丰富(即"污染")的情况下生长繁茂。

(3) 20 世纪 50 年代,Andrewartha 和 Birch(1954)提出物种的分布与丰富度主要由物理因子(非生物因子)控制,该观点在生态学论著中掀起了激烈的讨论。相应的,在分布范围的边缘进行研究应该是辨别哪个因子是限制因子的最好方法。但是,生态学家现在认识到生物和非生物因子都会制约分布范围中央的丰富度和边缘的分布,尤其种群遗传学家还曾经报道过生长在边缘的种群个体可能与生长在中央的种群个体有着不同的基因序列(见下一小节中群落交错带和生态型的讨论)。不论怎样,当一个或多个景观水平的环境因子发生突然或剧烈的变化时,生物地理学的方法就特别重要。因此,开展野外实验通常比实验室内的实验要好,因为不在实验考虑之内的环境因子处于常规的变化之中,而不处于受控的非常规的不变的情况。

(4) 添加或移除物种种群是确定生物限制因子的一个实验方法。岩石海滨的潮间带是进行这类实验的一个非常好的生境。Paine(1966,1976,1984),Dayton(1971,1975),Connell(1972)和其他人等的大量工作表明潮间带群落中有很强的优势种(就是说,在同样营养条件下,该物种能够阻止其他物种进入群落)。狭窄潮间带内的空间通常存在潜在的局限性,对动物来说,阻止单一物种垄断的主要因子是捕食,对植物来说是放牧。

5.2 因子补偿作用与生态型

5.2.1 概述

生物并不屈服于自然环境,它们能使自己适应环境,并且改变自然环境条件,以便减少温度、光、水分和其他理化条件的限制作用。这种因子补偿作用在群落层次特别明显,但同样存在于种内。地理分布广的物种经常形成根据地方性环境条件调整耐受限度和最适度的地方性适应种群,称为"生态型"。生态型(ecotypes)是具有遗传差异、能很好地适应一组特殊环境条件的亚种。由温度、光照、pH 或其他因子变化引起的补偿作用通常伴随着生态型的遗传改变,但是这可以通过没有遗传固定的生理调节来实现。

5.2.2 解释

沿着温度梯度或其他条件而分布在不同地点的物种,通常存在生理或形态上的差异。因子补偿作用通常伴随着遗传改变,但是因子补偿作用可以没有遗传固定,而通过器官功能的生理调节,或在细胞水平改变酶-底物的关系来完成。交互移植试验是确定生态型中遗传固定程度的简便方法。例如,麦克米伦(McMillan,1956)发现,同一种牧草(所有特征都相同)从它们分布区的不同地方移植到试验园中,它们对光的响应差别很大。每一例中,生长和繁殖的时间选择都和牧草移植来的那个地区的情况相适应。应用生态学研究中经常忽视本地品系遗传固定的重要性;用偏远地区的个体代替本地适应的品系,这种动物和植物的引种或移植经常会失败。移植还常常会干扰本地种间的相互作用和调节机制。

5.2.3 实例

图 5.2 说明海月水母(*Aurelia aurita*)的温度补偿作用。生活在北方的海月水母能在低温中灵活地游动,而来自南方的个体会受到抑制。两个种群都能以几乎相同的速率游动,它们的活动在很大范围内都不受它们所适应的环境温度变化的影响。

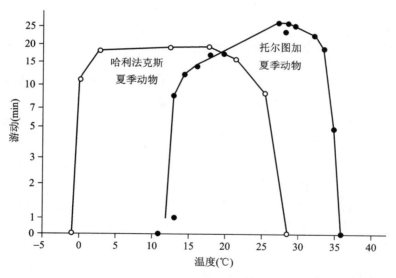

图 5.2 物种和群落水平的温度补偿作用。温度对北方的(哈利法克斯)和南方的(托尔图加)的海月水母(*Aurelia aurita*)个体的游动的影响。生境温度分别是 14℃ 和 29℃。每个种群适应于当地环境,在当地环境温度下以最大速率游动。对冷适应型的显示不受温度影响的程度更高(引自 Bullock,1955)

对蓍草(*Achillea millefolium*)的研究是通过实验方法来确定生态型的遗传固定程度的一个非常好的例子,该草在 Sierra 山从山谷底到高海拔山脊都有分布。在结构上,低海拔的植株较高,高海拔的植株较矮(图 5.3)。当这两个变种的种子种在同一海拔高度的花园里时,它们仍旧保持各自的高矮特点,这表明存在遗传固定(详见 Clausen 等,1948)。

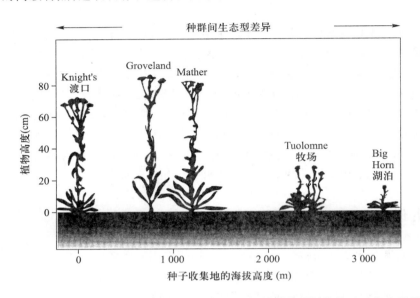

图 5.3　蓍草(*Achillea millefolium*)种群的生态型差异,通过从不同海拔地区收集种子,并把这些种子种在同一海拔高度花园中的相同条件下来证明(引自:Clausen J, Keck D D, Hiesey W M. 1948. 物种特性的实验研究.第三卷,西洋蓍草顶极种的环境响应,华盛顿的卡内基研究所出版,581:1 - 129.许可重印)

　　因子补偿作用发生在季节性和地理梯度上。最明显的例子是一种石炭酸灌木蒺藜(*Larrea*),它是美国西南部低海拔、炎热沙漠中的优势种。虽然蒺藜是一种 C3 植物(采取一种不适应炎热干燥条件的光合作用模式),但是从冬季到夏季,它可以提高自己的最适温度来适应环境。通过测量叶片水势可知,它通过一种额外的对干旱胁迫的适应机制维持较高的光合作用速率。

　　在营养贫瘠的环境中,自养生物和异养生物之间有效的循环通常可以补偿营养的亏缺。前面提到的珊瑚礁和热带雨林就是很好的例子。北大西洋水域氮营养低到难以通过标准仪器探测到的程度,然而,这里浮游植物的光合作用速率却很高,这是因为它们快速有效地获取了浮游动物排泄物及细菌作用释放的营养,从而补偿了氮的亏缺。

5.3　作为调节因子的生存条件

5.3.1　概述

　　生物不仅能通过耐受来适应物理环境,而且能够利用物理环境的自然周期性,使它们的活动合乎时宜,并"安排"它们的生活史,以便从适宜的条件中受益。它们依靠生物钟(biological clock),即一种调节时间的生理机制来完成这些活动。最常见和基本的表现形式是拟昼夜节律(circadian rhythm 来自 circa = about,关于;dies = day,天),或者即使显著的环境暗示如日光不存在的条件下,在 24 h 的时间间隔内安排时间和重复功能的能力。当我们把生物之间的相互作用和种间的交互自然选择(协同进化)加进去,整个生物群落就按照季节及其他节律的反应而进行活动。

5.3.2 解释

在长途旅行后我们所经历的"时差"困扰,是由我们自己的昼夜节律所引起的。生物钟受生物和物理节律所调整,这些节律使生物能够预感每日、季节、潮汐和其他一些周期性事件。越来越多的证据表明实际的时间调控是通过细胞振荡器来完成的,细胞振荡器就如同一个包含"时钟"基因的反馈环一样运转(见 Dunlap,1998)。昼夜节律和潜在的细胞振荡器在生物体内是普遍存在的,并用于预报最适的摄食、植物开花、迁徙和冬眠等的时间。

5.3.3 实例

生长在潮间沼泽的招潮蟹根据潮汐而非昼夜时间来调节它们的时钟。当在黑暗、没有潮汐的实验室时,它们在本该退潮的时间变得十分活跃,这时它们通常从巢穴中出来进行觅食。

在温带,生物使它们的活动性合乎时宜的最可靠的依据之一是白昼长或光周期(photoperiod)。光周期不同于大多数其他的季节因子,它在一定的季节和地区通常是相同的。随着纬度增加,年日长周期的变动幅度亦增加,这就形成纬度和季节暗示。在加拿大温尼伯湖、马尼托巴湖,最长的光周期是 16.5 h(6 月),最短的是 8 h(12 月末)。在美国佛罗里达州的迈阿密,光周期变化范围只有 13.5~10.5 h。光周期已经证明是"定时器"或"触发器",它启动一系列导致植物生长和开花,鸟类和哺乳类换毛、脂肪沉积、迁移和繁殖,昆虫开始滞育(静止期)的生理活动。光周期性和生物钟结合形成适应能力很强的定时机制。

光周期通过感觉接收器,如动物的眼睛或植物叶子的特殊色素而起作用,而后者依次激活一种或多种能引起生理或行为反应的紧密联系的激素和酶系统。虽然高等植物和动物在形态上高度分化,但它们与环境的光周期的生理联系却十分相似。

在高等植物中,有些种类在增加日照长度时开花,称为长日照植物;另一些种类在短日照时(少于 12 h)开花,称为短日照植物。动物亦同样对长日照或短日照起反应。许多对光周期敏感的动物(不是指全部),可以通过实验或人工调控光周期来改变它们的定时作用。如图 5.4 所示,人工加快光照进度,能够使红点鲑提早 4 个月进入繁殖状态。花卉栽培者通过改变光周期,经常可以在不开花的季节得到盛开的鲜花。在秋季迁徙之后的几个月时间,迁徙鸟对光周期的刺激是没有反应的。显然,秋季的短日照是鸟类重新发动生物钟所必需的,而内分泌系统也做好对长日照起反应的准备。12 月末以后的任何时间,人工增加日照长度将会引起换羽、脂肪累积、迁徙和性腺发达等顺序活动,而在正常情况下,这些活动在春季才发生。鸟类的这些生理反应最早由 Farner(1964a,b)报道。

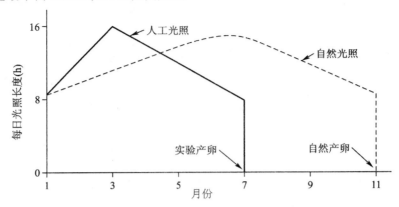

图 5.4　通过人工控制光周期来控制红点鲑繁殖的季节。鲑鱼,通常在秋季繁殖,当春季的日长被人工延长,夏季的日长被缩短以模拟秋季的状况时,它会在夏季产卵(根据 Hazard 和 Eddy,1950 重绘)

　　某些昆虫和一年生植物的种子的光周期性很值得重视,因为它能引起一种类似"节制生育"的作用。例如,对昆虫来说,春末和夏初的长日照刺激"脑"(实际是一条由神经节组成的神经索)产生一种神经激素,它使昆虫产出一种滞育的或静止的卵,这些卵不管温度、食物和其他情况是怎样适合,一直到第二年春天都不孵化。这样,种群的生长在食物供应达到临界状态之前而不是之后就已经停止了。

　　和日照长度形成鲜明对照,沙漠的降雨量是很难预测的,然而,组成许多沙漠植物区系最主要种类的沙漠一年生植物,可以利用降雨作为生命活动的调节器。这些一年生植物,称为短命植物(ephemerals),在干旱时期保留种子的形式,但是当湿度适宜时,就准备萌发、开花并产生种子。许多这类植物的种子含有萌发抑制剂,必须经由一定的最小水量(例如半英寸,或 1~2 cm)的淋洗而去除。这部分水就是植物完成生活史并再产生种子所需的全部水分。幼苗在雨后沙漠晴朗的光照条件下快速生长,几乎很快就开花并产生种子。这些植物个体很小,没有复杂的根茎系统,所有的能量都用于开花和产生种子。如果将种子置于温室的潮湿土壤中,它们便不能发芽,但如果对它们进行适度的人工模拟淋湿处理,就能很快发芽。种子可以在土壤中保持生存能力很多年,好像是在等待足够的淋洗,这可以解释为什么沙漠在大降雨后短时间内就会遍地开花。

5.4　土壤:陆地生态系统的组分

5.4.1　概述

　　有时为方便起见把生物圈看作是由大气圈、水圈和土壤圈所组成,而后者就是土壤。每个圈都由生命和非生命组分组成,这两个组分在理论上比实践上更容易区分。土壤(soil)是由地壳的风化层和有生命的生物以及它们腐烂分解的产物混合组成,其中的生命和非生命的成分关系特别密切。

5.4.2　解释

土壤营养通过分解而再生和循环,从而能被初级生产者(植物)所利用,因此土壤可以看做是陆地生态系统的首要组织中心。没有生命,地球仍有地壳,但这都与土壤不同。所以,土壤不仅是生物的环境因子,亦是由生物产生的。通常,我们可以把土壤看做是气候和生物,特别是植被和微生物在地球表面的母质上作用的结果。所以,土壤是由母质(下层地质层或矿物层)和有机成分所组成,在有机成分内,生物及它们的产物和已发生变化的母质的细小颗粒混合在一起。颗粒之间充满水分和空气。土壤的结构和孔隙度是非常重要的特征,并且极大地影响植物和土壤动物对营养物质的利用能力。

和生物圈中的其他主要部分一样,土壤活性是研究热点,例如根际和有机质聚集问题。根际(rhizospheres)是土壤孔隙中微生物与根系、粪球、有机物质块以及黏液分泌物等形成的集合体(Coleman 和 Crossley,1996)。Coleman(1995)认为,大约90%的新陈代谢活动在这些"热点"地区进行,而这一部分占据的总土壤体积少于10%。土壤系统是陆地生态系统的组织中心;水生生态系统的沉积物可以行使同样的功能。群落呼吸 R 和循环等主要功能受土壤分解释放营养的速率所制约。

©Niall Benvie/CORBIS

图5.5　由于缺少作物覆盖,多数 A 层(表层土)被雨水侵蚀的空地

如果我们观察一个堤或一条沟的切面(图5.5),就可以看到土壤由颜色明显不同的几层组成,这些层称为土层(soil horizons)。由表面向下各个土层的顺序排列称为土壤剖面(soil profile)。最上面的土层或 A 层 (A horizon)(表层土)由动植物躯体在腐殖化作用下还原生成的细小的有机物颗粒组成。在成熟的土壤中,这一层通常再分为表现腐殖化作用不同发展阶段的几层。这些层(图5.6)从表面往下依次称为:凋落物层(A-0)、腐殖层(A-1)和淋溶层(淡色的)(A-2)。A-0 层有时再分为 A-1 完全凋落物层,A-2 半腐落叶层和 A-3 腐叶

土壤。凋落物层(A－0)是碎屑成分,可以看成是一种生态亚系统,在该系统中微生物(细菌和真菌)与小的节肢动物(土壤螨类和弹尾目昆虫)合作分解有机质。这些微小节肢动物是"碎食者",它们把微小的碎屑分解成更小的片段和可溶性有机质(DOM),可溶性有机质更容易为土壤微生物所利用。如果除去这些碎食者,分解速率会显著下降(Coleman 和 Crossley,1996)。

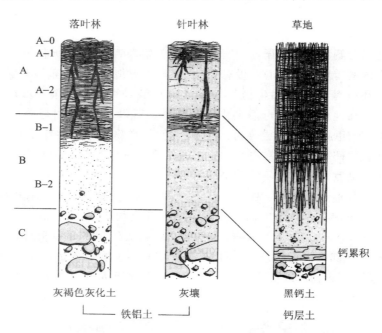

图 5.6　表示三个主要生物区(落叶林、针叶林和草地)特征的三个主要土壤类型简图

从北极到赤道,森林每年输入到凋落物亚系统的落叶量逐渐增加(图 5.7)。下一层,或 B 层(B horizon),由矿质土壤组成,其中的有机化合物已由还原者在矿化作用过程中转变为无机物质,并且和细小的母质完全混合在一起。B 层的可溶性物质通常是在 A 层形成,通过沉淀作用或由往下流的水而滤集在 B 层。图 5.6 的有黑条的地方表示 B 层的上部,这里积聚了过滤过的物质。第三层或 C 层(C horizon),是没有多大变化的母质。这些母质可能是在原地分解的原有矿质成分,或者通过重力(崩积物)、水(冲积物)、冰川(冰川沉积)或风(风积物或黄土)输送到此处。输送来的土壤通常都十分肥沃(例如美国艾奥瓦州的深黄土和大河三角洲的肥沃土壤)。

土壤剖面和各个土层的相对厚度通常代表不同气候区和不同地形位置的特征(图 5.6)。例如,草地土壤和森林土壤的区别在于前者腐殖化进行快而矿质化进行得慢。因为全部草本植物,包括根部,都是短命的,每年的生长会为土壤增加大量的有机物质,而这些有机物质会快速分解,基本都形成腐殖质,只留下很少的干草或半腐烂落叶。然而在森林里凋落物和根的分解缓慢,而矿质化进行迅速,只留下很薄的腐殖质层。例如,草地土壤的腐殖质含量是 $600 \ t \cdot hm^{-2}$,而森林土壤只有 $50 \ t \cdot hm^{-2}$(Daubenmire,1974)。在美国伊利诺伊州森林—草地的中间地区,根据玉米田土壤的颜色很容易就可分辨出它们哪些曾经是草原,哪些曾经是森

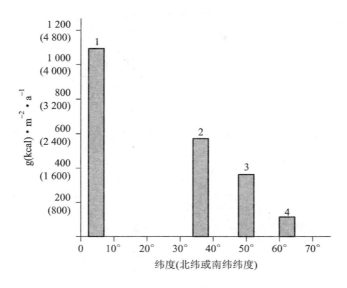

图 5.7 森林的年凋落物与纬度的关系。(1)赤道森林;(2)暖温带森林;(3)寒温带森林;(4)北极－高山森林(仿 Bray 和 Gorham, 1964)

林。因为腐殖质含量较高,草原土壤的颜色会比较黑。只要有充足的降雨,毫无疑义地"世界的粮仓"会位于草原地区。

在一定的气候区内,地形状况对土壤剖面有很大影响。陡坡,特别是在人们滥用的情况下,由于侵蚀作用,土层 A 和 B 会变薄。平地和缓坡土地会有比陡坡地更厚、更成熟(发育较好的土壤剖面)、更加肥沃的土壤。有时在排水不好的土地,水可以迅速冲洗物质进入较深层,形成一个矿物硬质底层,植物的根以及动物和水分都不能穿过它,例如某地区一片矮小树林内的土壤可以支撑起巨型红杉。由于通气性不良减缓了腐烂分解,像沼泽地那样排水不良的地区利于腐殖质淀积。

土壤类型的分类是一项需要丰富经验的工作。土壤科学家可以识别一个县、州或省内的许多种土壤类型。从国家或州的土壤保护机构和州立大学都可以容易地得到当地的土壤图。这些土壤图以及附后的土壤说明为陆地生态学的研究提供了必要的基础。当然,生态学家研究的不仅仅是给土壤命名。研究的最低限度需要测定 A 和 B 土层下列三方面的重要特征:① 结构,即沙、粉沙和黏土的百分比(或更详细地测定颗粒大小),② 有机物质的百分比,③ 交换能力,即计算可能交换的营养物质的量。在其他条件适宜时,决定潜在肥力的是可利用的矿物质而非矿物质总量。

表 5.1 中列出了全世界和美国的主要土壤类型,按照占世界土壤面积的大小顺序排列。淋溶土和软土是最好的农田土,但仅占世界土地面积的约 24%(但在美国,这类土占美国土地的 38%)。除非向土壤中大量施肥和浇水,全世界有很大面积的陆地是不适于集约作物生产的。

表 5.1   主要土壤类型在全世界和美国的分布

土壤类型	占世界土地面积的比率(%)	占美国土地面积的比率(%)
旱成土(沙漠土壤)	19.2	11.5
始成土(初步形成土壤)	15.8	18.2
淋溶土(适度风化森林土壤)	14.7	13.4
新成土(新近形成土壤,剖面未形成)	12.5	7.9
氧化土(热带土壤)	9.2	<0.1
软土(草地土壤)	9.0	24.6
老成土(高度风化的森林土壤)	8.5	12.9
灰土(北部针叶森林土壤)	5.4	5.1
变性土(可扩展的黏土)	2.1	1.0
有机土(有机质土壤)	0.8	0.5
混杂土(例如陡峭的山脉)	2.8	4.9
总计	100.0	100.0

引自:E. P. Odum,1997

因为土壤是气候和植被的产物,世界主要土壤类型图成了气候和植被的复合图。只要有适合的母质并且地形不太陡峭,通过生物气候的作用就能够形成具有这个地区特点的土壤。按照广义的生态学观点,一个地区的土壤可分为两大类:成熟土壤,在水平或轻微起伏的地形上,主要受区域气候和植被的影响;不成熟土壤(根据剖面发育),主要受当地的地形条件、水位或特殊母质类型的影响。如沃尔范格(Wolfanger,1930)计算出美国艾奥瓦州马歇尔县的83%的土壤是成熟的,而在北卡罗来纳州位于沙质、地质上年轻的海岸平原的伯尔提县,只有15%的土壤是成熟的。更多的土壤生态学知识见 Richard(1974)的著作,这是首次将土壤看成生态系统的著作之一;另外还有 Paul 和 Clark(1989),Killham(1994),Coleman 和 Crossley(1996)等。Effland 和 Pouyat(1997)建议把人工产生的城市土壤或人类活动圈也作为土壤类型的一种。包括混凝土粉末、灰尘和碎片等在内的人类活动圈(anthrosol)占了 25%,比自然土壤中有更多的氮和石灰流失。

5.4.2.1   土壤位移:自然和人为促进

由水和风引起的土壤侵蚀以较低的速率自然地持续发生,较大的洪水、冰川、火山喷发和其他偶然事件会引发土壤周期性的较大位移。土壤遗失比新形成土壤速度快的区域,面临着生产力减少和其他有害影响。大面积土壤的区域同样也可能产生负面的影响。然而,当土壤从山上冲刷到河谷和三角洲或通过风的作用在草场中沉积时,土壤肥力可能增强。和许多自然过程一样,人类也倾向于加速土壤侵蚀,经常造成长期的损害。

20 世纪 30 年代,土壤侵蚀使数千公顷的农田和森林遭到毁坏,为了防止土壤侵蚀,美国政府成立了水土保持局(SCS)。大约同一时期,久旱给西部平原也造成了损失。水土保持局挽救土壤的计划是一个民主国家内政府应该如何维护公众利益的一个很好的例子。华盛顿的联邦政府、州政府、政府赠予土地的高校和县之间建立了紧密的联系。华盛顿政府提供资金,高校从事了许多研究工作,但是决策在地方执行,县政府直接与土地所有者和地区的股东合作。采用梯田、排水沟、河边森林缓冲带、作物轮作等方法,结合农民经济和教育状况的改善,使土壤损失的趋势得以逆转,并且土地保护伦理也为农民和其他土地持有者所接受。

或许部分地由于已取得的成功,水土保持局获得了国会和州政府的大力支持,致使官僚主义日益增加(并因此很少对相关需求做出反应),并且将活动扩展到其他领域,如修渠和建造水坝等(图5.8),这对土地保护的价值是令人质疑的。随后很快地,到了20世纪70年代,由于两个新趋势,土壤侵蚀再次成为紧迫的自然问题。首先是农业工业化,这里需特别指出的是经济作物主要作为一般商品而很少作为食物来出售,特别在销往海外市场方面。不幸的是,当农场直接以商业为目的运营时(通常被公司或其他外地持有者),短期内作物产量最大化是以花费巨资来维持长期的土壤肥力和生产力而实现的。第二个趋势是城市扩张,道路和房屋在乡村迅速增加,几乎没有考虑到土壤和原有农场的损失(Forman 和 Alexander,1998)。

Courtesy of Gary W. Barrett

图5.8 工兵部队建造的水坝,位于印第安纳州东南部的 Brookville 水库。这一区域的大部分流域正在进行农业实践,因而水库正遭受淤积的威胁,未来几年里可能需要进行挖泥

政府报告,如改善环境质量委员会(CEQ;1981)的报告、私人保护基金机构的评估报告,已经明确指出了当前最紧迫的是抵消这两个主要土地利用变化的有害影响,以及重建土壤保护的道德观念。例如,在1985年,设立了保护储备计划(CRP),该计划付款给农民,退耕1 500万公顷的土地并使其在成为荒地前转变为草地或森林,(这约是10%的美国农田)。5年内,美国农场主已经将1 500万公顷的农田转变为草地。CRP减少了约40%的土壤侵蚀,有助于在全球基础上增强食品安全。1985年到2000年间,从土壤侵蚀的降低及提供栖息地质量方面获得的非市场利益(自然资产)的估计超过1.4亿美元(L. R. Brown,2001)。

在美国艾奥瓦州和伊利诺伊州,约半数的最好农田每英亩流失 10~20 t 的土壤,1/4 的美国农田正以远远超过承受能力的速率在流失土壤。更确切地说,如果 6 英寸(15 cm,约一犁)深的一英亩(0.4 hm²)表层土重约 1 000 t,所以 1 英亩 - 英寸土约等于 167 t。每英亩每年损失 10 t 表层土,那么意味着每 17 年将损失 1 英寸(2.54 cm)表层土——损失的速率比任何已知的土壤形成的速率都大。Langdale 等(1979)估计每损失 1 英寸(2.54 cm)表层土,作物产量至少下降 10%。城市和郊区建设引起的土壤损失,虽然持续时间较短但却更严重。每英亩损失 40 t 并不常见,但在某些极端事件中,每英亩损失 100 t 的情况已有记载(E. H. Clark 等,1985)。

对贫瘠土地的利用引起的土壤侵蚀当然不是新近才发生的。新近发生的是侵蚀速度的加剧,以及随市场压力、人口增加和大型重型机械的使用所引起的大范围土壤干扰;另外还有随移位土壤从山坡下滑和沿河流向下所带来的有毒的农业和工业的化学物质。如果当前的退化持续下去,那么想从越来越少的土地上获得更多食物的需求是不可能达到的。

当然,土壤侵蚀不仅仅是威胁土壤生产食物和人类所用纤维能力的唯一原因。采用大型重机械的精耕细作所引起的土壤压实也会明显地减少产量。全世界大约一半的灌溉土地受到某种程度的盐化(盐积累)和碱化(碱积累)损害。迄今为止,尽管土壤质量下降,但通过更多肥水的施入,产量仍维持不变。但这种方法仅在辅助措施还不算昂贵的情况下起作用,而在不久的将来这种情况会越来越少。

5.4.2.2 土壤质量作为环境质量的指标

在 20 世纪末的几年里,对高产作物的科学关注和公众宣传转移了人们对维持高产取决于维持土壤质量这一事实的注意力,而土壤质量的维持取决于可持续地耕作以及作物和景观水平的多样性。由于土壤是陆地和湿地生态系统的主要组织中心,土壤质量总的来说应该是环境质量的一个很好的指标。换言之,如果土壤质量能够保持,那么无论是自然的还是人为操纵的景观变化都应该是可持续的。

土壤质量被美国土壤科学学会(SSSA;1994)定义为"在自然或人工生态系统边界内,土壤行使维持植物和动物生产力,维持或增强水质,维持人类健康和居住环境等一系列功能的一种特殊能力"。自然研究学会(NRC;1993)给出了一个较短的定义:"土壤质量是土壤提高植物生长,保护流域以及防止空气和水污染的一种能力"。

尽管出版的论著和文章开始聚焦于可持续的土壤管理,但是土壤和水保护学会(Lal,1991)认为在如何测量土壤质量方面仍没有达成一致。显然,测量必须包含多个指标,包括可利用的营养、结构、有机聚集物密度,微生物和土壤动物,包括菌根、固氮者和蚯蚓的多样性,以及侵蚀和淋溶速率的测量。对这些方法的综述,见 Karlen 等(1997)。

土壤系统的命运最终取决于社会在市场中的自发干预下,去放弃某些短期利益从而保护土壤长期的自然资本。通过设计更有效、更和谐的农业生态系统,可能会极大地降低土壤保护的短期经济成本。然而,真正的问题来自于国家政策和经济,而非生态学或技术问题。

5.5 火生态

5.5.1 概述

在世界上大多数的陆地环境中,火是一个体现植被历史的主要生态因子。与气候在干和湿时期之间波动一样,火在环境中也是波动的。如同对大多数环境因子那样,人类也大大改变了火因子的作用,加强了其在许多方面的影响而减少了在其他方面的影响。由于对生态系统能够适应于火的认识不足,已经引起很多不妥善的自然资源管理。适当加以利用,火可以是一个很有价值的生态工具。因此火是一个非常重要的限制因子,如果没有其他的理由,那么,人类对火的控制比对其他许多限制因子的控制可行得多。

5.5.2 解释

根据一系列的 12 个月(1992—1993)的全球卫星图像,Dwyer 等(1998)描绘了全球火的图像。在那年的任何一天,自然火和人工火都在全球范围内燃烧。最大数量的火发生在非洲,特别是在热带稀树草原(长有分散的乔木和灌丛的草原)。1 月份的火多发生在近赤道区域和南温带,但是 8 月份,大量的火发生在北温带干旱或炎热的地区。虽然在偏远区域发生的火多数是自然火,但也是由照明引起的,大多数的火都是偶然或有目的人为导致的。

在美国的大部分地区,特别是在南部和西部各州,很难找到一块相当大的地区能够证明至少在最近 50 年间是没有发生过火灾的。美国加利福尼亚州南部在 2003 年 10 月发生了一场大火。在许多地区,火由闪电自然引起。原始人(例如北美洲印第安人)经常因为生活需要而过火森林和草原。火早在现代社会以前就是自然生态系统的一个因子。因此,我们应该把火看做是和其他因子,如温度、降雨和土壤等一样的一个重要生态因子。

作为一个生态因子,可以根据不同的效果将火分为几种不同类型。图 5.9 展示了两种不同类型的火。树冠火或野火(强烈的难以控制的)经常破坏所有的植被和某些土壤有机质,而地表火具有完全不同的作用。图 5.9A 表示 1988 年在黄石国家公园发生的树冠火。树冠火(crown fires)限制了大多数的生物;树冠火发生后,生物群落必须完全重新开始发展,或多或少存在一定侥幸性,且需要经历很多年才能自然演替恢复为类似过火前的状态。另一方面,地表火(surface fire)是有选择性地发挥作用,它们对某些生物的限制作用要比另一些大,因此,有利于对火因子有较强耐受能力的生态系统的发展,例如,橡树森林(McShea 和 Healy,2002)。图 5.9B 是发生在美国佐治亚州西南伊焦维(Ichauway)的 Joseph W. Jones 生态研究中心的长叶松林的设计(受控的)过火,伊焦维的长叶松林是一个火维持的生态系统。

轻微的地表火或计划过火能辅助细菌分解植物残体,并快速转化为能为新植物生长所利用的矿质营养。在一场轻微的过火之后,固氮的豆科植物通常会繁茂起来。特别是在易受到

图 5.9　（A）1988 年在黄石国家公园发生的树冠火。（B）佐治亚州西南长叶松林的受控（设计的）过火。设计过火消除了阔叶树的竞争，刺激豆科植物的生长，改良了有价值的松树木材的再生产。过火在傍晚潮湿条件下进行。如此轻微的表面火没有伤害蚂蚁、土壤昆虫和小型哺乳动物。（C）带有特殊长针的长叶松（*Pinus palustris*）幼苗能够适应地面火。照片摄于计划过火后的一个星期

火烧的地区，有规律的轻微地表火把容易燃烧的凋落物（燃料）减少到最小量，从而大大减轻了发生严重树冠火的危险。在一个火作为生态因子的受检区域内，生态学家通常会发现先前受火影响的某些证据。火在未来应该被排除（假定这是实际需要）还是应该把它作为一种管

理工具,这将完全取决于群落类型,从区域土地利用的观点来看其是否符合要求或者是否最好。

5.5.3　实例

列举几个较好的研究实例来说明火如何起限制因子的作用,以及从人类的立场来看火如何未必就是"坏"的:

(1)在美国东南部的海岸平原,长叶松比其他树种对火有更强的抗性。长叶松树苗的顶芽被一束能抗火的长针很好的保护起来(图5.9C)。所以,地表火有选择性地促成这种树的繁茂。在完全没有过火的情况下,矮小的阔叶树生长很快,并阻碍了长叶松的生长。草本植物和豆类植物也受到限制,另外北美鹑和其他取食豆类植物的动物在完全没有过火的林地也不能繁盛起来。生态学家们普遍认为,广阔的处女地、海岸平原的开阔松林以及和它们密切联系的丰富猎物属于火控制或"火顶极群落"生态系统的一部分。美国佛罗里达州北部的高大林木研究站和邻近的佐治亚州西南的人造林,都是观察明智火利用所产生的长期效果的好地方。20世纪30年代,Herbert Stoddard, E. V. Komarek 和 R. Komarek 着手研究火和整个生态复合体的关系,他们的研究结果多年来一直应用于上述两个地方的管理。H. L. Stoddard (1936)是第一个倡导使用受控的或者计划过火来增加树木和猎物产量的学者之一,而当时多数专业林业管理者还认为所有的火都是坏的。在利润丰厚的木材产区,在土地利用多样化基础上通过采用"分点"过火系统,使鹌鹑和野火鸡连续几年保持很高的密度。

(2)火在草地和热带稀树草原是特别重要的。在潮湿的条件下(例如中西部的高秆草草原),火对草的好处超过对树木的;在干旱情况下(例如美国西南部和东非),火对于抵制沙漠灌木入侵维持草地是非常必要的。草地主要的生长中心和能量储存位于地下,所以在干燥的地上部分燃烧后能够快速地繁殖,而燃烧也把营养释放到土壤表面。在东非的热带稀树草原,火和放牧的结合是维持羚羊和其他大型食草动物以及它们的捕食者的高度多样性的主要因素。

(3)或许多数火生态系统的研究类型是位于加利福尼亚海岸、地中海和其他冬季湿润、夏季干旱的气候区域的灌丛植被。这里,火与植物产生的抗生素或他感化合物相互作用,产生独特的周期顶级。

(4)火在猎物管理方面的应用以英国石南沼泽为例。数年来的大量实验表明,在面积大约为 1 hm² 的斑块状或带状地进行过火,每平方千米约有6个这样的过火斑块,结果得到最高的松鸡种群和猎物产量。松鸡是草食性的,取食草芽,需要成熟的(未过火的)石南属植物营巢和保护以防御敌害,但松鸡会在过火后重新生长的斑块内找到更多有营养的食物。这个在一个生态系统内成体和幼体之间相互折中的实例,与人类密切相关,将在第8章中对此进行讨论。

(5)Konza 草原是位于堪萨斯州东北部弗林特山区的一个占地面积 3 487 hm² 的乡土植物草场。Konza 草原的植被主要由乡土的、多年生暖季草组成。周期性过火(图 5.10A)是调节和维持这个生态系统的主要自然过程之一。图 5.10B 表明在俄亥俄州的迈阿密大学的生态研究中心的一个实验草场,如何能够建立设计过火,以及如何把它作为一种在生态学和资源管理课学习的工具。

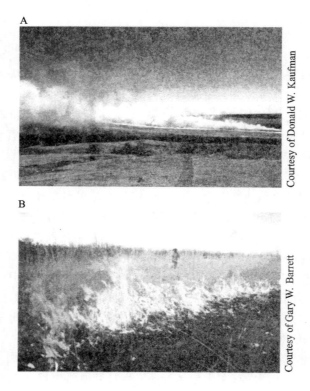

图 5.10　(A) Konza 草原的控制过火,位于堪萨斯州东北部弗林特山区。Konza 草原以多年生暖季草为优势种,例如大须芒草、小须芒草、印第安草和柳枝稷。过火是调节和维持高秆草草原的自然过程。(B)俄亥俄州迈阿密大学的生态研究中心的一个实验草场的设计过火

　　1988 年是非常干旱的一年,那一年的夏季,由闪电引起的野火严重烧毁了约一半的黄石国家公园(约 350 000 hm²)。据偶然经过的目击者讲,烧焦的土地看起来完全毁坏,好像不可能有生命存活。然而,由于火快速烧过,致死温度穿透地面不超过 1 英寸(2.54 cm),所以土地还是适于植物再生。大型动物(例如野牛和麋鹿)几乎没有受影响。它们在烧焦的碎片中能够觅食到比预期更多的糖(例如国家公园的护林员所提到的“焦糖”)以及很快长满烧焦地区的草本植被。事实上,过火后几年的严寒冬季对草本植物的影响要超过那次过火的影响。

　　在过火后的第一个夏季,过火区长满了柳兰和其他草本植物。柳兰(*Epilobium angustifolium*)是月见草科一种高大的顶部开有略带粉红色的紫色花的植物。它通常出现在北部海滨森林内开阔的受干扰的地区,它的命名非常形象(英文名 fireweed),是森林火后最早出现的植物;它能够使烧焦的土地转变为美丽的花园。柳兰也出现在英国,第二次世界大战中,它覆盖了伦敦被炮轰和烧毁的土地。

1998 年,过火后的第 10 年,原先的针叶树优势种——黑松和花旗松在草灌层出现。在西部山区的生态演替中,通常白杨优先于针叶树,但是在黄石公园,演替似乎是针叶树直接成为优势种。很显然,哺乳类草食动物的大型种群采食了白杨。

自 1972 年起,联邦对火的政策是在威胁人们生命和财产安全限度内允许过火,而黄石公园的过火激起大爆发,已超出了联邦的火政策。现在的问题是,21 世纪的第一个 10 年间,人们从城市转移到森林中建造住宅,于是在正常干湿气候振荡的干旱年度,不得不承担沉重和昂贵的救火投入。2003 年 10 月期间,加利福尼亚南部发生的野火烧黑了超过 743 000 英亩(297 000 hm²)土地,破坏近 3 600 个住宅,正说明了这一点。有关黄石公园过火的信息和 10 年后的恢复情况,见 Stone(1998)和 Baskin(1999)的文献。

正如人们所预期的,和适应其他限制因子一样,植物对过火进化出特殊的适应。可以将火依赖和火耐受的物种分为以下 2 个基本类型:① 再萌芽物种(resrpout species),它们分配较多的能量到地下贮藏器官而较少的到繁殖结构(小而色淡的花、很少的花蜜、几乎没有种子),因此它们在火烧毁地上部分后能快速再生;② 成熟 - 死亡物种(marure - die species),与前类物种相反,它们产生充足的抗性种子,以便在过火后很快萌发(例如柳兰)。

"火烧还是不火烧"的问题肯定会使人感到为难,因为火烧的选择季节和强度非常关键地决定着火烧的结果。人们的粗心会使"野火"增加,因此在原始森林和娱乐场所开展有力的防火运动是必需的。但是人们也应认识到,在有经验的人手里,火是土地管理的有力工具。火在许多区域是"气候"的一部分,并经常是有益的。推荐阅读 H. L. Stoddard(1950)、Kozlowski 和 Ahlgren(1974)、Whelan(1995)、Knapp 等(1998),以及 McShea 和 Healy(2002)等人关于火生态学的相关文献。

5.6 其他物理限制因子

5.6.1 概述

限制因子的广义概念不仅局限于物理因子,因为生物的相互关系在控制自然界中生物的实际分布和丰度方面是同样重要的。生物因子将在论述种群和群落的第 6 章和第 7 章中阐述。这一节简要阐述环境中的自然、物理和化学部分。要介绍这个领域所有已知的内容则需要好几本著作(特别是生理生态学著作),这就超出了目前本书概括介绍生态学基本原理的范围。

5.6.2 解释

生理生态学(ecophysiology)是生态学的一部分,主要研究生物体或物种对非生物因子如温度、光照、湿度、大气和环境中的其他因子的反应。我们这里仅介绍几个主要的因子,生态学

家要在生物 - 生态组织的更高层次来理解非生物和生物之间的关系,就必须了解这几个因子。

5.6.2.1 温度

和宇宙中几千度的温度范围相比,就我们所知,生命只能在大约 300℃ 的小范围内生存,约从 -200℃ 到 100℃。实际上,大多数物种和活动限制在更为狭窄的温度范围内。有些生物,特别是在休眠期,能在非常低的温度中存活,而少数微生物,主要是细菌和藻类,能在温泉中生活和繁殖,那里的温度接近沸点。温泉中细菌如蓝细菌的耐受温度上限是约 80℃,而多数耐热鱼类和昆虫只能耐受 50℃。总之,虽然许多生物在趋向于它们耐受温度的上限时,器官活动的效率越高,但通常是上限比下限更快达到临界点。水中温度的变化范围比陆地小一些,水生动物一般比陆生动物对温度的耐受幅度狭窄些。因此,温度是普遍重要的限制因子。

温度是最容易测定的环境因子之一。水银温度计是最早和最广泛使用的精密科学仪器之一,最近已被电感装置,如铂电阻温度计、热电耦温度计和热敏电阻温度计所取代,它们不仅能在难以安置的地方进行测定,而且能够连续、自动地记录测量结果。另外,随着生物遥测技术的发展,现在已经可以从一个洞穴深处的蜥蜴身体或者从一个在高空飞翔的迁徙鸟进行温度信息的传输。

温度的变化在生态学上是十分重要的。10℃ 到 20℃ 之间,平均为 15℃ 的温度波动对生物体的作用与稳定的 15℃ 的温度未必相同。自然界中正常地受到温度变化所影响的生物(如在温带地区),在恒温条件下,生命力会被削弱、抑制或减缓。例如,Shelford(1929)在早期的研究中发现,采用同样的方法处理苹果蠹蛾(*Cydia pomonella*)的卵、幼虫或蛹,在变化的温度中比在相同均温的恒定温度中发育快 7% ~ 8%。因此,变温的促进作用,至少在温带,可以看作是一个明确的生态学原理,尤其这个原理已趋于指导恒温条件下实验室的实验工作。

5.6.2.2 光照

光照对生物是一把双刃剑:光对原生质的直接照射会引起死亡,但光是最重要的能量来源,没有它生命就不可能存在。所以,生物的许多构造和行为特点都和解决光的问题有关系。事实上,正如盖亚假说所讨论的那样(第 2 章),生物圈作为一个整体,其进化主要就是"制服"太阳辐射,利用它们有用的部分,减缓或者消除它们的危险作用。所以,光在最大量和最小量的水平上不仅是一个生命所必需的因子,亦是一个限制因子。对生态学家来说,没有别的因子比它更让人感兴趣了。

作为太阳辐射在生态系统能量活动中的主要作用,已在第 3 章对总的光辐射环境以及它们的光谱分布有所论述。所以,我们在本章讨论一定波长范围内的光波。有两个波长带容易入射地球的大气层,即可见带以及邻近带的部分和波长大于 1 cm 的低频无线电波带。尽管一些研究者声称长无线电波对迁徙鸟类或其他生物有积极作用,但它们的生态学意义还不清楚。紫外线(3 900 Å 以下)和红外线(7 600 Å 以上)的作用已在第 3 章中有所讨论。波长很短的高能 γ 射线及其他类型的电离辐射可能是一个生态限制因子,这将在下一小节进行简述。

光质(波长或颜色)、光强(实际能量以克 - 卡计算)、光照时间(昼长)在生态学上是非常重要的。动物和植物对不同波长的光都起反应。在不同的分类学类群中偶见动物具有色觉,如在节肢动物、鱼类、鸟类和哺乳类的一些物种色觉很发达,而同一类群的其他物种色觉却不发达(例如,哺乳类只有灵长类的色觉发达)。光合作用的速率依波长不同而略有变化。在陆地生态系统中,光质变化不足以引起光合作用速率发生明显的差别,但是,当光入射水中,红光和蓝光被散射滤去,而最后的绿光为叶绿素Ⅱ微弱吸收。然而,海洋红藻(红藻门)有辅助性色素(藻红蛋白),它能使红藻利用这些能量,并且能比绿藻生活在更深的水层中。

　　光照强度(即能量输入)通过对初级生产的影响与控制整个生态系统的自养层密切相关。光照强度对陆生和水生植物光合作用的关系都是按照相似的线性增长形式向上达到最适度或者光饱和水平,接着,在非常高的光照强度下,许多植物的光合作用下降。但 C_4 植物的光合作用会在高光强下达到光饱和点,并且不受全日照的抑制(见第 2 章)。

　　正如人们所预期的,因子补偿作用时有发生;植物个体和群落通过"荫蔽适应性"(即在低光强时就达到饱和)或"阳光适应性"来适应不同的光照强度。生活在沙质海滩或潮间带泥滩的硅藻,当光照强度不到全日照的 5% 时,它们光合作用速率最大。但是,这些硅藻仅仅轻微受高光强的抑制。相反的,海洋浮游植物是适荫性的,受高光强的强烈抑制,这就解释了最高产量通常出现在海水下层而非海水表面的原因。

5.6.2.3　电离辐射

　　能从一个原子中去掉电子而使其吸附于其他原子,并产生正负离子对的高能辐射称之为电离辐射(ionizing radiations)。光和大部分其他太阳辐射不能产生电离效应。一般认为,电离是辐射损伤生命的主要原因,损伤的程度与吸收物质中所产生的离子对的数量成正比。电离辐射由地球上的放射性物质产生,另外也来自于宇宙空间。能放射电离辐射的元素的同位素的称之为放射核素或放射性同位素。

　　由于人类尝试使用原子能,环境中的电离辐射已经有所增加。核武器测试已经把放射性核素射入大气,然后以全球辐射尘的形式返回地球。约 10% 的核武器能量消耗在残留的放射物中。核电站(并在其他地方进行燃料加工和废物处理)、医学研究以及其他和平的原子能利用成为当地的危险地区,废弃物在转移或贮藏过程中被泄漏到环境中,也难以避免意外释放和解决放射性废弃物的问题,是原子能不能发挥它的潜能成为人类社会能源的主要原因。因为原子能在将来具有非常重要的地位,我们将详细介绍这个主题。

　　具有重要生态学意义的三种电离辐射中,两种是粒子的(α 和 β 辐射),另一种是电磁的(γ 辐射和相关的 X 辐射)。粒子辐射是由原子或亚原子组成,它们把能量转移到它们所撞击的任何东西上。α 粒子(alpha particles)是氦原子的核子,在空气中只能移动几厘米,用一张纸或人类皮肤表皮就能阻挡,而在停止的点上,局部产生大量的电离。β 粒子(beta particles)是高速粒子,比微粒子小很多,在空气中能移动几米或在几厘米厚的组织内移动,在较长途径中释放能量。电离电磁辐射波长比可见光短得多,它们能移动很大的距离,可以穿过物质,在较长的途径中释放能量(电离是扩散的)。例如,γ 射线(gamma rays)很容易穿透生物质;一个γ 射线可以毫无影响地通过一个有机体,或它可以在较长途径上发生电离。γ 射线的效应取决于射线的数量和能量以及有机体与射源之间的距离,其强度随距离呈指数降低。α、β、γ 辐射的重要生物学特性见图 5.11。按 α、β、γ 的顺序,其穿透能力依次增强,而其电离浓度和局部损伤是依次减弱的。因此,生物学家经常把放射 α 或 β 粒子的放射性物质分类为"内发射体",因为只有当吸收、摄入或其他方法堆积在活组织内部或近处,它们的效应才可能是最大的。相反的,主要放射 γ 射线的放射物质被归类为"外发射体",因为它们不需要被摄入,穿过时即能产生效应。

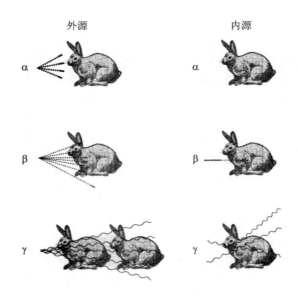

图 5.11　具有最大生态学意义的三种电离辐射类型的图解比较,表明相对穿透性和特定电离效应。示意图中不表示数量

　　生态学家感兴趣的其他辐射类型还包括宇宙射线(cosmic rays),宇宙射线是来自外层空间的辐射,是粒子和电磁成分的混合物。宇宙射线的强度在生物圈中是较低的,但是,它们对宇宙航行是一个重要威胁。宇宙射线和来自土壤和水中自然辐射源的离子辐射共同称之为本底辐射(background radiation),现有生物都适应于这种辐射。事实上,生物可能依靠这种本底辐射来维持遗传流动性。在生物圈的不同部分,本底辐射可能在 3~4 倍之间变化;在海洋表面或以下,本底辐射最低,在高海拔的花岗岩山上,本底辐射最高。本底辐射的强度随着海拔高度的增加而增强,花岗岩石比沉积岩更容易自然地产生放射性核素。

　　对辐射现象的研究需要测量两种类型的数据:① 测定在一定量的放射物质中产生的衰变数;② 根据能造成电离和损伤的能量吸收来测定辐射剂量。放射性物质数量的基本单位是居里(Ci),定义为每秒衰变 3.7×10^{10} 个原子或每分钟衰变 2.2×10^{12} 个原子的物质量。长寿命、衰变慢的同位素与衰变快的同位素相比,构成 1 居里的物质实际重量是差别很大的。因为从生物学的观点来看,1 Ci 表示相当大的放射性,所以广泛使用的是较小的单位:毫居里(mCi) = 10^{-3} Ci;微居里(μCi) = 10^{-6} Ci;纳居里(nCi) = 10^{-9} Ci;比居里(pCi) = 10^{-12} Ci。居里表示单位时间内从放射源释放出来的 α、β 粒子或 γ 射线的多少,但是并没有包含射线中辐射如何影响生物体的信息。

　　辐射剂量作为辐射的另一个重要方面,有几种测量尺度。对各类辐射最常用的单位是拉德(rad),它定义为每克组织吸收剂量为 100 尔格(erg)(10^{-5} J)的能量。伦琴(R)是一个老单位,严格地说只能用于 γ 射线和 X 射线。实际上,拉德和伦琴对有机体的效应几乎是一致的。伦琴或拉德是一个单元的总剂量。剂量率指单位时间内接收的辐射剂量。因此,如果生物每小时接收 10 mR,则 24 小时内的总剂量可能是每小时 240 mR 或每小时 0.24R。接收一个已知剂量所需的时间是十分重要的。

总之,越高级、越复杂的生物体越容易被电离辐射损伤或杀死。人类大概是最敏感的生物。图 5.12 比较了三种不同类型有机体对 γ 辐射一次剂量的敏感度。在短时间内(分钟或小时)给予单次大剂量称为急性剂量,与此相对的是亚致死的慢性剂量,可能持续整个生命周期。图 5.12 中条框的左端表示严重影响繁殖的水平(如暂时或永久不育)可能在该类的若干敏感种中产生,右端表示多数有较强耐受性的物种(50% 或更多)将致死的水平。向左的箭头表示能杀死或破坏生命周期的敏感阶段,如胚胎的剂量下限范围。因此,200 rad 的剂量将杀死在分裂期的昆虫胚胎,5 000 rad 可使若干种昆虫绝育,100 000 rad 可以杀死耐受力较强种类的成体。一般来说,哺乳动物是最敏感的有机体,微生物是耐受力最强的。种子植物和低等脊椎动物处于昆虫和哺乳动物之间。大部分研究表明,快速分裂的细胞对辐射都是敏感的(这就说明了为什么敏感性随年龄增长而降低)。因此,任何一个快速生长的组分,不论其分类关系,相对较低水平的辐射就可能对其有影响。因为可能涉及长期的遗传学和生物体效应。低水平、慢性剂量的辐射对生物影响还很难测量。

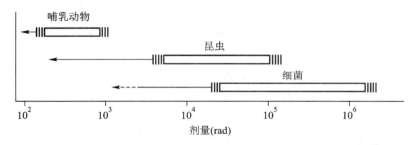

图 5.12 比较三种不同类型有机体对 γ 辐射一次急性剂量的敏感度

高等植物对电离辐射的敏感性已经证明与细胞核大小,或更具体地与特定染色体的体积或 DNA 的含量成直接比例关系。在野外,还要考虑其他一些因素,例如对敏感的生长或再生部位(如当在地下的时候)的防护,将决定相对敏感度。

1950 年到 1970 年间,在许多地方都开展了有关 γ 辐射对整个群落和生态系统影响的研究。1 000Ci 或更大量的 γ 射源(一般用钴 – 60 或铯 – 137),被投放到纽约长岛的布鲁克海文(Brookhaven)国家实验室的田间和森林(Woodwell,1962,1965)、波多黎各的热带雨林(H. T. Odum 和 Pigeon,1970),以及内华达州的沙漠(French,1965)。无防护核反应堆(释放中子和 γ 辐射)对田野和森林的影响,已在美国佐治亚州(Platt,1965)和田纳西州的橡树岭国家实验室(Witherspoon,1965,1969)有所研究。在南卡罗来纳州的萨瓦纳河生态实验室,已经采用袖珍型 γ 射源来研究它对变化较大群落的短期效应(McCormick 和 Golley,1966;McCormick,1969)。我们可以从这些开创性的研究中了解到许多有关生态系统结构和功能的信息。

当接近这些强辐射源的时候,高等植物和动物都不能存活。在每日照射 2～5 rad 的低水平时,就会发现植物生长受到抑制,而动物种类多样性减少。尽管对辐射具有抗性的森林乔木或灌丛(在沙漠中)能耐受较高的剂量率(每日 10～40 rad),但植被还是受到胁迫并易于受昆虫和病害影响。例如,在布鲁克海文国家实验室进行实验的第二年间,橡树蚜虫在每日接受 10 rad 照射的地区大爆发。在这个地区蚜虫的数量比正常未经照射的橡树林多 200 倍。

当放射性核素释放到环境中,它们常常被扩散或稀释,但它们也可能通过食物链传递而累积在活的有机体中,关于这一点,我们归在"生物放大作用"一节中进行阐述。如果放射性物质的输入超过放射性自然衰变率,那么放射性物质也可能积累在水体、土壤、沉积物或空气中;因此,表面看来无害的放射性物质的量可能会很快成为致命的。

有机体内的放射核素与环境中的放射核素的比率称为浓缩系数。放射性同位素的化学作用与同种元素的非放射性同位素是相同的。因此,在有机体中可观察到的浓度并不是放射性的结果,而仅仅表示在可测量的方式下环境和有机体中该元素的密度之间的差异。因此,聚集在甲状腺中的放射性碘 – 131(^{131}I)与非放射性的碘是相同的。另外,由于与有机体自然积累的营养物之间存在化学亲和力,某些合成的放射性核素会得以积累。

下面两个例子阐明了两个最令人烦恼的寿命长的放射性核素的浓缩趋势,它们是铀裂变的副产物(因此称为裂变产物)。锶 – 90(^{90}Sr)倾向于像钙一样循环;铯 – 137(^{137}Cs)在活组织中的特性像钾。图 5.13 图解了一个有低水平辐射性废弃物排入的湖泊中,食物网的各个环节中 ^{90}Sr 的浓缩系数。因为造血骨髓组织对 ^{90}Sr 的 β 辐射特别敏感,所以在河鲈和麝鼠的骨骼中有非常显著的 3 000 ~ 4 000 倍的浓缩。在测评释放到环境中的放射性物质时,我们必须确定其生物的富集作用。

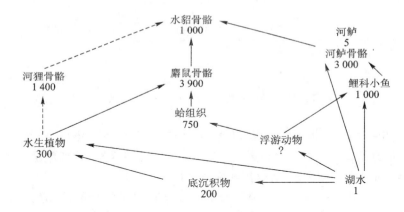

图 5.13　加拿大的某个小湖受到低水平原子能工业废料污染后,湖中食物网各部分锶 – 90 的浓度。平均浓度因子是以湖水 = 1 为基数计算的(仿 Ophel, 1963;安大略 Chalk 河加拿大原子能有限公司生物和保健物理学部许可)

在营养贫瘠的土壤和水中的浓缩系数可能比在营养丰富的土壤和水中的要高。辐射物的浓度在低盖度植被中也较高,例如北极苔原苔藓覆盖的岩石上。因纽特人和 Lapiand 地区的 Saame 人是食用驯鹿的,他们与取食谷物 – 牛食物链的人相比,摄入了更多的沉降放射性核素。

表 5.2 表明,与相邻的土壤排水较好且黏土含量较高的皮德蒙特高原相比,沙质的、较低的滨海平原的鹿其体内铯 – 137 的浓度(对整体计数获得)要更高。因为这两个区域的平均降雨量是相同的,所以从大气中输入土壤中的辐射尘可能也是相同的。

表 5.2 美国佐治亚州和南卡罗来纳州的滨海平原和皮德蒙特
高原的白尾鹿中铯 – 137(来自于尘降)浓度的比较

产地	鹿的数量	铯 – 137($pCi \cdot kg_{湿重}^{-1}$)	
		平均值 ± 标准误*	范围
低滨海平原	25	18 039 ± 2 359	2 076 ~ 54 818
皮德蒙特高原	25	3 007 ± 968	250 ~ 19 821

引自:数据来自 Jenkins 和 Fendley,1968

* 在 $p < 0.01$ 水平的不同产地的差异显著性

5.6.2.4 水

水是所有生命在生理上所必需的,从生态学的观点看,在陆地环境中,或在水量变动很大或由于高盐度使生物因渗透作用而丧失水分的环境中,水都是重要的限制因子。雨量、湿度、空气蒸发能力以及可利用的表面水供给等都是需要测定的主要因子。下面对这几个方面进行简要阐述:

雨量主要受自然地理和大的空气运动形式或"气候系统"所决定。正如人们从天气预报中所了解的,美国的气候系统主要从西向东移动。如图 5.14 所示,吹过海洋的携带水蒸气的风,在面向海洋的斜坡释放大量水汽,由于雨影(rain shadow),而山的下风侧变成沙漠(雨影区沙漠)。通常,山越高,这种影响就越大。如果空气继续为高山隔住,吸取一些水汽,降雨量可以再增加一些。所以,沙漠通常位于高山山脉的背后。全年雨量分布情况对生物是一个非常重要的限制因子。35 英寸(89cm)降雨量均匀分布和 35 英寸降雨量大多集中在一年的较短时间内,其作用是完全不同的。在后一种情况下,动物和植物必需能够在干旱(或突然的暴雨)条件下长时间生存。通常,在热带和亚热带,雨量在各个季节分布不均匀,形成界限分明的干旱季节和湿润季节。在热带,生物按照湿度的季节节律来调节自己季节活动性(特别是繁殖),和在温带按照温度和光照的季节节律来调节活动性相似。在温带气候区,尽管有许多例外,但全年降雨量分布还是比较均匀的。下面列出的是顶极生物群落(生物群系)每年降雨量的大致近似值,正如上面提到的,在温带纬度上不同生物群系的年降雨量是均匀分布的。

    每年 0 ~ 25 cm(0 ~ 10 英寸)——沙漠

    每年 25 ~ 75 cm(10 ~ 30 英寸)——草地、热带稀树草原

    每年 75 ~ 125 cm(30 ~ 50 英寸)——干森林

    每年 >125 cm(>50 英寸)——湿森林

事实上,生物的状况并不只为雨量所决定,而是由雨量和可能的总蒸发作用之间的平衡所决定,后者通过蒸发作用使水分从生态系统中失去。

湿度表示空气中水蒸气的量。绝对湿度(absolute humidity)是空气中水分的实际量,以每单位空气的水分重量表示(如每千克空气含多少克水分)。由于空气能保持(在饱和状态)水蒸气的量依温度和压力而变化,所以用相对湿度(relative humidity)来表示实际的水蒸气与在某种温度 – 压力条件下饱和度之比。虽然经常用相对湿度的倒数,即蒸发压差(vapor pressure deficit)(饱和状态下水蒸气的分压和实际蒸发压之差)来表示湿气的状况,但通常在生态学研

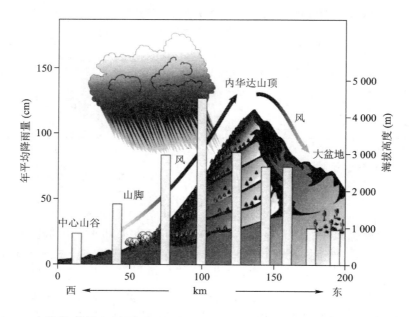

图 5.14　山脉影响降雨量的分布。在内华达山区,风从美国西海岸穿过加利福尼亚的中心山谷,然后当风抵达山脉时向上偏斜。这种携带湿润空气的风随后变冷,由于山的作用向上偏斜时候湿度凝集。当风向下吹到东面坡(山脉的下风向)时,空气变暖,从而创造了大盆地的干旱环境(数据和剖面图仿 Pianka,2000)

究工作中,最常测定的还是相对湿度,这是因为蒸发作用是与蒸发压差而不是与相对湿度成正比例。

　　由于自然界的湿度有昼夜节律(如夜间高而白天低)以及有垂直的和水平的差别,因此湿度和温度、光照一起,在调节生物的活动性与限制它们的分布方面起着重要的作用。湿度还有影响温度效应的重要作用,这将在下一节中讨论。

　　空气的蒸发能力是一个重要的生态学因子,特别对陆生植物。动物经常可以通过调节自己的行为来避免失去水分,如进入保护地或者在夜间活动;然而,植物只能原地不动的接受这种蒸发作用的影响。从土壤进入植物体的 97% ～99% 的水分由叶子的蒸发而失去,这种蒸发作用叫做蒸腾作用(evapotranspiration),它是陆地生态系统力能学的独特特征。当水和营养物质不受限制时,陆地植物的生长和地表总能量的供给成密切比例关系。因为大部分能量是热,而供给蒸腾作用的潜热接近于恒定,所以生长亦和蒸腾作用成比例。

　　尽管存在许多生物学和物理学的复杂因素,总蒸腾作用还是与生产率高度相关的。例如,Rosenzweig(1968)发现可以蒸腾作用是各种成熟或气候顶级陆生群落(沙漠、苔原、草地和森林)年地上净初级生产力(P_n)的十分重要的指示者;但是蒸腾作用和 P_n 的关系在不稳定的或发育中的(非顶级)植被中是不可靠的。在发育中的群落,吸收的能量和 P_n 的关系很少是合乎逻辑的,因为这些群落与它们的能量和水环境还没有达到平衡状态。

　　净初级生产力和蒸发水分的比率称为蒸腾效率(transpiration efficiency),通常以每 1 000 g

蒸发水可产生多少克干物质来表示。大多数农作物和许多非种植物种,蒸腾效率为 2 或更少些(即生产每克干物质就要失去 500 g 或者更多的水)。抗旱性的农作物,如高粱(*Sorghum bicolor*)和多枝黍(*Panicum ramosum*),蒸腾效率可能达到 4。奇怪的是,沙漠植物的蒸腾效率却没有这么高。它们独特的适应性并不是指能在没有蒸腾作用的情况下生长,而是指在没有水可利用时能转入休眠状态(不会像非沙漠植物那样凋萎和枯死)。沙漠植物在干旱时期会掉落叶子,只留有绿芽或茎,具有较高的蒸腾效率。属于 CAM 光合作用类型的仙人掌通过白天关闭气孔来减少水分散失(见第 2 章)。

可利用的表面水供给当然与该地区的降雨量有关,但是两者常有很大差别,这是受雨水降落到的基底性质影响。美国北卡罗来纳州的沙山常被称为"雨中沙漠",是因为这个地区丰富的雨水通过多孔的土壤迅速下沉,使植物特别是草本植物在地表面层可利用的水非常少。在这个地区生活的植物与小动物和较干旱地区的相似。在美国的西部平原,土壤保水性非常好,即使在生长季节没有下一滴雨,农作物也能生长(植物能利用冬季降雨时贮存在土壤中的水)。

河流(水库)的人工截留有助于增加当地可利用的水分供给,并且可以提供人们休闲娱乐的场所和水力发电的动力。然而,尽管这些机械工程装置经常非常有效,但人们应该从未想过用它们来代替合理的农业和林业土地利用实践,即从水源或水源附近把水引来以便最大的有效利用。水像是在整个生态系统内流通的商品,这个生态学观点是非常重要的。那些认为我们所有的洪泛、侵蚀和水利用的各种问题都可以单靠建立大水坝或其他沟渠等机械装置来解决的人,需要对水文和景观生态学有一个很好的了解。例如,密西西比河有很长的洪泛和尝试控制洪泛的历史。尽管通过建造堤坝和其他尝试"驯服"密西西比河的措施来控制洪水已经花费了数以百万计,但是洪灾造成的损失仍在增加。河流被堤坝压缩得越多,城市化的流域越多,当水一旦冲破或越过堤坝的时候,水位上涨会越高,洪泛越严重。

从 1930 年到 2000 年,路易斯安那的密西西比河三角洲有大片湿地急剧消失,估计每年高达 100 km²,或者在这些年里总量达 4 000 km²。根据 J. W. Day 等(2000),被设计用来尽可能快地加速河流流入墨西哥湾的运河和堤坝,已经减少了三角洲湿地维持所必需的沉积物。关于控制密西西比河的一些不利尝试的统计报告见 Belt(1975),Sparks 等(1998)以及 Jackson 和 Jackson(2002)。

在降雨量较少的地区,露水是水供给的一个可观和必不可少的来源。露水和地面雾在滨海森林和沙漠尤为重要。西海岸的雾提供的水超过年降雨量的两到三倍还多。当滨海大雾向内陆移动时,高大的乔木,例如北美红杉(*Sequoia sempervirens*)将其拦截,可以从树枝的滴落中收集到相当于 150cm 的"降雨"。

5.6.2.5 地下水

对人类来说,地下水是重要的水源之一,因为在许多地区我们可以从地下水中获得比降雨更多的水。位于沙漠和其他干旱地区的城市居民和灌溉农业可能主要使用地下水。不幸的是,多数这种地下水是在远古时代形成储存,或者根本不能补充,或者补充速率比抽空速率低。干旱区域的地下水像原油一样是不可更新的资源。

美国约 25% 的淡水是由地下水提供的,以满足各种用水需要,而约 50% 的饮用水来自于地下水。由于灌溉水的使用取决于降水量、可利用水、能量消耗、农产品价格、应用技术以及保护措施等因子,美国的灌溉用水从 1965 年到 1980 年平稳增长。即便总的灌溉面积仍保持 2 350 万公顷(Pierzynski 等,2000),灌溉用水总量实际上从 1980 年到 1995 年间有所下降。这些数据表明了,诸如保护措施、降低的能耗和适宜技术等因素能显著降低灌溉用地下水的总量。由于其他自然资本比较丰富,所以直到地下水的损耗和污染征兆很明显地表现为限制因子的时候,地下水的问题才开始被考虑并开展了一些研究。

地下水的最大储存库在蓄水层(aquifers),蓄水层多由石灰石、沙子或沙砾组成的多孔易渗透的地下层,以不透水的岩石或黏土为边界,就像一个巨大的导管或伸长的储水槽。水进入到近地表的渗透层或贯穿地表水层;然后水可以通过溪流或在地表或近地表流出等方式离开蓄水层。在蓄水层从较高的地面补给区域向海边倾斜的地区,较深蓄水层的水由于水压较大,在钻孔凿井后地下水将会像喷泉一样上升到地表(所以称为自流井)。图 5.15 所绘的是蓄水层及其他地下水充足的贮存库的地理分布图。

图 5.15   美国的地下水资源分布。全国约半数地区以蓄水层产生的大量水为支撑。在中西部地区的蓄水层很难再补充,在许多地区,蓄水层已经作为灌溉水的来源被"透支"或"开采"(美国水资源学会提供)

蓄水层这个大储存库的年输入量(雨水和霜冻补给)和输出量(回到江河、海洋和大气水循环的水)据估计约为地下水总量的 1/120。虽然提取的量仅占再补充总量的约 1/10,但某些严重开采的蓄水层位于较低或不能补给水的区域。例如,西部的农业区多数蓄水层有约 1/4 的透支(汲取超出补充量)。例如,美国得克萨斯州、堪萨斯州、俄克拉何马州、内布拉斯加州和科罗拉多州东部的高纬度平原的奥格拉拉(Ogallala)蓄水层,这里灌溉作物产品是出口市场的一个主要部分,美国依靠出口市场来平衡进口石油的花费。化石水和化石燃料(从水中提取的)支撑这些地区十亿美元的经济。据预测在接下来的几十年里,由于各种应用目的,这个蓄水层将会被"抽空"(Opie,1993)。在化石燃料耗尽前,化石水就将消失,但是没有水化石燃料也就无用了。那么,这些地区将面临严重的经济萧条和人口减少,同时政府将不得不寻找其他地方种植作物,当然要想避免这种情况发生,除非修建从密西西比河系统引水的水渠。更多关于地下水的信息见《国家地理专辑》(*National Geographic Special Edition*)(1993)。

对于地下水来说,不仅资源耗尽是威胁,有毒化学污染物可能是更严峻的威胁。如果社会愿意并能够支付保护最终比石油和黄金更珍贵的水资源的花费,有毒废物的问题至少是可以使用技术手段来解决的。对于文明社会来说,可利用的淡水资源是比能源更大的潜在限制因子,事实上,人们已经赞成了这个说法。但水资源的问题随地区而不同,如图5.16所示,没有哪个地区不存在某种水资源的问题。由于水经常被看成是不可流通的商品,公众观念和政府干预对防止资源浪费和全部资源耗尽是非常重要的。然而,更重要的是,把水资源市场经济化。如果我们使用水时支付得越多,我们浪费和污染的水就会越少。毫无疑问在全球范围内,淡水水质对人类来说正在成为一个严重的限制因子(更多细节见 Postel,1992;1993;1999;Gleick,2000)。

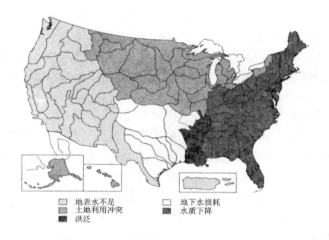

图5.16　美国、波多黎各和维京群岛的水资源问题区域分布图

5.6.2.6　温度和湿度的共同作用

基于生态系统的概念,我们已不会产生各种环境因子是彼此独立起作用的这种印象。在本章我们努力说明单因子是了解复杂生态问题的一种方法而非生态学研究的最终目的,生态学研究是评价在实际的生态系统中共同起作用的各个因子的相对重要性。在陆地环境中,温度和湿度通常十分重要并且紧密地相互作用,所以通常把它们看做是气候的最重要部分。

和大多数因子的相互作用一样,温度和湿度的相互作用,取决于每个因子的相对值和绝对值。例如,当湿度条件恶劣,即很高或很低时,温度对生物的限制作用就比在湿度适宜时大得多。同样,在温度条件极端时,湿度起关键作用。在一定意义上,这是因子相互作用原理的另一个方面。例如,棉铃象鼻虫在湿度低或者适中时,比在湿度非常高时能够耐受较高的温度。在棉产区,干旱酷热天气是给棉农密切关注象鼻虫种群增长情况的讯号。热而潮湿的天气对象鼻虫是不利的,但可惜的是,也不利于棉花生长。

由于水的蒸发和融化作用需要大量潜热,即融化冰雪和蒸发水分需要许多热量,大型水体能显著地调节陆地气候。事实上,我们可以把气候分为两个类型:① 大陆性气候,特点是极端变化的温度和湿度;② 海洋性气候,特点是由于大型水体的调节效果而温度和湿度波动不明显(大型湖泊亦能产生局部的海洋性气候)。

　　早期的气候分类,主要以温度、湿度的定量测定为基础,并考虑到由季节性分布和平均值所决定的降雨和温度的效力。降水量和潜在的蒸腾作用(它取决于温度)的相关性为我们提供了切实可用的精确的气候图。土壤湿度可利用时期代表着整个生态系统初级生产的一个重要时期,因此决定着全年循环中可供消费者和还原者利用的食物来源。在落叶林生物群区,水只在夏末起重要的限制作用,而林区的南部比北部更为明显。乡土植被可以耐受周期性的夏季干旱,但是,生长在这些地区的一些农作物就不能耐受。经过许多次夏末农作物歉收的痛苦的失败教训,美国南部的农民开始在夏末进行灌溉。

　　将一个主要气候因子对另一种因子作成曲线的气象图(climographs),是一种能很好表示温度和湿度综合作用的图解法。在温度 - 降雨量图中,以纵轴表示每月的平均温度,横轴表示湿度或降雨量。这样,多角形表明温度 - 湿度状况,并且可以把一年与另一年的情况进行比较,或者将一个生物区与另一个区域进行气候比较。气候图已经用于确定温度 - 湿度综合因素的适合度,从而指导农作物或狩猎动物引入。其他双因子的曲线图,例如,海洋环境的温度和盐度图,也是很有意义的。

　　环境室是研究物理因子综合作用的另一种有效方法。它们的式样很多,从最简单的温度 - 湿度室,到较大的受控温室或人工气候箱,在其中可以维持任何一种要求的温度、湿度和光的综合作用。这些室常被设计用于控制环境条件,以便研究者能对培养或驯养的物种进行遗传、生理和生态方面的研究。当模拟温度和湿度的自然节律时,这些室对生态学研究尤为有用。这类实验可以筛选出"起显著作用"的因子,但是它们只能说明部分问题,因为生态系统的许多重要内容不能在室内(微观世界)复制出来,必须在室外(中观世界)进行实验。近年来,人们应用人工气候箱来研究由于人类活动增加 CO_2 浓度对植物生长的影响(见下一部分)。第 2 章中所描述的生物圈二号是设计的可支持人类的最大温室。

5.6.2.7　大气气体

　　位于生物圈主要部分的大气是相当稳定的。值得注意的是,CO_2 的浓度(占大气体积 0.03 %)和氧气(占大气体积 21 %)的浓度对许多高等植物起一定的限制作用。众所周知,可以通过适量增加 CO_2 的浓度来提高许多 C3 植物的光合作用。但是,在实验过程中降低氧气浓度也能增强光合作用,就不那么为人所知了。当豆类植物叶片周围的氧气浓度降低到 5% 时,光合作用速率可提高 50%。C4 草本植物,包括玉米和甘蔗,不受氧气抑制。C3 阔叶植物受抑制的原因可能是当 CO_2 浓度比现在高而 O_2 浓度比现在低的时候,阔叶植物发生了进化。

　　水环境和大气环境的情况十分不同,因为氧气、二氧化碳和其他大气气体溶解在水中,并因此气体对生物的可利用性依不同的时间和地区变化很大。氧气是一个重要的限制因子,尤其在湖泊和含有大量有机物质的水中。虽然氧气比氮气更容易溶解于水,但是,即使在最适宜的条件下,水中实际的含氧量要比大气中的稳定含氧量少得多。因此,1 L 空气中氧气占 21%,即意味着每升空气含有 210 cm^3 的氧。相比之下,1 L 水中的含氧量还不超过 10 cm^3。温度和溶解盐对水溶解氧的能力影响很大。低温时氧的溶解度增高,高盐度时氧的溶解度下降。水中氧气主要有两个来源:① 空气中氧的扩散,② 水生植物的光合作用。除非有风和水流的促进作用,否则氧扩散到水中是很慢的,而光线透射对于光合作用产生氧是一个很重要的因素。所以,水环境中氧浓度一定会有显著的昼夜、季节和空间变化。

和氧气一样,二氧化碳在水中的含量变化很大,所以还难以对 CO_2 在水生环境作为限制因子的作用做出一般的概述。二氧化碳在空气中的浓度虽然很低,却能大量溶解水中,而且它还能从呼吸、分解、土壤和地下来源得到大量供给。因此,其"最少量"就远不如氧气那样重要。再者,和氧气不同的是二氧化碳和水结合而形成 H_2CO_3(碳酸),它进而和可获得的石灰石起化学作用而形成碳酸盐(CO_3)和碳酸氢盐(HCO_3)。CO_2 在生物圈的主要贮存库是海洋中的碳酸盐系统。碳酸盐化合物不仅是营养物质的来源,而且起着缓冲作用,使水环境中氢离子浓度(pH)保持在中性附近。水中适量增加 CO_2,可以加速光合作用和许多生物的发育过程。伴随着氮和磷增加的 CO_2 的富集可以有助于解释由耕作而致的富营养化问题。高浓度 CO_2 特别是高浓度 CO_2 和低浓度氧气同时出现,可能对动物有一定的限制作用。鱼类对高浓度 CO_2 有强烈反应,如果水中含有大量自由的 CO_2,还会使鱼致死。

氢离子浓度或 pH 与 CO_2 循环有密切联系,在自然水环境中已对此进行了比较充分的研究。除了极端特殊的情况外,群落能补偿 pH 各种差别(机制已经在本章描述),并对自然界各种变化幅度表现很广的耐受范围。但是,当总碱度稳定时,pH 依 CO_2 的变化而成比例变化,所以 pH 对生物群落总代谢率(光合作用和呼吸作用)是一个有用的指标。pH 低的土壤和水域(酸性),经常出现营养物质缺乏和生产力低的情况。

5.6.2.8 大量营养元素和微量营养元素

现有研究表明元素周期表中的 92 种元素大约有一半的元素是植物或动物所必需的,或多数情况下对植物和动物来说都是必需的。正如已经指出的,氮和磷酸盐起主导作用,所以,生态学家都把它们作为常规放在第一位(详见第 4 章 N/P 比率部分)。

除氮和磷外,钾、钙、硫和镁是重要的考虑因子。软体动物和脊椎动物需要特别大量的钙,镁是叶绿素的必要成分,没有叶绿素,生态系统的功能就不能够正常进行。需要量比较大的元素及它们的化合物通常称为大量元素(macronutrients)。

近年来十分重视那些生命系统活动所必需但需要量非常少且常作为重要酶成分的元素及其化合物的研究,这些元素通常叫做痕量元素(trace elements)或微量营养元素(micronutrients)。由于需要量接近等同甚至超过自然环境中存在量,所以,微量营养元素是重要的限制因子。微量化学、质谱仪、X - 射线衍射和生物分析等现代方法的发展大大增加了我们测定即使是最微量营养元素的能力。许多痕量元素的放射性同位素的应用也大大促进了实验研究工作。由于缺少痕量元素而引起的缺乏病症,很久以来就为人所知。在实验室、家养和野生的动植物中,也进行了病理学症状的观察。在自然条件下,这种元素缺乏病的病状,有时和特殊的地质史有关,有时和环境恶化有关,如人们对栖息地和景观管理不善所直接引起。美国佛罗里达州南部是一个特殊地质史例子。这个地区有机土壤对谷物和家畜生产的潜在生产力没有达到预期的水平,直到后来发现这个冲积地区缺乏通常在大多数地区都存在的铜和钴。

植物必需的 10 种微量营养元素是铁(Fe)、锰(Mn)、铜(Cu)、锌(Zn)、硼(B)、硅(Si)、钼(Mo)、氯(Cl)、钒(V)和钴(Co)。这些元素按照功能可以把它们分为三类:① 光合作用所需要的,Mn、Fe、Cl、Zn 和 V;② 氮代谢所需要的,Mo、B、Co、Fe;③ 其他代谢功能所需要的,Mn、B、Co、Cu 和 Si。除了硼以外,所有这些元素都是动物所必需的,同时动物也需要硒(Se)、铬

（Cr）、镍（Ni）、氟（F）、碘（I）、锡（Sn），或许甚至砷（As）（Metrz，1981）。当然，大量营养元素和微量营养元素的划分界限并不很明确，而且对各个生物类群亦不一样。例如，脊椎动物比植物需要更大量的钠（Na）和氯（Cl）。事实上，钠经常也被列为上面列举的植物必需的微量营养元素名单中。许多微量营养元素和维生素相似，起着催化剂的作用。痕量金属经常和有机化合物结合而形成"金属激活剂"，例如钴（Co）是维生素 B_{12} 的基本成分。Goldman（1960）在发现给一个高山湖泊中加入 100×10^{-9}（十亿分之一）的钼（Mo）而提高光合作用速率之后，证明了在那里钼对整个生态系统起限制作用。他还发现在这个特殊的湖泊中，钴（Co）含量高到足以抑制浮游植物的水平。和大量营养元素一样，微量营养元素太多亦能起限制作用。整个流域微量元素的格局分析见 Riedel 等（2000）。

5.6.2.9　风和水流

生物生存的大气圈和水圈在任何时候都不是完全静止的。水流不仅影响气体和营养物质的浓度，而且在物种水平直接起着限制因子的作用，在生态系统水平可作为提高生产力的能量补充。因此，一条小河和一个池塘群落的物种组成差别可能主要是由于风和水流因子的明显不同。许多河流植物和动物，为了保持它们在水流中的位置而产生特殊的形态和生理上的适应，而且已知它们对这些特殊因子耐受限度很小。另一方面，水流作为能量补充对湿地和潮汐生态系统的生产力非常重要。

陆地上，风对生物活动、行为及分布起着限制作用。例如，在刮风的日子里，鸟类安静地停在受保护的地区，所以，这是生态学家调查鸟类种群的不适宜的时间。植物受风的影响而使结构发生变化，特别是在其他因子亦起限制作用的时候，如高山地区。图 5.17 所示的是落基山国家公园的树线，这里的树经常处于大风条件下。多年前，Whitehead（1957）通过实验证明风对高山上没有遮蔽的植物生长起限制作用。当他修建一堵墙以保护植被不受风的影响时，植物的高度就增加了。

Courtesy of Terry L. Barrett

图 5.17　美国科罗拉多州落基山国家公园的树线，表明风如何影响树的形态和生理学特性

另一方面,与水流能够增加生产力一样,空气运动也能够增加生产力,最明显的例子见于某些热带雨林。暴风雨起着非常重要的作用,虽然它们可能只限于局部的范围。飓风把植物和动物传送很远的距离,当暴风雨袭击陆地时,风能改变许多年才发生变化的森林群落组成。Oliver 和 Stephens(1977)报道了 1803 年前新英格兰发生的两起飓风的影响仍能从植被结构中显现出来。人们已经观察到,昆虫沿着盛行风的方向比沿其他方向能较快地散布到为该种定居提供同样条件的地区。在干旱地区,风对植物来说是特别重要的限制因子,因为它通过蒸腾作用增大了植物失水率,但是沙漠植物发展了许多特殊的适应特性,如凹陷的气孔,以耐受这些限制作用。

5.7　毒性物质的生物放大

5.7.1　概述

能量的分布当然不仅仅受食物链的影响。随着食物链的各个环节,某些物质会变得聚集而不是分散。食物链浓缩或生物放大(biological magnification)现象,可以通过某些持久性放射性核素、农药和重金属的行为来生动地说明。

5.7.2　解释

原子裂变产生特定的放射性核副产品并且被活化,在食物链的每个营养级中增加浓缩的趋势,已于 20 世纪 50 年代在华盛顿东部原子能委员会的汉福德发电厂首次发现。排放到哥伦比亚河中的放射性铯、锶和磷,已发现在鱼和鸟的组织中浓缩。据报道,放射性磷在河边岛屿上鹅巢内的蛋中浓缩了两百万倍(在组织中的量/在水中的量)。因此,排放到水中的认为无害的物质对下游食物链组分的毒害是很高的。

Rachel Carson,在她著名的论著《寂静的春天》(Carson,1962)中,呼吁人们关注由于大量的航空撒播所引起的氯代烃类杀虫剂,尤其 DDT 的毒害作用及其持久性(在较长一段时间仍保持活性),以及它们作为生物杀灭剂对种群、群落、生态系统和整体景观的有害作用。DDT 浓缩的例子见表 5.3 和图 5.18。为了控制纽约长岛的蚊子,多年以来市政府一直在湿地上喷洒 DDT。昆虫控制专家尽力采用不杀死鱼类和其他野生动物的喷洒浓度,但是他们没有意识到这对生态过程的副作用和 DDT 残留的长期毒性。如有人所预料的那样,有毒残留物质没有被冲刷进海里而是吸附在碎屑物上,在食碎屑动物和小型鱼类组织中浓缩,并在上一级捕食者(例如食鱼鸟类)中进一步浓缩。表 5.3 所示例子中的食鱼动物的 DDT 的浓缩系数(在生物体中的 μg/g 与水中的比率)为大约 500 000 倍。事后对碎屑食物链模型的研究表明,任何容易吸附在碎屑和土壤微粒上并溶解在生物内脏中的物质,能够通过碎屑食物链初始阶段的摄食 – 再摄食过程浓缩。

表 5.3   持久性农药——DDT 在食物链中的聚集的例子

营养级	DDT 残留（10^{-6*}）
水	0.000 05
浮游生物	0.04
Silverside minnow	0.23
Sheephead minnow	0.94
梭鱼（食肉鱼类）	1.33
颌针鱼（食肉鱼类）	2.07
鹭（以小动物为食）	3.57
燕鸥（以小动物为食）	3.91
银鸥（食腐动物）	6.00
鱼鹰（卵）	13.8
秋沙鸭（食鱼鸭）	22.8
鸬鹚（以大型鱼类为食）	26.4

引自：Woodwell 等，1967

* 在湿重、总生物体的基础上，每百万（10^{-6}）的总残留，DDT + DDD + DDE（都是有毒的）

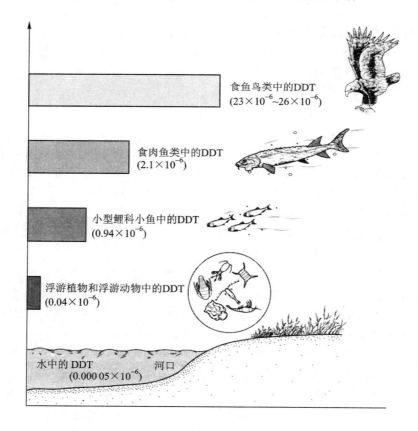

图 5.18   位于美国东海岸河口地区的 DDT 的生物放大效应（数据引自 Woodwell 等，1967）

译者注：图中所示数据为质量分数

随着 DDT 在鱼和鸟的脂肪中积累,放大作用不断加剧。DDT 的广泛应用最终使捕食鸟类,如鱼鹰、游隼、鹈鹕和食碎屑动物如招潮蟹的种群消失。鸟特别容易受 DDT 毒害,因为 DDT(及其他氯代烃类杀虫剂)通过破坏甾类激素来干扰蛋壳的形成(Peakall,1967;Hickey 和 Anderson,1968)。这些易碎的鸟蛋在幼体孵化以前就破碎了。因此,对个体非致死的很小的量对种群可能是致死的。关于这种令人恐惧的浓缩(令人恐惧的原因是人类部分地也是顶级食肉动物)和它不可预期的物理作用的科学证据,最终使公众开始抵制 DDT 和类似杀虫剂的使用。1972 年,美国禁止使用 DDT。1975 年,另一种持久性氯代烃类杀虫剂狄氏剂也被禁止使用。在欧洲,使用这两种杀虫剂是违法的,但不幸的是它们仍被生产并出口到其他允许使用的国家。幸运的是,许多被氯代烃类杀虫剂破坏的鸟的种群(秃头鹰、猎鹰、鹈鹕、鱼鹰)已经恢复,这是由于氯代烃类杀虫剂的使用已经减少或被淘汰。

某些重金属,如镉(Cd)和铅(Pb)在城市淤泥中通常含量丰富,这是由城区或流域的工业化过程所引起的,这些重金属在食物链中也逐步被生物放大。对持续 11 年的污水灌溉处理的弃耕地群落的土壤和三个营养级的长期观察确定,重金属元素在食碎屑营养级的浓缩要高于在生产者和初级消费者营养级的浓缩(图 5.19)。如图所示,在 10 年的污水灌溉处理下,蚯蚓(*Lumbricus*)积累的镉超出土壤中所发现含量的30 倍,超出植物(早熟禾 *Poa*)中所发现含量的60 倍,超出草原野鼠(*Microtus*)肾脏中所发现含量的 100 倍(详见 W．P．Carson 和 Barrett

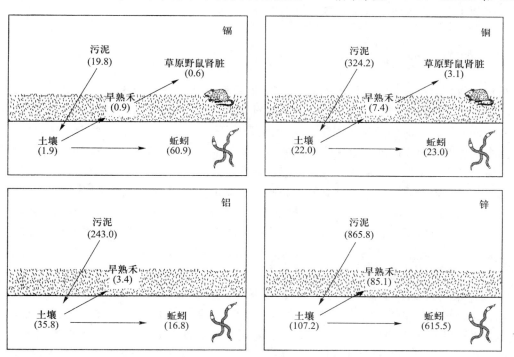

图 5.19　图表阐明一个持续 10 年的污水污泥处理的弃耕地生态系统的典型营养级物种中的重金属浓度(mg/kg)(引自 Levine M B，Hall A T，Barrett G W，Taylor D H．1989．10 年污水处理的弃耕地群落的重金属浓度．环境质量学报,18:411－418．重印许可)

1988；Levine 等,1989；Brewer 等,1994)。这些观测者建议把蚯蚓作为食碎屑生物的代表或指示物种,用于监测污泥处理对次级演替过程中陆地群落和景观的影响。

5.8　人为胁迫是工业社会的限制因子

5.8.1　概述

响应周期性的剧烈或急性干扰,自然生态系统表现出相当大的抗性、恢复力或两者同时出现,这或许是由于随进化时间,它们自然而然地适应了这些干扰。实际上为了可持续地发展,许多生物体需要随机性干扰或周期性干扰,如火或暴风雪,正如前面讨论的过火适应型植被那样(5.5 节)。因此,生态系统可以从许多周期性人为干扰中较好地恢复,例如收割移除。然而慢性的(持续性的或连续的)干扰,可能具有明显的延长效应,特别在对环境来说是较新的工业化学物质干扰的情况下。在许多情况下,生物没有适应的进化历史。除非持续增加的剧毒废物,目前是高能源的工业社会的副产品减少并最终从源头清除,否则有毒废物将越来越严重威胁人类和生态系统的健康,并成为人类的主要限制因子。

5.8.2　解释

虽然任何分类都有某种程度的武断,但将生态系统的人为胁迫归为下面两类可能是比较有意义的:① 急性胁迫(acute stress):其特征为突然发作,强度激剧增加,周期较短。② 慢性胁迫(chronic stress):持续时间较长或频繁复发,但是强度不高——是一种经常令人烦恼的干扰。自然生态系统表现出明显的处理急性胁迫或从中恢复的能力。图 5.20 描述的是一个急性胁迫的实例。城市淤泥的急性剂量输入到河流生态系统中,会引起鱼类死亡,因为微生物的分解作用使河流的氧含量接近于零。对污水具有处理功能的植物的破坏已经引起了急性胁迫,一旦修复这些植物,就可启动河流的恢复过程。埋藏种子的对策是另一个急性胁迫后恢复的例子,埋藏种子对策是促进皆伐后的森林再生的一种快速恢复机制(Marks,1974)。由于响应不是如此剧烈,所以慢性胁迫的影响更难于评估。很多年才能了解其对生态系统的全部影响,正如理解癌症和吸烟之间的关联或癌症与慢性低水平的电离辐射之间的关联也需要很多年一样。环境的“癌症”(在种群或群落水平的外来物种无序增长)也表现出与生态系统相类似的情形。

包含由新的化学物质产生潜在胁迫物的工业废物,是生命体和生态系统还没有对其形成适应或调节进化史的环境因子,它是应特别关注的影响人类健康的因子。慢性暴露于这些人为因子会如人所预料的导致生物群落结构和功能的基本改变,也可能发生驯化和遗传适应。在转变或适应期间,生物可能特别易受次级因子,如疾病的影响而导致灾难性的后果。

不断增加的有毒废物正接近危机含量,通过直接接触或污染食物和饮用水,正影响着人类健康。在《时代杂志》(1980)中题为《中毒的美国》(*The Poisoning of America*)专栏中,对这种

图 5.20　城市淤泥的急性剂量输入到河流生态系统中所引起的俄亥俄州牛津市附近的 4 英里小溪中鱼类的死亡

状况做出了如下评论：

所有人类对自然规律的干预中，没有哪个比化合物的创造更让人恐慌。通过他们天才的现代炼金术士使美国一年就能生产多达 1 000 种新的化合物。最新统计，在市场上已有近 50 000 的化学物质。其中许多化合物对人类来说有着不可否认的利益，但是这些用于美国的化学物质中接近有 35 000 种已被联邦 EPA 组织划归为确定的或潜在的威胁人类健康的物质。

一个最大威胁和潜在灾难是对较深蓄水层的地下水的污染，这些地下水为城市、工业和农业提供大量水源。与地表水不同，地下水一旦被污染，几乎不可能净化，因为地下水没有暴露在阳光下，没有很强的流动性，没有其他任何那些可以净化地表水的自然过程发生。由于地下水被污染，工业中心地带的城市已不再饮用当地的地下水；他们必须付出较昂贵的代价来输送水（详见《国家地理特辑》(1993)中《水：北美淡水资源的力量、前景和扰乱》(*Water: The Power, Promise and Turmoil of North America's Fresh Water*)）。

1980 年以前有毒废物的处理被看成是"客观存在的"行业，没有给予足够的关注。有害材料被随处倾倒，直到几次地方性灾难发生才引起了公众的关注。纽约的 Love Canal 灾难受到新闻媒体广泛报道，在那里建立在废料堆上的住宅区不得不被遗弃，十氯酮污染了弗吉尼亚的詹姆士河的大部分区域（生产杀虫剂的工厂的工人也中毒）也受到同样关注。当工厂关闭时，河流恢复了，但是许多工人却不能恢复过来了。这些以及其他一些事件引起了公众关注和政府的行动。然而，尽管环境保护机构(EPA)投入巨额的资金试图清除这些有毒废物垃圾，这个目标仍是难以实现的。

对有毒废物最彻底的解决方法就是源头减少——也就是说，通过循环、去毒及在加工过程中使用毒性较小的材料等方法来从源头上消除有毒废物(E. P. Odum,1989,1997)。通过调控和鼓励结合的方式能够实现源头减少。

5.8.3　实例

讨论或甚至列出所有潜在限制人类社会的有毒排放物已超出了本书的范围。我们这里将简要地阐述三个实例,这三个实例中,利用生态学原理来解决问题的方法似乎是特别有用的。

5.8.3.1　空气污染

　　空气污染提供了负反馈信号,这一信号可以从绝境中拯救工业化城市,因为① 它提供一个明确的易被每个人察觉的危险信号;② 每个人既是参与者(如驾驶汽车、运用电力、购买商品等等)也是受害者,所以不能把这些都归咎于近处的污染物,也不能掩盖远处的垃圾所带来的忧患。必须从整体考虑才能解决污染问题,因为任何片面去减少任何一个污染物的尝试(孤立解决问题的方法)不仅是无效的,而且通常会把这个问题从一个地方或环境转移到另一个地方或环境。

　　空气污染也是增效作用的例子,污染物的混合物在环境中相互作用产生了附加污染,使整个问题更加恶化(换言之,相互作用后的总体污染效果要远超过单个污染效果的简单加合)。例如,汽车废气中的两种成分,在光照条件下会结合产生一种新的毒性更大的物质,即光化学烟雾,反应如下:

$$氮氧化物 + 碳氢化合物 \xrightarrow{\text{日光中紫外光照射}} 过氧化乙酰硝酸盐(PAN) + 臭氧(O_3)$$

这两种次生物质不仅造成人眼流泪和呼吸困难,而且对植物毒害性也非常大。O_3 增强叶片呼吸,耗尽其食物而使植物致死。PAN 阻塞光合作用中的堆积反应,通过制止食物产生而使植物死亡。人工栽培植物的敏感品种就成为最先的牺牲品,所以大城市附近某些类型的农业和园艺不可能再存在。其他的多属于多环芳烃(PAH)类的光化学污染物,都是已知的致癌物质。

5.8.3.2　热污染

　　正如热力学第二定律所描述的,因为任何形式的能量转换都附带产生低效能的热量,所以热污染目前正成为一种很普通的慢性胁迫。由于需要大量的冷凝水(以核电厂为甚),发电厂和其他大的能源转换机构将大量的热能释放到空气和水中。因此,需要非常大的水面来散发热量,每兆瓦的功率需 1.5 英亩来散热,或对一个发电功率为 3 000 MW 的电厂来说,则需要 4 500 英亩(1 822 hm^2)。

　　当然像冷凝塔之类的制冷装置的使用可以减小对散热空间和水量的需要,但因为它用昂贵的燃料代替了太阳能,所以需要付出很大的代价。另外,如果使用氯或其他化学物质来使其表面不长藻类植物,那么冷凝塔还会导致产生其他的环境问题。

　　通常情况下,因为正负响应的结果,增加池塘、湖泊或河流的温度会随后导致辅助 – 胁迫梯度(第 3 章讨论过)。通常适度的增加可以是一种辅助,可以提高水生生物群落生产力和鱼类的增长,但总有一天或不断增加的热负荷会成为胁迫。

　　位于能源部萨凡纳河发电厂区域的国家环境研究公园(NERP)是一个可以观察热污染长期影响的地方。自从 20 世纪 50 年代建立核能设施后,该公园内的萨凡纳河生态实验室(SREL)就已将研究焦点放在热能影响上,该实验室已经举办了两次大型的座谈会,以便与其他研究地点的工作和思想相结合(Gibbons 和 Sharitz,1974;Esch 和 McFarlane,1975)。作为冷却池而建造的一个大的人工湖泊特别有趣,因为它有一只热臂膀(接受热水)和一只冷臂膀(接受不加热的水),而且它处在周围温度正常的区域。此外,因为反应器有周期性的开关,人们可以观察从一个温度状态到另一个温度状态的影响。例如,海龟和鲈鱼,当水温上升几度,它们生长快速,个体较大,而且美洲鳄鱼的活动季节可以延迟到冬季。因此,温度升高一开始观察到的影响通常是一种补助措施。然而,几年后,明显的胁迫影响开始显露,例如缩短生命周期和增加死亡率的衰弱病。感染有红-痛疾病的鲈鱼的百分比随着季节有起有落,但是在温暖肥沃的湖泊里这种比例始终较高。经过 10 年或 10 年以上的升温,鱼的种群和沿着湖泊“热臀膀”两岸生长的香蒲(Typha)种群都会有明显的遗传变化。对所有这些研究的概述见 Gibbons 和 Sharitz(1981)。这些例证都强调在评价一种慢性人为干扰的影响时寻找继发或延迟效应的重要性。

5.8.3.3　杀虫剂

在农业中,日益增加的昆虫杀虫剂和其他有害于动物的农药的过度使用导致土壤和水的严重污染。这种对生态系统和人类健康造成的威胁可能不久会有所减少,原因很简单,单独依靠化学毒品是不能实现田间害虫的长期控制的,只会引起作物产量丰歉的交替。事实上,已经开发出许多可供选择的害虫控制系统,可能很快就会降低对非常危险的有毒物质的大量需要。

不可思议的是,自然的恢复力和适应力是有机氯酸酯(诸如 DDT)和有机磷酸酯(诸如 malathion)等广谱杀虫剂失败的根源。通常情况下,害虫会发展出对杀虫剂的免疫力,甚至在杀虫剂被消除或降解后会变得更猖獗,这是因为它们的天敌在杀虫剂的作用下也受到了伤害。有时候一种害虫被成功消灭了,但却被另外一种抵抗力更强的害虫所取代,我们对这种替代害虫了解很少,因而更难对付。

为控制棉花害虫所做的努力,给我们提供了一个害虫繁荣与衰弱综合征的很清晰的例子。棉花是使用杀虫剂最多的一种农作物,20 世纪 70 年代之前,在美国农业中使用的杀虫剂中有 50% 都用在了棉花上。在 20 世纪 50 年代,利用美国援助的资金,秘鲁的卡涅特(Canete)流域高空喷洒大量的氯代烃类,这一举措使在大约六年时间里农作物产量翻了一倍。然而,随着害虫变得更有抵抗力以及其他昆虫物种的进入,农作物紧接着又全部遭殃了。20 世纪 60 年代,美国主要产棉州得克萨斯州也发生过类似情况,Adkisson 等(1982)对此详细记载过。上述两个地方,在采纳了现在被称为综合害虫管理(IPM)或害虫生态管理 (EBPM;NRC,1996a,b, 2000b)这两种方式后,棉花产量又得到了恢复。这两种方式涉及抑制害虫、促进害虫和杂草的寄生虫与捕食者(生物控制)的一些栽培和管理措施,并通过农作物的生物工程来产生它们自身的杀虫剂,结合合理使用毒性较小的短效杀虫剂。

新的控制系统证实了古老的传统的智慧,即不要把所有的鸡蛋放在一个篮子里。自然的多样性和恢复力必须与技术革新相结合,这种革新随着条件的变化和自然的反应也必定不断得到更新。换言之,与害虫和疾病的“战争”可能实际上从来都不会赢,但是倾注了我们不断的努力,这种努力是“泵出无序”的一种代价,泵出无序对维持大的复杂的人类文明是非常必要的。E. P. Odum 和 Barrett(2000)阐述了诸如过度施肥和单一栽培等不利于抵制害虫入侵的景观管理措施;减轻这些影响将有助于对虫害的生态控制。

20 世纪 60 年代,人们对 Carroll Williams(1967)所称的“第三代杀虫剂”表现出很大的乐观性。根据 Williams 的分类,第一代是植物性的杀虫剂和无机盐;第二代是广谱性的氯代烃类和有机磷酸酯。第三代是生化杀虫剂——可以指导行为的荷尔蒙和信息素（性诱剂），是一种可用于综合害虫管理措施库中的一种特殊类型。从全世界大部分来看,工业化农业仍继续过多依靠第二代杀虫剂。关于 21 世纪害虫生态管理前景的评述,见 1996 年的自然研究学会报告《害虫生态管理:新世纪新方案》(*Ecologically Based Pest Management*:*New Solutions for a New Century*)。

第6章　种群生态学

第3章到第5章讨论了作为主要驱动力机制的物理和化学因子。生物体并不是被动地适应这些因子,而是在决定能量转换和物质循环的自然法则限制内积极地修正、改变和调节物理环境。换言之,人类不是修正和尝试控制环境的唯一的种群。回顾组织层次图(图1.2和图1.3),我们可以看到本章和第7章分别聚焦在生物的种群和群落水平。在这些水平的遗传系统和物理系统间的相互作用影响着自然选择的进程,从而不仅决定着生物个体如何存活,也决定着生态系统作为一个整体在进化时间上如何变化。

6.1　种群的特性

6.1.1　概述

种群(population)是指占据特定空间的同种生物的集合,并作为生物群落的一部分行使一定功能;而生物群落(biotic community)指特定栖息地内,通过共进化的代谢转化作为统一整体执行一定功能的种群集合体。种群具有多种特征,虽然这些特征最好用统计学变量来表示,但它描述的是群体的特征,而不是群体中每个个体的特征。这些特征包括密度、出生率、死亡率、年龄结构、生物潜能、扩散及 $r-$ 和 $K-$ 选择生长型等。种群也具有一些与种群生态学直接相关的遗传特征,包括适应力、繁殖成功率和持续力(即长期产生后代的能力)。

6.1.2 解释

正如种群生态学家的先驱 Thomas Park 描述的(见 Allee 等,1949),种群除了具有与组成种群的有机体共有的"生物学特征"以外,还有群体单独具有的"群体特征"。属于生物学特征的如生活史(种群像有机体一样有生长、分化和自我维持能力)。另外,种群具有可以描述的明确的结构和功能。另一方面,诸如出生率、死亡率、年龄比、遗传适合度、生长型等群体特征,只为群体所有。因此,个体有生、死、年龄,但决不会有出生率、死亡率或年龄比。后述的这些特征只是在群体水平上才有意义。

下面是种群的几个基本特性的定义和详细介绍。

6.1.2.1 密度指数

种群密度(population density)就是单位空间内种群的大小。种群密度通常以单位面积或体积的个体数目或种群生物量来表示,例如,每公顷 200 株树($1 \text{ hm}^2 = 2.471$ 英亩),每立方米水体 500 万硅藻。有时候,区分天然密度(crude density)与生态密度(ecological density)是很重要的,天然密度就是单位总空间的个体数(或生物量),生态密度则是单位栖息空间(种群实际上占据的有用的面积或空间)的个体数(或生物量)。知道种群是否有改变(增加或减少)往往比知道某一时刻种群的大小更重要,在此种情况下,相对丰度(relative abundance)指标就很有用了,相对丰度可以以时间的相对性来表示,例如每小时观测到的鸟的数目。另一个有用的指数是出现频度(frequency of occurrence),例如,某个单种样方内该物种的年龄百分比。在植被的描述性研究中,通常将密度、优势种和频度合并起来导出每个物种的重要值(important value)。

6.1.2.2 密度、生物量和营养关系

图 6.1 表明了哺乳动物的种群密度与营养级及动物个体大小有关。虽然哺乳动物的密度占了约 5 个数量级,但对每一营养类群或每一种来讲,就要小得多。营养级越低,密度就越高;在相同营养级水平上,个体越大,生物量就越大。大的生物体单位重量的代谢速率比小的生物体低,因此较大种群的生物量能够维持在某一能量基数上。

当种群中的个体大小和代谢率相一致时,用个体数目来表示密度的测度方法还是比较令人满意的,但多数时候个体大小和代谢率并不一致。数量、生物量和能流参数作为指标的相对优越性已在第 3 章中有所讨论。数量过分强调了小型生物的重要性,而生物量过多强调大型生物的重要性,而能流是比较生态系统内所有种群的更为适合的指标。

还有许多特殊的测定方法和术语只适用于某些特定的种群或种群组。例如,森林生态学家经常用"断面积"(树干横截面总面积)作为植株密度的测定指标。而林业工作者以"板英尺/英亩"作为树木有商业用途部分的测量值。这些测量,以及其他许多测量,都属于定义广泛的密度测量的概念范畴,因为它们都是以某种方式来表达单位面积上现存量的大小。

正如人们所想象的那样,相对丰度指标广泛应用于大型动物和陆生植物,在没有额外的

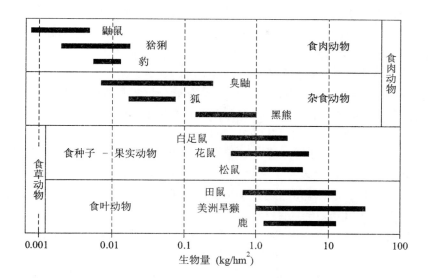

图 6.1 各种哺乳类的种群密度(每公顷的生物量)的范围,从物种喜好的生境中调查所得。物种按营养级排列,4 个营养级内又按个体大小排列,以说明营养级地位和个体大小对预期现存量的限制作用

时间和财力进行大面积测量时,相对丰度更是必要的。例如负责每年迁移性水鸟狩猎的管理者,若他们需要通过调控捕猎量来平衡水鸟和狩猎者的最大利益,那么就必须清楚与去年相比种群大了还是小了,或者没有变化。要进行这个工作,必须通过野外对照测量、狩猎统计、问卷调查和营巢统计等来导出相对丰度指标。这些信息经常根据单位时间内的观察数或捕杀数来概括。植被研究中常用百分率指标,一些专门的术语已广泛使用。例如,频度指某种植物在多个样方中出现的百分率;丰度指某样方中的个体百分率;盖度指按投影面积测定的被覆盖的地面的百分率。必须注意不要将这些指数与真正的密度测量混淆,后者总是一个给定空间的术语。

6.1.2.3 种群密度的估测方法

林肯指数(Lincoln index)是用来估测某特定区域内整个种群密度(某物种的个体数目)的一种标记重捕法。这种方法依靠捕获和标记整个种群的部分个体并通过这部分个体来估测整个种群的密度。

如下方程可用于估测种群密度:

$$\frac{种群估测(x)}{t_1\,时样本\,S_1\,捕获和标记的动物的数量} = \frac{t_2\,时样本\,S_2\,捕获的动物的数量}{t_2\,时样本\,S_2\,标记的动物的数量}$$

因为只要我们知道(例如:通过活体诱捕和标记法捕获小哺乳动物)方程 4 个量的其中 3 个量,我们就能算出方程的 x(种群估测)。

此方法仅在下列假设成立的情况下才有效:

- 标记技术对被标记个体的死亡率没有任何负面影响;

- 被标记的个体在它们原来被捕获的地点被释放并且使它们和种群在自然行为上有所混杂;
- 标记技术并不影响被重新捕获的概率;
- 标记(例如耳标法)不会丢失或不被注意;
- 在 t_1 时和 t_2 时间,没有大量的被标记或没有被标记的个体的迁徙或移居;
- 在 t_1 时和 t_2 时间,没有显著的死亡率或出生率变化。

不符合上述假设就会明显影响种群密度的估测。

枚举法(minimum known alive,MKA)是另一种用来估测持续的一个时间段内种群密度的标记重捕法。该方法在最初发表时称为捕获日历法(Petrusewicz 和 Andrzejewski,1962),每个个体都有一个捕获史(日历),隔一段时间对日历进行更新直到研究结束。

其他方法分为以下几类:

(1)总量统计(total counts),有时可将这类方法用于大型的、易于发现的生物(例如,开放平原的野牛或较大海域的鲸),或群聚生活的生物。

(2)样方法或横截面取样法(quadrat or transect sampling),选择适宜大小和数目的样方或样线,计数单一物种的生物数,以获得取样地段的密度估什。这个方法应用于从森林到海底范围内的多种陆生和水生生物物种。

(3)去除取样(removal sampling),在调查面积上连续地取样,以相继每次取样去除的有机体数目为纵坐标,先前取样去除的总数目为横坐标作图,假如被捕的概率保持相当稳定,那么各点将沿着直线在图中下降,一直到达横坐标的零点,这一点表示从调查面积上 100% 去除的理论点(见种群密度的估测),

(4)无样方法(plotless method)(适用于树木等固着生活的生物)。如四分法,即在四个分块中,测量一系列随机点与最近个体的距离,从这些平均距离就能估算出单位面积上的密度。

(5)重要比率值(importance percentage value)是一个群落中物种的相对密度、相对优势度和相对频度的总和。相对密度(relative density,A)等于一个物种密度除以所有物种的总密度再乘以 100。相对优势度(relative dominance,B)等于一个物种断面积除以所有物种的断面积再乘以 100。相对频度(relative frequency,C)是一块地上一个物种的频度(出现率)除以所有物种的总频度再乘以 100。这样,每一个物种的重要值等于相对密度、相对优势度和相对频度之和:$A + B + C$。考察某个物种在生境中的重要性和功能时,用密度、优势度以及发生的频度联合在一起的指标比只是单单用一个密度作为指标要好。每一个树种(胸径大于 3 英寸的树木)重要值的表格或总结为森林群落里某特定树种的排序提供了数据。

为了估测种群的密度,我们已经尝试了许多技巧和方法;取样技术本身就是一个重要的研究领域。参考野外实验手册或者咨询一些有经验的调查者能够更有效地了解这些方法,这些调查者已浏览过相关文献,并调整和改进了一些现有的方法,从而更适合某些特殊野外情景。在野外调查中经验往往是不可替代的。

6.1.2.4　出生率

出生率(natality)是种群增加的固有能力。出生率与人口统计学中的"出生率"(birth rate)是相同的。实际上,出生率是一个很广义的术语,它泛指任何生物产生新个体的能力,不管这些新个体是通过生出、孵化、出芽或是分裂等哪种方式，都可以用出生率这个术语。最大出生率(maximum natality)(有时还称绝对或生理出生率)是在理想的条件下(即无任何生态因子的限制作用，繁殖只受生理因素所限制)产生新个体的理论上最大数量，对某个特定种群，它是一个常数。生态出生率(ecological natality)或实际出生率(realized natality)(或不加任何定语的出生率)，表示种群在某个现实或特定的环境条件下的增长。种群的实际出生率不是一个常数，它随着种群大小、年龄结构以及物理环境条件而变化。出生率通常以比率来表示，即将新产生个体数除以时间(绝对出生率或总出生率)，或以单位时间每个个体的新生个体数表示(特定出生率)。

可以用下面的例子来说明绝对出生率和特定出生率之间的差异：假定一个池中有一个 50 个原生动物个体的种群，在 1 小时内通过分裂增加到 150 个，则绝对出生率就是 100 个/小时，特定出生率(单位种群变化的平均速率)是每个个体(原来 50 个中的)产生 2 个/小时。或者假定一个有 10 000 人口的小镇一年出生 400 人，那么绝对出生率是 400 人/年，而特定出生率是人均0.04 人/年(4/100，或 4%)。人口统计学中，特定出生率是根据育龄女性的数量而非所有人口数量来表达。在后续的章节中将讨论影响出生率的其他因素。

6.1.2.5　死亡率

死亡率(mortality)描述种群中个体死亡的速率。它在某种程度可以说是出生率的反义词。死亡率等同于人口统计学中的"死亡率"(death rate)。像出生率一样，死亡率可以用给定时间内死亡个体数(单位时间死亡个体数目)表示，也可以用特定死亡率，即单位时间内死亡个体数占初始种群个体数的比例的来表示。生态死亡率(ecological mortality)或实际死亡率(realized mortality)，是指某特定环境条件下种群丧失个体的数目，如同生态出生率一样，它也不是一个常数，而是随着种群和环境条件不同而变化。最低死亡率(minimum mortality)是个理论值，对种群来说它是一个常数，表示在理想的或无限制的条件下的最小死亡率。在最适的环境条件下，种群中的个体都是由于老年而死亡，即活到了生理寿命。当然，生理寿命常常远远超过平均的生态寿命。存活率常比死亡率更有研究价值。假如死亡率以分数 M 表示，那么存活率(survival rate)就是($1 - M$)。

死亡率也像出生率一样，随个体年龄而发生很大变化，尤其高等生物更是如此，因此，尽可能测定各个不同年龄或生活史阶段的特定死亡率是很有意义的，这样生态学家可以根据这个数据得出天然、全面的种群死亡率的机制。生命表(1ife table)能系统地表示出种群完整的死亡过程。生命表是人口统计学工作者所设计的统计方法，由 Raymond Pearl 首次引入到普通生物学，应用于果蝇(*Drosophila*)的实验室研究数据中(Pearl 和 Parker，1921)。Deevey(1947，1950)搜集了许多自然种群，包括从轮虫到山羊的数据，编制成生命表。自 Deevey 之后，发表了许多有关自然和实验种群的生命表。阿拉斯加的达氏盘羊(*Ovis dalli*)种群的生命表可能是目前大多数教科书中最著名的生命表，如表 6.1 所示。羊的年龄可以根据角测定(羊越老，羊角上的横向环状突起越多)。当羊被狼捕杀或死于其他原因时，其角能保留很久。Adolph Murie 多年进行大量野外工作，研究阿拉斯加麦金莱山(Mount McKinley)国家公园的狼(*Canis lupus*)与达氏盘羊的关系。在此期间，他采集了大量羊角，得到不同年龄阶段下羊死于各种自然危险的详尽数据，包括狼捕食下的死亡(但不包括人的捕食，因为在麦金莱山公园禁猎羊)。

表 6.1 达氏盘羊(*Ovis dalli*)的生命表

x^*	$x'^†$	$d_x^‡$	$l_x^§$	$1\,000q_x^{**}$	$e_x^{††}$
0 ~ 1	– 100	199	1000	199.0	7.1
1 ~ 2	– 85.9	12	801	15.0	7.7
2 ~ 3	– 71.8	13	789	16.5	6.8
3 ~ 4	– 57.7	12	776	15.5	5.9
4 ~ 5	– 43.5	30	764	39.3	5.0
5 ~ 6	– 29.5	46	734	62.6	4.2
6 ~ 7	– 15.4	48	688	69.9	3.4
7 ~ 8	– 1.1	69	640	108.0	2.6
8 ~ 9	+ 13.0	132	571	231.0	1.9
9 ~ 10	+ 27.0	187	439	426.0	1.3
10 ~ 11	+ 41.0	156	252	619.0	0.9
11 ~ 12	+ 55.0	90	96	937.0	0.6
12 ~ 13	+ 69.0	3	6	500.0	1.2
13 ~ 14	+ 84.0	3	3	1000	0.7

引自:Deedey,1947;数据引自 Murie,1944,基于 1937 年前死亡的已知年龄的 608 头羊(两种性别混合)。平均寿命 = 7.06 年

* 年龄(年)

† 偏离平均寿命的年龄百分比

‡ 1 000 个出生的个体中不同年龄段的死亡数量

§ 1 000 个出生的个体中不同年龄段起始时的存活数量

** 1 000 个存活个体在不同年龄段起始时的死亡率

†† 生命期望值 = 达到年龄段的平均时间(年)

　　生命表包括若干列,用标准记数法作表头:l_x,一定时间间隔(天、月、年等等,见 x 列)后在给定种群(如 1 000 个体或其他方便的数字)中存活的个体数;d_x,相邻时间间隔的死亡个体数;q_x,相邻时间间隔的种群死亡率(根据各年龄的初始存活数);以及 e_x,每个时间段末的生命期望。从表 6.1 看到,盘羊的平均年龄超过 7 岁,只要一只羊在第一年左右能存活下来,那么即使有大量狼和其他环境变动,存活到老年的概率还是很高的。

　　按生命表数据所作的图是很能说明问题的。用 l_x 列的数据作图,以时间间隔作横坐标,存活数(通常以自然对数的形式)作纵坐标,所作的曲线称为存活曲线(survival curve)。图 6.2 是根据表 6.1 的达氏盘羊的数据绘制的存活曲线。

　　存活曲线一般有三种类型,如图 6.3。明显呈凸形的曲线(图 6.2;图 6.3 中的 I 型),是诸如达氏盘羊等物种的特征,这些物种在临近生理寿命前,种群的死亡率一直较低。许多大型动物,当然还有人,都显示这种类型的存活曲线。明显凹形曲线是另一极端(图 6.3 中的 Ⅲ

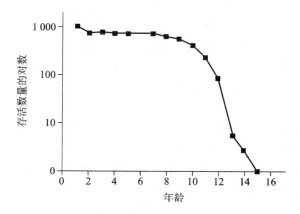

图 6.2 根据表 6.1 的达氏盘羊的数据绘制的存活曲线（数据引自：Deevey，1947）

型），幼体的死亡率很高。牡蛎、其他一些贝类以及橡树都提供了Ⅲ型存活曲线的例子，它们在自由游泳的幼虫期或橡实幼苗期死亡率很高，但一旦个体在合适的基底上固定下来，其生命期望就明显改善。如果生命史中各期的存活区别很大，如常见于蝴蝶等全变态的昆虫，可能出现阶梯状存活曲线。在现实世界中，不会存在在整个生命期中都具有恒定的年龄专有存活率的种群，但会有接近对角直线性的轻微的凹形曲线（图6.3中Ⅱ型），许多鸟类、鼠类、兔和鹿

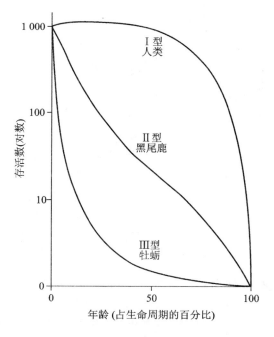

图 6.3 存活曲线的类型。Ⅰ型存活曲线代表生物接近生命周期末期时死亡率较高，Ⅲ型存活曲线代表在生命周期起始阶段死亡率较高，Ⅱ型存活曲线指在整个生命周期中死亡率较均一

的存活曲线都是这种特征的。在 II 型存活曲线中,幼年期的死亡率很高,而成年后(1 年或更老)死亡率低而稳定。

存活曲线的形状经常与亲代对后代的抚育程度或其他对后代的保护机制有关。因此,蜜蜂和鸲(它们保护其后代)的存活曲线比蝗虫和沙丁鱼(它们不保护其后代)的内凹程度更小。当然,后两种生物借助于高的产卵量得到补偿(正如前面所指出的,最大和理想出生率的比率很高)。

存活曲线的形状也经常随着种群的密度而改变。图 6.4 是加利福尼亚北美夏旱硬叶常绿灌丛的两个黑尾鹿(*Odocoileus hemionus*)种群的存活曲线。相比之下,高密度种群的存活曲线较内凹。换言之,生活于受管理地区的鹿,由于有计划的火烧使食料供应增加,生命期望较未受管理地区的鹿短,这可能是由于狩猎强度较大、种内斗争较激烈等原因。从狩猎者的角度讲,由于具有较高的可狩猎的生物密度,受管理的地区是最受欢迎的,但就鹿个体而言,密度较低的区域,寿命长的机会更高。对于人类种群也是如此,高密度并不适宜个体的生存。许多生态学家相信人类种群的快速增长和高密度对生存的威胁不像对个人的生活质量的威胁那么严重。由于医学知识的发展、营养的增加以及完善的卫生设施,人类已经极大地增加了他们自己的生态寿命。人类存活曲线是接近直角的 I 型最小死亡曲线。

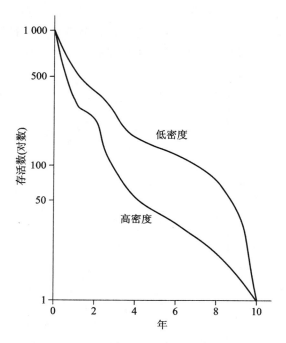

图 6.4　栖居于加利福尼亚北美夏旱硬叶常绿灌丛的两个稳定黑尾鹿(*Odocoileus hemionus*)种群的存活曲线。高密度种群(每 2.6 km² 约 64 头鹿)处于受管理的地区,在那里通过受控火烧来维持开阔的灌木和草本植被,以提供大量新生的嫩枝嫩叶。低密度种群(每 2.6 km² 约 27 头鹿)处于未受管理的地区,老的灌木已有十年未火烧(仿 Taber 和 Dasmann,1957)

为了给以后几节所讨论的种群增长的数学模型作准备,在生命表中增加特定年龄出生率(单位时间内每个生殖的雌性产生的后代;m_x),使它不再是简单的"死亡"表,这样做是很有益的。

如果将 l_x 与 m_x 相乘,并求出各年龄群的该值的总和,就得到了净生殖率(net reproductive rate),用 R_0 表示,于是:

$$R_0 = \sum l_x \cdot m_x$$

在自然界稳定的条件下,整个种群的 R_0 应该是 1 左右。例如生活于草原中的潮虫种群的 R_0 为 1.02,表示出生与死亡近似平衡。

繁殖期对种群增长及其他种群特征有巨大影响。自然选择会影响生物生活史的多种变化,并进而导致产生各种适应机制。因此,选择压力可能会在不影响生产后裔的总数的情况下改变繁殖开始的时间,或者也可能影响生产或"窝仔数"而不改变繁殖时间。这些以及许多其他问题都能通过生命表分析得以阐明。

6.1.2.6　种群的年龄分布

前面讨论的例证已经表明,年龄分布是重要的种群特征。它既影响出生率,又影响死亡率。种群中各年龄群之比率决定现有繁殖状况,并能预测种群未来趋势。通常,快速增长的种群含有大量的幼体;稳定增长的种群各年龄组的分布比较均匀;而衰退的种群有大量的老年个体,正如图 6.5 和图 6.6 的年龄金字塔所示。一个种群可以在大小不改变的情况下改变年龄结构。有证据表明,种群具有一个"正常的"或"稳定的"年龄分布,而实际年龄分布有朝这种分布变化的趋势,这是 Lotka(1925)在一定理论研究基础上首先提出来的。一旦达到稳定的年龄分布,出生率或死亡率的超常增加,只能引起暂时性变化,种群能自动回复到稳定状态。正如一个民族从密度快速增长的开拓状态到形成稳定种群的成熟状态,年轻个体的百分比下降,如图 6.6 所示。这种伴随着老龄个体增加的年龄结构的改变已经深深影响人们的生活方式和经济利益,例如卫生保健和社会保障金的花费。

图 6.6 的金字塔是基于种群内的出生和死亡数据建立起来的,它并不包括外来移民,欧洲和美国的外来移民正处于上升阶段。正如第 2 章所概述的,这种情形与生态系统输入和输出途径的重要性相类似。

在简化的形式中,年龄结构可以按照三种生态年龄来表达:繁殖前期、繁殖期和繁殖后期。这些年龄期在不同生物体中在生命周期中所占比例的相对长短变化很大。现代人的这三个年龄期相对等长,各占生命的三分之一。原始人的繁殖后期比现代人短得多。许多动物,尤其是昆虫,繁殖前期特长,繁殖期短促,而没有繁殖后期。几种蜉蝣(Ephemeridae)和生活史周期为 17 年的蝉(*Magicicada* spp.)就是经典的实例。蜉蝣的幼虫在水中发育,需要一到几年,但成虫羽化后只活几天,蝉的蛹发育极长(典型的是 13 和 17 年,Rodenhouse 等,1997),而成虫生活只短于一季。

在鸟类狩猎和动物皮毛获取方面,在狩猎季节(秋季或冬季)时,通过检查被狩猎者(或捕猎者)捕获种群的样品,从而确定一龄动物与老龄动物的比率,这个比率可以作为种群发展动向的指标。一般说来,幼体比成体比例高,如图 6.5B 图的底部,表示繁殖季中繁殖成功率高,如果幼体的死亡不很大,次年会出现更大的种群。

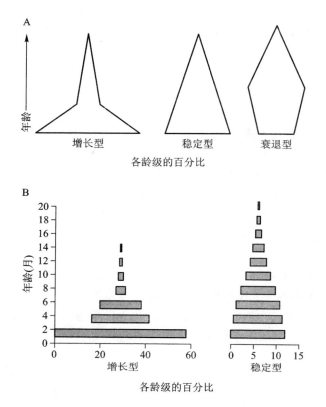

图 6.5　年龄金字塔。(A) 代表种群中幼体所占的百分比分别为大、中、小的三类年龄金字塔。(B) 实验种群田鼠(*Microtus agrestis*) 的年龄金字塔, 左侧是在无限制环境中呈指数增长的情况, 右侧是出生率与死亡率相等的情况(数据引自: Leslie 和 Ranson, 1940)

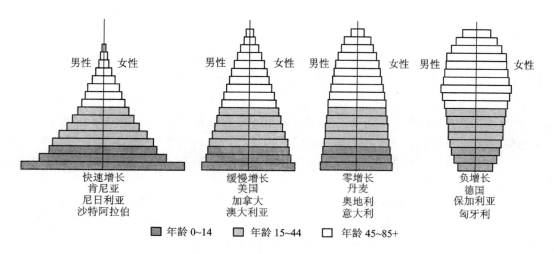

图 6.6　不同人类种群的人口年龄金字塔(数据源自: 人口资料局)

　　潜在出生率极高的鱼类种群中,反复观察到优势年龄组(dominant age class)。由于卵和鱼苗在某年有不寻常的高存活率,出现一个很大的年龄组,以后几年的繁殖都受到抑制。如图6.7 所示的 Hjort 对北海鲱鱼的早期研究数据提供了经典的例证(Hjort,1926)。1904 年出生的年龄组,成了从 1909 年开始(当时这个年龄组是 5 龄,鱼体已经很大,渔业用网具已能有效地捕获)直到 1918 年(即达到 14 龄,这个年龄组的鱼仍然在数量上超过其他更幼龄的年龄

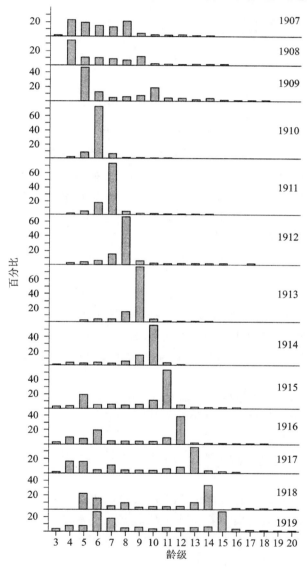

图 6.7　1907 年到 1919 年,北海商业捕捞的鲱鱼的年龄分布,表明优势年龄组现象。1904 年出生的年龄组数量特别大,在许多年的种群中占优势。因为 5 龄以内的鱼,渔业用网捕捞不到,因此在 1909 年前的捕捞中未出现 1904 年的年龄组。年龄根据鳞片上的生长环来鉴定,生长环每年形成的方式和树的年轮一样(仿 Hjort,1926)

组)捕获中优势组。这种情形导致总的捕捞量会存在某种循环或脉动,在 1909 年的高捕捞量后有连续多年的低捕捞量,这是因为在被其他年龄级所取代之前,优势年龄组走向衰落。鱼类生物学家继续不断研究,概括到底什么环境条件,例如厄尔尼诺(El Niño)决定了这种异乎寻常的,却又时而能遇见的高存活率。

6.2 有关率的基本概念

6.2.1 概述

种群是不断变化的。即使当群落和生态系统从表面上看来不变的时候,密度、出生率、存活率、年龄结构、生长速率和其他一些构成种群的特征通常像物种一样随季节、物理制约因子和彼此相互作用而不断变化调整。研究种群中生物相对数量的变化和解释这些变化的影响因素称为种群动态(population dynamics)。因此,与某一时刻种群的绝对大小和结构相比,生态学家通常对种群如何和以什么速率发生变化更感兴趣。微积分是(部分)研究"率"的数学分支学科,因此已成为种群生态学研究的重要工具。

6.2.2 解释

所谓率(rate),就是以变化量除以发生变化的时间,因此,率这个术语是表示某种改变随时间变化的速度。例如,汽车每小时行驶的千米数就是速率,每年出生的数目就是出生率。"每"的意思就是"除以",正如第 3 章所讨论的,产量是一种"率",而不是一种恒定的量,例如现存作物的生物量。

为了方便起见,习惯把某事物的改变简写,即在代表改变着的事物的字母前加上改变符号"Δ"。例如,如果 N 表示有机体的数量,t 表示时间,那么

ΔN = 有机体数量的改变。

$\Delta N/\Delta t$ = 单位时间中有机体数量改变的平均速率(即数量改变除以时间),这就是种群的增长率。

$\Delta N/N\Delta t$ = 在单位时间单位有机体的有机体数量的平均改变速率(即增长率除以初始时具有的有机体数量,或除以某时期中有机体平均数量),常称为比增长率,它在比较不同大小的种群时很有用,如果把比增长率乘以 100(即 $\Delta N/(N\Delta t)\times100$),就成为百分比增长率。

通常,我们不仅关注某段时间的平均速率,还关注某时间段的理论上的瞬时率(即当 Δt 趋近于零时的变化率)。用微分学语言,当讨论瞬时率时,用字母 d(导数的符号)代表 Δ。这样上面的表示法就变成:

dN/dt = 在某一瞬时有机体数目在单位时间的变化率;

dN/Ndt = 在某一瞬时有机体数目在单位时间平均每个个体的变化率。

在增长曲线上,任何一点的斜率(直线正切)就是增长率。例如图 6.8 中假定的种群,增长率大约在第 8 周达到最大值,而在第 16 周后变成零。增长速率最大的点被称为拐点(point of inflection)。$\Delta N/\Delta t$ 的表示法,用于一般目的的计量模型,而 dN/dt 则是对模型进行严格的数学处理时所必需的。

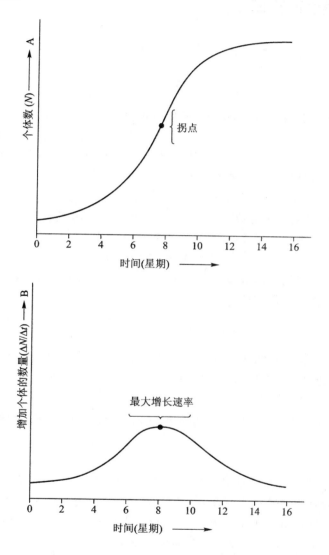

图 6.8　(A)种群生长曲线,和(B)假定同一种群在相同时间间隔内的速率增加的生长曲线。曲线 A 阐明种群密度(单位面积的个体数量)随时间的变化,而曲线 B 说明同一种群变化速率(单位时间增加的个体数)随时间的变化

　　瞬时率 dN/dt 不能直接测量,$dN/(Ndt)$ 也不能直接从种群统计中计算出来。当然,可以以很短时间间隔作种群统计,用线连接所有点,并确定哪种方程式最能拟合实际的增长曲线,

从而估计出瞬时率。如种群增长曲线的类型是已知的,正如 6.4 节所讲述的,那么瞬时速率就可以通过方程式来计算。

6.3　内禀自然增长率

6.3.1　概述

当环境是无限的(空间、食物或其他有机体等都没有限制性影响),比增长率(即每个个体的种群生长率)会表现为现有小气候条件下的恒定、最大。在这种有利的条件下,生长率的数值呈现出特定的种群年龄结构,也是种群增长的固有能力的唯一指标,它可以用符号 r 表示。 r 是种群在无限制环境的特定自然条件下,种群增长的微分方程中的指数:

$$dN/dt = rN \tag{1}$$

这与第 2 节所用的形式相同。参数 r 可以认为是种群增长瞬时系数(instantaneous coefficient of population growth)。用微积分运算,可以得出指数积分形式:

$$N_t = N_0 e^{rt} \tag{2}$$

这里 N_0 代表时间为 0 时的个体数量, N_t 代表时间为 t 时的数量,e 是自然对数的底。等号两侧同时取自然对数,就可以将方程转化为实际计算的形式,即:

$$\ln N_t = \ln N_0 + rt;\ \text{或}\ r = \frac{\ln N_t - \ln N_0}{t} \tag{3}$$

应用这个式子,只要进行两次种群大小的测量,就可以计算出指数 r(N_0 和 N_t,或者在种群无限制增长期中任取两个时间 N_{t_1} 和 N_{t_2},用 N_{t_1} 和 N_{t_2} 代替前面的式子中的 N_0 和 N_t,而 $t_2 - t_1$ 代替 t)。

指数 r 实际上是瞬时特定出生率 b(单位时间每个个体的出生率)和瞬时死亡率 d 之间的差,因此表示为:

$$r = b - d \tag{4}$$

在无限制环境条件下,种群总增长率(r),取决于年龄分布和各年龄群的比增长率。因此,同一物种可能会随种群结构不同而有几个 r 值。当年龄分布稳定不变时,此时比增长率称为内禀自然增长率(intrinsic rate of natural increase)或 r_{max}。 r 最大值常被表达为生物潜能或繁殖潜能(reproductive potential),一个不太精确但广泛应用的表达。最大值 r 或生物潜能,与现实实验室或野外条件下测得的增长速率之间的差,常被看作为环境阻力(environmental resistance)的量度,这里环境阻力是妨碍生物潜能实现的环境限制因子的总和。

6.3.2　解释

出生率、死亡率和年龄分布都很重要,但是单独每个指标几乎不能阐述如下信息,如种群整体数量是如何增加的,在不同条件下会发生什么改变,以及与日常相比较最好的可能性是怎样的等。Chapman(1928)提出生物潜能这个概念来描述最大的繁殖力。他定义生物潜能(biotic potential)为一个有机体繁殖、生存、……、增加数量的固有特性。它是每次繁殖产生的幼体数量、一定时间段的繁殖次数、性比和给定自然条件的一般存活能力的代数和。基于这个广义定义,不同人对生物潜能这个概念有不同的理解。有些人认为,生物潜能是蕴藏在种群中的一种模糊的繁殖力,幸运的是由于环境的作用,生物潜能可能永远也不能完全表现出来(如果不加限制,几年里一对苍蝇繁殖产生的后代重量将比地球还重)。另一些人认为,生物潜能是简单的,具体到繁殖能力最强的个体产生的卵、种子和孢子等的最大数量,但这从种群角度上讲是意义不大,因为大部分种群中的个体都不能达到最大产量。

Lotka(1925)、Dublin 和 Lotka(1925)、Leslie 和 Ranson(1940)、Birch(1948)等人把生物潜能这个广义概念,转化成任何情况下都容易理解的数学表达。Birch(1948)对此进行了很好表达:"如果 Chapman 提出的生物潜能用一个唯一的指标来定量化表达,那么参数 r 似乎是可以采用的最有效的量度标准,因为它表示动物在无限制环境中的内禀增长力"。在遗传意义上,指数 r 也经常用于定量表示"繁殖适合度",这将在后文中提到。

从第 2 节讨论的增长曲线来说,r 是种群指数型增长的比增长率($\Delta N/N\Delta t$)。在这一节概述中所述的方程式 3 是一个直线方程。因此,r 值能通过绘图获得。在对数或半对数纸上作增长图,以种群数量的对数对时间,如果增长是指数型的,就会得到一条直线,r 是直线的斜率。斜率越陡,内禀增长率就越高。生物潜能差异很大,值得强调的是,如果指数增长率持续增加,这时生物潜能表达为种群倍增的次数或表达为种群加倍所需的时间。在最适宜的实验室条件下,粉甲虫的最大内禀率的重复时间不到一个星期(Leslie 和 Park,1949)。

1999 年 10 月期间,世界人口达到了 60 亿,到 2025 年有望达到 80.4 亿(Bongaarts,1998)。联合国预计世界人口将从 2000 年的 61 亿增加到 2050 的 93 亿(L. R. Brown,2001)。世界人口总数将很有可能超过地球所能容纳的生命容量,在 21 世纪的某个时间人口总数将停止增长,有望出现一段时间的负增长,从而达到一种优化态而非最大承载力(Barrett 和 Odum,2000;Lutz 等,2001),在本章后面的内容中我们将继续讨论这种预测。

当食物充足、没有拥挤效应、没有天敌等条件下,自然种群在短期内往往表现出指数型增长,创造一种"爆炸"模式。在这种条件下,即使每个有机体具有与从前相同的繁殖速度,即特定增长率是恒定的,整个种群还是以惊人的速率扩张。浮游生物(大量繁殖引起的)水华(前面章节提到的)、病虫害的暴发和细菌在新培养基中的生长等,这些都可能是指数型增长的例子。显而易见,这种指数型增长不可能持续很长时间,通常这是绝对不可能实现的。种群内的相互作用以及外部环境的阻力都将迅速降低增长率,并以在各种途径来改变种群增长的特性上起到部分作用。

6.4 环境承载力的概念

6.4.1 概述

种群的增长都具有特征,可以称为种群增长型。为了比较,根据增长曲线的形状,可以将种群增长分为两个基本型,即 J−型增长和 S−型增长。在 J−型增长(J−shaped growth form)中,密度呈指数快速增加(如图 6.9A 所示),然后当环境阻力或其他限制因子或多或少地突然发生有效影响时,密度增长突然地停止。这种增长型可以用简单模型代表,即前节所述的指数方程式:

$$\frac{dN}{dt} = rN$$

在 S−型增长(sigmoid 或 S−shaped growth form)中(图 6.9B),在开始的时候种群增长较为缓慢(建立期或正加速期),然后加快(可能接近于对数期),但不久后,由于环境阻力按百分比增加,增长也就逐渐降低(负加速期),直至达到平衡状态并维持下去。这种增长型,可以用简单的逻辑斯谛模型代表:

$$\frac{dN}{dt} = rN \times \frac{K - N}{K}$$

种群增长的最高水平(即超过此水平种群不再增长)在方程式中以常数 K 来代表,称为 S−型曲线的上渐近线,或称为最大承载力(maximum carrying capacity)(详见 Barrett 和 Odum,2000)。

6.4.2 解释

当少数个体引入或进入一个未占据区域时(如一个生长季的开始),常常可以观察到种群增长型的特征模式。进行算术作图时,代表种群增长的一部分曲线,常常呈 J−型或 S−型(图 6.9A 和图 6.9 B)。有趣的是,种群增长的这两种基本型,类似于在生物个体中已经描述的两种代谢或生长型。这些生长和发育的模式阐明了跨各个组织水平的过程(Barrett 等,1997)。但是,正如第 2 章中所强调的,对于种群及以上层次的增长是没有定点控制的,因而可能超过 K 值。

前面给出的描述 J−型增长的简单模型(即上述的方程式),与 6.3 节讨论的指数方程是一样的,只不过对前者的 N 作了一个限制。当种群的资源枯竭(如食物或空间),或者受突然的霜冻或其他季节因素的影响,或者是生殖季节突然终止时,相对地无限制的增长会突然停止。当 N 到达上限时,密度可能继续在此水平上保留一段时间,但更常见的是立即迅速下降,并形成了密度的松弛振动(盛衰)模式。这种短期的模式是自然界中许多种群的特征,例如藻华、一年生植物、某些昆虫、可能还有冻原的旅鼠。

以密度和时间作图时,另一种常见的增长型是 S−型增长。随着种群密度的增加,不利因素的作用(环境阻力或负反馈)不断增大,这样就形成了 S−型曲线,不像 J−型曲线,后者的负

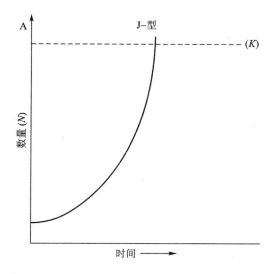

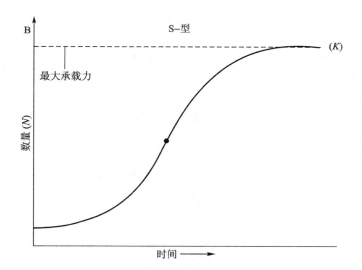

图 6.9 （A）J - 型（指数的）和（B）S - 型增长曲线的假定实例

反馈一直延迟到接近增长末期才起作用。在简单的情况下,不利因素与密度的关系可能是直线关系。这种增长型被称为逻辑斯谛型,并且遵循逻辑斯谛方程,是 S - 型增长模型的一个基础。逻辑斯谛方程是由 P. E. Verhulst(1838)年首先提出的,被 Lotka(1925)年广泛应用,并被 Pearl 和 Reed(1930)"再次"发现。

逻辑斯谛方程有几种不同的表达形式;三种通用形式,外加一种积分形式,如下:

$$\frac{\mathrm{d}N}{\mathrm{d}t} = rN \times \frac{K - N}{K} \text{或}$$

$$\frac{\mathrm{d}N}{\mathrm{d}t} = rN - \left(\frac{r}{K} \right) N^2 \text{ 或}$$

$$\frac{dN}{dt} = rN\left(1 - \frac{N}{K}\right) \text{和积分形式}$$

$$N_t = \frac{K}{1 + e^{a-n}}$$

其中,dN/dt 是种群增长率(单位时间个体数量的改变),r 是比增长率或内禀增长率(第 3 章讨论的),N 是种群的大小(个体的数量),a 是积分常数,它决定曲线离原点的位置,K 是可能出现的最大种群数(上渐近线)或承载力。

这个方程式与前节所述的指数方程没有什么区别,只不过是增加了$(K-N)/K$、$(r/K)N^2$ 或$(1-N/K)$三种表达之一。后面这三个式子是三种表示环境阻力(environmental resistance)的方式,这个环境阻力是由种群增长本身所带来的,并且随着种群数量逐渐接近最大容纳量,潜在的生殖率也就越来越小。用语言形式表示逻辑斯谛方程式就是:

种群增长率 = [最大可能增长率   ×   最大增长实现程度

（无限制的比增长率）×   或

种群大小]   －   未实现的增长

这个简单模型包括三个组分:增长率常数(r)、种群大小(N)和种群未利用的剩余空间$(1-N/K)$。虽然相当多的种群,如微生物、植物和动物的种群生长,包括实验种群和自然种群,已证明是 S – 型的增长,但是这并不意味着这些种群的增长必然遵循逻辑斯谛方程。正如Wiegert(1974)指出的,逻辑斯谛方程代表一种最小的 S – 型生长,空间和资源的限制作用出现在生长初始阶段时。在多数实例中,我们认为生长开始并没有受到限制,而是当密度逐渐增大时种群数量缓慢下降。图 6.10 说明了逻辑斯谛生长型(最低)和指数生长型(最高)。大多数的种群经历的是中间型。

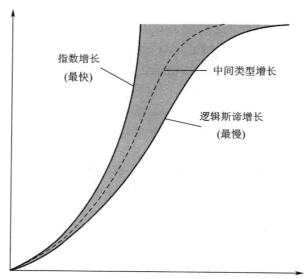

图 6.10   表明任意种群理论上的上限(指数的)和下限(逻辑斯谛的)生长型的曲线,并且最大生长速率和最小维持密度相同。曲线间的阴影面积代表大多数种群所经历的生长型的面积(仿 Wiegert, 1974)

　　高等动植物的种群有复杂的生活史和长时间的个体发育过程,密度的增加和限制因子的影响可能会发生延迟。在这种情况下形成更凹的增长曲线(需要更长时间才能使出生率成为有效的)。在许多此类情况下,种群总是要"越过"上渐近线,在停留于最大承载力水平以前经历波动,如图6.11。Barrett 和 Odum(2000)列出两种类型的逻辑斯蒂增长,一种达到最大承载力,另一种达到最适承载力。最大承载力(maximum carrying capacity,K_m)是某个特定生境的资源所能维持的最大密度。最适承载力(optimum carrying capacity,K_o)是在某个特定生境中,食物或空间等相关资源(质化而非量化参数)没有用尽时所能维持的较小密度。我们预测(Barrett 和 Odum,2000)人类种群将在 21 世纪遵循第二种增长模式。

　　逻辑斯谛方程的修正包括两种时滞:① 当条件有利时,有机体开始增加所需的时间,② 有机体通过改变出生率和死亡率响应不利的拥挤情况所需的时间。图6.12 所示的是广义的逻辑斯谛生长曲线,包括时滞、逻辑斯谛增长阶段、拐点、环境阻力和环境承载力几个阶段。时滞阶段(lag phase)表示一个种群适应环境所需的必要时间延迟。例如,在一个新的环境中的小型哺乳动物在繁殖成功之前需要建造洞穴;鱼进入新的池塘或水槽内,在开始最大化繁殖比以前,它们必须适应水的化学性质。一旦种群适应了新的环境,食物、盖度、空间等资源都是充足的,这些种群就会以指数(对数的)增长形式繁殖。最大增长速率称为拐点。人口统计学家和种群生态学家试图测定拐点位置,因为在逻辑斯谛生长曲线上,超过这个点增长速率就开始下降(而在这个点之前则是增加的)。减速的原因是由于环境中的某种资源或一系列资源受到限制。这种由于资源受限而导致的种群生长减慢被称为 S-型生长曲线的环境阻力阶段

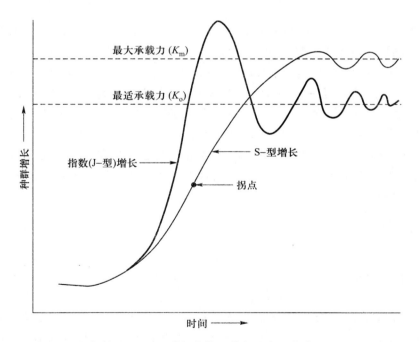

图 6.11　对比 S-型和指数型(J-型)增长趋势及其与最大承载力(K_m)、最适承载力(K_o)的关系(引自 Barrett G W, Odum E P. 2000. 21 世纪:世界的承载力. 生物科学,50:363-368)

（environmental resistance phase）。最后,种群达到环境承载力阶段,在这个阶段种群的增长率为零,种群密度达到最大,如图 6.11 和图 6.12。人类数量还没有达到全球范围的容纳量,虽然有证据表明 21 世纪人类将会达到环境承载力（Lutz 等,2001）。

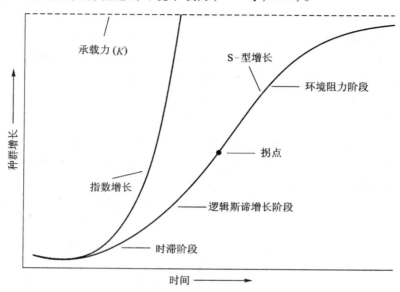

图 6.12   阐述修正的 S - 型生长曲线的不同阶段

快速增长的城市,由于对外部能源、食物、水和其他生命支撑（自然资本）的依赖性很大,最容易发生不同程度地大起大落,这取决于输入因子和居民与政府所能预见未来状况和提前筹划的程度。因此在城市增长的早期阶段,经济条件是比较有利的（空间和资源充足且廉价）,而且服务的需求（水、污水处理、街道、学校等）较小,人口增长快速（移民者进入是增加的主要原因）,表现正如 J - 型增长模式。一段时间以后（时滞）,住房和学校开始拥挤,服务的需求增加,税收增加以满足不断增加的维护成本,由于总体规模不经济而开始衰落。在缺乏早期负反馈的情况下,例如缺乏合理的土地利用计划、城市相对自己的生存扩张太快,随后面临衰退的危险。因此,为了指导可持续发展道路,需要将经济学的承载力与生态学的承载力概念相结合（L. R. Brown,2001）。

6.4.3   实例

简单的逻辑斯谛增长可能限于体形小的或那些生活史简单生物,即使如此,当大型生物引入到一个以前未占领的岛屿时,也能观察到 S - 型增长模式。例如,引入到塔斯马尼亚岛的绵羊种群的增长（Davidson,1938）,引入到华盛顿的普吉特湾的一个岛屿上的野鸡种群的增长（Einarsen,1945）,或引入到有围栏的高质量生境中的小型哺乳动物种群的增长（Barrett,1968;Stueck 和 Barrett,1978;Barrett,1988）。

种群是开放的系统。种群扩散(population dispersal)——个体或其传播体(种子、孢子和幼体等)进入或离开种群和种群栖息区域的运动。除出生率和死亡率以外,扩散也影响种群的密度和增长型。迁出(emigration)——个体离开的单向运动,采取与死亡率相同的方式影响增长型;迁入(immigration)——个体进入的单向运动,与出生率作用相同。迁徙(migration)——周期性的离开和返回,季节性地补充出生率和死亡率。屏障、个体或传播体固有的运动能力以及散布力(vagility)对扩散的影响较大。当然,扩散是占领"无人区",及保持复合种群的手段。扩散同样还在基因流和物种形成过程中发挥重要作用。小型生物和被动的繁殖体,其散布通常遵循指数规律,即随着距扩散源的距离增大,密度等倍地降低。大型、活跃的动物,其扩散遵循另一种形式,可能是"定距离"的扩散、正态分布型的扩散或其他形式。Mills 等(1975)对大型褐色蝙蝠(*Eptesicus fuscus*)的研究表明,其种群扩散为随机扩散,并有向南迁移的趋势。在 8 km(5 英里)之内,扩散是不定向的(一只带环标记的蝙蝠在任意方向的任意点重新捕获的机会是相同的),但是超出这个距离,扩散明显有方向且朝南。关于种群扩散的专论,见 MacArthur 和 Wilson(1967)、Stenseth 和 Lidicker(1992)以及 Barrett 和 Peles(1999)。

6.5 种群波动和周期性振荡

6.5.1 概述

当种群完成它的增长期,在较长时间内 $\Delta N/\Delta t$ 平均为零时,种群密度倾向于在承载力水平做上下波动,这是因为种群受到不同形式的反馈调节影响而非定点控制。某些种群,特别是昆虫、外来植物种和有害物通常是入侵性的,也就是说它们以一种不可预测的盛衰模式发生数量上的大爆发。通常,这种波动是由可利用资源的季节性或年变化引起的,但它们可能是随机的。某些种群也会有规律的波动,被划为周期性振荡的种群。

6.5.2 解释

在自然界中,区别以下两种波动是很重要的:① 种群数量的季节消长,主要是受生活史的适应性变化和环境因素的季节变化所调节的;② 年变动。为着分析的方便,可以把年变动分为两类:① 主要受外因(extrinsic factors)(例如温度和降雨)的年差异所控制的波动,外因不属于种群相互作用范围;② 内因(intrinsic factors)(例如可利用的食物、能量,疾病或捕食等生物因子)导致的振荡,主要受种群动态本身所控制。在许多情况下,种群在不同年间丰富度的改变似乎明显地与一个或多个外部限制因子有关,但是某些物种在相对丰富度上表现出规律性(不依赖于明显的环境因子),周期性这个术语看来是合适的(表现出这种种群数量有规律变化的物种,常称为周期性物种)。解释这种周期性理论的实例将在本章随后的部分阐述。

正如前面章节所强调的,种群会修正和补偿自然因子的干扰。然而,由于缺少定点控制,这种成熟系统的平衡不存在稳定阶段,而是处于动态平衡,在理论上具有变动的波动振幅。群落越高度组织、越成熟,或物理环境越稳定,或两者都具备,种群密度在一段时间内的波动振幅就越低。

6.5.3　实例

大家都熟知种群大小的季节变化。我们能够预计,一年之中什么时间蚊虫繁多,什么时间森林鸟类丰富,什么时间田间豚草属杂草遍地;而在其他季节,这些生物种群可能衰落到几乎等于零。自然界中一些动物、微生物和草本植物的种群不存在季节变化,很难发现其季节消长,但最明显的季节波动发生在那些繁殖季节有限制,尤其是生活史短促和具有明显季节扩散的种类(例如候鸟)中。

种群密度波动的入侵模式的实例出现在 1959—1960 年,当时美国加利福尼亚州的野生家鼠(*Mus musculus*)种群突发两倍,如图 6.13 所示(Pearson,1963)。人们对这些偶然的、通常不可预知的种群入侵的了解仍很少,但估计可能是由于众多有利环境(如气候、充足的食物资源、植被覆盖降低了捕食)聚集到一起引起种群的大爆发。有时,入侵者覆盖较大的地理或景观面积,引起生态学家致力于种群调节的一般理论的研究(将在本章的后面部分讨论)。

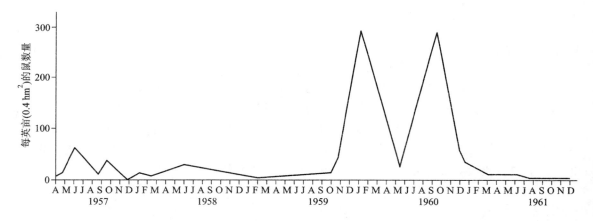

图 6.13　在 1959 到 1960 年,加利福尼亚州的野生家鼠(*Mus musculus*)种群的突发(根据 Pearson,1963 修改)

最为人们所熟知规则的“大循环”的例子是北方的某些哺乳动物和鸟所经历的 9～10 年或 3～4 年的周期性振荡。经典的例子是雪兔(*Lepus americanus*)和猞猁(*Felis lynx*)的 9～10 年的振荡,如图 6.14 所示。图 6.15 描述的是具夏季和冬季毛皮的雪兔。加拿大的哈德逊湾公司自 1800 年以来,保存了每年猎捕的毛皮记录。对这些记录所做的图,表明在这个很长的时间中,猞猁的种群每隔 9～10 年(平均 9.6 年)有一数量峰值。高峰以后,紧接着是迅速下降,几年中猞猁数量稀少。雪兔种群(图 6.15)也有同样的周期,但其丰度峰值通常出现在猞猁的峰值前一年或更早一些(Keith 和 Windberg,1978;Keith 等,1984;Keith,1990)。因为猞猁主要以雪兔为食,所以,捕食者的周期显然与猎物的周期相关。然而,这两个周期不是严格的捕食者－猎物之间的因果联系,因为在没有猞猁的地区,雪兔也有周期性。因此雪兔的周期性显然是捕食和食物供给相互作用的结果(Krebs 等,1995;Krebs,Boonstra 等,2001;Krebs,Boutin等,2001)。

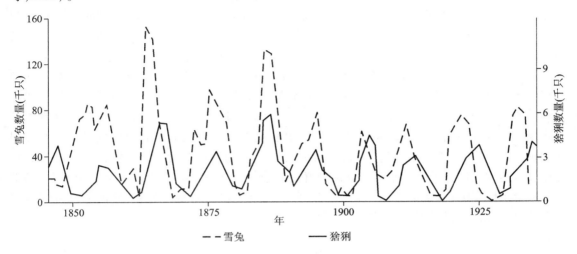

图 6.14 雪兔(*Lepus americanus*)和猞猁(*Felis lynx*)的丰度波动,根据哈德逊湾公司所收购的毛皮数量来估测(根据 MacLulich,1937 和 Keith,1963 重绘)

图 6.15 雪兔(*Lepus americanus*)(A)夏季和(B)冬季的毛皮。雪兔毛皮从夏季的棕色到冬季的白色的转变是受光周期的控制,而不是受温度控制

较短的 3～4 年的周期是许多北方鼠类(旅鼠、姬鼠、田鼠)及其捕食者(尤其是雪鸮和狐)的特征。苔原带的旅鼠和北极狐(*Alopex lagopus*)、雪鸮(*Nyctea scandiaca*)的周期性是 Elton(1942)最早报道的。每隔 3 或 4 年,在两个大陆的广袤的北部苔原地区,旅鼠(包括旅鼠属[*Lemmus*]的两个欧亚种和一个北美种,还有北美的环颈旅鼠属[*Dicrostonyx*]的一个种)数量特别多,但通常只经一个季节就迅速下降。随着猎物的增加,北极狐和雪鸮的数量也迅速上升,但不久也会下降。在衰退年间,雪鸮可能向南迁移到美国找食。这种突发性的多余的鸟迁

移显然是单向的运动,几乎没有一只雪鸮会北归。这种扩散运动导致苔原带的雪鸮种群剧烈下降。这种周期波动如此有规律以至于美国的鸟类学家可以算出每隔 3~4 年会有一次雪鸮的入侵。因为这种鸟很易被发现,城市附近到处都有,吸引了很多人的注意,报刊上也有它的图片。在两次入侵之间,北美和加拿大南部的冬季几乎很难见到雪鸮。Shelford (1943) 和 Gross(1947)分析了雪鸮的入侵记录,指出这与雪鸮的主要食物,即旅鼠丰度的周期性下降是相一致的。

在欧洲,旅鼠在密度周期的高峰期丰度很高,以致有时可能从其高度拥挤的栖息处向四周迁移,Elton(1942)生动地描述过在挪威的旅鼠的"迁移"。与雪兔相同,旅鼠和野鼠的周期性也是受捕食者或资源(食物)驱动的。有趣的是,如图 6.16 所示,主要原因可以通过波动的形状来确定。食物驱动的旅鼠周期性是尖峰型的,而捕食者驱动的北部野鼠的周期性是圆峰型的(Turchin 等,2000)。旅鼠显然以苔原带的再生缓慢的苔藓为食(特别在冬季的积雪下)。在捕食者达到足够大的密度来捕杀旅鼠种群之前,旅鼠就已耗尽了一年中所供给的食物,随后种群数量下降(因此是尖峰型)。相比之下,野鼠以再生较快的树叶为食,从而捕食者需要两或更多年才能使野鼠种群减小(因此是圆峰型)。

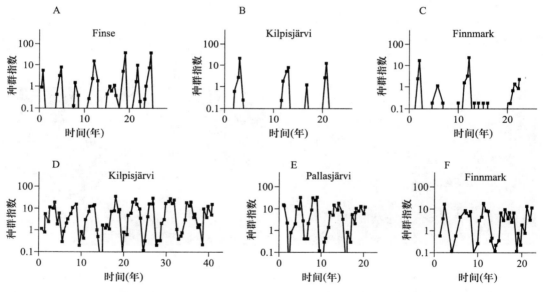

图 6.16 在斯堪的纳维亚的 4 个地点的旅鼠(A,B,C)种群和野鼠(D,E,F)种群的周期性。相对于捕食者驱动的野鼠的周期性来说,资源驱动的旅鼠的周期性峰型更尖(引自:Turchin P, Oksanen L, Ekerholm P, Oksanen T, Henttonen H. 2000. 旅鼠是捕食者还是被捕食者? 自然,405:562 – 565)

总之,我们认为驱使种群波动的最本质原因是捕食者或资源或两者同时存在。在自然环境极端,并且捕食者、被捕食者多样性和资源较低的地区,在北部会发生超常的脉冲。因此,旅鼠的迁移运动,也像雪鸮的暴发性增长一样,是单向性的。这种壮观的旅鼠迁移并不是发生在每隔 4 年的密度峰值期间,而是仅出现在异常高峰期。当种群数量平息下来时,通常不会有动物从苔原或山区迁移。

在欧洲森林,对具有明显波动现象的食叶性昆虫的长期统计记录表明英国松树林内的松尺蛾(*Bupalus piniaria*)有 6~7 年的周期性(Barbour,1985)。有趣的是,松毛虫在有些地方的周期性较短,而其他地方又较长,这是宿主–寄生虫与尖刺姬蜂(*Dusona oxyacanthae*)相互作用的结果。这类明显的周期性主要见于北部的森林,尤其是纯针叶林。密度变动范围可以达到 5 个数量级(对数周期),从每 1 000 m² 低于 1 个到超过 1 万个(图 6.17)。不难想象,每 1 000 m² 可能产生 1 万只蛾,它们所产生的幼虫足以吃光全部树叶,甚至使树木死亡,这也是常发生的情形。食叶幼虫的周期性不如雪兔种群的波动有规律,各种松毛虫的周期性也不是同步的。

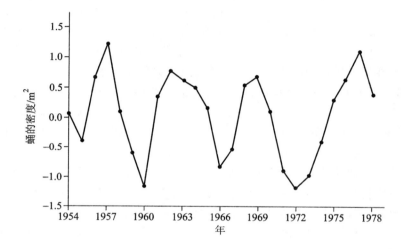

图 6.17　在英国 Tentsmuir 的松毛虫(*Bupalus piniaria*)每平方米蛹密度的年估测值
(仿 Barbour, 1985)。数据基于在平衡密度 0.0(1 个蛹/m²)附近波动的对数值

北美北部的云杉卷叶蛾(*Choristoneura fumiferana*)和黄褐天幕毛虫(*Malacosoma*)的周期性大爆发也是同样类型的实例。Wellington(1957,1960)对黄褐天幕毛虫进行了研究,Ludwig 等(1978)和 Holling(1980)云杉卷叶蛾进行了研究。

卷叶蛾的周期性在整个生态系统水平也很明显,因为食叶昆虫的寄生虫和捕食者以及纯针叶林(云杉和香脂冷杉)经常是相互联系、共同进化的。森林生物量增加的同时,高大的老树更容易受到增加的卷叶蛾的攻击,许多树由于持续落叶而死亡。树木的死亡和分解以及昆虫的粪便将营养返回到森林植被中。较少受到攻击的幼树从郁蔽胁迫中解脱出来,快速生长,在几年里形成新的冠层。在这段时间,寄生虫和捕食昆虫的鸟一起作用降低了卷叶蛾的生态密度。从长远观点来看,卷叶蛾是周期性更新针叶林生态系统的一个集成组分。如果仅仅在周期性的峰值观察到已死或正死的树木似乎并不是大的灾难。

事实上,在研究了中欧山松大小蠹(*Dendroctonus ponderosae*)在扭枝松(*Pinus contorta*)林中的功能之后,Peterman(1978)认为甲虫创造了低海拔地区以花旗松(*Pseudotsuga menziesii*)为优势种的森林。这种森林对人类来说要比茂密的黑松林更有用,茂密黑松林的木材、野生动物以及供人们消遣娱乐的价值都很小。Peterman 更愿我们把甲虫看成管理工具而非害虫,他认为在孤立的森林中,让甲虫种群周期性爆发来执行它自己的功能是很有益的行为,这样能加速生态演替。当然这种观点与传统的森林病害管理相冲突,传统的管理方法是当昆虫的密度高到足以彻底毁掉树木的程度时,尝试控制昆虫。一个替代性的对策可能只是在甲虫或蚜虫去除老树之前将其刈割掉就可以了。目前这是非常实用的方法,发展了预测昆虫可能爆发时间的模型。周期性的暴风雨与昆虫行使同样的功能,暴风雨能摧毁古老、茂密的高山森林,使幼树和经常在山腰摇动的老树交错存在。

在所有昆虫种群波动中,最为人们所熟悉的是飞蝗和蝗虫。欧亚大陆还在古代就有飞蝗(*Locusta migratoria*)大发生的记录(J. R. Carpenter,1940),飞蝗在大多数年份生活在荒漠或半干旱地区,不迁移,不危害作物,也不引人注意。但是,每隔一段时间,飞蝗种群密度会增加到惊人的程度。周期性的干旱也会使个体拥挤在有限的空间内。对反复"撞击"的触觉响应会使得雄性和雌性生产迁移的后代。人类活动如改变耕作和牲畜过牧都会增加而非减少蝗虫爆发的机会,因为植被的镶嵌性和裸露地(蝗虫在此产卵)有利于种群呈指数式增长。这种种群爆发是由环境不稳定性和简单性所导致的。像旅鼠一样,并非每次种群高峰都产生迁移,因此,蝗灾的频率不一定能代表密度波动的真正周期,即使如此,从 1695—1895 年的记录表明至少每隔 40 年就有一次飞蝗大爆发。

这种激烈的大周期性波动具有两个引人注目的特征:① 从上面所举实例可以证实,这种波动在北部地区比较简单的生态系统和人工维护的单一栽培森林中表现最明显;② 尽管丰富度峰值可能在大面积范围内同时发生,但是同种生物在不同地区的高峰并不总是一致。从各个组织层次解释大周期性波动的理论已经得到了不断发展,下面是关于这些理论的简要概述。

6.5.3.1   外因理论

各种将种群密度周期性波动与气候因子联系起来的尝试都未获得成功(MacLulich, 1937)。Palmgren(1949)和 Cole(1951 , 1954)认为,生物和非生物因子的随机变异能够引起有规律的波动。Lidicker(1988)建议种群生态学家采用一种多因子模型来了解有多少内因和外因相互作用来解释种群密度的变化。

某些物种确实受气候因子的调控。例如,在美国南部亚利桑那州的鹌鹑(*Callipepla gambelii*)种群的丰富度和冬季降雨存在一定关系(Sowls,1960)。鹌鹑在晚冬和早春需要丰富的高质量的植被和盖度为其繁殖提供必要的营养。在降雨量较低的年份,没有充足的高质量的植被,大多数鸟不能繁殖。因此,沙漠的鹌鹑能够成功繁殖反映了对降雨量的一种非密度制约响应(更多关于种群调节的密度制约和非密度制约因子的叙述见第六节)。

由于积雪和大风雪条件引起北部的山齿鹑(*Colinus virginianus*)大量死亡,这是外因调节种群数量的例子(Errington,1945)。Errington(1963)也指出麝鼠(*Ondatra zibethicus*)种群丰富度受干旱条件影响,因为麝鼠需要保护高质量食物区附近的河床上的洞穴。周期性的干旱使麝鼠放弃这些洞穴并寻找新穴,因此增加了被捕食者攻击的机会。

这些例子表明气候因子如何影响植物和动物密度以及作为种群调节的外因机制。当气候(外部的)因子不论是随机的或不随机的,被证明不是激烈波动的主要导致原因时,就要从种群本身的内部寻找原因(内因)。

6.5.3.2 内因理论

依据从医学上的 Hans Selye 胁迫学说(即一般适应综合征学说),John J. Christian 和他的助手(见 Christian,1950,1963;Christian 和 Davis,1964)搜集了许多野外的和室内的证据,证明拥挤引起高等脊椎动物肾上腺增大。肾上腺增大是神经 - 内分泌平衡改变的症状,反过来它导致行为、生殖潜力及对疾病或其他胁迫的抵抗能力都有所改变。这些改变常综合在一起,引起种群密度的急剧下降。这个理论经常被称为肾上腺 - 垂体反馈假说。

20 世纪 60 至 70 年代,Chitty(1960,1967),Kreb 和 Myers(1974)以及 Krebs(1978)提出田鼠的遗传漂变导致了攻击行为和生存力在周期中各个不同阶段的差异(图 6.18A),这与黄褐天幕毛虫中存在强和弱的种族状况相似(Wellington,1960)。

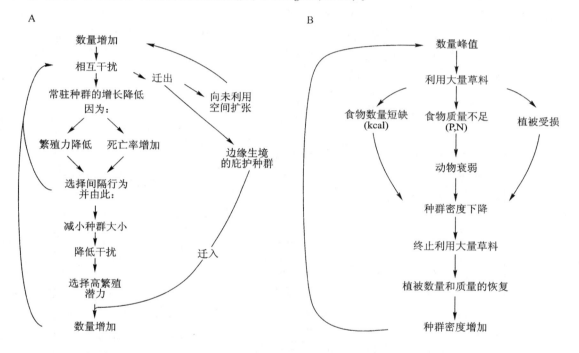

图 6.18 解释小型啮齿动物种群波动的 Chitty - Krebs 遗传反馈(A)和食物质量(B)假说的修订版本(仿 Krebs 等,1973 和 Pitelka,1973)

另一类学说认为,丰富度的周期性调节的内因是在生态系统的层次上,而非种群的层次上。的确,密度改变的范围达到几个数量级,它不仅应包括次级营养层次,如捕食者和猎物(见 Pearson,1963),也应包括初级的植物和食草动物相互作用层次。一个例证就是用于解释苔原带小型啮类的周期性的营养物质损耗与恢复假说(Schultz,1964,1969;Pitelka,1964,1973)。这个假说以充分证据证明在数量高峰年过度牧食会阻碍和降低矿物营养的有效成分(尤其磷),并导致食物营养质量的降低。成体和幼体的生长和存活也因此随之明显下降。2~3 年后,营养物质循环恢复,植被恢复,生态系统又能支撑高密度的消费者。换言之,周期性受资源(食物)而非捕食者所驱动(回顾前面图 6.16 所描述的例子)。

最近,与植物 – 草食动物相互作用有关的次生化合物的作用受到人们不断关注(有关这些化合物的分类见 Harborne,1982)。例如,植物的许多次生化合物(secondary compounds)(也就是说不用于新陈代谢,而主要是防御目的的化合物)干扰特定新陈代谢途径、生理进程或食草动物的繁殖成功率。一些次生化合物,如丹宁酸,使植物变得不适口,还有一些如强心苷,对取食包含这些化合物的植物的动物是有毒且苦的。Negus 和 Berger(1977)及 Berger 等(1981)鉴别出植物中的化合物对田鼠(*Microtus montanus*)自然种群的繁殖有的有促进作用,有的有抑制作用。

大幅度的丰富度周期是非常重要的,这不是因为这种周期在自然界中很普遍,而是因为对此的研究能发现一些更有普遍应用意义的功能和相互作用,这些功能和相互作用在种群密度波动不大时不明显。在许多具体实例中的周期性振荡问题都取决于一个或几个因素起决定作用(Lidicker,1988),或取决于原因众多以致难以解决。图 6.19 阐述了 Lidicker 关于加利福尼亚野鼠的种群调节多因子模型。无论自然或实验条件下,简单生态系统可能存在一个或几个诱因,而复杂的生态系统会有多个诱因。

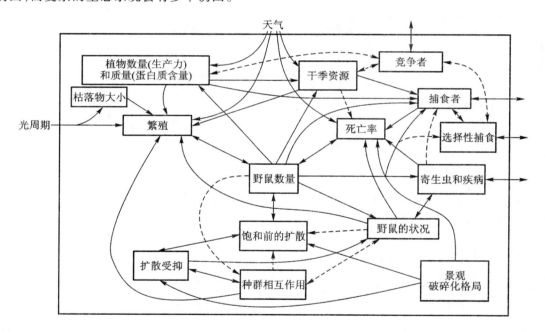

图 6.19   加利福尼亚野鼠(*Microtus californicus*)种群调节的多因子模型(根据 Lidicker, 1988 修改)

6.5.3.3   周期性的总结

图 6.20 模拟了种群层次波动的三种基本类型,即自上而下型(捕食者驱动)、自下而上型(资源驱动)或中间型。正如 W. E. Odum 等(1995)在一篇题为《自然的波动范例(*Nature's Pulsing Paradigm*)》的文章中所提出的那样,我们认为大循环可能是过高的密度波动(个别种群所具有的特征)。我们认为当生物基础的内因波动与物理基础的外因波动同时作用时才能获得最大的密度。

在讨论过这些有意义的特例后,现在我们讨论种群调节的更普遍的问题。

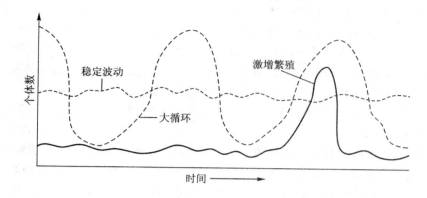

图6.20 种群层次波动的三种基本类型

6.6 种群调节的密度制约和非密度制约机制

6.6.1 概述

在多样性较低、受物理因子胁迫的生态系统中,或者在受不规律或不可预知的外部干扰的生态系统中,种群大小通常主要受诸如天气、水流、化学限制因子和污染等物理因素的调节。在环境条件优良(暴风雪或火等周期性物理胁迫发生的可能性低)的高生物多样性的生态系统中,种群倾向于受生物因子控制,至少在某种程度上它们的密度是自我调节的。任何因子,不管它对种群来说是限制因子或促进因子(负的或正的),都可以将其分为两类① 非密度制约(density independent),即其影响和作用与种群的大小无关;或② 密度制约(density dependent),即其对种群的影响是种群密度的函数。密度制约响应通常是直接的,因为它随着密度逐渐接近于上限(环境承载力)而加强。然而也有相反的情况(即随密度上升而作用强度下降)。直接的密度制约因素像机器的调节器一样,因此,直接密度制约因子可以被称为密度控制因子,是阻止种群数量过剩的主要机制之一。气候因素常常但并非始终按非密度制约的方式起作用,而生物因素(如竞争、寄生或病菌)经常但也并非始终按密度制约的方式起作用。

6.6.2 解释

从前面讨论的生物潜能、种群增长型及密度在承载力水平的变化,能合理得出种群调节的一般理论。因此,J-型增长倾向于出现在非密度制约或外因决定何时生长降低或停止时。另一方面,S-型增长是密度制约的,因为自我拥挤和其他内因控制种群生长。

人们选择研究的任何种群的行为都取决于生态系统的种类,种群只是其中的一部分。虽然把生态系统分为"物理因素控制"的和"自我调节"的划分方式是武断的,会产生过分简单化的模型,但是它也算一种相关研究途径,特别是在 20 世纪的大多数时候,人们已经直接用需要许多人管理的单种栽培和胁迫系统代替了自我维持的生态系统。由于物理和化学控制的花费(能量和金钱)增加,害虫对杀虫剂的抗性增加,以及食物、水和空气中的有毒化学副产品的威胁加重,害虫综合防治(integrative pest management,IPM)正持续执行。证据就是人们增加了在称为"以生态学基础的害虫管理"这个新的前沿领域的研究兴趣,这个领域包括尝试在农业和森林生态系统内重建自然的、密度制约的生态系统水平的调节(NRC,1996a,2000a;E. P. Odum 和 Barrett,2000)。

在上一节,我们曾叙述过生理和遗传漂变,或者生态型随时间的改变,都能使波动振幅减小,在达到环境承载力以后加速使密度返回到较低水平。但是,种群水平的自我调节是如何通过个体水平的自然选择而进化的,这仍是一个问题(见第 12 节关于种群遗传和自然选择的详细描述)。

Wynne-Edwards(1962,1965)提出能将密度稳定在低于饱和水平的两个机制:① 领域性(territoriality),是种内竞争过大的一种形式,通过调节土地利用限制种群增长(将在第 9 节中详尽讨论);② 群体行为(group behavior),例如啄食顺序、性优势以及其他增加后代适应性但减少它们数量的行为。这些机制倾向于增强个体环境的质量,减小由于超过资源的可利用性而导致灭绝的可能性。这些社会行为的重要性很难通过实验来检验,对这个问题已经展开许多讨论,Cohen 等(1980)、Chepko-Sade 和 Halpin(1987)、Cockburn(1988)及 Stenseth 和 Lidicker(1992)等人的著作中对此有所综述。

环境(例如天气现象)的非密度制约因素(外因)引起种群密度的改变,有时是剧烈的改变,并使上渐近线或承载力水平改变。而密度制约因素(内因),如竞争,使种群维持在稳定状态或促使种群返回这个水平。非密度制约因素在调节受物理胁迫的生态系统中作用较大,而受密度制约的出生率和死亡率则在外因性压力减小的良性环境中更为重要。同一个有平稳机能的控制系统一样,附加的负反馈控制由不同物种的种群之间相互作用(表型或遗传的)提供,这些物种通过食物链,或者通过其他重要生态关系而联结在一起。

6.6.3 实例

Chitty(1960)和 Wellington(1960)描述了自然种群(野鼠和黄褐天幕毛虫)的质量如何随种群丰度变化而发生改变。例如,野鼠种群的繁殖成功率和种群生存力随着密度的增加而下降。同样地,当天幕毛虫的种群数量超过最大承载力时,它的生存力、觅食行为和织网的行为都会下降。这些现象是以密度制约的方式发挥作用,提供了这些物种的调节机制。Holling(1965,1966)在一系列数学模型中强调了行为特性的重要性,这些模型预测某种寄生虫如何控制不同密度的寄主。

植物也像动物一样呈现出密度制约的调节机制。高密度的植物种群经历自疏过程。当以高密度播种时,萌发的幼苗竞争激烈。随着幼苗的生长,许多幼苗死亡,存活的幼苗密度也就下降了。存活个体植株不断增加的生长速率导致不断的竞争,使存活植物的数量下降。以平

均植株重量的对数对种群密度的对数作函数关系图,生长季阶段的数据点拟合为斜率约为
－3/2 的一条直线。生态学家称这种平均重量和植物密度之间的关系为自疏曲线。由于这个
规律在许多物种中存在,因此此这个关系也常被称为 － 3/2 自疏法则(－ 3/2 power law)。图
6.21 描述反枝苋(*Amaranthus retroflexus*)和藜(*Chenopodium album*)在生长季期间种群密度和
平均植物重量的变化,图解说明了－3/2 指数法则(J. L. Harper,1977)。因此,植物和动物都
表现出密度制约的机制,调节和控制种群密度维持在或接近于由环境中可利用的资源和条件
所决定的环境承载力。

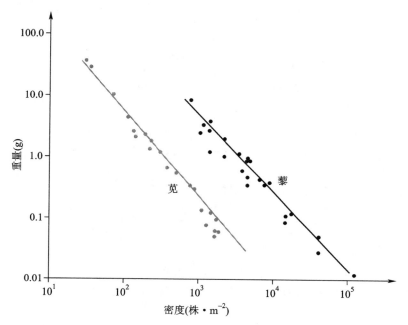

图 6.21　苋(*Amaranthus retroflexus*)和藜(*Chenopodium album*)在生长季期间种群密度和平均
植物重量的变化,图解说明了－3/2 自疏指数法则(仿 J. L. Harper,1977)

6.7　种群分布格局

6.7.1　概述

种群内的个体可以按照四种类型的棋盘模式扩散(图 6.22):① 随机分布;② 规则分布;
③ 聚集分布;④ 规则性聚集分布。所有这些类型都能在自然界中找到。随机(random)分布
出现在环境条件很一致、没有群聚倾向的情况下。规则(regular)或均匀(uniform)分布可能出
现在个体间竞争激烈,或正对抗作用促使产生均匀间隔的情况下;当然在单种栽培的作物和森

林中也频繁出现这种分布模式。不同程度的聚集(clumping)(个体联合为群体)尤其是最普遍的模式。然而,当一个种群的个体倾向于形成特定大小的群体,例如动物群或植物的营养系,那么,群聚分布可能是随机的也可能是具有一定规律性的聚集分布。不同分布类型的确定,对选择适合的取样方法和统计分析方法是很重要的。

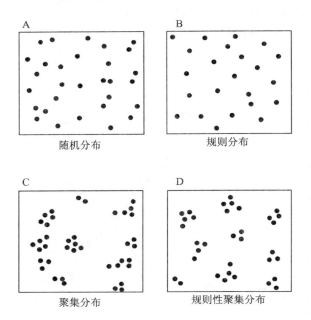

图 6.22　种群内个体分布的 4 种基本类型。(A) 随机分布;
(B) 规则分布;(C) 聚集分布;(D) 规则性聚集分布

6.7.2　解释和实例

图 6.22 表示了 4 种种群内分布型。每个矩形框中含有大致等量的个体。在聚集分布中,群体的分布可能是随机的,也可能是均匀的,即保留大的未占据空间以一定规律性群聚(图6.22D)。研究图 6.22 就能清楚看到,从这 4 个种群少量取样,可能得到极不相同的结果。从聚集分布的种群少量取样,当把样品中的数量扩大用于推算整个种群的数量时,得到的密度不是过高,就是过低。因此,聚集分布的种群相对比非聚集的种群需要更大的取样及更精密计划的取样技术。

随机分布遵循基于标准统计方法的正态或钟形曲线(见第 12 章详细描述统计方法)。许多因素共同对种群起作用时,在自然界中可能出现这种分布型。一般情况下,只有少数主要因子占优势(回想限制因子理论),并且动植物因为生殖或其他原因而有强烈群聚的倾向,所以,完全的随机分布在自然中是不大可能的。为了研究这类种群,我们采用基于非随机分布模式的非参数统计;为了确定分布的类型,从而确定用哪种统计分析方法来比较种群间的差异,频繁的野外取样是必需的。然而,生物的非随机或"蔓延分布"有时是含有多个个体的群体构成的混合随机分布,或者这些构成混合随机分布的群体会转变为均匀分布(或至少比随机更为规律)。以极端的实例来说明,用简单方法测定蚂蚁的集群数目(即用集群作为种群内的单位),然后测定平均每个集群的个体数,要比用随机取样法直接测量个体数目的方式好得多。

现在已经有几种用于测定种群中个体间空间类型和聚集程度的方法,但要解决这个问题,还有许多工作要做。在此提出两种方法做例子。一种方法是把从一组取样所获得的各种大小群的实际出现频率,与泊松序列(Poisson series)相比较。假如分布是随机的,那么,0,1,2,3,4,…,n。个体的群,其出现频率符合泊松序列。因此,如果小群体(包括空白的)或大群体的出现频率比期望值高,而中等大小的群体出现频率较期望值低,那么分布就是成群的。如果情况相反,那就是均匀的分布。可以用统计检验来测定距泊松曲线的实际偏离是否是显著的。表6.2表示用泊松曲线方法检验蜘蛛的随机分布的实例。在11个样方中,只有3个样方中蜘蛛是呈随机分布的。非随机分布见于植被最不均匀的样方中。

另一种确定分布类型的方法是用某些标准的方法实际测定个体之间的距离。当把距离的平方根与频率作图时,所形成的频率多角形的形状表明了分布型。对称多角形(即正态的钟形曲线)表示随机分布;多角形向右偏斜,表示均匀的分布;而向左偏斜,表示成群的分布(个体分布比预期更紧凑)。通过计算,可以求出偏斜度的数值。当然,这种方法适用于植物或定居动物,但也可以用于测量动物群集或栖居所(例如狐窟、鼠穴、鸟巢等)之间的空间。

表 6.2　弃耕地 0.1 hm² 样方上 3 种狼蛛(Lycosidae)的数量与分布

物种	样方	数目/样方	泊松分布的 X^2
Lycosa timuqua	1	31	8.90[*]
	2	19	9.58[*]
	3	15	5.51
	4	16	0.09
	5	45	0.78
	6	134	1.14
L. carolinensis	2	16	0.09
	5	23	4.04
	6	15	0.05
L. rabida	3	70	17.30[*]
	4	16	0.09

引自:Kuenzler,1958

[*] 显著水平:$p \leqslant 0.01$

面粉甲虫的幼虫通常随机分布在其非常均一的环境中,观测到的它们的分布与泊松分布相一致(Park,1934)。单一的寄生生物或捕食者,如表6.2中的蜘蛛,有时呈随机分布(它们搜索宿主或猎物也是随机的)。森林树木达到一定高度形成森的部分林冠,可能呈规则的均匀分布,这是因为对日光竞争加剧,使树木按有规律的间隔而分布,这种分布比随机更规律。玉米田、果园或人工松林,都是更清晰的例子。荒漠灌木常常规则排列,好像成行种植一样,这是由于低湿环境中的激烈竞争,这种竞争包括产生阻止邻近植物建立的植物抗生素。领域性动物往往出现相似的、比随机模式更均匀的分布(见第 9 节)。6.8 节将更详细地讨论群聚模式。

6.8 群聚的阿利氏规律与庇护

6.8.1 概述

如前节所述,种群内部迟早都会形成不同程度的集群,这是大多数种群内部结构上的一个特征。这种集群是个体群聚的结果,群聚可能是① 对局部生境或景观差别的响应;② 对天气昼夜或季节变化的响应;③ 是生殖过程的结果;或④ 是社群性吸引(见于高等动物)的结果。群聚可能会增加个体间对营养、食物和空间的竞争,但这经常被群体存活力的提高而抵消,因为群聚具有保护自身、发现资源或调节小气候或微环境条件的能力。群聚有利于种群的最适增长和存活,群聚的程度,像整体密度一样,随种类和条件而变化。因此,过疏(或缺乏聚群)和过密一样,都可能有限制作用,这就是群聚的阿利氏规律(Allee principle of aggregation),依著名的行为生态学家 W. C. Allee 而命名。

庇护(refuging)描述的是一种特殊的群聚类型,在这种类型中,大型的、社会性的动物组织群体在一种有利的中心区域(庇护所)定居,它们从这个庇护所扩散,并有规律地返回到能满足他们对食物或其他资源需要的这个庇护所。地球上许多具有最成功适应性的动物,包括椋鸟和人类,都是采取这种庇护策略。

6.8.2 解释与实例

植物的群聚,可能是对概述中列出的前三个因素(生境、气候或繁殖)的反应。高等动物种类繁多的群聚可能是对所有四个因素的反应,特别是社会性行为,例如,北极中成群的驯鹿或北美驯鹿,大的迁徙鸟群,或东非稀树大草原成群的羚羊,它们从一个放牧地迁移到另一个放牧地,从而避免了区域内任何地点的过牧。

总的来说,在植物中群聚与传播体(种子或孢子)的散布力呈相反关系,这个著名的生态学原理在 Weaver 和 Clements(1929)先驱性的《植物生态学(*Plant Ecology*)》教科书中有所阐述。在弃耕地中,雪松、柿树及其他种子无散布力的植物,几乎总是邻近母树成群分布,或者沿着围墙及其他有鸟类和哺乳类把种子积成堆的地方分布。相反,豚草属杂草、禾本科草,甚至松树,风可以将它们很轻的种子带到各处,与上述种类相比,它们在弃耕地上的分布是随机的。

可能由群聚所带来的集群生存力是另一个重要特征(图 6.23)。一群植物比单个植物抵抗风作用的能力高,减少失水的能力也更有效。然而,对于绿色植物,对光和营养物质竞争带来的有害影响可能会抵消群聚的好处。群聚使存活力提高最明显的见于动物中。Allee

（1931，1951）在野外进行了许多实验，总结了很多文献。例如，他发现，与单独一条鱼相比，一群鱼能忍受水中有毒物质的能力要强。如果单独一条鱼放在预先养过一群鱼的水中，其抵抗毒物的能力，就比在预先没有经过"生物调整过"的水中强；在先前已养过群鱼的水中含有鱼分泌的能解毒的黏液及其他分泌物质，因此在此例中表现出某种群聚作用的机制。蜜蜂是群聚提高存活力的另一个实例。一箱蜂能产生和保持相当的热量，使全部个体能在低温下存活，如果这些蜂是单独的，则可能全部都被低温杀死。山齿鹑（*Colinus virginianus*）通过形成一定的集群增加在美国中西部的冬季月份中生存的机会；它们头向外聚集为环形休息（图 6.24），如果赤狐（*Vulpes vulpes*）等捕食者靠近，它们能够从几个方向飞走。这种社会性集群行为和对干扰（例如人类捕猎）的响应使得至少集群中的某些个体可以逃避灾害，从而能够在春天繁殖。

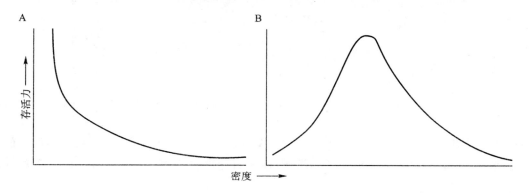

图 6.23　阿利氏定律。在某些种群（A）中，当种群大小很小时，增长和存活力最大，而在其他种群（B）中，种内合作导致种群中等大小时最有利。后一种情况下，"过疏"和"过密"同样有害（仿 Allee 等，1949）

　　真正的社会性群聚，像社会性昆虫和脊椎动物（与响应某些普通环境因素的被动群聚相反）具有一定的社会结构，其中包括社会等级和个体专业化。社会等级可能采取啄食顺序（因最初描述鸡雏类的这种现象而得名）的形式，个体间有明显的主从关系，往往是直线的顺序（像从元帅到士兵的军队指挥等级），也可能采取更复杂的首领制、统治和合作的形式，如结合紧密的鸟类和昆虫群体，它们像一个整体一样行动。这种社会组织对种群整体是有利的，能调节种群密度，防止其过分增长。

　　在高等动物中，一个非常成功的群聚对策称为避难所，正如 W. J. Hamilton 和 Watt（1970）及 Paine（1976）所详细描述的。避难所（refuges）是保护开拓性种群成员避免遭受到捕食和寄生的场所或条件。大量个体常去有利的中心地区或核心区，如椋鸟的栖息地或海鸟的大型繁殖聚集地。在那里，它们经常每天在具有较大边界或有生命保障的区域范围内觅食。当良好的中心地区较稀有时，能聚集在一个中心地区对确保个体的净能量增益是有利的。避难所的不利之处在于存在某些胁迫，例如中心地区排泄物污染以及植被或基底的过度践踏，还有会增加在食物采集或粮草劫掠期间被捕食的危险。

　　社会性昆虫的非凡组织是具有独特的专业化角色。昆虫社会性的最高发展阶段见于白蚁（等翅目）、蚂蚁和蜂（膜翅目）。在最专业化的物种中，劳动力划分为三种角色：司生殖的（后

©Tom Tietz/Getty Images

图 6.24   群居的山齿鹑(*Colinus virginianus*),阐明群聚作为行为策略的阿利氏定律

和王)、工虫和兵虫。每一种角色在形态上都有某种特化从而适于执行生殖、采食和保卫的功能。这种适应会在种内及彼此密切联系的物种间引起群体选择,这些我们将在第 7 章进行讨论。

阿利氏规律与人类密切相关。显然,城市聚居(一种避难所对策)对人是有利的,但只能到一定程度,这与回报递减规律有关。化石燃料的开采范围已经扩大到地球的最远区域,所以城市和其他中心地区不会因为能量和燃料而限制其庇护种群的大小。但是随着人类种群密度的增加,污染和维护费用成为日益严重的限制因子。将利益(y 轴)对城市大小(x 轴)作图,理论上会产生如图 6.23B 所示的峰形曲线。因此,同蜜蜂或白蚁群一样,城市会为了获得更多利益而变得过大。社会昆虫群聚的最优大小是由反复的自然选择决定。因为还不能对城市的最适大小作出客观的判定,城市在大小上会趋向于过载,然后当城市的消费超过收益时人口又开始减少。根据生态学规律,去维持或资助一个因过载而无法支撑下去的城市是错误的行为;然而某些富裕国家确实在资助这些城市,如提供联邦津贴、高额税收和进口昂贵的化石燃料等。

6.9   巢区和领域性

6.9.1   概述

引起种群中个体、配偶或小群体间孤立或保持间隔的力量,可能不如促进群聚的力量那样普遍,但是,这些力量还是很重要的,尤其是对于增强适合度以及作为一个种群调节机制而言。引起隔离的原因通常有:① 个体间对短缺资源的竞争;② 直接对抗,包括高等动物的行为响应及植物、微生物和低等动物的化学隔离机制(抗生素和他感作用)。这两种情况的结果都可能引起第 7 节所述的随机的或均匀的分布(图 6.22),因为相近的邻体都被消灭或赶走了。脊椎动物和高等无脊椎动物的个体、配偶或家族群,通常将它们的活动局限于一定的面积中,可以称为巢区(home range)。假如这块地方受到积极防护,并且少有或没有和敌对个体、配偶等的空间重叠,就叫做领域。领域性在脊椎动物和某些节肢动物中表现最明显,它们具有复杂的生殖行为模式,包括筑巢、产卵、保护和抚育后代。

6.9.2 解释与实例

正如群聚既能增加竞争但又能带来某些好处一样,种群中个体间保持间隔可以减少对生存需求的竞争,或为复杂繁殖周期提供必要的隐蔽场所(如鸟和哺乳动物),但也能丢失合作所带来的优点。可以认为,在某特定情形下,哪一种形式能在进化过程中延续取决于哪种形式有长期的最大存活利益。无论如何,在自然中两种类型都经常发现;实际上,某些物种的种群会从一种类型转变到另一种。例如,旅鸫(*Turdus migratorius*)在繁殖季节是领域隔离的,在冬季则是群聚的,这样就兼得两种好处。此外,不同年龄和不同性别在同一时期中可能表现出相反的类型(例如,成体是隔离的、幼体是群聚的)。

种内竞争和"化学防御"作用能在森林乔木或沙漠灌丛中形成间隔的作用,这已经在第 6 节和第 7 节讨论过。这种隔离机制在高等植物中非常普遍。许多动物彼此隔离,将自己的活动局限在一定面积,或巢区中。这个区域大小变化很大,小的只有几平方米,大的到许多公顷。因为巢区往往彼此重叠,所以只是达到局部间隔;领域性是间隔的最终形式。图 6.25 对草原野鼠(*Microtus pennsylvanicus*)和鸥歌鸫(*Turdus philomelos*)的巢区进行了比较,草原野鼠的巢区是重叠的(不设防守),而鸥歌鸫的巢区并不重叠(设防)并且会在下一个繁殖季重建巢区。

正如预测的那样,巢区的大小随动物的大小而改变。例如灰熊(*Ursus horribilis*)巢区估计平均是 337 000 hm^2,而鹿鼠(*Peromyscus maniculatus*)巢区少于 1 hm^2。见 Harris(1984)列表比较了大、小哺乳动物的巢区。

这节中所定义的领域一词,最初是 Elliot Howard 在他 1920 年出版的著作《鸟的领域(*Territory in Birdlife*)》中提出的。有关领域问题的早期文献都是关于鸟类的。但是,领域性的概念现在广泛用于其他脊椎动物和某些节肢动物,尤其那些由一个亲本或双亲来保卫巢穴和幼体的物种。领域(territory)定义为某物种的个体(经常指个体的繁殖配偶对)保卫的栖息地面积,以防止相同物种的其他成员进入。领域性(territoriality)指对这个栖息地的保卫,这是一种社会行为。受保护的面积可能很大,大到超过配偶对及其后代的食物供应所需要的面积。如,一种小的灰蓝蚋莺(*Polioptila caerulea*),体约重 7g,其领域平均达 4.6 英亩(1.8 hm^2),但摄取食物仅需在巢附近很小的面积(Root,1969)。多数的领域行为中,真正跨边界的争斗是比较少的。领域占有者以鸣叫或显耀来宣布它的地盘或位置,而可能的入侵者通常避免进入已经有主人的区域。许多鸟类、鱼类和爬行类有显著的头部、身体或有斑点的附肢,这些能够威胁入侵者。

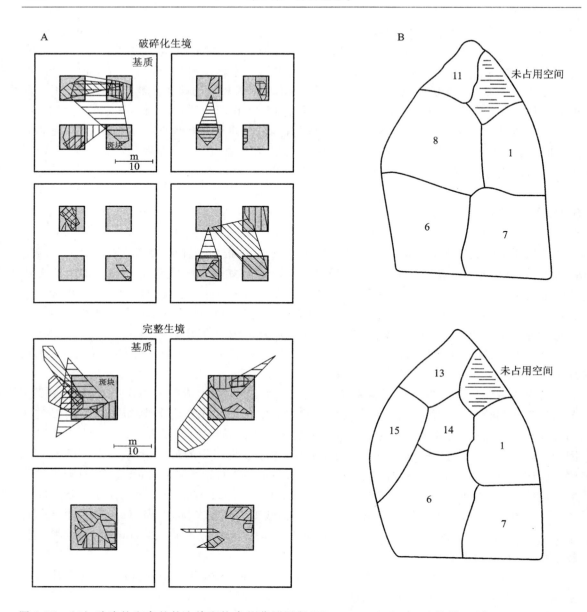

图 6.25   （A）破碎的和完整的生境斑块中的草原野鼠（*Microtus pennsylvanicus*）的巢区（仿 R. J. Collins 和 Barrett，1997）。（B）连续两年的欧歌鸫（*Turdus philomelos*）领域性调查（仿 Lack，1966）。1，6 和 7 号三个鸟在两年内维持相同的领域性，而另两个在 1955 年占据领域的鸟在第二年并没有返回，而被三个新的个体所取代

在多数迁徙的鸣禽中，雄性比雌性先到达巢区来建造领域，并通过高声鸣叫来宣布它们的领域。在筑巢周期的开始阶段，鸟类防护的面积经常大于后期，那时它对食物的需求量最大，另外许多鸟类、鱼类和爬行类的领域物种并不保护其摄食区域，这些事实都使人认为，对领域性而言，生殖隔离和控制具有比食物供给隔离更大的生存价值。

　　领域性的确能影响遗传适合度(留下后代的可能性),这是因为不能保护适合领域的领域性物种的个体是无法繁殖的。虽然占据一个领域被认为是有利的,但是也必须考虑防护的成本。Brown(1964)用"经济可防性假说"解释了成本和效益。正如 Wynne-Edwards(1962)激烈争论的那样,领域性是否发挥作用防止种群过密,是否因此而进化,是有争议的。Jerram Brown(1969)对反对这个"种群抑制假说"的争论进行了总结,包括防护超过其所需的面积所耗费的能量不能带来选择性的优势的观点。另一方面,Verner(1977)证明占据一个超过其现实所需面积的区域是适应的,因为这在未来干旱或其他严酷的条件减少了可利用的食物时,可以确保有充足资源来完成繁殖之需。Riechert(1981)对一种领域性物种美洲漏斗网蛛(*Agelenopsis aperta*)的实验研究为这个观点提供了证据。Riechert 发现领域的大小是固定的(仅一定数量的蜘蛛能够占据实验区域),与最紧迫时期较少的可利用猎物相适应。因此,不管有利时期可利用的食物是多么丰富,种群密度都不会增加到超过最有利的领域地所能承受的上限。不能建立领域的个体体重会减小并最终死亡,如图 6.26 所示。占据最好的地点领域占有者,在繁殖幼体方面也是最成功的,特别是在严酷的条件下(不利的天气且食物匮乏)尤其如此。在这个例子中,领域性限制种群和选择最适合的个体的潜力似乎是可以实现的。

　　在迁徙鸣禽中,春季,雄鸟通常比雌鸟先到达繁殖栖息地,通过大声鸣叫建立一个领域来吸引配偶。能够建立领域的个体很容易吸引配偶;而不能建立领域的个体(游民;见图 6.26)则不能繁殖。领域性的其他功能还包括通过保持个体间的距离来避免捕食或疾病,以及资源的合理分配和保护。

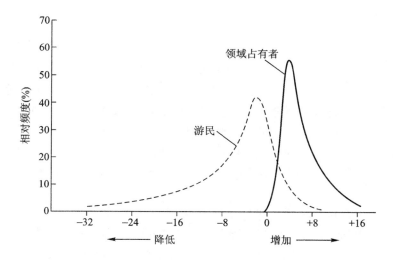

图 6.26　根据每日获得或损失的体重来比较占据领域的蜘蛛与不能占据领域的个体(游民)的适合度。不适宜的季节,对游民来说更为不利,少有个体能够存活并产生后代(根据 Riechert,1981 重绘)

　　由于人所固有的行为,人在多大程度上表现出领域性,另外人在多大程度上能学会土地利用控制与规划以防止人口过密,这两个问题都是当前争论最激烈的。当然人类行为存在某些领域性的方面,例如财产私有规则以及将家看作一个安全住宅并保护其免遭侵入,必要情况下会武力保护的法律和风俗。Robert Ardrey 在他的著作《领域的必要性(*Territorial Imperative*)》(1967)中,乐观地认为人类具有天生的领域性,并且将最终抵制人口拥挤,从而避免人口过剩的世界末日。然而迄今为止,还几乎没有数据来支持这个假说。

6.10 复合种群动态

6.10.1 概述

在生态学组织层次中(见图 1.3),复合种群是介于有机体水平和种群水平之间的一个层次。复合种群(metapopulation)可以定义为占据离散斑块或适宜栖息生境"岛屿"的亚种群,这些亚种群被不适宜的生境所隔离,但又通过散布廊道相连。在自然界的异质斑块景观(特别是人类支配的景观)中,每个离散斑块中的个体群在某一时间点上可能趋于灭绝,但是如果斑块间存在导航廊道,这个斑块可能就会被邻近斑块中的个体所占据。若在一个大面积的景观范围内定居和灭绝是平衡的,那么总的种群大小可能保持不变。因此,某个物种的存活可能更多地取决于扩散能力(从一个斑块移居到另一个斑块的能力),而不是斑块内的出生和死亡。

6.10.2 解释与实例

图 6.27 描述的是在斑块间具有廊道的斑块环境中的一个假定复合种群。如果物种不能在一个斑块内繁殖,特别是在一个低质量斑块内,那么复合种群可以通过从高质量斑块中获得移居者而继续存在。复合种群概念从广义上讲是"源 - 汇"概念(第 3 章中讨论的)的一个方面。复合种群概念最初由 Levins(1969)提出,由 Hanski(1989)拓展。

正如 Verboom 等(1991)所描述的,由于隔离的亚种群通过散布廊道得以相连,因此普通䴓(*Sitta europaea*)一直以复合种群形式存在着。在复合种群内物种的总体密度比在任何亚种群中都稳定。

在另一个例子中,Gonzalez 等(1998)在一个大的、布满苔藓的露头岩层上,通过刮擦出裸露岩石形成小斑块来创造一个实验复合种群。在这些孤立的斑块内,小型节肢动物的物种丰富度下降,但是当斑块间存在狭窄的连接廊道时,多数物种的丰富度得到保持。

复合种群的概念,同第 9 章将要讨论的岛屿生物地理学理论一起,从总体上不仅为濒危物种的保育而且为野生动物的管理提供了理论模型。任何管理对策都存在缺点和不利之处。经由保育廊道的过多的物质交换会同时引发波动,并增加疾病和外来有害虫的传播(Simberloff 和 Cox,1987;Earn 等,2000)。阅读 McCullough(1996)及 Hanski 和 Gilpin(1997)的著作可以分别了解与野生动物保育和种群遗传学相关的复合种群动态的实例。

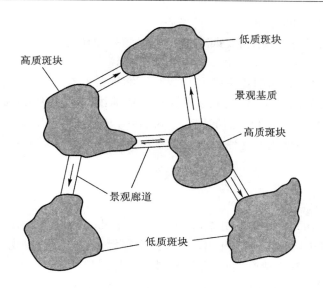

图 6.27 假定的复合种群的分布。物种可能从低质斑块中周期性地消失，那么这个斑块可以通过从高质斑块中获得移居者而被重新拓殖

6.11 能量分配和优化:r-选择和K-选择

6.11.1 概述

能量在 P(生产)和 R(呼吸或维持)之间的分配与一个生态系统整体的净能概念(第3章中所讨论的)相对应,生物个体和它们的种群只有在获得超出其维持所需的能量时,它们才能够增长和繁殖。维持能量(maintenance energy)由静态或基础代谢速率加多倍于此的野外条件下满足最小活动的代谢速率。生存这种存在能量必须在野外通过时间-能量观测,因为它根据物种是静止的还是活跃的而发生较大变化。净能(net energy)是繁殖所需的能量,因此为了将来后代的生存,必须将能量用于生殖结构、交配活动、后代的生产(种子、卵、崽)和亲代照顾中。通过自然选择,生物尽可能获得一个能量输入减去维持这个输入所消耗的能量效益-成本比率。对于自养生物来说,这种效率是指可利用的光能(可以转变为食物)减去维持获取能量的结构(例如叶)所需的能量,是可利用光能以时间为变量的方程。对于动物来说,最关键的因子是食物中可利用能量减去寻找和摄食所消耗的能量。可以通过以下两个基本途径来获得最优化:① 时间最小化(例如有效地寻找或转化);或② 净能量最大化(例如选择较大的食物或容易转化的能量资源)。大多数最优化模型表明,食物(或其他能量来源)的绝对丰富度越低,觅食的生境面积就越大,用来优化成本-效益比率的食物的范围也就越广。然而,与其

他物种的竞争或合作等外因能够改变这种趋势。

　　繁殖消耗能量与维持消耗能量之间的比率不仅随生物体的大小和生活史模式而改变,另外还随种群密度和环境承载力而变化。在不拥挤的环境中,选择压力有利于高繁殖潜力的物种(繁殖投入与维持投入之间的比率较高)。相反,拥挤条件有利于增长潜力低,但利用和竞争匮乏资源的能力较好的个体(较大能量投入到个体的维持和存活)。基于种群增长方程中的 r 和 K 常量(6.4 节所阐述的),这两种模式分别称为 r – 选择(r – selection)和 K – 选择(K – selection),而具有这两种模式的物种分别被称为 r – 对策者和 K – 对策者。

6.11.2　解释

　　一个生物在各种活动间的能量分配(partitioning 或 allocation of energy)反映了每种活动在改变 r_{max}(即内禀(遗传所决定的)增长率)来增强生存力或适合度中的效益成本平衡。当然首要考虑的是个体的生存和维持(呼吸组分),额外的能量分配给生长和繁殖(生产组分)。大型生物体像大城市一样,代谢能量的较大部分必须分配给维持,而小型生物则没有这么多结构需要维持。自然选择,这个不妥协的主要强制函数,需要所有生物体找到用于将来生存的能量和用于现在生存的能量之间最优的平衡。

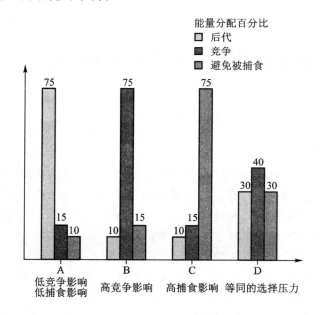

图 6.28　由不同相对重要性的三个重要生命活动构成的四种假定(A – D)中,每种活动的能量分配变化(根据 Cody, 1966 修订)

　　图 6.28 显示了净能量在三个主要生命活动之间分配的 4 种假定:① 用于与其他物种争夺相同资源所消耗的能量;② 用于避免捕食者捕食(或放牧)所消耗的能量;③ 用于产生下一代所消耗的能量。当竞争和捕食的影响较低时,大部分能流可以用来繁殖和产生下一代(图

6.28A)。另一种情形下,竞争或对抗捕食活动可能消耗大部分可利用的能量(分别如图6.28B 和图 6.28C)。所有这三种需求在最后一个例子中获得相等的分配(图 6.28D)。A,B,C 和 D 可以代表 4 种不同的物种或 4 种不同的群落,在选择压力作用下,许多物种都会产生图示中的模式。正如第 8 章中将讲述的,实例 A 代表演替先锋或演替拓殖阶段的一般情形,这里 r - 选择占优势,而例 B 到 D 可能是更成熟阶段的模式,这里 K - 选择占优势。

　　Schoener(1971)、Cody(1974)、Pyke 等(1977)和 Stephens 和 Krebs (1986),在研究如何分析能量分配和优化(以决定最优觅食对策)时,发现其与经济学的成本 - 效益分析类似,效益是增加适合度,成本是确保将来繁殖输出所需的能量和时间。最优觅食(optimal foraging)定义为在特定的觅食和栖息条件下,最大可能的能量返还。例如一个捕食者,在选择压力下,会增加可用能量与获得猎物所消耗的能量之差与寻找、追赶和食用猎物所需时间之间的比率。理论上,可以通过以下途径来增加用于繁殖的能量:① 选择较大或营养丰富的猎物或容易捕捉的猎物;② 减少寻找和追赶所用的时间和努力。

　　图 6.29 以图解"对策分析"的形式说明了最优能量分配的方法(成本 - 效益分析)。A 和 B 是觅食对策模型,用于说明一个假定物种在 6 个潜在的食物项中去利用多少的问题(A),或用于解决这个物种有多少孤立的饲养区域或觅食"斑块"问题(B)。如果在众多可利用的食物项中只寻找其中一种食物,那么与不加选择地食用所有 6 项相比,寻找这种食物项所需的寻找努力更大,正如图 6.29A 中的 ΔS 曲线所示。当寻找难以抓捕的或小的猎物时,需要花费更多的追击努力,正如 ΔP 曲线所示。在图 6.29A 所假定的例子中,当上升曲线和下降曲线在 4 个猎物项间相交叉时,达到最优成本 - 效益平衡。与其他物种或其他环境因子的相互作用能够在任一方向上改变这种最优。当这种假定的动物具有竞争优势时,与其他物种的竞争能够促使它成为专食种,仅以一个食物相为食。或当食物充足的时候,这种选择还是有利的。可见,条件决定了成为泛食种是一种有利的策略。

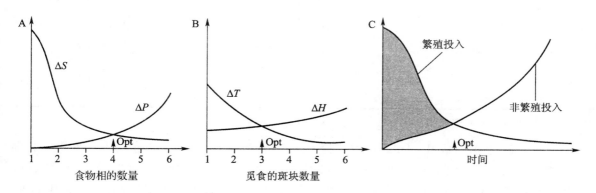

图 6.29　最优的成本 - 效益模型。(A)食物资源的平衡利用。ΔS = 寻找一种喜好的食物相所消耗的能量;ΔP = 寻找一种特殊的食物相所消耗的能量;(B)觅食面积的平衡利用。ΔT = 在捕获猎物间移动所消耗的能量;ΔH = 在觅猎过程中所消耗的能量。(C)用于繁殖和觅食的时间的平衡

　　在图 6.29B 中,狩猎投入(ΔH)随着摄食面积的增大而增加,但随着单位食物捕获所经历

时间(ΔT)的下降而达到平衡。最优的又是两个相反趋势的折中——在图中所示状态下的 3 个觅食斑块。

图 6.29C 是一个更普遍的模型,在这个模型中,单位能量的繁殖输出随着能量获得(摄食)所花费的时间而下降,而非繁殖输出随之而增加(单调上升)。阴影面积所代表的区域,繁殖输出最大,具有最优的摄食时间,曲线交叉点在两个必要的能量分配之间再一次提供了有利的平衡。

正如概述中所指出的,具有高生物潜能(r)的物种在不拥挤的或经历周期性胁迫(如暴风雪或干旱)的不定环境中是有利的。能量分配有利于维持和增强竞争能力的物种,则更适于生活在 K(饱和)密度或物理因子稳定的条件下(发生强干扰的概率较低),以及生态演替的成熟或顶级阶段(见第 8 章)。换言之,表现 J - 型种群增长型的物种是有效的先锋种,能够快速开发从未使用过的或最近积累的资源,而且它们对干扰有恢复力。缓慢生长的物种和种群更适应于成熟群落,它们具有更强的抵抗力,但对干扰的恢复力较差(回想第 2 章中所讨论的抵抗稳定性与恢复稳定性)。表 6.3 概括了 r - 选择和 K - 选择物种的特性。

表 6.3 r – 选择和 K – 选择的特征

特征	r – 选择	K – 选择
气候	不可预测的	可预测的
种群大小	随时间改变	稳定不变
竞争	松散	强烈
选择优势	快速生长	生长缓慢
	繁殖较早	延迟繁殖
	较小个体	较大个体
	后代数量较多	后代数量较少
生命周期	短(<1 年)	长(>1 年)
演替阶段	早期	晚期(顶级)
结果	多产	高效

引自:Pianka(1970,2000)

图 6.30 所示的是 MacArthur(1972)提出的 r - 选择和 K - 选择的普适模型。虽然图中的 X_1 和 X_2 指两个竞争的遗传等位基因,但是它们也能够代表竞争物种。在区域 A(点 C 的左边),密度低且食物(或对于植物来说是阳光和营养)丰富,快速生长的物种或等位基因 X_2 最后胜出;这是 r - 选择对策。在区域 B(点 C 的右边),物种 X_1 比 X_2 生长快速,因此 X_1 最后胜出;这是 K - 选择对策。MacArthur 指出 K - 选择在相对无季节性的热带盛行,而 r - 选择在北温带的季节性环境中盛行,这里的种群增长呈指数增长,随后在冬季月份中急剧下降。

鸟的窝卵数(每个繁殖周期所产生的卵或崽的数量)似乎不仅反映死亡率和出生率,同时也反映 r - 选择和 K - 选择。机会种(r - 对策者)比平衡物种具有较多的窝卵数,正如与温带

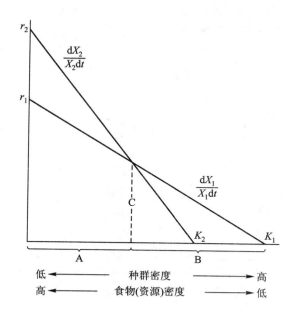

图 6.30　MacArthur(1972)的 r-,K-选择模型。两个等位基因(或物种)X_1 和 X_2 增长的速率以种群密度和资源密度的函数来表示。A 代表 r-选择的区域,B 代表 K-选择的区域

鸟类与热带鸟类相比具有较多的窝卵数。

　　r-选择者和 K-对策者的划分可能是一种存在缺点的过于简化的分类,因为在许多种群有多变的或中间的类型。然而,Pianka(1970)发现自然界中相对 r-选择和相对 K-选择的生物存在一个明显的与个体大小和世代周期相关的双峰型,他主张"一个只能二选一的对策通常比某种折中的对策要好"。

　　Levins(1968)在他的著作《变化环境中的进化》中断言,在物种的进化过程中环境不定性限制了分化。在不稳定的条件下,具有较高的 r_{max} 的泛化种在自然选择中是有利的。在这种情况下,群落组织也只能非常松散。只有当环境的不可预测性较低时,才有较高的分化和组织。如有时人类社会发生的一样,通过协同作用,种群和群落在减少环境不定性并因此达到一个更高层次方面能达到什么程度,这个问题仍值得探讨。

6.11.3　实例

　　表 6.4 在 6 种分别代表肉食动物和食草动物、脊椎动物和无脊椎动物的物种中,比较了同化能在生产 P(生长和繁殖)与呼吸 R(维持)之间的分配。总的来说,与食草动物(棉鼠和豌豆蚜虫)相比,肉食动物(湿地鹪鹩、红狐和游猎蜘蛛)分配更多的同化能用于维持(觅食、领地防御等)。同样地,大型恒温动物(温血脊椎动物)比小型变温动物(节肢动物)分配更大比例的同化能用于维持。

表 6.4　同化能在生产（P；生长和繁殖）和呼吸（R；维持）之间的分配

营养级	生产（P）占同化能的比率	呼吸（R）占同化能的比率
初级消费者		
棉鼠（食草动物）	13	87
次级消费者		
湿地鹪鹩（食虫动物）	1	99
红狐（食肉动物）	4	96
浣熊（杂食动物）	4	96
变温节肢动物		
豌豆蚜虫（草食动物）	58	42
狼蛛（食肉动物）	25	75

引自：Kale，1965；Vogtsberger 和 Barrett，1973；Randolph 等，1975，1977；Humphreys，1978；以及 Teubner 和 Barrett，1983 的数据

　　游猎蜘蛛与结网蜘蛛的比较是一个很有趣的能量分配实例。因为蜘蛛网有较高的蛋白质含量，在形成丝的过程中会消耗大量的能量，但是当它们重新修建蜘蛛网的时候，许多蜘蛛通过食用丝而使其循环利用，从而降低了成本。Peakall 和 Witt（1976）估算出，织网蜘蛛通过循环利用自己的网生产蛛丝所需要的能量仅约占建造和修缮蜘蛛网所消耗的总维持热量的1/4。蜘蛛网的总能量成本大约是基础能量消耗的1/2，少于不结网的蜘蛛在狩猎中所消耗的能量。这可能给人类上了很好的一课：物种在建造昂贵的但节约劳动力的装置中可以通过循环利用材料来降低能量成本。

　　根据所有猎物的丰富度来选择改变捕食猎物大小，这个捕食者优化能量成本－效益理论已经由 Werner 和 Hall（1974）的实验检验和证实。这些调查者发现蓝鳃太阳鱼捕食不同大小和数量的水蚤类动物，并且记录下所选择猎物的大小。当食物的绝对丰富度较低，所遇到的任何大小的猎物都会被捕食。当猎物的丰富度增加，小的猎物将不被捕食，太阳鱼集中捕食个体较大的水蚤类动物。因此当食物丰富度增加时，太阳鱼从泛食种转变为专食种；食物丰富度下降时，情况则相反。Barrett 和 Mackey（1975）也指出，在半自然的鸟类饲养条件下，即使草原田鼠（*Microtus pennsylvanicus*）和鹿鼠（*Peromyscus maniculatus*）丰富度相当，美国茶隼（*Falco sparverius*）还是最先选择食用草原田鼠，从而赢得了大量的能量回报。

　　豚草（*Ambrosia*）生长在弃耕地和其他最近受干扰的地区，而裂叶石芥花（*Dentaria laciniata*）是一种生长在相对稳定的森林底层的草本植物，作为 r－和 K－选择的例证，将二者的种子产量和最大繁殖投入进行比较。与裂叶石芥花相比，豚草的种子产量大约是它的 50 倍，同时分配了更多比例的同化能用于繁殖（Newell 和 Tramer，1978）。

　　一枝黄花的繁殖对策介于极端 r－选择和极端 K－选择之间。图 6.31 是一枝黄花属（*Solidago*）的 6 个一枝黄花种群（代表 4 个物种）的繁殖投入对非繁殖（叶）生物量积累的散点图。种群 1，一种生长在干旱、开放野外或受干扰地点的物种，叶的生物量较低，大约 45% 的净生产

量分配给繁殖组织。相比之下,种群6,出现在潮湿的阔叶树林,更多的能量分配给叶片,仅5%的净生产量分配给繁殖。其他种群出现在湿度和稳定性居中的生境中,因此能量分配也相应居中。

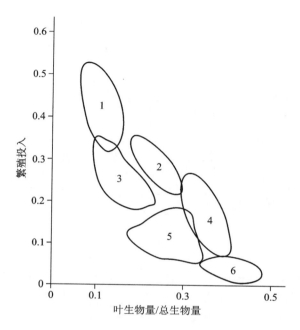

图6.31　一枝黄花属(*Solidago*)的6个种群(代表4个物种)的繁殖投入(繁殖组织的干重与地上组织的总干重之比)对非繁殖生物量(叶重与总重之比)的散点图。种群1代表出现在干旱、空旷田间或干扰土壤中的物种,而种群6出现在潮湿的阔叶树林中;另几个种群出现在潮湿和稳定性居中的生境中(仿 Abrahamson 和 Gadgil,1973)

Solbrig(1971)指出同一物种可能既是 r–对策者,又是 K–对策者。例如,常见的蒲公英(*Taraxacum officinale*)有几个品种或变种,这些品种或变种在控制能量分配的基因型组合上具有差异。一个主要生长在受干扰地区的品种,产生数量较多但较小的种子,在生长季中成熟较早;而另一生长在受干扰较少地区的品种把较多的能量分配给叶和茎,产生较少的种子且成熟较晚。当两个品种同时种植在较好的土壤中时,后一个品种遮蔽了前一个多产的品种。因此,品种1是新地方更有效的开拓者,为 r–对策者;品种2是更有效的竞争者,为 K–对策者。

虽然不稳定的或受干扰的环境有利于 r–选择者,但绝对不能去除 K–对策者。例如,在适应火烧的群落中,如加利福尼亚的北美夏旱硬叶常绿灌丛(见第5章),与把将来寄托在种子身上的物种相比,分配大量能量来保留地下部分的再萌芽植物能同样或更能适应周期性火烧并得以存活。更多关于植物界、植被过程以及植物对策的能量分配实例可参见 Grime(1977,1979)。

6.12 种群遗传学

6.12.1 概述

要理解种群是怎样进化以及群落和生态系统是怎样随时间改变的,就必须理解种群遗传学和自然选择。种群遗传学和自然选择巩固了常称之为进化生物学或进化生态学的研究领域。种群遗传学(population genetics)是研究一个种群内基因和基因型频度改变的科学。自然选择(natural selection)是一种进化过程,通过这个过程,一个种群内遗传特性的出现频度发生变化,这是由于具有这些特性的个体存在生存和繁殖成效的差异。地球上生命的历史纪录表明生物体、种群和物种的属性和特性是随时间变化的,这个过程称作进化(evolution)。

6.12.2 解释与实例

达尔文(Charles Darwin)在他的著作《依靠自然选择的物种起源(*The Origin of Species by Means of Natural Selection*)》(Darwin, 1859)中,首次阐述了自然选择过程使种群随环境变化作出响应,导致生物与自然环境之间紧密关联。种群遗传学有助于解释种群及随后的群落和生态系统是如何经历进化演变的。环境引起种群内不同个体发生遗传改变,使种群或物种能够适应环境。适应(adaptation)指一个生物体提高适合度来生存和繁殖的特性。

孟德尔(Gregor Mendel)是第一个认识到性状能从亲代传递到子代,这些性状存在于信息包中,该信息包我们现在称之为基因(genes)。当 Johann Mendel 加入奥古斯丁修会后,改名为 Gregor Mendel,他是现在称为捷克共和国的布尔诺附近一个农民家庭的长子。孟德尔早期的研究工作有着坚实的科学背景,这主要感谢于伯爵夫人 Walpurga Truchsess-Zeil,她管理着孟德尔一家生活的区域。和达尔文考察加拉帕哥斯群岛一样,孟德尔在数学方面有很深的功底,从而发展了调查研究自然世界的有效的实验方法。孟德尔确认基因有可替代的形式(等位基因[alleles]),从而引起基因型和表型的变化以及纯合基因型和杂合基因型的差异。一个种群内,有些等位基因是显性的,而有些等位基因被抑制,称为隐性的。

例如,图 6.32 所示的鼠灰色(有颜色的表型)和白化个体型(无颜色的表型)的草原野鼠(*Microtus pennsylvanicus*)图片。鼠灰色个体携带显性等位基因(AA),而白化携带隐性等位基因(aa)。繁殖产生的几个世代的个体证明,白化病是常染色体隐性性状遗传(Brewer 等,1993)。这些调查者猜测白化病个体在弃耕地和草地群落中可能是不利的,这种环境中,皮毛颜色比较显眼的个体可能会增加被捕食的速率。但是 Peles 等(1995)发现在自然的弃耕地实验小区内,不同皮毛颜色(鼠灰色和白化型)的种群密度或个体增补速率并没有显著差异。白化野鼠被捕食速率增加的缺陷有助于形成高营养和茂密的植被。事实上,在初冬,当把野鼠从这些实验围栏中转移的时候,捕捉到的白化型个体要多于鼠灰色个体。这个实例表明种群遗传学与生境质量之间的密切关系（Peles 和 Barrett,1996）。

图 6.32　鼠灰色（左）和白化（右）变异的草原野鼠（*Microtus pennsylvanicus*）。草原野鼠是草食性的小型哺乳动物,栖息在草地和弃耕地群落

在上述例子中,携带等位基因 A 和 a 的配子比例由个体的基因型决定（来自亲代的基因）。因为卵子和精子通常随机结合,不同基因型后代的比例可以通过亲本基因型估算出来。一个显性（AA）鼠灰色个体与一个隐性（aa）白化型个体的后代（F_1 代）由 25% 的 AA、50% 的 Aa、25% 的 aa 组成。这个比例称为基因型频率（genotype frequencies）。因为 Aa 基因型表现为鼠灰色（因为 A 是显性的等位基因）,这样就可以得出 3:1（鼠灰色个体:白化个体）的表型比例。

在一个两性的种群中,基因型频率是否会随演替世代而发生改变? Hardy – Weinberg 平衡法则有助于识别那些能够改变种群中基因频率的进化或环境压力。Hardy – Weinberg 平衡法则（Hardy-Weinberg equilibrium law）表述如下:如果 p 是等位基因 A（显性）的频率,q 是等位基因 a（隐性）的频率,所以 $p+q=1$,那么基因型频率将为 $p^2 + 2pq + q^2 = 1$,这里 p^2 是纯合体（AA）的频率,q^2 是纯合体（aa）的频率,而 $2pq$ 是杂合体（Aa）的频率。在前面所讨论的草原野鼠的例子中,F_1 代的基因型频率就是 $(0.5)^2 + 2(0.5 + 0.5) + (0.5)^2$。如果 Hardy – Weinberg 平衡法则成立的条件不变,那么 F_2 代会保持同样的基因型频率。这里的条件是指:① 交配是随机的;② 没有产生新的突变体;③ 从一个种群到另一个种群没有基因流;④ 自然选择没有发生;⑤ 种群数量较大。这些条件在现实中是很少同时达到的,那么 Hardy – Weinberg 平衡法则的意义何在呢? 这些假设中有一个或多个不成立,根据 Hardy – Weinberg 平衡法则推测出的频率都是无效的。由于一个种群内等位基因频率随时间随机变化而导致的等位基因频率改变称为遗传漂变（genetic drift）。遗传漂变通过增加某些等位基因频率并降低另一些等位基因频率来降低种群内的遗传变异。

　　遗传漂变对小种群的影响比大种群要显著。种群遗传学家用有效种群大小（effective population size）（N_e）来描述数量对遗传漂变的影响。近亲繁殖（inbreeding）定义为亲缘关系较近的个体之间的交配，近亲繁殖经常形成小种群。近亲繁殖的主要遗传结果是使纯合体增加（遗传变异降低）。例如佛罗里达豹（*Felis concolor coryi*）的个体数太少不够组成一个基因库，这令人担忧。由于近亲繁殖，90% 豹的精子是异常的，这会使豹逐渐灭绝（Perry 和 Perry，1994）。图 6.33 是这个雄壮物种的图片。

图 6.33　栖息在美国东南部的森林和沼泽的佛罗里达豹（*Felis concolor coryi*）

　　遗传变异也会影响社群行为，导致个体亲缘关系密切的世系中繁殖速率的差异。利他行为（altruistic behaviors）是社群行为，以执行这一行为的个体的明显损失为代价，增强种群中其他个体的适合度。例如，告警就是一种利他行为，由一个个体发出此信号来预示捕食者在区域内出现；这样相邻个体的适合度会增加，因为这些个体有更好的逃跑机会，而如果告警吸引了捕食者的注意力，那么发号者的适合度会下降。

　　利他行为最普遍的例子是真社群性和合作性饲养。真社会性（eusociality）是指共同合作照顾幼体，劳动力分工，并且至少生活期的两代有重叠，这有助于集群或团体劳动行使功能。例如蜜蜂、蚂蚁和白蚁集群。图 6.34 是澳大利亚达尔文市附近的一个大型白蚁丘。在建造如此巨大复杂的蚁丘时，白蚁搬运了相当多的土壤和碎石，这个任务需要团体劳动协调配合。

　　与随机存在的个体相比，大家庭中的个体分享更多的基因，并因此影响个体的适合度，这种大家庭内个体的利他行为被称为亲属选择（kin selection）。亲属选择是一个个体所表达的遗传特性的进化，它影响一个或多个近亲个体的行为和遗传适合度。当种群中近亲个体的适合度增大到足以抵消个体利他的适合度损失时，亲属选择是有利的。美国佛罗里达州的松鸦（*Aphelocoma coerulescens*）就是一个通过保持成熟后代形成一个利他合作繁殖单位的例子。佛罗里达州松鸦的家庭(图6.35)由一雌一雄的繁殖配偶和它们的一些后代所组成,在繁殖季节这个家庭作为一个基本单位行使功能,如给雏鸟喂食、防守巢穴、保护巢外的雏鸟和领地防御(McGowan和Woolfenden,1989)。一个个体自己的繁殖成效再加上根据关系度来衡量的亲属适合度的增加,称为广义适合度(inclusive fitness)(W. D. Hamilton,1964;Smith,1964)。

图 6.34 澳大利亚达尔文市附近的白蚁(*Copot-ermes ascinaciformis*)丘。白蚁群中个体可能超过3亿;白蚁每年释放到大气中的甲烷超过150亿吨

图 6.35 佛罗里达州的松鸦(*Apelocoma coerules-cens*),栖居在佛罗里达东西海岸的沙松和小叶栎丛中

当一个个体帮助与其共享许多基因的亲属,并且帮助的结果是使亲属的繁殖成效增加时,可以把这额外的繁殖计为提供帮助的生物体的广义适合度的一部分。因此一个个体的广义适合度表示它自己的繁殖成效加上一部分获益于利他行为的近亲的繁殖成效。这个概念说明了社群行为的多个方面。

总之,自然选择通过种群内基因型和表现型频率的改变来表达,是对环境的一种适应机制。适应当地环境的基础是种群内个体的遗传变异。这种变异的来源嵌入基因内——特别是在DNA分子中。在两性种群中,遗传变异的主要来源是亲本所提供的基因的复制重组,基因或染色体中存在可遗传的突变。作用于这些遗传变异上的自然选择使种群在自然环境内的适合度增加。适合度(fitness)通常通过个体的总生命周期的繁殖成效来计算。因此,改变的方向(进化)取决于这些繁殖后代之后存活和保留的个体的遗传结构。

因为人类对景观干扰导致的生境破碎化(见第9章),许多植物、动物、微生物的种群正逐渐减少为小的、频繁隔离的种群。这些小种群仅携带一部分总的种群或物种的遗传变异——这种状况会增加遗传漂变的速率,引起近交退化,甚至导致灭绝。种群遗传学的变化也能够体现在群落、生态系统和景观水平。物种之间的相互作用和进化(协同进化)将在第7章中详细讨论。

6.13　生活史特性和策略

6.13.1　概述

由物理环境的影响和生物的相互作用产生的选择压力,塑造了不同的生活史格局,从而每个物种都能进化为种群特性(本章前面小节中所提到的特性)的一个适应组合体。虽然每个物种的生活史都是独特的,但都具备几个基本的生活史特性。对于生活在特定环境中的生物体来说,这些特性的组合是特有的,并且从某种程度上是可以预测的。

6.13.2　解释与实例

Stearns(1976)列出了 4 个决定生存策略的关键生活史特性:① 窝的大小(种子、卵、崽或其他繁殖后代的数量);② 在出生、孵化或萌发时后代的个体大小;③ 繁殖投入的年龄分布;④ 繁殖投入与成体死亡率(特别是幼体与成体死亡率的比率)的相互影响。Gadgil 和 Bossert(1970)、Stearns(1976)、Pianka(2000)与其他人总结出如下预言性的理论:

(1)成体死亡率超过幼体死亡率时,物种在生命周期中只繁殖一次,相反的,幼体的死亡率较高时,生物体会繁殖多次。

(2)每窝产卵量应该远大于能够生存成熟达到亲本平均寿命的幼体数量。因此陆地上筑巢的鸟可能需要每窝产 20 个卵,以确保有足够的后代,而在洞穴或其他隐蔽地筑巢的鸟每窝产卵量相对较少。

(3)在扩张种群中(种群增长曲线中的增长阶段),选择会最小化达到成熟阶段的年龄(r – 选择生物在较早年龄阶段就开始繁殖);在稳定种群中(达到环境容纳量或 K 水平),成熟期会延迟。这个法则似乎对人类种群也很适用。在人口快速增长的国家,分娩妇女的年龄较小,而在人口稳定的国家,妇女分娩的平均年龄延后。

(4)当存在捕食威胁或资源匮乏,或二者同时存在时,出生个体的大小较大,相反的,随着可利用资源的增加和捕食及竞争压力的减小,幼体大小减小。

(5)通常对于增长或扩张的种群来说,不仅成熟的年龄最小,繁殖集中在生命的早期阶段,而且每窝产卵量也增加,大量的能量用于繁殖——这些特性的组合称为 r – 选择特性。而对于稳定的种群,这些特性的组合相反,称为 K – 选择。

(6)当资源不是很受限时,生物开始繁殖的年龄较小。

(7)复杂生活史使物种可以在多种生境和生态位中生存。

对极端沙漠和湿润热带雨林的对比为我们提供了一个很好的实例,使我们了解一个特定的基本生活史特性如何能够在一个生态系统类型中占优势。一年生植物是极端沙漠中的优势种,而在这里,由于长期干旱,多年生植物的存活率较低。相反的,多年生生活史的植物在热带雨林地区是有利的,在那里竞争激烈且对种子的捕食,大大降低了幼苗的存活。这个例子可以被认为是说明上述第一个预言性理论的例证。

W. P. Carson 和 Barrett(1988)及 Brewer 等(1994)研究指出在营养富集的地方,11 年以来一年生植物三裂叶豚草(*Ambrosia trifida*)、美洲豚草(*A. artemisiifolia*)和大狗尾草(*Setaria faberi*)一直是植被的优势种,而贫瘠的地点中一直是多年生植物加拿大一枝黄花(*Solidago canadensis*)、红车轴草(*Trifolium pratense*)和长毛紫菀(*Aster pilosus*)占优势。营养富集和植物群落多样性的逆相关在第 3 章中已有证明。这些例子解释了植物生活史如何与不同生态系统类型的资源可利用性的变化相关(参见 Tilman 和 Downing,1994;关于生物多样性与稳定性的关系)。LaMont Cole(1954)等发表了题为《生活史现象的种群结果(*The Population Consequences of Life History Phenomena*)》这一开拓性的著作,推荐大家阅读,继此之后,许多种群生态学家开始致力于生活史对策研究。另外 Grime(1979)根据生态和进化理论对植物生活史对策的描述,也推荐阅读。

第7章 群落生态学

7.1 两个物种间相互作用的类型

7.1.1 概述

理论上讲,两个物种的种群之间,其相互作用基本类型,相当于中性、正的和负的(0、+、-)的组合,即:00,--,++,+0,-0,和+-。其中三种组合(++,--,+-)通常又再划分,结果就有9种重要的相互作用和关系。在生态学文献中应用于这些关系的术语如下(见表7.1和图7.1):

(1)中性作用(neutralism),每个种群都不受组合中另一种群的影响;

(2)直接相互干涉性竞争(competition,direct interference type),两个种群相互激烈抑制;

(3)资源利用性竞争(competition,resource use type),每个种群在竞争短缺资源时间接抑制另一个种群;

(4)偏害共生(amensalism),一个种群受抑制,另一种群不受影响;

(5)偏利共生(commensalism),一个种群受益,但另一个种群无影响;

(6)寄生作用(parasitism);

(7)捕食作用(predation),一个种群通过直接攻击抑制另一种群,但从不依赖后一个种群;

(8)原始合作(protocooperation)(通常也称为兼性合作),协作对每一个种群都有利,但不是必需的；

（9）互利共生（mutualism），对两个种群的生长和存活都有利，在自然条件下彼此不能离开而独立存活。

对于这些关系的存在，有三种趋势尤为值得强调：

（1）负相互作用通常在先锋群落或 r - 选择抵消高死亡率的干扰条件下占优势。

（2）在生态系统进化和发育（演替）过程中，负相互作用趋向于减到最小，有利于正相互作用，从而增强成熟或拥挤群落中相互作用的物种的存活。

（3）最近形成的或新生种间相互关系，与较久以前形成的相互关系相比，更可能发生剧烈的负相互作用。

表 7.1　两物种间相互作用分析

相互作用类型	物种 1	物种 2	相互作用的一般特征
中性作用	0	0	两个种群彼此不受影响
直接相互干涉性竞争	−	−	每个种群直接抑制另一个
资源利用性竞争	−	−	共用资源短缺时的间接抑制
偏害共生	−	0	种群 1 受抑制，种群 2 无影响
偏利共生	+	0	种群 1 是偏利者，而种群 2 无影响
寄生作用	+	−	种群 1 是寄生者，通常个体小于宿主 2
捕食作用（包括食草）	+	−	种群 1 是捕食者，通常个体大于猎物 2
原始合作	+	+	相互作用对两种都有利，但不是必需的
互利共生	+	+	相互作用对两种都有利，且是必需的

注：0 表示没有显著相互作用；+ 表示对种群生长、存活或其他种群特性有益；− 表示对种群增长或其他特性有抑制

7.1.2　解释

表 7.1 按照群落水平两个物种的关系列出了"概述"中的 9 种相互作用，图 7.1 表明这些相互作用的坐标模型。所有这些种群相互作用能在任何大规模的生物群落内出现，如广阔的森林、湿地或草原。对于给定的两个物种，相互作用的类型可能在不同条件下或生活史的不同演替阶段发生改变。因此两个物种可能在某一时刻表现为寄生作用，另一时刻表现为偏利共生，而在下一时刻又表现为完全中性关系。简化的群落（如中宇宙）和实验室实验使生态学家能够挑选和量化研究各种相互作用。而且，从这些研究中推导出来的数学模型使生态学家能够对一些通常无法与其他因子分离的因子进行分析。

增长方程式模型能使定义更精确，思路更清晰，并使我们确定在复杂的自然情况下，各种因子是如何发挥作用的。如果一个种群的增长可以用一个方程式来描述，如逻辑斯蒂方程，那么，另一个种群的影响就可以用对第一个种群增长的修正项来表示。可以根据相互作用类型来设置不同的项。例如，对于竞争作用，每一个种群的增长率等于无限增长率减去种群自我拥

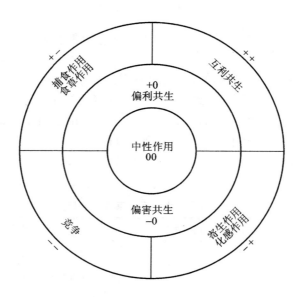

图 7.1　两个物种间相互作用的坐标模型

挤效应(它随种群增长而加强),再减去竞争物种(N_2)的有害影响(它也随两个物种 N 和 N_2 的增长而加强),或用方程式表达:

$$\frac{\mathrm{d}N}{\mathrm{d}t} = rN - \left(\frac{r}{K}\right)N^2 - CN_2N$$

或　　　　　　　　　增长率 = 无限增长率 - 自我拥挤效应 - 另一物种的有害效应

式中:C 表示反映其他物种作用效率的一个常量。

　　这个方程式可以看做是逻辑斯蒂方程(见第 6 章),只不过是增加了最后一项,即"减去另一物种的有害效应"。这种相互作用可能有若干结果。假如表示竞争效率的 C 对于两个物种都很小,那么,种间的抑制效应就比种内(自我限制)的影响小,两个物种的增长速率,也许还包括最终密度,将略受抑制;但两物种可能共存,因为种间抑制效应与种内竞争相比没那么重要。同样,如果物种呈现指数增长(方程式中缺少自我限制因子),那么,种间竞争就可能使这个物种的增长曲线"变平"。但是,如果 C 很大,那么,影响力最大的物种可能消灭其竞争者,或把它赶到其他栖息地。因此,从理论上讲,具有同样需求的物种,由于可能存在激烈竞争导致其中一个种被消灭而难以共存。这些模型有几种可能性,本章稍后我们将讨论在实际中如何设计出这些可能性。

　　当相互作用种群的两个物种是彼此有利而非有害的时候,增长方程式中可以加入一个正项。在这种情况下,两个种群都增长和繁荣起来,达到双方都有利的平衡水平。假如另一种群的有利影响(方程式中的正项)对于两个种群的生长和存活是必需的,那么这种关系就被认为是互利共生。另一方面,假如有利影响只能增加种群的大小和增长率,而对于生长和存活不是必需的,那么这种关系就属于原始合作。无论是原始合作,还是互利共生,其结果是相似的,即如果没有另一种群的存在,每一种群的增长就减少或等于零。当达到平衡水平时,两个种群的共存是稳定的,通常呈一定的比例关系。

如表7.1和图7.1所示,根据增长方程式来考虑种群相互作用时,要避免单独讨论术语和定义时常产生的混淆。因此,共生有时当作互利共生同义语用。因为共生(symbiosis)这个词,词义是"共同生活",本书使用的是它的引申意义,不考虑相互关系的实质。寄生这个术语和寄生物学,通常考虑的是生活在别的生物体上或体内的任何小生物,不管其效应是负的、正的或中性的。同一种类型的相互关系常常有各种不同的名称,更增加了混淆。但是,如果用图表来表示这些相互关系,就很少怀疑所讨论的是哪一类相互作用,那么名词或标记与机制及其后果相比就变得次要了。

要注意在描述负相互作用时并不用"有害的"这个词。竞争作用和捕食作用降低了受影响种群的增长率,但这并不必然意味着相互作用对长期存活是有害的或对进化是有害的。实际上,负相互作用能增加自然选择率,产生新的适应。捕食者和寄生者对于缺乏自我调节的种群常常是有利的,因为它们能防止种群过密可能导致的自我毁灭。

7.2 协同进化

7.2.1 概述

协同进化是群落进化的一种类型(生物体间一种进化的相互作用,在这种相互作用中生物体间遗传信息的交换是最小的或是缺乏的)。协同进化(coevolution)是两个或两个以上有密切生态关系的不可杂交的物种(如植物和食草动物,大的生物体和它们的微生物共生体,或者寄生物和它们的宿主)的联合进化。通过相互选择压力,相互关系中的一个物种的进化部分地依赖于另一个物种的进化。

7.2.2 解释

正如上一小节所讨论的,大量的交互现象发生在相互作用的物种间。的确,这些交互关系在进化生态学领域中占据优势(见 Pianka 对这个领域的研究详述,2000)。物种间一开始的相互竞争的交互关系,经过一段时间的进化可能对物种双方都有益或互惠的。正如我们在第8章将要讨论的,与生态系统发育早期阶段的年轻系统相比,成熟的群落和生态系统中物种间的相互关系似乎更为互惠。

Ehrlich 和 Raven(1964)在对蝴蝶和植物进行研究的基础上,首次概括出了协同进化的理论,这一理论现在已被进化生物学的学生广泛接受。这个早期繁殖研究主要集中在蝴蝶和它们所摄食的植物之间的相互关系上。Ehrlich 和 Raven 的假说可以陈述如下:一些植物,通过偶然的突变或重组,可以产生一些与基础代谢途径无直接关系的化合物(即所谓的次生化学物质),这些化合物对正常生长和发展无任何害处。有些这类化合物要么会使食草动物所摄取的植物适口性降低,要么使这些植物变得有毒。在某种意义上,这个因此而免受植食性昆虫侵害的植物,已经进入了一个新的适应区。这些植物跟着可能会发生进化辐射,并且一开始偶然突变或重组的特征可能最终会成为整个科或相关科属的特征。然而,正如免疫能力的广泛发展所显示的,植食性昆虫会对这些生理性阻碍作出相应进化。的确,对次生植物物质的响应和对杀虫剂抵抗力的进化似乎是密切联系的(见 Palo 和 Robbins,1991,在《植物抵御哺乳类食草动物(*Plant Defenses against Mammalian Herbivory*)》一文中关于这些化合物如何抑制或减少哺乳类食草动物)。如果一个昆虫种群出现一种变异或重组,使其个体能取食以前不能取食的植物,那么自然选择将会把那种昆虫链入一个新的适应区,允许它在不与其他食草动物竞争的情况下多样化。换句话说,植物和食草动物一起进化,在某种意义上,每一个物种的进化都依赖于另一个物种的进化。目前采用遗传反馈来表示导致生态系统内形成种群和群落动态平衡的进化方式。

7.2.3　实例

　　也许协同进化能通过研究两个物种(代表不同分类群的最常见物种)之间的相互作用得到最好的观察和理解。蜂鸟传粉者和它们授粉的红花植物代表了一个协同进化的经典例子。大黄蜂是广泛分布的熊蜂属(*Bombus*)物种,它是野生植物和紫花苜蓿、三叶草、大豆和越橘等重要栽培作物的主要传粉者。Heinrich(1979,1980)基于力能学评估了花朵和大黄蜂之间的相互作用。他根据每朵花糖分的可用量来测量花蜜的产量,并计算了蜜蜂的采蜜次数以及与白昼长短和温度相关的采蜜率。不同于蝴蝶,蜜蜂有很高的新陈代谢率,它们必须频繁地采蜜来获取能量。为了吸引这些需要的授粉者来确保自己的生存,许多开花物种已经进化出了同步开花或在景观斑块中生长的机制。

　　食草动物对它们牧食的植物种群有很强的选择压力(即植物进化来防止被牧食)。植物会产生通常称为次生化合物(secondary compounds)的一系列化合物来阻止食草动物牧食。次生化合物是由植物产生的用于化学防御的有机化合物。它们要么有毒,要么是类似丹宁酸这类能降低植物适口性的化合物。这些化合物似乎代表了由食草动物的选择压力所引起的植物特定的生化和生理适应性。反过来,食草动物通常会通过改变它们自己的基因或生理代谢来适应这些化学物质。因此,食草动物和植物在这场为增加生存力而进行的"军备竞赛"中协同进化。

　　放牧也能刺激植物的生长并增加净初级生产力。因此,这种相互作用已经进化为既有益于食草动物又有益于它们所选择牧食的物种。Colwell(1973)指出这种互惠的自然选择不只限于两个物种之间的相互关系,他描述了 10 种不同的物种——四种开花植物,三种蜂鸟,一种鸟和两种螨类——如何通过协同进化产生一个迷人的热带亚群落。协同进化在食物链中也不只涉及一个环节。例如,Brower(1964)和 Brower(1969)对黑脉金斑蝶(*Danaus plexippus*)进行了研究,众所周知,黑脉金斑蝶对脊椎动物捕食者来说通常是非常难吃的食物。他们发现黑脉金斑蝶的幼虫能够螯合存在于它们所取食的乳草属植物上有很高毒性的强心苷,从而为黑脉金斑蝶幼虫和成体提供了一个很有效地对鸟类捕食的防御。因此,黑脉金斑蝶已经进化出了取食其他昆虫感到难吃的植物的能力,另外它也利用植物的毒性来防御捕食者捕食。下节中将描述的大量互利共生的实例涉及不同水平的协同进化。

7.3 共同进化:群体选择

7.3.1 概述

为了说明生物圈令人难以置信的多样性和复杂性,科学家们假定在物种水平和共同进化之外自然选择发挥着作用。因此,群体选择(group selection)定义为群体或生物集间的自然选择,这些生物间的互惠组合不是必需的。从理论上讲,群体选择会维持一些对种群和群落有利的特性,而这些特性可能对种群内的遗传载体相对不利。但事实却是相反的,群体选择可以将某些对物种生存不利但相对对种群或群落有利的特性去除或保持在较低频率。群体选择包括一个生物为了自身的生存而对群落组织施加的积极的益处。

7.3.2 解释与实例

"为生存而斗争""适者生存"(T. H. Huxley,1894)并不是残酷无情的竞争。在许多情况下,生存和成功繁殖是建立在合作的基础上而不是竞争的基础上。合作和精细的互惠关系是怎样开始并稳定遗传的,这很难用进化的理论来解释,因为当个体刚开始相互影响时,与合作相比,每个个体按照自己的利益行动几乎总是有利的。Axelrod 和 Hamilton(1981)对共同进化进行了分析,并基于"囚徒困境博弈"和互换理论设计了一个模型,作为基于传统竞争的、适者生存遗传理论的拓展。在"囚徒困境"游戏中,两个玩家根据彼此的直接利益决定合作与否。第一次相遇,无论其他的个体做什么,不合作的决定对每个个体都会带来最高的回报。但是,如果双方都选择不合作,那么它们的境况就不如双方都合作来得好。如果个体继续相互作用(游戏继续),可能发生的情况就是合作可能基于试验的基础上而被选择,而且也会认识到合作的好处。这个模型的推论表明建立在互惠基础上的合作能在以自我为中心的环境中开始,而且这种合作一旦全面建立就可得到发展和持续。诸如微生物和植物等众多个体间的不间断的紧密联系增强了有共同利益的相互作用的可能性,如固氮菌和豆类之间的共生关系已得到进化。

相关个体(如双亲和后代)间的利他主义(一个个体为了另一个个体的利益而做出适合度的牺牲),可能是朝向合作进化(甚至在不相关的物种间)的开始。一旦有利于互惠的基因被亲缘选择所建立,那么合作就能扩展到相关性越来越低的环境中。

David Sloan Wilson(1975,1977,1980)将群体选择陈述如下(1980,p. 97):"种群通过常规进化来刺激或阻碍其适合度所依赖的其他种群。随着这样的进化时期过去后,一个生物体的适合度在很大程度是它自己所影响的群落的一个反映,是群落对该生物体的存在所作的反应。

如果这种反应相当强烈的话,那么只有对它们群落有正面影响的生物才能存在下去。"Wilson
主张结构同类群(紧密结合一个种群的基因片断)之间的选择有利于群体选择。他还将生物
群落内个体适合度和群落适合度的自相矛盾,类推到人类群体中私人利益与公共利益的比较。

捕食者–被捕食者和寄生虫–宿主的相互关系随着时间推移负面效应往往会变得更少。
Gilpin(1975)提出在一个"精明"特性的发展中,群体选择使得捕食者和寄生者不会过多地利
用被捕食者或宿主,因为这样做将可能导致存在相互作用的这两个物种同归于尽。为了控制
澳大利亚的欧洲野兔而引入黏液瘤病病毒的历史就是一个毒性逐步降低的例子。当开始被引
入的时候,这种寄生虫几天内就可以杀死兔子。后来,弱毒性菌株代替了毒性菌株,要杀死宿
主就需要用两倍到三倍的时间;因此,传播病毒的蚊子有更长的时候来取食感染的兔子。因为
无毒菌株不会像有毒菌株那么快的破坏它的食物来源(兔子),产生了越来越多的无毒类型寄
生菌并且传播到新的宿主中。所以,与有毒菌株相比群间选择更利于无毒菌株,否则,寄生虫
和宿主最终将同归于尽。

虽然群体选择的发生是毋庸置疑的,但是在进化史上它的重要性仍然是有争议的。在自
然界中已发展的有组织的复杂性是难以只通过个体和物种水平的选择来解释的;因此,更高水
平的选择和自我组织过程不得不扮演重要角色。更多关于群体选择的内容,见 E. O. Wilson
(1973,1980,1999),D. S. Wilson(1975,1977,1980),以及 Maynard Smith(1976)。

7.4 种间竞争与共存

7.4.1 概述

竞争的广义概念是指两个生物为相同资源而斗争的相互作用。种间竞争(interspecific
competition)指所有抑制两种或更多物种的种群增长和存活的任何相互作用。种间竞争有两
种形式:① 相互干涉性竞争;② 资源利用性竞争。竞争使亲缘关系密切或其他方面相似的物
种之间产生生态分化的趋势称为竞争排斥原理。同时,竞争激发了许多选择性的适应,这种适
应增强了给定区域或群落内生物多样性的共存。

7.4.2 解释与实例

生态学家、遗传学家和进化论者写过大量关于种间竞争的论著。一般来说,竞争这个词用
于表示由两物种共同利用的资源的短缺带来的负面影响。通常从直接的物理相互作用(相互
干涉性竞争)和利用竞争方面来讨论。相互干涉性竞争(interference competition)出现在两个
物种直接相互作用时,如领地的争夺和防御。资源利用性竞争(exploitation competition)出现
在一个物种和另一个物种利用同一种资源时,如食物、空间或被捕食者,但两个物种间没有直
接的联系。这种间接的利用竞争能够使一个物种对另一个物种保持一种竞争优势。

　　竞争的相互作用涉及空间、食物或营养、光照、废弃物、对食肉动物和疾病的敏感度以及许多其他类型的相互作用。进化生物学家最有兴趣的是竞争的结果,作为自然选择的一种机制对这种结果已经进行了大量研究。种间竞争能调节两个物种间的平衡,或者如果竞争比较剧烈的话,会导致一个种群被另一个种群所替代,或者迫使另一个种群去占据其他空间或利用另一种食物(不论起初的竞争行动的基础是什么)。具有同样习性或生活方式的亲缘关系接近的生物经常不能在同一地方共存。假如它们在同一地方出现,它们通常利用不同的资源或在不同时间活动。高斯原理(Gause principle)(Gause,1932)可以用来解释亲缘接近(或其他相似)物种间的生态分化现象,高斯是首次在实验培养中观察到这种分化现象的苏联生物学家(见图7.2),高斯原理又称为竞争排斥原理(competitive exclusion principle)(Hardin,1960)。

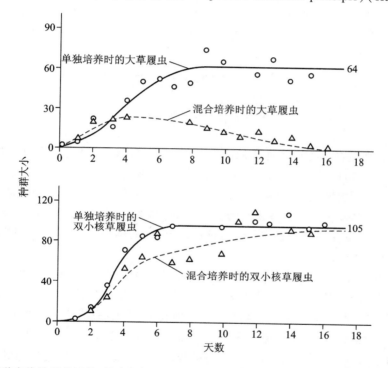

图7.2　两种亲缘关系接近的、具有相似生态位的原生动物之间的竞争。当单独培养时,大草履虫(*Paramecium caudatum*)和双小核草履虫(*Paramecium aurelia*)都表现出正常的S-型增长,当混合培养时,大草履虫被消灭(仿Gause,1932)

　　高斯对纤毛虫类的一个独创性试验(Gause,1934,1935)是竞争排斥的一个典型例子(图7.2)。大草履虫(*Paramecium caudatum*)和双小核草履虫(*Paramecium aurelia*)是亲缘相近的两个纤毛虫类原生动物,当单独培养时,它们表现出一种典型的S-型种群增长并且在保持一个固定的营养成分浓度的培养基中维持一种恒定的种群水平(细菌在培养基中不能自我繁殖,因此可以频繁添加营养成分以保持固定浓度)。但是当把两种原生动物混合培养时,16天后只有双小核草履虫独自存活下来。这两种生物既不相互攻击也不会分泌有害物质;只是双小核草履虫种群具有一个更高的增长率(更高的内禀增长率),因此在现存条件下因为食物有限使大草履虫淘汰出局(一个明显的资源利用性竞争的例子)。作为对照,大草履虫和袋状草履虫(*Paramecium bursaria*)共同培养时却能够生存并能达到一个稳定的平衡。尽管它们也竞争相同的食物,但袋状草履虫占据了培养基的不同部分,在这里它可以以细菌为食而不用和大草履虫竞争。因此,尽管这两个物种的食物相同,但栖息地的不同还是证明它们是可以共存的。

竞争理论中争论最多的一些问题都围绕洛特卡 – 沃尔泰勒方程(Lotka-Volterra equations)展开,之所以这样称,是因为这个方程是 Lotka(1925)和 Volterra(1926)在不同的刊物上独立提出的。它们是类似于第一节所概述方程的一对微分方程。这个方程适用于模拟捕食者 – 被捕食者,寄生者 – 宿主,竞争或其他两种间相互作用。就有限空间中的竞争而言,每个种群具有一个有限值 K 或平衡水平,以逻辑斯蒂方程为基础,同时发生的增长方程可以写为下列形式:

$$\frac{dN_1}{dt} = r_1 N_1 \left(\frac{K_1 - N_1 - \alpha N_2}{K_1} \right)$$

$$\frac{dN_2}{dt} = r_2 N_2 \left(\frac{K_2 - N_2 - \beta N_1}{K_2} \right)$$

式中:N_1 和 N_2 分别是物种 1 和物种 2 的数量;α 是竞争系数,表示物种 2 对物种 1 的抑制影响;β 是对应的表示物种 1 对物种 2 抑制影响的竞争系数。

为了理解竞争,我们不仅必须考虑可能导致竞争排斥的条件和种群特征,另外,由于在开放的自然生态系统中大量物种共享相同的资源,还必须考虑相似物种共存的情况。图 7.3 所示可能被称为"粉甲虫 – 三叶草模型"(Tribolium-Trifolium model),包括一对粉甲虫的排斥试验和两种三叶草的共存试验。

芝加哥大学的 Thomas Park 实验室所进行的种间竞争研究,是时间最长的实验研究(Park, 1934,1954)之一。Park 和他的学生与同事以粉甲虫(主要为拟谷盗属 *Tribolium*)为研究对象。这些小甲虫能在非常简单而同质的生境中(一罐面粉或麦麸)完成它们完整的生活史。培养基既是食物又是幼虫和成虫的生境。假如定期加入新鲜培养基,粉甲虫种群就能长久维持。从能流术语学角度,这个实验设置是一个稳定的异养生态系统,输入的食物能量与呼吸失去的相平衡。

研究者发现,当把两个不同种的粉甲虫放置于这个匀质的微宇宙(小型实验生态系统)时,有一种迟早要被消灭,另一种则继续繁殖,总有一个物种继续繁荣生长。一个物种总是"取胜",换言之,在这个特定的单生境的微宇宙中,不可能有两种粉甲虫存活。每种粉甲虫最初放入培养基中的个体相对数量并不影响最后结局,但是生态系统中施加的气候条件,在决定哪一种粉甲虫取胜上则有重大影响。赤拟谷盗(*T. castaneum*)总是在高温和高湿条件下取胜,而杂拟谷盗(*T. confusum*)总是在寒冷和干燥条件下取胜,尽管在单独培养时,两种粉甲虫在六种气候下都能无限制地生活。在单种培养中测定的种群特征有助于说明竞争作用的某些结果。例如,如果种的增长率 r 区别很大,在该试验条件下,具有最高增长率的物种总是取胜。如果两种的增值率差别不大,具有最高增长速率的物种不一定都能取胜。如果有一种群染有

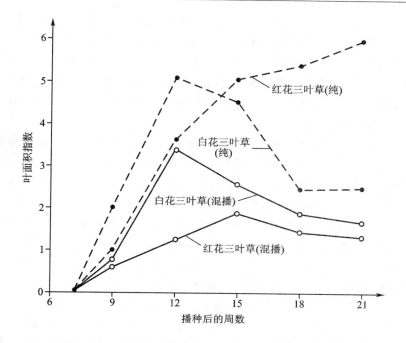

图7.3　三叶草(*Trifolium*)种群共存实例。图中表示两种三叶草种群在单独或混合栽培中的生长,单独栽培时,两种三叶草的生长型不同,达到成熟的时间也不同。基于这个原因及其他差异,这两种三叶草即使彼此相互影响,也能够在混合栽培中共存,但密度有所下降。叶面积指数即叶表面积与土壤表面积之比(单位:cm²/cm²)(根据 Harper 和 Clatworthy(1963)重绘)

病毒,那就很容易打破平衡。Feener(1981)对一种寄生昆虫改变两种蚂蚁之间的竞争平衡进行了描述。同样,种群内各遗传品系在竞争力上也大为不同。

北威尔士大学的 J. L. Harper 和同事报道了关于植物竞争的一些最有价值的研究(见 J. L. Harper,1961;J. L. Harper 和 Clatworthy,1963)。其中一个研究结果如图7.3所示,阐述了生长形式的差异如何使两种三叶草共存于相同环境(相同的光照、温度和土壤)中。两种三叶草中,白花三叶草(*Trifolium repens*)生长较快,叶密度很快达到峰值。然而,红花三叶草(*T. fragiform*)的叶柄较长,叶位较高,并且高度高出生长快的三叶草,尤其在白花三叶草已经达到生长高峰以后,因此能避免白花三叶草的遮挡。所以,在混合栽培中,每种三叶草都抑制另一种,但即使每个物种都以低密度来共存,它们也都能完成生活周期并产生种子。在这个实例中,虽然对光照竞争强烈,但由于两个物种在形态学和生长高峰的时间不同从而能共存。J. L. Harper(1961)总结,如果两个植物种群能受下列一个或多个机制独立控制,就能共存:① 不同营养需求(例如豆科和非豆科植物);② 不同死亡原因(对放牧的敏感度差异);③ 对不同毒物的敏感性(对次生化学物质反应差异);④ 在不同时间对相同控制因子(如光或水)的敏感性(例如上面叙述的三叶草)。

Brian(1956)第一个对间接或资源利用性竞争和直接或相互干扰性竞争进行了区分。当我们沿着动物生命的系统发生树,从简单的滤食性原生动物和水蚤类动物(通常在收集食物方面存在竞争），到具有精细的侵略和领域性行为模式的脊椎动物，干扰竞争似乎更频繁。Slobodkin（1964）在对水螅的竞争实验基础上推断，两种竞争类型互相重叠，但是在理论基础上区分这两个过程还是有用的。在没有或有较低迁入和迁出的系统，如实验室培养、中宇宙（中型实验生态系）、岛屿或其他具有阻止输入和输出的坚固障碍物的自然生态系统，竞争是最激烈的，并且最可能出现竞争排斥，这是文献中提到的竞争的一般模式。在开放程度更高的典型自然系统中，共存的可能性更大。

对田间植物的种间竞争已经进行了大量研究，且普遍认为种间竞争是物种演替的一个重要因子（第 8 章将讨论）。物种对实验增加或去除潜在竞争者如何作出响应的研究，为证明竞争在自然界中的重要性提供了强有力的证据（Connell，1961，1972，1975；Paine，1974，1984；Hairston，1980）。Connell（1961）对自然样方中藤壶间的竞争的经典研究是一个设计良好的野外试验。Connell 的调查地点为苏格兰的基岩质海岸，在那里两个藤壶物种典型地占据潮间带的不同位置。其中体型较小的星状小藤壶（*Chthamalus stellatus*），相对于体型较大的腺藤壶（*Balanus glandula*），出现在潮间带高程较高的地点。图 7.4A 所示基于 J. H. Connell 试验研究之上的"藤壶模型"。东部基岩质海岸的潮间带提供了一个从物理胁迫到更多生物控制环境的微小梯度（图 7.4B）。Connell 发现两种藤壶的幼虫可以在潮间带较大范围内定居，但是成体却仅在有限的范围内存活。较大的巨藤壶局限于潮间带高程较低的地方，这是由于它们不能忍受低潮时的长期暴露。由于大个体物种与它的竞争，以及被在低于高潮位处更活跃生长的捕食者所捕食，较小的小藤壶被逐出潮间带高程较低处。因此，干燥物理胁迫是这一系列梯度中高程较高的潮间带的主要限制因子，而种间竞争和捕食则在高程较低的潮间带为主要限制因子。如果人们记得所有的模型都是不同程度的过简化模型，那么这个模型可以应用到更广阔的梯度中，如北极到回归线，或高纬度到低纬度梯度。

华盛顿大学的 Robert Paine 认为，通过影响猎种间竞争性相互作用的结果，捕食作用在生物群落结构形成过程中起了一个非常重要的作用。在美国西海岸的一个基岩质海岸的潮间带栖息着藤壶、贻贝、帽贝和石鳖几种动物。这些物种被赭黄豆海星（*Pisaster ochraceus*）捕食。将海星从实验小区中移除后，在调查结束时移除小区中被捕食物种的数量从 15 快速降到 8。由于藤壶和贻贝种群在没有捕食者（在这个例子中，海星是捕食者）存在的地方是更优势的空间竞争者，它们排挤掉了许多其他被捕食者，从而使生物多样性下降。这个经典的研究说明捕食是如何影响生物群落的结构和调节生物多样性的（Paine，1974）。

进化过程所引起的可以增强生态分化的形态差异称为性状替换（character displacement）。例如，在中欧，6 种山雀（山雀属的小鸟）通过栖息地、摄食地点、摄取猎物的大小方面的分异而能够共存，这是由于它们在喙的长度和宽度上存在着差异。在北美，尽管有 7 种山雀存在于北美大陆，但是在相同的地区很少发现两种以上的山雀。Lack（1969）提出，相对于欧洲的山雀物种，美国的山雀物种处于进化的较早阶段，它们在喙、体形大小和摄食行为方面的差异适应于它们各自的栖息地，但还不适应在同一栖息地中共存。

竞争在生境选择中发挥作用的普遍理论如图 7.5 所概括。曲线代表物种能够耐受的生境范围，有最适条件和临界条件。在与亲缘相近或生态学相似的物种发生竞争的地方，某物种占据的栖息地范围通常局限在最适条件（即这个物种比其竞争者在许多方式上都更有优势的有

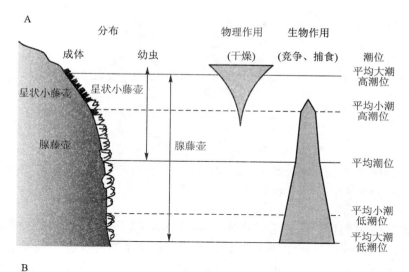

图 7.4 （A）控制两个藤壶物种在潮间带不同梯度上分布的因子。两种藤壶的幼虫可以在潮间带较大范围内定居,但是成体却仅在有限的范围内存活。干燥等物理因子控制腺藤壶(*Balanus*)分布的上限,而竞争和捕食等生物因子控制星状小藤壶(*Chthamalus*)分布的下限(仿 E. P. Odum,1963;Connell,1961)。（B）位于缅因州巴港附近东海岸的潮间带

利条件下）。当种间竞争不激烈的地方,种内竞争通常带来一个更广泛的栖息地选择。

在岛屿上,当潜在竞争者不能侵入时,可以观察到栖息地选择变广的趋势。例如,由于岛上没有森林生境竞争者红背属(*Clethrionomys*)的存在,田鼠(*Microtus*)经常占据岛上的森林生境。

当然,在自然中明显分离的亲缘相近物种并不意味着它们之间真的不断竞争以保持它们之间的分离;两个物种可能已经进化出了不同的需求或喜好,使它们之间的竞争显著降低或消

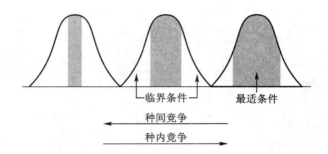

图 7.5　竞争对栖息地分布的影响。当种内竞争占优势时,种分布扩展,占据不利的(边缘)区域;当种间竞争激烈时,物种倾向于局限在最适条件的狭窄范围内

失。例如,在欧洲有两种杜鹃,一种毛房杜鹃(*Rhododendron hirsutum*)生活在石灰质土壤中,而另一种锈色杜鹃(*R. ferrugineum*)出现在酸性土壤中。这两个物种没有一种能生活在相反类型的土壤中,因此,现实中它们之间绝不会有任何竞争。Teal(1958)对招潮蟹(*Uca*)进行了生境选择实验研究,两种招潮蟹在盐沼中出现的地点是不同的。一种拳手招潮(*Uca pugilator*)出现在空旷的沙滩;而另一种猛招潮(*U. pugnax*)出现在长有沼泽草类的泥滩。Teal 发现,由于每种招潮蟹都只在自己喜好的基质里挖洞,因此即使不存在另一种招潮蟹,一种招潮蟹也不会去侵占另一个物种的栖息地。当然,不存在积极竞争,并不意味着过去竞争不是隔离行为形成的一个最初影响因子。

　　两种亲缘关系相近的水鸟,欧洲绿鸬鹚(*Phalacrocorax aristotelis*)和普通鸬鹚(*P. carbo*)在产卵季节同时出现在英国,但是它们取食完全不同种类的鱼。因此,它们在食物资源方面不是直接的竞争者(即两个物种的生态位是不同的)。这是表 7.1 和图 7.1 中所描述和图解的中性作用(neutralism)(0 0)的例子。

7.5　正/负相互作用:捕食、食草、寄生和化感作用

7.5.1　概述

　　如前所述,捕食和寄生是常见的两个种群相互作用的实例,它们对一个种群的增长和存活产生负效应,而对另一个种群有正的或有益的效应。当捕食者是一个初级消费者(通常是一种动物),而被捕食者或宿主是一个初级生产者(植物)时,这种相互作用称为食草作用(herbivory)。当一个种群产生对另一竞争种群有毒的物质时,这种相互作用称为化感作用(allelopathy)。可见,自然界存在各种类型的(+ -)(对一个种群有益而对另一个种群有抑制作用)相互关系。

　　在相对稳定的生态系统中,当两个相互作用的种群已经有了一个共同的进化史时,它们之间的副作用效果会趋于减弱。换言之,自然选择使有害的影响减弱,或使相互作用消失,这是

因为捕食者或寄生者种群不断强烈抑制猎物或宿主种群，只能导致一个种群或二者都灭亡。因此，当相互作用刚产生（当两个种群刚刚有联系时）或生态系统遭到大规模或突然性的变化（可能是人为造成的）时，频繁观察到捕食或寄生作用的严酷影响。换言之，从长远看，寄生者与宿主或者捕食者与被捕食者之间的相互关系趋于共存发展。（回顾第 4 章关于报偿反馈的讨论）。

7.5.2　解释和实例

对于学生和普通人来讲，客观地对待寄生和捕食作用并不是很容易的。我们对于寄生者，不管是细菌还是滴虫，都会产生一种自然的憎恨。尽管人类本身就是地球自然界中有广泛影响的捕食者和流行病的传播者，但往往在还未确定其是否对人类真的有害以前，人类就给所有其他捕食者都判了刑。"只有死鹰才是好鹰"的观点是一个最不加鉴别的概括。

从种群和群落水平而非从个体水平来考虑捕食、寄生、食草和化感作用，是一个客观的方式。捕食者、寄生者和食草动物确实通过取食或分析有毒化学物质来杀死个体或使其受伤，另外它们至少在某种程度上抑制了目标种群的增长率或减少了整个种群的数量。但是这是否意味着没有捕食者和寄生者，这些种群将更健康呢？从长远的和协同进化的观点看，捕食者是相关关系中的唯一受益者吗？就像我们在讨论种群调节问题时（第 6 章）所指出的，捕食者和寄生者可以使食草昆虫保持在低密度水平以便它们不会破坏它们自己的食物供应和栖息地。在第 3 章里，我们讨论了食草动物和植物如何进化出一种近乎互利共生(+ +)的关系。

当捕食者压力降低时，鹿种群趋于爆发，这是一个经常引用的例子。Leopold (1943) 根据 Rasmussen (1941) 的估计，对凯巴 (Kaibab) 鹿群进行了首次描述，据他的描述，鹿群从 1907 年的 4 000 头（在美国亚利桑那州的大峡谷北坡 70 万英亩面积上）增加到 1924 年的 10 万头，这与美国政府有组织的捕捉捕食者的时间相符。Caughley (1970) 对这个数据进行了复查，认为尽管鹿群确实是数量增加，过牧后数量随后又下降了，但在种群过密的程度方面存在质疑，并认为没有充分证据说明捕食者的去除是唯一原因。牛和火灾也具有一定作用。Caughley 相信，有蹄类种群的大爆发，最有可能是由于栖息地和食物质量的变化使种群脱离了常规的死亡调节。

有一点是很清楚的，即当一个物种进入一块具有充分的未利用资源和不存在负相互作用的新领域时，最易于引发种群的大爆发。引入澳大利亚的兔子种群的大爆发，是具有较高生物潜力的物种被引入一个新领域引起数量剧烈波动的数千个实例中，最广为人知的一个。通过引入一种带病生物控制了兔子数量的爆发，这个有趣的结果已为寄生者－宿主系统的群体选择提供了证据（7.3 节所讨论的）。

最重要的归纳是，如果生态系统足够稳定，空间多样性能保证互惠适应，负相互作用将随时间越来越减弱。在小型或中型实验生态系中的寄生者－宿主或捕食者－被捕食者种群，通常数量波动激烈，并有灭绝的可能。例如，Pimental 和 Stone (1968) 已通过实验证明当把宿主家蝇 (*Musca domestica*) 和寄生丽蝇蛹集金小蜂 (*Nasonia vitripennis*) 首次一起放在一个有限的培养系统中时，就会出现剧烈的波动（图 7.6 ）。当把已经在剧烈波动中设法存活两年的个体从培养基中分离出来并在新的培养基中再建种群时,表明已通过基因选择进化出了一个生态稳态,每一种群如今都能在这一生态稳态中以一种更稳定的平衡中共存。

在人与自然的现实世界中,时间和环境可能不利于新产生联合体间的互惠适应。负相互作用总是存在可能不可逆的危险,在这种情况下宿主可能被消灭。美国的栗树疫病就是这样的一个例子,至今未定是适应还是灭绝。

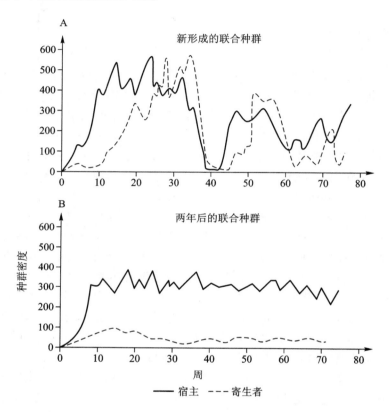

图 7.6 实验室研究的家蝇(*Musca domestica*)与寄生丽蝇涌集金小蜂(*Nasonia vitripennis*)之间宿主 – 寄生者关系的共存进化。(A)新形成的联合种群(野生个体首次生长在一起)产生剧烈波动,首先是宿主(家蝇),然后是寄生者(寄生蜂),密度迅速上升,随后又急剧下降。(B)从共存两年后的两种中分离出来的种群可以在一个更稳定的平衡中共存,不会出现密度急剧下降的现象。实验表明了遗传反馈在种群系统中如何发挥调节和稳定机制的功能(根据 Pimentel 和 Stone(1968)重绘)

起初,美洲栗(*Castanea dentata*)是北美东部的阿巴拉契亚地区森林的一个重要成员,通常占到整个森林生物量的40%。它有其自身的寄生者、疾病和取食者。同样,中国的栗(*Castanea mollissima*)(与美洲栗有亲缘关系的另一个种)也有其自身的寄生者,其中包括危害树皮的栗疫菌(*Endothia parasitica*)。1904年这种真菌偶然被带进美国。美洲栗证明对这种新寄生者是无抵抗力的。到1952年,所有的大美洲栗树都被杀死了,造成了阿巴拉契亚森林的败落面貌(图7.7)。栗树继续从根部萌芽,在它们死以前还可能结实,但没人能说出其最终结局是灭绝还是适应。从所有现实角度,栗树已经丧失了在森林中的重要影响。

摄影:王丰毅

图 7.7 阿巴拉契亚地区南部的栗树疫病的后果,说明从东半球引入的寄生生物(栗疫菌,*Endothia parasitica*)对新获得的宿主(美洲栗,*Castanea dentata*)的极端影响

上述的例子并非是精选出来专门来证明这一点的。在实验室稍作研究的学生就能发现类似的实例来证明:① 在寄生者和捕食者已经长期与它们对应的宿主和猎物伴生在一起的地方,相互作用的影响较为缓和、中性,从长远观点看甚至是有利的;② 新的寄生者或捕食者最有破坏性。事实上,如果把使农业和林业受损失最大的疾病、寄生虫和有害昆虫列成表格,那就会发现,表中多是新近引入新地区的种类(如美洲栗真菌病),或新获得的宿主或猎物的物种。欧洲的玉米实夜蛾(*Helicoverpa zea*)、舞毒蛾(*Lymantria dispar*)、日本弧丽金龟(*Popillia japonica*)和地中海实蝇(*Ceratitis capitata*),正是一些属于这类的新引入的害虫。当然,这个教训避免了引入一些新的潜在害虫,同时避免到处可能存在的有毒生态系统的威胁,这种生态系统在破坏有害生物的同时也会破坏有用生物。人类的某些重疾也多符合同样的原则:新产生的疾病是最让人害怕的。近来关于在群落、复合群落和全球水平将新的捕食者和病原体引入常驻物种中的讨论见 M. A. Davis(2003)。Simberloff(2003)认为有必要进行更多的种群生物学研究,以合理的生态学理论为基础来控制引入的物种。

介于捕食者和寄生者之间的生物,例如,寄生昆虫或拟寄生昆虫,具有特殊意义。这些生物经常能够消费完整的猎物个体,就像捕食者,但是它们也有宿主专一性、较高生物潜力和较小个体的属于寄生者的特性。昆虫学家人工繁育了一些此类生物用以控制虫害。总之,利用大个体、非专一性的捕食者的尝试没有成功过。例如,在加勒比海岛引入灰獴(*Herpestes edwardsi*)来控制甘蔗田地里的老鼠,这一方法已经使地上筑巢鸟的数量比老鼠的数量减少更多。如果捕食者个体较小,对猎物的选择比较专一,且具有较高的生命潜能,控制可能是比较有效的。

大多数用于解释植物群落营养结构的普遍理论很少关注食草昆虫的潜在重大影响。确实,大多数营养相互作用和群落调节的理论表明食草昆虫对陆地植被几乎没有影响,特别是对净初级生产力没有影响(见 Hairston 等,1960;Oksanen,1990)。许多人认为捕食者和寄生者能够防止食草昆虫对陆生群落中宿主植物产生较大伤害(Strong 等,1984;Spiller 和 Schoener, 1990;Bock 等,1992;Marquis 和 Whelan,1994;Dial 和 Roughgarden,1995),另外认为典型的食草昆虫仅消耗少量的可利用的净初级生产力(Hairston 等,1960;Strong,Lawton 等,1984;Crawley,1989;Root,1996;Price,1997)。

不同的观点认为,昆虫仅危害和消耗少量的宿主植物,因为大多数植物有很好的防御机制,或具有较低的营养值(Hartley 和 Jones,1997)。Lawton 和 McNeil(1979)认为,食草昆虫一方面受捕食者和寄生者的影响,另一方面受适口性差或低质植物的影响。无论哪个观点,结论都是相同的:食草昆虫对植物群落结构、组成和生产力的作用是可以忽略的(Pacala 和 Crawley,1992)。Pacala 和 Crawley(1992)作出结论说"食草动物对植物群落通常几乎没有影响",虽然后来 Crawley(1997)指出对于食草动物的研究还很少,不足以从中推理出这样的结论。

然而,最近已发现节肢动物的移除也会引起群落结构和功能的显著变化。V. K. Brown(1985)及 W. P. Carson 和 Root(1999)的研究表明用杀虫剂除去食草昆虫明显改变了弃耕地群落的植物物种组成和开花频度。W. P. Carson 和 Root(2000)认为食草昆虫对植物群落有很强的自上而下的影响,但这主要出现在昆虫大爆发的时候。通过除草剂处理的样方与对照样方的对比,他们解释了受抑制的昆虫对高茎一枝黄花(*Solidago altissima*)为优势种的弃耕地结构和多样性的长期影响(图 7.8)。专门寄生在高茎一枝黄花上的一枝黄花潜叶甲(*Microrhopala vittata*)在实验过程中发生大爆发并持续了几年。这种大爆发引起的危害急剧地减少了一枝黄花的生物量、密度、高度、存活力和繁殖。食草动物的移除使一枝黄花变得茂密,现存生物量和枯落物均增加。这种稠密状态下的林下层具有明显较低的植物多度、种丰富度、开

图7.8 左边的样方连续 8 年喷洒除草剂,稠密的高茎一枝黄花(*Solidago altissima*)占优势。它周围是未喷洒除草剂的对照样方。这张照片摄于一枝黄花潜叶甲(*Microrhopala vittata*)大爆发后的两年,叶甲虫使一枝黄花的多数枝条落叶。每隔 5~15 年,叶甲虫种群都会大爆发,对植物现存量都有明显影响(仿 W. P. Carson 和 Root, 2000)

花枝的产量和光照水平;这种状态在一枝黄花爆发后持续了很多年。因此,叶甲虫发挥着关键种的作用。此外,食草昆虫间接地增加了入侵树种的丰度,因此,提高了从弃耕地向乔木占优势阶段转化的演替速率。

W. P. Carson 和 Root(2000)认为昆虫大爆发在群落动态中可能非常重要,但是在群落调节理论中,在很大程度上被忽略。观察到:① 本地的食草动物周期性地激增繁殖(波动),降低了植物优势种的丰度和活力,② 这些大爆发易于出现在宿主更茂盛的状况下,③ 在一个长命宿主的生命周期中昆虫大爆发不只出现一次,这些现象都表明昆虫的大爆发在植物群落的调节和动态中发挥重要作用。

人类作为生态系统的操纵者正慢慢开始了解如何成为一个谨慎的捕食者(在不破坏系统或相互关系的前提下,何时收获,收获多少生物量)。这个问题可以通过在微生态系统中设置试验种群来进行分析。图 7.9 给出这样一个实验模型,用虹鳉(*Lebistes reticulatus*)来模拟一个正被人类利用的经济鱼类种群。如图所示,在每个生殖期收获种群总数的 1/3,可以获得最大可持续收获量,这样使种群的平衡密度下降到略少于未利用时密度的一半。在实验限制范围内,这些比值与实验系统的承载力无关,实验中用改变食物供应量的方法,使承载力在三个不同水平变化。

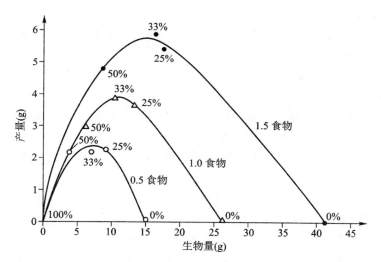

图 7.9 在不同利用率(以每个繁殖期去除的百分比表示)和三种不同的食物水平,虹鳉(*Lebistes reticulatus*)试验种群的生物量和产量。当每个繁殖期的 1/3 种群被去除时,将获得最大产量。这时种群的平均生物量,低于未利用种群生物量的一半(产量曲线左偏)(仿 Silliman,1969)

单种模型常常是过分地简单化了,因为没有考虑竞争者的影响,竞争物种可能会通过增加自身的密度并耗尽维持捕获种所需的食物或其他资源来对捕获种密度的下降作出反应。顶级捕食者,如人(或主要食草动物,如牛),很易破坏竞争平衡,使被利用物种被其他物种所取代,这些物种是别的捕食者或食草动物可能不打算利用的。在现实世界里,随着人类在捕鱼、狩猎和收获植物方面的效率正不断提高,类似这种破坏竞争平衡的实例越来越多。这种情形既带给我们挑战,也带给我们危险:单种群收获系统和单一栽培系统(如单种作物的农业)都存在内在的不稳定性,这是因为当受胁迫时,他们易受竞争、疾病、寄生、捕食和其他负相互作用的影响。在渔业中也发现了许多反映这些基本原理的例子。

Myers 和 Worm(2003)评估了渔业对四个大陆架和九个海洋系统的大型掠食性鱼类的群落生物量和组成的影响。他们估计大型掠食性鱼类的生物量目前仅是工业革命以前的 10%。他们认为海岸带地区掠食性鱼类数量的下降已经扩展到全球海域,这产生了一系列后果,如相对较低的经济收获量。因此,鱼的生物量减少到较低的水平可能危及渔业的可持续发展,需要采取全球范围内的管理方法来维护渔业的可持续发展。

捕食或收割通常影响被利用种群的个体大小。因此,在最大可持续收获量水平收获通常会降低鱼的平均大小,就像为了木材的最大收获量降低树的大小以及木材的质量。正如本书中反复指出的,一个系统不能使质量和数量同时最大化。在一个经典的研究中,Books 和 Dodson(1965)描述了当将摄食浮游动物的鱼类引入到以前没有这种直接捕食者的湖中时,较大的浮游动物个体是如何被较小的物种所取代的。在这个例子中,生态系统相对较小,整个营养级的大小和物种组成可能受一个或少数几个捕食者控制。捕食者驱动的食物网和资源驱动的食物网的比较在第 6 章中已有详述。

偏害共生(amensalism)是指一个物种对另一个物种有明显的副作用,但是不存在互惠作用(- 0)。Lawton 和 Hassell(1981)将这种相互作用称为不对称竞争。偏害共生仅是从化感作用(- +)这类相互作用的一个进化阶段。

以 C. H. Muller 的工作作为化感作用的经典实例,他研究了加利福尼亚沙巴拉群落夏旱硬叶常绿灌木群落所产生的抑制剂。这些研究者不仅研究了这些抑制物质的化学特性和生理作用,并且指明它们在调节群落的组成和动态中非常重要(见 C. H. Muller 等,1964,1968;C. H. Muller,1966,1969)。图 7.10 表明由两种具有香味的灌木所产生的挥发性萜如何抑制草本植物的生长。由叶片产生的挥发性毒素(尤其是桉树脑和樟脑)在干旱季节的土壤中积累到一定程度,当雨季来临,在环绕每个灌丛群很广的带状区域内,幼苗的萌发和随后的生长都受抑制。其他灌木产生水溶性的抗生素,具有不同的化学性质(如酚和生物碱),它们也有助于灌木成为优势种。但是,周期性火烧是夏旱硬叶常绿灌木群落生态系统的一个主要部分,它有效地消除毒素的来源,改变积累在土壤中毒素的性质,并使适应于火烧的种子萌发。因此,到火烧后的下一个雨季,一年生植物生长旺盛,并且在每年春季继续生长,直到长出灌木和毒素又开始发挥效用为止。火烧和抗生素的相互作用,使种类组成发生周期性的变化,这是这类生态系统的适应性特征。

化感效应对于植物演替速度和物种序列,以及稳定群落的物种组成,都有重大影响。化学相互作用在两个方向影响着自然群落的物种多样性;较强的优势度和剧烈的化感效应有助于形成某些群落的较低物种多样性,而多种化学适应性调节是其他一些群落高物种多样性形成的部分基础(作为生态位分化的一部分)。

生态学家们已经做了很多尝试来总结食草动物与植物抗性策略的协同进化。例如,Feeny(1975)认为稀有植物或短命植物难以发现,因此随时随地受到保护。此外,他认为这类隐蔽植物已经进化了多种定性防御(qualitative defenses),如廉价的化学有毒物质和毒素,成为抵御

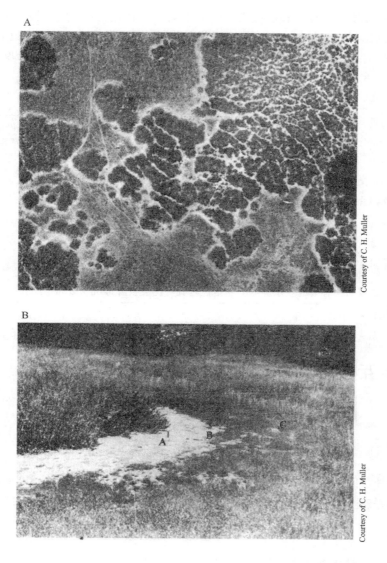

图 7.10 （A）空中拍摄的具芳香灌木白叶鼠尾草（*Salvia leucophylla*）和加利福尼亚蒿（*Artemisia californica*），入侵到加利福尼亚的圣伊内斯谷的一年生草地及其所表现的生化抑制作用。（B）上图的放大，表示由鼠尾草所产生的挥发性毒素的带状效应，见左中侧 A。A 和 B 之间 2 m 宽的区域不长草，只有少数微小的、受抑制的幼苗。延伸到这一区域下面的灌木的根系，因而没有其他种的竞争。B 和 C 之间是受抑制的草地，与 C 的右侧未受抑制的草地相比，由更小的草和更少的物种组成

最可能发现隐蔽植物的食草动物取食的有效进化屏障。相反的，Feeny 推论丰度较高或宿存的植物种（表观植物）在生态或进化时间上都不能阻止食草动物发现它们。这类表观物种似乎进化了更昂贵的定量防御（quantitative defenses），例如叶片中含较高的丹宁酸和抗性防御化学物质，以及如硬质叶片和刺等适应性。

　　表7.2 对具有较高表观性和较低表观性的植物之间协同进化的差别,以及定量防御和定性防御进行了总结。与这一主题相关的著作包括 D. F. Rhoades 和 Cates(1976);Futuyma(1976);Futuyma 和 Slatkin (1983);Palo 和 Robbins(1991);Gershenzon (1994) 以及 Hunter(2000)。

表 7.2　表观植物和隐蔽植物的对比

表观植物	隐蔽植物
普遍的	稀少的
木本多年生	草本一年生
生长缓慢(竞争的)	生长快速(易变的)
演替晚期阶段	演替早期阶段
易被食草动物发现	随时随地防御食草动物
产生昂贵的抗性防御物质(如丹宁酸)	产生廉价的化学防御物质(如有毒物质或毒素)
定量防御形成对食草动物有效的生态屏障	定性防御可能会被解毒机制破坏

来源:仿 Pianka,2000

7.6　正相互作用:偏利共生、原始合作和互利共生

7.6.1　概述

　　两个物种种群间的正相互作用是非常普遍的,在决定种群和群落的功能和结构方面,可能与竞争、寄生和其他负相互作用具有同样的重要性。按进化系列来讨论正相互作用是十分方便的,如下:

　　偏利共生——对一个种群有利;

　　原始合作——对两个种群有利;

　　互利共生——对两个种群都有利,并且彼此间完全依存于对方。

7.6.2　解释

　　继达尔文学说后几十年,俄国的 Prince Pëtr Alekseevich Kropotkin 出版了《互助:一个进化因子(*Mutual Aid:A Factor of Evolution*)》(Kropotkin,1902)一书。Kropotkin 对达尔文过分强调自然选择为一场血腥的战斗(Tennyson 喻为"腥牙血爪")提出了异议。他详细概括了生存力的增强经常可以通过,或者甚至依赖于,一个个体帮助另一个个体,或者一个物种为了相互的利益而帮助另一个物种。

　　Kropotkin 的著作受他个人的和平共存的哲学观影响。与随后做出贡献的圣雄甘地和马丁·路德·金一样,他坚决支持采用非武力措施解决人类冲突。在他撰写《互助:一个进化因子》期间,他生活在英格兰,是一个政治流亡者。这本书中大部分篇幅致力于证明合作在最初人类社会、乡村和工业协会以及动物中的重要性(关于 Kropotkin 的更多信息,见 S. J. Gould,1988;Todes,1989)。

　　在经历较长时间的争论后,Lynn Margulis 最终使生物学家们相信真核生物起源于一个古细菌和一些真细菌的融合。现在认为在所有真核细胞中的线粒体和植物的叶绿体曾经是独立的原核生物。它们是结合共生体如何进化为互利共生体的实例,就像珊瑚和苔藓。

　　Margulis 和 Sagan(2002)在他们的著作《获得基因组》中,提出一个理论,即物种形成并不是随机事件和新达尔文主义演化过程引起的,如突变和在竞争过程中发挥作用的自然选择;他们认为物种形成由相互作用的共生体、合作和基因组网络引起的更恰当。他们的理论对达尔文主义的某些中心法则提出了质疑。他们推测达尔文错误地强调了竞争和自然选择是唯一推动物种形成和进化的动力;而他们认为合作和互利共生推动了进化。这一理论有望成为 21 世纪一个多产的研究领域。

　　直到最近,正相互作用的研究数量才与负相互作用相当。人们可以合理地假定种群间负相互作用和正相互作用最终趋于彼此平衡,并且两者对物种进化和生态系统的稳定性具有同样重要的意义。

　　偏利共生(commensalism)是一种简单的正相互作用类型,可能代表向互利关系发展的第一步(见表 7.1)。它在固着生活的植物和动物间,以及可移动的生物中都很普遍。实际上,每一个虫穴、甲壳动物或海绵都有各种"不速之客",它们以宿主作为庇护所,但对宿主既无害也无利。例如,牡蛎的外套腔内有时有体弱的小蟹。这些小蟹通常是共生物,虽然有时它们会过分地吃光宿主的组织。Dales(1957)在其对海洋偏利共生的早期概述里,列举了 13 种生活在大型海洋蠕虫(*Erechis*)和穴居小虾(*Callianassa* 和 *Upogebia*)洞穴中的共栖之客。其中包括共栖的鱼、蛤、多毛目环节动物和蟹类,它们以摄取宿主的残食或拒绝的食物或废物为生。多数共栖者没有宿主专一性,但也有某些物种明显地只与一种宿主结合。

　　从偏利共生到原始合作(protocooperation),即两种生物通过结合或通过某种相互作用都获益的情况,只是很短的一步。W. C. Allee(1951)对此进行了研究,并发表了很多著作。他强调了种间合作和群聚(通常称为群聚的阿利氏规律,见第 6 章)的重要性。他认为种间合作在自然界中随处可见。以海洋为例,蟹与腔肠动物经常以互惠相联合。腔肠动物着生于蟹背上(有时被蟹"种植"在背上),为蟹提供伪装或保护(因为腔肠动物具有刺细胞)。反过来,腔肠动物以蟹作为交通工具,当蟹捕捉或食用其他动物时获得食物颗粒。

　　上述例子中,蟹并非完全依赖于腔肠动物,同样,腔肠动物也非完全依赖于蟹。合作进一步发展到两个种群彼此完全地相互依赖,这就叫做互利共生(mutualism)或专性共生(obligate symbiosis)。共生生物的种类往往是不同的。实际上,互利共生最可能在需求极不相同的生物之间得到发展(相似需求的生物可能会引发竞争)。自养生物和异养生物之间发展的互利共生是最重要的例子,这一点并不奇怪,因为生态系统中的这两个组分最后必须达到某种平衡的共生关系。群落的相互依赖性必须达到一定的程度,即一种异养生物完全依赖于另一种自养生物获得食物,而后者又依赖于前者的保护、矿质循环或其他由异养生物提供的生命必需功能,这样才能称为互利共生。固氮微生物和高等植物之间的另一种合作关系已在第 4 章有所讨论。互利共生也常见于微生物和动物之间,微生物能消化纤维素(和其他抗性植物残渣),而动物则没有消化这些物质所必需的酶系统。正如前面所讨论的,随着生态系统向成熟发展,互利共生可能取代寄生,并且当环境中某些方面受到限制(如水资源制约或土壤贫瘠)时,互利共生就尤为重要。

7.6.3　实例

有蹄类动物(如牛)和瘤胃细菌之间的专性共生关系是互利共生的一个很好的研究实例。瘤胃系统的厌氧特性对细菌生长是效率很低的(母牛所摄食的青草和干草中的能量,仅有 10% 被细菌吸收),但这种对细菌低效的特性却是反刍动物能够依靠纤维素这类基质生活的原因。微生物活动残留的能量主要由脂肪酸组成,脂肪酸由纤维素转化而来,但没有被进一步降解。而这些最终产物直接被反刍动物吸收。因此,对于反刍动物来说,这种合作关系是非常有效的,因为反刍动物获得了纤维素中多数能量,如果没有细菌的帮助,这些能量是不可能获得的。当然,作为报答,细菌也获得了一个温度受控的培养基。

能消化纤维素的微生物与节肢动物之间的互利共生也是很普遍的,经常作为碎屑食物链的一个重要因子。白蚁 – 肠道鞭毛虫之间的协作是一个经典的实例,最早的研究工作见 Cleveland(1924,1926)。许多种白蚁,如果没有专性的鞭毛虫共生,是不能消化它们摄取的木质的,实验证明去除鞭毛虫类的白蚁会因饥饿而死亡。共生体与它们的宿主协调一致,当白蚁蜕掉肠内上皮然后吞食它的时候,鞭毛虫类能响应白蚁的蜕皮激素形成囊孢,从而确保传播和再感染。

在白蚁中,共生体在宿主体内生活。但是,微生物合作者生活在宿主动物体外这种更密切的相互依赖关系可能实际上代表着互利共生关系更高级的进化阶段(这种关系可能少有机会回复到寄生状态)。一个例子是热带的果蚁,它们在其收获和储存在巢内的叶片上培养真菌。它们像能干的农民一样,对真菌进行施肥、管理和收获。蚁 – 真菌系统加速了叶片的自然分解。分解落叶通常需要多种微生物交替作用,担子菌类真菌通常出现在分解的后期。然而,当"真菌园"中的叶片受到蚁排泄物的施肥时,这些真菌能在鲜叶上像单作作物一样迅速生长为蚁提供食物。当然,维持这种单种培养,正像人类种植作物一样,需要加入更多的能量。

像栽培粮食作物一样,蚁通过培养能分解纤维素的生物,从而间接地获得雨林中大量的纤维素储量。白蚁通过与纤维素降解微生物的体内共生所完成的工作,果蚁通过更复杂的与纤维素降解真菌的体外共生来完成。从生物化学意义上来说,真菌对蚁所做的贡献像分解纤维素的酶装置一样。反过来,蚁的排泄物中含有真菌所缺乏的蛋白酶,因此蚁给真菌也提供了分解蛋白质的酶装置。这种共生可以看成一个代谢同盟,在这一同盟中两种生物的碳和氮的代谢已经统一起来。

食粪作用(coprophagy)或再摄取粪便,显然是食碎屑者的特征,它可以看成是一种不很精细、但分布更广的互利共生,微生物和动物的碳氮代谢借助它得以结合——即"外瘤胃"。例如,兔子可以再吞食它们的粪便,这说明了食粪作用在自然群落中的作用。

如 Janzen(1966,1967)所述,蚁和金合欢(*Acacia*)树是另一个明显的热带的互利共生体。树给蚁提供了栖息的住所和食物,蚁把巢筑在树枝的特殊空洞中。反过来,蚁能够保护树免遭食草昆虫的侵害。当实验移除蚁后(如杀虫剂毒杀),树木会很快受到食叶昆虫的袭击且经常致死。

微生物和植物之间的互利共生能增强矿质循环和食物产量。最好的例子就是菌根(mycorrhizae),菌根是真菌丝状体与植物的活根联合组成的互利共生体(不应与死根的寄生真菌混淆)。像固氮细菌和豆科植物的情况一样,真菌与根组织相互作用形成复合"器官",增强植物从土壤中汲取无机物的能力。当然,反过来植物也给真菌提供了光合作用的某些产物。通过菌根的能流途径非常重要,这条途径可以作为一条主要食物链列出。

菌根有两种主要形式。一种是外生菌根(ectomycorrhizae),真菌在活的生长根周围形成鞘状或网状结构,菌丝从这个结构生长进入土壤,通常可以扩展较长的距离。这些菌根大多出现在树中,特别是松树和其他针叶树以及热带树。另一种是泡囊丛枝菌根(vesicular-arbuscular)或 VA 菌根(VA mycorrhizae)(以前称为内生菌根),这种菌根深入根组织内,形成泡囊状结构(因此而得名)。和外生菌根一样,菌丝在土壤中拓展。这些菌根拓殖在少数几个属的所有植物中,包括所有气候带的草本、灌木和乔木。

菌根通常不具有宿主专一性,这意味着不管植物根系以哪种形式与它们的孢子相联系,菌根通常都能建植。某些外生菌根产生较大的容易扩散的地上子实体或蘑菇。VA 菌根产生地下孢子,可以通过土壤动物扩散。实际上在每个陆地生态系统中都能发现菌根,包括热带雨林、北温带草原以及北极苔原带。真菌和植物的菌根关系存在已久且非常普遍。约 90% 的植物种,包括大多数的作物,与真菌形成这类互利关系(Picone,2002)。这些益处包括:

- 菌根真菌可以增加植物的营养获取,特别是氮和磷。菌丝从建植的根拓展到土壤中。由于它们具有较高的表面积与体积的比率,菌丝善于吸收土壤营养并把营养运输到根。真菌从与它有互利关系的植物中获得碳水化合物,特别是糖。

- 菌根真菌有利于抑制特定杂草的生长。拓殖根能够很好地抵抗土壤病原体,包括线虫类和病源真菌。

- 菌根在改良土壤质地方面发挥重要作用,被看成是聚集多数土壤类型的最重要的生物媒介。这种聚集称为耕层(tilth),能够产生健康的土壤结构。这类土壤是松散的,易于扎根和沥水的,允许蚯蚓等生物群不受阻碍地挖洞。

不幸的是,传统的农业生产趋向于干扰菌根真菌和植物定居者之间的互惠关系——改变土壤特性和抑制营养循环等生态系统过程(Coleman 和 Crossley,1996)。

图 7.11 描述了传统农业生产如何影响含有菌根群落的土壤(Picone,2002)。步骤 1 描述耕耘打碎了土壤团粒,破坏了菌根真菌网,降低了真菌的丰度。这种干扰抑制了聚集和耕作地形成(步骤 2)。因此土壤变得紧实,通气性差,频繁需要重新耕耘(步骤 3)。

由于真菌营养循环机制被破坏,耕作也增加了对肥料的依赖性(步骤 4);现代农业生产因而采用合成的商业化肥来补充营养(步骤 5)。合成的肥料,不像有机肥,它往往降低菌根真菌的丰度,产生对营养吸收无效的真菌(步骤 6)。缺少菌根群落的土壤产生一个对非宿主杂草

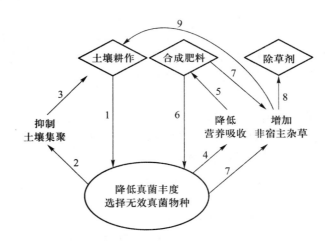

图 7.11 描述传统农业耕作对土壤真菌群落的影响的模型(详细描述见正文;堪萨斯州的 Salina 市的土地研究所版权许可)

来说是最优的环境(步骤 7)。因而需要了解有关杂草控制的生物学机制(步骤 8)并且需要进行更多的耕作(步骤 9)。因此农业的耕作有助于产生一个工业循环而不是自然系统中已经进化的生态(生物)循环。这种耕作实践使农产品产量直线下降,直到菌根真菌网重建并且基于土壤健康水平的营养循环机制得到恢复。

如果没有菌根,许多树木就不能生长。把森林中的树木移植到不同区域的草原土壤上,除非嫁接真菌共生体否则往往不能生长。具有健康菌根共生体的松树,能在贫瘠的、一般农业标准认为玉米或小麦不能存活的土壤上旺盛的生长。真菌能够通过螯合作用或其他方式代谢不可利用的磷和其他矿质。当把标记的无机物(如放射性示踪磷)加入土壤中,有 90% 将迅速被菌根共生体所吸收,然后慢慢释放到植物中。美国南部数百万英亩土地的表层土被中耕作物的单种栽培和持续多年的异地业主系统所破坏,幸运的是,松树菌根系统发挥了很好的作用;否则这些被侵蚀的土地今天已成为沙漠。

图 7.12A 描绘了密叶云杉(*Picea pungens*)根系周围的菌根丛。第 4 章中已经强调了菌根在直接矿质循环中的作用,它们在热带地区的重要性,以及作物对这种内置循环系统的需要。有关菌根互利共生的更多信息,可以参考 Mosse 等(1981)和 E. I. Newman(1988)。

Ahmadjian(1995)指出地衣可能是生物世界中最难以了解和觉察的生物。地衣是与我们所有人相关联的生物网络中的一个重要部分。它是一个独特的联合体,主要具备真菌的特性,但也有蓝细菌的特性。在约 8% 的地球陆地表面上,地衣具有最优生活型。例如,在北美,欧洲和俄罗斯的北方森林中,大面积土地上覆盖着石蕊(也称为驯鹿苔),特别是鹿蕊属(*Cladina*)的物种。地衣可能在调节地球大气的气体组成方面发挥重要作用,可能作为 CO_2 汇行使功能(Ahmadjian,1995)。

地衣(lichens)是特定真菌和藻类的联合体,具有密切的机能相互依存并形成形态上的统一,已成为既不像真菌又不像藻类的第三种生物。地衣虽然由两个或多个不相关的物种组成,

A

Courtesy of S. A. Wilde, University of Wisconsin

B

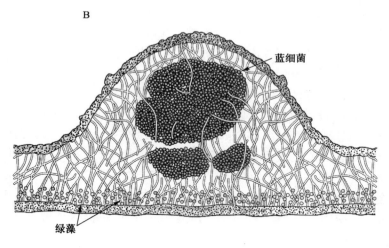

图7.12 (A)密叶云杉(*Picea pungens*)幼苗根系周围的菌根丛。(B)森林冠层群落中附生地衣(*Lobaria oregano*)内的主要氮固定器(所示为剖面图)。*Lobaria* 是真菌和绿藻的互利共生联合体,在凸出部分也包含以显著速率固定氮的蓝细菌种群(根据《科技美国人》1973年6月第79页改编。Estate of Eric Mose 再版许可)

但通常把它归为单独的物种。人们可以从地衣中找到从寄生向互利共生进化的证据。例如,真菌实际上伸入到藻类细胞内,因此本质上是藻类的寄生物。在更高级的物种中,真菌丝状体或菌丝不侵入到藻类细胞内,但两者紧密联系、相互协调。图7.12B表示森林冠层群落中附生地衣(*Lobaria oregano*)内的主要氮固定器。肺衣属(*Lobaria*)是真菌和绿藻的互利共生联合体,但也包含以显著速率固定氮的蓝细菌种群。

互利共生的地衣生活型至少有 5 个独立的起源,分别来自真菌系谱中的不同分支;所有真菌类物种中至少 20% 是地衣(Gargas 等,1995)。正如一个多世纪前 Kropotkin(1902)所指出的那样,这种多起源说明互利共生可能在进化中与竞争具有同样重要的作用。

当资源束缚生物量的增长时,例如在一个成熟的森林中,或当土壤或水寡营养时,例如在某些珊瑚礁或雨林中,很显然,这时互利共生具有特殊的生存价值。像珊瑚和其他高度组织的异养生物 - 自养生物的互利共生体一样,地衣可以很好地适应于自然资源匮乏或和胁迫环境,但是它们对污染胁迫,尤其是空气污染非常敏感。安大略省的萨德伯里市遭受空气污染(第 3 章有所提及),关于这一地区的景观恢复,地衣的重现是恢复的一个可喜迹象。

有关共生联合体的综合评论见 Boucher 等(1982)和 Keddy(1990)。2003 年《美国博物学家》(*The American Naturalist*)杂志第 162 卷增刊中,一篇题为"相互作用的同资源种团:超越互利共生之透视"的文章也推荐大家阅读。人类和栽培植物及家畜的关系可以看做互利共生的一种特殊形式,这将在第 8 章中讨论。在第 2 章,对珊瑚 - 藻类联合这一涌现性进行了讨论,它增强了整个生态系统的营养循环和生产力。

一个物种对另一个物种的间接作用可能和它们的直接相互作用同样重要,并且有助于形成网络互利共生。当食物链在食物网中行使功能时,一个营养链的每个末端生物——例如池塘中的浮游生物和鲈鱼,它们之间虽然并不直接相互作用,但是间接地彼此获益。鲈鱼通过摄食以浮游生物为食的鱼类而获益,而这类鱼依赖于浮游生物,当鲈鱼减少浮游生物捕食者的种群数量时,浮游生物获益。因此,食物网中既存在负相互作用(捕食者 - 猎物)又存在正相互作用(互利共生)(D. S. Wilson, 1986;Patten,1991)。

由于第 4 章所讨论的报偿反馈的存在,以及负相互作用的激烈程度随时间降低(见第 3 节),所以把整个食物链看成互利共生体并不牵强附会(E. P. Odum 和 Biever,1984)。在藻类 - 食草动物关系的研究中,Sterner(1986)发现,当藻类被取食时会生长更好,这是由于氮通过食草动物再生。

在群落和生态系统水平的食物网中,最终所有两物种间的正、负相互作用都共同发挥作用。食物链的热力学(如第 3 章所详述),与"自上而下"和"自下而上"的过程相结合,使食物网成为一个功能系统而不仅仅是物种相互作用的集合。自上而下控制,包括报酬反馈,指的是上游组分的作用——例如,食草动物控制植物而食肉动物控制食草动物。自下而上控制指的是营养和其他决定初级生产力的物理因子的作用。生态学家们就"一个已知环境中哪种类型的控制是最重要的"这个问题展开了争论,但是现在大多数生态学家认为在所有自然环境中两种控制类型都存在,只是程度有所不同(Hunter 和 Price,1992;Polis,1994;de Ruiter 等,1995;Krebs 等,1995;Krebs,Boonstra 等,2001;Polis 和 Strong,1996)。

直到最近,人类一直是其所在自养环境的能量寄生者,获取他们所想要的,却很少考虑地球的福利。例如,大城市增长并成为乡村的寄生者,乡村必须设法提供食物和水资源,并且降解大量的城市废物。人类必须进化到与自然的互利共生阶段。如果人类不能获得与自然的互利共生,那么就像愚蠢的或不适应的寄生者一样,人类对其宿主的利用可能会达到毁灭自身的程度。

7.7 栖息地、生态位和同资源种团的概念

7.7.1 概述

栖息地（habitat）是指生物生活的地方，或者能找到它们的地方。生态位（ecological niche），不仅包括生物占有的物理空间，还包括它在群落中的功能作用（如它的营养位置）以及它们在温度、湿度、pH、土壤和其他生存条件的环境变化梯度中的位置。生态位的这三个方面可以简单地称为空间或栖息地生态位、营养生态位和多维或超体积生态位。所以，一个生物的生态位不仅依赖于它在哪里生活，而且还包括它的各种环境需求的总和。根据种间存在的一个或几个主要特征（起显著作用）的差异（或者相同物种在两个或多个不同地方或不同时间）给出的生态位概念是最有用的，在定量分析方面也是最适用的。最经常被量化的维度是生态位宽度及与邻种的生态位重叠。在一个群落中作用和生态位维度相当的物种称为同资源种团（guilds）。在不同地域（陆地和主要海洋）占据相同生态位的物种称为生态等值种。

7.7.2 解释与实例

栖息地一词广泛用于生态学和其他领域。仰蝽属（*Notonecta*）和划蝽属（*Corixa*）的栖息地是池塘或湖泊中浅水处植被密集的地方（滨岸区）；人们会去那儿采集这些独特的水蝽。然而，这两个物种所占据的营养生态位差异很大，仰蝽是一种活跃的捕食者，而划蝽主要以腐烂的蔬菜为食。生态学文献有很多关于利用不同能源的共存物种的例子。

如果把栖息地比作生物体的"地址"，那么生态位就是它的职业，是它在食物网中的营养位置，它怎样生活，怎样与物理环境和群落中其他生物体相互作用。栖息地也可以指整个群落占据的地方。例如，沙蒿属草地群落的栖息地是美国南部大平原区沿着河流北侧的一系列沙土隆脊。在这种情形下，栖息地主要由理化的或非生物的综合因子组成，而上面提到的水蝽的栖息地则包括生物及非生物因子。因此，一个生物或生物群（种群）的栖息地包括其他生物和非生物环境。

生态位的概念在生态学领域以外使用不普遍。生态位这个术语难以定义和量化，最好的方法是依据历史发展考虑前述的组分的概念。Joseph Grinnell（1917,1928）用生态位一词"代表最终分布单元的概念，在这个分布单元内每个物种都限制在其结构及本能范围内……在相同领域中，没有两个物种能长久占据相同生态位"。（顺便提一下，后一个陈述比高斯竞争排斥原理的实验证明还早些；见图7.2）所以，Grinnell主要根据小生境来考虑生态位，或我们现在称之为空间生态位（spatial niche）。Charles Elton（1927）是最早把生态位看做"生物在其群落中的功能状态"的学者。由于Elton对生态学思想的巨大影响，人们已基本接受生态位绝非栖息地的一个同义词这种观点。因为Elton强调能量关系的重要性，他提出的生态位的概念可以看做是营养生态位（trophic niche）。

　　G. E. Hutchinson(1957)提议可以把生态位看成是多维空间或多维体积,在这个空间中,一个个体或物种可以在环境中不限定生存。Hutchinson 的生态位可以称为多维生态位(multi-dimensional niche 或 hypervolume niche),它可以被测量和进行数学操作。例如,以某种鸟和果蝇为 x 轴和 y 轴的二维气候图,可扩展为一系列坐标系($x-$, $y-$, $z-$ 坐标轴)用以包括其他环境维度。Hutchinson 还划分了基础生态位(fundamental niche)——一个物种不受竞争或其他限制性生物相互作用的抑制时的最大的"理论上的栖息超体积"——和实际生态位(realized niche)——在某种生物抑制作用下占据的较小体积。图 7.13A 和图 7.13B 的二维图说明了生态位宽度和生态位重叠的概念。

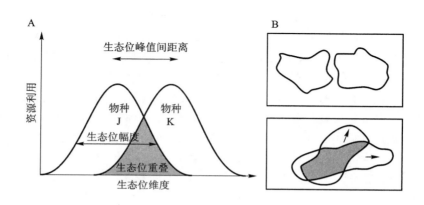

图 7.13　生态位概念的示意图。(A)沿某个单一资源维度的两个物种活性曲线说明了生态位宽度和生态位重叠的概念。(B)上图中两个物种占据非重叠生态位,而下图中生态位在很大范围内重叠,从而激烈竞争导致生态位分离,如箭头所示

　　可能来自日常生活中的一个简单的比喻能帮助我们弄明白生态位这个术语的重叠和有时候令人迷惑的生态学用法。如果我们想和人类社会上某个人相识,我们首先要知道这个人的地址(在那里可以找到她或他)。地址就代表了栖息地。但认识这个人后,人们会想要去了解她或他的职业、兴趣、社会关系和他在社会生活中的角色。所有这些信息可比拟为这个人的生态位。因此,在对生物的研究中,了解栖息地仅仅是开始。要确定这个生物在自然群落中的状态,我们就必须了解它的活动性,特别是它的营养,它的能源和资源分配,它的相关种群特性(如内禀增长率和适合度),最后还有这个生物对其他与其有联系的生物的影响,以及它在生态系统中对重要过程的影响或能够影响的程度如何。

　　在生态学史上的一次经典调查中,MacArthur(1958)比较了四种美国林莺(Parulidae)的生态位,这四种林莺都在相同的大生境(针叶林)中繁殖,同样取食昆虫,但它们在针叶林的不同部位取食和营巢。MacArthur 建了一个数学模型,这个模型由矩阵中的一组竞争方程式组成,从方程组里可以计算出每一个物种和任何其他三个物种之间相互关系的竞争系数。这样,只要对一些有意义的量进行测量,就能精确比较在同一栖息地相互联系的相似物种的生态位。尤其是相互竞争的两个物种,在任何一个物种缺乏时另外一个物种可能侵入这个空出来的生

态位空间。生态位随种间竞争变狭窄的普遍趋势已在图 7.5 有所说明。

同资源种团(guild)这个词通常指在群落中具有类似作用的物种群,例如,MacArthur 的林莺。Root(1967)首先提出了这一定义。寄生于一个食草动物种群的黄蜂、食蜜昆虫、居住在森林地面枯落物中的蜗牛,以及缠绕到热带雨林冠层的蔓生植物,都是同资源种团的例子。同资源种团是研究物种相互作用的一个方便单位,但它也可看成是群落分析中的一个功能单元,因此没必要把每一个物种看成一个分离的实体。

对同资源种团或无法共存的物种的检测能够说明哪方面资源的利用有助于形成竞争排斥原理。生态位分化常常与资源分离或资源利用密切相关。MacArthur 和 Levins(1967)以及 Schoener(1983)都注意到研究竞争和生态位重叠的最可行方法应该把注意力放在可消费的资源或可代替那些资源的因素上,如小生境的差异。根据物种在同资源种团中利用资源的方式,Winemiller 和 Pianka(1990)已采用这种方式来鉴别非随机模式和聚集模式。

较大的植物和动物形态特征的测量数据,经常作为生态位比较的指标。例如,Van Valen(1965)发现鸟喙的长度和宽度(当然,喙反映摄取食物的类型)是生态位宽度的指标;6 种鸟类的海岛种群,其喙宽度的变化系数要比大陆种群的大些,这与少有竞争物种的海岛上比较宽阔的生态位(摄取的食物和占据的栖息地有较宽阔的变化范围)是一致的。

通过测量鸟喙形态,Grant(1986)得以区分出加拉帕戈斯雀类的各种觅食生态位。他发现鸟喙尺寸的差异和其通常所吃食物的差异相关。在相同的物种内,当生物生活史的不同阶段占有不同的生态位时,竞争通常大大削弱。例如,在同一池塘中蝌蚪是食草动物,而成体青蛙则是食肉动物。生态位分化甚至可能发生在不同性别之间。三趾啄木鸟属(*Picoides*)的啄木鸟,其雄性和雌性在喙和觅食行为方面都存在差异(Ligon,1968)。在鹰、某些鼬鼠和许多昆虫中,个体大小的性别差异十分明显,因而其食物生态位的性别差异也很大。

不管是营养物质还是有毒化学物质,进入自然生态系统后,都会使最受干扰影响的物种的生态位关系发生改变。在长期实验(11 年)研究施加 N – P – K 人工肥料和城市淤泥对弃耕地植被影响中,W. P. Carson 和 Barrett(1988),以及 Brewer 等(1994)报道说,夏季一年生杂草的生态位宽度显著增加,尤其是三裂叶豚草(*Ambrosia trifida*)、豚草(*A. artemisiifolia*)和大狗尾草(*Setaria faberii*),它们在损害多年生的植物,如加拿大一枝黄花(*Solidago canadensis*)的情况下扩大了自己的覆盖面积。

生态等值(ecologically equivalent)物种是指在不同的地理区域占据相似的生态位的生物,在临近区域它们趋于具有密切的分类学相关性,但是,在相隔较远的区域其分类位置就不那么相近了。在不同的生物地理区域,生物群落的种类组成有很大差别,但是,不管地理位置如何,在物理条件相似的地区,相似的生态系统会发展出同等功能的生态位。占据同等功能生态位的物种,可以是不同地区的植物和动物区系中的不同生物群。例如,有草原气候的地方就会有草原生态系统,但是,草和食草动物的种类可能差别非常大,尤其是区域相隔很远时。澳洲草原的大袋鼠和北美草原的野牛、叉角羚是生态等值种。表 7.3 列出了两个大陆中鸟类生态等值种的例子。表 7.4 列出了水生栖息地中生态等值种的例子。

表 7.3　美国堪萨斯州和智利田间鸟类生态等值种

生态等值种		个体大小(mm)	喙长度(mm)	喙深度/喙长度
东部草地鹨(*Sturnella magna*)	美国堪萨斯州	236	32.1	0.36
红胸草地鹨(*Pezites militaris*)	智利	264	33.3	0.40
黄胸草鹀(*Ammodramus savannarum*)	美国堪萨斯州	118	6.5	0.6
黄草雀(*Sicalis luteola*)	智利	125	7.1	0.73
角百灵(*Eremophila alpestris*)	美国堪萨斯州	157	11.2	0.50
智利鹨(*Anthus correnderas*)	智利	153	13.0	0.42

引自:Cody,1974

注:通过个体大小和喙尺寸的差异来表示每个田地的三个物种在摄食生态位的差别,但是每对生态等值种形态上非常相似,表明相似的生态位。第一对草地鹨在分类学上非常相近,而第二对仅同科,第三对则属于不同科

表 7.4　北美洲和中美洲四个海岸带地区三个重要生态位的生态等值种

生态位	热带地区	海岸带	西部海湾沿海上部	东部海湾上部
潮间带岩石上的食草动物(滨螺)	波纹拟滨螺(*Littorina ziczac*)	*L. danaxis*,圆点拟滨螺(*L. scutulata*)	露珠拟滨螺(*L. irrorata*)	拟滨螺(*L. littorea*)
底栖食肉动物	龙虾(*Palinurus*)	拟石蟹(*Paralithodes*)	哲扇蟹(*Menippe*)	螯龙虾(*Homarus*)
食浮游生物的鱼类	凤尾鱼	太平洋鲱,沙丁鱼	鲱鱼,马鲛	大西洋鲱,拟西鲱

7.8　生物多样性

7.8.1　概述

在第 2 章中,我们已经介绍了生态系统水平的多样性,包括两个重要的多样性组分——丰度和分配。在这一节中,将讨论生物多样性这个重要主题的其他方面,特别是与生物群落水平有关的方面。在一个营养组分或整个群落中,全部物种中通常只有一个相对小的比例是丰富种或优势种(dominant)(个体数量多、生物量大、高生产率,或其他重要性指标较突出),还有很大比例是稀有物种(重要值较小)。虽然有时没有优势种,但有许多中度丰富的物种。正如以前所指出的,物种多样性的概念包括两部分:① 丰度:基于现存物种的全部数量;② 分配:基于物种的相对丰度(或其他重要性指标)和优势与否的程度。物种多样性随着面积的增大而增高,另外从高纬度到赤道物种多样性也会增加。受胁迫生物群落的多样性有降低趋势,但在稳定物理环境中多样性也可能因成熟群落内的竞争而降低。另外三种类型的多样性也很重要:① 格局多样性(pattern diversity):由群落的带状分布、成层分布、周期性分布、斑块分布、食物网和其他排列规律所引起的多样性;② 遗传多样性(genetic diversity):指保持基因杂合性、

多态性和自然种群适应进化所必然产生的其他遗传变异；③ 生境多样性（habitat diversity）：指生境或景观斑块的多样性，它是复合种群动态（见第 6 章）的基础，也是某一生境或群落类型内物种多样性的基础。人类活动所引起的生境、物种和遗传多样性的下降正危害着未来的自然生态系统、农业生态系统和农业景观的适应性，许多生态学家正关注于此。

7.8.2 解释

具有大量个体的优势种或几个普通物种和有少量个体的稀有种相结合，这种格局是高纬度和季热带（湿 – 干季热带）群落结构的特性；但是在湿热带（季节不变），人们通常发现许多具有较低相对丰度的物种。图 7.14 表明从高纬度地区到赤道地区物种数量增加的普遍趋势。另一个普遍趋势或自然规律是物种数量随面积增大而增多，也可能随拓殖、生态位分化和物种形成所用的进化时间增加而增多。

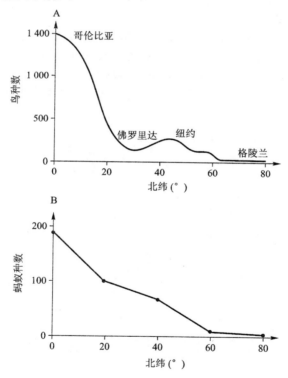

图 7.14　物种数量的纬度梯度：（A）养殖陆地鸟；（B）蚂蚁（根据 Fischer（1960）重绘）

在第 2 章中，两个测量和分析物种多样性的主要方法可以概括为：① 优势度 – 多样性（相对丰度）曲线；② 多样性指数，它是物种重要性关系的比率。通过比较温带和热带森林多样性来说明图解方法，而香农 – 威纳指数和辛普森多样性指数用来说明指数方法。图 7.15 所示是说明物种多样性的另外一个图解方法。

多样性的一个重要指标是分配(均匀度),它表明种间个体是如何按比例分配。例如,两个各有 10 个物种和 100 个个体的系统具有相同的 S/N 丰度指数(这里 S 是物种的数量,N 是个体的数量),但是它们在分配方面有很大差别,这取决于 100 个个体在 10 个物种间的分配——例如,一个极端是 91,1,1,1,1,1,1,1,1,1,1(最小均匀度和最大优势度),或另一个极端是每个物种有 10 个个体(良好的均匀度,没有优势种)。在鸟类种群中均匀度往往很高或维持恒定(可能是由于领地行为)。相比之下,植物和浮游植物种群均匀度往往较低,在丰度和均匀度这两个多样性指标方面呈现很大变化。

因为香农 - 威纳指数由信息论得来,并代表着广泛用于评价各种系统的复杂性和信息量的一类公式,若不想去区分多样性的两个指标的话,香农 - 威纳指数是用于比较的最优指数之一。一旦计算出 $\bar{H}$,就可以通过除以物种数量的常用对数而快速得出均匀度。倘若所有 N 都是整数(Hutcheson,1970),香农 - 威纳指数也会适度地独立于样方大小,并且呈正态分布;因此,参数统计方法可以用来检验平均数之间差异的显著性。

7.8.2.1　受污染影响的生物多样性

图 7.15 表示采用多样性曲线和指数来评价污水对溪流底栖生物的影响,该图表明多样性如何随生活污水的增加而下降。未充分处理的城市污水被排入到美国俄克拉荷马州一个溪流中,通过大量研究,Wilham(1967)发现超过 60 英里(96 km)的下游地区的底栖生物多样性遭到破坏。从该研究和其他研究结果中可以明显发现底栖动物多样性是监测水质污染的一个有效工具。

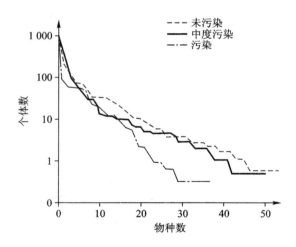

图 7.15　相同流域受城市生活污水不同程度污染的三条平行河流的优势度 - 多样性图。河流的香农 - 威纳指数如下:未污染,3.31;中度污染,2.80;污染,2.45(仿 E. P. Odum 和 Cooley,1980)

图 7.16 说明未处理的城市点源废水如何影响物种丰度。值得注意的是,当种群密度(尤其是大肠菌和污泥蠕虫)增加时,物种丰度(尤其是水生昆虫和人们喜爱的淡水鱼类的丰度)

会随之下降。从生态系统和景观角度(包括人类社会理解力)来说,功能的多样性(如有氧生产和呼吸)可能比物种多样性更重要,尽管物种多样性为这些功能过程提供结构基础。回顾图 2.12,该图表示污染排放后的厌氧条件如何影响这些代谢过程,说明在各个组织水平中维持有氧环境(防止污染)的重要性。

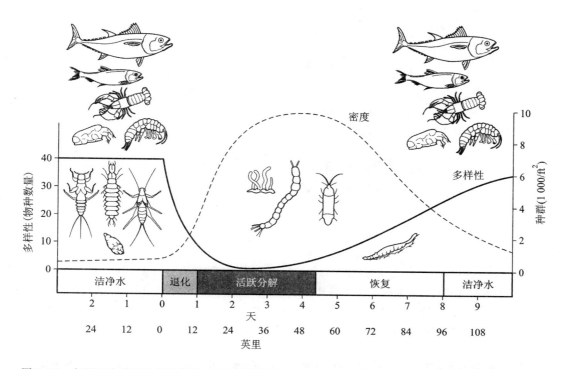

图 7.16　点源污染引起的河流退化,在活跃的分解区域内物种多样性下降,种群密度增加(主要是大肠菌群和正颤蚓),随后是河流恢复阶段和净水阶段

　　图 7.17 所示是一种急性杀虫剂对多枝黍(*Panicum ramosum*)田地中节肢动物多样性的影响。虽然丰度指数(马加莱夫指数 d)随杀虫剂的施加而显著减小,但均匀度指数(皮洛均匀性指数 e)有所增高并且在生长季大部分时间内保持上升。当杀虫剂杀死许多优势种时,导致存活种群有更高的均匀性指数(e)。香农－威纳指数($\overline{H}$)说明了丰度和均匀性的相互关系,呈现出中间响应。虽然在这个实验中所用的杀虫剂的毒性只保持 10 天,并且急性抑制作用仅持续了两个星期,但多样性比率的过调节和振荡明显持续了许多周。这一研究说明了以下几点:① 把物种丰度和相对丰度或均匀度分离开通常是合乎需要的;② 在最初优势度很高的时候,适中的干扰可以增加多样性;③ 在小范围干扰时,多样性会快速恢复,因为很快会有来自周围环境的替代作用。

　　表 7.5 比较了一个谷类作物田和一年后取代它的一个自然草本植物群落中的节肢动物的密度和多样性。表中所示为生长季所采集的 10 个样方的平均值。仅在一年以后,在"自然管理"下发生了如下变化:

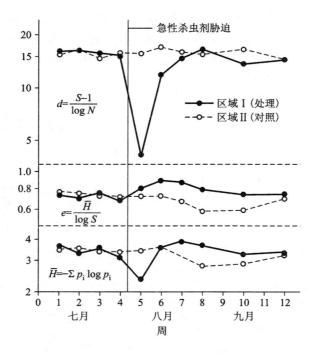

图 7.17　在一个 0.4 hm² 的多枝黍（*Panicum ramosum*）田地里单独应用杀虫剂西维因（一种毒性只维持 10 天的有机磷杀虫剂）对节肢动物的影响。从 7 月初到 9 月，每周或隔周从处理区和对照区的 10 个 0.25 m² 样方取样计算多样性的两种组分（*d*，*e*）和总多样性指数（$\overline{H}$）。半对数图利于比较急性杀虫剂胁迫引起的相对偏差（仿 Barrett，1968）

表 7.5　未收割的黍类农作物与一年后取代它的自然演替群落中的节肢动物种群密度和多样性的比较

指标	种群	栽培的黍田	自然演替群落
密度（数量/m²）	食草动物	482	156[*]
	食肉动物	82	117
	寄生动物	24	51[*]
	全部节肢动物	624	355[*]
丰度或多样性指数（马加利夫指数 *d*）	食草动物	7.2	10.6[*]
	食肉动物	3.9	11.4[*]
	寄生动物	6.3	12.4[*]
	全部节肢动物	15.6	30.9[*]
均匀度指数（皮洛均匀性指数 *e*）	食草动物	0.65	0.79[*]
	食肉动物	0.77	0.80
	寄生动物	0.89	0.90

续表

指标	种群	栽培的黍田	自然演替群落
	全部节肢动物	0.68	0.84 *
总分配指数($\overline{H}$)	食草动物	2.58	3.28 *
	食肉动物	2.37	3.32 *
	寄生动物	2.91	3.69 *
	全部节肢动物	3.26	4.49 *

注：这里的黍(*Panicum*)来自图7.17所表示的实验中的对照样方,按规定的农业方式在种植的时候使用肥料,但是不使用杀虫剂或其他化学药品,并且农作物还没有收割。所有的数据都是在生长季节(7月至9月)每周取样的平均值

* 两个群落在 $p < 0.001$ 的概率水平的差异显著性

（1）食草昆虫数目大大减少,节肢动物总密度也减少。

（2）对于每个同资源种团和整个节肢动物群落,多样性的丰度组分和总的多样性指数显著增加。

（3）均匀度增加。

（4）捕食者和寄生者的数量、多样性和组成比例大大增加;捕食者和寄生者在谷类作物田里仅占整个种群密度的17%,相比之下在自然群落里为47%（实际上数量比食草动物还多）。这个比较解释了为何人工群落常常需要化学或其他方法来控制食草昆虫,而自然区域则不需这类控制,只要我们能给自然一个机会来发挥其自我保护作用。

当栗树疫病（见第5节）使阿巴拉契亚南部森林的主要优势种发生迁移时,乔木植物多样性将发生什么变化？原来占到30%～40%的栗子树已经被几种（不止一种）橡树所取代。几个亚优势种或先锋物种［如北美鹅掌楸(*Liriodendron tulipifera*)］随郁闭度降低而得到增长。这些变化一起降低了优势度并且增加总的多样性。1970年,在栗树被去除后的第25年,总的林分布面积和多样性已经回到了疫病前的水平。

7.8.2.2 生物多样性和稳定性

由于稳定的生态系统（如雨林或珊瑚礁）有着很高的物种多样性,因此可以推论多样性增强了稳定性。正如 Margalef(1968)所描述的"在任何多样性测量中,生态学家都看到了解释反馈系统构建的可能性。"然而,各种分析和评论都已经表明物种多样性和稳定性的相互关系是复杂的,正相互关系在提高稳定系统的多样性方面有时候可能是次要的且不是直接原因,有时可能是不必要的。霍斯顿(1979)作出结论说他所称的"非平衡"生态系统（也就是受到周期性干扰的系统）往往比"平衡"生态系统有着更高的多样性,在平衡生态系统里优势度和排斥竞争更强烈些。另一方面,McNaughton(1978)从他对弃耕地和东非草地的研究中作出结论说,在初级生产者水平上,物种多样性的确引起群落的功能稳定性。W. P. Carson 和 Barrett (1988)以及 Brewer 等(1994)注意到营养丰富的弃耕地群落与大小和年龄相同但营养不丰富的群落相比,前者明显多样性较低,而且也很不稳定。

研究物种多样性的一个关键问题是,到目前为止,仅研究了部分群落,通常是某一分类群

（诸如鸟类和昆虫类）层次或个别营养水平。要评估整个群落的多样性需要所有不同的大小和生态位角色以某种共同的分母（如能量）用某种方式来加权。与结构多样性相比，功能多样性与稳定性可能关系更密切。

一个栖息地或一个群落中存在的多样性不要和一个景观或一个混合有栖息地和景观斑块的区域中存在的多样性混淆。Whittaker（1960）提出了下面的概念① α 多样性（栖息地或群落内部的多样性）；② β 多样性（栖息地之间的多样性）；③ γ 多样性（景观尺度内的多样性）。

在一些做过深入研究的地带（如底栖水生种群）和群落的其他部分，物种多样性受到营养级之间功能关系的强烈影响。例如，食草或食肉动物的数量大大影响了草或被捕食者种群的多样性。中度捕食通常会降低优势种的密度，从而给竞争性较弱的物种提供更好利用空间和资源的机会。J. L. Harper（1969）指出当食草的兔子被隔开时，英国白垩高地的草本植物的多样性也下降了。另一方面，过度的牧食或捕食成为一种胁迫，使物种的数量大大减少。在一个经典的研究中，Paine（1966）发现当一级和二级捕食者活跃时，温带和热带地区的基岩质潮间带栖息地（通常空间比食物更受限制）中固着生物的物种多样性都较高。在这种情形下，实验去除一些捕食者会降低所有固着生物的物种多样性，无论它们是否直接被捕猎。Paine 得出结论说"当地物种的多样性直接与捕食者阻止一个物种对主要环境必需品的垄断的效率相关。"这个结论在对空间竞争相对不严酷的栖息地不一定适用。虽然人类活动倾向于降低多样性和促进单一栽培，但人们通常会增加整个景观的栖息地多样性（创造森林中的林窗，在草原上种植树，或引入新物种）。例如，与许多自然区域相比，年代久远的住宅区中的小型鸣禽和植物的多样性要更高。

7.8.2.3　物种水平以上和物种水平以下的多样性

物种在测量多样性上并非总是最好的生态单元。物种在其生活史不同阶段通常占有不同的栖息地和生态位，从而增加了生态系统的多样性。同一物种的蝴蝶幼虫和成体蝴蝶，或青蛙和它的蝌蚪阶段，在群落中扮演的角色比两个物种的蝶和两个物种的成体蛙更具多样性。

此外，如果群落仅根据目前的物种来描述的话，那么遗传变异和多样性就被掩盖了。如果没有遗传变异，物种将不能适应新的形势，也因此可能会在变化的环境中灭亡。

物种多样性、生活史阶段和基因型绝不是群落多样性的仅有要素。由生物体的分布和它们与环境的相互作用而产生的结构被命名为格局多样性（pattern diversity）。生物现存量中众多不同的布局（即自然建筑）有助于解释什么可以被称为格局多样性。例如：

- 分层格局（植被和土壤的垂直分层剖面）
- 带状格局（山脉或潮间带的水平隔离）
- 活动格局（周期性）
- 食物网格局（食物链中的网络组织）
- 生殖格局（双亲 – 后代关系或植物克隆）
- 社会格局（禽、兽群和牧食群）
- 协作格局（由竞争、化感或互利共生引起）
- 随机格局（来自随机的影响力）

多样性也由于边缘效应而得到增强,这里的边缘是指植被类型或自然栖息地的对照斑块的结合处。

7.8.2.4　生物多样性和生产力

Tilman(1988)对草地的实验研究表明,在寡营养的自然环境中,生物多样性的升高似乎会增强生产力,但是在高营养或富营养的环境中,生产力的增长会增加优势度,降低多样性(W. P. Carson 和 Barrett,1988)。换句话说,生物多样性的增加可能会提高生产力,但生产力的增加几乎总是会降低多样性。而且,施加营养物(如氮肥施加及其流失)往往带来有害杂草、外来有害物及危险的致病生物,这是因为这些生物适应于高营养的环境并生长旺盛。例如,当给珊瑚礁人工施加营养时,我们可以看到茂密的丝状海藻优势度的增加,另外出现了一些前所未知的疾病,且任何一种疾病都能迅速的破坏这些适宜低营养水平的多样性生态系统。

我们斗胆提出,那些努力提高生产力来养活日益增长的人口和家畜(这些反过来排泄大量的营养成分进入环境)的人们,正在引发一场全球范围的营养过剩,这种过剩对生物圈的多样性、恢复力和稳定性都是最大的威胁,尤其会产生一种"好东西过剩"的综合征。由于大气中 CO_2 含量的上升导致的全球变暖正是这种整体干扰的一个方面。美国生态学会(ESA)第一期《生态学热点(*Issues in Ecology*)》杂志很合时宜地聚焦于全球硝酸盐富集研究。

关于群落生产力和生物多样性的相互关系已经有了很多的争论。例如,Tilman 等(1996)通过重复的野外实验表明随着植物生物多样性的升高生态系统生产力也得到明显的增加。这种多样性 – 生产力假说(diversity-productivity hypothesis)(McNaughton 1993;Naeem 等,1994)是基于一个假设,即植物利用资源的种间差异允许更加多样化的植物群落更充分地利用有限的资源,这样就可以得到更高的净初级生产力。此外,Tilman(1987)及 Tilman 和 Downing(1994)在对草地的长期研究中证明在植物多样性高的群落的初级生产力对重大干扰(如干旱)有更强抵抗力,且能更好的全面恢复过来。这些发现都支持这种多样性 – 稳定性假说(diversity-stability hypothesis)(McNaughton,1977;Pimm,1984)。

大量的调查研究已经表明环境营养增加导致初级生产力上升(例如,Bakelaar 和 Odum,1978;Maly 和 Barrett,1984;W. P. Carson 和 Barrett,1988;S. D. Wilson 和 Tilman,1993;Stevens 和 Carson,1999)。人们可以推论不断施加营养会引起植物群落多样性的升高,这种多样性的升高反过来会使生态系统更稳定。然而,一些调查研究表明长期的营养富集(如肥料或城市污水处理厂污泥排入弃耕地群落)导致植物群落多样性下降(W. P. Carson 和 Barrett,1988;Brewer 等,1994;Stevens 和 Carson,1999)。

这些有关生产力和多样性之间相互关系的发现和假说已引起很大的混乱。E. P. Odum(1998b)尝试阐明这种关系,他陈述到,在贫瘠的环境中,群落生物多样性的增长似乎增强了生产力或者至少与生产力的增长有关,但在高营养或富营养的环境中,初级生产力的增长将导致一些物种的优势度的升高,这转而使物种多样性或群落丰度有所下降。后一种相互关系好像尤其发生在有营养补充的群落,如肥料或污泥大量排入自然群落。

营养富集也可能影响到弃耕地群落结构和功能的其他方面,如改变物种组成(Bakelaar 和 Odum,1978;Vitousek,1983;Maly 和 Barrett,1984;Tilman,1987;W. P. Carson 和 Barrett,1988;

W．P．Carson 和 Pickett，1990；McLendon 和 Redente，1991；Tilman 和 Wedin，1991；Cahill，1999）。群落对营养富集的反应也可能随着次生演替阶段（Tilman，1986）、营养富集时期的植物物种（Inouye 和 Tilman，1988）、营养利用或可利用的形式（W．P．Carson 和 Barrett，1988；W．P．Carson 和 Pickett，1990）以及弃耕地物种地上竞争和地下竞争之间的相互作用（S．D．Wilson 和 Tilman，1991；Cahill，1999）等方面的不同而发生变化。

7.8.2.5 关注生物多样性的丧失

生物多样性这个词已经几乎变成了物种丧失的同义词。从本章中我们可以清楚地了解到，生物多样性已经超越了物种的层面，它包括全部组织层次等级尺度上下的功能和生态位丧失。在此，Wilcox（1984）把生态多样性定义为"生命形态的多样性，它们所扮演的生态学角色的多样性，以及它们所拥有的遗传多样性。"我们现在知道还包括栖息地或景观多样性。

在一个生态系统中维持一种冗余是至关重要的，也就是说，让更多的物种或种群能够发挥主要的功能或在食物网中提供链接。在评估移除或增加物种所带来的影响时，了解它们是否是关键种是很重要的。Chapin 等（2002）把关键种（keystone species）定义为一种没有冗余的功能类型。这种物种或种群的丧失将导致群落结构和生态系统功能的重大改变。然而，太多的物种也会带来害处，这是常有的事。正如第 2 章所讨论的，在一个自然形成多样性的生态系统中加入了一个外来入侵种，通常这个入侵物种就会变成一个降低多样性的关键种。

历史上物种和遗传多样性的降低曾给农业和林业带来了短期收益，全球农田和森林大面积范围内专一、高产的种类的繁殖可以证实这一点。但是，过多的依靠小量物种，若气候变化，若维持这些多样性所需的能源和化学物质变得稀少，或者若新的疾病和害虫攻击一个易受攻击的种，将会引发未来的大灾难。农学家在密切关注着农作物多样性的丧失，他们正努力建造苗圃和种子库作为包括尽可能多农作物的仓库。为了唤起对多样性的丧失所带来的全面威胁的注意，有些人正在组织基因资源保护计划。下面是这项计划（美国加利福尼亚州伯克利"基因资源保护计划"；负责人 David Kafton）的报告摘录：

动物、植物和微生物的生物多样性对人类的生存是至关重要的。"基因资源"一词可以被定义为遗传多样性，它对满足社会的永恒需求是非常重要的。这种多样性不仅包括物种间的多样性，也包括组成物种的个体间的多样性。基因资源包括野生的和家养的物种，包括许多没有直接的商业价值但对那些有商业价值的物种的存活非常重要的物种。每年基因资源都可用来获得价值数十亿美元的新、老产品（如食物、衣服、庇护所、药物、能源和数以百计的工业品）。医学和其他研究需要大量的物种和它们的产品。农业、林业及相关工业都依赖适当的多样性（如对植物疾病的抵抗力）。这种多样性对野生的和家养的物种设置了几个限制因子，能成功的适应各种变化：① 天气、昆虫和疾病；② 技术；③ 需求；④ 人类偏好。在自然生态系统中还发现大多数生物多样性的生存很大程度依赖于它们内部的多样性。

Rhoades 和 Nazarea（1999）指出工业革命前的农业（世界上许多地方还在实行）由于种植的农作物种类繁多从而形成多样性的基因库。例如，在秘鲁安第斯山脉的库斯科流域生长 50

个品种和多个物种的马铃薯。

从美国公民为挽救濒临灭绝的危险物种所做的努力中我们可以看到他们还只是对生物多样性感兴趣,还没有真正关注生物多样性。国会制定的法案表明,公众强烈支持保护稀有物种,尤其那些像美洲鹤一样令人感兴趣和壮观的物种,但他们不支持与立刻就能带来经济效益的发展相冲突的物种的保护或栖息地的保护。因为在任何一个这样的冲突中,逐一物种保护的方法一定是不够的,是时候强调保护整个生态系统或景观多样性了。在这个水平上能够制定一个更强有力的保护计划,应用这种整体观方法将能保存一个更大的物种多样性和基因库。

在某种程度上,合理的区域规划能够补偿局部多样性或 α 多样性的下降,这种多样性总是与集约农业、林业和城市的发展相伴随。如果农作物和森林单一栽培以及设计相同的屋村住宅(成排在小块草坪覆盖的土地上的相似的房屋)与多样性更高的自然或半自然生态系统(如长久保持为公园或天然活动中心)相点缀,如果泛滥平原和其他湿地加上陡坡和峡谷被留下来没有开发,这样就不仅有了充满娱乐可能性的令人满意的景观,而且也保护了较高的 β 多样性和 γ 多样性。

自然资本与经济资本的关系需要通过综合途径来进行管理。萨瓦纳河(Savannah)地区(SRS)278 000 英亩(111 200 hm^2)的国家环境研究公园(NERP)就是这样一个例子。大约 1/3 的土地面积曾经是农田,现在全部改为松树种植林,因此这个地区树种的 α 多样性接近零(通常仅种植一个物种)。然而,因为占地面积有 2/3 的泛滥平原和其他沿着小溪、山地、阔叶树混杂的森林、灌木篱墙和其他原始植被的河滨地区多少还没有开发,所以整个景观的栖息地或 γ 多样性是相当高的(与自然土壤类型的多样性相比较而言)。管理这个保留地的美国林业局最初在利益的诱使下以减小其他植被类型为代价来扩大松树的种植面积,从而增加纸浆和木材的产量。然而,这种转变戏剧性地降低了 β 多样性和 γ 多样性(这样就不利于将来的维持和稳定性)。

图 7.18 表明如何对景观作出规划既能保护多样性又能够适应城市和农业的发展(Barrett 等,1999)。这个模型说明需要把城市和农业景观整合起来——19 世纪和 20 世纪常见的一种格局。马里兰州哥伦比亚是成功规划的例子,这些规划是在私人的和自由市场地区得到开展的,并得到了州和联邦政府的支持,但是州和联邦政府所给的经济帮助是最少的。

许多与多样性相关的生态概念是有争议的,需要进一步的研究(Blackmore,1996;Grime,1997;Kaiser,2000),但是大部分生态学家认为生物多样性对未来人与自然的生存是非常必要的。在第 2 章中,我们坚持认为因为自然区域在生命支持中起着基础作用所以必须受到保护。我们现在要增加另一个很值得一提的原因——为了保护和捍卫未来适应性和生存所需求的多样性(见 E. O. Wilson,2002,《生命的未来》,提供了一个引人注目的保护生物多样性的观点)。景观水平的生物多样性将在第 9 章作更详细的讨论。

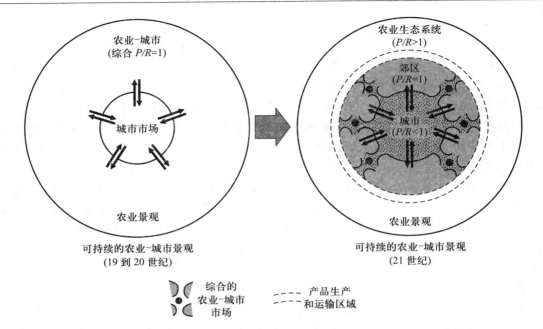

图 7.18　一个可持续的 ($P/R = 1$) 农业－城市景观的发展。在历史上,城市市场与农业景观紧密关联。现代农业－城市景观的可持续性可能日益取决于郊区(生态交错区)的管理,它是城市和农业生态系统的自然连接。(Barrett G W,Barrett T L,Peles J D. 1999. 把农业生态系统作为农业景观来管理:农业景观和城市景观的再接合//W. W. Collins 和 C. O. Qualset 主编. 农业生态系统的生物多样性. 197 – 213. 美国佛罗里达州 Boca Raton 市:CRC 出版社版权所有,再版许可)

7.9　古生态学:古代群落结构

7.9.1　概述

我们从化石记录和其他证据了解到生物在过去年代是不同的,并已经进化到目前的状态。了解过去的群落和气候对我们认识目前群落是大有帮助的。这就是古生态学的主题,它是生态学和古生物学之间的一个边缘领域。古生态学(paleoecology)研究远古植物区系和动物区系与它们的环境的关系。古生态学的基本假定包括:① 在不同的地质年代里,生态学原理是通用的;② 化石的生态学研究可以根据目前生存的等值种或亲缘种中所知道的情况作出推论。DNA 指纹研究中的发现已趋于能证明这些假定。DNA 序列已经成为调查种群内和种群间基因变异的有力工具,一个有助于将进化生物学和系统生态学结合在一起的工具。

7.9.2 解释

自从 Charles Darwin(查尔斯·达尔文)提出自然选择的进化理论(Darwin,1859)以来,通过研究化石记录来重建过去的生命已成为一个很有吸引力的科学研究热点。许多物种、属和更高分类群的进化史现在已被拼凑在一起了。例如,马的骨骼从狐狸般大小的四爪动物进化到目前状态,这在大多数初级生物学课本中都有叙述。但是在马进化的不同阶段其关联性是怎样的情况? 它吃什么? 它的栖息地和密度又如何? 它的捕食者和竞争者是什么? 当时气候如何? 这些生态因子如何促进了马必须形成其结构进化的自然选择? 当然,其中有些问题可能永远得不到彻底的解答。然而,在过去对同一时间和地点相关联的一些化石的定量研究的基础上,科学家已能够确定出一些群落以及它们的优势种的几点特性了。此外,将这些证据和一个纯粹的地质特性的证据相结合,有助于确定那时存在的气候和其他物理条件。放射性测定年代技术的发展以及其他地质学工具的开发运用,已大大提高了我们精确测定一组化石生活年代的能力。

直至近期,我们才对上一段所提出的各种问题有所注意。古生物学家过去忙于叙述他们的发现,并在分类学水平上按照进化论来解释它们。然而,随着信息累积和数量不断地增加,很自然地发展了对种群进化论的兴趣,并因此诞生了古生态学。

总之,古生态学家试图从化石记录确定生物在过去是如何互相联系的,它们是如何与当时的自然条件相互作用的,以及群落如何随时间发生变化。对古生态学的基本假定是,自然规律在过去和今天是相同的,和现在生物结构相似的生物具有与前者相似的行为模式和相似的生态学特征。因此,如果化石证据表明曾经在一万年前有一个云杉林存在于现在的一个栎树 – 山胡桃林的地方,我们就有足够的理由认为一万年前的气候比现在的更冷,因为我们现在知道云杉要比栎树和山胡桃更适合于较冷的气候。

7.9.3 实例

化石花粉为自更新世以来存在的陆生群落的重建提供了极好的材料。北美洲最后的大冰原劳伦太德冰盖大约在 20 000 到 18 000 年前的威斯康星冰河阶段达到它的高潮。图 7.19 表明了如何通过确定优势乔木来得以重建冰河期以后的群落和气候特性。随着冰河退去,往往留下一些低洼地,以后就成为湖泊。沿湖生长的植物的花粉沉到湖底并在底泥中变成化石。这个湖可能被填没成为一个沼泽。从沼泽或湖底采集矿样,可以获得按年代排序的记录,进而确定各种不同种类花粉的百分比。因此,在图 7.19 中,最古老的花粉样本主要由云杉、冷杉、落叶松、桦树和松组成,表明当时是个寒冷的气候。当花粉组成变为栎树、铁杉和山毛榉时,表明在几千年之后出现了温暖潮湿的时期,而栎树和山胡桃花粉的出现说明后来有一个温暖干燥时期,在样品剖面的最近部分表明又返回到稍凉和稍潮湿的条件。最后,"花粉日历"明显地反映出最近的人类影响。例如,森林空旷地会伴随草本植物花粉的增加。根据戴维斯(Davis,1968)的研究,欧洲花粉柱样剖面甚至显示出黑死瘤的影响,当时农业衰退,造成在沉积层中草本花粉的减少,这个时期与人类大量死亡期是相符合的。M. B. Davis(1983,1989)论证了美国东北部森林如何随气候变化而发生变化,这有助于重建美国东北部的落叶林生物群。

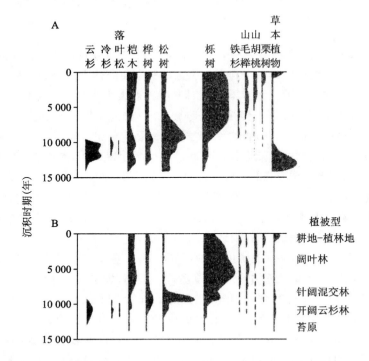

图 7.19　由新英格兰南部湖泊沉积核中取出的表明年代层次的化石花粉纵剖面。(A)每一物种的花粉颗粒数根据占取样总数的百分比标于图中;(B)绘出了估测的每一种植物群花粉的沉积率(10^3 grains $\cdot$ cm^{-2} $\cdot$ a^{-1}),"率"的剖面图比百分比剖面图更好地指出晚更新世植被的数量特征(根据 M. B. Davis,1969 重绘)

　　图 7.19 也说明了改良的定量技术如何改变对化石记录的解释。当花粉丰度作为样本总数百分比来绘制时(图 7.19A),人们就会得出新英格兰在 10 000 年到 12 000 年前为一片茂密的云杉林所覆盖。然而,碳定年法使一定时期地层中花粉沉积率的测定成为可能,如图 7.19B 所示,很明显在 10 000 年前各种树种是稀少的,而当时的植被事实上是一个空旷的云杉疏林,可能就像目前沿着苔原南缘存在的云杉林。统计学家常常告诫人们注意百分比分析的应用,因为这种分析可能将人引入歧途,我们上面提到的就是反映这种情况的一个清晰的例子。

　　在海洋中,动物的贝壳和骨骼往往能提供最好的记录。贝壳沉积物对估测过去年代的多样性特别有用。在过去的年代里,极地没有冰,北海海底有比现在更多的物种。然而,在极地都覆盖冰的今天,在整个极地到赤道的梯度上存在的底栖软体动物是先前的 2 倍,很可能是因为鲜明的梯度增加了栖息地的多样性,也因此增加了生态位的多样性。

　　从湖底采集的矿样,提供了一个解读人类对流域干扰的近代历史的很好的方法。例如,Brugam(1978)通过对已成化石的硅藻、摇蚊和浮游生物进行研究,包括对柱样各年代序列的化学组成的研究,将美国东部人类影响分为三个阶段:① 18 世纪末期和 19 世纪,早期农业对湖泊几乎没有影响;② 大约 1915 年后集约农业导致农业化学物质流入湖中,并导致硅藻和摇蚊等富营养物种的增加;③ 从 20 世纪 60 年代到现在由于市郊化导致更多的营养物富集和土壤侵蚀,后者将大量的矿物质和金属(Fe、Cu)带入沉积物中。这些输入物使生物群的组成发生了很大变化,特别是浮游生物变化很大。

利用化石记录来研究过去的群落和事件,将有望帮助人类预测未来气候的变化。因为人类好像一直在加速着气候变化的进程,所以预测未来气候的需要已变得尤为迫切了。

7.10 从种群和群落到生态系统和景观

7.10.1 概述

研究、理解以及在某些必要的地方管理生态系统的方法有两种,一种是整体论方法(基于整体大于部分的简单加和之理论),另一种是还原论方法(基于每一个复杂的系统都可以通过分析那个系统最简单、最基础的部分来解释的理论)。在整体论方法中,人们首先用一些便利的方法来界定研究的面积或系统,作为一类"黑箱(black box)"。然后,人们就可以检测"黑箱"内的能量及其他方面的输入和输出(图 7.20),也可以评估系统内的主要功能过程。基于节俭的原则(最少的投入),人们然后可以通过观察、模拟或干扰生态系统本身来检测重要种群和因子。采用这种一般的分析方法,只要将系统作为一个整体进行理解或管理,人们就可以

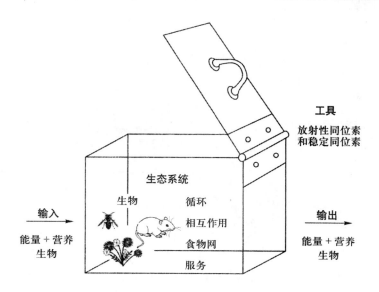

图 7.20 采用整体分析方法,首先检测生态系统"黑箱"的输入和输出情况。从个体组分如何适应整体的观点出发来研究系统的个体组分(根据 Likens, G. E. 2001a. 生态系统:力能学和生物地球化学. Kress W J,Barrett G W 主编. 一个崭新的生物世纪. Washington, D. C.:史密森学会出版社:159. 再版许可)

探究"黑箱"内的种群组分。

7.10.2　解释与实例

在人们从种群和群落水平向生态系统和景观水平发展过程中,关于个体和相互作用的种群有许多令人兴奋的事情期待了解。详细研究每一个种群很显然是不切实际的。本章中也有大量的例证说明,种群在群落中的功能与孤立在实验室或封闭在一个领域中时大为不同。以前我们已研究过种群和群落的个体组成,那么人们如何重新将它们组合为一个生态系统来研究新的整体特性,而这种整体特性在完整的生态系统或景观中可能会以部分的形式出现共同行使功能。

图 7.21 是一个剖析生态系统和景观复杂性的有名的例子。纽约米尔布鲁克(Millbrook)生态系统研究所的一群科学家,研究了栎树、鹿、白足鼠、扁虱、舞毒蛾和一群患莱姆病的人或到森林中捕猎、伐木和游玩的人之间的复杂相互关系。每位研究人员都运用自己的专业技能共同承担这个复杂生态系统/景观的研究课题(Likens,2001)。

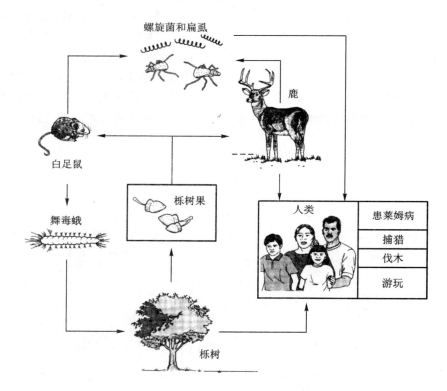

图 7.21　美国东北部森林的栎树、鹿、白足鼠、硬蜱、舞毒蛾和人类之间的关系(根据 Ostfeld 等(1996),Jones 等(1998),Ostfeld 和 Jones(1999),复制得到 R. S. Ostfeld 和 C. G. Jones 许可)

栎树丰富的果实把白尾鹿(*Odocoileus virginianus*)吸引到美国东北部的森林里。每三到四年有一次栎树的盛果期。白尾鹿带来了成体肩突硬蜱(*Ixodes scapularis*),这些硬蜱从鹿身上跳下来并在森林地面产卵繁殖。大量的栎树果也吸引着白足鼠(*Peromysus leucopus*),随着日益增加的食物供应,白足鼠的数量也在迅速的上升。当夏季来临,硬蜱产的卵都孵化出幼虫,这些幼虫在吸白足鼠血的同时,也携带了可使人类患上了莱姆病的螺旋菌。

硬蜱幼虫大约一年以后转为若虫,它在吸食人类或其他哺乳动物的血液时会传播螺旋菌。通常,栎树林里患莱姆病的危险期是在栎树盛果期两年后的时间里(Ostfeld 等,1996;Ostfeld,1997;Jones 等,1998;Ostfeld 和 Jones,1999)。此外,大量小型哺乳种群对舞毒蛾(*Lymantria dispar*)蛹的捕食可以阻止舞毒蛾大面积的爆发,如果舞毒蛾爆发的话,会导致栎树落叶、树体死亡,从而降低果实的产量,并最终影响患莱姆病的风险(图 7.21)。这些相互作用说明了在解决大尺度的问题时,如何以一种交互的方式来处理种群、群落、生态系统、景观水平上的问题和相互关系。

对一个水生中型实验生态系统的反复调查,有助于阐明种群和群落层次的复杂相互关系是如何影响生态系统和景观层次的变化的。美国俄亥俄州迈阿密大学的生态学家研究了实验池塘里杂食鱼对水生食物网的稳定性的影响(Vanni 等, 1997;Vanni 和 Layne,1997;Schaus 和 Vanni,2000)。研究聚焦在一种常见杂食鱼——大西洋鲥(*Dorosoma cepedianum*)能否稳定水生生态系统,抵抗干扰。大西洋鲥在美国整个南部和东部的许多湖中都是一个优势种,它以浮游植物、浮游动物和沉积物(碎屑)为食。大西洋鲥通过取食沉积物并排泄氨和磷酸盐废物,能有效地把营养供给浮游植物,此外,由于它们取食多种不同类型的食物,所以在食物网内这些鱼的相互作用数量和类型都有所增加。日益增加的营养供应和日益复杂的食物网理论上稳定了生态系统,这就使这些研究人员猜测大西洋鲥能通过上述机制中的一种或两种使食物网得到稳定。

为了验证这种猜测,他们将六个池塘(45 m × 15 m)分隔成 12 个实验单元(图 7.22)。然后构建不同大西洋鲥密度(高、中、低、无)的食物网。一个共同的供应塘(图 7.22 中那个黑色的大塘)来供给这些实验塘。每个实验塘内都拥有密度相似的浮游植物、浮游动物和食浮游生物的鱼(蓝鳃太阳鱼,*Lepomis macrochirus*)。每个塘中加入适当数量的大西洋鲥,构建四种密度,每种密度有三个重复处理。在施加干扰前,给群落六周时间让其达到平衡,然后施加一个氮、磷大波动干扰。这种干扰模拟许多湖泊常遭受的干扰,在暴风雨之后径流会从周围流域携带大量营养进入这些湖泊。

这些结果部分支持了上述猜测,即杂食大西洋鲥能够稳定食物网。正如所预测的,高密度大西洋鲥的塘中,浮游植物对营养波动表现出较强的抵抗力和恢复力。但是,在有杂食鱼的塘中,浮游植物群落的组成较不稳定。受到波动后,有大西洋鲥的塘中蓝细菌成为优势种,而那些没有大西洋鲥的塘仍由绿藻占优势。这个研究表明,要量化食物网的稳定性有必要研究多重的响应变量。如果没有受控的重复实验,可能很难精确预测系统如何对干扰作出响应——因为在景观尺度上许多自然系统都经常受到干扰,生态学家对此十分关注。

从种群到景观层次的另外一个例子是黑脉金斑蝶(*Danaus plexippus*)的生活史。为了了解黑脉金斑蝶的种群动态,人们必须了解它和马利筋(*Asclepias syriaca*)的互惠关系。马利筋含强心苷,黑脉金斑蝶幼虫的唯一食物源为马利筋的叶片(图 7.23),当它取食时会吸收强心苷,使幼虫和成体蝴蝶对鸟类和其他捕食者是有毒的。黑脉金斑蝶的亮橘黄色对捕食者是一种警戒色,也是一种拟态(Brower,1969)。

黑脉金斑蝶已经进化出一种特别的春秋迁徙模式,这使它能够利用整个北美大陆充足的

Courtesy of Steven J. Harper

图 7.22　俄亥俄州牛津市迈尔密大学的生态研究中心的实验塘的航拍图片,较大的供应塘位于较低的中心位置,在没有大西洋鲥(*Dorosoma cepedianum*)的实验塘里,绿藻为优势种

© Dan Guravich/CORBIS

图 7.23　栖息在马利筋(*Asclepias syriaca*)上的黑脉金斑蝶(*Danaus plexippus*)

A

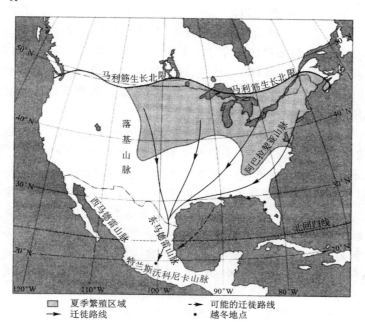

B

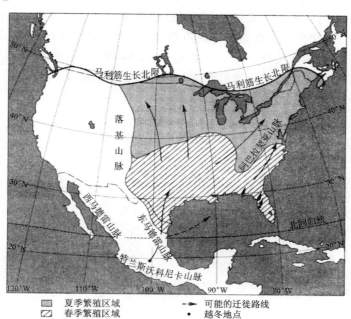

图 7.24 （A）北美洲黑脉金斑蝶（*Danaus plexippus*）的东部种群的秋季迁徙路线。（B）黑脉金斑蝶东部种群的春季迁徙路线,其中也包括了春季繁殖区（仿 Brower 和 Malcolm,1991；Brower,1994）

马利筋食物供给。与脊椎动物迁徙相反,黑脉金斑蝶从美国中西部的北部地区迁飞到墨西哥中部的内华达山区的冷杉林中越冬(图 7.24A),这项迁徙运动是继它们的移居祖先后的第三代或三代以上的子孙才有的一项功能。也就是说,秋季迁徙完全是继承过来的,没有机会学习这种行为(Brower,1994)。越冬群体中存活下来的黑脉金斑蝶在三月份的时候开始迁回北边,并在抽芽的马利筋上产卵(图 7.24B)。然后,这些成体死去,但它们的后代会在四月末五月初长成,继续向北迁徙直到加拿大(马利筋植物生长的北限)。这种迁徙的时空尺度形成了一种独特的生态学现象。

部分和整体的关系完全取决于系统的复杂性。在某种极端情况下,受恶劣自然条件制约(如北极苔原带或温泉)的生态系统几乎没有生物组分。这种"复杂性较低"的系统可以聚焦于局部进行研究和理解,因为这种情况下整体可能很接近部分的总和,几乎没有涌现性。相反,"复杂性较高"的系统(如景观和生物圈)有很多组分,它们相互作用产生各种涌现性——整体不能只定义为部分的总和。孤立研究所有的部分是不可能的,所以必须集中关注整体的特性。大多数实验划定的生态系统(如一个湖泊或一片森林)是"复杂性中等"的系统,可以通过多级的或前面所描述的"黑箱"方法进行很好研究。更多有关复杂性理论的内容见 T. F. H. Allen 和 Starr(1982);O'Neill 等(1986);T. F. H. Allen 和 Hoekstra(1992)以及 Ahl 和 Allen(1996)。

如何处理部分和整体的关系一直困扰着哲学家和社会学家。各个领域的科学家对这个问题的观点分为两种:还原论和整体论。个人利益和公众利益之间的矛盾,可能最能反映同时处理部分和整体时所遇到的困难。人们已经建议或尝试采用经济和政治方法来处理这种矛盾,但收效甚微。在美国,这些年的当选政府在强调个人主义(保守姿态)和强调公众福利(自由主义姿态)间来回转变,因此部分(个人)和整体(公众)都能关注,只是不在同时。第 8 章中将讨论的关于自然生态系统如何演化的研究或许能帮助我们解决这个问题。

第8章 生态系统发育

8.1 生态系统发育的策略

8.1.1 概述

人们通常将生态系统发育(ecosystem development)认作是生态演替(ecological succession),包括了能量分配、物种结构和群落过程随着时间发生的变化。当演替没有受到外力的干扰时是有方向性的,因此也是可预测的。演替是由于群落的物理环境改变所产生的,也是由于种群水平上竞争 – 共存作用所产生的——也就是说,即使物理环境决定了变化的格局和速率,并通常限制发育的程度,演替仍然是由群落控制的。如果演替变化主要取决于内在的交互作用,这个过程就被认为是自发演替(autogenic succession)。如果输入系统的外力(如暴雨和火)规律性地影响或控制变化,那就是异发演替(allogenic succession)。

当新的疆域被打开或成为可被生物定居的地方(例如,在火山熔岩流发生之后、在一片废弃的庄稼田里或在一个新的水塘里),自发演替发生时通常伴随了不平衡的群落代谢,总生产量 P 大于或者小于群落的呼吸量 R,系统向一个更加平衡的状况发展,趋向于 $P = R$。随着演替的发生,生物量与生产量之比(B/P)不断增加,直至达到一个稳定的生态系统,即通过每单位可用能流的生物个体之间的生物量(或高信息含量)和共生功能维持在最大值。

在一个给定区域内,群落内发生的一个替代另一个的整个过程被称为演替系列(sere)。演替过程中,相对短暂出现的群落被称为演替系列阶段(seral stages)或发育阶段(developmental stages)。最初的演替系列阶段被称作先锋阶段(pioneer stage),其特征是演替早期的先锋植物物种(以一年生植物为典型),具有生长率高、个体小、生活史短、产生大量易于散播的种子等特征。最终阶段或成熟的稳定系统被称为顶极(climax),理论上说,顶极状态会持续存在,直到系统受到严重干扰。演替初期 $P > R$ 的为自养演替(autotrophic succession),反之,则为异养演替(heterotrophic succession),在演替初期时,$P < R$。发生在未被占用过的基质(如新的熔岩流)上的演替被称为原生演替(primary succession),发生在之前被其他群落占用过的地方(如一片被完全砍伐的林地或一片弃耕地)的演替被称为次生演替(secondary succession)。

需要强调的是,成熟或顶极阶段最好通过群落代谢状态($P = R$)来识别,而不是物种组成,因为物种组成很容易受到地形、小气候和干扰的影响。即使如此,就像已经强调的那样,生态系统不是超个体,它们的发育与生物个体的发育生物学和人类社会的发展有许多相似之处,都要经历从"年轻"到"成熟"的过程。

8.1.2　解释和实例

对沙丘、草地、森林、海岸或其他地方的演替的描述性研究——最近更多地开展的是功能性研究——使我们对发育过程有了一些了解,并就演替的起因产生了一些理论。H. T. Odum 和 Pinkerton(1955)基于生物系统能量最大化的 Lotka 法则(Lotka,1925),首次指出演替包括了能流的功能性转变,当生物量和有机物现存量积累时,用于维持(呼吸)的能量随之增加。Margalef(1963b,1968)记录了演替的这个生物能学基础,并拓展了这个概念。在 20 世纪 70 年代至 80 年代,科学家们讨论了生态演替的一个特性,即种群间的相互关系在物种更替过程中的角色(综述见 Connell 和 Slayter,1977;McIntosh,1980)。如果演替阶段是基于能学基础而不是物种组成,如"概述"中所述,那么关于上述综述的争论就会少很多。

表 8.1 列出了自发演替中主要的结构和功能特征可能发生的变化,生态系统的 24 个特征被分为四组,以便于讨论。趋势就是演替的早期阶段与晚期阶段的比较。图 8.1A 显示了一个处于演替早期阶段的年轻生态系统(弃耕地群落)。图 8.1B 显示了一个处于演替晚期的成熟生态系统(山毛榉 – 槭树林)。到达成熟状态所需的完全变化的程度、变化速率和时间会因为不同的气候和地理条件而发生变化,也会受同样物理环境下生态系统不同特性的影响。当得到很好的数据时,变化速率曲线通常是一条抛物线,即在演替的最初,变化发生得最迅速,但也可能出现双峰曲线或循环模式。

表 8.1 列出的趋势代表了内部的自发过程占主导时观察到的现象。外部的异发的干扰效应可能会逆转或改变发育趋势,将在后文讨论。

8.1.2.1　生态系统发育的生物能学

表 8.1 中前七个特性和生态系统的生物能学有关。在一个无机环境中的自养演替的早期阶段,初级生产量或总光合作用速率 P 超过了群落呼吸速率 R,因此 P/R 比是大于 1 的。在一个有机环境的特殊实例中(如污水池),P/R 比是小于 1 的,因此在这种实例中的演替被定义为异养的,因为细菌和其他异养生物最先在环境中定居。然而,在这两个实例中,P/R 比随着演替的发生而接近 1。换句话说,在成熟或顶极的生态系统中,生产所固定的能量与维持(群落总呼吸)所消耗的能量相平衡。因此,P/R 比是系统相对成熟度的一个功能性指标。

表 8.1　一个生态系统自发演替的表格模型

生态系统特征	生态发育的趋势 早期→顶极 年轻→成熟 成长阶段→脉冲式稳定状态
能流（群落代谢）	
总生产量（P）	在原生演替的早期阶段是增高的，在次生演替过程中没有增加或增加很少
净群落生产量（yield）	下降
群落呼吸（R）	增加
P/R 比	从 $P > R$ 到 $P = R$
P/B 比	下降
B/P 比和 B/R 比（每单势能量支持的生物量）	增加
食物链	从线性的食物链变为复杂的食物网
群落结构	
物种组成	最初变化很快，然后转为渐变（动物、植物接替）
个体大小	趋向于增大
物种多样性	最初是增加的，然后在较为晚期的阶段，随着个体的体型越来越大，物种多样性下降
总生物量（B）	增加
死亡的有机物	增加
生物地球化学循环	
矿物质循环	变得越来越封闭
必需元素的周转率和存储量	增加
内部循环	增加
养分的保持性	增加
自然选择与调节	
生存对策类型	从 r - 选择（快速生长）到 K - 选择（反馈控制）
生活史	特性、长度和复杂性都增加
共生性	互利共生增加
熵	下降
信息	增加
能量和养分利用的总体效率	增加
系统弹性	下降
系统的抗胁迫能力	增加

引自 E. P. Odum（1969,1997）的表格模型

图 8.1   （A）印第安纳州联合郡的一处年轻的弃耕地群落；（B）糖槭（*Acer saccharum*）。这棵糖槭位于俄亥俄州牛津市附近的 Hueston 州立森林公园内的一片成熟山毛榉 – 槭树顶极森林。糖槭的树汁经煮沸浓缩后就是枫糖和糖浆的商业原料

只要 P 大于 R,有机物和生物量 B 将在系统中积累,导致 B/P 比、B/R 比和 B/E 比($E = P + R$)增加(或反过来说,P/B 比将下降)。第 3 章中讨论热力学定律时已经讨论过这些比值了。理论上说,可利用性能流 E 所支持的生物量现存量在成熟或顶极阶段达到最大。因此,在一个年周期内,净群落生产量或产出在早期阶段是很大的,在成熟阶段就下降了,或者为零。

图 8.2A 显示的是一个简化的系统(控制论)模型,内部的自发过程被认为是受阶段性外部输入所改变的输入。图 8.2B 是一个能流模型,显示了上述 P 和 R 之间能量分配的基本变化。随着有机结构的建立,维持这个结构和抑制无序性所需的能量越来越多,因此用于生产的能量就减少了。能量利用的这个转变与人类社会的发展很相似,它极大地影响了对待环境的

态度,我们将在本章的稍后部分讨论。图8.2C总结了生产、呼吸和生物量这三个主要因子是如何随着时间变化的。

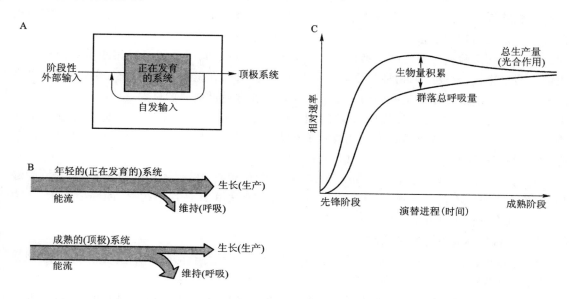

图8.2 生态系统发育模型。(A)系统(控制论)模型;(B)能流模型;(C)生产/呼吸(*P*/*R*)维持模型

8.1.2.2 一个实验室微宇宙和一片森林的演替比较

当你在实验室的模仿自然系统的微生态系统中促发演替时,你会观察到生物能学的变化。在图8.3中,比较了一个典型的烧瓶微宇宙实验中100天自养演替的基本模式和一个100年森林演替的假设模型,前者的数据来自Cooke(1967),后者引自Kira和Shidei(1967)。

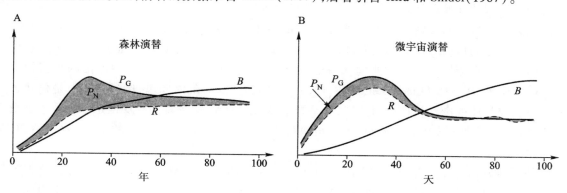

图8.3 森林(A)和微宇宙(B)中生态系统发育的能量学比较。P_G = 总生产量;P_N = 净生产量(阴影部分);R = 呼吸量;B = 生物量(引自Cooke,1967;Kira和Shidei,1967)

在微宇宙实验的第40至60天内,日间净生产量*P*超过了夜间呼吸量*R*,因此生物量*B*积累在系统内。在第30天左右的早期"水华"后,*P*和*R*都下降了,在第60至80天时,两者大致

相等。到达稳定状态时，B/P 比（每克日间生产的碳所支持的碳量）从不到 20 增加到 100 多。在顶极阶段，不仅自养代谢和异养代谢达到平衡，而且少量的日生产量和呼吸量支持着一个很大的有机结构。物种的相对丰富度也改变了，在 100 天演替的末期比开始时具有更丰富的细菌、藻类、原生动物和小型甲壳动物（Gorden 等，1969）。

将小型的实验室微宇宙结论推衍到自然系统是不可能的，因为前者受限于具有简单生活史的小型生物，以及较少的物种和化学多样性。尽管如此，在微宇宙中所见的基本趋势还是在陆地和大水体的演替特性是一致的。季节性演替也通常遵循同样的格局——一个早期的季节性水华，其特征是少数几个优势种的快速生长，然后是高 B/P 比和多样性提高的状态，P 和 R 进入一个相对稳定的暂时的状态。开放系统在成熟阶段不会像微宇宙那样经历总生产力的下降，但微宇宙中生物能学变化的普遍格局看上去与自然非常相似。

有意思的是，在微宇宙中的第 30 天和森林中的第 30 年，出现了净初级生产量（P_N）的峰值，它代表了可能有的最大产量。短期轮伐的林业管理方式就是基于在 P_N 的峰值伐木，在许多地方，这个峰值出现在第 20 至 40 年里。

8.1.2.3　自发与异发影响的比较

表 8.1 显示了输入的物质或能量、地质作用、暴雨和人类干扰能够并且已经改变、遏制或逆转演替的趋势。例如，不论是自然的还是人为的，当养分和土壤从外部（流域）进入湖泊后，就会导致湖泊的富营养化。这就相当于向实验室的小型生态系统中添加营养物质，或者像是给田野施肥。从演替的角度讲，系统又"回到了"早期的"水华"阶段。例如，Brewer 等（1994）记录了对弃耕地进行 11 年的营养物添加，导致该系统持续地以一年生植物为优势种，而不是成熟阶段（对照样区）的以多年生植物为优势种。这类异发演替在许多方面都是自发演替的逆转。当外部过程的影响持续地超过自发过程，就像在许多池塘和小型湖泊的实例中，生态系统不仅无法稳定下来，并且可能由于有机物质和泥沙的堆积而消亡，成为沼泽或陆生群落。这就是由于流域的加速侵蚀导致的人工湖的最终命运。

当来自流域的养分输入减少或消失时，湖泊能并且确实会向寡营养化的方向发展。因此，对于养殖产生的可怕的富营养化来说，虽然水质下降了，水体的寿命也缩短了，但是仍然有可能通过控制来自流域的营养物质输入来遏制富营养化。这方面的例子有西雅图的华盛顿湖（图 8.4）恢复（W. T. Edmondson，1968；1970）。在长达 20 年的时间里，经过处理但是仍然含有大量营养物质的废水被排放到该湖，导致湖水越来越混浊，到处都是讨厌的水华。由于公众的大声疾呼，污水排放得到了控制，该湖很快就恢复到一个比较寡营养化的状态（水体清澈，没有水华）。

外部动力和内部动力的交互作用可以用一个通用的系统模型（图 8.2A）来概述，这类模型在图 1.5 中已经介绍过了。内部动力可以描述为内部输入或反馈，理论上说，内部动力驱使系统向某种平衡状态发展。外部动力被描述为周期性的外部输入，干扰或改变演替的轨迹。

生态系统发育需要一段很长的时间——就像始于裸地的森林发育一样，周期性干扰将影响演替的过程，尤其是在温带的多变环境中。Oliver 和 Stephens（1977）报道了在麻省的哈佛森林中对一片林地的植被历史研究。在 1803 年至 1952 年间，发生了 14 次不同程度的自然和人为干扰，间隔时间不一。那里还有 1803 年前的两次飓风和一次火灾的痕迹。小的干扰不会带

© Royalty-Free/CORBIS

图 8.4　西雅图的华盛顿湖,W. T. Edmondson 在这里开展了经典的恢复生态学领域的研究

来新的树种,但是常常能够促使林下带已有物种向树冠层生长,如香桦(*Betula lenta*)、红宝枫(*Acer rubrum*)和加拿大铁杉(*Tsuga canadensis*)。大规模的干扰(如飓风或大规模的山林火灾)会产生林间空地,演替早期物种[如宾州李(*Prunus pennsylvanica*)]入侵其中,在森林地被或其上会形成始于种子或幼苗的新的年龄结构[北美红栎(*Quercus rubra*)是一种通常占据这类林间空地的物种,在几十年后能够占据林冠]。森林空地中的物种替代和演替已经被称为林隙演替(gap phase succession)。Oliver 和 Stephens 总结了他们的研究,认为干扰的严重程度和频度是决定北美许多地方的森林结构和物种组成的主要因素。最近,Dale 等(2001)认为气候变化能够通过改变火灾、干旱、外来物种入侵和病虫害爆发的频度、强度、持续时间和发生时间来影响森林结构和功能。

　　由于环境输入的周期性或群落演替本身的周期性,如果干扰是有节律的(间隔具有多多少少的规律性),那么生态系统就会产生所谓的循环演替(cyclic succession)。例如,在黄石国家公园,历史上 1988 年的那场大火显然就是一个周期性的现象,每 280 年至 350 年就会发生一次(Romme 和 Despain,1989;详见 1989 年 11 月 BioScience 杂志上的"火烧对黄石公园影响(Fire Impact on Yellowstone)"一文)。前文(第 5 章)描述的林火 - 灌丛植被周期是一个自发的循环演替例子,未分解的凋落物不断堆积,以至于成为干旱季节中周期性林火的燃料。

　　另一个循环演替的例子是美国东北部高海拔地区的香冷杉(*Abies balsamea*)林的波纹状演替(*Sprugel* 和 *Bormann*,1981)。当这种树在薄层土壤上生长到最大高度和最大密度时,就会难以抵抗强风的影响,老树被连根拔起,并且死亡,由此开始新一轮的次生演替。如图 8.5 所示,山坡上覆盖着一系列的不同年龄的树,年轻的、成熟的、死亡的都有(图中浅色的波纹就是死掉的树)。由于不断产生循环演替,波纹就像波浪一样顺着主要风向而扩散。在任何一个时间上,都能找到演替的所有阶段,能够为动物和小型植物提供多样化的生境。整个山坡组成了一个与其周围环境相平衡的循环顶极。

　　交替分布的年轻的和成熟的树丛形成了一个自然格局,这意味着条状或块状的间伐能被

Courtesy of D. G. Sprugel and F. H. Bormann

图 8.5　冷杉林的波纹状演替。不同阴影的曲线代表了不同演替阶段（Sprugel 和 Bormann, 1981）

证明是对于大片森林地区而言的一种不错的商业伐木程序，因为这种做法能促发自然更新，从而避免昂贵的再植工作。与整个森林的皆伐相比，土壤和动物种群受到的干扰也较小。并且，不同演替阶段的混合提供了丰富的交错带（见第 2 章），有利于许多类型的野生动物。

还有一个循环演替的例子是云杉和蚜虫的循环（见第 6 章）。在这个例子中，周期性干扰不是某个物理作用，而是由植食昆虫产生的，它们导致树木落叶，并遏制了老树的生长，由此促进了幼树的发育。

干扰依赖（perturbation dependent）这个词通常用于形容那些特别适应周期性干扰的生态系统，它们的特点就是具有快速修复的过程和物种（综述见 Vogl, 1980）。在预测和管理干扰（比如条带开采）后的恢复时，必须详细了解所处生态系统的演替格局和恢复潜力，只有这样，复垦的工作才能有助于而不是抑制自然恢复过程（McIntosh, 1980）。有一个假设是说，与演替的早期阶段相比，晚期阶段对于较小的或短期的胁迫（如一年的干旱）通常具有更强的抵抗能力，但是早期阶段对于灾难性的胁迫（如一次大的风暴或山火）具有更好的系统弹性（恢复更为迅速）（见表 8.1）。

8.1.2.4　养分循环

在继承性发育过程中，其重要趋势包括了物质的周转率提高，储存量增加，主要营养成分（如氮、磷和钙）的生物地球化学循环增加（表 8.1）。营养物质的保持程度作为生态系统发育的一个重要趋势或对策的重要意义仍然存有争议，可能是因为引用的背景有所不同。图 8.6 解释了这个问题。Vitousek 和 Reiners（1975）认为，生源营养成分在演替的早期阶段以生物量的形式积累在系统中。根据他们的理论，当营养元素进入生物量积累时，输出 O 和输入 I 的比值下降到 1 以下。然后，在成熟的顶极阶段，输入与输出平衡，O/I 比上升到 1，即没有净生长。然而，营养物质可能继续在土壤中积累，即使植物不再将营养物质积累到生物量之中。因此，O/I 比不是唯一的或可能不是最佳的评价营养物质行为的指标。如图 8.6 所示，循环指数（CI ＝ 循环的输入与输出之比，见第 4 章）在系统成熟过程中持续上升，相应的，营养物质被保留更长的时间，并且被再利用，由此导致对输入要求的下降，即使输入和输出已经达成平衡，也是如此。并且，存量 S 和损失量 O 的比值在演替的早期阶段也是较低的，在晚期则会上升。

总之,营养物质的储存和循环在生态系统发育过程中是上升的,所以支持每单位生物量的营养物质输入要求就下降了,这方面已经有了理论解释和一些观察现象。对于非必需元素和有毒元素,则没有这样的保持性。

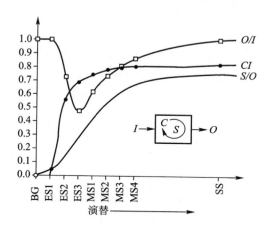

图 8.6　输出与输入比(O/I)、循环指数(CI)和存量与损失量比值(S/O)在演替过程中的
变化趋势假设(仿自 J. T. Finn,1978)

BG = 裸地;ES = 早期阶段;MS = 中间阶段;SS = 稳定状态

在演替过程中,氮源可能会产生从硝态氮到氨氮的转变。理论上说,先锋植物最初都是利用硝态氮的,到了演替的晚期,尤其是森林阶段,就利用氨氮作为氮源。从硝态氮到氨氮的转变减少了氮循环所需的能量(对于氮循环的讨论见第 4 章),因此,能量利用效率得以提高。然而,Robertson 和 Vitousek(1981)没有找到从硝态氮转变到氨氮的实验依据,因此这个问题仍然有待解决。

同样需要更多定量研究的还有演替过程中有助于提高氮循环效率的固氮、菌根共生和其他互惠共生现象(表 8.1)的趋势。可能有利于保持营养物质的互惠共生更多地响应需求(营养物质稀缺),而不是生态系统发育。

8.1.2.5　物种替代

物种随着时间发生或多或少的连续替代是大部分演替序列的特征。变化的植被物种组成被称为中继植物区系(Egler,1954),当然,也有中继动物区系,因为动物种类也在演替序列中发生替代。

如果发育始于一个从没有被一个群落占据的地方(如新露出的岩石或沙滩表面,或熔岩流发生的地方),原生演替就会慢慢发生,需要一段很长的时间才能达到脉冲式的成熟阶段。原生演替的一个经典例子发生在密歇根湖南端的印第安纳沙丘国家湖岸公园。该湖曾经远远大于现在的样子。在湖岸后退的过程中,逐步露出了许多越来越年轻的沙丘。沙丘上的演替是很缓慢的,可以观察到一系列各个年龄段的群落——靠湖最近的是先锋阶段,在越是远离湖泊的沙丘上,就能看到越成熟的群落。在这个"自然的演替实验室"里,H. C. Cowles(1899)开展了先锋植物的研究,V. E. Shelford(1913)开展了对动物演替的经典研究。这两个研究都显示出植物和动物种类都随着沙丘年龄不断增加而发生变化,生活在早期的物种会完全被生活在晚期的完全不同的物种所替代。Olson(1958)重新研究了这些沙丘上的生态系统发育过程,提供了关于速率和过程的额外信息。由于重工业的侵犯,保护主义者竭力呼吁保护这片沙丘,庆幸的是,印第安纳沙丘中的一部分得到了保护,成立了印第安纳沙丘国家湖岸公园(详见 Pavlovic 和 Bowles,1996)。大家应该支持这样的保护努力,因为这些地方不仅具有无价的自然美景,可供市民欣赏,并且是一座天然的教育实验室,其中的生态演替的视觉展示实在是令人叹为观止。

沙丘上的先锋物种有沙茅(*Ammophila*)、冰草(*Agropyron*)、芦茅(*Calammophila*)、柳树(*Salix*)、矮沙樱(*Prunus depressa*)和三角杨(*Populus deltoides*),还有动物如在沙滩表面活动的斑蝥、掘穴的蜘蛛和蚱蜢。先锋群落之后是开放的干燥的北美短叶松(*Pinus banksiana*)林,然后是绒毛栎(*Quercus velutina*),最后,在最老的沙丘上,是湿润森林如栎树和山胡桃树,或山毛榉和槭树。虽然群落始于一片非常干燥和贫瘠的栖息地上,发育最终导致了一个郁闭的森林,与裸露的干燥的沙丘相比,更加潮湿和阴凉,并且有更深的富含腐殖质的土层,生长着蚯蚓和蜗牛。就这样,最初的不适宜居住的沙堆最终由于一系列群落演替的过程而被彻底改变。

沙丘上的演替在早期通常是受到抑制的,因为风将沙子盖在植被上面,并且沙丘是移动的,在其移动路径上的所有植被都会被盖住。这就是本节前文讨论的异发干扰的抑制或逆转效应的例子。然而,当沙丘向内陆移动时,它最终还是会稳定下来,先锋草种和树木再次生长。Olson(1958)利用碳测时法估计密歇根湖的沙丘需要约 1 000 年的时间才能达到一个森林顶极——这比在一个较为适宜地区发育一片成熟的森林顶极(例子见后文)多 4 倍的时间。

图 8.7 是一个次生演替的例子,反映了美国东南部皮德蒙特(Piedmont)的弃耕地上植被和鸟类种群的变化次序。先锋物种是 r - 对策者的一年生植物,如马唐属(*Digitaria*)、飞蓬属(*Erigeron*)和豚草属(*Ambrosia*),这类植物的大部分能量都用于扩散和繁殖。两到三年后,多年生的非禾本科草本植物(紫菀和秋麒麟草)、禾本科植物(尤其是须芒草属 *Andropogon*)和灌木(如悬钩子属 *Rubus*)进入。如果附近有好的种子源,松树也会入侵,并很快形成一片郁闭森林,其遮阴效果能去除早期的先锋物种。有些速生的落叶树种,如枫香和北美马褂木,通常与松树一起进入。由于这些物种都是多年生的,因此,松树阶段(包括一些分散的阔叶树种)会持续一段较长的时间,但是,耐阴的橡树和山毛榉会逐渐地形成林下层。当松树无法在其树荫下繁殖时,橡树和山毛榉就会长高,并占据林冠优势,而松树则死于疾病、衰老和暴风。

如图 8.7 所示,鸟类种群也随着各个主要的演替阶段发生变化。最显著的变化发生在优势植物生活型发生变化的时候(从草本到灌木,到针叶树,再到硬木树)。鸟类的栖息地选择更多地针对于植被的生活型,而不是植物种类。没有一种植物或鸟类能够贯穿于整个演替序列。物种在时间梯度上的不同点会出现一个最大值。Ostfeld 等(1997)记录了弃耕地次生演替中小型哺乳动物的类似中继演替及其对树木种子和幼苗的存活率的影响。动物不仅是群落变化的被动接受者,鸟类和其他动物会传播灌木和阔叶树阶段所需的种子,而食草动物、寄生动物和捕食者通常控制物种的次序。

在浅海栖息地,通常是大型动物而不是植物提供了结构性基质。Glemarec(1979)描述了法国布列塔尼海岸底栖动物的次生演替。暴风雨之后会有一段相对平静的阶段,导致沉积物重新分布,并摧毁了底栖动物群落。在这个阶段里,没有外来的干扰,一个多多少少是定向的

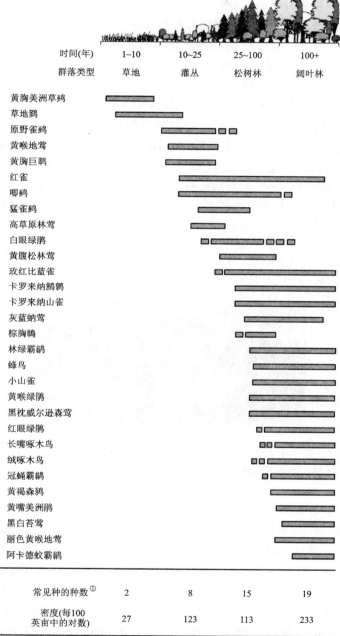

时间(年)	1~10	10~25	25~100	100+
群落类型	草地	灌丛	松树林	阔叶林

黄胸美洲草鹀
草地鹨
原野雀鹀
黄喉地莺
黄胸巨鹏
红雀
唧鹀
猛雀鹀
高草原林莺
白眼绿鹃
黄腹松林莺
玫红比蓝雀
卡罗来纳鹪鹩
卡罗来纳山雀
灰蓝蚋莺
棕胸鸸
林绿霸鹟
蜂鸟
小山雀
黄喉绿鹃
黑枕威尔逊森莺
红眼绿鹃
长嘴啄木鸟
绒啄木鸟
冠蝇霸鹟
黄褐森鸫
黄嘴美洲鹃
黑白苔莺
丽色黄喉地莺
阿卡德蚊霸鹟

常见种的种数[①]	2	8	15	19
密度(每100英亩中的对数)	27	123	113	233

① 本表中的常见种定义：每100英亩中记录到至少5对这类鸟或者在四种群落类型中的一或两种中出现。

图 8.7 美国东南部弃耕地的生态演替一般模式。图表显示了鸣禽种群随植被变化而发生的变化（仿 Johnston 和 Odum,1956;E. P. Odum,1997)

和可预测的种群序列会建立起优势度。最早出现的是双壳类食悬浮物者,然后是双壳类食沉积物者,最后,底栖动物被食碎屑的多毛纲动物蠕虫占据优势。这就证实了一个理论——不间断的演替将一个无机环境转变为一个更加有机的环境。

即使只包括草本植物,植被的次生演替在草地区域和森林区域是同样显著的。Shantz(1917)描述了废弃马道上的演替,该马道被美国中部和西部草地的先锋物种所占据(图8.8),事实上,自此以后,几乎同样的次序被多人所描述。虽然物种因地理位置而有所不同,但是格局却是处处相同。这个格局包括了四个演替序列阶段:① 一年生杂草阶段(2~5 年);② 短命草本植物阶段(5~10 年);③ 早期的多年生草本植物阶段(10~20 年);④ 顶极草本植物阶段(在 20~40 年里达到)。这样的话,始于裸露的或者开垦过的土地的演替需要 20~40 年才能自然地建立起顶极阶段的草地——具体的时间依赖于湿度、放牧和其他因素的影响。连续干旱或过度放牧会导致演替向一年生杂草阶段逆转,逆转的程度取决于影响的严重性。营养物质的增加,无论是因为施加商品肥料还是因为添加城市污泥,都会在发育的一年生杂草阶段抑制次生演替(W. P. Carson 和 Barrett,1988;Brewer 等,1994)。

图 8.8　内布拉斯加州 Scottsbluff 附近的俄勒冈小道,是由 1840—1860 年西进运动时在密苏里州和俄勒冈州之间运送移民的马车碾压形成的,至今依旧清晰可辨

水生系统中的演替和陆地生态系统中的演替一样显著。但是,就像前文中已经强调过的那样,在浅水生态系统(池塘和小湖泊)中发生的群落发育过程通常因为来自流域的大量物质和能量的输入而变得复杂,这些输入能加速、抑制或逆转群落发育的正常趋势(即如果没有上述外部影响时可能发生的趋势)。自发演替和异发演替之间有复杂的相互作用,可用人工池塘和围湖的快速变化来阐述。当一个水库形成于冲刷沃土或冲刷地区有大量有机物质时(比如受洪涝冲刷的林地),发育的第一个阶段是生产量很高的水华阶段,其特征是分解迅速、微生物活跃、营养物充足、底部含氧量低、鱼类大量生长且迅速。钓鱼的人是很喜欢这个阶段的。然而,当储存的营养物质扩散开来,积累的食物消耗完了,水库就会稳定在一个生产力较低的阶段,底部含氧量较高,鱼类的产量较低。钓鱼的人不会喜欢这个阶段(图 8.9)。但是,这个系统和鱼类产量能在长时间内维持稳定。

如果水域得到成熟植被的很好保护,或者如果流域的土壤较为贫瘠,水体的稳定阶段能持

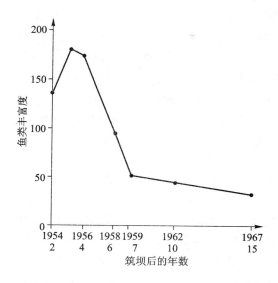

图 8.9　南达科他州 Francis Case 湖水坝建成后第二年至第十五年间密苏里河上游干流水库中的鱼类丰富度（数据来自 Gasaway，1970）

续一段时间,类似于"顶极"阶段。但是,侵蚀和各种人为的因素导致养分输入加剧,通常会产生一系列的连续阶段,直至盆地堆积抬升。当然,如果在贫瘠的水域筑坝,在演替的初期就会产生低生产力的格局。以前在维持这类人工生态系统时,由于人们缺乏对生态演替基本性质的认识,也不明白流域和水库之间的关系,因此导致了许多失败和失望。

　　通常来说,由于海洋处于成熟阶段,其化学和生物方面的稳定性已经持续几个世纪了,海洋学家还不曾关心生态演替。但是,由于污染通过干扰海洋的平衡状态而产生威胁,自发和外部过程的相互作用开始受到海洋学家的日益关注。在海岸带水体内的演替变化是较显著的,已有学者报道了暴风雨破坏海床后底栖生物群落发育的实例。这种海岸带水体演替梯度的变化可总结如下:

- 在浮游植物中,运动型种类的相对丰度增加;
- 生产力下降;
- 浮游植物的化学组成发生变化,如植物色素;
- 大量的悬浮型小食物颗粒向少量的浓缩于更大的单位,并分散在一个更加有序(分层)的环境中的食物转变,使浮游动物组成发生由被动的滤食者向更加主动的选择性捕食者转变的响应;
- 在演替的后期,总的能量转移可能更低,但它的效率看上去提高了。

　　在水生环境中,人工基质上的生物演替已经受到了广泛的关注,因为藤壶和其他固着生长的海洋生物对船底和码头的污染具有重要的实践意义。大量小型基质如玻璃片、塑料块、木头或其他材料已经被广泛用于评价淡水和咸水中污染物对生物的影响(这个方法的早期利用见Patrick,1954)。这类基质是一类微宇宙,人们可以预期上面发生的生态演替,但是,和那些带有限制条件的或简化的模型一样,将假设推演到更大的、空间限制更小的开放系统时必须非常小心,因为后者具有更多种类的基质。通常,在这些基质上定居的第一批生物是那些当基质表面可供定居时恰好在水里具有丰富繁殖体的物种。有时,这些先锋物种改变了基质的物理或化学特性,可能有利于其他物种的侵入,但是先锋物种通常能够抵御其他物种的侵入,并保持其活力,直到它们被一个更强大的竞争者所替代。如同前文讨论的岩石海岸潮间带群落(第 7 章),在封闭的或受空间限制的栖息地中,在决定物种替代方面,消极的相互关系(竞争和捕食)比积极的相互关系(共存和共生)具有更重要的意义。

8.1.2.6　异养演替

实验室的枯草浸液微宇宙实验提供了异养演替的例子——同时也是生态学课程的一次实验。枯草浸液煮沸后成为兴盛的培养介质,细菌的生长就开始了。如果接下来加入一些池塘水(含有大量各种各样的原生动物配子),就会发生原生动物种群的优势度的变化,具体见图 8.10。当未生长过植被的土壤第一次被生物定居时,也会发生类似的原生动物演替(Bamforth,1997)。在枯草浸液实验里,能量和物质在最初处于最大,然后开始下降。除非加入新的介质,或者由一种自养生物群占据优势,不然系统最终就会崩溃,所有生物都会死亡或进入休眠状态(孢子或包囊)——这与自养演替完全不同,后者的能流能一直维持下去。枯草浸液微宇宙是一种演替模型,它类似于发生在腐木、动物尸体、粪球和污水处理的二级阶段的演替。它也被认为是一类"下山"演替的模型,它与依赖化石能源的社会有关,这类社会产生可替代能源的速度很慢。在所有这些例子中,能量等级是顺着演替的次序逐步下降的,不可能到达一个成熟的顶极状态。

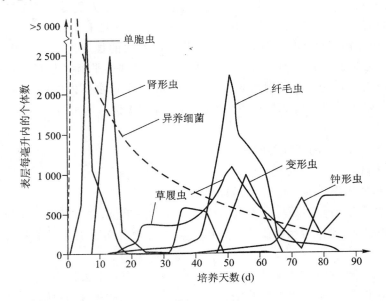

图 8.10　枯草浸液培养中的演替中各阶段优势物种的分布。这是一个异养型演替的例子(仿自 Woodruff,1912)

如果在一个实验室内的微生态系统模型中加入富含有机物质的介质,异养型和自养演替可以合并起来。最初,当异养细菌爆发时,该系统会变得浑浊,然后当藻类需要的营养物质和生长物质(尤其是维生素 B1)由于细菌活动而被释放时,系统会变成亮绿色。当然,这个演替是一个由有机污染导致的人工富营养化模型,例如,未完全处理的城市污水排放后出现的情况。

8.1.2.7 选择压力:数量之于质量

MacArthur 和 Wilson(1967)首先描述了岛屿被生物拓殖的各个阶段,这也为大陆上的生态演替阶段提供了平行的参照。在早期的岛屿拓殖中,生物并不拥挤,作为演替的早期阶段,r–选择占据主导,所以具有高繁殖率和生长率的物种更容易拓殖。相反,在岛屿拓殖和演替的后期密度增高,选择压力偏向于生长潜力低但是具有更好的竞争性生存能力的 K–对策物种。

所有生物的遗传变化都能被认为是伴随着从数量生产向质量生产的演替变化发生的,就像生物个体体型的增加趋势所体现的那样(表 8.1)。对于植物来说,个体大小的变化表现了对从无机营养向有机营养转变的适应。在矿物质和营养物质丰富的环境里,小个体具有选择优势,尤其是自养生物,因为它们具有更高的表面积与体积比。但是,当生态系统发育时,无机营养与生物量的结合愈来愈紧密(也就是变成生物体内的营养),所以选择优势转为较大个体的生物(同一物种的较大个体、个体较大的物种,或者上述两者都有),它们具有更好的储存能力和更加复杂的生活史,这样就能适应对营养物质或其他资源的季节性或阶段性释放的索取。

8.1.2.8 多样性趋势

虽然表 8.1 中多样性的两个组成(丰富度和分配)在生态系统发育的早期阶段几乎总是增加的,但是多样性的峰值看起来有时是在中间的演替序列出现的,在其他情况下是在靠近终点的时候出现的。不是所有营养级或生物群组都随着演替时间出现同样的多样性变化趋势。Nicholson 和 Monk(1974)分析了四种生活型(草本、藤本、灌木和乔木)中植物种类的丰富度和均匀性,这四种生活型是图 8.7 中描述的美国佐治亚州皮德蒙特弃耕地演替过程中的主要序列阶段。每一个地被层建群后,丰富度都会迅速增加,然后在演替的其余阶段都降低。另一方面,均匀度立即上升到最大值附近,然后的变化是非常小的。图 8.11 是另一块弃耕地(位于美国伊利诺伊州南部)演替的优势度–多样性曲线。植物种类的多样性通常是随着演替而增加的,在早期的森林阶段达到最大。物种的分布曲线在次生演替的最初几年里是几何图形(在半对数图中接近一条直线),然后随着物种的不断加入,逐渐变成对数正态曲线。这个过程导致产生了非常高的均匀度。

不论物种多样性在演替过程中是继续增加还是在某个中间阶段达到最高值,都依赖于生物量、分层和生物性组织的其他结果所可能增加的生态位是否超过了生物体型增大和那些适应能力强、寿命长的优势生物(趋于降低物种丰度)的竞争排斥所产生的对抗效应。现在还没有人能在任何一个地方对所有物种进行归类,远远少于对一个演替序列的总物种多样性的计算。对多样性和演替的研究大都针对群落的一部分(比如乔木、鸟类和昆虫)。由于所考虑的生物类群和地理条件的不同,物种组成的变化格局会有很大差异,这就决定了可建群的物种。

如讨论稳定性的小节(第 2 章)所讲述的,生态学家们一致认为物种多样性的变化除了是演替中的一个直接因素外,也是不断上升的有机发育和复杂性所导致的间接结果。所产生的多样性依

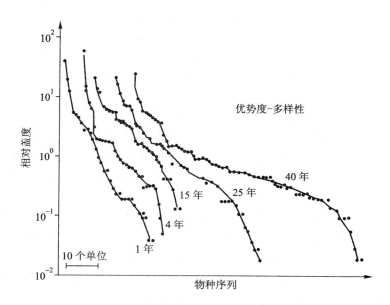

图 8.11　伊利诺伊州南部 5 种不同年龄弃耕地的优势度－多样性曲线（引自 Bazzaz,1975）

赖于能量——维持高多样性是要消耗能量的,会导致不稳定性(又到了"好事太多"的局面)。

虽然相关的研究很少,但仍可认为:在自发的生态系统演替过程中,生物的多样性比物种的差异和相对丰富度更能显示出增加的趋势。例如,Jeffries(1979)报道了随着海洋群落的成熟和日益复杂,浮游生物和底栖生物的脂肪酸含量也会增加。在陆地上的植被演替过程中,多年生的乔木生存所需的各种抗食草动物的化学物质会随着演替而增加,因此,就会遇到昆虫对自然或人为的杀虫剂产生抗性的趋势。这是生态系统发育中生物化学多样性增加的例子。

8.1.2.9　理论探讨的历史回顾

本节的开始部分阐述了生态系统发育是因为:① 群落作为整体所改变的物理环境;② 各组成种群间的竞争和共存的相互作用。虽然我们可以在逻辑上假设生态系统水平和种群水平上的过程都作用于本节描述的多方面的演替进程,但有些生态学家则认为只有其中某一个水平在起作用,而不是两者都是。Connell 和 Slayter(1977)比较了三个理论:① 促进模型,即演替早期的物种改变了环境条件,由此为演替后期的物种提供了入侵条件;② 抑制模型,即先锋物种能够抵御入侵并保留下来,直到由于竞争、捕食或干扰导致它们被替代;③ 忍受模型,即一个物种入侵一处新栖息地后无论是否有其他物种都独立建群。Connell 和 Slayter 强烈倾向于抑制模型,至少对次生演替是这样。种群水平作用理论的支持者认为,如果观察到的演替趋势可以用物种水平的相互作用来解释的话就没有必要调用更高水平上的过程。相反,其他理论学家认为物种演替只是自组织发育(完整生态系统的一个特性)过程中的一部分,因此,为了解释基本的趋势时,没有太多的必要去详细了解组成种群的相互作用。我们倾向于自组织理论,见下一节的解释。

生态演替是一个整体现象,这个观点可追溯到 Frederick E. Clements 和他在 1916 年的著作《植物演替(*Plant Succession*)》(1928年再版时改名为《植物演替和指示生物(*Plant Succession and Indicators*)》)。他的观点是一个群落在它的发育过程中,会重复一个生物个体的发育阶段次序,并且在一个给定的气候带内,所有群落都会向一个单顶极发育(单顶极概念见下一节),这个观点现在已经不再强调了,并有所更改。Clements的主要论点——生态演替是一个发育过程,而不只是单个物种的独立演替,仍然是生态学的最重要的被一致认可的理论之一。Margalef(1963a,1968)和E. P. Odum(1969)重新审视并拓展了Clements的基础理论,将功能性特征如群落代谢也包括进去了。

相反的概念——生态演替没有一个组织策略,而是由于个体和物种在竞争空间时的相互作用所产生的,可追溯到H. A. Gleason的研究,尤其是经典论文"植物群落的个体论概念"(Gleason,1926)。Gleason的著作综述见McIntosh(1975),他推动了演替理论在种群水平上的发展,重新审视了进化生物学,强调了消费者的重要性和生产者的影响。Drury和Nisbet(1973)和Horn(1974,1975,1981)的综述所探讨的演替理论是基于生物特性,而不是生态系统所表现的特性。基本前提是进化策略(达尔文的自然选择与竞争排斥)和生活史特征决定了物种在演替梯度上的位置,而演替是根据干扰和物理梯度持续变化的。由于Clements的整体论也被认为是一个种群和生态系统的进化理论,所以生态学家可能不会像不同观点的论文那样各执意见。被广泛接受的观点是Whittaker和Woodwell(1972)、Whittaker(1975)和Glasser(1982)提出的,虽然在早期的拓殖阶段通常是随机的(机会主义者的伺机建群),但是后期是更具有组织的,更具有方向性的。

这些理论或早或晚都会被应用科学的实践所检验,例如,森林管理。大体上,林务官们发现森林演替是具有方向性的,是可预测的。为了评价未来的伐木量,他们通常会建立模型,将自然的演替趋势与改变自然发育的干扰和管理情景结合起来。例如,在美国佐治亚州的皮德蒙特,自然的森林演替是从松林到阔叶树林。由于松树在商业上比阔叶树更加有价值,人们会干预并抑制这个演替,松林阶段得以保留并循环更新,尤其是在商业性伐木管理的范围内。人们预计到阔叶树阶段在森林覆盖的地方仍然是继续进行的,只是速度比仅仅发生自然演替的情况下慢很多。城市化和扑灭山火都是有利于阔叶树而不是松树,它们在未来的规划中都是重要的因素。由于皮德蒙特森林的组成显著地受到人为管理的影响,未来森林组成的设计将遵循自然演替的趋势。Shugart(1984)和Chapin等(2002)详细讨论了理论和森林管理的关系。

8.1.2.10 自组织、协同作用和优势度

基于普利高津的非平衡热力学理论(Prigogine,1962),生态系统发育的一个关键就是自组织概念。自组织(self-organization)可以被定义为包括许多组分的复杂系统在没有外界干扰的情况下趋于组织并达到某种稳定的脉冲阶段所经历的过程。在自然界里,从随机或无序的初始状态开始自发形成组织良好的结构、格局和行为,换句话说,就是从混乱到有序,是很普遍的。许多组分一起工作并形成次序的过程已经被Haken(1977)命名为协同作用(synergetics)。Ulanowicz(1980,1997)用支配性(ascendancy)来描述自组织的耗散系统随着时间提高生物量和网络流的复杂程度的趋势,这个趋势也见于生态演替的过程之中。Holland(1998)和S. Johnson(2001)将这个过程成为涌现(emergence)。

我们看到生态系统发育不只是物种的演替,也不只是进化的相互作用,如竞争和共生,还

有一个能量基础。在自组织方面有大量文献,包括 Eigen(1971)、H. T. Odum(1988)和 Müller(1997,1998,2000)的论文,Kauffman(1993)、Bak(1996)和 Camazine 等(2001)的论著,以及前面已经引用的文献。关于自组织的技术讨论,Li 和 Sprott(2000)的文献更加通俗易懂。Wesson(1997)在他的论著《自然选择之外(Beyond Natural Selection)》中认为,在解释复杂系统的进化时,我们所说的"自调整"必须加入自然选择之中。Smolin(1997)将自组织理论拓展到宇宙的起源和进化,认为宇宙源于大爆炸和随机运动的分子群,然后再进化到现在的包括地球在内的高度组织的系统。

8.2 顶极的概念

8.2.1 概述

顶极群落(climax community)就是一个发育序列中最终 $P = R$ 的群落。理论上说,顶极群落是自我永存的,因为它多多少少是自我平衡的,也与自然的栖息地相平衡。在一个给定的区域里,虽然很武断,但也很容易识别:① 区域顶极(regional climax)或气候顶极(climatic climax),它是由该区域的一般气候所决定的;② 各种地方顶极(local climaxs)或土壤演替顶极(edaphic climax),它是由地形和当地的小气候决定的(见图 8.12),如果没有干扰的话,就不会发生。当地形、土壤、水分和规律性干扰(比如火)等条件导致生态系统发育不能到达理论终点时,系统就会终止在一个气候演替顶极。

8.2.2 解释与实例

根据物种组成,多元顶极(polyclimax)概念(对气候演替顶极和土壤演替顶极的选择)可通过与各种自然状况相关的成熟森林群落来解释,比如加拿大安大略省的山区,如图 8.12A 所示。在平原或略有起伏的地区,土壤排水良好,但是较潮湿,槭树 – 山毛榉群落[糖槭(Acer saccharum)和大叶水青冈(Fagus grandifolia)为优势物种]是演替的最终阶段。由于槭树 – 山毛榉群落在该地区土地性质和排水情况适宜的地方屡次被发现,这类群落遂被认定为该地区的气候顶极。当土壤过于干燥或过于潮湿时(不考虑群落的作用),不同物种就会在顶极群落中占据优势。气候演替顶极的更大差异发生在陡峭的阳坡以及阴坡和纵深的峡谷内,阳坡的小气候比较暖和,阴坡和纵深峡谷的小气候则比较寒冷(图 8.12B)。这些陡坡的气候通常类似于从南到北的气候类型。相应的,如果你住在北美的东部,希望看到更加北面的顶极森林是什么样的,就看一下没有受到干扰的阴坡或深谷吧。同样,阳坡会展示南方的顶极森林类型。

理论上说,如果不限定时间,在干旱土壤上的森林群落会逐渐增加土壤的有机质含量,并提高其湿度保持特性,最终形成一个更加潮湿的森林,如槭树 – 山毛榉群落(图 8.12C)。同样,如果不限定时间的话,理论上说,在潮湿土壤条件下的森林群落随着土壤有机质在树木生

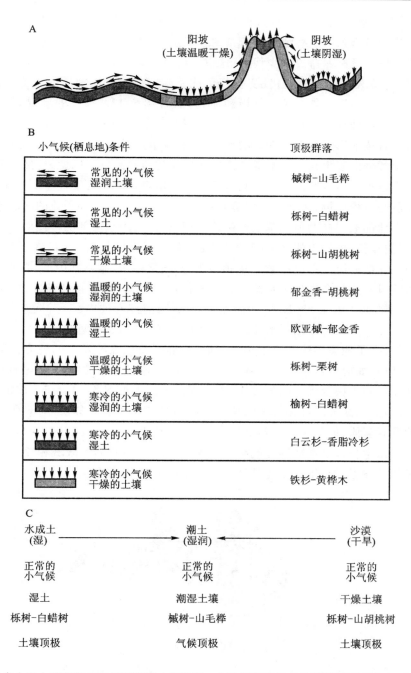

图 8.12 加拿大安大略南部的气候顶极和土壤顶极。(A)依赖当地条件的顶极群落分布;(B)可能出现的顶极群落,槭树 – 山毛榉群落是气候顶极群落,只要条件适宜就会产生。小气候条件的变化会导致各种其他顶极类型(如土壤顶极);(C)理论上由极端湿度条件(潮湿或干旱)向适宜湿度状况发展时形成土壤顶极的发育过程(简化自 Hills,1952)

物量内的储存（和植物蒸腾量的增加），土壤的湿度会逐步降低，最终也会形成潮湿的槭树－山毛榉群落。我们尚不知道这些情况是否真的会发生，因为这种变化的迹象极少被观察到，并且不受干扰的区域还没有保持过多少代人，这也是研究所需的条件之一。不管怎样，这是一个学术问题，因为很久以前，任何自发变化都可能发生，有些气候、地质或人为因素都可能干预。要辨识一系列与地形条件有关的顶极和序列（就像图 8.12A 描述的景观镶嵌体那样）的一个替代方法就是某种梯度分析。生态演替的核心在于它是时间梯度与空间、地形和气候梯度的相互作用。就像本章开头部分强调的那样，所有顶极都显示出 P 和 R 之间的脉冲平衡。

　　自发生态演替是由于生物个体本身带来的环境变化所导致的。因此，自然本底越是极端，环境改变就变得越难，只要没有理论上的区域顶极，群落发育就越可能停止。按照能够支持气候演替顶极群落的面积比例，区域的变化是非常显著的。在美国中部平原的深层土壤上，早期移民发现大量土地都被同样的顶极草地所覆盖。相反，在美国东南部的沙质的海岸平原上，地质历史较短，海拔较低，理论上的气候演替顶极（一种常绿阔叶树林）无论在当时还是现在都是非常稀少的。大部分海岸平原都被土壤顶极群落（松林或湿地或其中的演替序列阶段）所占据。频繁的飓风对这些海岸生态系统具有摧毁作用，导致大量的枯枝落叶，树木被刮倒，养分循环被改变。例如，"雨果"飓风在 1989 年横扫美国南部和波多黎各，摧毁了许多沼生松（*Pinus palustris*）林——这是红顶啄木鸟（*Picoides borealis*）的首选栖息地。

　　相反，海洋占据了地质年代遗留下来的盆地，在群落发育能够发生的地方，都被认为是处于成熟阶段。然而，如前所述，季节性演替和干扰后的演替确实在发生，尤其是近岸水体。

　　关于区域顶极和土壤顶极之间的对比，最戏剧化的例子见图 8.13。在美国加利福尼亚州北部海岸的一些地方，高大的红杉林和低矮的针叶树林依次生长。如图 8.13 所示，两种森林下都是同样的砂岩基质，但是矮树森林下，靠近地表的地方具有一层不透水的硬质地层，该地层严重限制了根系生长以及水和养分的移动。与无硬质地层的邻近区域相比，在这个特殊条件下达到顶极的植被无论在组成上还是结构上几乎都是完全不同的。

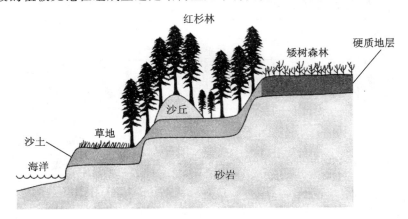

图 8.13　加利福尼亚州北部西海岸上的土壤顶极。在靠近海岸的台地上，高大的红杉林和低矮的针叶树林依次生长。矮树森林的生长受到的阻碍来自表层下 18 英寸（0.5 m）处的不透水的硬质地层。该地层上的土壤呈极端的酸性（pH 为 2.8～3.9），Ca、Mg、K、P 和其他营养元素的含量也很低（仿 Jenny 等，1969）

当然，人类极大地影响了演替的过程和到达的顶极。当一个生物群落还不是当地的气候或土壤演替顶极，但是由人或家畜所维持，就很容易成为一个偏途顶极（disclimax）（即干扰产生的顶极）或人为亚演替顶极（anthropogenic subclimax）。例如，家畜的过度放牧可能导致沙漠群落的产生，包括了石炭酸灌木、豆科灌木和仙人掌等，但是，当地的气候顶极群落应该是自我维持的草地。沙漠群落是一个偏途演替顶极，草地才是气候演替顶极。在这个情况下，沙漠群落显示了人类疏于管理的状况，但是，在真正的沙漠气候下出现同样的沙漠群落则是自然的顶极状况。这种土壤演替顶极和干扰产生的顶极相结合的有趣现象遍布加利福尼亚州的广阔草地区域，人为引入的一年生植物几乎完全替代了当地的高原草种。

已经稳定很久的农业生态系统可以被认为是演替顶极或偏途演替顶极，因为在一个年度范围内，输入加生产与呼吸加输出（收获）是平衡的，并且农田景观年年都保持一样。低地国家（荷兰和比利时）的农业和东方的历史悠久的水稻耕作就是长期的人为稳定的演替顶极例子。不幸的是，工业化耕作系统，尤其是目前在热带地区和人工灌溉的沙漠里开展的都不再是可持续的农业，因为它们会导致侵蚀、水土流失、盐分积累和害虫入侵。在这样的系统里维持高生产力需要越来越多的能量和辅助性的化学物质，太多的人为辅助会成为胁迫。就农业和林业的长期实验，读者可以在 R. A. Leigh 和 A. E. Johnston（1994）的著作《农业和生态科学的长期实验（*Long-Term Experiments in Agricultural and Ecological Sciences*）》中得到详细的信息。图 8.14 是洛桑公园试验站（Rothamsted）的一个长期施肥项目的照片。与以绒毛草（*Holcus lanatus*）为优势种的单优群落相比，没有施肥的样区具有典型的高生物多样性特征。

©The Visual Communications Unit at Rothamsted

图 8.14　始于 1856 年的洛桑公园实验站位于经过施肥的草地上。没有施肥的样方具有很高的生物多样性。在施加了氮、磷、钾的样区，由于施肥导致土壤的 pH 为 3.5，形成了以绒毛草（*Holcus lanatus*）为优势种的单优群落

　　概而言之,物种组成已常常被用于决定一个给定群落是否为顶极的一个标准。然而,仅仅这个标准通常是不够的,因为物种组成不仅差异很大,而且即使生态系统作为一个整体维持稳定状态,物种组成也会因为对季节和短期气候波动的响应而发生小小的变化。如前所述,P/R比或其他功能性指标能成为更加准确的顶极群落指标。

8.3　生物圈的进化

8.3.1　概述

　　如 8.1 节所描述的,与短期的生态系统发育相伴的是长期的生态圈进化,它由① 外生性(外部)作用力,如地质和气候变化和② 内生性(内部)作用力,如自然选择和其他由于生态系统内的生物活动产生的自组织过程所形成。40 亿年前,最早的生态系统里居住着那些微小的异养性厌氧生物,它们依靠非生物过程合成的有机物质存活。然后产生了绿色自养性细菌的起源和爆发,人们相信它启动了从 CO_2 主导的还原态环境向有氧环境的转换。从那以后,生物历经了漫长的地质年代,进入日益复杂和多样的系统,① 实现了对大气层的控制;② 到处都生长着大型的更加高度组织化的多细胞物种。进化上的变化被认为是在物种水平或以下通过自然选择发生的,但是,这个水平以上的自然选择也是很重要的,尤其是:① 协同进化(coevolution),这是独立的自养型生物和异养型生物之间在没有直接的基因交流情况下发生的互惠选择;② 群体/群落选择(group/community selection),这导致了对群体有利的但对群体内的基因携带者没有好处的特性得以保留下来。

8.3.2　解释

　　我们已经在第 2 章里简要地通过讨论盖亚假说概述了地球上的生命历史。生命和含氧大气的进化格局如图 8.15 所示,这是使得地球生物圈有别于太阳系内其他行星的两个要素。

　　生物地质钟(图 8.16)显示了地球上生命的完整历史,从地球在 50 亿年前的起源和约 40 亿年前出现最早的微生物生命开始。在 35 亿年前到 20 亿年前的这段漫长时间里,光合作用细菌,尤其是蓝细菌,将氧气释放到大气层里,为好氧的大型真核生物的起源和进化铺平了道路。从 5 亿 7 千万年前至今的所有植物和动物都是在由古生代(最早的昆虫和爬行动物)、中生代(最早的鸟类和哺乳动物)和新生代(最早的原始人类和人类)构成的显生宙(Phanerozoic eon)里进化的(见图 8.16)。

　　科学家们通常相信,当生命在地球上刚刚开始的时候,大气层里有氮气、氨气、氢气、二氧化碳、甲烷和水蒸气,但是没有自由的氧气。大气层里还有氯气、硫化氢和其他可能对许多现代生命有毒的气体。那时的大气层组成极大地受到火山气体的控制,火山在当时比现在要活跃得多。由于缺乏氧气,就没有臭氧层(短波辐射作用于 O_2 后产生 O_3 或叫做臭氧,可吸收紫

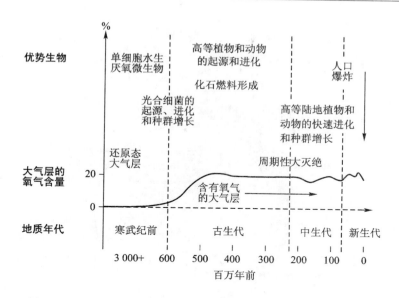

图 8.15　生物圈的进化及其对大气层的影响（E. P. Odum, 1997）

外光）保护地球不受到来自太阳的致命的紫外线辐射。这种辐射会杀死任何暴露的生命，但是，奇怪的是，这种辐射也被认为是朝向复杂的有机分子（如氨基酸）的化学进化的扳机，这些有机分子随后成为构筑远古生命的组成部分。最初，极其微量的氧气不是由生物产生的，而是紫外线从水蒸气中分解出来的，提供了足够的臭氧形成抵抗紫外辐射的薄层。然而，只要大气层的氧气和臭氧都很稀薄，生命就只能在水的保护层下发生。最初的生命个体是水生的像酵母菌一样的厌氧微生物，它通过发酵过程得到呼吸需要的能量。因为发酵比有氧呼吸的效率低很多，这种古老生命没法超越原核（无细胞核）单细胞阶段。这类原始生命的食物供给也是非常有限的，它们依靠上层水体中紫外线合成的有机物质的缓慢沉降，而上层水中饥饿的微生物都没法存活！就这样过了几百万年，在此期间，生命不得不处于这么有限且不稳定的状况中。这个古老的生态模型里，需要有足够的水深来吸收致命的紫外线，但是又不能太深，免得阻碍足够的可见光进入。生命可能起源于池塘或受保护的浅海底部，也可能是化学营养物充足的温泉之中。自从发现了海底热液群落（见第 2 章），有些科学家开始假设最初的生命就是起源于此的。

　　光合作用的产生至今仍然是一个谜（详见 Des Marais 在 2000 年发表的论文："地球上何时有了光合作用（When Did Photosynthesis Emerge on Earth）？"。可能有机食物的稀缺所产生的选择压力起到了部分作用。约 20 亿年前，通过光合作用产生的氧气逐渐积累起来，并向大气层扩散（图 8.15），为地球的地质化学带来了巨大的变化，使得生命的快速扩散和真核细胞（有细胞核）的发育成为可能，所有这些导致了更大更复杂的生命个体的进化。许多矿物质，如铁，从水中析出，形成典型的地质构造。

　　随着氧气在大气层里的增加，在大气层上部形成的臭氧层变得越来越厚，并足以遮挡破坏DNA 的紫外线。然后，生命就能更加自由地在海洋表面活动，随之而来的就是 Cloud（1978）所

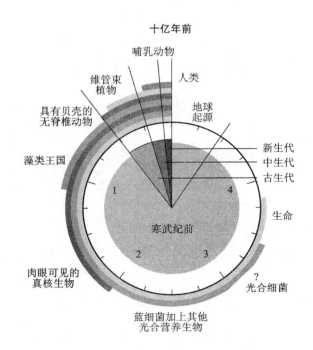

图 8.16 地球的生物地质钟。我们这个生态圈的远古祖先与相对年轻的动物和植物具有显著的差异。在约 20 亿年前,微生物是地球上的唯一生命形式。直至今天,它们始终主导了基本的生态系统功能,如物质循环。(引自 Des Marais D J. 2000. When did photosynthesis emerge on Earth? Science, 289 (5485): 1703 – 1705)

说的"大地变绿"。好氧的呼吸作用使得复杂的多细胞个体的发育成为可能。人们认为,当氧气达到目前含量的 3% ~ 4% 时(或者说,约占大气的 0.6%,目前是 20%),就出现了第一个真核细胞——这距今至少有 10 亿年。细菌一旦独立存在,并且内部出现共生时,真核细胞的起源就开始了,这类似于地衣的现代进化——Margulis(1981,1982)有充足的理由为这个理论辩护。

约 7 亿年前,当大气中的含氧量达到 8% 左右时,出现了最早的多细胞动物(后生动物)(图 8.15,图 8.16)。前寒武纪一词覆盖了那段只有小型的单细胞原核生物存在的非常漫长的时间。在寒武纪(约 5 亿年前)期间,发生过一次进化史上的新生物大爆发,出现的生物如海绵、珊瑚、蠕虫、贝类、海藻以及种子植物和脊椎动物的祖先。海洋里的微小的绿色植物能够产生更多的氧气($P/R > 1$),供所有生物的呼吸所需,这使得整个地球上在相对较短的时间(相对地质年代而言)内住满了各种生物。在接下来的古生代里,完成了生物圈向整个星球的扩散。绿色的陆地植被得以发育,为其后的大型生物(如恐龙、鸟类、哺乳动物以及最终的人类)的进化提供了更多的氧气和食物。同时,各种形态的钙和硅被加入海洋中具有有机质外壳的浮游植物。

在中古生代(约 4 亿年前)的某个时间里,当氧气利用最终与产氧平衡时,大气层的氧气浓度达到了现在的水平,约20%。从生态学的角度来看,生物圈的进化看起来就更像是异养演替后出现的自养型顶极,好比是某人在富含无机物质的培养基上开始一个微宇宙实验。在晚古生代,随着气候变化,发生了 O_2 减少和 CO_2 增加的情况。CO_2 的增加可能导致了自养型植物的爆发,形成了人类工业文明现在所依赖的化石燃料。之后,大气层又回到了高 O_2 和低 CO_2 的状态,O_2/CO_2 比维持在所谓的振荡型稳态。人为产生的 CO_2、烟雾、粉尘污染可能使这个不很稳定的平衡变得更加不稳定(有关讨论见第2章和第4章)。

　　本章简短介绍的大气层的故事应该与学生和公民分享,因为它生动地描述了人类对环境中其他生物的完全依赖。根据盖亚假说(第2章),在生态圈历史中,波动控制,尤其是微生物产生的,在很早就已经出现了。一个相反的假说则认为,早期的生命诱导了地球冷却过程中的物理化学变化和地质过程。换句话说,生命的早期进化是不是自发性多于异发性呢?还是正好相反?另外,生命的进化是逐步发生的还是像化石记录所显示的那样具有很强脉冲的(即短期的快速变化与漫长的没有或极少变化的时间相交替)?这个问题也有很多争论。这个问题将在下一节内讨论。

　　各大洲随着时间的持续漂移也对生命进化具有重要意义,这个过程被称为大陆漂移(continental drift)或板块构造(plate tectonics)。关于这个过程的深入讨论,请见 J. T. Wilson(1972)和 Van Andel(1994)。关于生命进化的说明,请见《早期生命(*Early Life*)》(Margulis, 1982)和 Margulis(2001)。

8.4　与宏观进化、人工选择和基因工程相比的微进化

8.4.1　概述

　　物种是一个自然的生物单位,其每一个个体都共享一个公共的基因库。进化包括了不断变化的基因频率,而基因频率是由三个因素导致的:① 来自环境和具有相互作用的物种的选择压力;② 周期性突变;③ 遗传漂变(基因结构的随机或偶然变化)。当公共的基因库内的基因流被一个隔离机制所中断时,就会发生物种形成(speciation)——新物种的形成和物种多样性的发展。当隔离发生于来自同一个祖先的种群的地理隔离时,就会导致异域物种形成(allopatric speciation)。当隔离发生在同一个地理范围内的生态或基因方面时,就可能发生同域物种形成(sympatric speciation)。目前,物种形成的程度到底是一个缓慢的渐变的过程(微进化[microevolution])还是一个周期性的快速变化(宏观进化[macroevolution]),人们尚不确定。现在,同域物种形成和宏观进化看起来比以前所认为的要更加普遍一些。

8.4.2　解释

　　自达尔文以来,生物学家们已经普遍坚持这样的理论,即进化的变化是一个缓慢的渐进过

程,它包括了许多小突变和持续的对那些突变的自然选择(在个体水平上提供了竞争优势)。但是,化石记录的空缺和一直无法找到过渡形式("丢失的环节")使得考古学家不得不接受 Gould 和 Eldredge(1977)所说的间断平衡理论。根据这个理论,物种在某种长期的进化平衡中保持不变。这个平衡状态偶尔会是"间断的"———一个小种群从其亲种分离出来,并快速地进化成为一个新种,其间没有留下过渡形式的化石记录。新种与亲种可能完全不同,因此它并不取代亲种,而是与亲种共存,或两者都可能灭绝。间断平衡理论不强调个体水平上的竞争作为驱动力的作用,但是,什么因素导致种群突然分裂并形成一个新的生殖隔离的单元?对于这个问题,至今没有意见一致的解释。对于宏观进化—微进化的比较,请见 Gould 和 Eldredge(1977)、Rensberger(1982)和 Gould(2000,2002)。

在不同地理区域内产生的或被空间障碍隔离所产生的物种被认为是异域的,那些发生在同一个地方的称为是同域的。异域物种形成已经被普遍假设为物种形成的基本机制。根据这个传统的观点,在一个自由进行杂种繁殖的种群内,两个小群在空间上分开,比如在一个岛上或者被山脉所隔离。如果有足够的遗传差异,并能及时地在隔离群体积累的话,当这两个小群再次相遇时就不再能够相互交流基因(生殖隔离),因此,两者在不同的生态位上作为不同的物种而共存。有时,这些差异会因为性状替换而得以强化。由于竞争的选择效应,当两个关系相近的物种具有重叠的生存空间时,它们会趋于在一个或多个形态、生理或行为特征上产生分化,或者在一个空间内每个物种都分化出自己的独处范围(它们保留了许多相似之处)。

对于物种形成而言,严格的地理隔离并不是必需的。同域物种形成可能比我们以前所相信的更加广泛和重要,这方面的证据正在不断增加。在同一个地理范围内的种群可能产生遗传隔离,这是行为和繁殖格局(比如建群、受限的繁殖体扩散、无性繁殖、选择和捕食)所导致的。如果有足够的遗传差异积累在本地的小种群内,就可能抑制杂交繁殖。

8.4.3　实例

在达尔文当年乘坐"小猎犬号"的著名航程中,曾经在加拉帕戈斯群岛逗留,他首先描述了那里的地雀——成为一个伴随着性状替换的异域物种形成(由地理隔离导致)的经典例子。整个这类物种都来源于同一个祖先,在进化过程中因为位于不同的小岛而产生隔离并产生不同的适应,因此它们在重新入侵的过程中占据了各种不同的潜在生态位。这些地雀包括了尖喙的食昆虫者、钝喙的食种子者、地面与乔木捕食者、大个体和小个体,甚至像啄木鸟的地雀(虽然还无法和真正的啄木鸟竞争,但是在没有啄木鸟入侵的情况下可以生存)。图 8.17 显示了一种达尔文雀在不同情况下(在一个岛上独处或在另一个较大的岛上与其他两种亲缘关系近的地雀共处)的喙的差异。在后一种情况下(图 8.17B),喙变得更深了,所以它和竞争对手的喙不再相似。结果,对食物的竞争减少了,因为每一个物种都适应了取食不同大小的种子。除了 David Lack 的经典著作《达尔文雀(*Darwin's Finches*)》(1947a),关于这个进化过程的综述见 Grant(1986)以及 Grant 和 Grant(1992)。

英国的盐沼提供了源于杂交和多倍体的同域物种形成的例子。当美洲的盐沼草本植物海岸米草(*Spartina alterniflora*)被引种到不列颠群岛后,与当地的欧洲米草(*S. maritima*)杂交后

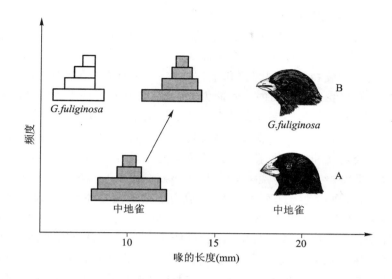

图 8.17　中地雀（*Geospiza fortis*，一种达尔文雀）的喙的大小。（A）当它独自处在加拉帕戈斯岛时。（B）当它与其他岛的小地雀（*Geospiza fuliginosa*）竞争时。当出现竞争者时，喙变得更大。这是一个特征替代的例子（改自 Lack，1947a；Grant，1986）

形成一个新的多倍体种类唐氏米草（*S. townsendii*），新的物种现在已经向下入侵到原有米草不生长的裸露泥滩。

几十年来，我们逐渐所知的"工业黑化"被认为是工业污染导致的快速自然选择的例子。这个假说是：在英格兰工业区，由于工业污染导致树干上的苔藓死亡，以至于树干因此而丧失已有的浅色，随后，该地区的桦尺蛾（*Biston betularia*）演化出黑色型，并且越来越广泛。Kettlewell（1956）认为，暗色的蛾子更容易在暗色的（受污染的）树干上生存，浅色的蛾子则更适合在自然的农村里的树上存活——推测是由于工业区的鸟类会捕食那些没有保护色的蛾子。科学家们现在承认，对 *B. betularia*（桦尺蛾）的选择压力的真正解释比最初所相信的要复杂得多。我们建议阅读 Judith Hooper 的书《人蛾之间（Of Moths and Men）》（Hooper，2002），里面对桦尺蛾的辩论有精彩的描述。这个辩论自然地将我们引导到人类直接或有意的选择这样的命题。

8.4.3.1　人工选择和驯化

人工选择（artificial selection）就是利用选择使动物和植物适应人类需要。植物和动物的栽培和驯化不只是改变一个物种的基因，因为还需要驯化物种和驯化者之间的相互适应。栽培这个词经常用于植物的人工选择。我们在这里所说的驯化（domestication）是针对植物和动物的。相应的，驯化还导致了共生这样的特殊形式。人们总是会陷入这样的思考，认为通过人工选择驯化另一个生物不过就是使自然适应人的要求。事实上，驯化对人类和驯化物种都产生变化（如果不是遗传上的话，也是生态的或社会的）。因此，比如，人们对谷物的依赖和谷物对人类的依赖是一样的。与一个依赖放牧的社会相比，一个依赖谷物作为食物的社会会发展出非常不同的耕作方式。谁更依赖谁？这已经是一个真实的问题！

作为绿色革命的一个主要基础，对农作物的人工选择是体现驯化物种和驯化者之间的相互依赖的一个例子。产量是通过选择一个更高的收获率（harvest ratio）来提高的，收获率为谷物（或其他可食部分）与支持组织（叶、根和茎）的比值。如同第 3 章中所述，提高的产量必定牺牲了植物在适应和自我维持方面的一些能力。因此，高度的繁殖压力需要密集的辅助能、肥料和杀虫剂，这些都为社会、经济和人类社会的政治结构带来了深刻的改变（详见 E. P. Odum 和 Barrett，2004）。利用高产量的手段来提高食物供应能力，已经成为许多经济上处于弱势的国家正在面临的社会经济和资源需求上的最严重困境。同时，在富有的国家里，大量化肥和杀虫剂的使用导致了非常严重的水域污染（详见 Vitousek，Aber 等，1997）。

历史上，驯化的植物和动物逃逸回自然界（成为严重入侵物种）并成为主要的害虫已经导致严重的环境问题。野化物种和它的野外祖先是不同的，前者经历了一段时间的人工选择，获得了一些新的性状，而原有的一些"野生"性状可能丢失了。在野化物种回到自然界之后，又回到了自然选择的压力之下，独立生存所需的性状会得到强化。例如，当家猪回到野外后，具有斑点的浅体色和大个体不会被再次选择，因此野化的猪会变得较瘦小，并且体色较深。看起来，在人工和自然选择的共同作用下，产生的植物和动物适应被部分改变或干扰的栖息地（即在严重的栖息地破碎化区域）。

8.4.3.2　农业生态系统中的基因工程

基因工程（genetic engineering）包括了 DNA 操作和遗传物质在种间的转移。虽然现在这项新技术有许多潜在的利用，第一次大规模的引起争议的应用是在农业中的，包括受到基因改变或转基因物种的产生，它们对除莠剂、疾病或昆虫都具有抗性。理论上说，这些作物的引入应该降低由于疾病、杂草和害虫所产生的损失，并减少使用杀虫剂。但是，和其他目的性很强的技术一样，这个理论没有将整个系统考虑在内，没有考虑生态的、经济的、社会的和政治上可能产生的问题。转基因作物的密集型单优耕作导致了基因的一致性，增加了单个农民对控制作物改良的跨国公司的依赖。生态理论和研究进展显示了单优栽培的转基因作物会产生严重的环境影响，包括：① 作物和具亲缘关系的杂草之间的基因流增加，产生"超级杂草"；② 昆虫的抗性快速提高；③ 对土壤生物和其他非目标生物的影响。关于潜在影响的综述，见 Altieri（2000）。

2000 年，美国国家科学院出版的一份报告《转基因植物和世界农业（*Transgenic Plants and World Agriculture*）》整合了与其他七个国家的科学院的合作成果，强调了对转基因作物的需要——为了养活饥饿的世界而提高作物产量。在最雄心勃勃的农业基因工程里，可能包括了试图增加光合作用酶（RuBis CO_2）效率的计划，该酶与 CO_2 作用后，会启动将阳光转化为食物的生物化学反应链。一个可能是把在红藻（它们适应海里光线非常弱的环境）中发现的高效 RuBis CO_2 转移到作物中，如稻米。另一个可能是将 C4 光合作用转移到 C3 作物中。如同第 3 章中所示，在典型的温暖干燥的气候下，阳光充足，C4 植物有更高的产量。与基因工程有关的可能性和困难见 Mann（1999）的综述。

8.5 生态系统发育与人类生态学的相关性

8.5.1 概述

生态系统发育的原理和人与自然的关系密切相关,因为自然系统和人类社会里的发育趋势都是在一个漫长的时段里从年轻(先锋)阶段发展到成熟阶段。人类试图在短期内延长生长阶段。发育的目的是通过每单势能流产生的结构和复杂程度的增加(一种最大保护策略),它与人类的生产最大化目的(试图得到潜在的最高产量)是相反的。认识到人与自然之间的这个冲突的生态学基础,是随着社会的成熟,建立理性的环境管理政策的第一步。

8.5.2 解释

图 8.2B 和图 8.3 阐述了人与自然之间不同策略的基本冲突。在 30 天的微宇宙或 30 年的森林里,早期发育阶段的能量分配解释了政治和经济领袖认为自然应该如何被管理。例如,工业化农业和集约林业现在所普遍实行的是达到可收获产品的高产量,积累在原地的剩余作物寥寥无几——换句话说,就是为了高 P/B 比。但是,自然的策略是趋向相反的效率——高 B/P 比,就像演替过程的最终结果那样。人类已习惯于通过单优栽培的方式将生态系统维持在早期的演替阶段,从环境中获得尽可能多的产品。但是,人当然不是只靠食物和纤维就能活下来,人还需要低 CO_2 和高 O_2 平衡的大气、海洋和许多植被提供的气候缓冲,以及耕作和工业需要的洁净水源(寡营养的)。尚且不提休闲要求,许多关乎生命循环的必需资源都最好由低生产力的生态系统来提供。换句话说,景观不只是一个供应仓库,也是人类必须居住其中的家园。直到最近,大多数人才重视气体交换、水质净化、营养物循环和其他自我维持的生态系统的保护功能(自然资本)——也就是,直到人口和人类对环境的利用大到影响区域和全球平衡。最有利改良的生存景观包含各种作物、森林、湖泊、溪流、路边、沼泽、海岸和"自然的区域"——换句话说,就是不同生态系统发育阶段的群落混合。人作为个体,会或多或少的本能地在家的周围选择保护性的不可食用的植被(乔木、灌木和草本),同时,又尽力从田里收获更多作物。比如,玉米地当然是"好东西",但是没什么人愿意住在玉米地里。如果将生物圈的所有陆地表面都覆盖农作物的话,无异于自杀,因为人类将丧失不可食用的却对生物圈和美学稳定性具有重要意义的生命支持缓冲带,更不要说这会导致流行疾病的灾难。

由于我们不可能对同一个系统的冲突利用最大化,因此,有两个可能的解决这个窘境的方案。要么人类继续在产量和生活空间的质量之间妥协,要么慎重地根据不同的管理策略(从集约耕作到荒野管理),将景观划分成独立的单元,有的旨在高产,有的主要是保护性生态系统类型。图 8.18 阐述了这个划分模型。如果生态系统发育理论是合理的并且可用于规划的话,那么,多用途策略(我们已经多次耳闻)将注定是上述途径的一种或两种,因为在大多数实例里,规划的多个用途都会与其他用途相冲突。例如,大河上的大坝通常被认为能够提供各种好处,如工业发电、洪水控制、供水、渔获和旅游功能。但是这些功能实际上是冲突的,因为如果实现防洪功能的话,水必定在洪季前就该放掉——但是这样的话会降低发电功能和阻碍旅游。我们可以将一个或者几个可能相耦合的功能最大化,相应地降低其他用途,或者是满足于所有功能中的某些(即妥协)。下面将检验一些妥协和分区对策的例子。

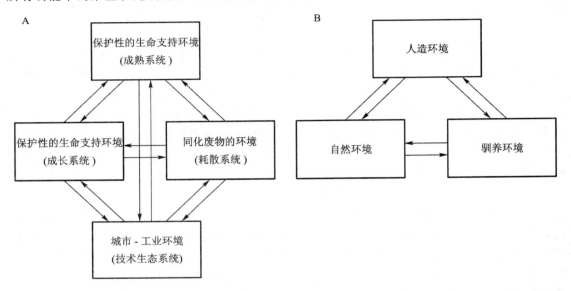

图 8.18   景观利用规划的分室模型。(A)根据生态系统理论的分室;(B)经过建筑师和景观设计师修改后的分室

8.5.2.1   脉冲稳定性

有些环境波动虽然是突发的,但同时又多少有些规律性,它们有利于将生态系统维持在一个中间的发育阶段,最终可以在早期阶段和成熟阶段之间达到妥协。所谓的"水位波动生态系统"就是一例。在潮汐的作用下,河口和潮间带通常维持在一个早期的营养物相对丰富的演替阶段,潮汐提供了营养物快速循环所需的能量。同样,淡水沼泽,如佛罗里达大沼泽,就因为季节性的水位波动维持在一个早期的演替阶段。旱季时水位下降,加速了积蓄的有机物的好氧分解,为下一次的洪季提供高生产力的营养物基础。许多生物的生活史与这个周期密切相关,例如,林鹳(*Mycteria americana*)的繁殖时间。我们认为,利用水闸、围堰、水坝等方式稳定水位对佛罗里达大沼泽来说,与其说是保护,不如说是破坏,和完全排干水的效果一样。没有阶段性的水位下降和林火,浅水盆地就会堆积有机物质,演替会从现在的池塘-草地状态发展为灌木或林泽。目前,纳税人的钱已经开始用于恢复大沼泽,采用的方法是恢复脉冲式水流的原来格局。

不幸的是,即使类似的水位波动是我们的一些持久的食物供给系统的基础,人们还是没有认识到在一个自然状态下水位周期性变化的重要性,比如在大沼泽。几个世纪以来,池塘水位的交替上升和下降是欧洲和东方国家里渔业管理中的标准程序之一。稻田里的淹没、放水和晒田过程则是另一个例子。因此,稻田像是被耕作的自然沼泽或潮间带生态系统。

几百年来,火的周期性一直都具有极其重要的作用,它是另一个物理因子。如第5章所述,像非洲草地和加利福尼亚州的夏旱灌木群落那样的生态系统已经适应周期性的林火,产生了生态学家们所说的"火烧顶极"。长期以来,人们小心地利用火来维持这种顶极,或者将演替退回到所需要的阶段。与苗圃(树龄年轻且相似,成行种植,栽植周期短)相比,用火控制的森林木材产量较小,但是它对景观的保护效果更好,能提供高质量的木材,为野鸟(如鹌鹑和野火鸡)提供栖息地,但是在苗圃里,这些野鸟是无法生存的。因此,火烧顶极是一个妥协的例子,它在产量和简单性以及保护和多样性之间取得了平衡。

只有当一个完整的群落(不仅包括植物,还有动物和微生物)适应扰动的强度和频度时,脉冲稳定性才会起作用。适应(选择过程的执行)需要进化尺度上的时间。人类带来的大部分物理胁迫都太突然了,太强烈了,或者说对于适应的发生来说太没节奏了,所以带来的是剧烈的振荡,而不是稳定性。至少,在许多实例中,出于栽培目的,对自然适应的生态系统的改变似乎比完全的重新设计更加可取。

8.5.2.2 当演替失败时

这节的标题也是 Woodwell(1992)的一篇散文的题目。他文风简练,剖析了人类在环境方面犯下的错误,呼吁尽快采取行动,对付全球危机,如大气中有毒气体增加和全球变暖。通常,当景观被暴雨、火灾或其他周期性大灾难所破坏时,生态演替成为恢复生态系统的修复过程。然而,当景观受到长期的严重破坏(侵蚀、盐化、植被破坏、有毒废水污染等),土地和水体会变得资源枯竭,以至于即使破坏停止,演替也不可能发生了。这样的地方代表了一种新的环境类型,它将长期处于裸露贫瘠状态,直到人们采取明确的修复行动。

当生态系统发育失败时,我们不得不采取恢复生态系统发育的方法。可能这就是为什么有那么多关于恢复生态学的书、杂志和论文。恢复生态学(restoration ecology)就是生态学原理在受到高度干扰的地区、生态系统和景观的生态恢复中的应用。M. A. Davis 和 Slobodkin (2004)将恢复生态学定义为恢复一个景观的一个或多个有价值的特性的过程。Winterhalder 等(2004)认为恢复生态学的目的需要一个长期具有生态学意义的并且与社会相关的科学基础。Higgs(1997)指出,生态恢复工作最适合作为一门整合科学来进行,由研究所涉及各个科学领域和非科学领域的专家形成团队。为了将恢复目标最大化,并且在"重建"受干扰区域和景观时,为更好地研究生态系统的结构和功能提供机遇(即在恢复过程中检验生态学理念和概念),生态恢复需要跨学科的合作。典型的恢复过程是恢复生态系统的功能,而不是恢复与干扰前一模一样的结构。恢复生态学的领域涵盖了从小尺度的围垦到大尺度的景观管理挑战和机遇。

恢复生态学包括了生态系统发育和恢复干扰系统的原理、概念和机制的应用。这个领域隶属于应用生态学,体现了人类试图加速恢复干扰景观的努力及其重要意义(更多的讨论见 Cairns 等,1977;W. R. Jordan 等,1987;Higgs,1994,1997;Hobbs 和 Norton,1996;Meffe 和 Carroll,1997;W. R. Jordan,2003)。

8.5.2.3 网络复杂性理论

我们在前文已经描述了从生长到维持的能量利用转变,它可能是生态演替中的最重要趋势,在发展中的城市和国家中也能看到类似的情况。当人口密度上升,城市工业快速发展,越来越多的能量、财力和管理必须被用于服务(水、垃圾、运输和保护),在任何复杂、高能的系统中,这种服务都是用来维持系统内部的已经形成的"抽空无序"状态,但是人们和政府通常都没能预期到这一点。相应的,在这类系统中,用于新成长的能量会比较少,最终只会以已经存在的发展为代价。信息理论之父 Shannon(1950)认为,不断增加的无序性是所有复杂系统的特性。随后被认识到的网络定律(network law)可用下式表达:

$$C = N\left(\frac{N-1}{2}\right)$$

或简化为 $N^2/2$。

换句话说,支持一个网络的成本 C,是网络服务 N 的幂函数——约为的 N 的平方。也就是说,当一个城市或一个发展的体量要翻一番的话,维护成本将是原来的 4 倍。更多关于复杂生态学的知识,见 Patten 和 Jørgensen(1995)和 Jørgensen(1997)。

8.5.2.4　土地利用的分室模型

在考虑生态系统发育原则如何在总体上与景观相关时,可采用图 8.18 所示的分室模型。图 8.18A 显示了三类环境为第四个分室——城市－工业技术生态系统(通过多种途径寄生于生命支持环境)组成了生命支持系统(图 8.19)。人类的生产性环境包括了早期演替或成长阶段的生态系统,如耕地、牧场、苗圃和集约化管理的森林,都可提供食物和纤维。成熟生态系统如熟林、顶极草地和海洋的保护性高于生产性。它们能稳定基质,为气体和水分循环提供缓冲,缓和温度和其他物理因子带来的极端事件,同时,它们通常还能持续地提供产品。自然或半自然生态系统的第三类包括了水道(内陆和海岸带)、湿地和其他受到严重胁迫的环境,它们遭受的压力为同化大量来自城市－工业和农业系统的废弃物。从发育的角度看,在这个有些武断的分类里,生态系统大多处于中间阶段,呈富营养化,或处于演替的受逆阶段。所有这些组分都通过输入和输出,持续地相互作用(图 8.18 的箭头所示)。

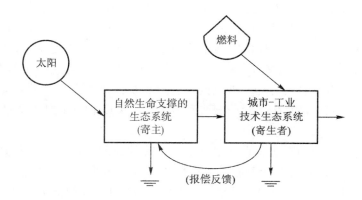

图 8.19　图中的模型显示了城市－工业技术生态系统的寄生天性,以及自然生命支撑的生态系统与这些技术生态系统之间的必要联系,包括了一个报偿反馈环(改自 E. P. Odum,1997;Barrett 和 Skelton,2002)

将景观划分为三种环境组分——自然环境、驯养环境、人造环境——如同景观设计师的传统划分，提供了另一种便利的方法，以考虑对家庭必要部分的需要和它们的相互关系。尽管城市化环境或人造环境寄生于生命支持环境（自然的和驯养的）以获得基本的生物必需品（呼吸、饮食），但它确实创造并输出了其他大多为非生物的资源，如化肥、金钱、加工能源以及食物，它们既提供好处，也对生命支持环境带来了胁迫。在减少维持高能量的人口密集的系统输出所需要的胁迫和辅助能利用时，可以做更多努力来提高资源输出。然而，还没有一种已知的可行的技术可以在全球范围内替代自然生态系统提供的基本的生物性生命支持产品和服务。

在第 9 章、第 10 章和第 11 章内，我们将考虑景观层面上的规划前景，并考虑用有机发展替代现有的基于经济和政治的政策，这些政策往往是随意的，短期的，但又决定了 21 世纪的土地和水的利用。

第 9 章　景观生态学

9.1　景观生态学的定义及其与组织水平概念的关系

9.1.1　概述

景观生态学(landscape ecology)研究空间异质性的发展与动态,异质景观之间的时空相互作用和物质交换,空间异质性对生物过程和非生物过程的影响,以及为了人类社会的利益和生存对空间异质性进行的管理(Risser 等,1984)。景观生态学属于生态学理论和实际应用相结合的综合领域,强调生物和非生物物质在不同生态系统之间的交换;研究人类活动与生态过程之间的相互影响及其反馈。

空间格局与生态过程之间的关系并不局限于某个特定的尺度。例如,在某一特定时空尺度上进行的实验研究,可以结合更大或更小尺度上的实验结果,使我们更好地理解不同尺度上动植物是怎样与景观格局和过程的变化相互影响的。景观生态学的一些原理和概念可以为许多应用学科提供理论和经验基础(如农业生态系统生态学、生态工程、生态系统健康、景观建筑、景观设计、区域规划、资源管理以及恢复生态学)。

9.1.2　解释

本书第 1 章(图 1.3)曾介绍了"组织水平等级"的概念。在本书中,我们强调把生态系统作为一个(不同组织水平的)基本单元,来理解生态学的整体性。现在人们越来越深刻地认识到,要想更全面地理解生态系统的结构与功能,仅仅集中于研究生态系统水平之下的组织结构(如个体、种群、群落等)是不够的,还需要更多地研究生态系统水平之上的组织层次(如景观,生态区或生物群系,全球水平)。本书第 9 章、第 10 章、第 11 章将重点阐述位于等级结构中这些更高的水平,而本章则侧重阐述景观生态学。

Wiens(1992)曾提出这样的疑问:"到底什么是景观生态学?"从景观生态学真正的定义来看,它综合了人与自然两个方面(Calow, 1999)。例如,在韦氏词典里,景观(landscape)是"某一区域地貌的集中体现"[韦氏词典(第 10 版),对 landscape 的解释]。景观生态学似乎源于 20 世纪 30 年代,当时卡尔·特罗尔(Troll, 1939)意识到几乎所有自然科学的研究方法都可以运用到景观科学中去(Shreiber, 1990)。20 世纪 60 年代,这一综合性的研究领域在中欧得到广泛认同。例如,在 1963 年的国际植被科学学会大会上(Troll, 1968),特罗尔根据坦斯利的生态系统概念(Tansley, 1935),将景观生态学定义如下:"景观生态学是研究某一特定景观片断中现存群落与其环境条件之间整个复杂因果关系的科学(Troll, 1968)。"

景观生态学在北美的发展始于 20 世纪 80 年代,时任美国国家科学基金会生态学项目主任的 Gary W. Barrett 倡议并资助了一个有关景观生态学方面的会议。该会议于 1983 年 4 月在美国伊利诺伊州皮亚特(Piatt)县的阿勒顿公园举行。该会议进一步促成了国际景观生态学会(IALE)美国分年会的召开。首次国际景观生态学会会议于 1986 年 1 月在佐治亚大学举办。此次会议之后,《景观生态学(*Landscape Ecology*)》期刊很快于 1987 年创刊发行,由 Frank B. Golley 任主编。由 Richard T. T. Forman 和 Michael Godron 合作编写,现已成为经典著作的《景观生态学》一书,也于 1986 年出版。因此,20 世纪 80 年代可以说是景观生态学在北美大力发展的十年。

在此推荐景观生态学领域的一系列经典论著,如 McHarg(1969)概括了"设计与自然"相结合的益处;Naveh 和 Lieberman(1984)的书侧重于理论和应用;M. G. Turner(1987)的论著主要回顾了景观异质性和干扰;Hansen 和 di Castri(1992)的著作探讨了景观边界与生物多样性和生态系统的关系;Forman(1995)讲述了景观与区域的生态学;Barret 和 Peles(1999)回顾了一种代表性小型哺乳动物类群的研究;Klopatek 和 Gardner(1999)的文集强调景观生态学方法在管理方面的应用;M. G. Turner(2001)的专著则将景观生态学的理论与实际应用结合起来。

景观空间格局形成的因果研究是景观生态学这一新兴学科的基石。生态学的景观观点并不是新提出的(Troll, 1968);实际上,在 Leopold(1949)的《沙郡志:各地简评(*The Sand County Almanac:And Sketches Here and There*)》一书中,就已经提出了这一观点。只是在最近的几十年来,一些以大量实地调查为基础的原则、概念和原理的出现,才为理解景观水平上的格局、过程及其相互作用提供了坚实的理论基础。同时,这一新兴学科也带来了新的理念和对景观尺度上的理解,如 γ 多样性(区域水平上的物种数或其他类群数)的作用,对干扰扩散的定量化,源－汇动态的重要性,不同物种的个体对诸如廊道之类的景观要素的响应,以及不同类型生态系统之间的生物交换速率。

为了研究景观格局(如农业景观镶嵌体的异质性)和过程(如某一小流域的富营养化问题),理论和应用必须整合到整体的研究和管理方法中。综合性的概念包括等级理论、可持续性、净能量、斑块连接度、控制调节机制,这些在前面的有关章节中已经讲过(也可以详细参考 Urban 等,1987;Barrett 和 Bohlen,1991)。作为研究人与自然景观和人造技术景观之间相互关系的一门学科,景观生态学这一现代生态学分支已得到人们的普遍认可。景观生态学可为设计、规划、管理、保护、保育和恢复等领域提供科学依据,也为区域尺度上自然和人类占主体的土地管理提供了基础(Hersperger,1994)。在历史长河中,景观变化不仅仅是由于自然过程本身的推动(就是由于生态系统发展过程所致,见第 8 章),也受这些生态系统中社会、政治和经济过程的影响。景观生态学强调这些变化的关系,也强调把景观作为一个系统以及不同的组织水平来对待。对景观水平上的格局与过程了解得越多,也就对个体、种群、群落和生态系统水平上的格局和现象理解得越发深刻。

9.2 景观要素

9.2.1 概述

景观镶嵌体(landscape mosaic)由 3 种主要的要素构成:景观基质、景观斑块和景观廊道。景观基质(landscape matrix)是由相似的生态系统或植被类型组成的大片区域(如农田、草地、休耕地、林地),景观斑块和廊道镶嵌其中。景观斑块(landscape patch)是不同于周围基质的相对均质区域(如农田基质中的小片林地,或者亚高山森林中的小片草甸)。景观斑块不同于其周围的基质,可以是低质斑块,也可以是高质斑块,取决于植被盖度、植物质量(如蛋白质含量),以及物种组成。

景观廊道(landscape corridor)是不同于两侧基质的一条环境条带,通常连接两个或多个相似的生境斑块,不管是自然的还是人工设计的。溪流及岸边植被是一个自然景观廊道的例子。廊道植被往往同其所连接的斑块相类似,但不同于其所在的基质。根据成因,廊道可以分为 5 种基本类型:干扰廊道、种植廊道、再生廊道、资源(自然)廊道和残余廊道。在众多因素中,廊道的功能取决于其结构(自然的和人工的)、大小、形状、类型,以及与周围环境的地理关系。

9.2.2 解释

景观镶嵌体可以被看成是由多种不同群落或一组不同类型生态系统构成的一片异质性区域。景观镶嵌体中的基质由功能和起源都十分相似的生态系统组成。例如,在美国中西部的谷类作物带,基质大多是农田或者庄稼地;在美国东南沿海平原上,基质往往是松树林;在美国东北部,基质则是落叶林;到了高原上,基质又变成了草地。在景观镶嵌体中,常常见到与基质不同的像棉被一样的斑块镶嵌其中。图 9.1A 说明一些小的林地斑块镶嵌在农田基质中,而图 9.1B 表示一些较大的斑块也镶嵌在类似的基质中,但斑块之间有一些连通的景观廊道。斑块可能是非生物因子造成的,如美国佐治亚州、南卡罗来纳州和北卡罗来纳之间 85 号州际公路沿线上,有一系列的城市"热岛"(图9.1C)。这些热岛自然会影响栖息于这些景观斑块中的动植物的生理和生态过程。

景观中有许多自然和人造(人工)斑块,既有陆生的,也有水生的。例如,在冰川景观基质上,会有成千上万的池塘、积水洼地和湖泊点缀其中。淡水湿地也是该景观中断续出现的一类重要斑块。与之相似,在美国中西部地区,有无数的林地斑块和休耕地斑块镶嵌于大面积的农业斑块中。

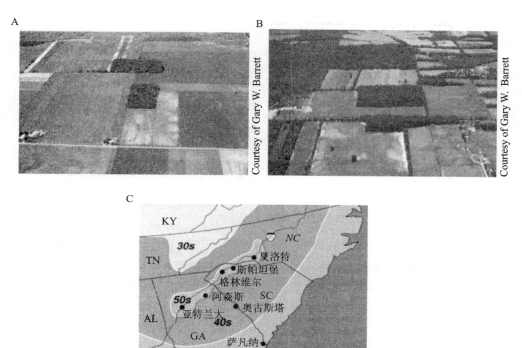

图9.1 (A)农业景观基质中镶嵌林地斑块的例子;(B)此照片显示景观斑块之间保存了一些景观廊道来互相联通;(C)该图描述了从佐治亚州亚特兰大到北卡罗来纳州夏洛特(Charlotte)的"热岛"沿85号州际公路分布的情况(本图引自2002年3月23日的《雅典旗帜-先驱报》)NC,北卡罗来纳州;SC,南卡罗来纳州;GA,佐治亚州;FL,佛罗里达州;KY,肯塔基州;TN,田纳西州;AL,亚拉巴马州

Barret和Barret(2001)曾描述在自然(N)和人工(A)斑块-基质之间可能存在的一些关系(图9.2A)。例如,在人工的城市景观基质中(A_m),可能会有一片墓地或城市森林(Np)(图9.2B);也可能会在自然的林地基质中(N_m)存在一个人造斑块(A_p)。在图9.2B中,N_pA_m代表一个以本地动植物占优势的自然墓地斑块镶嵌于以人工建筑占优势的城市景观基质中;而

$A_p N_m$ 则表示一个以园艺和外来物种占优势的人工墓地镶嵌于自然林地基质中。类似墓地之类的斑块也为人们将文化与自然进化过程和人类生活历史结合起来提供了可能性。最近,保护生物学家、景观生态学家、资源管理人员和恢复生态学家开始设计一些与此相关的综合调查和管理项目[详见《教堂和教堂庭院中的野生生物(*Wildlife in Church and Churchyard*)》,第二版,Cooper,2001]。

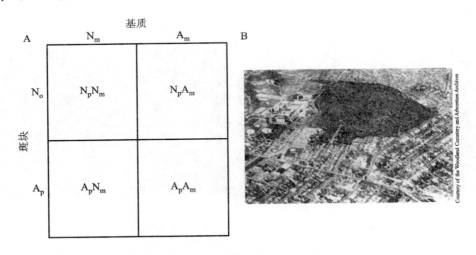

图 9.2　(A) 几种可能的自然(N)和人工(A)斑块 – 基质组合(引自 Barret 和 Barret,2001);(B) $N_p A_m$ 型斑块 – 基质组合示例,航空相片是俄亥俄州代顿(Dayton)市内的森林墓地和植物园。林地是一个古老的墓地(超过 100 年),围绕人工的城市基质形成了一个更自然的林地斑块

　　生态系统和景观水平上的调查往往是以斑块为单位的。例如,Kendeigh (1944)曾经在美国伊利诺伊州厄本那(Urbana)附近一片 55 英亩(约 22 hm^2)大小的 Trelease 森林斑块中监测了若干对繁殖鸟类,以判定它们是属于林缘种,还是森林内部种。为了评估斑块大小对鸟类繁殖种群大小的作用,他把从 Trelease 森林收集的数据与从罗伯特·艾乐顿(Robert Allerton)公园大片森林中观测到的数据(Kendeigh,1982)进行了对比,发现 Allerton 公园里 75% 的鸟类喜欢郁闭(内部)的森林生境,而在类型相似,但面积较小的 Trelease 森林斑块里,只有 20% 的鸟类属于内部种。

　　一个与扩散有关的空间分布组分是粒度(grain)的概念(Pielou,1974)。对于生境或景观构成来说,粒度与景观斑块大小和动物的活动性有关。假如某种动物的散布力(vagility)——即到处自由活动的能力,相对小于生境斑块的面积,我们就说这一景观斑块是粗颗粒(coarse – grained)的。反之,如果那种生物个体的散布力大于生境斑块的面积,我们就认为这一生境是细颗粒(fine – grained)的。例如,农田景观(或小片林地)对于红尾鹰(*Buteo jamaicensis*)之类的大范围捕食性鸟类来说是细颗粒生境,然而,对于白足鼠(*Peromyscus leucopus*)之类的小型动物来说,这一农业景观可能就是粗颗粒的,因为它们大部分时间花在某一个(林地)斑块里。

　　若干景观斑块可能会分布在某一自然景观基质中,或者在实验模拟研究中设计一些重复。在 Peles 和 Barret (1996)的实验设计中,除了对照样地之外,他们还建立了不同植被盖度的样地,以定量研究植被盖度对草原田鼠(*Microtus pennsylvanicus*)种群动态的影响(图 9.3)。他们在两年的观测中发现高盖度草地上的雌鼠体重都高于低盖度草地上的。

Courtesy of Gary W. Barrett

图 9.3　草地实验研究设计方案:由 12 个 0.04 hm² 的草地斑块组成。其中 4 个斑块提高了植被盖度,4 个斑块降低了植被盖度,还有 4 块未经干扰的对照样地(引自 Peles 和 Barrett, 1996)

　　为了研究生境破碎化对草地鼠类种群动态和社会性行为的影响,Coleins 和 Barret (1997)设计了一项重复实验,他采用了 4 个完整的 160 m² 的草地斑块,还有 4 片面积同等大小但都被分割成 4 个 40 m² 小斑块的草地 (图 9.4A)。两种处理方案都含有由刈割过的低质量基质草地围成的高质量栖息地斑块,刈割区的优势物种是大狗尾草(*Setaria faberii*,图 9.4B)。在破碎化生境中,雌鼠的数量比雄鼠的数量多,而在连续的生境斑块中无此差异。Collins 和 Barret 还发现斑块破碎化与草原田鼠种群的社会结构之间存在某种关系,可以作为种群的调节机制。

　　景观廊道作为一种重要的景观组分,已经越来越为人们所认可,其主要作用是为动物扩

A

B

图 9.4　（A）航片显示 4 个破碎成 40 m² 小斑块的高质量生境和 4 个 160 m² 的非破碎化斑块。实验基质是刈割过的以大狐尾草占优势的低质量生境。（B）8 个围栏斑块的近照,每个都包含了破碎化的和连续的实验斑块。（引自 R. J. Collins 和 Barrett,1997）

散提供通道,减少土壤侵蚀和风蚀,促进斑块之间的基因信息传递,协助害虫防治,以及为非狩猎物种提供生境。但是,廊道的作用既有正面的也有负面的（例如,传播传染性疾病,散布火种等干扰,以及增加动物对猎食者的暴露程度,Simberloff 和 Cox,1987）。

　　廊道可以分为几种基本类型,这在前面的综述部分也提到过。当大部分原始植被被清除,只保留一条带状的本地植被时,就形成了残余廊道（remnant corridor）。残余廊道包括溪流、急坡、铁路和地产边界沿线未被伐除的植被。残余斑块和廊道也为对比新老系统的生态过程提供了"室外教学和学习的实验室"（Barret 和 Bohlen,1991）。例如,残余廊道可以提高区域的物种多样性,促进养分循环,保护自然资产,为包含多种狩猎物种在内的 K – 选择型边缘种提供生境（图 9.5A）。

　　贯穿景观基质中的线状干扰会产生干扰廊道（disturbance corridor）。干扰廊道打断了自然的、相对均质的景观,但也为当地的一些"机会型"动植物提供了重要的干扰生境,或者能容纳一些次生演替早期阶段的物种（见第 8 章）。穿越森林景观的高压线就是一个干扰景观的例子（图 9.5B）。森林内部的物种很少利用这类景观来筑巢或者繁育,但是,野生的林缘生物会在这类廊道中繁茂生长。干扰廊道可能成为某些物种迁移的屏障,但又为另外一些物种提

图9.5　几种景观廊道示例。(A)采伐后连接原始林地的残余廊道。这些廊道为森林斑块间的资源流动提供了有价值的通道。(B)穿越森林生境的高压线表示一种干扰廊道。(C)20世纪30年代防护林工程实施中人工种植的树木廊道,用来防治风沙、积雪和土壤侵蚀。(D)用来分隔大豆(*Glycine max*)斑块的草地廊道,是一种种植廊道;(E)蜿蜒于乡村景观中的溪流代表一种(自然)资源廊道。(F)允许其随时间自然发展的树篱,是一种再生廊道

供了扩散的通道,如白足鼠(*Peromyscus leucopus*)和东方花栗鼠(*Tamias striatus*,见 Henderson 等,1985)。干扰廊道还可以成为部分物种的过滤器(filter)。通过在廊道上种植与基质相同的植被作为林隙或者结点,能使廊道对于目标物种的过滤作用降到最小,同时又限制了非目标物种的通过。

种植廊道(planted corridor)是由人类出于经济或生态原因考虑而种植的带状植被。例如,20 世纪 30 年代,在没有树木的大平原地区进行的一项"防护林工程"中,种植了数千英里(千米)长的树木廊道(图 9.5C),用来降低风蚀,并且提供木材和为野生动物提供生境(防护林工程,1934)。种植廊道也为食虫鸟类和肉食昆虫提供了理想的栖息场所,并为小型哺乳动物提供了扩散通道。

为了达到一系列不同的生态目的,种植廊道也广泛用于农业景观中。例如,为了限制成年土豆叶蝉(*Empoasca fabae*)的活动,Kemp 和 Barret (1989)在大豆田里种植了禾草廊道(图 9.5D)。不仅如此,在被禾草廊道隔开的样地里有一种真菌病原体 *Nomuraea rileyi*,它感染了相当高比例的绿色苜蓿虫(*Plathypena scarba*)。这种真菌成为美国中西部地区主要鳞翅类幼虫危害的重要的自然生物控制因子。

几十年来,农民和捕猎管理人员种植了大量的橙桑(*Maclura pomifera*)和多花蔷薇(*Rosa multiflora*)为主的树篱,用来提供薪柴、篱笆杆、野生动物生境,以及限制牲畜的活动范围(参阅 Forman 和 Baudry,1984,他们在文章中列举了景观尺度上树篱的一系列生态和经济功能)。不过,为了增加谷物产量,在 20 世纪后半期,美国中西部地区的很多树篱被砍掉了。

资源廊道(resource corridor)是景观中长距离延伸的狭窄自然植被带[如沿溪流分布的长廊林(gallery forest)]。图 9.5E 显示的是一条包含河岸植被的溪流资源廊道。Karr 和 Schlosser (1978)以及 Lowrance 等(1984)曾描述了带有植被的溪流廊道对农业景观的益处,主要是截留了来自农田的养分和沉积物,从而防止了"人为富营养化(cultural eutrophication)"问题。这些条带不仅可以改善水质,而且可以降低溪流水位的变幅,并能在农业景观镶嵌体中保持自然的生物多样性。

再生廊道(regenerated corridor)源自景观基质中植被的再生(图 9.5F)。再生廊道的一个很好的实例是沿篱笆自然次生演替成长起来的树篱,鸟类是这种再生廊道中的常见居民;飞行物种通过协助种子的传播,可以改善这类廊道的植物物种组成。虽然有些动物,特别是昆虫,会摄食廊道附近的庄稼,造成经济损失,但 Price (1976)以及 Forman 和 Baudry (1984)研究发现,再生廊道往往也是自然天敌的源地,并能帮助对害虫的生物防治。林缘鸟类和在庄稼地里摄食的鸟类常在树木再生廊道里筑巢。这些鸟类也帮助控制农田里的害虫。赤狐(*Vulpes vulpes*)、白尾鹿(*Odocoileus virginianus*)和美洲林地旱獭(*Marmota monax*)也经常利用再生廊道。小型哺乳动物在相对孤立的生境斑块(如森林斑块)中常常发生局部灭绝,但会利用再生廊道来重新建群或形成集合种群(Middleton 和 Merriam,1981;Henderson 等,1985;G. Merriam 和 Lanoue,1990;Fahrig 和 Merriam,1994;Sanderson 和 Harris,2000)。

图 9.6A 和图 9.6B 是一组大小不同的实验斑块,用来揭示某些斑块之间是怎样被植被和廊道连通起来的,从而可以研究小型哺乳动物的活动格局、对廊道有无行为响应、种群密度与斑块大小的关系,以及物种的存活率等参数。在重复的实验设计中,对景观要素的模拟在景观

生态学领域里是非常有价值和成效的研究方法。

图 9.6 两种实验植被样地设计方案。(A)用于研究斑块大小和斑块质量对啮齿类动物活动性、行为及种群动态的影响;(B)用于研究不同斑块质量对小型哺乳动物重金属吸收和种群动态的影响

因此,廊道作为一种景观要素,随着起源的不同,在景观镶嵌体中可具有多种不同的功能。G. Merriam (1991)曾注意到对廊道连通性的评估必须建立在种群特异性实验研究基础之上。最近的研究发现(Mabry 等,2003),小型哺乳动物对廊道的响应的确存在种间差异。还需要在多种不同的景观中进行大量的研究,在不同时空尺度上调查不同的动植物种类,以便更好地理解廊道在景观镶嵌体中的作用。

9.3　群落和景观水平上的生物多样性

9.3.1　概述

　　在描述某一地理区域景观水平上的种群和群落分布特征时,有两种对比性很强的方法:① 分带法,识别和区分不连续的群落,列入一组群落类型清单;② 梯度分析法,以频度分布、相似性系数或其他统计对比方法为基础,表达群落中不同种群沿单维或多维环境梯度(轴线)的分布情况。排序(ordination)一词常常用来指代种群和群落沿梯度的分布次序。连续体(continuum)或梯度分析(gradient analysis)用来表征种群或群落顺次分布的梯度空间。一般说来,环境梯度越陡急,群落之间的差异或不连续性越明显,这不仅仅是由于自然环境更易发生急剧变化,而且也是由于互相作用又互相独立的物种之间通过竞争和协同进化使边界变得更为清晰。

　　两个或多个不同群落之间的过渡区(带)称为生态交错带(ecotone)(如林地和草地之间,或者淤泥质和岩石型的海洋基底之间)。生态交错带上的群落常常包括两侧重叠的群落中的生物,也有一些仅限于在交错带上分布并具交错带特征的生物(T. B. Smith 等,1997;Enserink,1997)。一般来说,交错带上的物种数和某些物种的种群密度都高于两侧的群落。两种不同群落类型之间的交接处往往是一个清晰的边界(demarcation)(例如,直接与林地相邻的农田)。这种狭窄的生境过渡区常被称为边缘(edge)。群落交接区具有较高生物多样性和种群密度的现象称为边缘效应(edge effect)。那些依靠边缘生境来繁殖和生存的物种称为边缘种(edge species)。

9.3.2　解释与实例

　　在生态系统分析中(见第2章),划定边界并不是很难,只要把环境因子的输入和输出当作系统的组成部分即可,无论该系统是根据自然特征来界定的,还是为方便起见直接人为划定的。Stayer 等(2003)将边界特征划分了四种类型:① 原始的和维持的;② 空间结构(如几何形状);③ 功能(如通透性或渗透能力);④ 时间动态(如边界的年龄和发展历史)。然而,当人们根据组成物种来划定生物群落的边界时,问题就出现了[见 2003 年 8 月《生物科学(Bioscience)》上关于生态学边界的调查和理论研究专题"生态学边界"]。

　　在20世纪,植物学家们曾就陆地植物群落是否可以作为具有明确边界的不连续单元进行过讨论。持赞同观点的人包括 Clements (1905, 1916), Braun – Blanquet (1932, 1951), 以及 Daubenmire (1966)等。而另一些人则认为不同种群对环境梯度的响应是相对独立的,以至于群落之间在连续体上是重叠分布的,因而不连续单元的说法是武断的,持这种反对观点的人包括 Gleason (1926), Curtis 和 McIntosh (1951), Whittaker (1951), Goodall (1963),等等。Whittaker (1967)用下面的例子对上述不同的观点进行了对比。假设在美国大雾山(Great Smoky

Mountain）国家公园秋色正浓的时候，沿高速公路选择一个比较理想的视点，就可以从谷底到山顶观察到一系列随海拔梯度而异的 5 种不同的颜色：① 色彩斑斓的落叶林；② 暗绿色的铁杉林；③ 深红色的橡树林；④ 棕红色的橡树 – 石楠植被；⑤ 山脊淡绿色的松林。这 5 条植被带既可以看做是不连续的群落类型，也可以看做是一个连续渐变的整体，用于梯度分析时可以强调每个种群的分布及其对环境条件梯度变化的响应。图 9.7 描绘了这一情形，表明 15 个沿梯度交叉重叠分布的优势物种（a ~ o）的频率分布图（假想的钟形曲线），以及根据一种或几种优势物种的峰值来划分的 5 种群落类型 A ~ E。可以把整个山坡当作一个主要的群落，因为里面的 5 种群落类型之间通过养分、能量和动物的交换互相联系，形成了一个流域生态系统。流域是比较灵活的进行功能研究和整体人为管理的最小生态系统单位。另外，将不同的植被带区分成不同的群落对于林业人员或土地管理者来说也是有意义的。例如，不同的群落类型具有不同的木材生长速度、木材质量、游憩价值，以及火灾和疾病的易发性等。

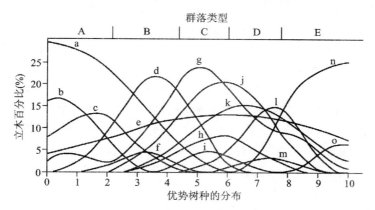

图 9.7　沿假想梯度（0 ~ 10）分布的优势树种种群分布，用来描述一个连续群落中物种组分的分布情况。每个物种（a ~ o）用一个钟形的曲线表示，其相对多度（活立木百分比）的峰值沿梯度分布的位置有所不同。A ~ E 表示大群落中不同的小群落类型。这些曲线根据 Whittaker（1967）绘制

　　排序技术常常要求生态学家对沿环境梯度顺次采样的样方数据进行相似性（或相异性）分析，常用的指数类似下面的公式：

$$相似性指数(S) = 2C/(A + B)$$

式中：A = 样方 A 中的物种数；B = 样方 B 中的物种数；C = 两个样方中都有的物种数。

　　种间协同作用有利于区分不同的群落类型。例如，① 竞争排斥；② 有互相依赖关系的互利共生组合；③ 物种组合的协同进化。另外，火和土壤条件的改变可以形成比较清晰的边界。Buell（1956）曾描述了美国明尼苏达州 Itasca 公园里的一种情况，在大范围的槭树 – 椴树森林里，有一些岛状的云杉林，边界清晰，且与地形变化无关。海洋底栖群落也在陡急的梯度上形成了一些清楚的条带，类似于山坡上的植被带。

　　在那些景观梯度上发生突变的地方，或者两种完全不同的生境（群落）交接的地方，所形成的生态交错带或过渡带上常常存在着一类完全不同于两侧群落特点的群落，原因是许多物种需要两种

甚至更多种结构完全不同的相邻群落来作为其生境的一部分,或者度过其生活史中的一个阶段。例如美国知更鸟(*Turdus migratorius*)既需要在树上筑巢,也需要在开阔的草地上取食。由于发育良好的生态过渡带群落中既有互相重叠的两侧群落中的物种,又有只能生长在生态交错区的物种,因此生态交错带上的生物多样性和密度都比较高,这一现象被称为边缘效应。

在传统的早期研究中,Beecher(1942)发现鸟类种群密度与群落单位面积的边界长度成正比。从一般的观察来看,鸣禽的密度在房屋上、校园里、居民区,或类似的环境里相对高些。这些地方生境混杂(生境破碎化),比连片的林地或草地拥有更长的边界。

生态交错带中也会有一些两侧群落中不存在的特征物种,例如,在进行鸟类种群沿群落梯度变化的研究中,所选择的研究区应尽量减小与其他群落相接合的区域(边缘)的影响。在其中的某一阶段,有 30 种鸟类可以达到每 100 英亩 5 对以上的密度。但是,另外还有大约 20 种鸟类在这个大的区域范围内繁殖,其中的 7 种被观测到少数几只,另外的 13 种在所选择的同一样地中没有记录到。那些没被记录到的常见种类包括知更鸟(*Turdus migratorius*)、蓝知更鸟(*Sialia sialis*)、小嘲鸫(又称模仿鸟,*Mimus polyglottos*)、靛彩鹀(*Passerina cyanea*)、棕顶雀鹀(*Spizella passerina*)和圃拟鹂(*Icterus spurius*)。这些鸟类多数需要树木来筑巢,或者作为观察点,又大都需要在草地上或其他开阔区域觅食。因此,其生境需要林地与草地(灌丛)群落之间的交错带,但只有其中的任何一类区域都不行。所以,在上述情况下,区域内 40%(50 种中的 20 种)的常见繁殖种可以被认为是完全的或部分的边缘种。T. B. Smith 等(1997)研究了雨林和森林(萨瓦纳)生境中常见的 12 种燕雀类。虽然这里的基因流动颇高,说明交错带生境可能成为新的进化源地,使生物多样性得到提高,但在森林和森林(萨瓦纳)交错带上的鸟类种群有很大的形态分异。

Hawkins(1940)用地图的形式揭示了 1838 年首批欧洲移民进入以来美国威斯康星州一个世纪里所发生的变化。假如人类定居在平原上,他们就会植树、浇树,形成一个相似性强的格局。智人喜欢的生境可以说是林缘,因为他们喜欢隐蔽在树林和灌丛里,但食物又大都来自于草地和农田。树林和平原上的原生物种有些可以在人造的林缘生境中存活下来,而有些特别适应林缘生境的物种,尤其杂草、鸟类、昆虫、兽类等,会数量大增,并扩大其分布范围,因为人类为其创造了大面积新的林缘生境。

总的来说,狩猎物种如鹿、野兔、松鸡、野鸡等,可以归为边缘种,因此狩猎管理中很大一部分工作是"制造边界",即种植食物或隐蔽物斑块,制造皆伐斑块或火烧斑块。以引入边缘效应概念而闻名的 Aldo Leopold(1933a)在他早期的关于狩猎管理文献中写道:"野生生物是一种边缘现象。"Hasson(1979)描述了景观异质性对北部常年活动的温血动物生存的影响。农田和其他受干扰区域在冬季比成熟的、未经干扰的林地能提供更多的食物,而后者在春季和夏季则能提供更多的食物。

生态交错带上的生物密度增大并不是一个普遍现象。有些物种可能会表现出相反的倾向。树木的密度和多样性在林缘明显低于林地内部。大面积连片分布的热带雨林破碎化所导致的结果就是物种多样性降低,主要是指那些适应大面积相似性生境的物种灭绝。在那些人类对自然群落的改造程度颇深,人工驯化景观已经形成长达几个世纪的地方,生态交错带具有更重要的作用,因为适应性进化的时间已经足够漫长。例如在欧洲,多数森林已经退化成林缘,生活在城市和郊区的画眉和其他森林鸟类数量比北美的相关种类数量多。当然,也有许多其他的欧洲种类无法适应环境的改变而成为稀有种甚至灭绝。

与其他正向的或者有益的现象一样,胁迫补给特征曲线(见图 3.7)与边缘－多样性的关系有关。虽然增加边缘的数量可以提高生物多样性,但是过多的边缘(许多小的生境斑块)也会造成多样性的减少。理论上讲,当生境斑块比较大,或者足够大,而景观中的边缘数量也足够多时,β 物种多样性达到最大值。在进行森林和野生生物管理以及一般性的景观设计时,这种相反的趋势需要考虑到。Fahrig(1997)曾经探讨了生境丧失和破碎化对种群灭绝的影响。

岛屿生物地理学理论可以帮助确定所需要的斑块大小(生态系统的最小临界面积,Lovejoy 等,1986)。可以参考 Harris(1984)的《破碎的森林》一书,该书是以岛屿生物地理学理论为基础的,就生物多样性的管理和保护进行了探讨。

9.4 岛屿生物地理学

9.4.1 概述

MacArthur 和 Wilson(1963,1967)首次发表了岛屿生物地理学理论。简单来说,岛屿生物地理学(island biogeography theory)认为,岛屿上的物种数量取决于新迁入物种数量和现有物种灭绝数量之间的动态平衡。由于物种迁入和灭绝的速度取决于岛屿的大小和其到陆地的距离,可以绘制一个一般性的动态图,如图 9.8 所示。图中有 4 个动态平衡点,分别代表 S_1,远

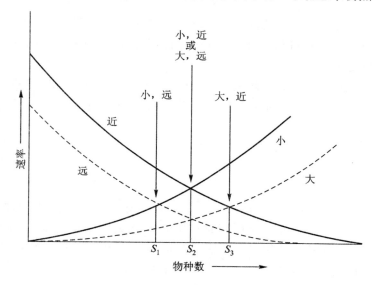

图 9.8 岛屿生物地理学理论。岛屿上的物种数量取决于迁入和灭绝物种速率之间的动态平衡。图中的 4 个动态平衡点分别代表岛屿大小和到陆地距离远近之间的组合情况(引自 MacArthur 和 Wilson,1963,1967)

距离的小岛上拥有较少的物种;S_2,近距离的小岛或远距离的大岛上拥有中等的物种丰富度;S_3,近距离的大岛上拥有较多的物种。这一模型揭示了隔离、自然选择、扩散、灭绝和物种形成等因素之间的相互作用,一个多世纪以来吸引了众多种群生态学家和进化生物学家的注意力。这一模型在景观生态学和保护生物学中也具有非常重要的理论意义。

9.4.2　解释

自从查尔斯·达尔文考察了加拉帕戈斯群岛之后,岛屿就引起了生物学家、地理学家和生态学家的极大兴趣。显然,大陆上的景观斑块在景观镶嵌体中的作用与岛屿很相似。例如,厄瓜多尔的安第斯山脉曾激发了亚历山大·冯·洪堡(1769—1859)的灵感,创立了山地地质生态学(mountain geoecology)。有人甚至认为,这些作为洪堡著作摇篮的安第斯景观应该看做是生态学,特别是整体生态学的诞生地(Sachs,1995;F. O. Sarmiento,1995,1997)。这类山脉的峰顶,尤其是在大约同一海拔高度上的峰顶,对于某些动植物类型来说,其功能相当于陆地上的岛屿。J. H. Brown(1971,1978)曾经调查了这些"岛屿"上小型哺乳动物和鸟类的种群多样性和多度。

景观中的斑块大小各异,相互之间的距离远近不同,符合 MacArthur 和 Wilson(1963)提出的岛屿生物地理学理论。例如,一个森林斑块可能会存在于农田的"海洋"中(见图 9 - 1A),与其他斑块隔离开来。斑块大小和隔离可能会对生活于其中的物种特征和多样性产生显著的影响。Preston(1962)曾经建立了一个关于岛屿面积和物种数量之间的公式:

$$S = cA^z$$

式中:S 是物种数量;A 是岛屿或斑块的面积;c 是一个表示单位面积上物种数量的常数;z 是物种数量的对数(lg S)与岛屿面积的对数(lg A)之间回归函数的斜率(换句话说,z 表示单位面积上物种丰富度的变化)。

因此,岛屿生物地理学认为,岛屿上或斑块内某个类群(昆虫、鸟类或哺乳动物)的物种数量,代表了该类群新迁入物种的速度和已经定居的物种灭绝速度之间的动态平衡(见图9.8)。

9.4.3　实例

Simberloff 和 Wilson(1969,1970)曾经在美国佛罗里达州的 Keys 岛上做过一个实验,他们(用杀虫剂)除掉了那些红树林小岛上所有的节肢动物,然后观察其重新定居情况。节肢动物种群在这些岛上重新定居的格局基本上验证了 MacArthur - Wilson 提出的基于岛屿生物地理学理论的动态平衡模型。从那以后,一些类似的研究相继展开(如 J. R. Brown 和 Kodric - Brown,1977;Gotfried,1979;Strong 和 Rey,1982;Williamson,1981),这些研究有助于解释节肢动物、鸟类和小型哺乳动物在生境斑块和岛屿上的分布情况。

有人认为,岛屿生物地理学理论为建立以保护自然多样性或濒危物种为目的的自然保护区奠定了基础。因此,一个大面积的保护区要优于一组总面积相等的小块保护区。Harris

（1984）在他的获奖论著《破碎的森林》一书中，也以岛屿生物地理学理论为基础，建立了森林和野生动物管理之间的关系。由 E. O. Wilson 和 Willis（1975）提出的在保护区或避难地之间尽量保存廊道的构想，也是基于岛屿生物地理学动态平衡理论的。

基于岛屿生物地理学的一些生态学原则可以帮助规划人员和资源管理人员设计自然保护区。当我们把一块自然保护区从一个相对均质的景观基质中划分出来时，为了最大限度地保持物种丰富度，并尽量减少干扰和边缘效应对生态过程的影响，需要遵循下面的一些景观生态学原则来设计保护区：

- 一个大斑块优于面积相等的几个小斑块；
- 几个相互隔离的斑块之间有廊道连通的比没有廊道的好；
- 圆形或方形的斑块可以使面积与周长比最大化，优于边缘较多的长条形或长方形斑块。

应该注意的是，自然保护区的设计和管理必须遵循动植物的生活史和特殊需求（如巢位、舔食盐源、食物源地），并且最大限度地减少外来种的入侵。

Simberloff 和 Cox（1987）提出了一个关于斑块间物种迁移和灭绝速率的模型，包含斑块间远离廊道和由廊道连接两种情况（图 9.9）。Harris（1984）认为，廊道的存在可以提高物种的迁入速度，通过个体的不断迁入，可以使那些收缩型种群的灭绝速度延缓至停止［救援效应（rescue effect），J. H. Brown 和 Kodric-Brown，1977］。另外，有些物种的个体，特别是大型哺乳动物，必须有一个较大的活动范围和保持较大的领地面积，才能满足其对食物的需求。如果种群太小，就会发生近亲繁殖，最终导致灭绝。佛罗里达豹（*Felis concolor coryi*）小规模隔离种群就是一个先例。图 9.9 提供了验证上述假设的模型。

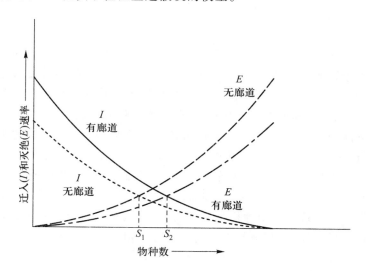

图 9.9　以岛屿生物地理学模型为基础的廊道效应模型：对迁入速率（I）、灭绝速率（E）和物种数量（S）的影响。S_1 是无廊道情况下平衡态物种数；S_2 是有廊道情况下平衡态物种数（引自 Simberloff D. 和 J. Cox，1987，图 1，生物保护廊道的效果和代价. Conservation Biology，1：63 − 71. 版权属 Blackwell Publishing，1987）

　　总之,任何一块通过不同的相对不适宜居住的地形或基质,与相似生境相隔离的生境斑块都可以称为岛屿,生物体很难在它周围的基质中自由活动。这类斑块包括山顶、小湖、沼泽,人类土地利用所造成的破碎化区域、小片林地,或者为实验目的而皆伐形成的林地斑块。有关实验斑块如何影响小型哺乳动物和蝶类种群的动态,请参阅 Bowne 等(1991),Haddad 和 Baum (1999), Mabry 和 Barrett (2002), 以及 Mabry 等(2003)。

9.5   中性理论

9.5.1   概述

　　在生态学中,中性理论(neutral theory)假定所有的物种具有相等的出生率、死亡率、扩散能力,甚至形成新种的能力。虽然这一假设只是一个初步的,中性理论已经为生态学提供了一个构建和验证有关群落和生态系统在景观中是如何组合的"零假设"的有效工具。最近,随着 Stephen P. Hubbell (2001)《生物多样性和生物地理学的统一中性理论(*The Unified Neutral Theory of Biodiversity and Biogeography*)》一书的出版,中性理论引起人们更多的关注。Hubbell 认为,中性理论的贡献不仅在于"零假设"方面,相比于当代的生态学理论,中性理论对许多景观水平上的生态格局都能给出更好的解释。

9.5.2   解释

　　生物多样性和生物地理学的中性理论(Hubbell, 2001)是岛屿生物地理学(MacArthur 和 Wilson, 1967)的一般化和延伸。之所以被称为中性理论,是因为它假定所有的物种都具有相同的生命率(相同的出生率和死亡率,相同的扩散速度和相同的新种产生速度)。中性理论主要应用在位于群落同一营养级、竞争同一有限资源的生物物种上。这一理论假设群落对有限资源的竞争动态符合"总和为零"的游戏规则——即部分物种多度和生物量的增加必须以其他竞争物种总多度或生物量的减少为代价。中性理论还假设,在利用限制性资源时,物种之间可以互相替代,即当一个物种在群落中缺失时,其他物种会充分利用由此释放出来的那部分资源。生物多样性和生物地理学的中性模型对 MacArthur – Wilson 理论的拓展在于预测稳定状态下物种的普遍性和稀有性(岛屿或局部群落上物种的相对多度)时,并引入了物种形成的概念,这一过程在原来的岛屿生物地理学中是没有的。

　　中性理论在反映许多大尺度的景观格局上优于或者不亚于当前的生态学理论,因此很有意义。对它的争议之处是为什么它能拟合得如此之好。那么中性理论的预测能力又如何呢?我们已经看到,Hubbell 的中性理论是以岛屿生物地理学为基础的(MacArthur 和 Wilson, 1967),后者认为岛屿或生境斑块上的物种数量是从大陆到岛屿或从周围景观向生境斑块的迁入速度与原已定居的物种灭绝速度之间的动态平衡。但是 MacArthur – Wilson 的理论并没有解释这些岛屿物种种群大小的动态平衡情况。Hubbell（2001）将他们的理论一般化，进一步预测了岛屿或生境斑块上物种的普遍性和稀有性。这种一般化是可行的，因为岛屿生物地理学本身也是一个中性理论。说它中性是因为它假设所有的物种都具有相同的向岛屿迁移的能力，或者从岛上灭绝的倾向。Hubbell 的理论又增加了一个新物种产生的过程（物种形成），这在原来的理论里是没有的。Hubbel 的理论与许多生态群落的物种相对多度格局非常相符，但最为符合的还是在那些大的永久性热带雨林样地里，对乔木物种多度的拟合。

图 9.10 表示位于东南亚某热带雨林（50 hm^2 的样地）乔木物种相对多度的情况。相对多度的数据用优势度－多样性曲线来体现。优势度－多样性曲线的 x 轴按物种的多度排序，最常见的物种级别最低，排在最左端，最稀有的物种位于级别最高的位置上（最右端）。y 轴是物种相对多度的对数（一般用物种所占的百分数对数，或其他描述群落物种重要性的指标对数来作图）。中性理论预测，降低物种的迁入速度会使岛屿群落中的稀有物种比大陆上的相同物种更加稀少。对角线方向上的虚线在稀有物种一端不向下弯曲，表示对源区（大陆）的预测曲线。对 50 hm^2 雨林的实测曲线在稀有种一端背离种源区的曲线，向下减少，与中性理论的预测一致。通过中性理论与优势度－多样性曲线的拟合，可以对迁入物种速度进行估计，从而解释群落中现存稀有种的进一步稀疏。在上述雨林样地里，估计的物种迁入速度是 15%，意思是说，该样地中 15% 的树种来自周围林地的物种迁入。中性理论对种源地区优势度－多样性曲线的估计，称为集合群落（metacommunity），以 θ 指数为基础。θ 指数在中性理论中是一个重要的生物多样性度量指标，用于描述集合群落中由新种形成速度和灭绝速度共同决定的物种多样性平衡情况。θ 指数是两个参数的合成，一是集合群落的大小，二是新种形成的速度。虽然一般情况下无法知道变异的速度和集合群落的大小，但它们的综合指标 θ 显然可以通过物种相对多度等数据估计出来（Hubbel, 2001; Volkov 等, 2003）。

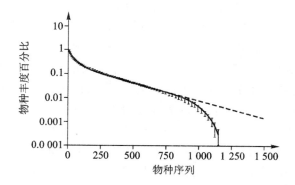

图 9.10　婆罗洲沙捞越的 Lanbir Hills 国家公园一个 50 hm^2 森林样地的优势度－多样性曲线，样本包括 324 592 个乔木种和 1 175 个灌木种。虚线是对更大区域上的预测曲线（集合群落），θ 的估计值是 310。实线是实际观测的优势度－多样性曲线。带有误差线的曲线拟合的是迁入速率 $m = 0.15$（每出生）（与平均值相差 ±1 个标准差）的情形。与碎裂群落优势度－多样性曲线预测的数值相比，稀有物种会变得更加稀少，因为它们比常见种更易灭绝，而局部灭绝一旦发生，它们又需要更长的时间来重新迁入

　　中性理论并非没有受到挑战。不少论文和专著认为,非中性理论也可以很好地甚至更加准确地预测。中性理论假设大的景观格局源于随机性的新种形成、扩散和单个物种不同大小种群的随机流动,即种群统计学的随机性。Sugihara 等(2003),Chase 和 Leibold (2003)支持生态位组合理论(niche assembly theory)的人认为,生态群落是由处于不同生态位的、相互竞争的物种构成的动态组合,它们能够共存是因为每个物种都是各自生态位上最有力的竞争者。与 MacArthur 和 Wilson (1967)以及 Hubbel (2001)的看法相反,生态位组合理论认为在决定某些物种存在与否的问题上,生态群落中扩散的作用并不重要。

　　Sugihara 等(2003)和 McGill (2003)认为,应该继续使用最初由 Preston (1948)在描述鸟类物种多度格局时提出的对数正态分布来表示相对物种多度,因为这一方法已经广泛使用。Sugihara 等(2003)还设想,如果生态位呈等级嵌套结构,群落也处于动态平衡状态,相对物种多度就呈对数正态分布。McGill (2003)还认为,对数正态分布比中性理论拟合得更好。

　　Volkov 等(2003)支持中性理论,认为无论是从生物学角度还是从数学角度,都不赞成再回到对数正态分布上去。从生物学角度而言,他们认为中性理论的所有参数都有直接的生物学解释,如出生率和死亡率,迁入速度、新种形成速度,以及群落大小。相比之下,对数正态分布的参数则比较一般(平均值、方差、模拟的物种出现频率),没有一个明确来自生物学。从数学角度而言,Volkov 等(2003)指出,虽然对数正态曲线适用于稳定的数据,但永远无法成功作为验证生态群落动态假设的基础,因为随着时间的推移,对数正态分布的方差无限增大。他们也反驳了 McGill 的观点,通过对中性理论的剖析,揭示了中性理论比对数正态分布能更好地拟合相对多度数据。

　　Chave 等(2002)认为,与扩散格局相比,影响因子能更好地解释群落中的物种相对多度格局。可能性之一是密度和频度制约,或稀有种优势度。如果稀有种的种群比常见种的种群增长得快,那么稀有种就会从稀有类群中脱离出来,导致动态平衡中稀有种类的减少。然而,Banavar 等(2004)的研究表明,密度和频度制约与中性理论还是一致的,前提是多度相同的物种具有相同的稀有种优势度。因此,中性理论也被称为对称理论。只要每个物种都遵循相同的生态学规则,中性理论就能把非常复杂的、具有生物学意义的生态过程纳入进来。中性模型促使生态学家去探究生态群落在多大程度上能够大致对称,以及什么时候、怎样、在什么情况下对称被打破。中性理论肯定了从最简单的假设开始生态学研究的价值,只有在所收集的数据需要时,才增加复杂性。中性理论提供了一种重新验证关于景观形成的生态学假说的手段。

　　中性理论也通过系统发育学和与系统地理学(phylogeography)对物种 – 面积关系和格局进行预测。系统地理学是研究嵌套在生物地理景观中物种变异格局的科学。中性理论关于对称的假设,以及关于单个物种存活速度的物种平衡假设仍然有待全面的和强有力的验证。另外还有许多重要的问题有待探讨:物种之间的相似性何时才能达到其在生态系统和景观中功能可以相互替代的程度? 生态位的差别何时能够影响自然生态群落的构建? 基础生态学研究中对这些问题的重新探讨,有助于理解为什么中性模型仅通过几个简单的假设就可以做出很好的拟合。一种可能是,在大的景观尺度上,群落和生态系统可能表现为一种自然的、统计平均的机械行为,用非常简单的理论就可以描述,不需要用物种多样性和复杂性指数来预测。

9.6 时空尺度

9.6.1 概述

生态过程在不同的时空尺度上具有不同的作用或者重要性。例如,生物地球化学过程在决定局部格局上可能不那么重要,但在决定区域或景观格局上可能发挥主要作用。在种群和群落水平上,导致种群缩小或生物多样性降低的过程可能会引起局部物种灭绝,但在景观尺度上,同样的过程可能只会带来物种在空间上的重新分布或分配。尺度概念(concept of scale)促进人们在不同的组织水平上(等级系统的不同水平上)开展研究。例如,某一景观在某一尺度上可能是异质的,但在另一尺度上可能就是相当均质的了。因此,当生态学家选择研究尺度时,他们首先必须知道时空尺度的改变如何影响跨尺度的格局、过程和一些自然属性。

9.6.2 解释

Kenneth E. F. Watt(1973)在他的教材《环境科学原理(*Principles of Environmental Science*)》中,列出了理解大尺度时空过程需要了解的 5 类基本生态学变量,以及这 5 类世界性资源之间的相互作用关系。这 5 类资源(变量)是:能量(见第 3 章),物质(第 4 章),多样性(第 1 章、第 7 章、第 9 章),时间和空间(本章)。1973 年之后,许多出版物将时间和空间当做重要的世界性资源——实际上,时空关系已成为一些新兴学科的重要基础,如保护生物学、生态系统健康、景观生态学、恢复生态学等。

图 9.11 描述了不同时空尺度上过程和格局的变化(详见 Urban 等,1987)。图 9.11A 表示包含空间尺度但不包含时间尺度的短期干扰过程,从伐木到大尺度的火灾和洪灾。图 9.11B 表示包含了时空尺度同时增加的森林过程,从局部种子库到新种产生和灭绝。图 9.11C 描述了从微生境条件到冰川周期的环境限制因子。图 9.11D 描述了从地面覆盖到主要生物群系的植被格局(第 10 章将详细讨论)。只有把时间和空间尺度都考虑进来,上述时-空关系才能得到最好的理解。

在生态(经济)农业等级结构中,包含了时间和空间两种尺度。图 9.12 描述了农业系统的等级性。作物种植的成功与否不仅取决于田间条件(小时空尺度),而且取决于整个农庄的可持续性(经济产出能力)、流域水源情况,以及该作物的市场销售状况(大时空尺度)。病虫害防治、流域富营养化以及经济条件限制等问题随尺度不同而异,从单一作物田块的小尺度(通常也是短期的)问题,到大尺度(通常也是长期的)景观或国家水平上面临的挑战。例如,作物生长期的某一关键时段在田间或作物水平上施用某种农药,可能会控制某种特定昆虫的爆发,但只有在景观水平上实施大尺度的、以生态学为基础的病虫害管理计划,才能改善长期的病虫害干扰问题(NAS,2000;E. P. Odum 和 Barrett,2000)。

自然干扰或人类扰动对种群动态和群落结构的影响也是一个尺度问题,包括对受影响区域大小的估计,以及对干扰时间长度和强度的估计。Connell (1979)认为,中等水平的干扰所造成的扰动强度最大,与之对应的是群落、生态系统或景观中的物种数量达到最大(图 9.13)。物种丰富度与干扰强度之间的这种关系被称为中度干扰假说(intermediate disturbance hypothesis)。

降低辅助物(能量、杀虫剂和化石燃料)过度使用于农田生态系统中的方法之一,是通过更多的自然土壤形成过程,实现自然的"自我恢复"(土壤化学特性和生物多样性可以通过自然发展和协同进化过程来获得提高)。时间作为一种重要的资源常常被人们所忽略,由此造成的后果是,社会团体持续在较短、较小的时空尺度上对生态系统和景观进行补给和管理(Barrett,1994)。关于生态学尺度在规划和应用中的作用,请参阅 Peterson 和 Parker (1998)。

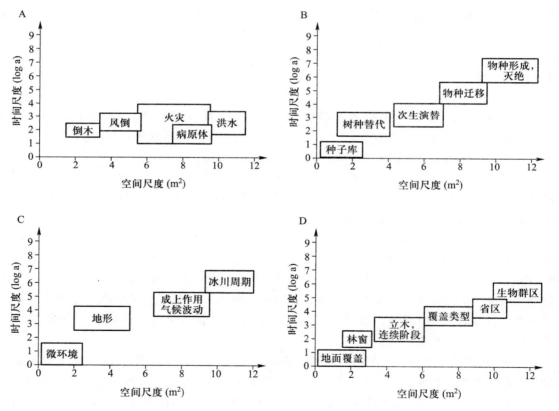

图 9.11　不同时空尺度变化示例。(A)干扰方式;(B)森林过程;(C)环境限制因子;(D)植被格局(引自 Urban 等,1987。景观生态学。Biosceince, 37: 119 – 127。许可再版)

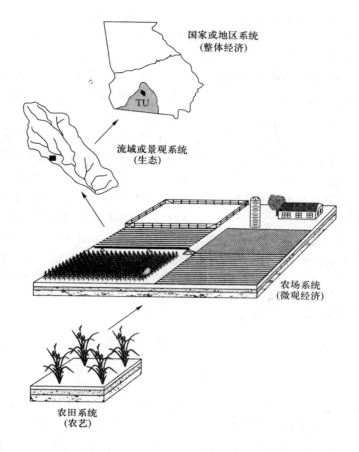

图 9.12　佐治亚州农田系统的等级结构(引自 Lowrance 等, 1986, 图 1, 可持续农业的等级方法。Journal of Alternative Agriculture, 1: 169 – 173。再版获得 Cabi 出版社许可)

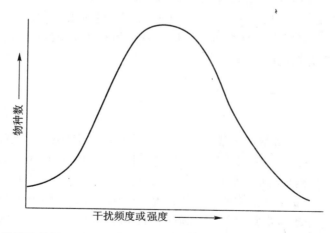

图 9.13　中度干扰假说示意图 (J. H. Connell, 1979)。群落中的物种数量在干扰水平中等时达到最大

1935—1985 年,在美国佐治亚州开展的 50 年景观变化研究(E. P. Odum 和 Turner, 1990)说明了景观和区域尺度上数据整合与规划的意义。此项研究对地形、气候、人口密度、经济状况以及佐治亚州的政策等进行了分析,认为该州在美国东南部的 10 个州中是最具代表性的。本项研究详细描述了大型机械化农庄代替小型家庭农场的工业化农业发展过程,伴随着白尾鹿(*Odocoileus verginianus*)种群指数性增长的弃耕地森林恢复过程,以及快速发展的城市化、人口增长、交通需求和工业化。

农田作物的产量(棉花、玉米、大豆、花生)提高了两倍,但蔬菜产量减少到原来的 1/4,因为更多的食物改为由其他区域或国家进口,点源城市污染减少,这一点可以从河流中大肠杆菌的持续减少得到证实,但非点源污染增加,因为该州所有河流中养分、杀虫剂、工业污染物的含量都持续增加。这项研究表明,该州急需在全州范围内和景观尺度上进行宏观的土地利用规划,来代替当前灾难性的发展模式。所提的建议包括建立更多的绿色缓冲带,集约式发展,发展都市蔬菜农业,降低水和大气污染,以及在所有年级水平上增加环境科学课程。只有这样,景观和区域尺度上的规划才更加有效,而且还要包含城市、乡村和文化之间的相互作用(Barrett 等,1999)。

9.7 景观几何学

9.7.1 概述

与景观斑块和廊道的大小和质量(如植被盖度和食物质量)影响生态过程和动植物多度一样,景观要素的几何形状和组合结构也会影响种群和群落水平上的生态过程。现在人们已经广泛认识到景观斑块的大小和形状会影响生物多样性、领地大小和形状、、动物的扩散行为,以及物种多度。最近的研究探讨了景观几何形状对动植物生存、源汇动态、物种入侵,以及边缘 – 生境动态的影响。将来还要对景观几何学(landscape geometry)(研究景观要素的形状、格局、组合形式)和景观建筑学(landscape architecture)(斑块的延展、"软硬"边缘、对生境三维空间的应用)进行进一步的研究,以便更加全面地理解扩散行为、动物迁移格局、景观尺度上的生物能学,以及景观生态系统的可持续性。

9.7.2 解释

生态学家们现在已更加清楚地了解了生态系统大小与物种多度和生物多样性的关系。例如,Larry Harris 在《破碎的森林》一书中讨论了生物多样性保护对斑块大小的依赖性,主要的受影响参数是领地大小,岛屿生物地理学(见 9.4 节),以及斑块连接度。图 9.14A 描述了 8 个具有同样大小(1 600 m²)但形状不同的实验斑块的情况。S. J. Harper 等(1993)通过对这些斑块的研究发现,一种小型哺乳动物草原田鼠(*Microtus pennsylvanicus*)的领地在这些斑块中的大小相同,但形状不同。因此生境斑块的几何形状可能会影响种群动态,因为不同大小和形状的斑块会具有不同的边缘和面积比。但是,领地形状的改变不会影响物种的生存或年龄结构。S. J. Harpers 等(1993)认为,动物行为的可塑性(适应领地形状的改变)似乎防止了不同斑块形状可能导致的种群密度、存活率、年龄结构等的改变。但是,当草原田鼠的种群密度较低时,生境斑块的形状的确会影响到扩散出来的鼠类数量,高种群密度情况下不会有这种影响。

A

Courtesy of Gary W. Barrett

B

Courtesy of Terry L. Barrett

图 9.14 （A）8 个形状不同的 1 600 m² 实验斑块的航空相片,每种形状有 $n = 4$ 个重复(引自 S. J. Harper 等,1993);(B)辐射式灌溉系统示例,形成圆形的景观格局

图 9.15A 描述了景观镶嵌体中三种景观要素(斑块、廊道、基质)的情况。图 9.15B 描述了内部和边缘种的多度受斑块、廊道形状和大小影响的情况。例如,鸟类边缘种包括靛彩鹀(*Passerina cyanea*)、东蓝鸲(*Sialia sialis*)以及主红雀(*Cardinalis cardinalis*);森林内部种则包括棕林鸫(*Hylocichla mustelina*)、红眼莺雀(*Vireo olivaceus*)和绒啄木鸟(*Picoides pubescens*)。Kendeigh(1944)注意到,在美国东部的落叶林中调查鸟类边缘种和内部种的情况时,只有26 hm²(65 英亩)以上的斑块才值得考虑。图 9.15B 中左边的两个斑块虽然被一条狭窄的廊道所连通,但廊道太窄了,内部种无法在斑块之间流动。图 9.15C 表示由河道溪流形成的河滩地森林半岛。半岛的范围可能很大[如下加利福尼亚半岛],也可能很小(如伸入农田中的小片森林)。图 9.15D 描述了几个具有不同形状的同等大小斑块。圆形斑块内部种的生境面积最大(实例如图 9.14B 所示),而一个长条状的、狭窄的斑块则使边缘种的生境面积达到最大。实际上,在这种窄长的廊道中,内部生境已经完全消失,因此会严重限制或者阻止内部型的动植物种类在这种结构的景观斑块中的定居。

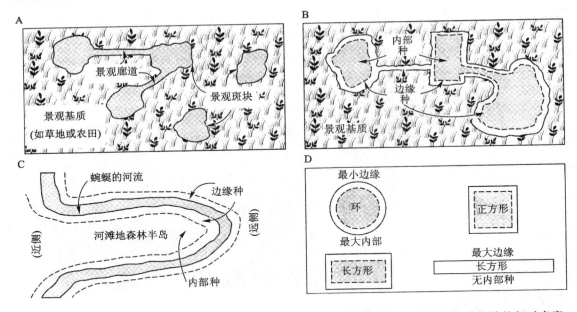

图 9.15　(A)3 种主要的景观要素(斑块、廊道和基质);(B)斑块和廊道中边缘种和内部种的相对多度;
(C)河滩地森林半岛;(D)几种相同大小但不同形状的斑块对比

9.7.3　实例

　　LaPolla 和 Barrett(1993)在美国俄亥俄州用小尺度的重复实验研究发现(图 9.16),对于草原田鼠在斑块之间的扩散来说,斑块连接度(即廊道的存在)比廊道的宽度更加重要。Rosenberg 等(1997)曾研究了生物廊道的几何形状、功能及其功效,包括这种廊道在降低局部物种高灭绝速度方面的能力。他们还指出,线状廊道有时也可起到线状斑块的作用(即作为生境斑块),主要取决于面积的大小以及不同物种对其形状的响应。

　　在"现实世界"中,圆形斑块或生态系统常见于使用辐射式灌溉系统的农田(如美国西部年降水量稀少的地方),而在美国中西部的农业景观中,方形或长方形斑块较为常见。某些情况下,每个英里方格都会为公路所包围(就是说,人为影响导致土地分割和斑块形状的形成受限于道路的布局)。关于景观尺度上大的格局对动植物物种演化(多度和多样性)的影响机制,还有待进一步探讨。关于道路生态学和道路系统与生态过程和野生生物丰富度的关系,请参阅 Forman 等(2003)。

图 9.16　用于评价廊道宽度及其有无对草原田鼠(*Microtus pennsylvanicus*)种群动态影响的重复实验设计方案航片(引自 LaPolla 和 Barrett,1993)

　　由于边缘生境的大小随斑块形状而异,自然地,景观生态学家越来越重视研究景观镶嵌体中的边缘生境。由于边缘和生态交错带附近的生物多样性往往最高(一种被称为边缘效应的现象),因此斑块形状发生改变,导致边缘生境数量的增减,以及物种多度和生物多样性的增减。

　　Ostfeld 等(1999)描述了林地－休耕地边缘附近草原田鼠(*Microtus pennsylvanicus*)与白足鼠(*Peromyscus leucopus*)之间的相互作用如何阻止了树木向休耕农田的入侵。草原田鼠取食糖槭(*Acer saccharum*)、美国白蜡树(*Fraxinus americana*)及臭椿(*Ailanthus altissima*)等的种子,而白足鼠则喜欢红栎(*Quercus rubra*)和北美乔松(*Pinus strobus*)的种子。田鼠在距林缘 10 m以内的地方取食树木种子最多。因此,不仅仅是边缘生境的数量,而且生态系统类型以及生活在边缘生境中的物种,都会对次生演替的速度和植物群落的组成产生长期影响。

　　前面的小节描述了生境破碎化所导致的景观镶嵌体中景观要素(斑块、廊道、基质)在尺度、形状和出现频率方面的变化。这些变化源自生境的破碎化——由自然和人类主导的过程共同引起的变化——又影响到动植物多样性及其多度,边缘种和内部种的数量,以及微观和宏观进化过程的变化。图 9.17 描述了生境丧失和生境破碎化的区别。同等面积大小的森林采伐不仅会造成不同的景观几何形状,而且还会导致不同的生物多样性,因为很多鸟类和哺乳动物的成功繁殖和生存都需要较大的领地。生物多样性的变化还会在几个不同的组织水平上对生态过程产生影响。个体、种群和群落水平上的长期进化过程导致了全球尺度上一系列生态系统、景观和生物群系类型的产生。在第 10 章中将重点讲述这种被称为生物群系的大的区域景观单元。

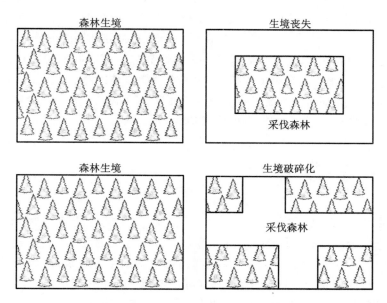

图 9.17　生境丧失(上)和生境破碎化(下)的区别示意图。同样面积大小的森林采伐在生境破碎化条件下会造成那些需要大领地范围的物种减少

9.8 景观可持续性的概念

9.8.1 概述

在词典里,可持续性被定义为"保持存在","支持","支撑不倒或不弯曲","维持",或者"为防止健康或活力衰落到某一阈值之下提供所需要的物质或营养"(Barrett,1989)。在第6章中,这一阈值可以相当于承载力(K)。在较高等级的生态组织水平上(如生态系统、景观和全球水平上),或许 Goodland(1995)对可持续性(sustainability)的解释更为准确,即"保持自然资本"和"对自然资源的维持"。

9.8.2 解释

对于自然生态系统带给人类社会的种种好处,曾有很多的总结和讨论(有关自然资本的详细讨论,见 Daily 等,1997;Costanza,d'Arge 等,1997;Hawken 等,1999)。自然资本(natural capital)与经济资本的不同之处在于,它是自然生态系统和景观所提供给人类社会的利益(见表1.1所总结的生态学和经济学的差异)。生态系统和景观通过一系列的功能为生命提供服务,如大气和水的净化、养分循环、作物授粉、土壤肥力的保持和更新、维持气候的局部稳定、维持生物多样性。提供审美对象,以及病虫害防治等。这些服务是生活中最基本的,以至于被人们认为是理所应当的。因此,这些作为景观可持续性概念基础的服务功能被人类社会大大地低估了,了解得也远远不够。在第1章和第2章,提到能值是比经济货币更好的衡量这些物质和服务价值的量度。假如对这种服务没有更多的了解,长此下去,人类将会剧烈地改变地球上的自然生态系统和景观,导致自然资本的服务功能大大减少。

9.9 人类主导的景观

人类文明在那些原本是森林和草原的地方,尤其温带地区,似乎是发展到了极致。所产生的后果是大部分温带森林和草原都较原来的状况发生了很大的改变,不过,这些生态系统的基本性质还没有改变。人类实际上试图将草地和林地的特点结合起来,形成一种称为林缘的生境。所谓林缘(forest edge),是指森林和草地(灌木林地)之间的交错带。当人类定居在草原区域时,就会在家园、村庄和农田周围种一些树,这样本来没有树木的地方就出现了零星的森林斑块。与之相似,当人类定居于森林区域时,就会用草地和农田代替大部分的森林(因为人类从森林中能够获取的食物十分有限),但也会在农场和居民点周围保留一些原来的森林斑块。原来既能生长在森林中又能生活在草地上的一些小型动植物种类就可以与人类密切相处,适应并繁盛于人类改变了的环境,形成驯化种或种植种。例如,美洲知更鸟(*Turdus migratorius*)原本是森林鸟类,但非常好地适应了人造林缘环境,因此不但数量大增,而且分布范围也扩大了。许多森林鸟类(如欧洲的多种画眉)就从林地转到了花园、城市和树篱中——否则就会灭绝,因为大面积连片的森林已不复存在。那些在人类聚居区生存下来的本地种大部分成了林缘景观的有益成员,但也有少数变成了害虫。

假如我们把农田和牧场看做改变后的草原的早期演替类型,就可以说我们靠草地获取食物,但又喜欢隐蔽在森林里生活和嬉戏,还在林地中获取有用的林产品。可以说,人类和其他杂食性动物一样,冒着过度简化环境的风险,在景观中寻求产品和保护。在许多情况下,对森林一次性采伐后所获得的木材的货币价值远远小于完好无损的森林所提供的休闲娱乐、流域保护,以及其他生命支撑性质的服务,如提供住处和可持续的木材采伐(Bergstrom 和 Cordell,1991)。

9.9.1 农业生态系统和农业景观

农业生态系统(Agroecosystem)是一类驯化了的生态系统,在许多方面介于草地和森林之类的自然生态系统与城市之类的人工生态系统之间(E. P. Odum, 1997;Barrett 等,1999)。与自然生态系统一样,农业生态系统是太阳能驱动的,但又在许多方面有别于自然生态系统。加工过的化石燃料,加上人类和动物的力量,带给这类生态系统辅助性的能源,提高了产量,但也造成了污染,为了最大限度地提高某些食物或产品的产量,人类的经营管理大大降低了农业生态系统的生物多样性;占优势的动植物种类受人工选择的控制,而非自然选择;控制是外部的,受目标导向的,而不是像自然生态系统那样受次级系统的内部反馈控制。

图 9.18 所示的简图描述了农业发展过程的不同阶段,即前工业化阶段(与自然生态系统相似)、工业化阶段、低投入的保护性耕作阶段(E. P. Odum 和 Barrett, 2004)。在前工业化阶段的农业系统中——目前很多发展中国家仍在实施——食物网的结构与自然生态系统非常相似,只是在草食性动物这个环节上,驯化家养的动物代替了野生动物。前工业化阶段的农业能效高且类型多样,许多不同的作物种在一起,还有以植物碎屑为食的鱼类,可以满足当地村庄的需要,但没有足够的剩余产品供出口或者供应城市。工业化阶段的单一农业系统,常被称为传统农业(图 9.18),微生物循环链几乎完全消失,代之以大量的化肥、农药和水的补充,提高了产量,但也造成了广泛的污染、侵蚀,以及生境和土壤质量的降低。随着养殖场的发展,作物和肉产品的生产分离了,牲畜粪便不再是肥料资源,而成了一种污染(Brummer, 1998)。由于工业化阶段的农业是不可持续的,人们重新设计了保护性耕作,常被称为低投入可持续性农业。

为了对当前存在的问题和研究有一个清楚的了解,我们有必要回顾一下工业化阶段的农业历史。美国中西部的传统农业就经历了四个发展阶段(详见表 2.2)。

从 1833 年到 1934 年,大约 90% 的草地、75% 的湿地,以及肥沃土壤上的绝大部分林地都被转化成了农田、牧场和用材林。自然植被仅限于陡坡地段和薄的、不肥沃的土壤上。但是农场一般很小,作物品种多样,大量使用人工和畜力进行农业劳动,因此总的来说农业活动对水、

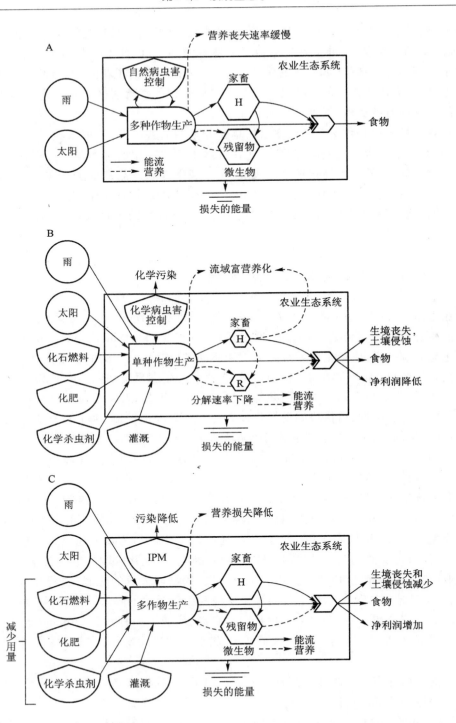

图 9.18 农业生态系统的不同阶段。(A)前工业化阶段农业;(B)工业化阶段农业;(C)低投入可持续农业。IPM = 综合病虫害管理

土和空气质量造成的影响还不至于有害。19 世纪早期的农业活动对流域和湖泊的动态几乎没有什么影响,但 1915 年以后农业活动的集约化造成了湖泊的富营养化,主要原因是农业化学成分的流入。

从 1935 年到 1960 年前后,伴随着廉价燃料和化肥、机械化的农业集约化发展,作物专业化和单一农业出现了。总的农田面积减少,森林覆盖率增加了 10%,因为更少的农民可以在更少的土地上收获更多的食物。

从 1961 到 1980 年,能量补充、农场面积,以及肥沃土壤上的农业集约化程度都增大了,而且谷物和豆类等经济作物的单一种植模式进一步加剧,主要用于出口贸易。这些变化最终挤掉了那些小型的家庭式农场,并造成了几乎全球尺度上最严重的工业污染的农业污染。从 1980 年到现在,迅速的城市化和农业集约化程度的提高,导致了人为富营养化的加剧,因为工农业废弃物和大面积的侵蚀将大量的土壤、重金属和其他有毒有害物质带到了小流域中。20 世纪八九十年代,农业活动开始发生了变化,越来越强调替代农业(alternative agriculture)(NRC,1989),以及提高农田生态系统的多样性(W. W. Collins 和 Qualset,1999)。新型主要作物,如向日葵(*Helianthus annuus*)使农业景观更加多样化(图 9.19)。由于农民和其他股份持有者在更大的时空尺度上认识到了机遇与挑战,人们对农业的认识也发生了改变。Barrett 等(1999)以及 Barrett 和 Skelton(2002)将这种新的认识称为农业景观发展观(agrolandscape perspective),而不只是传统的农业生态系统观。

图 9.19 美国中西部的向日葵(*Helianthus annuus*)农田

总而言之,当代不可持续的工业化农业可以通过将秸秆管理、保护性耕作和多元作物等新技术与自然生态系统的土壤形成过程,以及前工业化阶段的农业生态系统结合起来,保证土壤的高质量和作物的高产。现在更加强调把农田生态系统当做农业景观来管理,并且把农业景观和城市景观联系起来(Barrett 等,1999,Barrett 和 Skelton,2002)。农业林业也引起了人们的关注——就是把小型的速生树木与粮食作物交替种植(MacDicken 和 Vergara,1990),用于生态型害虫防治（NRC，2000a），以及在低投入型农业系统中用来把土壤、作物和杂草管理结合起来（Liebman 和 Davis，2000）。

9.9.2　城市 – 工业生态系统

第 2 章曾介绍了人类技术生态系统和生态足迹的概念。城市、郊区（即大都市圈所包括的区域）以及工业区都是主要的人类技术的生态系统。在自然和农田景观基质中，它们是很小但又是能量巨大的岛屿，具有很高的生态足迹。现实地说，就生命支撑资源来讲，这些城市 – 工业环境是生物圈中的寄生虫（图 9.20）。

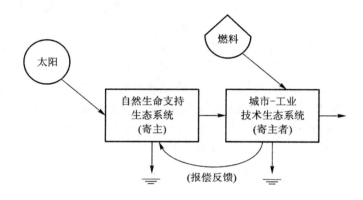

图 9.20　将自然的、生命支持生态系统与城市 – 工业技术生态系统联系起来的模型，包括一个提供可持续景观的报偿反馈环（改编自 Odum，2001；Barrett 和 Skelton，2002）

古希腊所规划的城市、中世纪的城邦，以及现代城市的摩天大楼，都是人类的杰作。类似 Walt Disney 所设计的技术乌托邦，都很刺激人们的想象力。遗憾的是，当今很多城市处于无序的和衰落的状态，因为世界上越来越多的人涌入城市，寻求更加富有的物质生活。发展中国家的城市增长更为迅速。2000 年，墨西哥城和巴西的圣保罗都超过了 2 500 万人，可能远远超过了世界上除东京以外的任何工业化城市，几乎相当于纽约市人口的两倍。有人预测，到 2010 年，世界上将有 50% ~ 80% 的人口生活在城市环境中（见 Fuch 等，1994，联合国报告"特大城市的增长与未来"）。

正如第 6 章所提到的，任何东西如果无视对生命的支持而迅速地、灾难性地增长（没有规划或限制），就会超越维持这种增长的基本条件的承受能力，形成繁荣 – 萧条的循环。城市居民必须参与到宏观的城市规划中来，以纠正这一进程。很多关于城市境况的文献集中于对城市内部问题的讨论，如城市基础设施的恶化和犯罪率高，但正如 Lyle（1993）所指出的，未来城市必须"包含于景观生态学中，而不是从中分离出来"。图 9.21A 描绘了一处位于曲流半岛附近的多样性的居住环境，具有多种生境类型，以及可供休闲娱乐、获取资源和文化活动的多种可能性。图 9.21B 是美国佐治亚州亚特兰大附近高密度聚居区的照片。这种建筑区域的发展有点类似于美国中西部的单一作物农业生态系统。

图 9.21 (A)位于曲流半岛附近的一个居住环境模型,具有较高的生态系统和景观多样性,以及不同类型的生物生境;(B)位于佐治亚州亚特兰大附近亨利县的居民区发展图片

    图 9.22 描述了佐治亚州阿森斯的 Beech 溪休闲保护区规划(conservation easement plan),面积为 26.7 英亩(10.8 hm^2),包括 H. Martha 和 Eugene P. Odum 的长期住所。值得注意的是,该城市区域 50% 以上的面积属于永久性保护地役权区(N_pA_m),为野生动物提供了栖息地,也保护了水源,具有自然的私密性和美学价值。这一规划示范了自然资本和经济资本在城市区域结合在一起的方法。

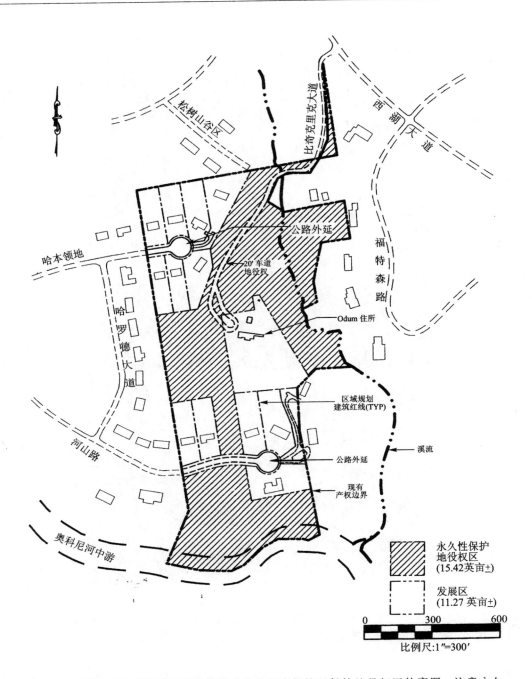

图 9.22　Odum 规划的佐治亚州阿森斯比奇克里克保护区保护地役权区轮廓图。注意永久性保护地役权区面积比旁边开发的居住区大，为野生动物提供了栖息地，并防止河流侵蚀（Robinson Fisher Associats，2004）

　　城市的再生能力将越来越多地取决于把城市与生命支撑系统如土地和水体结合起来,因为,正如我们在本书前面章节中所提到的,寄生虫只有在其寄主状态良好的条件下才会旺盛生长(也见 Haughton 和 Hunter,1994)。本书第 11 章将讨论这种情况下生态学所能提供的知识。

第 10 章 区域生态学:主要生态系统类型与生物群区

这本书的大部分内容都基于生态系统景观单元分析的生态学方法,并且强调的原理和共性可以应用于水生或者陆生、自然或人为的所有情况。自然环境作为地球生命支持模块和能源驱动力的重要性已经得到了加强。在第 5 章、第 6 章和第 7 章中,介绍了另一种用于描述进化机制的有效方法,它是在个体、种群和群落层次上的集中研究。还有一个有效方法是地理学方面的,包括了对地球形成、气候,以及组成生态圈的生物群落的研究。本章列出并简要描述主要的生态群系(生物群区)或较易识别的生态系统类型(表 10.1),其中强调了地球上显著的生物多样性背后的地理学和生物学差异。在这种方式下,我们希望在第 11 章中建立全球参照框架,处理人类所面对的挑战,并在大尺度下解决问题。

表 10.1 生物圈里的主要生物群区、生态系统类型和栖息地类型

海洋生态系统	开放的海洋(大洋)
	大陆架水体(沿岸水体)
	上升流区域(具有生产力很高的渔业资源)
	深海热液区(地热支持的生态系统)
	河口(海湾、海峡、河口、盐沼)
淡水生态系统	静水的:湖泊和池塘
	流水的:河流和溪流
	湿地:沼泽和林泽
陆地生物群区	苔原(北极和高山区域)
	极地和山顶冰盖
	北方针叶林
	温带落叶林
	温带草地

续表

	热带草地和稀树草原
	夏旱灌木群落（冬雨－夏旱区域）
	沙漠（草本和灌木）
	半常绿热带森林（具有显著的雨季和旱季）
	常绿热带雨林
栖息地类型	山地
	洞穴
	悬崖
	林缘栖息地
	濒水栖息地

在陆地上，植物是景观基质的主要元素，所以可以通过生物区域或生物群区中的优势成熟植被分布来进行生态系统类型的鉴别和分类。相反，植物在大多数水生环境（尤其是大河、湖泊和海洋）中很小，而且不起眼，所以在这些环境中，通过物理特性可以更加容易地识别生态系统类型。

海洋是最大最稳定的大生态系统，我们对世界的探索如果从海洋开始将有一个非常好的起点。因为现在认为，生命最初起源于盐水环境中，所以海洋可假定为第一个生态系统。

10.1 海洋生态系统

10.1.1 概述

世界上的主要大洋（南冰洋、北冰洋、太平洋、印度洋和大西洋）及其连接和延伸区域涵盖了大约70%的地球表面。物理因素主宰了海洋中的生命（图10.1A）。波浪、潮汐、洋流、盐度、温度、压力和光强在很大程度上决定了生物群落的组成，接下来，生物群落又对底层沉积物、溶液和大气圈中的气体有显著影响。最重要的是，海洋对全球气候和天气有重要作用。

10.1.2 解释与实例

海洋方面的生物学、化学、地理学和物理学的研究相互结合形成的"超级科学"被称为海洋学（oceanography），并逐渐成为国际合作所必需的基础。尽管海洋探索比外太空探索价格便宜，但科考船、海岸实验室、设备和专家所需的资金也是不菲。大部分海岸带以外的研究，由相对较少的几个获得政府补贴的大型研究所来完成，而且大都在发达国家。

10.1.2.1 海洋

海洋中的食物链始于已知的最小的自养生物,结束于最大的动物(超大型的鱼类、鱿鱼和鲸鱼)。微小的绿色的鞭毛虫类、藻类和细菌这些"微微型浮游生物"虽然不能被浮游生物网捕获,但是,它们作为海洋食物网的基础,比大点的"网采浮游生物"更加重要(以前,人们以为是网采浮游生物占据了那个生态位)(Pomeroy,1974b,1984)。溶解有机物(DOM)或颗粒有机物(POM)中有大量初级生产的产物,所以,在大洋中,有机质食物链非常重要。大量各种各样的滤食者建立了小型自养生物和大型消费者之间的纽带,这些滤食者从原生动物到深海软体动物(喷出黏液网,以捕获微生物和颗粒碎屑物)都有。

为了充分理解海洋和人类相互作用中的前景和问题,我们必须考虑海底的轮廓,这也被用于海区的标准海洋学命名。因为每平方米水下都可能有浮游植物,而且极限深度下也会存在某些形式的生命,所以海洋是最大的三维生态系统。海洋也有很高的生物多样性,因为许多大分类单元(门)只在海洋中被发现。

许多科学家都记录了深海动物的极高的生物多样性和进化适应性。深海鱼类非常奇怪:一些能自体发光(灯笼鱼);另一些有可移动的发光脊椎作为诱饵吸引被捕食者(安康鱼);还有许多有巨型嘴巴可以吞下比自己还大的被捕食者(蛇鱼、宽咽鱼)。在深海中食物非常少,不过鱼群学会了适应并找到最大的机会。由于在这种深度的海底缺乏光照(没有净初级生产力),深海生态系统得依靠来自上层的碎屑散落物。

10.1.2.2 大陆架

海洋生命集中于营养条件最适宜的近岸。即便是热带雨林,也没有其他地区具有大陆架那样丰富的生命形式,近岸浮游动物中有丰富的阶段性浮游生物(meroplankton)(暂时或季节性的浮游生物阶段),包括底栖生物(如螃蟹、海洋蠕虫和软体动物)的浮游幼体,这与淡水和大洋中的永久性浮游生物(holoplankton)(整个生命史都是浮游状态的生物)截然不同。浮游幼体显示出极强的能力,能够着陆在适合固着型成体生存的海底。当幼体准备好变态时,它并不是随机着陆,而只对基质的特定化学条件产生响应。底栖生物有两个纵向分布的类群:①底上动物(epifauna),生长在基质表面的生物,可以自由行动或附着生长;②底内动物(infau-na),它们在海底挖掘通道或者构建栖管和洞穴(图 10.1B)。在 Thorson(1955)命名的"平行底部群落"中,全世界的底栖群聚主要由生态等值种组成,并常常是同属物种。

世界上最大的商业性渔业基本上都分布于大陆架或大陆架附近,特别是冷水上升流区域(见下一节和图 10.2)。图 10.2 也描绘出了南半球和北半球的主要洋流。构成商业性渔获的种类相对较少,包括凤尾鱼、鲱鱼、鳕鱼、鲭鱼、狭鳕、沙丁鱼、比目鱼(大比目鱼、鲽鱼)、大马哈鱼和金枪鱼。我们现在可以断言,世界捕鱼量已经达到顶峰了,许多地区甚至过度捕捞。捕鱼是相当耗费能量的,尤其是长途拖网或围网。海产品的增产更应该依赖于海水养殖(在圈围的海湾和河口中养殖海产品或鱼类)。

根据最近的一份海洋渔业报告,世界上的大宗商业性捕捞鱼类中,有 90% 都在过去的 50 年中消失了,包括金枪鱼、箭鱼、鳕鱼、大比目鱼和鲽鱼,如此高的比例令人吃惊。加拿大 Dal-housie 大学 Myers 和 Worm(2003)这项 10 年的研究认为渔获下降的原因是海产品需求量的持续增加,以及由高科技高效率的捕鱼船组成的商业捕捞船队在全球范围内的扩张。

曾经认为是取之不尽的渔业,现在也显示出它们的脆弱性。联合国粮农组织(FAO)估计,全球海洋渔获资源的 3/4 正在被以处于或者超过它们的可持续产量捕获。技术革新使我们能够从海洋中捕获更多的鱼——更大更快的船只(一些船在甲板上就拥有渔产品加工设备)、改进的捕捞设施以及更强的导航和鱼群追踪技术等——这会破坏我们预测的海洋恢复力。

数据显示一旦大型船只将渔获作为目标时,它们能在若干年里导致种群的消失。在 15 年里,约 80% 的大型鱼类消失了。小型鱼类一开始会比较繁荣,但它们的种群通常很快也会崩溃,有可能是因为食物供应限制、过度拥挤和疾病,也有可能是因为它们成为“向食物网下端捕鱼”的目标。如今,顶级捕食性鱼类的平均个体大小仅为过去的 1/5 到 1/2 之间,在某种程度上是因为能继续繁殖的往往是从网中逃脱的小鱼。另一个问题就是成熟慢的鱼类往往还没有长大到繁殖期就被捕获了。

图 10.1　海洋。(A)照片中可见的永不停息的波浪运动显示了大洋里物理作用的重要性;
(B)在许多地方,海洋底部是相对安静和稳定的环境,是大量动物和植物的家园

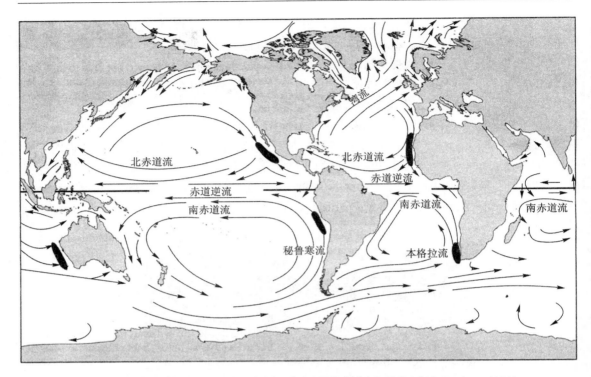

图 10.2　由风和地球自转形成的主要上升流(黑色部分)和洋流(仿自 Duxbury,1971)

　　海洋渔业的退化是可逆的。一个方法是使渔民拥有渔业股票所有权,帮助他们认识到渔业越是富饶,他们的股票越是值钱。例如,从 20 世纪 80 年代末期开始,冰岛和新西兰的渔民拥有可交易配额,允许他们卖出捕鱼权。结果就是捕鱼数量下降,但是收益增加,鱼类群落得到恢复。经典的"公有地悲剧"问题也得以避免(Kennedy,2003)。

　　因为海洋生态系统的复杂性,一些科学家提倡针对整个生态系统而不是单个物种的管理。而且,研究显示位置良好、保护充分的海洋保护区,如鱼类公园,可以帮助修复过度捕捞的海域。保护区通过为鱼类提供繁殖和生长的庇护所,能使鱼类的个体和数量在保护区和周围水域中都得到提高。例如,1995 年,在圣卢西亚岛周围建立的保护区网络使附近小范围的渔获量提高到了 90%。保护育幼场,如珊瑚礁、海草场和滨海湿地,能在整体上保护海洋中的鱼群繁殖。

　　由于海岸带的可通达性和生物的丰富度,它成了大陆架区域最值得研究的部分。没有生物学家(不包括业余的博物学者)认为他或她的教育能够脱离海岸带研究而完成。就像在山上观看,排列在潮间带的种群呈现出独特的水平。砂质海滩和基岩质海滩是两种截然不同的海岸带,生物的成带现象如图 10.3。研究栖息地自然需求的生态学家对竞争和捕食作用印象尤为深刻(见第 7 章)。

　　生物必须适应的主要输入因子有波浪破碎、海浪和潮汐等的自然能量级别。水流平缓的低能量海岸比强浪形成的高能量海岸有更多不同物种。

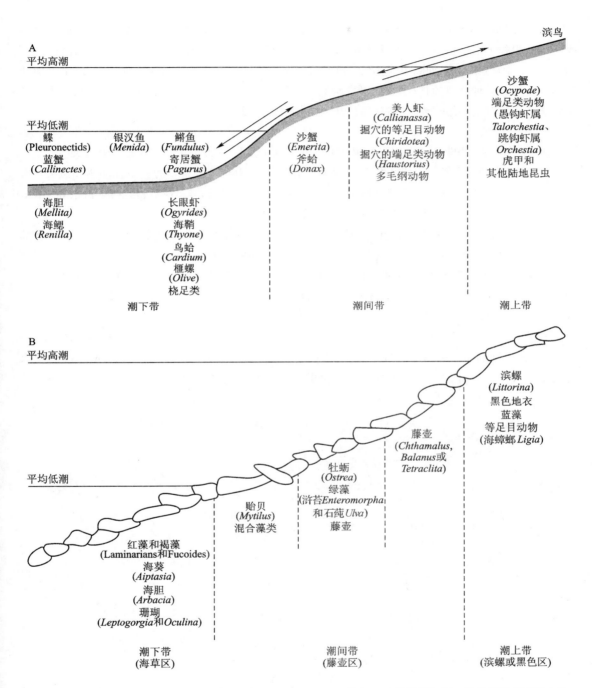

图 10.3 北卡罗来纳州 Beaufort 的一处沙滩(A)(基于 Pearse 等(1942)的数据)和一处岩石海岸(B)(基于 Stephenson 和 Stephenson(1952)的数据)的剖面图,显示了分区格局和典型的优势物种

10.1.2.3　上升流区域

上升流(upwelling)是一个重要过程,指风力持续地把表面水从陡峭的海岸斜坡上输送走,把在水下深处累积了丰富营养物质的冷水带到表层。上升流产生了所有海洋生态系统中最高的生产力,可以支持大型渔业。如图 10.2 所示,绝大部分上升流位于大陆的西海岸。除了渔业,上升流还支持了海鸟的大种群,它们把无数吨富含硝酸盐和磷酸盐的粪便排泄在筑巢的海岸和岛屿上。在工业氮素还没有发展的时候,这些鸟粪被开采,并用船运送到世界各地作为肥料。

上升流区域的一些特征如下:

- 具有高浓度的营养物质和高密度的生物,以中上层鱼类为主,而不是底栖鱼类;
- 巨大的鱼类和鸟类种群不仅仅归因于高生产力,还有短食物链。有些甲壳动物和鱼类在海洋区域中是食肉动物,而在上升流区域中变成了食草动物。硅藻和鲱鱼在短食物链中占主导地位;
- 海底沉积物有机物含量高,磷酸盐显著增加;
- 与富饶的海洋相比,邻近的陆地像是一片海岸沙漠,因为上升流的原因,风必定是从陆地向海面刮去(带走陆地上的湿气)。然而,频繁的雾可能支持了一些植被。

营养丰富的上升流水体也随海山(火山从海底上升了几千英尺,却没有在海面喷射)的坡面而上升。这样的地区是鱼类丰富度和多样性很高的热点地区(de Forges 等,2000)。

10.1.2.4　深海热液喷口

根据已被广泛接受的大陆漂移学说,一些大陆以前是一整块陆地,如非洲和南美洲是一对,欧洲和北美洲是另一对,经过很长的时间后漂移分开了。根据这个理论,原先连接两块大陆的大洋中脊(图 10.4)如今已相距几千英里远了。沿着这些海岭分布的板块形成了热液喷

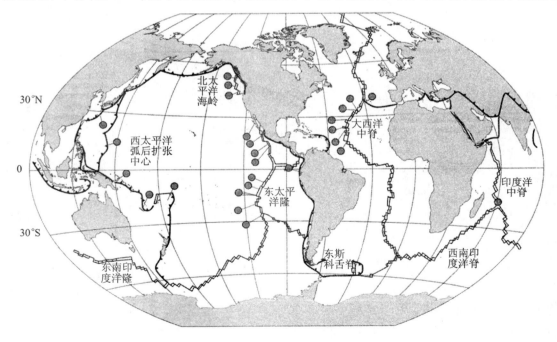

图 10.4　世界深海热液区地图

口、热硫黄喷泉和渗出液。这些热液喷口(hydrothermal vents)形成了任何海洋都无法形成的独一无二的由地热支持的群落,如同第 2 章中所描写和阐述的(Van Dover,2002;Van Dover等,2002)。在这些喷口附近,食物网从化能合成细菌开始,而不是光能自养生物。这些细菌通过氧化 H_2S 和其他化学物质而获得能量,用以固碳和生产有机物。滤食性动物和食悬浮物的动物以这些热液柱上的细菌为食;螺类和其他植食性动物噬食排气口上的细菌层;巨型管虫和贝类也与其组织中的化能合成细菌形成互惠共生的关系。那里也有捕食者,如鱼类和螃蟹。自从 1977 年在加拉帕戈斯扩张中心第一次发现热液喷口群落以来,至 2002 年已发现了大约400 个新物种。热液喷口生态系统已经进化成与其他海洋生命几乎完全隔绝的状态(Tunni-cliffe,1992;Von Damm,2001)。

当火山从海底的溪流状喷口喷发,生物即随着海脊前进,迅速地在新喷口形成集群地(Van Dover 等,2002)。更有意思的是,在海底鲸鱼死尸旁边的动物群落与热液喷口动物群落相似(C. R. Smith 等,1989)。就像是森林中腐烂的巨大原木,当巨型残骸分解完全的时候,这种生境也就随之逝去。

10.1.2.5　河口和海岸

在海洋和大陆的交界处有着一系列各种各样的生态系统。这些不仅仅是过渡带,而且有着各自的生态特征(它们是真正的生态交错带)。尽管与海洋相比,盐度和温度这样的物理因素在海岸带有更大的差异,海岸带却有丰富的食物,足以支持这片充满生命的地区。沿着海岸带生活着数以千计的物种,都不曾在大洋、陆地或淡水中被发现。岩石海滩和以盐沼为主的潮汐河口是两种海洋近岸生态系统,如图 10.5 所示。

河口(estuary)(引自拉丁文"aestus",意为"潮汐")指的是半封闭的水体,如咸淡水混合的河流入海口或海湾,潮汐作用是一种重要的物理调节和能量补充手段。河口和海洋近岸水体都是世界上营养含量最高的自然水体。主要的自养生活型经常在河口混合并占据不同的生态位,保持着很高的总生产速率,这些生物是:浮游植物、底栖的小型生物群落(生活在底泥、砂石、生物体或贝壳上的藻类)和大型植物(巨大的附着生长的植物,包括海草、水下生长的大叶藻、挺水生长的沼泽植物和热带红树林植物)。河口为大多数甲壳动物和鱼类提供了"育幼场所"(幼体阶段迅速生长的地方),这些动物不仅在河口而且在海中被捕获。尽管河口和盐沼不支持特别高的物种多样性,但它们的净初级生产力非常高。确实,一些生产力最高的渔场就在这些生态系统类型中,水生和陆生物种都选择这里作为育幼场所。生物进化出许多对付潮汐的适应机制,因此也发现了生活在河口的许多优势。一些动物,如招潮蟹,具有内在生物钟,能帮助它们选择在潮汐周期内的最佳时段进行捕食活动。如果把这些动物移到稳定的环境中,它们将继续产生与潮汐作用同步的节律活动。

河口通常是一个高效的营养物汇集场所,一部分是因为物理原因(盐度差异阻碍了水团的垂直混合,而允许水平混合),还有一部分是生物原因。假如废水中的有机物质通过二级处理去除掉的话,河口的这个特性增强了其吸收废水中营养物质的能力。在一些沿海城市,河口曾经被当做免费的生活污水处理场。自从 1970 年来,针对河口价值的公众意识和研究得到了大幅度提升。美国大部分河口边的州都立法保护了这些自然资本价值。

图 10.5 两类海岸生态系统。(A)加利福尼亚海岸的岩石海滩,具有典型的水下海草床和具有缤纷多彩的无脊椎动物、海狮和海鸟的潮池;(B) 佐治亚州盐沼的空中俯瞰照片,显示了它是如何被潮水进出产生的小潮沟所切开的。牡蛎生活在这些潮沟的礁石上,翡翠贻贝则生活在潮沟的顶部。青蟹、鱼类甚至瓶鼻海豚会在高潮期间游入较大的潮沟

10.1.2.6 红树林和珊瑚礁

在热带和亚热带的海陆交错带,有两种非常有趣而且独特的群落,红树林和珊瑚礁。两者都是潜在的“造地者”,可形成海岛,延伸海岸。

红树林(mangroves)是海边少数几种耐盐挺水木本植物之一。物种演替通常发生在开放水体和潮间带上缘之间(图 10.6A)。错综复杂的根系深深地插入厌氧底泥中,把氧气输送到根部,并为蛤蜊、牡蛎、藤壶和其他海洋动物提供可附着的表面。在中美洲和东南亚(如越南),红树林的生物量等同于陆地森林。红树林木质非常坚硬,商业价值高。在许多热带地方,红树林替代盐沼成为潮间带湿地,而且它们有许多相似的价值,例如,作为鱼类和虾类的育幼场所(W. E. Odum 和 McIvor,1990)。

如图 10.6B 所描述的珊瑚礁(coral reefs)广泛分布于温暖的浅水中。它们沿着陆地形成障壁岛(如澳大利亚的大堡礁)、平行礁和环礁(在水下死火山顶部形成的马蹄状山脊)。珊瑚

礁是生产力和多样性最高的生物群落之一。我们建议,每个人至少戴着面罩和潜水呼吸管来探索一次这些色彩艳丽的繁荣的"自然城市"。

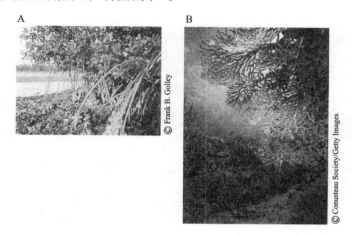

图 10.6　(A)大红树(*Rhizophora mangle*)是红树林生态交错带最外侧的典型物种。它的支持根为牡蛎和其他各种海洋动物提供了基质;(B)珊瑚礁照片,显示了在洋流适宜地区生长的树枝状珊瑚结构

　　由于水流和互生共利的作用,使得珊瑚礁可以在营养贫瘠的水体中繁荣生长。珊瑚礁是一种植物 – 动物超有机体,一种被称为虫黄藻的藻类生长在珊瑚虫体内。动物部分通过在体内生长的藻类获得"蔬菜",而在晚上通过伸出触角来捕获经过其石灰石居所的水流中的浮游动物作为"肉类"。石灰石沉积物是以海洋中丰富的碳酸钙沉积物作为原材料的。这个共生关系中的植物部分从动物部分中获得保护、氮素和其他营养。

　　由于人类必须保护世界上不断减少的资源,珊瑚礁生态系统是一个有效保存、利用和循环资源的范例(Muscatine 和 Porter,1977)。然而,如同一个复杂而有活力的城市,运行非常协调的珊瑚礁也无法抵挡或适应类似污染或水温上升这些干扰。在最近几年,全世界的珊瑚礁都显示出了应激信号,可能是针对全球变暖和海洋污染的早期警告。"漂白"是一个早期的应激信号,是绿色的共生藻类离开珊瑚动物时发生的。如果共生关系没有得到恢复,珊瑚就会缓慢地饿死。有一个理论尚未证实,即珊瑚逐出藻类,使其成为自由生活的浮游生物,以重新聚集形成新的群体,更好地适应变化的环境。换而言之,漂白是一种生存的策略(Salih 等,2000;Baker,2001)。

10.2　淡水生态系统

10.2.1　概述

　　简而言之,淡水生境可以划分为以下三种类型:

- 静水(lentic)生态系统:湖泊和池塘;
- 流水(lotic)生态系统:泉、溪流和河流;
- 湿地(wetland):其水位通常会随着季节及年际变化而上下波动:林泽和沼泽。

静水和流水栖息地的实例如图 10.7 所示。

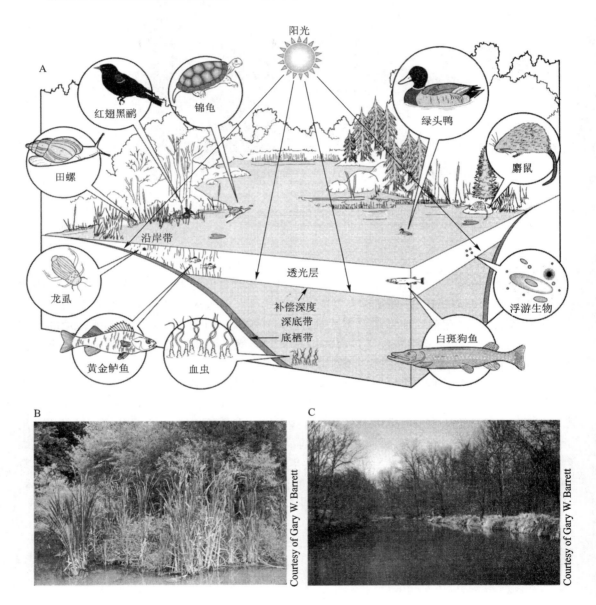

图 10.7 　(A)一个静水(池塘)生态系统示意图。系统由五个区组成(沿岸带、透光层、深底带、补偿深度和底栖带);(B)一个沿岸带被香蒲(*Typha*)占据的池塘;(C)俄亥俄州 Butler 郡的一条溪流(流水生态系统)

　　地下水虽然是一个巨大的淡水水库和人类用水的重要来源,但通常不被认为是一类生态系统,因为其中几乎没有生命的存在(除了偶尔有细菌的生存外)。地下水与上述的三种地表生态系统间具有相互联系,是静水、流水以及湿地生态系统的重要输入、输出环境。

10.2.2　解释与实例

　　与海洋和陆地生境相比较,淡水生境占据了地球表面的相对较小的一部分,但是相对其面积而言,淡水生境对人类的重要意义更大,原因如下:

　　● 为生活和工业的需要提供了最经济、最便捷的淡水来源(人们可能将会从海水中获取更多的水资源,但是海水淡化和海水的污染净化这些过程都需要投入很多的精力和开支)。

　　● 各种不同形式的淡水是水循环中的"瓶颈"。

　　● 沿河口地区的淡水生态系统,为废水的处理提供了更加便捷和经济的三级处理系统。几乎无一例外,世界上最大的城市均分布在河流沿岸、湖泊附近或河口区域,这些淡水系统均成为免费的城市污水处理场所(换句话说,自然资本比经济资本更能为城市人口提供有益服务)。由于对自然资源的过度滥用,为缓解自然资源压力所需要做出的举措便刻不容缓,否则,水资源将成为我们人类发展的限制性因素。

　　水具有一些独特的热力学特性,相互结合,使得温度变化最小化,这样便有利于缩小温度变化的范围,使得温度变化比在空气里慢得多。这些最重要的热力学特性包括:

　　(1) 水在4℃时的密度最大,温度高于此或低于此,水体都会发生膨胀而变轻。这一特性使得整个湖泊不会全部结冰成固体状。

　　(2) 水的比热很大,要使水温改变需要大量的热量。例如,要使 1 mL(1 g)水温度升高1℃,需要 1 cal(1 卡路里)的热量(如从 15℃升高到 16℃)。

　　(3) 水的熔解潜热高——在外界温度不变的情况下,将 1 g 冰融化成水需要 80 cal 的热量(反之亦然)。

　　(4) 水的蒸发潜热最高——就如持续地不同程度地发生于植物体、水体和冰面的蒸发现象一样,1 g 水蒸发需要吸收 597 cal 的热量。在太阳辐射能量中,大部分都被地球上生态系统中的水分蒸发所消耗。这一能量流可以调节气候,促使生物多样性的发展。

　　(5) 水具有非常强大的可溶性。

　　(6) 水也有着很好的导热性——传热速率非常快。

10.2.2.1　静水生态系统(湖泊和池塘)

　　从地质的角度看,大多数承载着静止淡水的盆地都较为年轻。池塘的生活史一般由几周、几个月(小型的季节性、短暂性池塘)到几百年(较大池塘)。虽然有一些湖泊是非常古老的,如俄罗斯的贝加尔湖,但大部分大型湖泊都形成于冰期。人们也会认为,这些静水生态系统随时间发生着变化,其速率或多或少地与水深和面积成反比。尽管淡水资源空间分布的不连续性有利于物种形成,若缺乏时间隔离因素,最终也是不利于物种形成的。总之,与海洋或热带生态系统类型相比,淡水生物群落的物种多样性是比较低的。在本书的第 2 章介绍生态学研究时,池塘被当做一种可随意界定尺度的生态系统(或中型实验生态系统),并进行了详细的描述。

如第 2 章中所述，明显的带状分布和层级差异是湖泊和大型池塘的典型特征。通常，我们可以将和湖泊划分为：沿岸带（littoral zone），沿岸生长着挺水植物；透光层（limnetic zone），浮游植物占优势的开阔水域；深底带（profundal zone），只有异养生物生存的深水区域；底栖带（benthic zone），底栖生物占优势的水层。在沿岸带和透光层，$P/R > 1$；在深底带，$P/R < 1$；在补偿深度（compensation depth），$P/R = 1$。池塘中所具有的生活型包括浮游生物（自由漂浮的生物，如硅藻）、自游生物（可自由游动的动物，如鱼类）、底栖生物（营底栖生活的生物，如蛤蜊）、漂浮生物（漂浮在水表面的生物，如水黾）和固着生物（附着生长的生物，如水螅）。

在温带地区，由于冷热温差，湖泊在夏季经常发生热分层现象，在冬季，这种分层现象逆向发生。温度较高的表层湖水，称为变温层（epilimnion）（源自希腊文"limnion"，意为"湖泊"）；较变温层水深，且温度较低的称为湖下层（hypolimnion），这两层是暂时隔离的，两者之间为温跃层（thermocline），是物质交换的层间屏障（图 2.3 C 和图 2.3D 中说明了这种分带和分层现象）。结果，造成了湖下层供氧量和变温层营养物质的缺乏。在春秋两季，由于整个水体的温度较为一致，会发生上下层水体间的混合。在这些季节交替的时候，经常发生浮游植物爆发，主要由于在上下层水体混合的时候，下层水体携带大量的营养物质至透光区（photic zone），供浮游植物所利用。在湖泊和海洋中，植物可生长的透光区在整个水体中所占的份额最小。在气候温暖的地区，这种水体的混合一年发生一次（发生在冬季）；在温带生物群区中，这种混合现象典型地一年发生两次（双季对流混合）。

在静水生态系统中，初级生产力依赖于水体底部的化学特性和溪流、陆地径流的输入情况（即流域的输入），并通常与水深成反比。相应的，每单位水体表面内的渔获量随水深而降低，但是深水区域鱼类的个体较大。依据生产力的高低，湖泊经常被划分为寡营养的（oligotrophic）或富营养的（eutrophic）。从生活和娱乐用水而言，生物贫瘠的湖泊优于从水质角度衡量的富营养型水体，这成了一个悖论。在生物圈的一些部分，人们通过提高物质的营养状况来供自身所需，但在另一些部分，为了保持具有传统美学价值的环境，人们又抑制富营养（通过移除营养物或使植物中毒）。例如，一个富含营养物的绿色池塘里，鱼产量较高，但却不是一个理想的游泳池。

人类通过开挖人工池塘和湖泊，又叫蓄水池（impoundment），使得原本缺乏自然水体的区域景观得以改变。在美国，几乎每个农场都会开挖至少一个农场池塘，在每条河流上都建立了大型的蓄水池。这种做法通常都是有益的，但是用这种蓄水策略来灌溉肥沃的土地并不能多产，而且不是最佳的土地长期利用。与流水相比，静止水体对污染物氧化的效率比较低。除非整个流域的植被状况很好，不然的话，只需一代人的时间，侵蚀就会导致蓄水池的堆积和消失。

蓄水池的热量平衡与自然湖泊有着显著差异，这取决于水坝的设计。倘若根据水坝的水电设计从坝底放水，低温、富营养且含氧量低的水将排入下游，温度较高的水则被滞留在坝内。毫无疑问，蓄水池就成了热量滞留者和营养输出者，这与自然湖泊相悖，自然湖泊的排水均发生于水体表面，从而滞留了营养物，而释放了较高温度的表面水，其作用是营养滞留者和热量输出者。因此，水的排放类型对下游状况有着很显著的影响。

10.2.2.2 流水生态系统(溪流和河流)

静止水体与流动水体间的差异主要包括以下三个方面:① 在溪流中,水流是最重要的控制和限制因子;② 在溪流中,水陆交互的范围大,形成了一个更为开放的生态系统,当溪流的流域面积较小时,主要以异养类型的群落为主;③ 在溪流中通常含氧量高,且分布均匀,除了在流速缓慢的大型河流,基本上没有温度或化学成层现象。

河流连续体概念(Cummins,1977;Vannote 等,1980)包括从河流的源头至入海口之间所形成的在群落代谢、生物多样性和粒径等方面的纵向差异(见第 4 章,图 4.9),描述了生物群落如何适应不断改变的水体状况。在给定的溪流范围内,通常有两个明显的区域:

(1)急流区(rapids zone),足够强劲的流速能够起到对河流底部的淤泥和其他沉积物及时清淤的作用,为河床提供了一个坚硬的基底。这个区域里生长有特殊类型的生物,能够牢固地附着在基底上(如蚋和石蛾的幼虫),或是能够抵抗急流或紧贴基底的鱼类(如鳟鱼和飞鱼)。

(2)水池区(pool zone),水深,流速减缓,故泥沙易沉积,形成了柔软的基底,适宜掘穴类和游泳型动物,以及挺水植物生存,并且在大池还有浮游植物。事实上,大型河流水池区的生物群落与池塘中的较类似。

河流上游一般都会发生侵蚀现象,水流深切入基底,因此,占主导的是坚硬的河床。当河流在下游到达基准面时,物质沉积,形成营养物质丰富的洪泛区和三角洲。根据水的化学组成,流水系统可划分成两类:① 硬水或碳酸盐河流,可溶性无机物的浓度大于等于 100×10^{-6};② 软水或氯化物河流,可溶性固体的浓度小于 25×10^{-6}。碳酸盐河水的化学性质主要受岩石风化的影响,而氯化物河水的化学性质决定于大气沉降。有腐殖质或黑水的河流,其可溶性有机物的浓度非常高,是另一类在温暖的低海拔地区的典型河流。关于河流能量在食物链中的传递有一些研究和综述,尤其强调了鱼类的作用,如 Cummins(1974)、Cummins 和 Klug(1979),以及 Leibold 等(1997)。

泉虽然不大,数量也不多,但它是重要的研究区域。有一些经典的关于泉的全生态系统研究,例如,对美国佛罗里达州一个大型石灰岩泉水的研究(H. T. Odum,1957)、对新英格兰一个小型冷水泉的研究(Teal,1957)和对美国黄石国家公园内的热泉的研究(Brock 和 Brock,1966;Brock,1967)。

10.2.2.3 淡水湿地

淡水湿地(freshwater wetland)被定义为在一个年周期内至少有部分时间是被浅层淡水覆盖的,相应的,湿地土壤在一年内持续地或有部分时间是水饱和的。决定湿地群落的生产力和物种组成的关键因素是水文周期(hydroperiod),即水位波动的周期性。因此,淡水湿地可以被归于"脉冲稳定的水位波动的生态系统",与潮间带海洋和河口生态系统相类似。

湿地是一种开放系统,并能根据它们与深水及山地生态系统的相互联系来划分为如下类型:

(1)河流湿地(riverine wetlands)是与河流相连的低洼地(牛轭湖)和洪泛区。在大型河流洪泛区,低洼地势中生长的阔叶林是自然系统中生产力最高的生态系统之一,如美国海岸平原上的大河下游区域内的淡水潮汐沼泽。

（2）湖泊湿地（lacustrine wetlands）与湖泊、池塘或筑坝的河道等有关。当水深增加出现溢流现象时,就会产生周期性的洪水。

（3）沼泽湿地（palustrine wetlands）包括碱沼、酸沼、藓沼、湿草地和并不直接与湖泊或河流相连的间歇性池塘（尽管它们可能位于老河床或淤积池塘或湖盆里）。藓沼湿地呈弱酸低,主要是莎草植物占优势,而酸沼湿地的酸度较高,泥炭的积累是最大的特点,泥炭藓是其优势种。这些湿地广泛散布在大地景观中,尤其是曾被冰川覆盖的地区。在这类湿地里主要生长有各类大型沉水植物、挺水植物和灌丛。由草本挺水植物为优势种的沼泽湿地是水鸟和其他水生或两栖类脊椎动物的基本觅食生境。在美国,由木本植物或林地占优势的湿地通常被称为林泽。例如,一个深水沼泽中占优势的分别是落羽杉（*Taxodium distichum*）群落,水紫树（*Nyssa sylvatica*）群落和双色栎（*Quercus bicolor*）群落。

虽然湿地仅占地球表面积的约 2%,但是它们却占地球含碳量的 10% ~ 14%（Armentano,1980）。湿地土壤,如有机土的含碳量占土重的 20%,当然泥炭地中的含碳量更高。为了农业灌溉所进行的湿地排水会将大量的二氧化碳释放到大气中,对"二氧化碳的问题"至关重要（见第 4 章）。湿地沉积物中的好氧层和厌氧层（包括盐沼）也成了硫、氮、磷和碳的全球循环中的重要组成部分。图 10.8 概述了湿地和浅海沉积物中微生物分解和循环的重要途径。

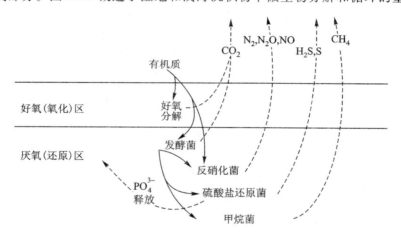

图 10.8　湿地沉积物中的微生物分解和循环。四种主要的厌氧分解者产生含碳、氮和硫的气体,因此形成进入大气的再循环。磷酸盐从不可溶形式转变为可溶形式,更容易被生物吸收（仿自 E. P. Odum,1979）

20 世纪后期,当人们从生态学和经济学研究中发现湿地有着未曾认识到的价值时,公众对于湿地的态度发生了显著的转变。湿地不再像过去那样被看做是荒地而受到破坏或改变。虽然人们在湿地保护方面已取得了一些进展,尤其是对于海岸湿地的保护,但是在立法和政策方面还需要开展更多的工作。

水稻田也非常重要,是人类设计的生产力最高最可靠的一个农业系统,它实际上是一类淡水沼泽生态系统。为了保持土壤肥力和水稻的高产量,水稻田每年都要进行灌溉、排水以及小心地重修,而水稻本身也是一种人工栽培的湿地草本植物。灌溉过程如同自然湿地的水文周期一样（包括持续时间、频率和深度）。水文周期影响了种子的萌发、植物物种的组成和湿地生态系统的生产力。

10.2.2.4 森林湿地

　　林泽和洪泛区的森林一般分布在河流下游,常与草本沼泽交错分布,尤其分布于流经海岸平原的大型河流。它也常见于广阔的低气压带地区（如 Okefenokee 沼泽,见图 10.9A）,石灰岩地貌,以及其他定期会有水淹情况发生的低洼地。在沼泽里,水文条件在决定物种组成和生产力方面起着重要的作用。落羽杉和黑橡胶树是最适宜水淹环境的树种,然而下游的阔叶林（栎树、白蜡树、榆树和橡胶树）最适合有周期性水淹的条件,如生长在洪泛平原。当沼泽长期处于水淹状态,并且淹水沉积物中含氧量很低甚至没有的时候,落羽杉的膝状根能从大气中吸收氧气传输至根部（图 10.9B）。在冬春两季土壤表面被水淹而在大部分生长季内较为干旱的区域,生产力最高。

图 10.9　（A）佐治亚州 Okefenokee 沼泽里的湿地森林,其前面是淡水草本湿地,后面是一片林泽。（B）柏树的基部膨胀发达,并且长出很多膝状的呼吸根,这都是对频繁淹渍的响应

10.2.2.5 淡水潮汐沼泽

　　在地势低洼的海岸平原,潮汐涌入内陆的大河流。例如,在华盛顿州上游的 Potomac 河和内陆的弗吉尼亚州 Richmond 市的詹姆斯（James）河都有米级振幅的潮汐,形成了一种独特的淡水生态系统生境。生物群落从周期性的潮汐中获益,并且不需要抵抗盐度胁迫。夏季,淡水潮汐沼泽多以低纤维的肉质植物为主,这些植物在冬季则被分解进入土壤。这与盐沼恰好相

反,在盐沼里终年都以高纤维的盐沼植物为主(图10.10A和图10.10B)。在盐沼湿地中,厌氧微生物群落的优势物种是硫酸盐还原菌,而在淡水沼泽湿地中,则是甲烷生产者(图10.10C)。总而言之,在盐沼湿地中,初级生产的消费者一般是水生动物,如鱼、虾和甲壳类动物。相反,在淡水沼泽湿地中,则是半水生的两栖动物、爬行动物(鳄鱼)、鸟类(鸭类,鹭类和其他水禽)和毛皮动物。关于这两种沼泽的更详细比较可参考W. E. Odum(1988)。

图10.10　淡水沼泽和盐沼。(A)新泽西州Tuckerton的北部盐沼,优势植物为互花米草(*Spartina alterniflora*),高位沼泽里具有典型的明水面。(B)低潮时佐治亚州盐沼的一条潮沟。裸露的泥岸被小型藻类的"神秘花园"所覆盖——这些藻类非常小,以至于只有在灰色泥土上形成棕色层之后才能被人们所发现,这是河口食物链的主要基础,食物链上有小型无脊椎动物、虾类和鱼类。互花米草等高草位于高位沼泽,只有少数昆虫以此为食,所以它们大部分都是在原地死亡后成为碎屑物食物链的基础。(C)佐治亚州Altamaha河边的淡水感潮柏树沼泽。沼泽土壤是反硝化过程的重要场所,其氮源来自河流上游的城市和农田区

10.3　陆地生物群区

10.3.1　概述

F. E. Clements和V. E. Shelford(1939)引入了生物群区这个概念,即世界植被格局的分类。他们认为生物群区包括了主要的植物群系和与之有关的动物,是生态组织的一个生物单元或水平。生物群区通常被定义为植物和动物的一个主要的区域性生态群落。我们将生物群

区(biome)定义为介于景观和全球(生态圈)之间的一个组织水平(见图1.3)。

在生物群区概念被生态学家广泛接受之前,C. Hart Merriam 提出了生命带分类系统。他的生命带(life zone)概念(C. H. Merriam,1894)基于气候和植被之间的关系,最适于山地区域,那里的温度变化伴随着海拔和植被的变化。

其他分类方法包括 Whittaker(1975)的"世界植物群系格局",它基于年平均温度和年平均降雨量之间的关系(图10.11)。Whittaker 根据天气年均气温和降雨量绘出了介于森林和沙漠群落之间的主要植被类型边界。他认为,火、土壤和气候的季节性等因素决定了主要群落类型是草地、灌丛还是林地。

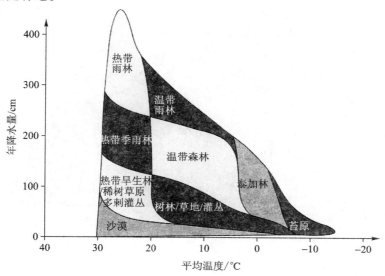

图 10.11　基于年平均降水量(cm)和年平均温度(℃)之间的关系的世界植物形成格局(Whittaker,1975)

Holdridge(1947,1967)提出了一个更加详细和经典的方法来解释植被和气候的关系(图10.12)。Holdridge 生命带系统(Holdridge life zone system)用于植物群系的分类,取决于年平均生物温度在纬度和高度上的梯度、潜在蒸散与年降雨量的比值以及年际总降雨量。在 Holdridge 系统内有三个分类层次:根据气候定义的生命带,根据当地环境条件进一步细分的群丛和根据实际的地被或土地利用再次细分的生命带。Holdridge 将群丛(association)定义为一个独特的生态系统类型或植被的自然单元,它通常有特定物种占优势,因此提供了一个相对统一的物种结构。Holdridge 生命带分类系统与其他分类系统有所不同,它尤其定义了气候和植被(生态系统)分布之间的关系。

Bailey(1976,1995,1998)提出的生态区概念是另一个全球生物分布的分类方法。生态区(ecoregion)被定义为:基于一个连续的地理或景观区域的生态系统,在该范围内,气候、土壤和地形的相互关系足够一致,以至于能允许相似类型的植被的发育。分类单元包括域、区和省。生态区概念的优势在于它包括了陆地和海洋(见 Bailey 对北美洲生态区的描述和分类,1995)。由于所有系统都是在更大系统的层级内运行的,所以对更大系统的了解有助于生态

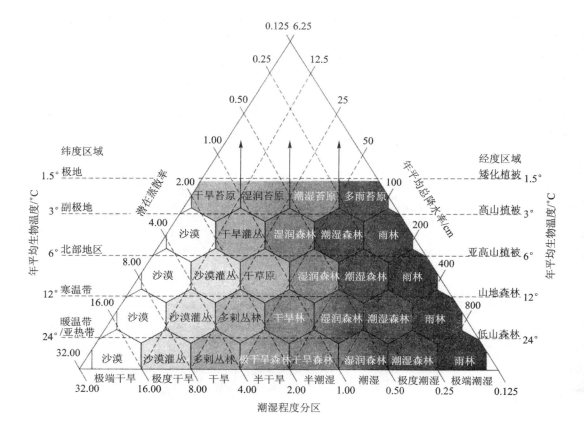

图 10.12 用于对植被形成和关联进行归类的 Holdridge 生命区分类系统（引自 Holdridge, L. R., 1967, Determination of world plant formations from simple climatic data. *Science*, 130：572）

学家更好地理解较小系统。对这个层级的理解为生态学家在土地利用管理和自然资源开发方面提供了一个更高的预测等级。

生态学学生需要熟知一些大尺度分类系统及其定义和采样需求。我们已经选择将焦点放在生物群区的概念上来解释气候性顶级植被。生物群区概念尤其重要，因为它包含了更大尺度上的主要植物和动物的关系。

10.3.2 解释与实例

气候顶级植被的生活型（life-form）（草地、灌丛、落叶树、针叶树等）对陆地生物群区的划分界限和认识非常重要。因此，草地生物群区的顶级植被就是草本植物，虽然其物种根据地形在不同生物群区和不同大洲内有所差异。气候顶级植被对分类是很关键的，但是，可能被其他生活型所占据的土壤演替顶级和各发育阶段也是一个生物群区的必要组分。例如，草地群落可能是一个森林群系的发育阶段，滨水森林可能是一个草地群系的一部分。

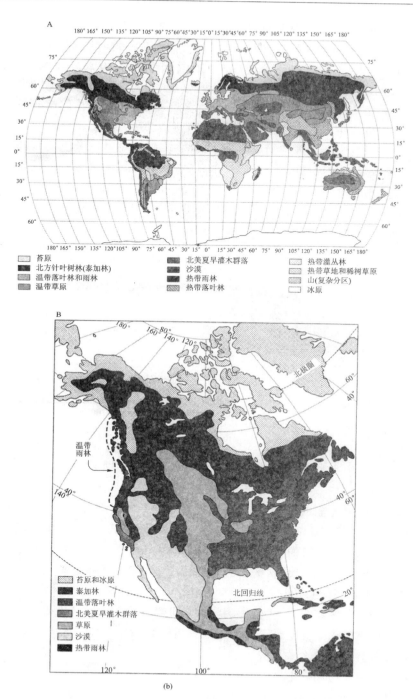

图 10.13　（A）世界上的主要生物群区。世界上不同地区的几个生物群区可能因为处于不同的生物地理分布区而彼此孤立。因此，人们认为它们具有生态上的等同性，但是通常在物种分类上是无关的。（B）北美洲的主要生物群区分布图

　　迁移的动物有助于整合不同的植被层和阶段。鸟类、哺乳动物、爬行动物和许多昆虫在亚系统之间、植被的发育和成熟阶段之间自由活动,迁徙鸟类在不同大洲的生物群区间做季节性的迁飞。在许多实例中,生活史和季节性行为被整合起来,可以看到某种动物将占据几个(通常是差异很大的)植被类型。大型草食性哺乳动物(鹿、驼鹿、驯鹿、羚羊、野牛和家牛)是陆地生物群区的一个典型特征。这些食草动物中有许多都是反刍动物,它们都有一个非常显著的实现营养物再生的微型生态系统:瘤胃。在瘤胃里,厌氧微生物能分解和富集木质纤维素,后者是陆地植物生物量的一个很大的组成成分。同样的,碎屑物食物链以真菌和土壤分解动物为特征,是一个主要的能量流动通路,如植物根系和丛枝菌根、固氮生物以及其他微生物的共生作用。

　　全球生物群区见图 10.13A,北美洲的主要生物群区见图 10.13B。六个主要生物群区的气候特征比较见图 10.14。

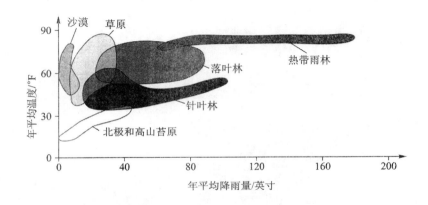

图 10.14　六个主要生物群区根据年平均温度和年平均降雨量的分布(引自美国国家科学基金会)

　　在 20 世纪 70 年代直至 80 年代,几个主要生物群区(草地、温带落叶林、北方针叶林、苔原和沙漠)都成为多学科研究团队的目标,这是美国对国际生物学计划(IBP,关于这个计划的综述见 Blair,1977;Loucks,1986)的贡献之一。由美国国家科学基金会的长期生态学研究计划(LTER)资助的生态系统和景观层次的研究已经在几个 IBP 站位得以持续(关于 LTER 研究站位的详情参见 Callahan,1984;Hobbie,2003)。

　　在植物区系和动物区系方面,生物地理学家将世界分为 5 或 6 个主要区域,大致与主要的大洲相对应。大洋洲和南美洲是最孤立的区域。相应的,人们预计,在这些大洲的生物群区内的生态等值种在分类上有很大差异的(见第 7 章)。

10.3.2.1　苔原——北极和高山

　　有一条近极地带,南接森林,北邻极地冰盖,约 500 万英亩(> 200 万公顷),完全没有树木生长(图 10.15)。人们在高山的树木生长线以上发现了较小的但是生态相似的区域,即使在热带也能找到,这被定义为高山苔原(alpine tundra)。在北美洲和欧亚大陆,西部地区的苔原和森林界线更加靠北,因为那里的气候被温暖的西风中和了。

图 10.15 位于阿拉斯加巴罗角的北极研究实验室附近海岸平原上的苔原景观（七月份）。（A）在一条溪流顶部的大水洼,距离海岸约 3 km,优势植物是一种北极草本植物 *Dupontia fischeri* 和一种莎草科植物沼生苔（*Carex aquatilis*）,它们生长在富含泥炭的半沼泽土上。这个区域常常被认为是靠近海岸的低位苔原顶极。注意图中的取样框和防止旅鼠进入的围栏。（B）内陆 16 km 处的地方,显示了多边形的地形,位于低谷的冰脉导致了多边形的隆起。近处的白色果实为羊胡子草（*Eriophorum scheuchzeri*）

　　低温和短生长季是苔原内生物的主要限制因子。降雨量可能也很低,但是由于蒸发量低,降雨不会构成限制。在夏天,除了表层几厘米的地表之外,整个地层都是冰冻的。永久冰冻的深层土被称为永久冻土（permafrost）。苔原主要是一片潮湿的北极草地,在稍微干燥一些的地方,植被由禾草、莎草、矮生树种和地衣（"驯鹿苔"）组成。低位苔原（low tundra）,如阿拉斯加海岸平原,具有典型的一层厚厚的海绵状的垫子,由活着的和正在非常缓慢分解的植物组成,通常是水分饱和的,在苔原内有星星点点的水塘,在短暂的夏季,大量迁徙涉禽和其他水禽就在这里繁殖。高位苔原（high tundra）,尤其是在有明显的地势起伏的地方,被稀疏生长的地衣和草本植物所覆盖。虽然生长季很短,但是漫长的极昼在一些适宜的地方产生了相当可观的初级生产力（高达 5 $g_{干重} \cdot d^{-1}$）,如阿拉斯加的巴罗角。

　　水生生产力（包括富含营养物的北极水体）和陆地生产力相结合,支持了不只是渔猎期内大量的迁徙鸟类和昆虫,还有常年在该地区活跃的永久性居民。这些永久性居民有大型动物,如麝牛、驯鹿、驼鹿、北极熊、狼、狐狸和猛禽(如雪鸮),还有旅鼠和其他在植被层中穿行的小型动物。大型动物通常都是迁徙性的,许多小型动物的丰度则出现周期性的规律(有关描述见第 6 章),因为在许多地区,一年内没有足够的净生产来支持它们。在人类圈养动物或选择非迁徙物种进行驯化的地方,过度放牧是不可避免的,如家养驯鹿,除非采取轮流放牧的措施来代替迁徙行为。随着开矿和其他人类干扰的不断增加,人们一定要认识到苔原是特别脆弱的生境,薄薄的生命层很容易被破坏,而恢复过程则是相当漫长。阿拉斯加管道的修建提供了很多教训。在北极国家野生动物保护区,有 1 980 万英亩(790 万 hm^2)土地用于石油开采,在进入 21 世纪后,来自石油工业的胁迫依旧继续着。

10.3.2.2 极地和高山冰盖

冰盖是一种极端环境,但是它们并不是完全没有生命。绿色的冰藻和大量异养生活型微生物生活在冰的里面和下面。在这些环境下生存需要一套复杂的生理和代谢适应机制,这就意味着在被冰雪覆盖的地球外空间可能有相似的生活型(Thomas 和 Dieckmann,2002)。在南极冰盖下,存在着不冻湖,被认为含有微生物。有一个名为 Vostok 湖的这种湖泊,处于冰盖表面以下 4 000 m,从 2000 年以后一直在探索(Gavaghan,2002)。

地球上所有最高的山峰都有永久冰盖,即使在热带也不例外,如非洲的乞力马扎罗山,在这些冰盖里具有相似的微生物生命。山顶的冰盖有额外的能量来源,即由风从冰盖下的植被吹来的碎屑物。Swan(1992)将这些冰盖命名为"风成生物群区"(来自拉丁语"aeolus",是风神的名字,意为"风的")。

人们在极地钻取的柱样中得到了历史气候的记录。当然,人类对极地冰盖有浓厚的兴趣,因为如果它们一旦融化,海平面就会上升,殃及全球至少一半人口。

10.3.2.3 北方针叶林生物群区

宽阔的北半球常绿森林带横贯北美洲和欧亚大陆。这类生物群区常常被称为泰加林(Taiga)或环极圈北方针叶林(Northern Circumpolar Boreal Forest)。这类森林在山地延伸,甚至可到达热带。典型的生活型是松柏科的针叶树种,尤其是常绿的云杉属(Picea)、冷杉属(Abies)和松属(Pinus)植物,还有落叶树,落叶松属(Larix)。因此,那里全年都有浓密的树荫,通常导致灌丛和草本植物层发育不良。然而,即使温度在一年内一半以上时间里都是很低的,绵延不绝的叶绿素层仍能产生相当高的年生产率。针叶林是世界上木材产量最高的区域。针状叶的分解非常缓慢,土壤出现一层典型的灰化层。土壤里有许多小生物,与落叶林或草地的土壤相比,针叶林内的大型动物较少。许多大型草食性脊椎动物,如驼鹿、白靴兔和松鸡,为了食物,都至少部分地依赖于发育过程中的阔叶林。针叶林的种子对许多动物如松鼠、金翅雀和交嘴雀而言是关键的食物来源。

和苔原一样,泰加林里的季节性周期是非常显著的,种群都有脉冲式或循环的现象。针叶林也会爆发树皮甲虫和食叶昆虫(如叶蜂和蚜虫),尤其是那些只有一个或两个优势树种的森林。然而,如同第 6 章所述,这种爆发是针叶林生态系统适应的发育过程中持续循环的一部分。

在北美洲,从加利福尼亚州中部到阿拉斯加州的西海岸线上,有一种特别的针叶林。那里的温度较高,季节性变化幅度相对较小,湿度很高(图 10.16)。虽然针叶树是那里的优势物种,但是其植物区系与北方针叶林显著不同。相应的,它们通常被看做"温带雨林",可以认为是一类隔离的生物群区(见图10.13B)。

图10.16　三种针叶林。(A)科罗拉多州的高海拔北美山地云杉和毛果冷杉林。注意,从图中可以看到,由于低温和长期被雪覆盖,大量凋落物积累在地上。(B)爱达荷州的一片冷杉林,正处于一个主要的发育阶段,白杨树(一种阔叶树种)在秋季的时候叶色转为金黄(该照片左中部的浅色的树丛)。(C)位于加利福尼亚亨伯特郡的一个潮湿针叶林的例子,通常被称为温带雨林,注意林中的高大树木以及丰富的蕨类和其他草本植物

异叶铁杉(*Tsuga heterophylla*)、北美乔柏(*Thuja plicata*)、北美冷杉(*Abies grandis*)和花旗松(*Pseudotsuga menziesii*)是普吉特海湾四种优势度最高的树种(花旗松主要生长在较为干燥的地方,或是潮湿地区的亚顶极树种),而温带雨林也在那里得到了最充分的发育。再往南,在海岸上有高大的北美红杉(*Sequoia sempervirens*),往北,则是针叶林,主要是北美云杉(*Picea sitchensis*)。不像那些更加北方的干燥的针叶林,这里的林下植被只要有光线透过林冠就能发育良好,苔藓和其他喜湿的小型植物非常丰富。附生苔藓与潮湿热带雨林中附生的凤梨科植物在生态意义上是很相似的。生产者的立地产量非常可观,可以想象,如果伐木更新和营养物循环得以维护,每单位面积内潜在的木材产量是非常高的。这种生态系统内,很大一部分营养物质可能都积累在生物量中,几乎所有这样的生态系统都可能因为过度开发而导致未来的生产力下降。

其他北方针叶林生物群区的类型可以被视为隔离的生物群区,有矮针叶林和西黄松(*Pinus ponderosa*)林,后者位于科罗拉多州、犹他州、新墨西哥州和亚利桑那州的中海拔山上,夹在草地和云杉林之间。它们通常是呈疏林状态,尤其当火成为环境因子之一的时候,会生长有相当数量的草本植物。

10.3.2.4　温带落叶林

　　落叶林群落(图 10.17)占据了具有充沛降雨量(30~60 英寸,折合 75~150 cm)且温度适宜的地域,那里四季分明。温带落叶林最初覆盖了北美洲的东部、欧洲的大部分区域、日本的部分国土、澳大利亚和南美洲的尖端。由此,落叶林生物群区彼此越来越趋于隔离,其隔离程度甚至超过苔原和北方针叶林,它们的物种组成当然也反映了这个隔离程度。冬季和夏季之间的反差很大,因为树木和灌丛在一年中的部分时间里是没有叶子的。草本和灌木分层明显,发育良好,土壤生物也是如此。许多植物都会产生浆果和坚果,如栎树果实和山毛榉坚果。北美洲原始森林里的动物包括白尾鹿、熊、灰松鼠和狐松鼠、美洲山猫和野火鸡。红眼绿鹃、黄褐森鸫、黑冠山雀、橙顶灶鸫和几种啄木鸟是成熟阶段出现的典型的小型鸟类。温带落叶林的发育包括了漫长的生态演替,详见第 8 章。短暂出现的草地或弃耕地植被是早期演替阶段的特征,松树通常是演替中间阶段和土壤演替顶极的优势树种,在美国东南部尤为如此。

图 10.17　俄亥俄州牛津市附近的 Hueston 国家森林公园里的一片原始的温带落叶林。这片大叶水青冈－糖槭林(*Fagus grandifolia-Acer saccharum*)是顶极树林,但郁闭度并不是很高。(B)马里兰州 Anne Arundel 郡的一片很棒的混合阔叶林(栎树－山胡桃树－白杨),注意其中的林下层。(C)佐治亚州 Thomasville 附近一片残留的原始长叶松(*Pinus palustris*)林。频繁的可控火维持了开放的类似公园的状态,防止了对火敏感的阔叶树的侵入

　　落叶林生物群区是世界上的一类重要的生物区域,因为西方文明在这些区域已经达到了密集发展的阶段。这个生物群区因此受到了显著的改变,许多已经被农耕与林缘群落所替代。

　　北美洲的落叶林生物群区有许多重要子型,它们有不同的成熟森林类型。其中一些如下:

- 北部至东部的山毛榉－槭树林;

- 威斯康星州和明尼苏达州的槭树–椴树林；
- 西部和南部的栎树–山核桃林；
- 阿巴拉契亚山的栎树–栗树林（现在是栎树林，因为栗树遭到真菌感染而死亡）；
- 阿巴拉契亚高原的混交中生林；
- 东南部海岸平原的土壤演替顶级松林，由火和贫瘠的砂质土壤维持，与落叶林相比，常绿林更加具有竞争优势。

　　上述的每一种都有其特点，但是，许多生物，尤其是大型动物，会在两个甚至多个子型间活动。欧洲西部的落叶林内，种类相对较少（多样性包括了中生林种类），亚洲东部的类似森林是世界上温带森林内物种最丰富的。

10.3.2.5　森林砍伐

　　木材生产和林业管理经历了两个阶段。第一个阶段包括净生产量的收获，净生产量是多年以来积累在树木中的。当这些积蓄被用完之后，我们必须调整林业管理，如果我们还希望在将来继续拥有木制品，收获量就不能高于年生长量。在美国西部的许多地方，仍然在执行第一个阶段的做法，也就是说，年伐木量超过了年生长量。相反，第二个阶段的做法已经在美国东部的许多地方得到实施。大部分老树已经被砍伐，林业管理越来越关注幼龄林，那里的砍伐不多于甚至少于年生长量。从全球范围看，除了热带森林外，森林覆盖率和生长都正在提高（综述见 Moffat，1998b）。

　　虽然幼龄林的年净生产量通常高于成熟林，木材质量却不够高，因为速生的幼树木质不够致密，不如生长缓慢的那些老树。在许多情况下，我们都必须认识到质量和数量之间的矛盾，我们几乎无法两全其美。木材是如何被砍伐的可能取决于它是如何被征税的。如果立地木材根据其市场价值每年都被征税，其所有者（个人或木材公司）就被鼓励尽早砍伐，以降低税收。另一方面，如果木材在被砍伐之前是不征税的，而在砍伐后收税，其所有者就有动机来等待高质量木材的形成。

　　近年来，关于在太平洋西北地区的成熟森林，尤其是国家森林，采取皆伐的方式受到很大的争议。华盛顿大学的 Jerry Franklin 是新生代林业管理方面的发言人，他倡议管理森林，而不只是管理一个木材生产系统，但是，作为一个具有多种用途和价值的复杂生态系统，其价值包括了水土保持和生命支持。他建议降低对土壤的干扰、将原木和凋落物留在林子里、不要砍伐溪流两侧的缓冲带、在砍伐的林地里保留母树、合理安排皆伐地以便为野生动物提供廊道等。所有这些想法都为"商业林场和完全保护区之间的严苛选择"提供了折中办法（Franklin，1989）。

10.3.2.6　温带草地

　　温带草地（temperate grassland）出现在降雨量适中的地域，夹在沙漠和森林之间，年降雨量在 10 ~ 30 英寸（25 ~ 75 cm）之间，取决于温度、降雨的季节性干扰和土壤的持水能力。土壤湿度是一个关键因子，尤其是因为它限制了微生物降解和营养物质循环。大片草地占据了北美洲和欧亚大陆的内陆部分，以及南美洲南部（阿根廷潘帕斯草原）和澳大利亚。

　　在北美洲，草地生物群区可以分为东部–西部高草区、混合草区、矮草区和草丛高原。这些区域取决于降雨量梯度，它同时也是一个初级生产力不断下降的梯度。如果根据地上部分

高度来划分的话,有些重要的多年生物种如下:

- 高秆草(2~3 m)——杰氏须芒草(*Andropogon gerardii*)、柳枝稷(*Panicum virgatum*)、垂穗假高粱(*Sorghastrum nutans*)和出现在低洼地的篦齿米草(*Spartina pectinata*)。

- 中等高度的草(1~2 m)——帚状须芒草(*Andropogon scoparius*)、尖芒针茅(*Stipa spartea*)、异鳞鼠尾粟(*Sporobolus heterolepis*)、蓝茎冰草(*Agropyron smithii*)、溚草(*Koeleria cristata*)和长毛落芒草(*Oryzopsis hymenoides*)。

- 矮草(0.1~0.5 m)——野牛草(*Buchloe dactyloides*)、垂穗草(*Bouteloua gracilis*)、其他格兰马草属植物(*Bouteloua* spp.)、引进的早熟禾(*Poa* spp.)和雀麦(*Bromus* spp.)。

大部分种类的根系都能穿得很深(深达 2 m),健康的顶极多年生草本植物的根系生物量是地上部分的几倍之多。根系的生长形式非常重要。前面提到过的一些种类,如大须芒草、野牛草和蓝茎冰草,都有地下的根状茎。其他种类如小须芒草、溚草和帚状针茅都是丛生禾草,营簇状生长。这两种生活型可能在所有地方都能被发现,但是丛生禾草占据了较为干旱的区域,如与沙漠交错的草地。

非禾本草本植物(如菊科和豆科植物)通常在顶极草地中只贡献一小部分生产者生物量,但是它们确实是存在的。有些种类由于特殊性质而成为胁迫指示者。不断增加的放牧或干旱,或两者同时存在,都会导致非禾本草本植物所占比例的增加,这种草也是早期演替阶段的优势种。草地生物群区的次级演替以及干湿季节交替中的植被根系变化见第 8 章。在美国中部开车旅行的人应该会注意到马路边是显著的一年生非禾本草本植物,如钾猪毛菜(*Salsola kali*)和向日葵(*Helianthus* spp.),即使由于高速公路维护机器导致土壤的持续干扰,它们依旧生长旺盛。

曾经宽阔的草地,尤其是高草草原,现在已经被谷物种植或放牧所替代,或者被木本植物所占领。原有的或原始的高草草原已经很难发现了,有些地方受到了保护,用于研究(在威斯康星大学植物园和 Konza 大草原 LTER 站位,图 10.18),但是必须通过火来维持其草原特征。

发育良好的草地群落包括了适应不同温度的种类——一组在较冷的季节里生长(春季和秋季),另一组在较热的季节里生长(夏季)。草地本身作为一个整体能"补偿"温度的波动,因此也延长了初级生产的时间。关于这类适应的 C3 和 C4 类型的光合作用讨论见第 2 章。

Courtesy of Donald W. Kaufman

图 10.18　Konza 大草原位于堪萨斯州东北部的 Flint 山脉,是一片 3 487 hm^2 的长满乡土高草的大草原,其优势种是暖季型的多年生草种,如大须芒草、小须芒草、黄假高粱和柳枝稷,通常都能长到 2.5 m 高

与森林相比,草地群落建立了一个完全不同的土壤类型,即使两者从同样的土壤开始发育也是如此。由于与树木相比草本植物寿命较短,大量有机物质都被加入到土壤之中。腐烂的第一阶段是很迅速的,产生极少量的落叶层和大量腐殖质——换句话说,腐殖化过程很迅速,

但矿化过程很缓慢。结果,草原土壤中的腐殖质是森林土壤的 5～10 倍。例如,在艾奥瓦州的草地里,土壤是深色的,富含腐殖质,这是一种很适合玉米、小麦和其他谷物生长的土壤,当然,那些都是人工栽培的草本植物。

在暖和或潮湿的地方,火有助于在草地植被与木本植被竞争中维持草地特征,如美国东南部海岸平原上的沼生松(*Pinus palustri*)和直立三芒草(*Aristida stricta*)稀树草原的竞争(图 10.19)。大型食草动物是草地的典型特征。在不同生物地理区划的草地中,野牛、叉角羚和袋鼠的生态功能都很相近。草食性哺乳动物有两种生活型——奔跑型,如上述的那些动物,和掘穴型,如花栗鼠和草原土拨鼠。

当自然草地成为牧场之后,原来的草食动物就被驯化物种(如牛、绵羊和山羊)所替代。因为草地要适应牧食食物链的高能流,这种转变从生态意义上将是非常显著的。然而,人类一直在遭受"公有地悲剧",任由过度放牧和过度开垦。许多曾经是草地的地方因此而成为人为的沙漠,难以再恢复到草地的状态。例如,Morello(1970)报道了阿根廷潘帕斯草原上密集的家牛放牧减少了易燃物质,以至于维持草层所需的火烧不再发生。结果,曾经被阶段性火烧控制的刺灌丛占据了优势。恢复放牧生产力的唯一方法就是通过使用燃料能源来对木本植物进行机械割除和火烧。这个例子说明,人为导致的植被改变只有花大代价才能得以逆转。

摄影:王丰毅

图 10.19　发生在佐治亚州西南部的沼生松(*Pinus palustris*)和直立三芒草(*Aristida stricta*)稀树草原上的林火。这些优势种是北美最耐火的物种。林火抑制了入侵的落叶树幼苗,促进了多样性更高的地被的形成。只有 3% 的长叶松被保留至今天。它们需要人工控制的林火,因为自然条件下林火不那么频繁,也不可预测,就难以有效地保护这个生态系统

10.3.2.7　热带草地和稀树草原

热带稀树草原(tropical savannas)(具有零星分布的树木或树丛的草地)出现在暖和的区域,降雨量在 40～60 英寸(100～150 cm)之间,有一个或两个漫长的旱季,在那里,火是环境的重要组成部分(图 10.20)。绝大多数稀树草原都在中非和东非,但在南美洲和澳大利亚也有相当面积的热带草地和稀树草原。由于树木和草类都必须能够抵御干旱和火烧,所以植被的物种数量并不高,与邻近森林形成巨大反差。黍属(*Panicum*)、狼尾草属(*Pennisetum*)、须芒草属(*Andropogon*)和白茅属(*Imperata*)等属的草类是优势地被,而分散分布的树木与热带森林的完全不同。在非洲,带刺而独特的金合欢属(*Acacias*)和其他豆科乔木和灌木、树干膨大的猴面包树(*Adansonia digitata*)、树状的大戟属植物(与仙人掌的生态功能相似)以及棕榈树分散在景观之中。通常,草类和树木都只有单种为大范围内的优势种。

在非洲稀树草原上,有蹄类哺乳动物的种群无论数量还是多样性都是世界上最高的。羚羊(许多种类,包括角马)、斑马和长颈鹿都在草原上觅食活动,它们被狮子和其他捕食者所搜寻,那里的"自然狩猎"还没有被人类和家畜所替代。图 10.21 显示了非洲稀树草原上的一次角马迁徙。关于食草动物和草类之间的互惠共生以及报酬反馈的讨论见第 3 章。雨季期间,

图 10.20　东非的热带稀树草原。草地、优美造型的分散生长的大树、各种大型食草哺乳动物（图中所示的是汤姆森瞪羚 *Gazella thomsonii*）是这类生物群区的特色

图 10.21　穿越非洲稀树草原的角马（*Connochaetes taurinus*）迁徙

昆虫是最为丰富的,当大部分鸟类筑巢时,爬行动物在旱季变得格外活跃。因此,季节被降雨所调节,而不像是温带草原,温度调节着季节。

　　在东非,科学家们发现了人类最早的踪迹,然而,目前还不能确定,与现在相比,这个区域在"人类黎明时分"是更为潮湿还是更为干燥。

10.3.2.8　夏旱灌木群落和硬叶树林

　　在一些气候温和的温带地区,冬季多雨而夏季干旱,植被包括了树木、灌木或两者都有,并且有厚实、坚韧的常绿树叶(图 10.22)。这类生物群区包括了从以灌木为主的海岸夏旱灌木群落到以小型至中型的矮生常绿树种为主的硬叶树林[如灌丛栎(*Quercus dumosa*)和丛生下田菊(*Adenostoma fasciculatum*)]的一系列植被。夏旱灌木群落广泛分布在美国加利福尼亚州、墨西哥、地中海沿岸、智利、澳大利亚南部海岸等处。根据区域和当地条件,有许多植物种类都可能成为优势物种。所有物种都有菌根,有些具有固氮的根瘤放射菌。在严酷的条件下,共生双方都得以存活。火是一个重要的因子,导致灌木始终作为群落的优势种,而不是乔木。夏旱灌木群落是一个火烧型生态系统,第 5 章、第 7 章和第 8 章有所描述,是作为一个循环顶极的例子。

图 10.22   加利福尼亚州南部被北美夏旱灌木群落覆盖的山体。北美夏旱灌木群落是一类地中海类型的灌丛生物群区,是非常容易着火的

在美国加利福尼亚州,约有 500 万 ~600 万英亩(折合 200 万 ~250 万公顷)坡地和峡谷是被夏旱灌木群落所覆盖的。下田菊属(*Adenostoma*)和熊果属(*Arctostaphylos*)是常见的灌木,通常形成浓密灌丛,并且几种常绿的栎树或为灌木,或为乔木,也是这类群落的特征之一。多雨的生长季节通常从 11 月到 5 月。在这段时间里,黑尾鹿和许多鸟类都栖息在这种群落之中,在炎热干旱的夏季,它们就向北迁移或去海拔更高的地方。生活在当地的脊椎动物通常体型较小,毛色暗淡,和矮林环境非常匹配。小型的林兔(*Sylvilagus bachmani*)、林鼠、花栗鼠、蜥蜴、鹪雀眉和棕唧鹀也是特征物种。当生长季节即将结束时,繁殖鸟类和昆虫的种群密度非常高,当植物在随后的夏季里干枯时,那些动物的种群密度也随之下降。这时,山火常常以不可思议的速度燎过山坡,并且影响到加利福尼亚州南部的郊区。山火之后,夏旱灌木群落在第一场雨中又开始生机勃勃地萌发,在 15 ~20 年的时间里,它们能生长到最大的体型。

与西海岸夏旱灌木群落非常相似的是具有冬雨的地中海地区的硬叶树林,当地人称之为马基群落(*maquis*),在澳大利亚的类似植被中,桉属(*Eucalyptus*)的乔木和灌木为优势种,被称为桉树灌木草原(mallee scrub)。澳大利亚的桉树在加利福尼亚州生长良好,被广泛引种,这个适应现象一点都不奇怪,在城市里,桉树已经替代了大部分当地的木本植物。

10.3.2.9   沙漠

降雨量小于 10 英寸(25 cm)的区域,或该区域降雨量稍大但分布极不均匀的,通常被归类为沙漠(desert)(图 10.23)。降雨量的稀少归因于:① 副热带高压,如撒哈拉沙漠和澳大利亚沙漠;② 地理位置正处于雨影,如北美洲西部大沙漠;③ 高海拔,如在中国西藏、玻利维亚和戈壁沙漠。除非基质的土壤条件恰好特别不适宜生长(比如移动的沙丘),大部分沙漠在一年之中还是有些降雨量的,至少有一些零星分布的植被。显然,几乎完全没有降雨的地方是在撒哈拉沙漠中部和智利北部。亚利桑那的沙漠气候照片见图 10.23。

图 10.23　北美西部的两类沙漠。(A)在内华达州靠近 South Mercury 的低海拔酷热沙漠,主要被拉瑞木(*Larrea*)所占据。注意这种沙漠灌丛的特殊生长形式(从地上分出大量枝条)和相当有规律的空隙。(B)在较高海拔的亚利桑那沙漠,生长了几种仙人掌植物以及各种各样的沙漠灌丛和小树

　　当沙漠得到灌溉时,水不再是一个限制性因子,土壤类型成为首要考虑的因素。当土壤粗密度和营养物变得适宜时,灌溉的沙漠可以变得特别多产,因为那里能接受到大量的日照。然而,由于建造和维护灌溉系统的成本非常高,每千克食物的生产成本也很高。必须有非常大量的水流经系统,否则,盐分就会积聚在土壤中(就像快速蒸发的结果),并成为限制因子。当人工灌溉的生态系统经历一段时间之后,需水量会产生一个"螺旋性膨胀",需要修建更多渡槽,产品的成本上升,对地下水或山上流下来的水有更高的开采压力。东半球的沙漠有很多灌溉系统的遗迹。至少,这些遗迹警告我们,如果不注意生态学的基本法则,人工灌溉的沙漠将不能无限制地持续繁荣。

　　有三种植物形态适应沙漠:① 一年生的,只有当具备足够的湿度时,才生长,以此来躲避干旱;② 肉质植物,如仙人掌,具有保持水分的 CAM 光合作用(见第 2 章),并能储存水分;③ 沙漠灌丛(图 10.23A),有大量枝条从树干基部长出来,上面长有较厚的小叶片,在很长的

旱季里,叶片凋落。全世界的沙漠灌丛即使种类完全不同,看起来都非常相似(是另一个显著的例子:生态等值源于生态融合)。

沙漠灌丛有一个非常显著的特征,就是分散分布的植株个体之间的差距非常有规律,彼此之间有很大的空地。在有的例子中,次生化合物成为保持植物彼此间距离的化感物质(详见第 7 章)。在任何情况下,间距都降低了对稀缺资源的竞争,否则,对水分的过强竞争可能导致所有植被的死亡或发育不良。

虽然有些武断,但是将沙漠根据温度分成两类还是方便我们开展研究的。一类是热沙漠,另一类是冷沙漠(图 10.23)。在北美洲,三齿拉瑞木(*Larrea tridentata*)是西南部热沙漠的广布优势种,蒿属(*Artemisia*)覆盖了大盆地北部冷沙漠的大部分区域。弗氏菊(*Franseria*)在南部的高海拔地区也是广布物种,那里的湿度稍高,巨仙人柱(*Carnegiea gigantea*)和扁轴木属(*Parkinsonia*)都长得非常显眼。往东去,有大量的草地与沙漠灌丛混合生长,形成了沙漠草地类型。在冷沙漠,尤其是在内部排水的碱性土壤上,藜科(*Chenopodiaceae*)的盐生灌木如密叶滨藜(*Atriplex confertifolia*)、多刺格雷苋(*Grayia spinosa*)、绵毛驼绒蒿(*Eurotia lanata*)和虫种肉刺藜(*Sarcobatus vermiculatus*)占据了很大的空间。肉质茎生活型,包括仙人掌和树状丝兰属和龙舌兰属植物,在墨西哥沙漠里到达了它们的最大生长限度。这类植物的有些物种可延伸到美国亚利桑那州和加利福尼亚州的灌丛沙漠,但是这种生活型在冷沙漠里是不重要的。在所有沙漠中,一年生草本植物会出现在短暂的潮湿阶段。沙漠里大量裸露的地表并非完全没有植物。苔藓、藻类和地衣可能存在,在沙粒和其他幼细的土壤颗粒上,它们可能形成稳定的外壳。蓝藻(通常与地衣共生)是重要的固氮生物(世界沙漠的综述见 Evenari,1985)。

沙漠动物和植物通过各种途径适应了缺水的环境。爬行动物和一些昆虫由于它们不透水的体表和干排泄(尿酸和鸟嘌呤)而成为预适应生物。沙漠昆虫的身体在高温下也是不透水的。虽然从呼吸表面的蒸发量没法减少,昆虫通过体内内陷的呼吸系统将蒸发量降到最低。应该明确的是,代谢水分的产生(从糖类分解而来)通常是唯一获得水分的途径,但这本身不是一种适应,将这种水分保存起来才是适应机制,就像拟步甲(一类典型的沙漠昆虫)在很低的湿度下产生更多代谢水分的能力。相反,哺乳动物就无法很好地适应(因为它们排泄尿液,包括大量散失的水分),但是,还是有一些物种产生了显著的次生适应。在这些沙漠哺乳动物中,有西半球沙漠里的异鼠科(Heteromyidae)和跳鼠科(Dipodidae)的啮齿动物,尤其是更格卢鼠属(*Dipodomys*)和小囊鼠属(*Perognathus*),以及东半球沙漠的三趾跳鼠属(*Dipus*)动物。这些动物能无限期地依赖干燥的种子,并且不需要喝水。白天它们呆在洞里,保持水分,只排泄高度浓缩的尿液,并且不通过水来调节体温。这样,这些啮齿动物对沙漠的适应既有行为上的,也有生理上的。其他沙漠啮齿动物——如林鼠属(*Neotoma*)——就不能只依赖干燥的食物,而是在部分沙漠生存,取食肉质茎的仙人掌或其他储存水分的植物。即使骆驼属(*Camelus*)动物也必须饮水,但是骆驼能在很长的时间里不喝水,因为它们的身体组织能耐受体温的上升以及一定程度的脱水,而这种脱水对大多数动物是致命的。虽然有很多人相信,但是,骆驼其实并不在驼峰内储水。

10.3.2.10 半常绿热带季雨林

热带季雨林(tropical seasonal forest)包括亚洲热带地区的季雨林,它们出现在显著的旱季中潮湿的热带气候下，其间部分或全部树木会出现树叶凋落（根据旱季的持续时间和程度）。最关键因素是丰沛的年降雨量所呈现出来的显著的季节性差异。那里的旱季和雨季的时间几乎一样长，季节差异和温带落叶林所处的位置相似，"冬季"对应于旱季。在图 10.24 所示的巴拿马季雨林中，高大耸立的乔木在旱季会全部落叶，但是棕榈和其他林下树种不会（这就是称之为半常绿的原因）。热带季雨林的物种丰富度仅次于热带雨林。

Courtesy of Carl F. Jordan

图 10.24 巴西低地上的热带季雨林。高大的突出的乔木（有白色的树干）在旱季时会凋落所有的叶子，盖在常绿阔叶树和棕榈树的树冠上

10.3.2.11 热带雨林

在靠近赤道的低纬度地区，生命的多样性可能在那里的常绿阔叶热带雨林中到达巅峰。年降雨量超过 80 或 90 英寸（200～225 cm），且全年分布，通常有一个或多个相对"干旱"的季节（每月降雨量不超过 5 英寸）。雨林主要分布在三个地方：① 南美洲的亚马孙河和奥里诺科河流域（最大的连续分布区）和中美洲地峡；② 中非和东非的刚果、尼日尔和赞比西河流域，以及马达加斯加岛；③ 印度 - 马来地区、婆罗洲和新几内亚地区。这些区域在物种方面各有不同（因为它们位于不同的生物地理区域），但是森林结构和生态方面是非常相似的。冬季和夏季的温度差异小于昼夜之间的差异。植物和动物的繁殖和其他活动的季节性周期与降雨量差异有很大的关系，或者由内在节律进行调节。例如，有的林仙科（Winteraceae）树种显示出持续的生长，而同科的其他树种则呈现不连续生长，形成树木年轮。雨林鸟类同样需要"休息"阶段，因为它们的繁殖通常展现出与季节无关的阶段性。

雨林是高度分层的。树木通常形成五层：① 分散的位于一般冠层之上 50～60 m 的高大乔木；② 冠层，在离地 25～35 m 的高度形成连续的常绿毯状树冠；③ 由稍矮的树组成的下木层，离地 15～24 m，只有当树冠出现林窗时才会生长茂盛；④ 发育不良的灌木和幼树，生产在树荫浓密的地方；⑤ 由高草和蕨类组成的地被层。高大的乔木根系较浅，通常有膨胀的基部和空中板根。大量攀缘植物，尤其是木本的藤本植物和附生植物通常隐蔽在树林中。绞杀性无花果树和其他树状藤本尤其值得一提。植物物种的数量差异很大，通常，几公顷内的树木种类数量就要比欧洲或北美洲所有的树木种类更多。例如，阿诺德（Arnold）植物园的 Peter Ashton 在婆罗洲的 10 个一公顷样地内找到了 700 种树——相当于北美洲所有树木种类的总和（Wilson，1988）。

在雨林植被上层生活的动物比例比在温带森林里的多,在后者,大部分动物都生活在地面附近。例如,在英属圭亚那,超过一半的哺乳动物是树栖型的。除了树栖的哺乳动物,还有大量石龙子、鬣蜥、壁虎、树栖蛇类、蛙类和鸟类。蚂蚁、直翅目(Orthoptera)和鳞翅目(Lepidoptera)昆虫也具有重要的生态学意义。动物和附生植物之间的共生现象广泛存在。和植物一样,雨林的动物从种类上说,丰富度高得不可思议。例如,在巴拿马运河地区的巴洛科罗拉多岛是一个研究深入的雨林地带,在那里,一个 6 平方英里的范围内,有 20 000 种昆虫,而在整个法国,所有昆虫种类也仅几百种。E. O. Wilson 在秘鲁 Tambopata 保护区的一棵豆科树种发现了 43 种蚂蚁,属于 26 属——几乎等同在不列颠群岛能够找到的所有蚂蚁种类的总和(Wilson,1987)。大量子遗物种(动物和植物)在这个没有变化的环境里生存,并填满了各个生态位。许多科学家相信,进化变异和物种形成的速率在热带雨林地区格外地高,因此,那里已经成为许多侵入到北部群落的物种的来源。保护大面积的热带雨林作为基因库已经引起科学界越来越多的关注。

果实和白蚁是热带雨林动物的主要食物。鸟类丰富的一个原因是许多鸟类,如食果鸟长尾鹦鹉、巨嘴鸟、犀鸟、咬鹃和天堂鸟都是植食性的。由于灌丛的"顶层"非常拥挤,许多鸟巢和虫窠都是悬挂型的,有助于它们逃避军蚁和其他捕食者。虽然有些色彩特别艳丽的鸟类和昆虫占据了更多开阔地带,大部分雨林动物都是不怎么引人注目的,有许多还是夜行性的。

在热带山区,有许多低地雨林,即山地雨林(montane rain forest),具有显著不同的特征。随着海拔的升高,森林的高度逐步下降,附生植物在光合自养生物量中的比重越来越高,最终形成低矮的云林(cloud forest)。可根据饱和差来对雨林进行功能分类,因为饱和差决定了蒸腾作用,它又反过来决定根系生物量和树木的高度。雨林的另一个不同形式发生在河流的岸边和洪泛平原,叫做走廊林(gallery forest),有时也叫滨岸林(riverine forest)。

由共生微生物执行的高效的直接营养循环在雨林里占据了显著的比重,使雨林中贫瘠土壤上的生长与在沃土上的一样繁茂。通常,在贫瘠的土壤上,养分积聚在生物量中,而不是土壤里(如温带森林和草地),所以,当森林被砍伐后,后续的牧场或耕地不会有很高的产量(图 10.25)。

当雨林被砍伐,通常发育的是次生林,包括软材树种,如非洲的伞树属(*Musanga*)、美洲的南美伞树属(*Cecropia*)和马来西亚的血桐属(*Macaranga*)。次生林看上去郁郁葱葱,但是它与原始森林无论在生态意义还是植被上都是显著不同的。雨林顶极的恢复通常是非常缓慢的,尤其是在沙质或其他贫瘠的地区,因为原始热带雨林的大部分养分都随着生物量的去除和微生物循环网络的崩溃而流失。

如何管理雨林以供人类所需? 对于那些将雨林视做最后的殖民前线以及潜在的财富源头的人而言,这个问题一直是颇多争议和令人困惑的。早期的欧洲探险者被亚马孙的高大树木所蒙蔽了,他们认为那里的土壤一定是肥沃的。随后,人们多次试图将雨林转变为农田或经济林,但是都遭到失败。除了这些失败外,发展商和政府一直试图将温带的农田和森林技术用于该地区。这些冒险显然是不合适的,过去如此,现在仍然如此。例如,20 世纪 60 年代末,亿万富翁 D. K. Ludwig 在巴西亚马孙(Para)得到了一块和康涅狄格州一样大小的土地。他建立了一个纸浆厂,将成熟森林转变为外来树种的林场。C. F. Jordan(1985),C. F. Jordan 和 Rus-

图 10.25 （A）一片原始的热带雨林;（B）经历农垦后的一片热带雨林。当土地整理过后,通常都难以维持放牧或耕作,因为肥力不在土壤里,而是在被去除掉的生物量里

sell,(1989)对这个昂贵的投资提出了意见,认为建立高产林场的失败在于错误管理,而不是缺乏对亚马孙贫瘠土壤产生的生态限制的认识。Jordan 建议,对森林资源的更有效利用途径将是建立一个间伐系统,这样的话,在砍伐区域内,根系里保留的营养物质不会受到显著的干扰,来自邻近未砍伐区域的树苗能很快在清理过的地方生长起来。园艺可能也是用类似方法来组织的。显然,人类应该在设计时兼顾区域生态系统的自然适应,而不是与之抗争。

10.3.2.12　热带灌丛或荆棘林

在热带地区,在湿度处于沙漠和稀树草原以及季雨林或热带雨林之间的适宜的地方,就能找到热带灌丛或荆棘林。这类群落覆盖了南美洲中部、非洲西南部和东南亚的部分地区。最关键的气候因子是总降雨量中等,但年内分配不规律。荆棘林通常指非洲或澳大利亚的灌木和巴西的卡汀珈(caatinga)群落,这些群落里有小的阔叶树,通常呈诡异的扭曲状,并且多刺,叶片很小,在干旱季节里凋落。荆棘树可分散或成小片地形成茂密树丛。在有些地方,人们还不确定荆棘林是自然形成的还是前人世代利用产生的。

10.3.2.13 山地

山地占据了地球上陆地面积的约20%，有10%的人口生活在山上。在东半球，人们在陡坡上建造了平缓的梯田，耕作已经持续了许多代人（图10.26）。在北美洲西部，五个生物群区的11个自然植被类型的分布在山区，见图2.3A。与非山地地区相比，山上的生物群区之间的联系更加紧密（窄生态交错带），交流也更多。另一方面，相似的群落更加孤立。通常，在非山地地区的生物群区的多物种特征也会出现在山上的带状分布中。由于孤立性和地形差异，山地群落的许多其他物种和变种是很独特的。

图10.26　马达加斯加中部的山上，仍然保留了传统的梯田

各大洲都有一个或多个高山山脉。不论人们住在哪里，山地在地表水供应方面都是很重要的，因为大部分大河都源于山地，那里的降雨量和融雪量常常比山下的平原大得多。

沿着田纳西州和北卡罗来纳州交界处的大烟山国家公园是一个观察森林格局与气候和基质的相互关系的好地方。在低海拔地区，人们不得不走几百英里才能观察到大烟山上很小范围内就能出现的各种气候。图10.27显示了大烟山复杂的植被分区图，有助于从生态学家的角度来看当地的景观。海拔高度的变化导致了由北向南的温度梯度，山谷和山脊地形在任一高度都提供了土壤湿度条件梯度。沿梯度分布的植被格局所呈现的对比在5月和6月上旬特别显著，那个时间里，山上野花盛开。但是，森林适应地形和气候的特点在一年中的任一时间都是相当显著的。

如图10.27所示，大烟山森林分布着从低海拔干燥温暖的山坡上的开放栎树和南部松林到寒冷潮湿的山顶的北方针叶林（冷杉和云杉）。南部的松林沿着裸露的山脊向上分布，北方铁杉林向下延伸，直至深谷，那里的湿度和温度与高海拔地方相似。树种的最大多样性出现在潮湿的、中等温度的地方。大烟山有多种多样的野花、鸟类和哺乳动物。代表性的小型哺乳动物包括白足鼠（*Peromyscus leucopus*）和金鹿鼠（*Ochrotomys nuttalli*）（图10.28）。关于大烟山的更多信息，请见Messerli和Ives（1997）。

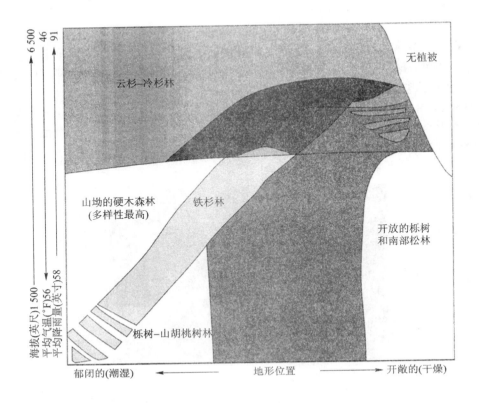

图 10.27　与温度和湿度梯度有关的大烟山国家公园的森林植被格局（仿自 Whittaker，1952）

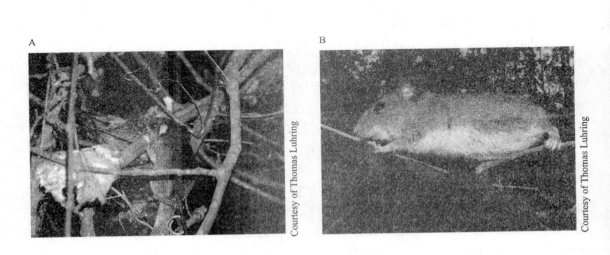

图 10.28　在大烟山国家公园里，小型哺乳动物如（A）白足鼠（*Peromyscus leucopus*）和（B）金鹿鼠（*Ochrotomys nuttalli*）展示了生态位在树林里的重叠

10.3.2.14 洞穴

世界上还有很多其他的栖息地类型,虽然它们不是生物群区或主要的生态系统类型,但是,它们有独特的动植物。这些栖息地类型包括洞穴、悬崖和林缘(前文已述)栖息地。这些栖息地类型为探索研究和学习经验提供了很好的机会。例如,在洞穴里有非常有趣的异养型群落,这类群落在世界上的许多地方都数量可观。许多生物依靠被冲入洞穴的有机物质为食,它们是洞穴特有种(即在世界上的其他地方都是找不到的)。Sarbu 等(1996)探索了一个洞穴,那里进化了一个依赖地热的化能自养生态系统。这个系统与深海热液喷口系统相似,后者将硫化氢作为能量来源,而不是太阳光。

10.4 人类设计和管理的系统

10.4.1 农业生态系统

农业生态系统是驯化的生态系统,在许多方面都介于自然生态系统,如草地和森林,和人造生态系统,如城市之间。它们像自然生态系统那样以太阳为动力,但是它们在如下几方面与自然生态系统有所不同:① 辅助能源提高了生产力,但也增加了污染,它们是通过人类和动物的努力而加工过的化石燃料;② 人类为了使个别作物或其他产品的产量最大化,通过管理极大地降低了多样性;③ 栽培植物和驯养动物处于人工选择的压力之下,而不是自然选择;④ 控制是外部的带有目标的,而不是像自然生态系统那样的来自亚系统的内部控制。

在发展中国家,许多长期的传统农业生产方式正受到越来越多的关注,因为这些方式节省能源,具有生态意义上的可持续性,并为当地人提供充足的食物。然而,这些生产方式不生产额外的供大群人食用的谷物或其他产品,也不作为商品输出以进行货币交易。因此,许多小国家被迫将传统的农业生态系统转变为工业区,几乎没有考虑到负面效应——污染和独立农户的搬迁。

泰国就是这样的一个例子。在盛产稻米的农业生态系统里,洪水带来的能量输入被使用化石燃料、化肥和杀虫剂的工业输入所代替,导致每单位面积的产量上升了,但是能量效率下降了(能量输入与谷物输出的比值;Gajaseni,1995)。另一个例子是巴厘岛,那里有 1 000 年历史的重力灌溉系统,现在被改为消耗燃料的泵水系统,与短期的市场经济收益一起产生的是对化学合成物质的使用量增加(Steven,1994)。设计这些系统的工程师们需要认识和理解自然系统都有一个长期的进化历史,它反映了能量效率、高生物多样性和与人类文化的共生关系。

和庄稼地一样,人工林也属于农业生态系统,人们设计"林场"是为了增加单位面积里的木材和纤维产量。人们迟早会不得不处理与影响庄稼地一样的管理问题——土壤质量下降、害虫控制或用人工肥料来替代随收成而去的自然养分。人们现在开始关注农林系统,就是将小型速生树种的栽种和粮食种植条状交错(MacDicken 和 Vergara,1990)。

10.4.2   城市 – 工业人类技术生态系统

有关人类技术生态系统的概念介绍和讨论见第 2 章和第 9 章。城市、郊区和工业区是主要的人类技术的生态系统。它们是自然和农业景观镶嵌格局内占据很大生态足迹的能量岛屿。这些城市 – 工业环境是自然的寄生者,依赖生物圈提供支持生命的资源(见图 9.20)。

我们正在担心,这类人类技术的生态系统通常成长迅速而密集,没有考虑到生命支持系统,会超越维持其成长的基础结构。社会需要在一些关键的城市和景观规划中维持这些系统的质量。许多关于城市困境的书籍都聚焦在内部问题上,如日益恶化的基础机构和犯罪。现在,城市规划师需要正视景观生态学的问题(如区域性的流域),而不是视而不见。城市再生将越来越依赖于城市和支持生命的土地和水体的重新维系。

对这些人类设计的系统的长期管理和恢复将需要在保育生态学和恢复生态学方面的理解——这两个研究领域都基于基础生态学的原理、概念和机制。这些应用生态学领域为可持续系统的管理和发展提供了令人兴奋的挑战。

10.4.3   保育生态学

任何高组织层次(第 8 章的生态系统、第 9 章的景观和本章的生物群区)的讨论都阐述了这些大时间 – 空间尺度的系统所呈现的生物丰富度、自然资本和生态美学。保护生物学(conservation biology)或保育生态学(conservation ecology)提供了一个研究的综合方法和领域,关注基于应用生态学和基础生态学原理的生物多样性保护与管理。在近几十年来,社会科学,尤其是社会学、经济学、美学和哲学,已经成为这些保护和管理过程的主要组分。

关于保护生物学的介绍,我们建议您阅读 Soulé(1985,1991)、Soulé 和 Simberloff(1986)等论文。关于保护生物学领域内的原理、多样性受到的威胁、个案分析和管理对策等,见 C. F. Jordan(1995)、Meffe 和 Carroll(1997)和 Primack(2004)。

第 11 章　全球生态学

11.1　从年轻到成熟的过渡：走向可持续文明

11.1.1　概述

对未来的预测是一种令人着迷的游戏，并且在危急时刻特别流行。事实上，人们并不能具体地或精确地预测未来，因为世界上存在着太多的未知事物、变化多端的突发事件、科技的创新及其他不可预见的变数。2001 年 9 月 11 日，纽约世贸中心的恐怖袭击导致的人员伤亡和经济损失，2003 年 8 月 14 日和 15 日，由于电网故障造成的大规模停电，影响了美国东北部 5 000 万人的正常生活，这些都是无法有效预测但却能改变生活的人为事故的例子；而 2003 年 12 月 26 日发生在丝绸之路伊朗境内的 6.6 级地震，摧毁了巴姆（Bam）古城，在这次灾难中有 25 000 人丧生，包括一座建成 2 000 年之久的城堡在内的许多历史建筑被摧毁，这是目前仍很难精确预测的自然现象。然而，考虑能够实现的一个概率范围是有益的。鉴于目前的状况、理解能力和知识水平，我们能够估计它们发生的概率。最重要的是，我们现在要采取措施来减少那些不希望发生的未来事件和损失的概率。

11.1.2　解释

在 21 世纪，大概唯一能确定的就是人口的数量将继续增加，这一现象至少贯穿于整个世纪。因此人类将不得不对其赖以生存的环境系统（特别是大气环境和水环境）进行污染治理；另外人类也必须在能源使用方式上进行重大转变，从传统的占统治地位的化石燃料转向其他不确定的或者可能不太有利润的资源；最后，由于没有定标控制（见图 1.4），人类将很可能过度地开发利用某种资源而超越它最佳的承载能力，正如我们对很多资源的开发利用已经造成繁荣与萧条交替的循环。那么，未来的挑战将不是如何避免超过承载力的极限，而是如何通过减少人口增长、资源消耗以及污染来存活（Barrett 和 Odum,2000）。

我们必须逐步减少现在过度浪费的现象,并且更有效地利用一些低质的能源,减少由于能源和产业资源的浪费而产生的污染。另外大部分人同样赞成减少发达国家的人均能源消耗量,这不仅仅有助于提高当地的生活质量（H. T. Odum 和 E. C. Odum,2001）,也有助于提高全球的生活质量。

大多数学生认为应该避免人口的快速增长,这正是由于人口增长导致的社会和环境问题超过了人们的应对能力。过快的人口增长和城市化工业化进程具有难以控制的发展势头（回顾早期的预兆, 参见美国国家科学院,1971；Catton,1980）。具有重大意义的是在 1992 年,享有盛誉的美国国家科学院和英国伦敦皇家社会研究院发布的以下联合公告具有重大意义:"全世界的人口总量正以每年一亿的速度在增长,这是史无前例的。人类活动给全球环境带来了巨大的变化。如果现在的人口增长预测准确,且人类的活动方式仍一如既往的话,科学和技术可能既不能阻止环境不可逆转的退化,也不能改变世界大部分地区的持续贫穷。"

评价目前人类所面临的困境的研究,"智囊团"的报告,以及相关流行书目并不缺乏。他们大多数将当前的全球问题描绘成一幅可怕的图画,但是其他人则对未来抱有乐观的态度。概括来说,一些学者和大多数人都认为未来必须从完全信任商业和新的技术（一种"更多相似"的哲学）转变到相信社会必须被完全重构,"切掉电源",以及形成新的国际政治经济秩序来面对世界上有限的资源。后来的 Herman Kahn（《未来 200 年（*The Next 200 Years*)》,1976）以及经济学家 Julian Simon（《最终的资源（*The Ultimate Resource*)》,1981）都是经济应照常运行观点的发言人。而 Paul Ehrlich（《人口爆炸（*The Population Bomb*)》,1968）,E. F. Schumacher（《小是美的（*Small is Beautiful*)》,1973）,Fritjof Capra （《转折点（*The Turning Point*),1982）,经济学家 Herman Daly 和 John Cobb（《为了共同利益（*For the Common Good*)》,1989）,Herman Daly 和 Kenneth Townsend （《地球价值评估（*Valuing the Earth*)》,1993）,Paul Hawken（《商业生态学（*The Ecology of Commerce*)》,1993）,Edward Goldsmith（《自然之道（*The Way*)》,1996）,以及 E. O. Wilson （《协调（*Consilience*)》, 1998;《生命的未来（*The Future of Life*)》,2002）,都是在呼吁进行根本性的改变——这是一种越来越受到世界领导人认可的立场。接下来是丰饶学派（cornucopian）的技术专家们,他们乐观地认为高效清洁的"氢经济"（用来代替基于碳元素的,"肮脏的"化石燃料）、低投入农业、无废物工业,以及其他一些未来的高技术能够使 90 亿或更多的人共存,因为有足够的自然环境来提供生命支持、保护濒危物种和享受大自然（见Ausubel,1996）。

11.1.2.1　历史视角

人类学家 Brock Bernstein （1981）指出,在许多孤立的必须依靠当地资源的文明中,人们能够意识到对未来有害的行为且能够避免这些行为。可是当这种孤立的文明融入大而复杂的工业社会中时,在类似的决策中,这种地方反馈的决策作用将消失。按 Bernstein 所说,"经济学必须形成一套在各种水平的群体组织中都适用的完整的决策行为理论。这将使按照生存而不是消耗来定义个人利益成为必然。这样的变化会把经济行为带到类似自然选择过程中,而这种选择将会很好地确保地球上的生命长久延续下去"。

避免资源利用过度的一个障碍就是 Garrett Hardin （1986）定义的"公地悲剧（the tragedy of commons)"。所谓公地,他指出就是"环境的一部分是向所有人开放并且能够被任何人利用的,没有某个个人对它的安全负责任"。一块被许多牲畜共享的牧地或开放地就是一个很好的例子。因为吃尽可能多的食物对每一个牲畜有利,然而如果没有整个群体达成一个限制的协议并且强制执行,就会导致超过可持续供养牲畜的承载力范围。在工业革命以前,许多公地被群体强制性地限制或因习俗而被保护起来。牲畜群体通过在某个地方过度消耗牧草之前,将群体由这一地区迁到另一地区的原则来解决这样的问题。许多欧洲城市有以大型公园和绿化带的形式保留公地的长期传统。而现代"悲剧"是指,应该在区域管制中体现的地方限制却很容易受到"大笔的钱"的影响而被推翻——也就是说,能产生并获得某种发展的经济资本,为了大量短期的利益而通常以牺牲自然资本为代价,因而导致地方的生活质量受到损害。

在另一本书中,Hardin(1985)提出了一个更加有趣的问题:如果开始没有对人和自然环境的剥削,工业革命还能够开始吗? 回忆狄更斯的小说,它们描绘了整个 19 世纪对劳动力的滥用以及对空气和水污染的忽视。当然,对人的剥削(如工业化中的血汗工厂)和无限制的环境污染大大加速了资本集聚的速度,而这是目前工业社会如此富裕的基础。不过,如今大部分人已认识到我们正处在一个历史的转折点。我们不能再继续"公共化成本,私有化利润"(Hardin,1985),推迟环境和人类因快速增长与发展而付出的代价,又不想对全球生命支持系统产生破坏。Donald Kennedy 在《科学(*Science*)》中的一篇社论指出:最后的大问题并不是科学能否帮助我们解决大尺度的难题(如全球变暖),相反,问题是科学证据能否克服社会、政治、经济的阻碍。那是 35 年前 Hardin 的大问题,而这个问题现在是属于我们的了。

在 20 世纪最后的几十年里,出版了大量的论文和书籍来解决"公地"问题,包括 Hardin 本人的另一本书《在限制中生活(*Living within Limits*)》(1993);以及一本 Hawken 等(1999)编写的《自然资本论(*Natural Capitalism*)》,这些论著为 21 世纪提出了来自经济、环境、社会之中的共同基础。

11.1.2.2 全球模型

来自罗马俱乐部的报告,还有美国与其他政府及联合国建立的全球模型理论,是一些最综合的关于未来的报告。罗马俱乐部是由意大利实业家 Arillio Peccei 召集到一起的一群科学家、经济学家、教育家、人文学家、实业家以及公务人员,他认为将未来人类的困境编写成一系列的书是十分紧迫和必要的。俱乐部的第一本也是最著名的一本书叫做《增长的极限(*Limits to Growth*)》(Meadows 等,1972)。该书通过模型预测,认为如果我们的政治经济运行方式不变,从繁荣到萧条的循环将不可避免。本质上,罗马俱乐部开始时的研究是将现代的系统方法应用到较老的"对人类的警告"的传统模式中,例如,George Perkins Marsh 的《人与自然(*Man and Nature*)》(1864,1965 年再次发行),Paul Sears 的《演化中的沙漠(*Deserts on the March*)》(1935),William Vogt 的《生存之路(*Road to Survival*)》(1948),Fairfield Osborn 的《我们铸成大错的星球(*Our Planned Planet*)》(1984)以及 Rachel Carson 的《寂静的春天(*Silent Spring*)》(1965)。这些报告谴责社会上由于增长造成的膨胀,在这一过程中,在个人、家庭、公司,以及国家等每一个层面上的目标都是变得更富有、更壮大并且更加强有力,然而对人类基本的价值,无限制、无规划地对自然资源的消耗以及对生命支持商品和服务的胁迫则关心甚少。

在《增长的极限》之后,还有一系列的其他报告。这些报告不仅试图更具体地描述未来走势,同时也提出了如何避免繁荣－萧条周期所应采取的行动。以这些研究为基础出版的书籍包括《转折点上的人类(*Mankind at the Turning Point*)》、《重塑国际秩序(*Reshaping the International Order*)》、《人类的目标(*Goals for Mankind*)》、《财富和福利(*Wealth and Welfare*)》、《无限学习(*No Limits to Learning*)》以及《跨越人类差距的桥梁(*Bridging the Human Gap*)》(都是由纽约 Pergamon 出版社出版),许多杰出的学者对这些成果作出了贡献,包括经济学家、教育家、工程师、历史学家以及哲学家。Laszlo(1977)评价了这些报告的综合影响:"在罗马俱乐部的巨大努力下,国际社会对世界所面临问题的认识迅速发展起来。用医学上的比喻来说:俱乐部开拓了从诊断到处方的道路,但是却缺乏治疗方法。用另外一个比喻来说:俱乐部帮助指出了方向,但却没有鼓励人们下决心走下去。"

在 1971 年到 1981 年间,科学家们建立了大量的全球模型。这些模型利用计算机将全球物质和社会经济系统利用计算机进行数学模拟,并且根据数据的逻辑结果和模型中的假设来预测未来。应该强调的是,每个模型都有自己独特的假设。在美国国会的技术评价办公室以及 Meadows 等发表的报告中,回顾了这些模型并成组地进行了比较(OTA,1982)。尽管存在不同的假设和基础,模型制作者们还是在一些观点上达成了共识:

- 技术进步是需要的,而且是很重要的,但是社会、经济、政治的改变也是必须进行的。
- 人口和资源不可能在这样一个不再增大的有限的星球上永远增长。
- 人口和城市工业发展增长率的明显下降能够很大程度上降低过度消耗以及生命支持系统总体衰弱问题的严重程度。
- 按现有的方式继续发展,不会带领我们通向令人满意的未来,而将导致那些令人不快的"差距"进一步加大(如贫富之间的差距)。
- 长期合作的方法比短期竞争的策略对于各政党团体更加有利。
- 由于人、国家和环境间的相互依赖性比通常想象的更大,因此决策必须在一个完整、系统的背景下进行。要想改变目前令人不快的发展趋势(如大气被毒化),尽早采取行动(在未来几十年中)将会比晚些时候再行动更为行之有效。这就提倡市民意识的提高,从而促进政府采取强有力的政治行动以及教育上的改革。因为当一个问题已经摆在人们面前时,就为时已晚了。

20 世纪 90 年代,Donella Meadows 与她的同事们一起出版了《增长的极限》的后续著作,叫做《超越极限(*Beyond the Limits*)》(1992)。他们断定全球的情况比 1972 年预测的还要糟糕。不过,只要勾画出的 6 个关键点能够被严肃对待并认真地执行,他们仍然能想象一个可持续发展的未来。他们认为这个世界所真正需要的是能够使人们为了共同目的而一起合作的古老的"爱"。在第 8 章,我们介绍了生态系统发展中类似的趋势——当资源减少的时候,互利共生作用将有所增加。

模型在数据整合和趋势预测方面是有效的,但是它们不能将人类的决心和聪明才智(或缺乏这些因素)包含进来。接下来,我们将采用一些方法来理解所遇到的困境以及如何利用生态学研究结果来帮助我们解决目前的问题,包括那些可能在未来出现的问题。

11.1.2.3　生态评价

许多上述报告、模型以及全球评价的贡献者的言论都非常符合生态系统基本理论,特别是三个范例:① 当处理复杂系统问题的时候综合的方法是必需的;② 当接近资源和其他方面的极限的时候,合作比竞争有更大的生存机会;③ 人类社会有序、高质量的发展与生物群落一样,需要负面及正面的反馈机制。应当注意的是,这些学者的许多结论都十分符合人类古老的常识性的预言,如"三思而后行"、"不要将所有的鸡蛋放在一个篮子里"、"欲速则不达"、"预防为主,治疗为辅",以及"权力滋生腐败"等。

　　一个文明是一个系统,而不是一个生命体,这与 Arnold Toynbee 在《历史的研究(A Study of History)》中所说的相反。文明不一定会像生命体那样产生、成熟、衰老和死亡——即使这样的过程曾经在历史上发生过(如古罗马帝国的沉浮)。地理学家 Karl Butzer 认为:当维持正常运行的高成本导致官僚对生产部门的需求过度的时候,文明就会变得不稳定甚至瓦解。这种观点与生态学中的 P/R 理论(见第 3 章)、资源循环利用(见第 4 章)、承载力(见第 6 章)、复杂性(见第 8 章),以及生境破碎化(见第 9 章)等内容相符合。于是我们可以确定,对生态学的研究可以帮助我们摆脱人类所面临的困境。

11.1.2.4　回归原位

　　人类社会从青年阶段发展到成年阶段的过程与自然界中生物群落经历生态系统发育的过程相似。就像我们前面提到的那样,有许多在青年阶段对生存有益或必需的策略和行为,到成熟阶段是不适宜甚至有害的。在社会变得越来越大及越来越复杂的情况下继续先前那种短期的、一次解决一个问题的行为方式,将导致被经济学家 A. E. Kahn(1966)所称的"小决策的专制(the tyranny of small decisions)"的恶果。增加烟囱的高度来快速解决局部地区的烟尘污染就是一个很好的例子——许多"小决策"导致了更大范围内的空气污染问题。W. E. Odum(1982)给出了另一个例子:没有人计划在 1950 年到 1970 年的 20 年间破坏美国东北部海岸 50% 的湿地,但是由于上百个开发一小块沼泽地的"小决策",这样的事情还是发生了。最后,各州立法机构被"珍贵的生命支持系统正在被破坏"这一事实所唤醒,于是通过了一系列以保护湿地为目的的法律且付诸实施。当一种危险产生并且被大多数人认识到之前,人类将回避长期的、大尺度的行动,人类的本性就是这样的。

　　这些都预示着人类社会转折的时刻到来了或即将到来,这使得我们必须回到出发点或对许多以前可接受的概念和过程进行大的逆转。

　　在接下来的几节里,我们将从不同但相互关联的几个方面阐释生长－成熟的主题,并且对摆脱困境的方法提出建议。我们将用一个表格来最后总结实现成熟的先决条件。

11.2　生态－社会差距

11.2.1　概述

　　如果希望人与环境以及国家之间形成一种更加和谐的关系,那么仔细考虑那些必须要缩小的差距将是评价人类目前所处困境的一种很好的方式。这些差距是:

- 富人和穷人的收入差距。在工业化国家(占全世界 30% 的人口)和非工业化国家(占全世界 70% 的人口)都是如此。
  - 营养充足的人与营养不足的人之间的食物差距。
  - 市场化商品和服务与非市场化商品和服务间的价值差距。
  - 受教育者和文盲,有技能的人与无技能的人之间的教育差距。
  - 发展和控制之间的资源管理方式的差距。

在过去的几十年里,所有上述差距都没有被有效地缩小。事实上,收入和价值的差距被进一步拉大了。Seligson(1984)指出,富裕国家和贫穷国家间的人均收入差距从 1950 年的 3 617 美元增长到 1980 年的 9 648 美元;这一差距仍然在不断增长。截至 2000 年,西方国家人均国内生产总值已经达到了 35 000 美元,而其他许多国家相比仅为 1 000 美元——差距达 34 000 美元(联合国统计署,见 Zewail,2001)。在人均资源消耗方面,1999 年底,美国的纸张消耗为 135 kg/a,而印度仅为 4 kg/a(Abramovitz 和 Mattoon,1999)。

11.2.2　解释与实例

富裕国家对贫穷国家善意的帮助往往以失败告终,因为伴随这些帮助的一些有害的文化和环境影响总是预想不到的。例如,在肥沃的峡谷建设水库,开始的时候可能带来很多好处,但是这将迫使农民迁移到上游不适宜的土地进行耕种,导致流域严重侵蚀和森林丧失,最后造成整个水库的淤塞。Morehouse 和 Sigurdsson(1977)指出,20 多年前工业技术从工业化国家向发展中国家转移的过程中,受益的通常是较小的现代化部门,而不是大多数的传统社会中的乡村居民。过去的四分之一世纪,在文化、教育以及资源的巨大差距没有改变的情况下,财富是很难向下转移渗透的。就如先前提到的那样(见第 3 章),如果没有高质量的能量供给支持,将高能耗的工业或农业技术向较不发达的国家转移是不可能实现的。也许提高目前的低技术生产更为合理一些(也就是所说的"适用技术"),直到这个国家可以独自走向"高技术"。就像在自然界中,一个个体只有在青年阶段把所需要的方方面面准备好之后才能逐渐成长为成熟的个体。

11.2.2.1　社会陷阱

短期获得收益,但却伴随着长期的成本剧增、危害严重,以及对个人和社会都不利的情况,这样的现象被定义为社会陷阱(social traps)(Gross 和 Guyer,1980)。一个很好的比喻是,利用有吸引力的诱饵引诱猎物的陷阱。动物由于希望吃到很容易得到的食物而进入陷阱中,但是随后它发现想走出去是很难的,甚至是不可能的。物质的滥用是行为上的社会陷阱的一个很好的例子,而有害废物的随意倾倒、湿地的破坏(或其他生命支持系统的破坏),以及大规模杀伤性武器的泛滥则是环境方面的社会陷阱的体现。Edney 和 Harper(1978)提出,可使用一种简单的纸牌游戏来阐释社会陷阱和公地悲剧的关系。建立一个纸牌库,并且规定每一个玩家可以一次从库中抽取 1 到 3 张牌。每一轮过后库中纸牌的数量根据剩余纸牌数量的比例进行更新。如果玩家每次考虑即时的短期的利益而每次抽取最大数量的三张纸牌,纸牌库中更新的资源就会比较小,最后资源库就枯竭了。只有每人一次只抽取一张纸牌才能保证资源库的不断更新。

11.2.2.2　统治与看守

在《圣经》中有与从成长到成熟的主题类似的有趣描述。在早期的经文中,追随者被告知要"多生养多繁衍"并且统治整个地球(《创世纪(*Genesis*)》1∶28)。这一信息的一种解释是,这一观点适用于所有的生物,而不仅仅是人类(Bratton,1992)。而在《圣经》中的其他地方(例如《路加(*Luke*)》12∶24),读者被训诫要变成守卫者来照看好地球。一种理论解释是,这些信息并不矛盾,也不是对或错的问题,而是构成了时间上的一种连续(换句话说,每一个时间和地点各不相同)。

在文明发展的早期,对环境的征服、对资源的开发利用(例如,清理土地用于耕作,采矿以获得生产材料和能源)以及较高的生育率是人类生存下去所必需的。不过,随着人类社会越来越拥挤、资源需求越来越大、技术越来越复杂,各种各样限制的产生促使人们转变为看守的角色,以不至于破坏我们的生命支持场所。

Stephen R. Covey 在他的全国畅销书《高效能人士的 7 个习惯(*The 7 Habits of Highly Effective People*)》(Covey,1989)中指出,生态系统和社会系统都要经历三个成长和发育阶段。他将青年阶段定义为依赖阶段,下一个阶段定义为独立阶段,而最后的成熟阶段被称为相互依赖阶段。因此,就像生态系统的生长和发育导致物种间的共生关系、生物多样性、系统的调节增加一样,社会系统的成长和发育也会导致社会成员间相互依赖的关系产生、教育和文化机会增多、代内和代际间的稳定性增加。

11.2.2.3　环境伦理学和美学

维持和提高环境质量需要以伦理道德为基础。滥用自然界的生命支持系统不仅仅是违法的,也应该是道德所不允许的。关于环境伦理学最常被读到和引用的论文是 Aldo Leopold 的《土地的伦理(*The Land Ethic*)》,这篇文章于 1933 年首次发表并被收入他的经典著作《沙郡志(*A Sand Country Almanac*)》(1949)中。Leopold 早年是美国西部地区某地的林务员,该地区只有骑马才能进入并且经常能听得到狼嚎。后来,他开创了狩猎管理学领域并且成为威斯康星大学的教授。他和他的家人更多时间住在他们购买的废弃农场中的一个小木屋里(这个小屋后来成为自然资源保护学家经常光顾的一个历史名胜),并且他们将这个地方修复成沙郡自然景色很美的地方。Leopold 也因在此写下的作品而闻名,这些作品是关于旷野和美丽的,令人回想 Henry David Thoreau 的作品(更多 Aldo Leopold 以及土地伦理的信息参见 A. Carl Leopold,2004)。

人权问题已经受到了伦理、法律和政治上越来越多的关注。但是对于其他生物以及环境的权利怎样呢?Leopold 将生态学上的伦理(ethic)定义为"在为了生存进行的奋斗中,对行动自由的限制",而在哲学上将它定义为"来源于反社会行为的社会分异"。他提出伦理随时间发展的延伸将按照下面的顺序进行:首先是作为人与人之间伦理规范的宗教不断发展;接下来是作为人与社会之间伦理的民主政治的发展;最后终将形成人与其他环境的伦理关系。用 Leopold 的话说,"人地关系仍然是严格的经济关系,承担的是权利而不是义务。"

正如我们一直试图在书中表达的那样,一定要有很强的科学和技术理由,来说明伦理学的外延应该包含人类生存必不可少的生命支持系统。有很多法律机制,例如,保护地役权法案(conservation easements)能够激励土地使用者通过期权交易来获得税收减免或其他经济上的好处。令人鼓舞的是,在过去 20 年中,越来越多地出现了有关环境伦理问题的文章、书籍、大学课程和杂志(Callicott,1987;Potter,1988;Hargrove,1989;Ferre 和 Hartel,1994;Dybas,2003;Ehrlich,2003;Leopold,2004)。

11.3　全球可持续发展能力

11.3.1　概述

1987 年,世界环境与发展委员会发表了一篇名为《我们共同的未来(*Our Common Future*)》的报告,这篇报告也就是现在我们所知道的,以挪威前首相、同时也是这个委员会主席——布伦特兰(Brundtland)夫人命名的"布伦特兰报告"。这个报告断定目前的经济发展以及相伴而来的环境退化是不可持续的。对全球生态系统的不可恢复地破坏就相当于破坏全世界大多数人的经济状况。要想生存,只有从现在开始改变。改变的第一步就是寻求一条增强国家之间合作的道路,这样,国家之间就能够针对全球可持续性的问题共同工作。这份报告的重要性不在于它的内容,而是它让包括发达国家和发展中国家在内的 23 国的领导人及科学家们一致认同:全球环境的健康对于每一个人的未来都有着十分重要的意义。

11.3.2　解释与实例

1991 年,联合国教科文组织发表了一篇名为"环境可持续的经济发展:建立在布伦特兰报告的基础上"的报告。这篇文章指出了两个词的区别:一个是经济增长,指的是变得更多,也就是量的增长;另一个是经济发展,指的是变得更好,即不增加超越合理的可持续水平的总能源与物质的消耗,也就是质的增长。该报告得出结论:"任何与当前经济增长有细微相似事物的那种 5～10 倍的增长(也就是被一些经济学家说成是在世界范围内减少贫困的必要条件),将会很快地把我们从今天的长期的不可持续发展带向迅速的崩溃。"因此,经济增长过程中所需要的贫困的减少(尤其是在发展中国家)"必将由富人的数量的负增长来平衡"。

1992 年,世界各国领导人在巴西里约热内卢参加了地球首脑会议,寻求把世界从污染、贫穷以及资源浪费的状态中拯救出来的国际协议。富裕的"北部"和贫困的"南部"的对抗成为这次会议的主旋律,但有意义的协议却基本上没有达成。然而,可持续发展的概念却作为一种经济及生态需要综合体的方式而显现出来。许多参加会议的领导人在离开时都有一种感觉,那就是未来国与国之间合作的大门已经打开了。

2002 年 8 月 26 日到 9 月 4 日,在南非约翰内斯堡召开了另一次地球首脑会议。来自 191 个国家的代表在一个关于减轻贫困以及保护地球自然资源的行动计划中取得了一致的意见。为了对几十年来资源损耗作一个总体观察,也为了对未来事物将怎样改变提出一些建议,我们建议在连续 4 期《科学》杂志中,首篇文章使用《大地的声音(*State of the Planet*)》(2003 年 11

月 14 日开始播出)。然而,会议的与会代表们却同意放弃对于可更新能源装置的目标与时间安排,这对于欧盟来说是一个损失,因为它一直在推动一个目标,即到 2015 年使 15% 的世界能源通过可更新资源获得。其他积极的协议包括:巴西与世界银行达成的保护 5 000 万公顷热带雨林的协议,美国提出的为保证减轻贫困,促进健康及教育的 100 亿美元的合作提议,以及哥斯达黎加提出的关于海上石油勘测延期付款的提议。会议的首脑们也重申了里约热内卢原则,这其中包括预见性原则,也就是让人们在危害来到之前采取行动,如大气中的臭氧损耗。

人类就是这样:许多人总是在问题到了非常坏的情况下才会采取行动,往往到了非常危急的时候或是灾难到来的时候才会想到进行环境规划或是开始我们上面讨论过的改变。下面的例子将会描述在不增加城市大小的情况下,地方性灾难过后经济是如何发展的:

1972 年,美国北达科他州穿过 Rapid 城的 Rapid 河突发了一场洪水,造成了 1 亿 6 千万美元的损失,摧毁了 1 200 座建筑,并造成了 238 人死亡。在市长 Don Barnett 的领导下,社区居民发起了一个国家泛滥平原恢复的示范项目,把被破坏的房屋都搬走,并建造了一个长 6 英里,宽 0.25 英里的环绕中心城区的城市林荫道。如今,这个城市林荫道包括了公园、休闲小径及高尔夫球场等。Rapid 河内有许多用于垂钓的鱼类,现在已成为全国最受欢迎的休闲娱乐场所。Rapid 城事件是一个启发领导创造性的例子,它将灾难变成了城市社区包括商业和旅游价值在内的多种用途的资产。

11.3.2.1　双重资本论

本书中反复出现的一个话题是"人们所需要的市场化商品和服务与非市场化商品和服务之间实现合理而又公认的平衡的主要障碍是,统治世界市场和政治的极度狭隘的经济理论和政策"。在 20 世纪的转折时期,一些自称为整体经济学家的学者们组成了批判当今经济学模型的学派(Gruchy,1967)。然而,当时建立整体经济学的努力被使资本和物质财富快速增长的石油浪潮淹没了。古典的增长理论只要石油供大于求就应用良好。随着如今石油供应已经达到了极点,全球污染和资源利用过度也十分严重,似乎形成将文化与环境价值包含进来的整体经济学的时刻到来了。换句话说,这是一种将市场资本和自然资本放在同等地位来考虑的经济学。

通过一段时间的合理调节和鼓励措施最后形成双重资本论是很有可能的(E. P. Odum, 1997)。在这样的双重资本论(dual capitalism)下,商业或者工业不仅仅需要考虑新产品与服务的市场潜力,同时也要策划通过高效的资源利用来生产产品以及尽可能多地进行循环利用和减少污染,另外还需要考虑如何将原料消耗以及废物处理的成本内部化,这样就会是消费者而不是纳税者来缴纳废物处理的费用了。

令人鼓舞的是,从 1982 年的第一届经济生态一体化大会开始,经济学和生态学的分界线开始越来越受到关注。回顾来看,例如 Constanza(1991),Daly 和 Townsend(1993),Costanza, Cumberland 等(1997),Hawken 等(1999),以及 H. T. Odum 和 E. C. Odum(2001);还有由 Barrett 和 Farina 组织的名为《整合生态学和经济学(*Integrating Ecology and Economics*)》的生物科学特别期刊(2000 年 4 月)。

11.3.2.2　技术进步的矛盾

几乎所有以提高福利和繁荣为目的的技术进步都有其黑暗的一面和光明的一面。作为一名工程师的麻省理工学院前校长 Paul Gray 认为,"我们这个时代的矛盾是几乎所有技术发展的混合恩惠。"我们在前面的章节已经描述了大量的例子,包括害虫和疾病控制技术与绿色革命技术的混合恩惠。这些技术的光明面是用更少的劳动力得到更高的产量,而黑暗的一面则是农药、杀虫剂与机械的大量运用造成的大气、水和土壤的大面积污染、害虫的抗药性增加以及更多人失业。另一个例子是为美国提供大部分电力的燃煤发电厂同时成为酸雨的罪魁祸首。

关键的一点是我们探索新技术的同时,必须认识到这些进步的负面作用,以及基于生态学理论和研究去寻找解决的办法。通常,我们需要的是能在一定程度上改良负面效果的反技术。例如,在农业上,耕地保护和轮耕是广泛应用的反技术。在发电厂的案例中,可以利用不会产生酸雨的清洁煤。

11.3.2.3　投入管理

"解决污染的方法是稀释(找个地方倾倒)";"现在的解决方法必须是原料的减少"(E. P. Odum,1989,1998a,1998c)。管理投入而不是输出的策略已经在第 1 章作为"大转变"提到过,这种转变在减少污染的过程中是必需的。生产体系的投入管理(如农业、电厂、制造业)是改善和维持生命支持系统质量的实际并且经济上可行的手段。这一概念可以通过图 11.1 来解释。如图 11.1A 所示,过去的注意力主要集中在提高产出——也就是说,通过投入大量的资源(如化肥和化石燃料)而不去考虑效率问题导致随之产生的不希望的产出。投入管理则包含了大的转变,如图 11.1B 所示,这种方式的目标是将投入减少到能够仅将有效的投入转换成所需的产品。投入管理被称为从上至下的管理,因为它首先是评价整个系统的投入(如外部强制作用),其次才是内部动态及产出。应用这一概念到废物处理这一环节上,则意味着减少废物优于废物处理。

图 11.1　在生产系统管理中需要的"大转变"。(A)关注产出(结果)导致非点源污染增加;(B)输入管理的改变("大转变"),关注有效性并减少昂贵且对环境产生破坏的产品输入,由此而减少非点源污染(根据 Odum,1989 绘制)

华南农业大学教授罗世明曾提出,不发达国家正确的发展途径是在发展农业过程中绕过浪费的、高投入的阶段,而直接从传统农业跨入到新的减少投入的阶段,如图 9.18C 所描绘的那样。为什么在工业发展中不采用同样的策略呢?为了在原料中减少或消除有毒废物,需要管制与鼓励性因素相结合,只有这样才能实现社会的可持续发展(Barrett,1989)。

11.3.2.4 恢复生态学回顾

由于如此多的环境被破坏且超过了自然恢复能力,修复破坏的生态系统成为一件大事。恢复生态学集中于修复由于人类干扰而遭破坏的景观异质性与格局。图 11.2 描述了 20 世纪 30 年代由于人类干扰形成的尘埃盆地(Dust Bowl)。对土壤生态学更好的认识、合理的农业生产以及新的保护伦理已经在很大程度上帮助恢复了这些遭到破坏的景观。这一关注增加了破碎景观的保护价值,同时还建立了与景观生态学领域的紧密联系。以前人们并没有意识到湿地具有生命支撑性的缓冲区价值而排干或破坏了一些湿地,对这类湿地进行恢复的措施和方法将是一个特别活跃的研究领域。发展恢复生态学这一新的研究领域的先驱是 John Cairns,Jr。自 1971 年以来,他写了许多关于这一主题的著作。他在为美国国家科学院组织的一份报告中介绍了许多实例研究(NAS;1992)。在评审这样的环境工程项目时,很明显,当四个关键群体协调一致地工作时才会取得成功——它们分别是:① 公民利益;② 政府机构(省,区域及联邦);③ 科学与技术;④ 商业利益。当任何一个方面没有得到充分考虑时,恢复和环境工程项目通常实现不了长期的目标。在环境工程领域中有三家刊物:环境工程(Environmental Engineering),生态工程(Ecological Engineering)和恢复生态学(Restoration Ecology)。

图 11.2 由风造成的土壤侵蚀的一个极端例子,发生于 20 世纪 30 年代美国中西部地区的沙尘暴

11.3.2.5 脉动范式回顾

在强调从青年到成熟发展的同时,我们需要强调环境和社会波动中的方方面面。气候和天气波动通常以一种有节奏的方式进行。各种生物种群密度随时间起伏。任何处于长期稳定状态的事物都是很少见的。因此,我们想问,成熟阶段是本身内部波动吗,或者它会像个体一样衰老吗,还是最终会被替代? C. S. Holling 的扰沌或循环等级概念(Holling 和 Gunderson,

2002）指出，当 r 阶段发展到 K 阶段之后（生态演替完成），K 阶段或成熟的组织变得缺乏弹性和适应性进而衰退，接下来则将是新的 r 阶段或 K 阶段的发展。扰沌（panarchy）是一种旨在超越尺度和学科界限的理论，它能够系统地理解经济、生态以及制度系统（也就是说，它必须解释三个系统相互作用的状态）。这一理论的焦点是使变化和稳定的相互影响合理化。这一循环的或数字的模型在森林里，在过去的一些文明和城市中，似乎是成立的，但当对象是海洋或大的国家时，则似乎不那么适用。在这一点上，关注尺度看起来就很重要了。

11.4　情景方案

11.4.1　概述

一个情景方案是一个情景或事件序列的轮廓，用在这里，就是指将会在未来决定人类生存质量的可能的系列事件。作为例子，在这里我们列出了一些情景方案来对比乐观和悲观的未来。我们的确还是有选择的。

11.4.2　实例

我们选择下列书和文章作为有关将来可能的人与自然关系的情景方案的实例。

11.4.2.1　"以 Leopold 遗产为基础的全球生物伦理学"——V. R. Potter（1988）

在图 11.3 中，左边的序列是基于这样的假设：我们将继续采取短期观点，并限制道德规范和法律来保护和促进个人的社会安全（以很少的注意力关注公共安全，假设对个人有利的也对社会和世界有利）。这种个人价值至上的逻辑后果被持续而又快速地延伸到全世界人群，使作为生命支持的生态系统受到压迫和退化。

可供选择的情景方案（图 11.3 的右边序列）是基于这样的假设：人类将越来越多转向关注长期，以建立物种生存与维持全世界健康的生态系统为价值观。把伦理和法律延伸到物种、生态和景观水平的逻辑后果是，一方面减少人口的增长（在本世纪人口稳定或减少规模），另一方面有益于生命支撑系统，进而利于所有人甚至所有生命的生存。

11.4.2.2　"管理行星地球"——W. C. Clark（1989）

因为人类在世界的不同地方所遭遇的困境差别巨大，因此也必须根据实际寻求不同的解决方法。根据经济条件、人口密度，W. C. Clark（1989）将世界划分成了以下四个地区：

- 低收入、高密度地区（如印度和墨西哥）；
- 低收入、低密度地区（如亚马孙河流域和马来西亚/婆罗洲）；
- 高收入、低密度地区（如美国、加拿大和富含石油的沙漠王国）
- 高收入、高密度地区（如日本和西北欧）

在低收入国家，首要的是减少贫穷，也就是激励可持续的经济增长；而在高密度国家，通过

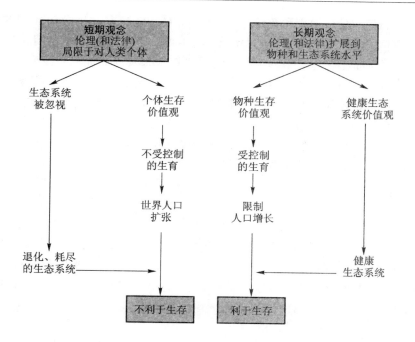

图 11.3　生存模型的两种对比方案：一个短期观点注重个体，一个长期观点包括了物种和生态系统水平（仿 Potter，1988）

计划生育或其他方法降低出生率是首要的。在高收入国家，减少浪费和对资源的过度消费是他们应该首先考虑的，这也意味着这些国家要从单纯数量的增长转化为质量的增长（真正的经济发展）；另外大多数高收入国家已经进入了人口过渡期（他们的人口增长速度减少）。

在 Kates 等（2001）的文章《可持续性科学》中，他合并这四个地区为两个——富裕的北部地区和贫穷的南部地区。要结束这种两极分化将是困难的，并且需要较长的时间。

11.4.2.3　"想象、价值、评价和生态经济学需求"——R. Costanza（2001）

在这篇名为《想象、价值、评价和生态经济学需求（*Visions，Values，Valuation，and the Need for an Ecological Economics*）》的论文中，Costanza（2001）描绘了四个可选择的未来情景。这四个未来情景基于资源是否受控制，以及两种世界观——技术乐观主义和技术怀疑论。

这四种情景分别是：

（1）星际之路：聚变能源成为多种经济和环境问题的有效解决之道。闲暇时间增多是因为机器人将做大部分的工作，而人类将殖民太阳系，因此人口可以继续扩张。

（2）疯狂的最大化：化石燃料的产量下降，却没有普及型能源作为替代。这个世界被跨国公司控制，它们的雇员居住在受到严密监控的地方。

（3）大政府：政府约束那些不关心公共利益的公司。计划生育稳定人口、累进税制平衡收入。

（4）生态理想：生态税制改革有利于生态技术和生态产业，并惩治污染者和资源消耗者；居住格局和增长的社会资产将减少运输和能源的需求。这远离了消费主义，减少了浪费。

11.4.2.4 "通往繁荣之路:原则和政策"——H. T. Odum 和 E. C. Odum (2001)

面临日益增长的高质量能源短缺,世界经济将不得不立即停止增长,并且降低到低水平的资源和能源可持续消费上。作者解释了我们的世界在未来资源和能源更少时可以怎样繁荣,并为现代文明制定了一条减少或者避免冲突的道路,也就是建议建立一个更公平和更合作的国际社会。这一明确的建议是基于他们对全球人口、财富分配、能源来源、城市发展、资本主义和国际贸易、信息技术和教育发展趋势评估上的。

11.4.2.5 "生态环的闭合:综合科学的出现"——G. W. Barrett (2001)

如图 11.4 所示,生态学主要来源于生物科学,同时也伴随着对物理、化学、数学方面的理解。在过去的 20 年间,一些新兴的研究领域产生并发展起来(即"学术分流"的增加),它主要体现在医药学和生态学的进步,对实施资源管理政策的需求增加,对环境认知的挑战,以及不断发展的地区和全球规划的新方法。不幸的是,绝大多数高知研究机构装备不足,难以管理和提供资源来确保这些挑战和机遇的成功。在 21 世纪,以学科教育为基础的高知机构,将需要增加培育和建立综合及跨学科的项目。综合科学是确保可持续的未来所必需的。在高校和大学,将如何处理这种学术分流以提高学术效益,例如,如何解决对参与者的公平的激励机制?是通过众多的政府或私人组织,特别是经历过一段时间的环境文盲的持续增加后,就能获得资源来阐述这一问题并面对这些挑战吗?

基于基础学科发展起来的大学和高校现在面临着这样一种挑战,即以一种具有成本效益和智力挑战性的方式管理新生的和综合的事务。有趣的是,生态学——对"家园"或"整个环境"的研究——显示出非常适合引导高校(教育、研究和服务)进入对解决问题、全球规划、生态认知和资源管理进行整体分析的领域。生态学在将来会为跨学科或综合性的科学提供支撑吗?一个可持续的将来有可能依赖于迎接这个挑战。

11.4.2.6 "生命的未来"——E. O. Wilson(2002)

Edward O. Wilson 在其《生命的未来(*The Future of Life*)》(Wilson,2002)一书中指出,在未来几十年中,有两大瓶颈亟须突破——即人口的增长和自然资源的消耗速度。他认为,人类间接地、大范围地破坏自然环境,导致了地球上不可再生资源的大量减少。他还指出,21 世纪的挑战在于如何最佳地为我们自己及我们所生存的生物圈谋求一种"持久文明"。和其他科学家一样,Wilson 认为我们如今已经进入了一个"环境的世纪"。

因为人口的年均增长率约为 1.4%,这就意味着每天要增加 20 万人,或者相当于每个礼拜增加一座大型城市的人口。在 20 世纪,全球增加的人口要比人类以往任何一个历史时期都多。当 1999 年 10 月 12 日全球人口突破 60 亿大关时,作为一个物种,我们已经超过了曾经生活在地球上的任何其他大型动物生物总量的大约 100 倍。所有生命都无法再承受像这样的另一个世纪。

由于生物圈的各种约束条件是早已确定的,因此,消耗的瓶颈或者地球的承载容量都是客观存在的。例如,人类已经占用了全球绿色植物制造的有机物质的 40%。Wilson 将中国视为世界环境变化的中心,中国的人口在 2000 年达到了 12 亿(占全球人口的 1/5)。中国人民在生存方面已高度展现了其聪明才智与创造力。目前,中国和美国是全球两大主要的种植谷物的国家,但是,中国巨大的人口数量令其处于"入不敷出"的境地。美国国家智力委员会(NIC

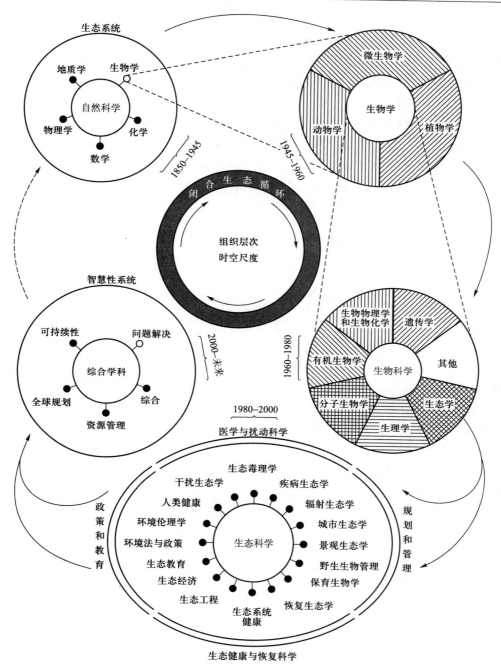

图 11.4　这是一张描述生态学和相关生态学科演化历史的分析图（1850—2000 年）。该图按顺时针方向图解了生物学和生态学的分离过程，以及一门跨学科性和综合性更强的学科的形成（引自 Barrett. G. W. ,2001,闭合生态环:一门综合性学科的出现,生态系统健康 7: 79 - 84,版权属于 Blackwell 出版社(2001)）

预测,至 2025 年,中国每年需要进口 1.75 亿吨的谷物(粮食)。而随着中国政府建造规模仅次于长江三峡大坝的小浪底大坝,诸如农业生产中的灌溉用水等问题开始显现,亟须加以解决。资源专家表示,这些问题(瓶颈)的解决不可能完全依靠水文工程学,而需要在农业生产实践、严格的水资源保护措施以及水污染治理的方法手段上进行综合转变。

　　Wilson 强调,环境保护论——他定义为那些投身于地球健康事业的人们的指导性原则——有必要成为一种全球性的观点。他指出,对环境问题的不关心从深层次上讲与人类的天性有关。他认为,人类大脑在进化过程中显然仅仅情绪化地致力于小片区域、狭隘的血缘联盟以及两至三代的代际关系上。环境评判最大的困境源自短期利益和长期利益的冲突,而要整合这两者以形成一个普遍的环境伦理是非常困难的。一个普适的环境规范很可能成为引导所有生命安全地突破人类所遭遇瓶颈的指导思想。

11.5　长期转变

　　关于人类和生态系统在成长－成熟期的相关性,以及达到成熟所需具备的长期的先决条件,其概述在表 11.1 中都给出了。如果人类社会能够做出这些转变,那么我们就可以乐观地预见人类的未来。为实现这一目标,我们必须把"家庭研究"(生态学)和"家庭管理"(经济学)结合起来,其规范标准必须包含环境效益和人类自身的效益。因此,将生态学、经济学和伦理学(ecology, economics and ethics)"3E"进行整合,就可以生成一个能够迎接未来巨大挑战的整体。Donella Meadows 以"就这么多,不要更多"为标题对人类的未来作了总结:

　　经济学第一定律:增长;永久增长;企业必须变大;国家经济每年需要有一定比例的扩张;人们将有更多的需求、生产、获取和消费——总量不断增多。

表 11.1　　个体、生物群落和社会在成长－成熟期的相关性以及达到成熟所需的先决条件

成长－成熟期的相关性	成熟的先决条件(可持续性)	根本措施
个体:这一转变被称为青春期	市场资本主义→二元资本主义	生态系统: $P = R$(当 R 超过 P 时,系统将不能再维持平衡)
生物群落:这一转变被称为生态演替 能量流的转移:在前期成长中,主要的能量流被用于生长;到后期的成长,有用的能量中有一部分增长的比率必须被用于维护和控制混乱。	量的生长→质的生长	人口:出生率＝死亡率
竞争对合作:在自然界和人类社会中,当系统变得复杂并且资源有限时,合作将更有利。	随意自发的发展→区域或景观层面的土地利用规划	生物群落: 光合作用＝呼吸作用
网络规则:维护成本(C)将以幂函数增长——约为网络服务量(N)的平方。例如,一个城市的规模如果扩大 1 倍,则其维护成本将增加不只 1 倍。	竞争→共生(对抗→合作)	社会:生产＝维护

地球第一定律:足够;就这么多,不要再多了;只有这么多土地、水和阳光;地球上的任何生物都是成长到一个合适的大小然后就停止生长了;地球不是要变得更大,而是更好。地球上的生物可以学习、成长、多样化、进化,以及创造出令人惊异的美景、新奇事物和复杂事物,但其生存应处于绝对的限制条件之下(Meadows,1996)。

为促进这种必要的变化和"3E"的整合,我们还需要增加两个"C",即一致性与联合性(consensus,coalition)。最后,如果我们能够将人类创造的商品、服务和维持生命所必需的商品、服务进行整合(换言之,即整合人类和自然资本),从而,二元化当今的资本的话,那么,我们就可以乐观地预见到一个美好的未来了。对于生态学新领域的综述以及如何强化生态科学的意见,我们建议研究者们阅读 Thompson 等(2001)和 Belovsky 等(2004)的论著。

第 12 章　面向生态学专业学生的统计学思维

（R. Cary Tuckfield）

本章的目的在于引发学生用统计学思路去思考,论证生态系统科学中数据和统计作为搜集证据工具的价值,并将其应用到更为广泛的生态学研究领域。有关的基本统计方法,很多教材都有阐述,其中 Steel 和 Torrie(1980) 是这一研究领域的代表性参考书,但本书的重点不在于全面系统地讲述统计学。生态学专业的学生不仅应了解这些基本的统计方法,还应熟悉一些统计学杂志上(如《美国统计学家(*American Statistician*)》和《生物计量学(*Biometrics*)》等)过去和现在的相关内容。但是如果觉得深究数理统计方面的知识不是一件令人愉快的事,也可以不必再读下去。暂时的忽略有时可带来探索的激情。

12.1　生态系统和尺度

12.1.1　概述

生态学实质上是一个尺度问题。例如,自养生物、食物网和流域是宏观尺度上生态系统的重要特征,而在与其相对的另一尺度即微观尺度上,生态系统的主要特征则表现为植物化感作用所释放的生物毒素(植物化感物质)和寄生性微生物。但是不论从哪一个尺度上认识自然界,即使是使用实验设计(experimental design)(即为指导实验而编制的统计方案,见 Scheiner,1993)中被广泛认可的方法,都必须以数据为支持,有时甚至是烦琐的统计分析。这些方法很少被使用,或者很难在整个生态系统水平上实现。所以,标准的统计方法(高等科学教育的主要内容)并不一定总是适用,但是其统计学思路和原理却被广泛应用。这就是本章的基本前提。

12.1.2 解释

E. P. Odum 在 1953 年出版的《生态学基础(*Fundamentals of Ecology*)》(第一版)中提出,在大尺度上理解环境需要在系统的背景下进行综合考虑,这一论述内涵丰富。1959 年,他在第二版的前言中给了生态系统科学一个简洁的定义,即"自然种群问题和……太阳能的利用(nature's population problems and … use of sun energy)"。通过测定种群、群落、生态系统或景观特征以及太阳能在不同组织层次之间的流动,可为有效减轻人类活动对这些系统的影响奠定基础(见第 2 章和第 3 章)。生态学认知观念在人类经济学领域取得有价值的进展之前,测量数据是保持人类文明领先的一种明智选择,而且它们必须是易计算、可解释和准确的。

以当前围绕全球变暖所展开的争论为例,Walther 等(2002)认为,有"充足的证据"来证明近代全球气候变化对生态系统的影响,然而,并非所有学者都认为这些证据可以支持所谓的大尺度上的趋势。Michaels 和 Balling(2000)提出,在已经出版的关于如何应对全球变暖的建议中,并没有给出能证明长期变化趋势的数据。数据的变异性很大。毕竟,上升的那些指标,也会降下来。Michaels 和 Balling 认为,几千年来地球上的温室气体一直在使温度上升;那些将全球变暖归因于人为因素的看似合理的证据(evidence)(也就是对数据所做的简单解释)是模棱两可的,在某种程度上,甚至支持"全球变暖产生了积极的环境后果"这一观点。他们还引用实例加以证明,如近年来农业产量的增加和人口死亡率的下降(Michaels 和 Balling,2000)。令他们担心的主要是,政府的科学发展投资政策会被单纯的环境保护而误导。没有知识的支持,盲目地采取行动是很危险的,而且大量的资金会白白浪费掉。如果有科学作为先导,至少在做决定的过程中数据和政策会占有同等重要的地位。因而需要经常做的就是不断总结各种证据的优势所在。可以说在几乎每一个大尺度问题上,在持两种截然不同观点的阵营里,都有权威的科学家。

得到明确结果(unequivocal results)(可靠的始终如一的被解释数据)的方法有时是有争议的,而且受观测尺度的限制。毫无疑问,在微观尺度上的研究会得到更多的有关微生物的知识,但是获得的生态系统方面的知识少,除非我们参考地理空间结构来研究微生物间生态系统的过程和格局。这又是一个尺度的问题,涉及时间和空间两方面的尺度。例如,圈围 1 hm² 见方的波多黎各雨林作为样方来测算生态系统的特性、速率和输入输出量(H. T. Odum,1970)。对于如此大范围的研究项目,同行之间的团队工作(Likens 等,1977)当然是必要的。试想通过实验设计来比较 1 hm² 热带海岛雨林和亚马孙河流域内部雨林的蒸散速率,其逻辑性或可行性都有问题,也就是无法将一个尺度上建立的统计方法推演到另一个尺度上。现代统计方法的发展简史将在后面介绍。

实验设计的基本概念包括处理(treatment)(采取措施以产生影响)、对照(control)(维持原状,保证不受任何影响)、实验单元(experimental unit)(供实验用的对象)和随机化(randomization)(为减少研究者的主观误差,在实验处理过程中使用随机分配的方法)。让我们来思考这样一个问题:假设对照的实验设计适用于任意尺度的研究,无论是微观还是宏观、生物组织还是景观、亚原子还是宇宙,再假设处理和对照这两种相对的概念对实验设计是必要的,那我们能随便将整个生态系统进行随机处理并将另外一部分作为对照吗?不用说整个银河系,我们将一个完整的生态系统(实验单元)作为实验对照都很成问题,那我们为理解这些系统所取得的成果仍然能称得上是科学吗?回答是肯定的,只要我们获得了可靠的数据。研究银河系的方法和传统研究领域可能不一样,而且依赖于尺度,但是如果我们在假设的指导下仔细地收集数据,就能证实我们所做的研究是科学的。

Horgan(1996)曾经就他与著名的宇宙学家 Roger Penrose 的会见以及他后来出席在明尼苏达州的古斯塔夫斯大学主办的哲学讨论会这两件事做过一次发人深省的阐述,两次讨论的基本议题都是围绕人类正在快速接近"科学的终结"这一令人担忧的前景展开的。天体物理学家、宇宙学家和那些寻求现实世界中深层东西的学术界的大思想家们都将陷入他们推测性的臆想之中,即使有可验证的预言,这些臆想也是很难实现的,Horgan 称这种困境为"嘲讽科学(ironic science)"。不管是在物理科学还是在自然科学领域,可信度的基石是相同的,那就是数据。如果对自然界的猜想没有可量测的研究数据作为支持,那么不论它们对自然界的前景描述得多么精彩,提出的观点多么奇特,这些猜想也只不过是科学童话。换句话说,即使是真实的说明,如果没有证据,我们也不能确信。要想在生态系统尺度上解释"地球是如何工作的",则需要大量相关的易获得、可判断的数据,否则这些解释是站不住脚的。

12.2　理论、知识和研究设计

12.2.1　概述

测量和观察是获得知识的关键手段,但是仅仅靠收集和积累数据去说明问题是不够的。单纯的数据不能带来知识——这是世界著名的统计学家 W. Edwards Deming 在 1993 年提出的观点。原始数据或者只做过简单总结的数据只是一些信息而已,就像昨天 NBA 球赛的分数。知识来源于那些促使人们去收集数据的理论。没有事先的预测,没有一个对能发现什么的可检验的期望值,我们就不能说对生物圈会有更深的了解。

12.2.2　解释

报告 NBA 球赛的分数与预测 NBA 球赛的分数是截然不同的两回事,后者不仅令人信服地证实了知识的重要性,而获得知识的关键就是理论、期望值和假设(也即对自然现象的形成原因和变化趋势创造性的、尝试性的解释),因而数据就成为证实我们所想的希望所在。正如 Tuckfield 准则(Tuckfield maxim)所说的,收集数据的基本原则就是,只为一般性目标或者没有确立特定目标而收集的数据,很少能够明确解释特定问题。只要我们愿意,可以对数据做出任意多的解释,但是只有依靠特定的数据,才能做出算得上是正确的解释。因而对于生态系统生态学专业的学生来说,他们面临着很大的挑战,也就是说,他们必须测定一些必需的数据,还要解释这些数据是否与我们的预言一致以及关联程度如何。

来自犹他大学的著名化学家 Henry Eyring 曾经参观过 Battelle 纪念馆(Ralph Thomas,个人交流),纪念馆的化学家们被召集到一起,要求每人对各自的工作做一个简要陈述。Eyring 询问其中一位年轻人希望在他所做的实验中会有什么样的发现,得到的回答是不知道,这正是为什么他的实验仍在进行中而没有结束的原因。Eyring 然后又问这位有抱负的化学家另外一个问题,如果他对应该发现什么没有任何期望,那么他如何能从实验结果中学到知识呢?意思就是,不管结果如何,一个人打算要学的知识才能成为他即将要学的知识的基础。Eyring、Deming 和其他学者坚持"没有理论就没有认知"这一观点。

理论是研究设计(research design)的必由之路,研究设计也随尺度而定,如果没有前期的研究设计和相应的结果预测,就无法解释所获得的数据。其复杂性在于大尺度的研究经常会限制实验设计要素,如样本大小(sample size)(即要测量的实验单元的数量)、样本大小是研究设计的标准特征,它决定了由研究设计衍生而来的统计检验的概率力(power)(即假定显著性相关确实存在,产生显著处理效果的概率)。给定一个明确的样本量、效果量(effect size)和误差验收标准(error acceptance criterion)(实验者可承受的错误结论的风险),就能够计算出研究设计的统计能力。大部分应用统计方法方面的教材(见 Steel 和 Torrie,1980)都描述过这一原理。然而细心的研究者不应该将注意力完全集中在样本大小上,这是许多野外生态学者的通病。

Hurlbert(1984)曾经讨论过一种经常发生的称为假重复(pseudo replication)的研究设计错误。为了增加样本大小,研究者试图在较短的连续时间间隔内测量同一实验单元,并将所有的观测数据作为相互独立的(independent)(不相关的)、同分布的(identically distributed)(发生的概率相同)和随机变量(random variables)(测量值的变化仅仅取决于偶然因素或处理的差异)进行处理,在这种情况下,假重复问题最常发生。这样的测量结果不是真重复(eureplicates)(真正的重复),也就是说不同的实验单元应该各有一个完全独立的实验处理。一个实验单元在 $t+1$ 时刻的测量结果或多或少地会与 t 时刻的测量结果有关系,关系的大小依赖于两时刻间的时间间隔长度。假重复所导致的问题是,低估了经过类似处理的多个实验单元的随机变化(random variation)(对围绕一个最接近的随机变量分布的测量值分散性的估计),因此统计显著性处理的影响往往比预期的要大。

近期一部分学者(Heffner 等,1996;Cilek 和 Mulrennan,1997;Riley 和 Edward,1998;GarciaBerthou 和 Hurlbert,1999;Morrison 和 Morris,2000;Ramirezet 等,2000;Kroodsma 等,2001)为避免假重复出现,已经在多个不同学科领域推广了针对这一问题的设计原理。然而,其他一些学者(Oksanen,2001;Schank,2001;Van Mantgem 等,2001)则对此提出了质疑,指出在研究设计中将这一原理作为必须的概念不一定合理,尤其是在大尺度上的生态学研究上。在研究过程中,研究人员往往更重视验证那些符合正态性(normality)(符合"正态的概率分布呈钟形曲线"这一条件的数据)的参数统计学假设,但更重要的应该是确保样本测量的统计独立性,这样才能有效避免假重复问题的发生。完全独立的不同实验单元间具有可变性,一份详细的样本计划可以为这种可变性做出可靠的估计,如果没有这样的估计,那么后续的统计推断(statistical inferences)(以数据的数学归纳为基础得出的结论)就没有任何意义。取样结束后偏离正态的样本通常可以进行修正,而偏离统计独立性的样本则不能修正。但是在生态系统尺度上,假重复是一个相对次要的问题,我们在后面将做出解释。

12.3   生态学研究单元

12.3.1   概述

在开始研究之前,需要认真仔细地考虑生态学研究单元(ecological study unit,ESU)的物理尺度。当生态学研究的单元很大时,用传统的统计设计原理开展研究未必能够得到可靠的或者预期的结果。这是研究设计中一个很普遍的问题,经常是在研究结束之后咨询统计学家才知道。这代表了一种潜在的科学研究反馈方式,说它潜在是因为我们可能发现那些其实早应该包含在实验中的属性。

12.3.2   解释

因为实验的花费很高,所以可以理解为什么学生和研究者一样期望得到一个确定的结果,以此作为对他们所做努力的回报。但是,仅靠收集一些数据并去了解这些数据说明了什么是不够的,这种做法应该不断地唤起人们的质疑。可以说,这仅仅是尝试和失误,而不是研究设计。研究设计是一种"前馈(feed forward)"过程,它是每一个实验的最初阶段,而且自始至终都应促使研究者为收集数据而努力。后期如何分析数据也是研究设计的一部分,这样在选择统计显著性水平检验的方法上可避免陷入典型的进退两难的境地。

例如,为检验假说"为什么一部分蚂蚁是红色,而另一部分是黑色"(G. E. P. Box 等,1978),用对照实验设计来研究是一种有效的方法。找到足够的生态学研究单元应该不成问题,但我们是否需要把某一尺度上设计的有效方案应用到其他尺度上呢?比如说,冬季是阿根廷自然界鸟类的繁殖季节,而高原鹬(*Bartramia longicauda*)却不在冬天繁殖,这是为什么呢?如果我们有一个研究设计能揭示这个问题,那么同样的设计是否可以被用来验证"热带雨林的固碳作用比温带森林生态系统大"这一假说呢?即使同样的实验设计可以被应用到不同尺度,但是随着尺度的增加,要想找到能够保证可靠的统计推理结论的足够的生态系统研究单元愈加不可能了。这不是因为生态学家没有足够的决心,也不是他们担心被斥为"小思想家(small thinkers)",而只是由于自然界的特点所决定的。大尺度的自然格局和作用是很难用小尺度的调查来确定的。在预定的研究尺度上,收集足够的数据用现代统计方法做出有力的推理是有难度的。简单地说,蚂蚁远远多于高原鹬,高原鹬远远多于雨林,雨林远远多于……这颗地球行星,至少对于研究处理的目的而言是这样的。随着尺度的每一次增大,标准实验设计越来越难以满足统计的要求。设计在执行的过程中总会受到实践的阻碍,这种阻碍只有在需要的时候才被意识到,而且还会随着研究单元尺度的变化而倍增。除非我们能发明出完全不依赖于尺度的数据分析方法,这种方法不管样本多大都能得出同样可靠的结果,而实际上,研究设计对于研究尺度来说往往是唯一的,就像研究设计对于学科来说是普通的一样。在蚂蚁和高原鹬的尺度上可以采用实验对照,但在雨林和地球行星尺度上则不可行。

　　生态学家们已经敏锐地察觉到了这个问题。为了更全面地了解宏宇宙(见第 2 章),E. P. Odum(1984)提倡将田块尺度的所谓中宇宙作为小尺度的微宇宙的扩展,其目的是想在这样两种系统之间建立一座桥梁:一种系统是封闭的实验室尺度上的实验系统,另一种系统是开放的、复杂的、以太阳能为主要能量来源,并为区域地质所限制的大型生命系统。毫无疑问这种观念在研究尺度方面是一大进步,为观察、量化、阐述那些难以察觉的功能格局提供了可能。一个明确的建议是:下一步的任务就是为生态系统研究创造过渡型研究单位间宇宙(metacosms)(介于中宇宙和宏宇宙之间),这是尺度研究的另一个进步,它可以确定生态系统功能的格局和规律,在对生态过程进行推断时只需跨越较小的尺度。问题是,尺度越大,取样的复杂性就越大,我们容易获取的观测数据就越少。也就是说,那些在小尺度实验研究过程中发展起来的、被广泛认可的、可信度高的统计方法将越来越难于适应大尺度的研究要求。

　　此外,生态学研究单元越大,各研究单元之间就越相似(J. Vaun McArthur,个人交流),导致了一些原本并不相同的事物却具有相似性,不管是生物方面的还是非生物方面的,这都有悖于实验设计原理。实验中的生态学研究单元相似性越高,我们在监测处理效果中所获得的测量精度也就越高。我们可以通过一个最简单的实验设计来说明。这个实验采用了所谓的"单因子设计(one-way design)",只有一个主效应(main effect)和多个处理水平(treatment levels)(即不同量级或类型的处理)。其特点是,生态学研究单元间的相似性越小,对每一种处理所做出的响应差异就越大,而实际上两种处理方式之间的响应差异不太可能占主导地位,因而即使有那么一个处理效果,也不易被观察到。解决的办法只有一个,那就是为所有的处理水平($j = 1,2,\cdots,k$)增加样本大小(n_j)。这是因为样本总体中所有生态学研究单元实际响应方差(σ^2)的无偏估计值($\hat{\sigma}^2$)是由计算得来,是响应平均值(mean)离差平方和的近似平均值。即

$$\hat{\sigma}^2 = \sum_{j=1}^{k} \hat{\sigma}_j^2 \tag{1}$$

　　和

$$\hat{\sigma}_j^2 = \frac{\sum_{i=1}^{n}(X_{ij} - \overline{X}_j)^2}{n_j - 1} \tag{2}$$

　　式中:

$(\hat{\sigma}_j)$ 是应用第 j 种处理措施时样本的响应变化,以及对相应的总体响应变化(σ_j)的估计值;

X_{ij} 是针对第 j 种处理措施做出的第 i 种响应的测量值;

$\overline{X}_j$ 是样本对第 j 中处理措施做出的响应测量值(μ_j)的平均值,以及对总体响应的估计值;

n_j 是第 j 种处理措施下,参与测量的所有实验单元的数目(重复数量)。

需要注意的是,随着 n_j 的增加,公式(2)的值减少。最糟糕的情形就是当实验单元不相似的时候,很难分清导致响应差异的原因到底是处理方式的不同还是实验单元本身之间的差异。这种我们所不愿看到的结果被称为混杂(confounding),在实验设计中要尽力避免。

举例说明,假设用一种处理方法来逆转淡水湖泊水体富营养化的影响,对比处理效果与对照。淡水湖泊是研究充分、比较明确的生态系统,我们的生态学研究单元就是一个湖泊。为了减少差旅费,也为了减少不同气候和流域化学性质造成的外部差异,我们将推论范畴(scope of inference)(即目标种群和结论的推广范畴)限定在美国东南部的富营养化湖泊中,出于处理方式和对照两方面的仔细考虑,从挑选出的适合本次研究的部分富营养化湖泊中,随机安排一个湖泊。本研究将开始于秋季,到来年春天在每个湖泊中共要采集 12 个表层水样,通过测定对比水样中磷的浓度来判断这种处理方法是否可行(见第 2 章湖泊动态部分)。每种处理方法测量 12 个水样对于本研究来说应该是足够了,但问题在于我们要了解的是各个湖泊对处理方式的响应,而不是样本的响应。对于每一种处理方式来说,湖泊越多越好(真重复越多越好);对于每一湖泊来说,重复性的测量则越少越好。排除逻辑和技术上的可行性不讲,湖泊的测量方法也是一个关键性因素,具有相似表面积和容积的湖泊在生物学角度上可能会有很大的不同,如不同组织水平上的物种丰富度和物种多样性的测量标准不同(见第 2 章)。即使我们能够得出一种处理方法的效果,但如果用这一结论去预测本研究以外的其他湖泊的响应,其可靠性值得怀疑。对于想得出富营养化湖泊一般性结论并称其为"知识"的生态学家来说,这是他们所不愿意看到的结果。

12.4 推理方法及可靠性

12.4.1 概述

前面章节中所揭示的自然界的规则可以被称之为推理与可靠性权衡(inference reliability tradeoff),可用图 12.1 表示。该图表明:推论范畴与生态学研究单元的尺度呈反比。如果研究经费充足,实验处理方法可以被应用到大尺度($> 10^6$ m^2 或 $> 10^5$ m^3)的生态学研究单元中。根据对同一尺度上的另一生态单元进行响应测量所做出的推理,其可靠性都令人怀疑。只有在生态研究单元间差异很小时,所得出的结论才是可推广的。

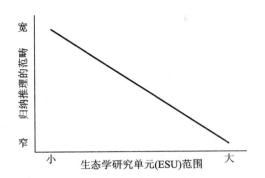

图 12.1 推理 – 可靠性折中的生态学规则示意图。根据对照实验设计的结果得出其他生态单元对处理响应的可靠性,随着生态学研究单元尺度的增加而减小

12.4.2 解释

前面提到的规则意味着我们将要采用统计学方法验证实验处理效果是否有意义,传统惯例是给定显著性水平(significance levels)(错误结论的最大允许概率),对于看似相似的大尺度的生态学研究单元来说,一般取 $p < 0.05$。如果用 p 表示没有获得预期实验效果的数据的概率,那么 p 的值就表示把错误结论当成正确结论的概率。例如,$p < 0.05$ 意味着在零假设为真的条件下,在所收集的数据中只有 5% 的概率出现错误,否则就拒绝零假设。这是统计学的基本思想。

20 世纪现代统计推理和数据分析方法在验证假说方面有了很大的发展(Salsburg,2001),尤其是关于较小尺度的、可观测的现象。为了获得更加准确的农作物多样性、施肥率及生长态势等方面的资料,英国和美国开展了大量的研究工作,其实验单元多是一小块土地,有时甚至是单株作物。在测量实验处理的响应时,像生态学研究单元一样,实验单元(experimental units)是测量的实体。然而,在农业科学中,实验单元则相对较小,而且相似性很高。实际上,实验单元的相似性越高,对于同一种处理方式的响应差异越小,这就意味着只要处理是有效果的,那么不同处理方式间的响应差异应该处于主导地位。像前面讲到的那样,用相似的方法处理相似的事物,是确保实验成功的关键,至少在比生态系统、景观甚至景观斑块(见第 9 章)小的尺度上是这样的。

Salsburg(2001)描述了统计学家 R. A. Fisher 对统计学这一现代学科发展的影响,他将 19 世纪末 20 世纪初实验者的实验记录比喻为"一堆混乱的大量堆积的未公布的毫无价值的数据"。这是对当时农业研究的真实写照。Salsburg(2001)写道:"英国洛桑农业实验站在 Fisher 去工作之前已经采用不同成分的化肥(人工肥料)开展了近 90 年的实验。在一个典型的实验中,工人先将磷酸盐和氮盐的混合物播散在一块完整的农田里,然后种上谷物,测量收成和当年夏天的降雨量……Fisher 检验了有关降雨和作物产量的数据……指出不同年份不同的天气状况对作物的影响要远远大于不同肥料所产生的任何影响。引用 Fisher 后来在他的实验设计原理中用到的一个词,那就是'混淆',不同年份天气的差异和不同年份人工肥料的差异对作物的影响'混淆'在一起,这就意味着应用实验数据不可能将二者加以区分。90 年的实验和20 年的辩论没有得到任何令人满意的结果,一切努力付之东流。这时农业科学家们才认识到Fisher 的实验设计工作的巨大价值,这种方法迅速在大多数讲英语的国家的农业院校里广泛应用。"

作为获取知识的统计方法,实验设计已经被自然科学的大多数分支学科所接受,这套方法的好处在于它的结构体系能够为可靠的归纳推理(inductive inferences)提供保证。然而,事实上却不存在这样一种可以在系统、全球等多个尺度上区分"噪音"和"信号"的更具可比性的统计方法,这主要是因为实验设计单元是不相同的、难于界定的,而且数量太少,因而难以得到一个充分有力的统计推理。

然而生态系统生态学类似于另一门整体科学——宇宙学。就像不能将 Fisher 的实验设计方法应用到太阳系的研究一样,也不能将其应用到大尺度生态系统或景观研究。整体科学源于西方文明中的归纳法和简化法,因而大多数统计学家认为它是一个对立统一体。生态系统生态学试图全面了解自然界中的生物和非生物行为,但不论是尺度往上推还是往下推,始终存在一个权衡的问题。

图 12.2 是推理尺度和研究可行性之间关系的图解。一个具体的研究设计从逻辑上来说是可以完成的,我们将确保完成的程度作为可行性(feasibility),取值范围从 0 到 1。此处要注意区分实验可行性和观测可行性两者之间的差别,前者基于对照实验设计的原理,后者基于假说演绎(hypothetico-deductive)(从一般性到具体性的推理)推理方法的原理(Popper,1959),也就是通过指导观测来验证假说的方法。人类观测自然的能力要大于人类控制自然的能力。实际上,如果没有那些看似惊人的技术进步(而且人们还在继续寻求这种进步),易操控的实验对照只能在较小尺度上进行。尺度越大,实验对照的可能性越小。比起观测可行性,实验可行性更加依赖于尺度。相对来说,由于观测能力比较高,观测可行性一直接近 1。因而,用观测可行性减去实验可行性所得之差即 F_{diff},在小尺度上 F_{diff}几乎为 0,而在大尺度上则接近于 1。研究所需要的经费之差也具有相似的变化特点,而且研究实施经费的增加比研究尺度增长的速度更快。例如,美国联邦政府每年都愿意拨款几十亿美元给国家航空航天局(NASA)作为太空项目的管理经费(2003 年为 70.2 亿美元),而每年给国家科学基金会(NSF)作为生态系统研究经费的拨款只能以百万计(2003 年为9 000 万美元)。

从图 12.2 也可看出,沿尺度增加方向实验研究经费与观测研究经费之间的差距不断拉大。有争议的是,如果不考虑经费,要优先选择实验研究而不是观测研究,因为实验研究不会产生模棱两可的结果。然而,任何研究尝试都会造成研究结果的不确定性和变异的存在。经常会出现这样一种状况:同一个实验,不同的人或者不同的时间去做,会得出不同的结论,有点类似于饮酒和心脏病关系的医学研究实验。

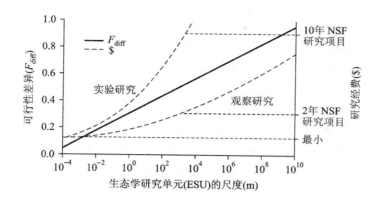

图 12.2 可行性差异(F_{diff})与生态学研究尺度的关系。F_{diff}为观测可行性与实验可行性的差值,所以为正。注意图中实验研究经费增长幅度随研究尺度增加而加大,而不是等比例增长,短期研究(2 年NSF 研究项目)和长期研究(10 年 NSF 研究项目)的经费增长比例也不相同

12.5 生态学实验与观测方法的比较

12.5.1 概述

在大尺度上,对照生态学实验几乎是不可行的,其替代性选择就是通过可验证的观测来寻求所预测的结果。观测的力量在于能够通过思索获得所要辨别的东西。除此之外没有别的选择。这个选择没有数据——这样的结果在尚有许多疑问的科学领域里是无法接受的。

12.5.2 解释

观测可以识别未知模式和产生探索创意,Robert H. MacArthur 是一位颇有才华的种群生态学家和能干的数学家,就持上述观点。在他的著作《地理生态学(*Geographical Ecology*)》一书中(1972),他说:"科学研究就是寻找模式,而不是简单的事实积累。"科学研究在公众看来是冷酷的,需要计算的,剥夺了自然界的美学特质。其实这是对科学研究的一种误解,MacArthur曾试图反驳这种误解:"科学研究不像通常认为的那样,它既不会造成感觉的障碍,也不会产生非人性化的影响。科学研究不会掠夺自然界的美丽。科学研究方法需要遵循的唯一规则,就是诚实的观察和准确的逻辑推理。伟大的科学研究必须有正确的判断来引导,几乎是凭直觉感知到什么值得去研究。"感觉,美丽和判断?*MacArthur* 的观点是:科学研究从根本

上来说就是观测,是受探索奥秘的热情所驱使的观测。

让我们通过举例来理解一下单一的观测作用到底有多大。1919 年,为了验证一个有趣的假说,进行了一项把牛顿物理学根本推翻的实验。Arthur S. Eddington,一位著名的英国天文学家,也是当时理解爱因斯坦广义相对论基本原理的为数不多的几个人之一,提出要验证理论假说"光可以在大型天体如太阳的引力作用下发生弯曲"。他组织了一支探险队,在 1919 年的 5 月来到了位于西非海岸附近的普林西比岛观测日食。地球绕着太阳不停地转动,只要知道其他特定星体与地球的相对位置,一位通晓牛顿学说的天文学家就能够计算出这个星体从太阳背面射出第一缕光线照射到地球的准确时间,如果在计算出的时间之前出现在天文摄影照片中(由于其光线受太阳引力作用而发生了弯曲),这样就证实了爱因斯坦的假说。Eddington 的照相底片上的确捕捉到了这样的星光(McCrea,1991),为支持爱因斯坦的理论提供了证据。这不是一个对照实验,而是一个"任何人用同样的方法都可以完全重复验证"的观测性实验。总之,观测的作用在于可以证实那些表面看来似乎不可验证的东西。

12.6 生态学中的统计学思维

12.6.1 概述

要想获得生态系统、景观以及生物现象和非生物现象之间大尺度上的相互关系等方面的知识,需要做的工作很多,其中统计思考的工作多于统计检验,样本不确定性方面的问题多于样本大小方面的问题。统计学思维(statistical thinking)一词的含义借用自 Snee(1990),是为获取生态学知识而提出的一种实践范式(范例、模式或原型),它建立在三个基本原则之上:

- 在一个系统内所有的自然过程都会发生;
- 过程测量充满了变化和不确定因素;
- 从多次观测和不同的测量方法中所得的数据,以及对这些数据有效而直观的描述,即证据力,是判断任何一种针对自然过程的解释或假说价值的决定性因素。

如果没有这样的方法,任何学生、同行或公众都不会相信生态系统、全球变暖或陆地承载力(见第 2 章、第 4 章、第 6 章)的相关内容,生态学对社会管理环境作用的影响将会减小。

12.6.2 解释

作为科学教育的一部分,统计学能为我们提供什么? 让我们来简单回顾一下。此处的目的在于简单评估一下在增加我们对生态系统理解的过程中,有哪些统计学方法可以为我所用。

首先,统计学像生物进化论或遗传学一样,已经成为生态学教育均衡发展必不可少的内容,这主要受两位学者思想的影响,一是 Karl Pearson 所创立的生物计量学(见 Salsburg, 2001);二是 R. A. Fisher 创立的多学科。无论是在课堂、实验室还是在野外,Fisher 在 1935 年的著作中所论及的实验设计原理、方差分析方法(ANOVA)、统计显著性概念和随机选择实验处理单元的原则已经成为自然科学界细致研究的准则。Fisher 在 1930 年出版过一本名为《自然选择的遗传理论(*The Genetical Theory of Natural Selection*)》的著作(Fisher, 1930),其对生态学的未来具有同等重要性。比起当时的其他著作,这本书融合了孟德尔的遗传学说和达尔文的进化论两方面的观点,以统计学和数学为基础提出了令人信服的论据,其结果是可靠的。Provine(1971)是这样阐述的:"达尔文的混合遗传学说观点是'可遗传的变异在每一代大约占到一半'。因而,按达尔文的理论在每一代中都会出现大量的新的变异。Fisher 表明孟德尔的遗传学说恰恰为达尔文的上述问题提供了答案,因为遗传保留了种群中的'统计'变异。"为解答生态学专业学生的问题,Fisher 曾经把统计方法用地图加以解释。这些方法也为 20 世纪初其他新兴学科的发展提供了良好机遇(Barrett, 2001)。

奠定现代统计方法基础的关键概念是群体。群体(population)是指所有生态学研究单元的统称,通常是科学研究需要的无法计数的"理想值"(见第 6 章)。就像柏拉图在他的《理想国(*The Republic*)》一书第七卷中所提出的观点所述,群体是不能测量的实体——即那个潜在的事实,因为预测能力的限制,所以我们不能找到确切的答案,只能在观察的"影子"里得到"一孔之见"。简言之,群体就是真实自然界的一个不可知的理想值。顺便说明一下,所谓的"影子",就是观测样本(群体的子集),从中可以得到关于实际存在的总体的线索。Fisher(1930)的基本统计学观点是:为适应环境的变化,大群体比小群体具有更多的基因变异,结果是,基因变异趋向于保护大群体、威胁小群体。我们所面临的困境在于不可能测量群体中的每一个个体。为了保证群体的可数性,我们可以重新定义群体,但是这样会使预想的推理变得不再重要。因此统计方法既有优点,也有局限性。由于计算或测量群体中的每一个个体常常是不切实际的,而且花费巨大,所以我们必须从要预测的群体中选取具有代表性的、少量的种群个体或生态学研究单元作为样本(sample),根据样本推断整个种群的特征和动态。我们放弃寻求确定性的笨思路,代之以一个更明智的、具有不确定性(uncertainty)的结果(可测量的变化量)。

如前所述,统计方法未必一直适用,但统计学思维却能够一直适用。"变化是绝对的",这是上述真理根本的、不容置疑的存在基础。变化是自然界的特征之一,就像海平面上水的沸点为 100℃ 这个特征一样。我们所测的任何东西都会有误差或不确定性。一方面,我们断定我们对自然界那些确定但未知的理想现实的看法是正确的,这些看法通常是一些大胆的断言,它们来源于创新思想并为严密的数学推理所支持。另一方面,我们试图通过对自然界进行测量、收集和分析数据来验证这些断言。爱因斯坦的观点更是理论上的理想状态。在他所研究的物理世界里不确定性不是他感兴趣的内容,因为他寻求的是柏拉图式的理想,即那些真实的最终能用数学语言来描述的理论。爱因斯坦坚信,无论我们的测量手段多么高明,所有的东西都必须能够从其固有属性和宇宙守恒中推理出来。然而,对自然界的认识上升到证实认知这一高度上时,就必须用指标来进行解释,以及用测量值来验证原来的预测分析。

　　不论是在经过相同处理的实验单元之间,还是在对大气中温室气体的观测中,变化是一直存在的。引起变化的原因有很多,其中大部分是不为人知的,或许是根本不可知的。我们将这些归为随机变化,这些变化不受人为管理或控制,只是由偶然性所决定,影响偶然性的因素构成了取样过程的一个函数。就像一个装了很多黑色和白色石子的缸子,连抓几把石子,数一数每一把中黑色石子的数量。其数量每一次都是变化的,但是有几个数要比其他几个数出现的几率多,这时系统变异就产生了。再如,一位研究者用 NIST(美国国家标准与技术研究所)标准的 1 升的桶向一个中尺度实验地中加水,当这位现场技术人员休假时,替代他或她的是一位没有经过训练的人员,用一个不同的桶继续加水,那么在此期间所记录的加水的升数与用标准的桶加水的实际升数是不一样的。区分随机变异和系统变异的差异对于统计学思维的应用是必需的。

12.7　证据的性质

12.7.1　概述

　　通常认为,科学原理像质量和能量守恒定律、生态效率原理一样具有确定性(deterministic)(就是说,没有概率或者测量的不确定性),然而,在生态学领域对理论的验证或驳斥目前还停留在"经验性结果—数据收集—统计"这一模式上,统计的目的在于确保研究设计可提供相关的可测的不确定性数据,为理论验证提供充分的证据(Tuckfield,2004)。

12.7.2　解释

　　注意概述中所用的"验证(corroboration)"一词,它的意思是"用补充证据来支持观点",这就是哲学家 Thomas Kuhn 所说的"常规"科学的一个特色(Kuhn,1970)。任何一个人想支持或证实世界上某一个流行或常规观点时,他就会收集相关历史阶段的事实依据(立论依据)。另一位著名的哲学家 Karl Popper(1959)将"验证"这一概念比喻为"在泥土里打桩",没有必要把桩打到基岩,但应该深到足以支撑"上层建筑"——关于事物存在方式原因的理论、模型和现有解释。然而,确定性就很成问题了。对于反复尝试也难以成功推翻的假说,只能使"桩"越打越深,对自然的理解也只能用不确定性来描述。如果没有充分证据作为强大的"根基","上层建筑"必然会倒塌。

　　在科学研究中采用证伪法(Popper,1979),就像从朝鲜蓟上剥叶子以去除假象使其暴露,通过连续的驳斥不断放弃谬误,其核心和可验证部分即是真理所在。还有部分人认为能证实的证据积累到一定程度,即我们每一个人都有充足的证据的时候,那么理论就容易被证实了。与证伪假说相比,大部分科学家在证实假说的过程中获得更大的满足感。实际上,在《生态学

（Ecology）》杂志已出版的有关统计检验结果报告的文章中，提供假说证伪的要少于假说证实。不经判断就不可能将假说作为可证实的内容加以概括表述。如果我们打算将其作为知识加以接受，如果不去咨询权威人士的话，那么证据力（weight of evidence），也就是验证结果的程度也就成了判断依据。

12.7.3　实例

生态效率理论中有一条被广泛认可的基本原则，即某一营养级中只有 10% 的能量被传递到下一营养级（Phillipson，1966；Kormondy，1969；Pianka，1978；Slobodkin，1980），以此为例加深对本节内容的理解。Slobodkin（1980）将生态效率定义为："营养级 x 为营养级 $x+1$ 提供食物，即营养级 $x+1$ 的食物消费量与营养级 x 的食物消费量之比"，他还引用了 Patten（1959）的一个早期研究成果，即通过对 10 个不同田地的生态效率调查估算，结果在 5.5% ~13.3% 之间。Kormondy（1969）引用了 Slobodkin 的观点（个人交流），认为总的生态效率"遵循 10% 定律"。Pianka（1978）认为单位面积单位时间的标准统一后，大多数生态学家所估算的生态效率都在 10% ~20% 之间。Slobodkin 和 Pianka 的论点只是针对自然属性所提出的一个主张，是对自然属性特色的大致描述和非量化的变量，但是他们提供的数据则为判断理论的价值提供了证据。Patten（1959）论文中的第一个表格总结了美国威斯康星州的 Mendota 湖（Juday，1940）、明尼苏达州的 Cedar Bog 湖（Lindeman，1942）、缅因州的 Root 泉（Teal，1957）和佛罗里达州的 Silver 泉（H. T. Odum，1957）四个水生生态系统各自的四个营养级（生产者，P；食草动物，H；食肉动物，C；顶级食肉动物，TC）中每一级的能量摄入量（gcal. cm^{-2}. a^{-1}），尽管样本数量较少，但是仍可估算出这四个生态学研究单元的平均生态效率：食草动物与生产者之间的生态效率为 90.5%，食肉动物与食草动物之间的生态效率为 11.7%，顶级食肉动物与食肉动物之间的生态效率为 4.6%。很显然，不考虑营养级的因素，生态效率并不是 10% ~20%。如果想将这个理论应用到生态系统管理中，那么我们需要对此做出更加可信的估算，不仅要考虑营养级，还要考虑到纬度的因素。

下面看一些从真实的湖泊实验中得来的证据。在加拿大地盾（Canadian Shield）的实验湖区（ELA）曾经做过一系列湖泊生态系统实验，Schindler 对实验操作过程做了一个非常精彩的总结（Schindler，1990）。这个实验项目开始于 1968 年，目的是为了验证有关湖泊富营养化管理实践方面的一个假说，但来自石油和水电生产以及工业污染所致的酸化作用对湖泊造成的威胁使这项实验一直延续到 20 世纪 80 年代。这项研究同时还为生态系统压力 - 响应理论的发展和生态系统的预测提供了机会，这一理论后来被 E. P. Odum（1985）进一步完善。在 Odum（1985）的文章中列出了 18 项预测，Odum 用实验湖区（ELA）20 多年的研究数据评价了其中的每一项预测，结果只有 3 条吻合。Schindler（1990）用表中的一列给出了有相同预测结果的项目，并在另外两列中给出了与每一项预测相对应的实验湖区（ELA）研究结果，其中一列关于湖泊酸化实验，另一列关于湖泊富营养化实验。我们为每一条预测与结果的对比赋等级值，当结果能够证实预测的时候，赋值为 1；当结果与预测相排斥的时候，赋值为 -1；模棱两可的，赋值为 0。这样可以得出：酸化实验的结果总值为 1，富营养化实验的结果总值为 6。两项实验的最大结果值和最小结果值都分别是 15 和 − 15。预测检验比(R_{pt}, prediction test ratio)为结果总值与预测项目数量的比值,取值范围为 − 1 和 1 之间,此值表示研究结果作为支持 Odum 的生态系统压力 − 响应一般理论的证据力。Schindler 的研究结果表明:酸化湖区实验数据的 R_{pt} 为 0.07,富营养化湖区实验数据的 R_{pt} 为 0.40。

那么结论如何呢? 也就是说支持生态系统压力 − 响应一般理论的证据是否有力呢? 可证实酸化湖泊生态系统预测的证据($R_{pt} = 0.07$)是模棱两可的,而可证实富营养化湖泊生态系统预测的证据($R_{pt} = 0.40$)也不够充分。这就引发了一些有趣的问题:为什么这些水生生态系统对不同类型的压力所做出的响应不同? 如果对人为压力进行分类,那么生态系统压力 − 响应理论还是一个"普遍"的理论吗? 生态系统一般理论是否应该单独考虑外界扰动? 如果将重点放在生态系统的抗性或恢复机制上(动态平衡,见第 1 章),一般性理论的适用性会不会更广? 对预测的质疑导致了一个根本性的问题:究竟什么是生态系统理论? 这个问题具有很大的诱惑力,能够引起人们无限的遐想,但是它已经超出了本章的范畴,在此不作讨论。不过有一点需要注意,这个根本性问题由衡量数据的证据力而引发,不需要统计显著性检验的支持。

12.8   证据与假设的检验

12.8.1   概述

在任何生态学研究(包括实验研究和观测研究)过程中获得的数据都可用来证实科学假说或者假设,几乎没有例外,标准的统计方法要求将科学假设转变为相应的统计学假设,但统计学假设不同于通常意义上要检验的假设。要想成功验证假设,清晰的思路和合理的结果是必不可少的。然而,数据只是数据,从某种意义上来说,生态学专业学生的任务就是把数据用于直接证实科学假设。

12.8.2   解释

同一标准的高校统计学教育都会涉及这样一个概念:零假设(H_0)。零假设(null hypothesis)是对容量为 N 的样本所作的初始猜测。该样本通常来自自然界某一总体中的 N 个个体,且总体的某些特征或参数为已知,如平均数 μ。只提取一个样本时,零假设 H_0 为:$\mu = \mu_0$,就是说,总体的平均数等于具体的假设值 μ_0。一个备择假设(alternative hypothesis)可以表示为 $H_1 : \mu > \mu_0$。这就是以 Neyman-Pearson 定理为依据的统计学假说(Royall, 1997)。如:我们想知道美国新墨西哥州南部的黑喉漠鹀(*Amphispiza bilineata*)在体重上是否不同于内华达州中部的黑喉漠鹀,内华达州的黑喉漠鹀与体型较大的艾草漠鹀(*A. belli*)位于同一分布区(Tuckfield, 1985)。假定我们认为内华达州的黑喉漠鹀大于新墨西哥州的黑喉漠鹀,这就是一个科学假设,为了用统计方法验证这一假设,我们必须将其转变为统计学假设,即

$H_0 : \mu_1 - \mu_2 = 0$（μ_1 表示内华达州黑喉漠鸥的平均体重,μ_2 表示新墨西哥州黑喉漠鸥的平均体重),这就是通常所说的双样本零假设。除非有充足的证据来推翻这个零假设,否则我们只能接受这个假设的结论,即这两个地区的黑喉漠鸥在体重上没有任何差异。

即使在最详细的数据分析支持下,我们也有可能对结论做出错误的判断,表现为两种类型:Ⅰ型错误(Type Ⅰ error)(假正结论),当两个种群实质上是相同的,我们却判断为不同,即事实上零假设是真,却被拒绝了;Ⅱ型错误(Type Ⅱ error)(假负结论),两个种群实质上是不同的,我们却判断为相同,即事实上零假设是假,却被接受了。这就是无法肯定的结论的特点。从理论上来讲,我们要尽量避免做出错误结论,但这可能需要大量的投入。通常我们会容许一个小于5%的假正向错误概率。为了将两种类型错误的发生率都降到最低,我们应该收集所有相关样本,但是不可能有如此充足的经费和人力来完成这项工作。Neyman-Pearson 的假设检验方法为解决这一问题提供了客观依据,检验的结果无非两种:肯定或否定。要么 $H_0 : \mu_1 - \mu_2 = 0$,即零假设成立;要么 $H_1 : \mu_1 - \mu_2 \neq 0$,即零假设不成立,这是一个双样本备择假设。

经验表明,简单列出的生态数据所提供的可解释证据通常要多于上述"非此即彼"的假设检验结果。即便如此,规范的统计推理方法已经成为医学和制药领域研究中重要的实验处理手段,产生了许多重大的应用成果。在这些领域中,只要达到统计显著性水平,即使是标准治疗方案上一点小的改进也会使大量的人群受益。而且,与生态系统相比,测量和实验单元的尺度都比较小,非常适合用 Neyman-Pearson 的统计学假设检验方法来进行研究。

然而,这一方法的负面作用表现在学科的描述方面,无论哪一个学科领域,在专业的统计推理人员操作下,都会稳步而客观地迈向真理,这种说法实际上是不合理的。如果没有可供判断的空间,就没有知识。数据可以作为科学假设的证据而展示出来,其展示方式既可以是形式多样的解释,也可以是灵活的判断。在很大程度上科学知识是被广泛认可的有效的真实模型,但它毕竟只是一个模型,需要征得同行的认可,并对不确定性能合理量化(确定性的物理性质当然除外)。对于一位古生物学家来说,在绝对的不确定性面前,如果不能做出明确的判断,能获得什么知识呢? 这种衡量证据力的主观过程,决定了人们对自然真相认知的程度,衡量也即判断。

在一篇颂扬已故 Robert H. MacArthur 先生的颂词中,Stephen Fretwell(1975)这样写道:"真理就是客观存在的现实,知识就是我们所说的对真理的认识,智慧是对二者差异的认识"。当然智慧的作用大得多,如果它的确可以做到区分二者的差别。

12.9 正确问题的明确表述

12.9.1 概述

就像一门完善的生态学课程不能没有统计学知识一样,有作为的生态学专业学生也不能不了解方差分析(ANOVA,参阅有关统计学教材)。学生们通常将重点放在获取多种数据分析技能上,这确实也是他们应该做的。但是,学会正确地表述科学问题比建立一个大型的统计"工具箱"更有助于理解问题。

12.9.2 解释

这种观点与提出可回答的问题并寻求问题的解决方案相似。问题的识别和明确表述是选择方法的前提,而不是先有方法,再解决问题,不然我们就可能犯Ⅲ型错误(Type Ⅲ error),即为错误问题找到一个完美答案(Kimball,1957)。统计学专业的学生要比生态学专业的学生更易犯这个错误,这是因为前者主要是建立统计技巧,而生态学者则是一个追求定量的群体,独创性很强,以亲自分析数据为荣。然而,如果把重点放在方法上,而又没有找到合适的方法,那又怎么办呢? 这个时候就要依靠当地的统计学家了,但这并不表示生态学专业的学生已经陷入僵局,无事可干了,他们的任务就是总结数据,为科学假说提供相关的证据。这时候简单的数据展示就有意义了,可使结果更加直观形象。这就回到了本章的基本论点,即应用数据和统计学思维,而不只是统计方法,去获取更多的关于生态系统和生态学方面的知识。

12.10 出版还是"出家"?

12.10.1 概述

出版还是"出家",这个典故对于那些立志从事生态学研究的学生来说再熟悉不过了。讲的是年轻的达尔文所做出的一个真正伟大的决定,当时达尔文曾经面临着一次两难选择:从事他感兴趣的科学还是神学(Irvine,1955)? 对于大部分学生来说,职业的选择是必须要面对的一次真正的挑战,它关系到是否能在自己的专业领域内有一个稳定的职位。把实用性作为职业选择的依据是明智的,有时也是不可避免的,但只有不懈探索的精神才是在生态学领域有所作为的根本所在。

12.10.2 解释

有所发现是一个令人满意的结果,也是值得我们去追求的目标。生态学专业是不断激发学习兴趣、探究自然奥秘的一种有效途径,这是生态学和其他学科的共同使命。

对于一个学者来说,将研究发现予以发表是非常重要的。青年时期的达尔文是一位教区牧师,这在当时的社会背景下是一种非常受人尊敬的职业,而达尔文却热衷于搜寻和收集甲虫、鸟类和藤壶,这是一个典型的自然科学研究者的行为,而在他父亲的眼里却是一种危险的职业(Himmelfarb,1962)，在当时的人们眼里，比起教区牧师来，这是毫无远见的业余爱好。不管达尔文做乡村牧师的才智如何，他把自己的兴趣和才能通过纸笔充分体现出来了，他的著作至今还影响着生物学界和生态学界。在当前条件下，要想保证所发表论文的可靠性，达到 $p = 0.05$ 的误差验收率是必要的，如果 p 小于或等于 0.05，也就是说，偏差的随机发生率为 $1/20$ 或更小，即 20 个样本中错误样本的数量不多于 1，实验或观测结果就可以作为验证备选假设的合理证据。如果 $p < 0.05$ 时为合理证据，那么 $p < 0.01$ 时就是有力证据；而 $p < 0.001$ 时则为极有力证据。

对 1975 年、1985 年和 1995 年发表于《生态学(*Ecology*)》杂志上使用 p 值的文章进行了调查统计，结果如图 12.3 所示。1975 年卷共发表了 47 篇文章；同时分别选取 1985 年卷和 1995 年卷的前 47 篇文章作为对照，记录每一卷 47 篇文章中具体的 p 值出现次数。结果显示，1975 年卷中，使用 $p < 0.05$ 这一标准的文章最多，为 17 篇；还有 3 篇文章中的 p 值大于 0.05，按照现在的标准，$p > 0.05$ 是不允许的；有趣的是，有 13 篇文章包含了数据但没有经过统计检验，在这些文章的评审者眼中，证据力的重要性一定远在对文章不足的批判之外。1985 年的文章频数分布更加倾向于较小的 p 值方向，在 $p < 0.001$ 范围内最多，为 20 篇。最后，到 1995 年，文章频数分布完全负偏斜(skewed)(不对称的)，最高值出现在 $p \ll 0.001$ 范围内。那么 2005 年卷的情况会是怎样呢？可能不确定性已成为过去！

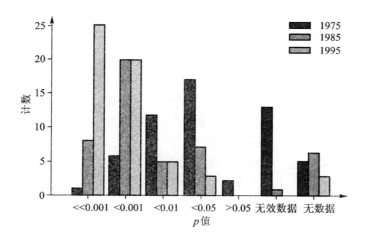

图 12.3　1975 年、1985 年和 1995 年三卷《生态学》杂志中按 p 值分类的文章频数分布图。需要注意的是，随着时间的更替，频数分布图逐渐向 p 值减小的方向偏移

生态学家们正面临着一种风险，那就是极有可能陷入 p 值依赖性的漩涡中。在计算机运算能力日益强大的今天，迅速完成统计推理检验越来越容易实现。随着科技的发展，针对同一统计方法的运算软件不断升级，但这并不能成为解释 p 值越来越小的原因。那么我

们如何解释这一趋势呢? 也许可以这样说,今天的生态学家们在验证结果时实际使用的 p 值,通常很小,而几十年前他们的同事只能使用 $p < 0.05$。如果确实是这样,这预示着另一种冲击人类信念的危险趋势正在蔓延,也就是说,如果小的就是好的,那么更小的就是更好的。这样的想法导致了渐近确定性这一错误的非统计学概念,以及同样错误的消灭不确定性的概念。

12.11　证据导向的选择

12.11.1　概述

在统计学课程的教学过程中,经常要对那些研究生和本科生反复强调的一个教训,就是要避免立即使用功能强大的统计学推理过程。数据描述(如汇总表、图和示意图)是数据分析的第一步。由于清楚地知道在资格考试或期末考试中不会出现如此简单的内容,所以大部分学生对这种简单劝告的反应就是不屑一顾。然而,作为未来的统计学顾问,从简单的数据展示方法学起是完全必要的。

12.11.2　解释

数据展示使证据以图、表等可视化的形式直观地表现出来,具有很强的说服力,这是其他任何形式都无法代替的。John Tukey 在调查数据分析方面所做的开拓性工作就是一个很好的例证,这项工作使他在当前的统计计算软件领域站稳了脚跟。Tukey 在数据展示上最成功的创造就是盒须图和茎叶图,目前这两种方法被广泛应用,优势在于易将数据信息以图表的形式概括总结。通过比较这些图表,可获得有用的证据。目前主观解释已经成为证实推论的一个原则,至少从表面看起来是对客观的数学结论的确认。

12.11.3　实例

分析一下图 12.4 所描述的数据,图中显示了在不同地点上采集到的白尾鹿(*Odocoileus virginianus*)肌肉组织中铯 - 137 的含量(pCi/g),这些采样点分布于美国南卡罗来纳州和佐治亚州的美国能源部萨瓦纳河站(SRS)附近及周边地区(Wein 等,2001)。铯 - 137 是一种常见的放射性核元素,其辐射微尘分布于世界各地,主要来源于过去的核武器试验。为了与萨瓦纳河站(SRS)的数据进行比较,还需要找到代表铯 - 137 本底环境的其他地点。这些地点必须与萨瓦纳河站的环境相似,而且没有受到过萨瓦纳河站放射活动的影响。最后选择了其他地方的六个采样点,每个采样点选择 20 只鹿或更多作为样本,对其肌肉组织中的铯 - 137 含量进行了分析,结果如图 12.4A 所示。图 12.4A 为一幅盒须图,每一个盒的顶部(或右侧)代表

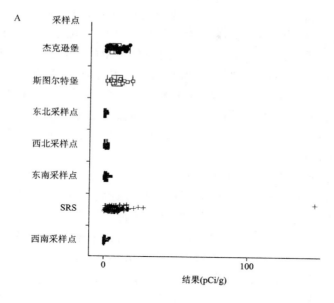

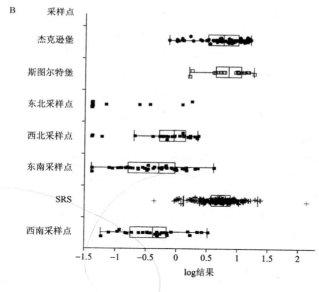

图 12.4 7 个不同采样点鹿肌肉组织中铯 – 137 含量分析结果盒须图。这 7 个采样点分别是:萨瓦纳河站(SRS)、两个军事基地(一个是南卡罗来纳州的杰克逊堡,另一个是佐治亚州的斯图尔特堡)和分别位于萨瓦纳河站附近的东北、东南、西北、西南四个方向上的四个采样点。A 图中横轴使用的是原始测量结果,从中难以看出种群间大的差异;而 B 图中横轴采用的是原始测量结果取常用对数后所得数据。从中可以看出,两个军事基地与 SRS 具有很大的相似性,落在两个盒中的点表示测量结果大都集中分布于一定的值域范围内(如 SRS 东北方向取样点上的数据主要集中于低值区)

样本测量结果的上四分位(即有 75% 的样本数的测量结果低于此值),盒的底部(或左侧)则代表下四分位(即指有 25% 的样本数的测量结果低于此值),位于盒外部的顶部"胡须"端点值为上围篱值,等于上四分之一数加上 1.5 倍的四分位距(四分位距为上四分之一数与下四分之一数之差),位于盒外部的底部"胡须"端点值为下围篱值,等于下四分位数减去 1.5 倍的四分位距。注意图 12.4A 是以测量单位为基础所做的盒须图,难以看出不同地点之间的差异。再将每一个测量数据取常用对数,以此代替测量数值建立图 12.4B,可以清楚地看出,在六个采样点上,南卡罗来纳州的杰克逊堡和佐治亚州的斯图尔特堡这两个军事基地与萨瓦纳河站(SRS)的情形更加相似。

跨尺度的数据变换是统计中常用的一种方法,它可以减少围篱值外的数据(可疑的极端数据,在盒的外围)造成的偏差,缩小不同处理水平间的差异,还可以保持正态假设。这种以寻求证据为目的的盒须图还有其他的特色,那就是颜色和波动。颜色有助于对显示结果进行目测评价,加强对比效果。波动是指数据点在每一个盒的中轴线两侧呈不规则分布。这一方法可以更加清晰地表示出每一个盒子所对应的样本大小。从图 12.4B 还可以看出,萨瓦纳河站(SRS)有两个异常值(outlier),一个很大,一个很小,它们与其他数据不一致,对概要统计值如平均数等会有很大的影响。某个群体拥有越多的稳健(robust)测度(受到的影响较小)集中趋势,如中值(median)(第 50 百分位数)越多,不同处理方式间的对比效果就越好。举例说明,比较图 12.4B 中每一个盒子的水平中心线,这些中心线对应各地点的样本中铯 - 137 含量测量数据的中数。杰克逊堡和斯图尔特堡这两个军事基地基本保持了与 SRS 相似的环境背景,受到高度的安全监护,而 SRS 的外围则主要是乡村和农业环境。通过简单的对比,问题就产生了:为什么 SRS 附近乡村和农业区鹿肌肉组织中的铯 - 137 含量明显低于非农业区?但这是一个新问题,是通过对数据的深层挖掘才提出来的。

估计 SRS 地区鹿肌肉组织中铯 - 137 浓度分布的参数也许可以获得有益的信息,但是否真有必要对最初的假设进行统计检验呢(见图 12.4B)?是否一个正规的推论过程就可以让我们确信杰克逊堡、斯图尔特堡和萨瓦纳河站三个地方鹿肌肉组织中铯 - 137 的浓度没有显著的差异?实际上,这个例子是带有探索性的,正规的零假设几乎是不存在的。当一个人对即将发现什么有先验性猜测时,如果某种模式确实存在,那么首要的目标就是要进行模式识别。本案例中我们的先验性猜测就是两个军事基地应该比其他四个位于 SRS 外侧乡村的采样点更加像 SRS。

图 12.5 显示了支持这一结论的相关证据。这是一幅根据数据值所做的茎叶图(stem and leaf display),对铯 - 137 的每一测量结果取常用对数后精确到小数点后两位,即 0.01,整数和小数点后第一位数位于茎的左侧,由下往上按升序排列,将每一数值的小数点后第二位数根据左侧的整数和小数点后第一位数放在茎的右侧,如有多个数值需要放在右侧的同一行内,则从左到右按升序排列。图中的虚线是一条参照线,便于萨瓦纳河站、杰克逊堡和斯图尔特堡三个采样点与萨瓦纳河站西南侧采样点进行比较。这种图的功能在于它包含了真实的测量值,这一点不同于盒须图,但它们得出的结论是相同的,而且也没有必要进行正式的统计验证。

我们的研究也涉及了制图学的一些基本原理(Tufte,1997),其中一条就是在数据展示

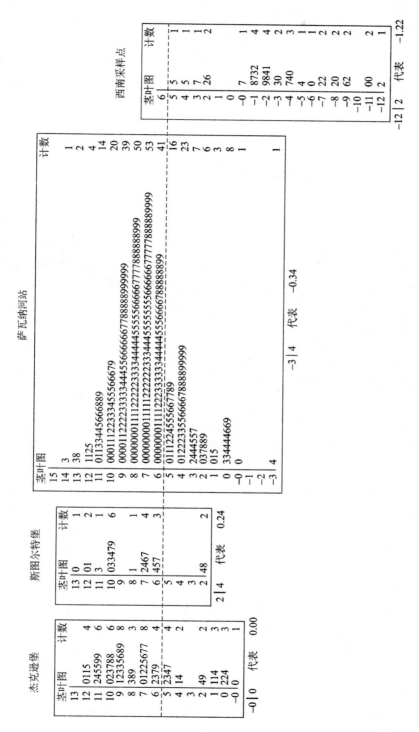

图 12.5 不同采样点鹿肌肉组织中铯 –137 含量茎叶图。图中所列的四幅茎叶图分别来自四个采样点:两个军事基地(南卡罗来纳州的杰克逊堡和佐治亚州的斯图尔特堡)、萨瓦纳河站(SRS)和 SRS 西南采样点,从中可以看出它们之间的相似性和差异,图中所示数据是原始测量数据(单位:pCi/g)取常用对数后的数值

中将空间数据和时间数据结合起来,这种表现形式可使从数据中获取的证据更具有说服力。仔细考虑以下两幅图(图 12.6 和图 12.7),Tufte 曾以此为例说明上述原理。图 12.6 记录了拿破仑在 1812—1813 年的战役中进军莫斯科的那次致命行军历程(Minard,1869)。可以很容易地看出,在进军莫斯科的过程中部队的不断伤亡情况,进军路线的宽度表示路线上每一点(表示具体的时间和空间)的生存士兵数。部队时空两方面的下降形势在此图上一目了然。随着时间的推移,部队实力由最初的 42.2 万人降至 1 万人,损失惨重。

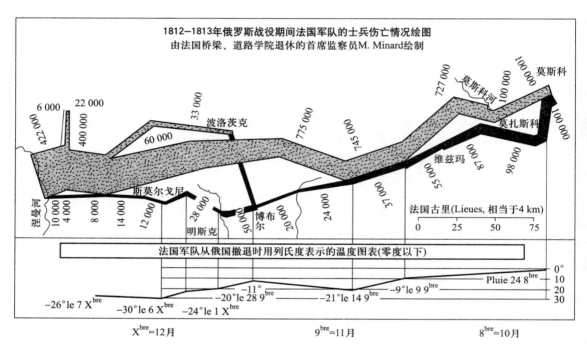

图 12.6　拿破仑军队进军莫斯科的时空图解。这幅图的作者是 Charies Joseph Minard (1781—1879),图中记录了 1812 年冬天至 1813 年拿破仑军队进军莫斯科过程中所遭受的毁灭性打击。这幅绘制于 19 世纪法国的图包含了 6 个变量:军队实力、地理位置、空间维、时间维、部队行进的方向和返程中特定日期的气温(图中 1° = 1.25℃)(由 Graphics 出版社提供)

图 12.7 表示一种日本弧丽金龟(*Popillia japonica*)的生命周期(Newman,1965)。注意在不同生活史阶段日本金龟子所处的土层深度变化。最初的生命阶段为幼虫,化蛹后进入到成年阶段,成年阶段一般自 6 月初延续到九月中旬,成年日本金龟子以植物为食。从这里能够看出,数据展示了空间和时间两方面的进程,从底部到顶部为空间维,从左到右为时间维。

科学研究中需要掌握衡量证据力的方法,涉及的实例也很多,除前面提到的以外,从《景观生态学(*Landscape Ecology*)》杂志中也可以找到许多相关实例,从 1999 年 1 月到 2001 年 8 月,2 年 8 个月的时间内共出版 20 期杂志,包含了 143 篇文章,逐个审查每一篇文章,对其标

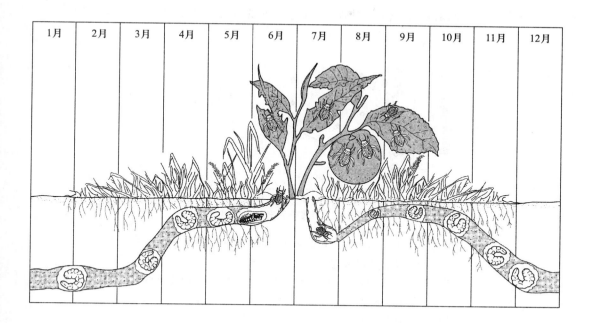

1月	2月	3月	4月	5月	6月	7月	8月	9月	10月	11月	12月

图 12.7　日本弧丽金龟(*Popillia japonica*)的生命周期。在空间和时间两个维度上将日本金龟子的生命周期表现得非常清楚(由 Graphics 出版社提供)

题进行关键字搜索,以了解这篇文章是否是通过验证假设来获得知识。有些关键字只提供简单的信息,如格局、效果、影响等,而有些则蕴含着多种知识,如预测、证据、检验和假设等。在这些文章的标题中,18 篇有"格局"一词,10 篇有"效果"一词,8 篇有"预测"一词,2 篇有"检验"一词,2 篇有"证据"一词,1 篇有"假设"一词。有 2 篇文章是以证据为基础,而这些证据还需要进一步的深入研究。

Palmer 等(2000)证明了这样一个论点:河流无脊椎动物受河床景观斑块的类型和空间布局的影响。他们的第一个假设就是:河流动物区系应该因斑块间微生物(潜在的食物)丰富度的差异而有所不同。他们认为其零假设应该为:特定的物种应该出现于特定的斑块类型(如沙滩、枝叶碎屑等)中,这一物种的数量也应该与这一斑块类型的丰度成比例。他们收集了弗吉尼亚北部多个河段中摇蚊和桡足动物的相关数据,如图 12.8 所示。此图曾在他们的论文中出现并以此作为对第一个假设的检验。图中的实线代表"零假设期望",其斜率为 1。随着被枝叶碎屑覆盖的河床面积比例增加,枝叶碎屑斑块(而不是沙滩斑块)中的动物数量也应按照1:1的比例关系增加(如果零假设为真)。而实际看到的是,枝叶碎屑斑块中的动物数量远多于沙滩斑块中的,两者之间没有明显的比例关系。简言之,摇蚊和桡足动物更喜欢枝叶碎屑斑块。Palmer 等(2000)在论文中这样写道:"符号检验表明,枝叶碎屑斑块中两类动物的增长比例都高于零假设期望"。是否真有必要进行符号检验吗?数据展示所提供的证据已经能够自圆其说了。这是一种值得推荐的数据表现方式,有助于区分可能出现的两种结果,使人可以独自做出判断。对于本例来说,后续的统计检验也许就不再必要,但肯定能进一步证实上述判断。

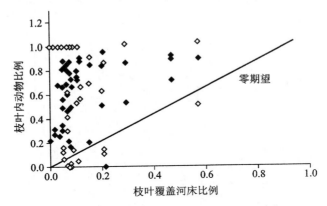

图 12.8   枝叶碎屑斑块中两种无脊椎动物的增加比例与被
枝叶碎屑覆盖的河床面积增加比例之间的关系。实心菱形
表示摇蚊的增长比例,空心菱形表示桡足动物的增长比例
(图片来源: Kluwer 学术出版社,景观生态学,第 14 卷,
401–412,图 4。经 Kluwer 学术出版社许可使用)

Delattre 等(1999)对法国西部汝拉州(Jura)山区不同景观结构中普通田鼠(*Microtus arvalis*)的爆发问题进行了为期六年的研究,取得了一些证据。这项研究的目的是为了验证 Lidicker (1995)提出的几条基于景观的田鼠爆发假说。其中一条是,草地上的普通田鼠生境如果与普通肉食动物的隐蔽生境相毗邻或被其环绕,那么随着时间的推移,田鼠种群密度不会有太大的变化(图 12.9)。该物种的多年种群波动已经广为人知,而且在前面的章节中也讲到过(见第 6 章有关种群循环的内容)。田鼠的丰富度指数用该物种出现的样段(时段或地段)百分数来表示。在六年的研究期内,丰富度指数两次达到峰值,都接近 80%。这次的数据展示使用了三个方面的插图:一幅描绘了景观类型;另一幅描绘了对种群行为的预测;最后是丰富度指标随时间的变化。在每一个图框(图 12.9a、图 12.9b、图 12.9c、图 12.9d)内,田鼠种群的逐年波动与捕食动物隐蔽生境的湿度影响是一致的。本研究中没有提到 p 值,也没有必要用 p 值。

图 12.4、图 12.5、图 12.8 和图 12.9 用图或图表的形式对经验性证据进行了解释说明,都是种群水平上的数据展示。有些杂志如《生态系统(*Ecosystems*)》、《生态系统健康(*Ecosystem Health*)》和《恢复生态学(*Restoration Ecology*)》提供了一些生态系统水平上的数据展示实例。但是,生态系统水平上的数据展示和相关的实验结果很少,原因也合理,这也是本章的主要观点。大尺度的生态系统和景观研究不会得到相应尺度上的大量可显示数据。对本科生来说,要想在大尺度上进行综合研究是不实际的,对于研究生来说也是一项令人头痛的艰巨任务。但是研究还是要做,而且需要不同学科的团队协作(Barrett,1985)。精心设计得出的研究成果当然也需要有力的数据展示方式,因为 20 世纪的统计学所提供的小尺度上的统计方法似乎不适于此类大尺度研究了。

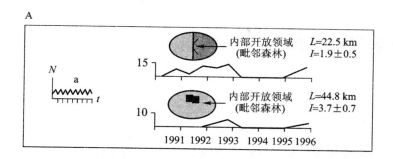

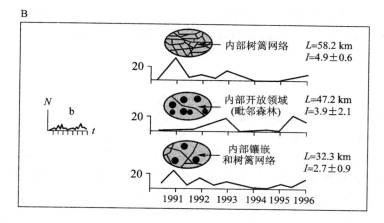

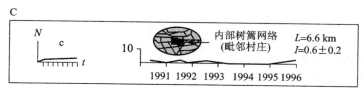

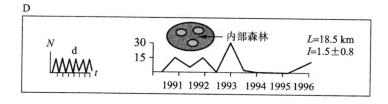

图 12.9 不同景观类型内普通田鼠的种群动态变化。A、B 和 C 三幅图的研究种群位于普通肉食动物生境内或与其毗邻，D 图中的种群生境被障碍物所包围。每一幅图左边的小图（a、b、c、d）表示种群丰富度的预测趋势（N），右边的图表示不同时间的丰富度测量值。L = 六年的研究期内样本生境的总长度；I = 每一采样期内样本生境的平均长度（据 Delattre 等，1999；图片来源：Kluwer 学术出版社，景观生态学，第 14 卷，401 – 412，图 4。经 Kluwer 学术出版社许可使用）

12.12　两条发现之路

12.12.1　概述

前面我们还没有介绍过如何将统计学思维应用到大尺度的生态学研究中。统计学思维在生态系统生态学中所起的作用主要体现在：寻求自然界的整体论方法，将观测数据和研究结果纳入系统的联系中，测量一切可以测量的数据，并对不确定性进行最可靠的估计。

12.12.2　解释

C. S. Holling，一位来自美国佛罗里达大学的著名生态学家，已经考虑过这个问题，并将其作为生态学前景的一个方面——一门新兴边缘学科——Holling 称之为保育生态学。该学科的目标就是获取生态系统和景观方面的知识，为制定相应的资源保护政策提供科学依据，保证地球上的资源可以世代延续下去。Holling(1998)指出了两种完全不同的看待世界的方式，一种是"简化和确定性"，另一种则是"综合和不确定性"，他将这两种观点比作生态学中两种不同的文化或两个"分支"。第一种观点是保育生态学是解析的、局部的科学，它促进了小尺度上的生态学研究——即对生态系统较小的特征进行研究。第二种观点是综合的，它推动了大尺度的生态学研究——即对生态系统的宏观特征进行研究，如景观、生物群区或生态系统的整体特征。在大尺度的生态学研究上，统计学思维就是利用这种综合性特点和对不确定因素的先验性认知展开研究的。

表 12.1　生态学中两种文化的比较

属　性	解　析	综　合
基本思想	涉及范围窄，目的性强	涉及范围广，探索性强
	通过实验进行反证	不同方面的证据趋同
	以节俭为原则	以必要的简单为目标
组织原则	生物间的相互作用	生物物理作用
	固定的环境	自组织
	单一尺度	多尺度交叉
因果关系	单一且可分离	多个且只能部分分离
假说	单一假设，简单否定伪假设	多种不同假设竞争共存
不确定性	消灭不确定性	包容不确定性

续表

属　　　性	解　　　析	综　　　合
统计学	标准统计	非标准统计
	实验研究	观测研究
	担心犯 I 型错误	担心犯 II 型错误
评价目标	同行评价达成一致共识	同行评价和判断达成部分共识
担心的问题	为错误问题找到正确答案	问题正确，但答案毫无意义

来源：改编自 Holling（1998）。

　　为了通过比较加深理解，Holling（1998）列表说明了这两种观点——"解析"和"综合"各自的特点（表 12.1）。这些特点中有两条提供了有益的信息：统计学和评价目标。作为统计学的一个特征，"解析"的观点强调标准统计、实验方法以及关注 I 型错误。Holling 认为，标准的（实验性的）统计源于经典的 Fisherian 惯例，不适于大尺度研究。但什么才是非标准统计呢？从技术上来说，如前所述，I 型错误和 II 型错误都是标准统计中的重要概念，可以直接应用到传统的统计中。非标准统计的大意是：大尺度上的生态学研究单元（ESU）之间的测定结果潜在的变异性是非常大的，因而我们必须找到可以发现"真理核心"的新方法，以免我们认为"没有真理核心"（属 II 型错误），这一解释又为 Holling 表中的第二个特点，即"评价目标"所证实。Holling 估计，"解析"的目标通常被认为是"同行评价达成最终一致共识"，而"综合"的目标则是"同行评价达成部分共识"。如果同行评价完全一致——事实上很难达到完全一致——那么按照常规，结论就是确定的。如果只是部分一致，那么这一结论就是不确定的，需要进一步的研究。Holling 这样写道："原则上，生态系统和社会之间的联系有着固有的不可知性和不可预测性。因而，人类和自然系统基本功能的可持续性也同样具有固有的不可知性和不可预测性。"这种不确定性所导致的后果是："受利益所左右，信息和决策的力量往往是很弱的。然而科学家们没有必要成为政治家，他们需要做的就是对政治现实和人类现实保持敏锐的洞察力，认识到理论、不同的咨询方式和证据规律如何能促进、阻碍或破坏建设性政策和行为的发展。合理的建议必须建立在对举证责任所做的可靠的判断和解释基础之上。"举证责任的概念与下面一节中要讨论的证据力相类似。

　　Holling（1998）认为，从小尺度生态学研究单元进行推理的方法是归纳，而从大尺度生态学研究单元推理的方法是演绎。归纳推理是从具体的结果中概括出一般性的原则，演绎推理则是从一般假设预测具体事件的结果，前者大部分是实验性的，后者大部分是观测性的、相关分析性的。在大尺度的演绎统计学思维中，I 型错误和 II 型错误的概念仍然适用，但是它们主要被用来预测一些源于理论上存在的"大方向"的现象。对于从事整体性研究的科学工作者来说，将预测结果数据直接应用于假设检验是非常重要的，因为这样可以使你的研究发现得到同事和专家的认可，恰好又回到了以前讨论的话题，即数据显示的概率力和大量未使用的 Tukey（1977）的方法。天文学家们的主要研究途径是演绎和整体性研究，生态系统科学家亦然。认识到这一点，对于生态系统科学领域的学生来说将受益匪浅。

12.13　证据力范式

12.13.1　概述

　　本章提及的内容并不是一个新的学科领域,但却是一个不同以往的新视角,那就是强调"数据展示"这一广为人知,但却没有得到充分运用的描述性统计方法。数据展示经常被当做研究过程的第一步,为真正的数据分析和假设检验拉开序幕。事实上,数据展示是假设检验的关键,对这一点的认识可称为证据力范式(weight of evidence paradigm)。

12.13.2　解释

　　证据力这一概念的特点如图 12.10 所示。值得注意的是,正规的统计推理检验是证据力范式的一部分,因为参数统计方法和非参数统计方法在选定的研究尺度上应用时具有重要的作用。然而,即便如此,我们还是会把想要验证的假设换成统计学上能够验证的假设,即更具客观性的假设,但也许需要通过数学抽象来沟通这两种假设。除了推理验证之外,图中所列的经验方法还有三个,分别是:① 确定需要的数据以及如何收集才能确保可靠;② 自由探索数据之间的关系;③ 正确地描述数据,让同行和批评者信服。这三个方面的技巧构成了统计学思维的应用方法,三者都是使数据更有意义的赋权方法。也就是说,在直接检验科学假设时,统计方法并不是最重要的。证据力范式只是一个建议,目的在于打破常规的生态学科学研究模式,在获取对人类有重要意义的知识过程中,引入更多的研究方法。

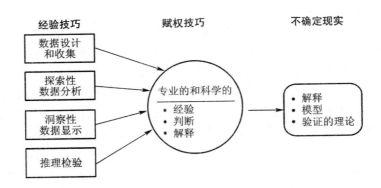

图 12.10　了解自然的证据力范式图解。需要注意的是,除正规的统计推理检验(当研究尺度允许时)之外,构成统计思想的其他三项经验技巧对认识过程同等重要

下面列举一些补充建议,供生态学专业的学生和从事生态系统研究的科学家参考。

对于本科生来说,要注意以下几点:

- 减少表格的使用量。
- 发现制图的奥妙(Tufte,1997,2001)。不要过分依赖现有的统计软件;新观点来自于对数据展示新方法的思考。
- 重新思考 John Tukey(1997)的启发性观点。学会更多对隐藏在探索性数据分析方法背后的思考。
- 放弃对样本平均值的过分关注;相比之下,中值是一个更加可靠的统计量,对集中趋势的测度具有更大的作用。

对于从事生态系统研究的科学家来说,要注意以下几点:

- 为证实和增加证据力,重复性研究具有重要的意义。
- 重视数据展示,减少对 p 值的依赖。通常情况下,$p < 0.10$ 时和 $p < 0.05$ 时能提供同样多的关于生态系统过程及其动态的信息。
- 运用统计学思维,它总会对研究设计有所裨益。
- 认识到大尺度研究意味着通过预测观测结果来进行假设 – 演绎推理。
- 不管是对学生,还是在处理关乎自然的重要生态学问题时,都要强调证据力。

总之,要想达到统计的预期效果,其切实可行的途径应该是"数据之爱"多于"参数之爱","证据导向"多于"信心导向","洞察"多于"信息","尺度转换"多于"尺度依赖"。作为生态学专业的学生,一定不要过分关注统计工具本身,而忽略了统计工具发展的宗旨。证据本身远比获取证据的工具更重要。

如果生态学的目标在于认识自然(Scheiner,1993),那么统计学思维就是这一认识过程的加速器,其推动作用远大于传统的统计方法,尤其是当生态学研究尺度超出普通的统计实践范畴时。

对于渴求知识的学生和经验丰富的生态学家来说,上述观点都是一样的。统计学中没有确定性,因此个人的观点最好多少基于对数据的展示,或者必要时对结果的推理验证。我们寻求的是真理,而我们得到的是经过验证的解释,二者永远不会等同,这是我们唯一可以确定的,也是证据力的意义所在。

术 语 表

A

非生物的(abiotic):生态系统的非生命组分,如水、空气、光和营养。

深海的(abyssal):海洋底层水

酸雨(acid rain):化石燃料燃烧产生的硫化氢和氮氧化物等人为排放物与水蒸气结合形成稀硫酸和稀硝酸,导致大范围云和雨水的酸化

好氧的(aerobic):指生活在自由氧(或大气中氧气或水中溶解氧)存在的条件下

夏眠(aestivation):动物在干旱期的休眠

年龄结构(age distribution):每个年龄组(幼龄期、繁殖期和繁殖后期)在一个种群中所占的比例

聚集分布(aggregate dispersion):个体以丛生或聚集的形式分布

A 层(A horizon):土壤表层,具有最大有机物积累和生物学活性

群聚的阿利氏规律(Alee principle of aggregation):一种特殊的密度依赖型,首先由阿利(W. C. Alee)在 1931 年提出,群聚度导致最适种群增长和生存力

等位基因频率(allele frequency):某一种群一个等位基因的共性

化感作用(allelopathy):一植物物种受另一物种释放有害或有毒化合物的直接抑制

外来的(allochthonous):(源于希腊文"chthonos"意为"地球的",及"allos"意为"其他的")指非群落或生态系统内部形成的有机质

异发演替(allogenic succession):指演替变化在很大程度上是由外力或干扰导致的,如火烧或洪水

异域物种形成(allopatric speciation):指物种形成(从一个共同祖先形成独特物种)由种群的地理隔离所引起

高山苔原(alpine tundra):高山树线之上的适合苔原生长的条件

利他主义(altruism):一个个体牺牲适合度而使另一物种受益

利他行为(altruistic behavior):一种社会行为,种群内某个体通过自己损益的行为明显增强其他个体的适和度

偏害共生(amensalism):两物种间的一种相互关系,一种群受到抑制,另一种群不受影响

厌氧的(anaerobic):指生物或过程出现在自由氧缺乏的条件下

人为土(anthrosol):人为的城市土壤类型,含有丰富的混凝土粉、尘埃、碎瓦砾和充填材料

应用生态学(applied ecology):生态学理论、原则和概念在资源管理中的应用

含水层(aquifer):密封岩石或黏土封围的多孔的地下层(石灰石、沙或砾),含大量水

优势度(ascendancy):自组织耗散系统随时间发展网络流的趋势

群丛(association):植被的自然单元,通常受某一物种的支配,从而形成一个相对统一的植被组成

环礁(atoll):环绕一个潟湖的圆形或半圆形岛屿群,由海山浅坡上生长的珊瑚礁所形成

周丛生物(aufwuchs):在基质表面附着或移动的植物或动物,也经常称为水生附着生物(periphyton)

原生的(autochthonous):指群落或生态系统内部发生(产生)的光合作用或有机质

自发演替(autogenic succession):演替变化主要由内部(自发的)相互作用引起

自养的(autotrophic):生物个体自己生产食物(如光合作用植物);生产(P)高于呼吸(R)

自养演替(autotrophic succession):演替始于 $P/R > 1$

B

贝兹氏拟态(Batesian mimicry):无害物种模拟有害或危险物种

行为生态学(behavioral ecology):生态学的一个分支,主要研究生物在自然生境中的行为

底栖带(benthic zone):淡水湖或水生生态系统的最深区域或底层

底栖生物(benthos):栖息在河流、湖泊和海洋底层的生物

B 层(B horizon):含有矿物元素的土壤层,在这一层,A 层的有机质已被消费者转化为无机化合物,如硅土和黏土

二年生植物(biennial):需要两年来完成其生长和繁殖循环的植物

生物群落(biocoenosis):在欧洲和俄罗斯使用的词汇,用以表示某一时间某一空间范围内的生物群落;一个生态系统的生物组分

生物多样性(biodiversity):生命形式、生态学作用和基因的多样性;用以描述各个层次的生物多样性(基因、物种、生境和景观)

生物地球化学循环(biogeochemistry):主要研究元素或营养在生物及其环境间运动的一个科学分支;研究元素的自然循环和元素在生物单元和地质单元间的运动

生物地理群落(biogeocoenosis):在欧洲和俄罗斯使用的一个词汇,用以表示生态系统或生物群落与其非生命组分的结合

生物钟(biological clock):不依赖外部事件维持时间的一种内源性生理机制,使生物能对日、月、季节和其他周期作出反应

生物放大(biological magnification):随着食物链由低营养级到高营养级,稳定化学物质或元素(如杀虫剂、放射性物质或重金属)的浓度增加

生物需氧量(biological oxygen demand):由污水引起的污染指标,与微生物分解污水中的有机物过程中吸收的溶解氧有关

生物量(biomass):活的物质重量,通常以单位面积或体积的干物质重量来表示

生物群区(biome):具有某主要植被类型(如温带落叶林)的大型区域或亚大陆系统;生物群区

由与某气候因子（尤其是温度和降水）相关的优势植物所决定

生物圈（biosphere）：地球环境中存在活体生物的部分

生物的（biotic）：指生态系统的生命组分

生物潜能（biotic potential）：某一生物的最大繁殖潜力

泥炭地（bog）：具有酸性条件和有泥炭堆积的一种湿地生态系统，优势植物为泥炭苔藓

自下而上调节（bottom – up regulation）：群落或生态系统营养结构的调节与生产力生产者营养级增加的生产力有关；生产者对食物网中上层营养级的影响

繁殖扩散（breeding dispersal）：在繁殖季开始前个体迁出某一种群

C

C3 植物（C3 plant）：在光合作用第一阶段产生一个三碳化合物（磷酸甘油酸）的植物；适应低温、平均光照条件和充分水供给的植物所共有的一种碳固定途径

C4 植物（C4 plant）：在光合作用第一阶段产生一个四碳化合物（苹果酸或天冬氨酸）的植物；适应高温、强光和少量水供给的植物所共有的一种碳固定途径

卡路里（calorie）：使 1 g 水升高 1 ℃ 需要的热量，通常从 15 ℃ 到 16 ℃

热值（calorific value）：生物物质包含的能量，以每克干物质的卡路里或千卡来表示

同类相食（cannibalism）：种内捕食

碳循环（carbon cycle）：碳在大气圈、水圈和生物圈的运动，以及它的不同化学形式的转化（如光合作用和呼吸）

承载力（carrying capacity）：某环境或生态系统所能维持的某一物种的最大种群；S 型生长曲线中的 K 值

夏旱灌木群落（Chaparral）：地中海气候区以阔叶灌丛和硬叶树木为优势的生物群区类型；一种火依赖型生态系统，在去除乔木的情况下保持灌木的持续存在

性状替换（character displacement）：占据重叠区域的相似物种的自然特性改变，使种间竞争减少；占据重叠区域的两个物种特征分化

螯合作用（chelation）：（源于希腊文"chele"，意为"螯"）有机物和金属离子的复杂组成（如叶绿素为金属镁离子的螯合物）

C 层（C horizon）：A 层和 B 层之下的土壤层，不受生物活性或土壤形成过程的影响（母质层）

昼夜节律（circadian rhythm）：某一生物所具有的即使在没有明显环境提示（如白昼）下都能在约 24 小时间隔根据时间重复功能的能力

气候顶极（climatic climax）：由区域气候条件所决定的演替系列的稳定平衡阶段

顶极（climax）：由 F. E. Clements 于 1916 年提出，代表生态演替的最后阶段；$P = R$ 的植被演替阶段，在没有干扰的情况下可自我永久存在

气候图（climograph）：以一个主要气候因子对另一个主要气候因子所绘制的图

粗粒（coarse – grained）：指一个生境或一个景观斑块，相对于斑块的大小，其中某种动物物种的散布力较低

协同进化（coevolution）：群落进化的一种类型，不同种群间的遗传信息交换最低或不存在交换的生物间发生的进化相互作用；在具非杂种繁殖关系的物种中，通过交互选择压力，一物种的联合进化部分依赖于其他物种的进化

共生（coexistence）：两个或更多物种共同生活在相同生境中

群组（cohort）：相同年龄级的个体的集合

综合特性（collective properties）：组分的特性总和（如出生率是某一特定时期个体出生的总和）

偏利共生（commensalism）：两物种间的一种相互关系，一种群受益，而另一种群不受影响

群落（community）：某一时间栖息在某一空间内的所有种群

补偿深度（compensation depth）：一个湖泊的深度，在这个深度透光率较低，光合作用产生的氧气与呼吸作用消耗的氧气相平衡（即一个湖泊中 $P = R$ 的深度）

竞争（competition）：两个物种间的一种相互关系，两个种群相互抑制

竞争排斥原理（competitive exclusion principle）：没有两个物种能永久占据相同的生态位

保护生物学（conservation biology）：以基础生态学和应用生态学的相关原理为基础的有关生物多样性保护和管理的科学领域

保护管理权交易（conservation easement）：为了生态、经济和保护的利益指定个人财产的一种法律机制

连续体（continuum）：反映群落组成变化的环境条件梯度

对照（control）：不进行处理的一种实验条件；被设计用于确认无影响

食粪性（coprophagy）：以粪为食

珊瑚礁（coral reefs）：腔肠动物的集群，能分泌碳酸钙形成外部骨骼，通常同藻类共生；珊瑚礁有三种类型，分别为环礁、堤礁和岸礁

廊道（corridor）：景观生境中两个斑块间的连接

确证（corroboration）：为附加证据所支持

景天酸代谢（crassulacean acid metabolism）（CAM）：某些耐干旱的肉质沙漠植物的一种保水的 CO_2 固定方式

粗密度（crude density）：单位面积内个体的数量

人为富营养化（cultural eutrophication）：由人为原因导致的淡水生态系统的营养过多，主要是氮和磷

居里（curie）：表示每秒 3.7×10^{10} 个原子裂变的单位

蓝细菌（cyanobacteria）：具有叶绿素 a，能进行光合作用的细菌群；大气氧气形成过程中的第一种产氧生物，对生物圈的进化过程有重要影响

控制论（cybernetics）：（源于希腊文"kybernetes"，意为"领航员"或"统治者"）有关通信系统和系统控制的科学；生态学和生命科学中研究动态平衡中的反馈控制

循环演替（cyclic succession）：由周期性、节律性的干扰引起的演替，演替系列阶段不断重复，阻止顶极或稳定植物群落的发展

D

落叶林（deciduous forest）：由在不利和冬季条件下落叶的树种组成的森林；温带落叶林是北美东部一种重要的生物群区类型

分解者（decomposers）：主要为细菌和真菌，通过分解死亡生物体来获得能量

分解作用（decomposition）：复杂有机质分解为更为简单的产物

推论（deductive）：由一般性结论推出特殊结论

反硝化作用（denitrification）：硝酸盐通过微生物作用还原为氮气

密度制约（density dependence）：种群的大小或增长受某机制所调节，这种机制的效力随种群大小的增加而增强；密度影响种群大小

非密度制约（density independence）：种群增长不受种群密度的影响；种群数量的变化不依赖种群大小

沙漠（desert）：每年降雨少于 10 英寸（25 cm）的生物群区，优势植物为肉质植物，如仙人掌和沙漠灌木，这些植物在它们分布范围内通常有规律的间隔

确定性的（deterministic）：不存在可能性或不确定性

食碎屑者（detritivores）：以死亡个体或腐烂有机物为食的生物（如蚯蚓）

碎屑（detritus）：死亡个体或部分分解的植物和动物；无生命有机物

碎屑食物链（detritus food chain）：食物链的一种类型，不是由食草动物取食初级生产者开始，而是分解者（细菌和真菌）和食碎屑者取食死亡或腐烂的植物凋落物（碎屑），继而能量通过碎屑食物链得以传递

双季对流混合（dimictic）：指湖泊一年两次混合或反演

偏途顶极（disclimax）：演替系列受人为干扰维持

扩散（dispersal）：从出生地到另一个地区；个体或传播体（种子、幼体，孢子）进入或离开一个种群或地区

分布格局（dispersion）：一个地区内某种群内部个体的分布模式

干扰廊道（disturbance corridor）：经由景观基质的一种线性干扰

多样性 – 生产力假说（diversity – productivity hypothesis）：假定植物在利用资源方面的种间差异使更多不同的植物群落更充分地利用有限资源，并因此获得更多净初级生产力

多样性 – 稳定性假说（diversity – stability hypothesis）假定更加多样的植物群落的初级生产力对于主要的干扰，如干旱有更多的抵抗力，并且更能充分恢复

驯化（domestication）：（源于拉丁文"domus"，意为"家"）由人为选择产生的植物和动物的进化改变

优势度 – 多样性曲线（dominance – diversity curve）：对某一生境中每个物种，从最丰富物种到最稀少物种依次绘制物种的数量或百分比；以物种重要性为基础的物种多样性的一种表达式或图解

寡营养（dystrophic）：指具有高浓度腐殖质和缺氧深水的一种水体，如浅的淡水湖泊

E

生态密度（ecological density）：实际生境空间（即种群真正拓殖的生境面积）内的个体数量

生态经济学（ecological economics）：将经济资本（人类或人力提供的商品和服务）和自然资本（自然提供的商品和服务）整合在一起的研究领域

生态等值种（ecological equivalent）：在不同地理区域中具有相同生态位的物种

生态足迹（ecological footprint）：维持城市生命所需的城市外的生产性生态系统的面积

生态学研究单元（ecological study unit，ESU）：获得适当的重复所需要的实验研究区、中宇宙或斑块的物理尺寸

生态演替（ecological succession）：在建立一个成熟（顶极）群落前，一个演替系列被后续演替系列所取代的变化和发展过程

生态学（ecology）：（源于希腊文"oikos"，意为"家庭"，及"logos"，意为"研究"）研究生物及其环境间相互作用的科学分支；研究自然生态系统所提供的商品和服务，将非市场服务和市场经济相整合

经济学（economics）：（源于希腊文"oikos"，意为"家庭"，和"nomics"，意为"管理"，翻译为"家庭的管理"）研究人类所提供的商品和服务的科学分支，将市场服务和自然生态系统所提供的非市场服务相整合

经济资本（economic capital）：人类或人力提供的商品和服务，通常以国民生产总值（GNP）来表示

生态生理学（ecophysiology）：生态学的一个分支，研究个体对非生命因子如温度、湿度、大气和其他环境因子的反应

生态区（ecoregion）：由 R. W. Bailey 在 1976 年提出的主要植被类型或生态系统的分类，一个连续的陆地区域内气候、土壤和地形的相互作用发展出相似的植被类型

生态圈（ecosphere）：地球上的所有生物及与之相互作用的物理环境的总称

生态系统（ecosystem）：一个生物群落和它的非生命环境形成的执行一定功能的系统整体（1935 年 A. G. Tansley 首次使用）；一个由生命组分和非生命组分构成的离散单元相互作用形成的一个生态学系统

生态交错带（ecotone）：一种类型的群落或生态系统到另一种类型的群落或生态系统的过渡带（如从森林到草原的过渡）

生态型（ecotypes）：适应某组环境条件的亚种或局域种群

外生菌根（ectomycorrhizae）：真菌和植物根际的关联，真菌围绕根际细胞形成一种网络结构

土壤演替顶极（edaphic climax）：由土壤、地形和局部小气候（相对于总体气候）决定形成的稳定植物群落

边缘（edge）：两个或多个异质群落或生态系统的交界处（如一个池塘或湖泊的边缘）

边缘效应（edge effect）：植物或动物对两个或多个群落或生态系统交界处的响应（通常在边缘处生物多样性会增加）

边缘物种(edge species):栖居在边缘或边界的物种;为了繁殖和生存而利用边缘的物种

有效种群大小(effective population size):用于测度在下一代中真正含有多少遗传显著个体的某一种群的有效大小;某一物种可以有的最小种群大小,低于这个水平该物种可能会丧失其进化潜力

涌现理论(emergence theory):指个体组分不具备整体所拥有的特性这一理论

涌现性(emergent property):指孤立研究低层次系统所不能得出的各个组织层次的特性

能值(eMergy):一种能量形式转化为等量另一种能量形式所需的量;已直接或间接用于产生一种服务或产品的能量数量

迁出(emigration):个体离开种群的单向活动

特有种(endemic):指局限于某特殊生境且未见于其他地区的物种

能量收支(energy budget):相对于一种生物或一个种群消耗能量的速率,某一生物或种群消耗能量的速率

能流(energy flow):能量通过一个生态系统食物链各个营养级的交换或损耗

能量补给(energy subsidies):来自系统外部的补给(如肥料、杀虫剂、化石燃料或灌溉)用以增强系统内部的增长或繁殖速率

熵(entropy):与能量损失有关的表示无序性的指数;到更无序和无组织状态的能量转化

环境阻力(environmental resistance):包括生物因子和非生物因子在内的环境限制因子的综合,阻止一个种群实现其生物潜力(r_{max})

环境保护论(environmentalism):对地球健康和可持续性有益的指导原则

短命植物(ephemerals):以种子形式度过干旱期的一年生植物,环境湿润时迅速萌芽并产生种子;意为短命或短周期的

变温层(epilimnion):夏季有热分层时一个湖泊温暖、氧气丰富的上层部分

附生植物(epiphyte):依附其他植物生长的植物,非寄生者(如兰花附生于树上)

误差验收标准(error acceptance criterion):人们愿意承受的得出错误结论的风险

河口(estuary):(源于拉丁文"aestus"意为"潮汐")部分封围的岸湾,如河口或海湾,此处淡咸水交汇,而潮汐是一个重要的自然调节因子和能量补给

广阔的(eury-):一个前缀,意为广阔的,源于希腊文"eurus"

真社会性(eusociality):合作照料幼代、划分劳动力和至少有两个世代重叠的有益于群体成功的特性

富营养的(eutrophic):指一个水体具有高营养和高生产力

富营养化(eutrophication):水生生态系统中的营养(主要为磷和氮)富集过程,导致初级生产力的增加

蒸散量(evapotranspiration):一个生态系统蒸发所损失的水分总量,包括水分通过植物表面气孔的损失

均匀度指数(evenness index):表示一群物种间个体分布均匀程度的指数;一个群落内物种均匀程度的测度

证据(evidence):解释数据综述

进化生态学(evolutionary ecology):生态学的一个分支,研究随时间推移一个种群内的自然选择和基因频率的变化

实验设计(experimental design):完成一项实验所进行的统计规划,以确保通过精心控制所有相关变量能评估因果关系

资源利用性竞争(exploitative competition):两个物种间相关关系的一种,一个种群对资源(如食物、空间或相同的捕食对象)的利用对另一个种群有不利影响(与相互干涉性竞争相对)

外因(extrinsic factors):诸如温度和降雨等种群相互作用之外的因子

F

促进模型(facilitation model):一种演替模型,在群落发展中前面出现的演替系列为后续的演替系列做准备或促进后续演替系列

因子补偿作用(factor compensation):生物适应和变更自然环境来减弱限制因子、胁迫或其他自然条件影响的能力

生殖力(fecundity):某一生物生产传播体(卵或种子)的数量

沼泽(fen):一种湿地生态系统,其部分营养输入通过地下水的流动获得;优势种为莎草科植物的一种弱酸性湿地

过滤效应(filter effect):景观廊道中的影响或间断,它能使某些生物通过却阻止其他一些生物的运动

细粒度(fine-grained):指一个生境或一个景观斑块,相对于斑块的大小某种生物物种具有较高的散布力

热力学第一定律(first law of thermodynamics):尽管能量可能从一种形式转化为另一种形式,但能量永远不能被创造,也不会消失(也就是说,能量既不会增加也不会减少)

适合度(fitness):某一个体的后代对未来世代的遗传贡献;期望繁殖成功率的一种测度

浮动储备(floating reserve):在一个种群内,不占据领域但可利用其他死亡个体腾出的领域的并且还未配对的个体

洪水脉冲理论(flood pulse concept):对某一河流变化横向和纵向(包括河流和它的河滨泛滥平原)的描绘,尤其暴雨或洪水(脉冲)期间

流动途径(flow pathways):物质或能量从一个单元到另一个单元的运动

食物网(food web):一个生态群落内部取食关系的概述或模型;描述一个群落内种群间的能量流动

捕食策略(foraging strategy):个体寻找食物及在获得食物过程中分配时间和能量的方式

强制函数(forcing function):使一个系统作出反应的自变量或外部变量,但这些变量本身不会受系统的影响

建群者效应(founder effect):少量外来生物建立的种群,通常有明显区别于它们的亲本种群的遗传变异

出现频率(frequency of occurrence):某一物种所占据样方的比例

食果动物(frugivore):以果实为食的生物

功能反应(functional response):随着可获得猎物的增加,捕食者的取食速率也相应增加

基础生态位(fundamental niche):不存在竞争者或其他生物相互作用(如捕食)下的生态位;一个物种能生存的全部环境条件

G

盖亚假说(Gaia hypothesis):(源于希腊文"Gaia",意为"大地女神")1968年James Lovelock提出的一个假说,他认为生物,尤其微生物,同自然环境一起进化,为地球上的生命提供了控制(自我调节)和维持的有利条件

长廊林(gallery forest):沿着河岸和河流泛滥平原分布的雨林;河滨森林

林隙演替(gap phase succession):发生在稳定植物群落内部某一受干扰位点处的演替;由于风或病害形成的森林林窗内的植物替代和演替

高斯原理(Gause principle):1932年苏联生物学家G. F. Gause首先提出的一个原理,指具有相同生态需求的两个物种不能共存(见竞争排斥原理)

遗传多样性(genetic diversity):一个自然种群内遗传型杂合、多态和其他遗传变异的多样性或维持

遗传漂变(genetic drift):指一个种群随时间推移发生等位基因频率的随机变化或等位基因频率的随机波动

基因工程(genetic engineering):DNA操作,包括物种间遗传物质的传递

基因型频率(genotype frequency):一个种群内不同基因型的频率

全球气候变化(global climate change):由人类活动所排放的温室气体尤其CO_2的比例增加引起的全球气候的改变

全球定位系统(global positioning system, GPS):应用卫星无线信号确定地球表面方位(包括经度、纬度和海拔)的系统

梯度分析(gradient analysis):描绘植被对某种梯度(湿度、温度或高度)的反应的曲线图

粒度(grain):景观斑块大小与某种动物的散布力的关系

食种子食物链(granivorous food chain):食物链开始于取食种子

牧食食物链(grazing food chain):绿色植物(初级生产者)被食草动物(初级消费者)取食,然后能量沿着食物链向上传递到食肉动物(次级和三级消费者),这种食物链称为牧食食物链

温室效应(greenhouse effect):指大气中温室气体尤其是CO_2吸收地球表面再辐射的红外辐射

总初级生产力(gross primary productivity, GPP):生产者通过光合作用固定辐射能的速率;自养生物净初级生产力和呼吸作用的加和($GPP = NPP + R$)

群体选择(group selection):无需互利共生相联系的生物群体或集合间的自然选择;一群个体

被另一群具有更优良遗传特性的生物所淘汰

同资源种团(guild):以相同方式利用相同资源的物种群

H

哈柏制氨法(Haber process):将氮和氢合成氨的工业催化过程,由德国化学家哈柏(Fritz Haber)发现而得名

栖息地(habitat):某种生物生活之处

生境多样性(habitat diversity):一个景观内生境斑块的多样性,是复合种群动态的基础

生境破碎(habitat fragmentation):关于人类活动导致的景观变化如何影响景观单元(斑块、廊道和基质)的大小、形状和频率的分析

哈迪 - 温伯格平衡定律(Hardy - Weinberg equilibrium law):1908 年哈迪(G. H. Hardy)和温伯格(W. Weinberg)独立发现的定律,认为在一个没有进化动力随机配对的种群内等位基因将保持不变

收割法(harvest method):测量草本植物、陆生植被(如弃耕地或草地)净初级生产力的方法;将随机样方内的每种植物的地上部分定期剪除收割并烘干至恒定干重

收获率(harvest ratio):谷粒(或其他可食用部分)与植物支撑组织的比例

食草动物(herbivore):以植物为食的动物

异质性(heterogeneity):遗传组分或环境组分的混合

异养生物(heterotroph):不能利用无机物生产自身食物的个体,因此通过取食其他生物来获得能量

异养的(heterotrophic):依赖其他生物获得食物或营养;呼吸(R)大于生产(P)的系统

异养演替(heterotrophic succession):始于 $P/R < 1$ 的演替;死亡有机质的演替过程

分层(hierarchy):等级系列的排列,如生物学组织层次

整体论(holism):(源于希腊文"holos",意为"整体")指无法通过对个别部分或个别特性的调查来彻底理解系统整体的理论;整体大于部分之加和

整体研究(holological):指将生态系统作为一个整体进行调查而非对调查系统每个部分的研究

动态平衡(homeorhesis):(源于希腊文"maintaining the flow")一个系统自我维持在平衡波动状态的趋势

内稳态(homeostasis):一个系统一直变化和自我维持在一个稳定平衡状态的趋势

恒温动物(homeotherm):应用代谢能来维持一个相对恒定体温的生物

巢区(home range):某一个体整年活动的区域;典型的巢区实验确定方法为通过在地图上绘图来监控一个个体的运动,然后将最外面的点连接起来形成一个最小凸多边形

返巢(homing):指一个个体长距离行走来找到返回巢区的路径的能力

纯合子(homozygous):在一对染色体的相同位点包含两个相同的等位基因

人类生态学(human ecology):研究人类对自然生态系统系统影响以及人类与自然生态系统

整合

腐殖质(humus):来自植物死亡残体和动物有机残留物质的有机质

水循环(hydrological cycle):水的各种形态在陆地、水域和大气环境间的流动和循环

水文学(hydrology):研究水在水循环运动中的水量和水质状况的科学

水文周期(hydroperiod):水平面波动的周期

热液喷口(hydrothermal vents):位于海洋底,通常接近一个大洋中脊,释放富含溶解态硫化物的地热水,硫化物被化能合成菌氧化生成维持动物群落的有机化合物

超体积生态位(hypervolume niche):G. E. Hutchinson 在 1957 年提出的多维空间概念,一个物种的生态位被描述为一个多维空间内的一个位点或体积,这个多维空间的坐标轴与该物种的属性相一致

湖下层(hypolimnion):在夏季温度分层期间一个湖泊寒冷、贫氧的底层部分;一个湖泊温跃层之下的地带

假说(hypothesis):可以通过实验来检验的思想或概念

I

理想自由分布(ideal free distribution):当考虑竞争时,穿过异质资源斑块间的个体分布与净获得率相等

迁入(immigration):新个体进入一个种群或生境

重要值(importance value):一个群落内某个物种相对密度、相对优势度和相对频率的加和,范围为 0~300;重要值越高,该群落内该物种的优势度越高

近亲繁殖(inbreeding):近亲间的配对

近交衰退(inbreeding depression):近亲繁殖的有害影响,导致基因库的缺失

广义适合度(inclusive fitness):某个体自身的繁殖成功率,以及该个体亲缘关系个体适合度的增加

个体论概念(individualistic concept):有关群落发展的概念,由 H. A. Gleason 在 1926 年提出,认为植物物种的分布与生物和非生物因子相关;因此,相似需求形成群落

归纳(inductive):由特殊结论推出一般结论

抑制模型(inhibition model):一种演替模型,认为占据某位点的优势植物物种抑制其他植物物种的进入

投入管理(input management)管理系统输入超过系统输出的策略;通过源头减量来减少污染

食虫动物(insectivore):主要以昆虫为食的异养生物

害虫综合管理(integrative pest management,IPM):指导或控制某种虫害问题的最小量使用杀虫剂的项目或管理政策;应用不同方法和农田政策(化学的、生物的、物理的或文化的)来抑制害虫种群至其经济阈值之下

交叉学科(interdisciplinary):不同科学学科间合作的科学分支,用于指导高层次的概念、问题

或争论

相互干涉性竞争(interference competition):两个物种间的一种竞争类型,两个种群积极相互抑制;对资源的获得直接受其他物种存在的限制(与资源利用性竞争相对应)

内部物种(interior species):栖息在一个森林或草地生态系统内部多过栖息于边缘的个体,主要是鸟类和哺乳动物

种间竞争(interspecific competition):不同物种个体间的竞争

种内竞争(intraspecific competition):相同物种个体间的竞争

内部因素(intrinsic factors):种群波动主要受种群内调节机制(遗传、内分泌、行为、疾病等)的控制

自然内禀增长率(intrinsic rate of natural increase):具有稳定年龄分布的种群在没有竞争和资源限制条件下的种群最大瞬时增长率(r_{max})

岛屿生物地理学(island biogeography):某一岛屿的物种数量取决于新物种迁入和已有物种消亡之间的平衡的理论

J

J-型增长曲线(J-shaped growth curve):种群密度呈指数增长的J-型种群增长模式

K

关键种(keystone species):不存在冗余的功能群或种群;对某一群落或生态系统的结构和功能具有主要影响的物种(如捕食者)

动能(kinetic energy):与运动有关的能量

亲缘选择(kin selection):指个体通过帮助非其后代的亲缘关系个体的生存和繁殖成功率来提供自身广义适合度的选择

K-选择(K-selection):受承载力限制具有激烈竞争的选择,;具有K-选择特性的物种趋于在生态演替的成熟阶段占优势

L

景观(landscape):由相互作用的生态系统集合组成的异质区域,这些生态系统在区域范围内以相似方式重复;某一地区的地貌集合;生态系统和生物群区间的一种区域组织水平

景观建筑学(landscape architecture):景观生态学的一个研究领域,研究生境空间的结构和三维利用

景观廊道(landscape corridor):与基质不同的植被带,经常连接相似生境的两个或更多斑块

景观生态学(landscape ecology):生态学的一个分支,主要研究空间异质性的发展和动态、空

间异质性对生态系统间生物和非生物过程的影响,以及景观尺度空间异质性的管理

景观几何学(landscape geometry):研究景观的形状、模式和构造

景观基质(landscape matrix):大面积的相似生态系统或植被类型(如农业或森林生态系统),景观斑块镶嵌其中

景观镶嵌(landscape mosaic):景观范围内不同植被覆盖类型的被状斑块;不同类型生态系统的集合

景观斑块(landscape patch):与周围基质不同的相对均质的区域(如镶嵌于一个农田基质的植林地)

收益递减规律(law of diminishing return):随着一个生态系统越来越大、越来越复杂,总生产力中用于维持增长所需呼吸的比例会增加(换言之,生产力中用于更多增长的比例会下降)

静水(lentic):(源于拉丁文"lenis",意为平静)指静水生态系统如湖泊和池塘

组织水平(levels of organization):按顺序从生态圈(或更宏观)到细胞(或更微观)的层次排列,说明每一个层次如何显示涌现性,这些涌现性可以在某一组织水平被很好解释

地衣(lichen):由一个真菌(地衣共生菌)和一个藻类或蓝细菌(共生藻)形成的互利共生体;根据物种不同地衣有壳状、叶状或枝状

李比希最小因子定律(Liebig law of the minimum):首先由 Baron J. von Liebig 在 1840 年提出的一个概念,认为最接近最小需求量的生命必需物质或资源往往是限制因子

生命表(life table):从一个种群最初群体数开始的有关死亡率和存活时间的表格

生命带概念(life zone concept):由 C. H. Merriam 在 1894 提出的有关重要植被类型以气候和植被相互关系为基础的早期分类

光饱和值(light saturation level):指光合有效辐射值,高于这个值光合作用不再增长

限制因子(limiting factor):限制一个生物或物种的丰富度、增长和分布的资源

耐受限度(limits of tolerance)一个生物或物种能存活的对某一环境因子(如光照或温度)耐受的上下限范围

透光层(limnetic zone):一个湖泊沿岸带以外的开放水域,此处 $P/R > 1$

湖沼学(limnology):研究淡水生态系统如湖泊

林肯指数(Lincoln index):用于估计整个种群密度的标记重捕法;1930 年美国鸟类学家 Frederick C. Lincoln 设计用于估计种群密度的一个指数

沿岸带(littoral zone):沿着一个湖泊或池塘滨岸长有浮水和停水植被的地带,此处 $P/R > 1$

逻辑斯蒂增长(logistic growth):一种种群增长模式,表现为 S - 型曲线,曲线平台处为承载力

流水(lotic):(源于拉丁文"lotus",意为"洗过的")流水生态系统如溪流和河流

洛特卡 - 沃尔泰勒方程(Lotka - Volterra equations):20 世纪 20 年代美国数学家 Alfred Lotka 和意大利数学家 Vito Volterra 在逻辑斯蒂方程基础上提出的一个模型,表达种间竞争(如捕食 - 被捕食关系)

M

宏宇宙(macrocosm):(源于希腊文"macros",意为"大的")大尺度实验生态系统或自然生态系统

宏观进化(macroevolution):快速的主要涉及表型变化的进化,导致后代世系出现显著的新分类

大量营养元素(macronutrients):生物所大量需要的元素(如氮和磷)

大型水生植物(macrophytes):生根植物或大型浮水植物(如睡莲)

维持能(maintenance energy):野外条件下维持最小活力的新陈代谢休眠或基础速率及能量需求

红树林(mangroves):能耐受外海盐度的挺水木本植物;热带潮间带森林的优势树种

海水养殖(mariculture):海湾和河口处养殖在围栏(中宇宙)内的鱼或其他水产

草泽(marsh):具有周期性水淹性矿质土壤的湿地生态系统,优势植物为香蒲类和莎草类

最大承载力(maximum carrying capacity, K_m):某一生境的资源所能承受的最大密度

最大可持续产量(maximum sustained yield):种群增长曲线上的一个点,此处收获量可以最快速被恢复;此处可以最大速率收获某一种群的个体而不会出现个体大小降低情况

中值(median):某一个分布曲线的50%处或中间值

分部研究(merological):(源于希腊文"meros",意为"部分")指在从整体角度来理解生态系统时先进行组成部分调查的研究

湿生的(mesic):描述潮湿的生境条件

中宇宙(mesocosm):(源于希腊文"mesos",意为"中间的")一个中尺度的实验生态系统

集合群落(metacommunity):中性理论中的优势度－多样性曲线,表现了集合群落物种多样性由物种生成和消亡速率间的平衡所决定

复合种群(metapopulation):一个种群中亚种群的集合,生活在分散的位置,但相互之间有活跃的个体交换

微宇宙(microcosm):(源于希腊文"mikros",意为"小的")小型的,简化的实验生态系统

微进化(microevolution):随时间推移在一个种群内由于自然选择而发生的较小变化的进化

微量元素(micronutrients):生物仅需要少量或痕量的元素

大洋中脊(mid-oceanic ridges):扩张构造板块产生火山口、含硫温泉和小泉的海面以下区域

迁徙(migration):一个种群内相同个体周期性的离开和返回

拟态(mimicry):一个物种模拟另一个物种的一种欺骗捕食者的进化机制

枚举法(minimum known alive, MKA):用于估计某个时期整个种群已知存活数量比例的标记重捕法;通常称为捕获日历法(calendar-of-catches method),以某个物种的捕获历史为基础

模式(mode):在一系列观察或统计数据中最频繁发生的数值或项目

模型(model):模拟一个真实世界现象的公式;有助于了解真实世界而对其进行的简化表达

山区的(montane):与山有关的

死亡率(mortality):一个种群内个体的死亡

缪氏拟态(Mullerian mimicry):一个有毒或危险物种群的各个成员的自然相似性(与贝氏拟态对应)

互利共生(mutualism):两个物种间相互关系的一种,两个种群的增长和存活都受益

菌根(mycorrhizae):真菌和植物根部的互利共生体

N

出生率(natality):一个种群的繁殖增长能力;某一种群内新个体的生产

自然资本(natural captital):自然生态系统提供给人类社会的利益和服务

自然选择(natural selection):与个体间存活或繁殖速率差异相关的进化过程,导致某些个体类型比其他个体类型在下一代被更多表达

食花蜜食物链(nectar food chain):以开花植物花蜜开始的食物链,经常依赖昆虫和其他动物来授粉

负反馈(negative feedback):抑制某一系统的增长或输出过程的信息

自游生物(nekton):自由游泳的生物,如鱼

浅海带(neritic):指陆地向外延伸成为一个大陆架的海洋环境区域

群落净生产力(net community productivity):某一生态系统中在测量周期(通常是一个增长季或一年)期间不被异养生物利用的有机质的贮存率

净能(net energy):经过新陈代谢损失后还保留的用于生长和繁殖的能量;维持转换系统所消耗能量之外用于生产的能量

净初级生产力(net primary productivity,NPP):测量周期期间植物组织中除去植物呼吸作用消耗能量之外的有机质的贮存率(NPP = GPP − R)

中性作用(neutralism):两物种间的一种关系,两个物种都不受另一个相联系的物种的影响

中性理论(neutral theory):岛屿生物地理学理论的延伸,由 Stephen P. Hubbell 于 2001 年提出,该理论视所有物种拥有相同的平均出生、死亡、扩散和物种形成的速率

生态位(niche):某一物种在一个生物群落或生态系统内的功能作用

生态位组合理论(niche assembly theory):假设生态群落是相互竞争物种的平衡集合,由于各个物种在其自身生态位都是最有效的竞争者从而能够共存

生态位重叠(niche overlap):两个或多个物种的生态位空间相重叠或共享

生态位宽度(niche width):某一种群或物种占据的生态系统维度的范围

氮循环(nitrogen cycle):描述或模型描述含氮化合物在大气、土壤和生命物质间的循环运动;氮(N)在大气圈、生物圈和水圈的运动,包括不同化学形式的转化

非参数统计(nonparametric statistics):不需要正态分布或随机分布模式的统计学检验,但可以在定性信息或分等级信息基础上完成

不可还原性(nonreducible properties):整体特性不可简化为个体特性的加和

智慧圈(**noösphere**):(源于希腊文"noös",意为"思想"),一个由人类思想支配或管理的系统,由俄罗斯科学家 V. I. Vernadskij 在 1945 年提出

正态性(**normality**):符合正态概率分布钟形曲线的数据

零假设(**null hypothesis**):假设个体从某一自然种群抽取的个体样本将来自一个具有已知特性或参数的种群

数值反应(**numerical response**):捕食者的种群大小随着被捕食者密度的变化而发生变化

营养(**nutrient**):某一生物的正常生长、健康和存活力所需要的物质

营养循环(**nutrient cycling**):生物地球化学途径,指某一元素或营养在生态系统间从生物同化作用到分解者(细菌和真菌)释放,到被生产者吸收以及通过营养级再循环的运动

营养螺旋(**nutrient spiraling**):某一溪流或河流的营养动态模型,由于生物或物质的下游位移,用螺旋来描绘最为合适

O

海洋学(**oceanography**):生态学的一个分支,研究海洋的生物学、化学、地理学和物理学

家庭(*oikos*):希腊文,意为"家庭"或"住所"

寡营养的(**oligotrophic**):指低营养和低生产力的水体

杂食动物(**omnivore**):既消费植物又消费动物的生物

最佳摄食(**optimal foraging**):在某一组特定摄食和生境条件下的最大可能能量回报;个体在选择食物大小或食物斑块时具有每消耗单势能量摄取到最大食物量的趋势

最适承载力(**optimum carrying capacity**,K_0):与最大承载力(K_m)相比具有较低种群密度水平的承载力,这一承载力可以维持在某一生境中而不会出现资源如食物和空间的短缺情况

最优持续产量(**optimum sustained yield**):能够从某一种群获取的可以被无限维持的最大收获水平或收获量

排序(**ordination**):按照某一梯度对物种种群和群落进行排序;用图解法给群落排位的过程,目的是使物种间的距离反映群落组成

P

古生态(**paleoecology**):通过化石记录来研究古老的植物区系和动物区系与它们的环境间的相互关系

参数统计(**parametric statistics**):需要基于某一正态或随机分布模式之上的定量数据或观察数据的统计学检验

寄生(**parasitism**):两个物种间的一种相互关系,一种群(寄生者)获益,而另一种群(宿主)受到伤害(尽管通常不会被杀死)

拟寄生(**parasitoid**):昆虫幼虫在变态为成体前通过消耗宿主(通常为其他昆虫)的软组织来

杀死宿主

寄生虫学(parasitology):研究依赖或寄居于其他生物(宿主)生活的小型生物(寄生者)的科学分支,不管寄生者对宿主的影响是负面、正面或中性的

格局多样性(pattern diversity):根据分带、分层、周期、斑块分布或其他标准划分的生物多样性

土壤学(pedology):研究土壤各个方面的科学

远洋的(pelagic):指开放海域

多年生植物(perennial):生活多年的植物

水生附着生物(periphyton):在一个湖泊的沿岸带或湖底带依附于自然基质(如植物茎干)的生物

永久冻土(permafrost):永久冰冻的土壤,为苔原生物群区的特征

干扰依赖型演替(perturbation – dependent succession):依赖异发周期性干扰(如火烧或暴风雨)的演替

吞噬生物(phagotrophs):摄取其他生物或颗粒有机物的异养生物,为大型消费者

物候学(phenology):研究植物和动物生活周期随季节的变化,以及这些变化与天气和气候的关系

信息激素(pheromone):生物个体分泌的用于和这一物种其他成员相联系的化学物质或化合物

磷循环(phosphorus cycle):磷(P)在岩石圈(主要贮存库)、水圈和生物圈间的运动,包括不同化学形式间的转化

光化学烟雾(photochemical smog):在太阳紫外辐射下烃类与氮氧化物分子发生的反应,生成过氧乙酰硝酸酯(PAN)的复杂有机分子,导致大气烟雾

光周期(photoperiod):日照长度周期或暗示,生物根据它来安排季节性行为的时间

藻际(phycosphere):海洋环境中活体藻类细胞周围的细菌晕环

系统地理学(phylogeography):研究镶嵌在生物地理景观中的物种形成格局的科学

生理生态学(physiological ecology):生态学的一个分支,研究生物与它们的环境相关的生理功能

生理寿命(physiological longevity):在最适环境条件下某一种群内一个个体的最大生活跨度

生理出生率(physiological natality):一个雌性个体终其一生生理上能生产的最大幼体数量

浮游植物(phytoplankton):水生生态系统中的小型漂浮植物

样方架(pin frame):用于定量估计植被覆盖度的装置

先锋阶段(pioneer stage):演替系列的最初阶段,早期演替植物物种占优势(以一年生植物为代表)

种植廊道(planted corridor):人类出于经济或生态目的种植的植被带(如防风林带)

变温动物(poikilotherm):体温随环境温度直接变化的生物

拐点(point of inflection):S – 型增长曲线上增长速率最大的那个点

污染(pollution):经常定义为资源错置(resources misplaced)

多元顶级概念（**polyclimax concept**）：关于若干当地环境因子或条件（如土壤、火烧或气候）中的一个因子或条件控制形成最终演替系列阶段的理论

种群（**population**）：特定时间内生活在相同地区或生境内的相同物种的个体集合

种群密度（**population density**）：单位空间内某一种群的个体数量

种群动态（**population dynamics**）：研究引起种群数量和密度时空变化的因子和机制

种群生态学（**population ecology**）：研究某一种群或物种与它的环境间的相互关系的科学

人口当量（**population equivalent**）：家畜所消耗的能量，用相当于消耗相同能量的平均人口数来表示

种群遗传学（**population genetics**）：研究一个种群内基因和基因型频率变化的科学

正反馈（**positive feedback**）：一个系统内部引起增长过程的信息

势能（**potential energy**）：由于位置或化学键产生的可用于完成任务的能量

概率力（**power**）：检测一个真实存在的显著处理效果的概率

风险预防原则（**precautionary principle**）：鼓励人类在效应出现以前采取行动

捕食（**predation**）：两个物种间的一种相互关系，一种群是另一种群的食物；捕食者杀死猎物的关系（依靠猎物作为食物源）

计划火烧（**prescribed burning**）：人为管理火烧来促进某些生物或生态系统，如草地和长叶松

初级消费者（**primary consumers**）：直接以活体植物或植物部分为食的第一级消费者

初级生产者（**primary producers**）：利用简单无机物来生产食物的生物（即光合作用植物）

初级生产（**primary production**）：通过光合作用或化能合成自养生物来生产生物物质（生物量）

初级生产力（**primary productivity**）：初级生产者生产生物量的速率

原生演替（**primary succession**）：从先前没有植物占据的裸地开始的生态演替

生产者（**producers**）：自养生物（如能通过光合作用生产食物的绿色植物）

深底带（**profundal zone**）：位于一个湖泊有效透光深度之下的深水地带，此处 $P/R < 1$

原始合作（**protocooperation**）：两个物种间相互关系的一种，两个种群通过相互关系而获益，但其相互间的关联不是必需的；经常称为临时合作（facultative cooperation）

假重复（**pseudoreplication**）：研究者通过增加对相同实验处理单元或中宇宙的取样或测量而非通过重复处理单元或中宇宙的数量来增加样方大小；假重复有空间假重复、时间假重复和牺牲假重复三种常见类型

脉冲稳定性（**pulse stability**）：系统适应于某一干扰强度和频度的特征；种群在某一组环境因子所决定的承载力附近振荡

间断物种形成（**punctuated speciation**）：一种进化理论，认为一个物种在进化早期有一个快速进化爆发，但此后进化非常缓慢

生物量金字塔（**pyramid of biomass**）：描述某一生态系统不同营养级现存生物量的模型或图表

能量金字塔（**pyramid of energy**）：描述某一生态系统不同营养级间能量流动速率的模型或图表

数量金字塔(**pyramid of numbers**):描述某一生态系统每个营养级现有生物数量的模型或图表;经常称为埃尔顿金字塔(Eltonian pyramid),得名于一位英国生态学家 Charles Elton

Q

样方(**quadrat**):一个基本的取样单元,典型样方为用于草地和弃耕地植物群落取样的 $1\ m^2$ 的样方

定性化学防御(**qualitative chemical defenses**):植物中对食草动物形成有效屏障的廉价化学毒物和毒素

定量化学防御(**quantitative chemical defenses**):植物通过生产昂贵化合物,如单宁酸,降低植物质量或适口性来对食草动物形成屏障

R

拉德(**rad**):辐射单位,1 g 组织吸收 100 erg 能量时,吸收剂量为 1 rad

辐射生态学(**radiation ecology**):生态学分支之一,研究放射性物质对生命系统的影响以及这些放射性物质在生态系统内的散布途径

放射性核(**radionuclides**):放射电离辐射的元素同位素

雨影(**rain shadow**):山体背风面的干燥区域

随机分布(**random distribution**):个体以不依赖所有其他个体的随机模式进行分布

随机化(**randomization**):给予处理项目或单元同等机会来降低研究者的偏好

随机变化(**random variation**):围绕最可能的随机变量估计测量离差

实际生态位(**realized niche**):在存在竞争者和其他生物相互作用(如捕食)情况下的生态位

隐性性状(**recessive**):一个只在它的纯合子状态表达的等位基因或表型

还原论(**reductionism**):可以通过分析复杂生态系统的简单基本部分来解释这些生态系统的理论

避难所(**refuge**):一个被利用种群的个体可以躲避捕食者和寄生者的场所;植物和动物躲避不利环境条件的隔离区;仍存在曾经广泛分布但现今大规模衰退的植物区系和动物区系的场所

再生廊道(**regenerated corridor**):自然植被带的再生长(如由于次生演替的自然过程使灌木树篱沿着栅栏生长)

规则分布(**regular distribution**):不会有意外预期的均匀的个体分布模式;均匀间隔或散布

相对优势度(**relative dominance**):所有物种的整个底面积中某一物种所占的底面积;代表性地用于描绘一个森林群落内树种的优势度

相对湿度(**relative humidity**):当前水蒸气占现有温压条件下水蒸气饱和态的百分比

残余廊道(**remnant corridor**):移除周围植被后留下的未割除的原生植被带

救援效应(**rescue effect**):灭绝受某种流入或迁入的抑制

恢复力(resilience):一个系统在干扰后回到初始状态或条件的能力

恢复稳定性(resilience stability):一个系统从干扰混乱中恢复的能力

抵抗力(resistance):一个系统在干扰期间维持它的结构和功能的能力

抵抗稳定性(resistance stability):一个系统抵抗干扰和维持其结构和功能完整性的能力

资源廊道(resource corridor):延伸通过景观的自然植被带(如沿着一条溪流的走廊林)

资源分割(resource partitioning):某个物种或某类生物对资源类型的不同利用

资源利用性竞争(resource – use competition):两个物种间的一种相互竞争类型,每个种群通过夺取短缺资源来对另一个种群产生直接不利影响

再萌芽物种(resprout species):火烧依赖型植物物种,将大量能量用于地下存储器官,少量能量用于繁殖结构

恢复生态学(restoration ecology):生态学的分支之一,研究一个植物和动物群落或生态系统的受干扰地点恢复到干扰前的条件;将生态系统理论应用到高度受干扰地点、生态系统和景观的恢复的一门生态学分支学科

报偿反馈(reward feedback):某一生物或营养级维持其食物源生存的正反馈(增加生长或存活力)

流变营养(rheotrophic):描述湿地从地下水中获取大量营养输入

根际(rhizosphere):紧邻根部周围的土壤活性区域

R层(R horizon):土壤 C 层之下的母岩

滨岸的(riparian):河流和溪流沿岸

河流连续体概念(river continuum concept):描述一个河流系统物理结构、优势生物和生态系统过程变化的连续体的模型

罗氏规律(Rosenzweig rule):净初级生产力的对数与蒸散对数呈线性相关

r-选择(r – selection):在内禀增长率水平或接近内禀增长率水平的选择,特征为在较低水平竞争条件下具有较高繁殖速率;在生态演替的早期阶段往往以 r-选择占优势

S

样本(sample):一个种群或取样宇宙内的所有观察对象或个体的子集(N)

腐食生物(saprotroph):以死亡有机质为食的生物;从死亡植物或动物质中吸收有机营养的生物

饱和扩散(saturation dispersal):个体离开一个已经达到或超过承载力的种群

稀树草原(Savanna):树木和木本灌木稀疏分布的热带草原

硬叶植物(sclerophyllous):指具有革质常绿叶片,能防止水分散失的木本植物

推论范畴(scope of inference):目标种群及推论广度

次生化合物(secondary compounds):不用于新陈代谢而主要用于防御目的的化合物;干扰食草动物具体新陈代谢途径、生理过程、味觉反应或繁殖成功率的化合物

次级生产力(secondary productivity):异养生物有机质贮存速率;异养生物(初级或次级消费

者)通过生产新的体细胞或繁殖组织来积累生物量的速率

次生演替(secondary succession):发生在先前有生命生长之处(如一个弃耕地)的演替

热力学第二定律(second law of thermodynamics):当能量从一种形式转化为另一种形式时,会发生能量从浓缩形式到分散形式的损失(即能量不会100%转化为势能)

沉积型循环(sedimentary cycle):任何由诸如现有岩石的风化、侵蚀和沉积等地理过程支配或引起的全球性循环;钙和磷的循环即为沉积型循环

自疏(self-thinning):在一个年龄相等、单一栽培的植物群落中一种密度制约型植物死亡率的形式

自疏法则(self-thinning rule):也称为 −3/2 法则,将植物个体的平均重量与种群密度绘图,经常会生成一个具有近似 −3/2 平均斜率的直线

演替系列阶段(seral stage):演替系列中的一个演替阶段

演替系列(sere):某一地点形成其成熟顶极群落前的一系列演替阶段

香农 − 威纳指数(Shannon − Weaver index):以信息论为基础对一个群落内物种分配比例的测度,1949年由 Claude E. Shannon 和 Warren Weaver 发表

谢尔福德耐受性定律(Shelford law of tolerance):由 V. E. Shelford 在1911年提出的一个定律,认为一个生物或物种的存在和成功依赖于最大和最小资源或条件组合

撕食者(shredders):溪流无脊椎动物,以水生昆虫为代表,以粗颗粒有机质(CPOM)为食

S − 型增长曲线(sigmoid growth curve):S − 型种群增长模式,种群大小在其特有生境的承载力处趋于稳定

汇(sink):局部死亡率超过局部繁殖成功率的生境

土壤保护伦理(soil conservation ethic):农民和利益相关者用于防止土壤损失或土壤质量下降的实践

土壤侵蚀(soil erosion):土壤颗粒随水和风流失,经常因人类干扰而加速这一流失

土壤剖面(soil profile):土壤中的明显层带

土壤质地(soil texture):土壤中的沙土、粉土和黏土颗粒的相对比例

太阳常数(solar constant):太阳能到达地球大气圈的速率,等于 $1.94 \text{ gcal} \cdot \text{cm}^{-2} \cdot \text{min}^{-1}$

太阳能的(solar powered):指由太阳能量运行和维持的系统

源种群(source population):指一个生境内某一种群的繁殖成功率为汇入生境提供个体

空间生态位(spatial niche):某一物种在其生境中的功能地位,以一个空间维度来表示

物种分配比例(species apportionment):某特定区域内一个物种的分配与该区域内其他物种的分配(数量、生物量)之比例

物种丰富度(species richness):某特定区域内不同物种的数量

现存生物量(standing crop biomass):某一时间某一地区内现有生物物质的重量

状态变量(state variables):用于表示某一时间内某个系统的状态或条件的数集

统计推断(statistical inference):对数据进行数学汇总得出的结论

狭窄(steno −):一个前缀,意为"狭窄",源于希腊文"steons"

随机性(stochastic):指起于随机因子或影响的模式

溪流级别(stream order):基于从源头到溪口的溪流结构和功能之上的溪流排水系统的数量分类

溪流螺旋(stream spiraling):生命必需元素(如碳、氮和磷)随着溪流向下游流动过程中在生物和有效库间的运动和循环

胁迫补给梯度(subsidy - stress gradient):某一系统对某一干扰随时间的响应梯度,或正梯度(生产力增加)或负梯度(生长或繁殖延迟)

演替(succession):一个群落或演替系列期被另一个群落或演替系列期所取代

硫循环(sulfur cycle):硫(S)在岩石圈(主要贮存库)和大气圈、水圈及生物圈的运动,以及在不同化学形式间的转化

存活曲线(survivorship curve):以图解来描述一个种群内个体从出生到每个个体可达到的最大年龄的存活模式

可持续性(sustainability):既能满足当代需求又能满足后代需求的能力;维持自然资本和资源来供给需要或食物以防止其降到一定健康或生命力阈值之下

共生(symbiosis):两个相异物种紧密关联,生活在一起

同域物种形成(sympatric speciation):发生在没有地理隔离之处的物种形成

协同作用(synergism):每个因子在同一方向影响一个过程,但当这些因子组合在一起时,会比它们单独发生作用产生更大效果

系统(system):在一个特定界线内相互依赖的组分功能的集合

系统生态学(system ecology):生态学的一个分支,主要研究一般性系统理论及应用

T

泰加林(Taiga):极地附近的北方生物带的森林生物群区

人类技术生态系统(technoecosystem):人类建造的系统如城市、郊区和工业开发区

温带草地(temperate grasslands):草本植物,如须芒草属(*Andropogon*)、黍属(*Panicum*)和格兰马草属(*Bouteloua*)占优势的生物群区,每年的年降雨量在 10～30 英寸(25～75 cm)之间

领域性(territoriality):某一个体或某一社会群对生境空间的防卫

领域(territory):某一生境内某一个体防卫的区域

温跃层(thermocline):一个温度分层湖泊内相对于整个水体温度剖面快速变化的水层;一个温度分层湖泊内处于变温层和湖下层之间的水位带

3/4 幂法则(3/4 power law):某一动物个体的新陈代谢速率趋于以其自身重量的 3/4 幂增加

耕层(tilth):菌根和土壤颗粒的聚集构成一个健康土壤结构

忍受模型(tolerance model):一种演替模型,认为演替会形成一个由最有效利用资源的植物物种所组成的群落

下行调节(top - down regulation):通过增加捕食来调节一个群落或生态系统的营养结构;次级消费者对食物网中以下级别营养级大小的影响

跨学科(transdisciplinary):指涉及聚焦于整个教育或创新系统的多层次大规模合作的方法

蒸腾效率(transpiration efficiency):净初级生产对水蒸腾的比率

处理(treatment):设计用于产生某一效果的实验行为

营养动态(trophic dynamics):能量从生态系统的一个营养级或部分传递到另一个营养级或部分

营养级(trophic level):由到达该级别的能量传递环节的数量所决定的食物链中的位置(如初级生产者到次级消费者);根据取食关系对一个生态系统内的生物进行的功能划分

营养生态位(trophic niche):基于营养级或能量关系之上的某一物种的功能地位

Tuckfield 准则(Tuckfield maxim):为一个一般性或不确定性目标所收集的数据很少能解决具体问题

苔原(tundra):以苔藓、地衣、莎草属植物和非禾本草本植物为主、没有乔木生长的生物群区;草本植被占优势的永久冻土区域

周转时间(turnover time):替换系统中现存的全部物质或资源所需的时间

U

紫外辐射(ultraviolet radiation,UV):位于太阳光谱可见光带的高能末段(紫色光)之外,波长在 100～400 nm 之间的电磁辐射,

林下层(understory):一个森林冠层之下的植被层

上升流(upwelling):深层海水向海面或进入透光带的运动;最通常发生在大陆西海岸沿岸(如沿着南美洲海岸的秘鲁海流)

V

散布力(vagility):自由运动的固有能力

载体(vector):将病原体从一个生物传播到其他生物的生物

春池(vernal pool):春天注满水的临时池塘或浅水池

泡囊丛枝菌根(vesicular‐arbuscular mycorrhizae,VAM):真菌菌丝和植物根部间的关系,真菌进入宿主的根部细胞并在其中生长延伸进入周围土壤

毒力(virulence):寄生者对宿主损害力的测度

W

水势(water potential):由水自身的自由内能所决定的做功能力

集水区(watershed):一条河流的集水处或流域盆地;某一溪流或河流分水岭之上的整片区域

波生演替(wave‐generated succession):易受飓风袭击的植物群落的树波、或植被被连根拔起时引发的次生演替

风化(weathering):岩石及其组成矿物质在土壤界面处的物理和化学分解

湿地(wetland):永久或周期性水淹的生境

野火(wildfires):破坏大多数植物和一些土壤有机质的高强度火烧

野生生物管理(wildlife management):生态学的一个分支,研究本土野生生物的管理和保育

林地(woodland):将植物和动物生境联系在一起的覆盖树木的陆地

X

环境干燥的(xeric):具有干燥的条件

旱生植物(xerophyte):具有特殊适应(如下陷气孔),能在延长的干旱期内存活的植物

旱生演替系列(xerosere):用于描述发生在干旱陆地或岩石表面的演替

Y

产量(yield):来自水生或陆生生态系统的自然资源(如鱼、木材或猎物)的输出或回报,通常以能量或质量表示

Z

地带性分布(zonation):植被沿着一个环境梯度(如一个景观内的纬度地带性、垂直地带性或水平地带性)的分布

动物地理学(zoogeography):研究动物的丰富度和分布的科学

浮游动物(zooplankton):海洋或淡水生态系统中的漂浮的或有微弱游泳能力的动物

参 考 文 献

A

Abrahamson, W. G., and M. Gadgil. 1973. Growth form and reproductive effort in goldenrods (*Solidago*, Compositae). *American Naturalist* 107:651 – 661.

Abramovitz, J. N., and A. T. Mattoon. 1999. *Paper cuts: Recovering the paper landscape.* Worldwatch Paper 149. Washington, D. C.: Worldwatch Institute.

Adkisson, P. L., G. A. Niles, J. K. Walker, L. S. Bird, and H. B. Scott. 1982. Controlling cotton's insect pests: A new system. *Science* 216:19 – 22.

Ahl, V., and T. F. H. Allen. 1996. *Hierarchy theory: A vision, vocabulary, and epistemology.* New York: Columbia University Press.

Ahmadjian, V. 1995. Lichens are more important than you think. *BioScience* 45:124.

Allee, W. C. 1931. *Animal aggregations: A study in general sociology.* Chicago: University of Chicago Press.

——. 1951. *Cooperation among animals: Social life of animals.* New York: Schuman.

Allee, W. C., A. E. Emerson, O. Park, T. Park, and K. P. Schmidt. 1949. *Principles of animal ecology.* Philadelphia: W. B. Saunders.

Allen, J. 1991. *Biosphere 2: The human experiment.* New York: Penguin Books.

Allen, T. F. H., and T. W. Hoekstra. 1992. *Toward a unified ecology. Complexity in ecological systems.* New York: Columbia University Press.

Allen, T. F. H., and T. B. Starr. 1982. *Hierarchy: Perspectives for ecological complexity.* Chicago: University of Chicago Press.

Altieri, M. A. 2000. The ecological impacts of transgenic crops on agroecosystem health. *Ecosystem Health* 6:13 – 23.

American Institute of Biological Sciences (AIBS). 1989. *Fire impact on Yellowstone.* Special Issue. *BioScience* 39: 667 – 722.

Andreae, M. O. 1996. Raising dust in the greenhouse. *Nature* 380:389 – 390.

Andrewartha, H. G., and L. C. Birch. 1954. *The distribution and abundance of animals.* Chicago: University of Chicago Press.

Ardrey, R. 1967. *The territorial imperative.* New York: Atheneum.

Armentano, T. V. 1980. Drainage of organic soils as a factor in the world carbon cycle. *BioScience* 30:825 – 830.

Ausubel, J. H. 1996. Can technology spare the earth? *American Scientist* 84:166 – 178.

Avery, W. H., and C. Wu. 1994. *Renewable energy from the ocean: A guide to OTEC.* Oxford: Oxford University Press.

Axelrod, R., and W. D. Hamilton. 1981. The evolution of cooperation. *Science* 211:1390 – 1396.

Ayala, F. J. 1969. Experimental invalidation of the principle of competitive exclusion. *Nature* 224:1076.

——. 1972. Competition between species. *American Scientist* 60:348 – 357.

Azam, F. 1998. Microbial control of oceanic carbon flux: The plot thickens. *Science* 280:694 – 696.

Azam, F., T. Fenchel, J. G. Field, J. S. Gray, L. A. Meyer-Reil, and F. Thingstad. 1983. The ecological role of water-column microbes in the sea. *Marine Ecology Progress Series* 10:257 – 263.

B

Bailey, R. G. 1976. *Ecoregions of the United States.* Washington, D. C.: Forest Service, Fish and Wildlife Service, United States Department of Agriculture. Reprint, 1978, *Description of the ecoregions of the United States.* Ogden, Utah: Forest Service Intermountain Region, United States Department of Agriculture.

——. 1995. *Descriptions of ecoregions of the United States*, 2nd ed. Washington, D. C.: Forest Service, United States Department of Agriculture.

——. 1998. *Ecoregions: The ecosystem geography of the oceans and continents.* New York: Springer Verlag.

Bak, P. 1996. *How nature works: The science of self-organized criticality.* New York: Springer Verlag.

Bakelaar, R. G., and E. P. Odum. 1978. Community and population level responses to fertilization in an old-field ecosystem. *Ecology* 59:660 – 665.

Baker, A. C. 2001. Reef corals bleach to survive change. *Nature* 411:765 – 766.

Bamforth, S. S. 1997. Evolutionary implications of soil protozoan succession. *Revista de la Sociedad Mexicana de Historia Natural* 47:93 – 97.

Banavar, J. R., S. P. Hubbell, and A. Meritan. 2004. Symmetric neutral theory with Janzen-Connell density dependence explains patterns of beta diversity in tropical tree communities. *Science*, in review.

Barbour, D. A. 1985. Patterns of population fluctuation in the pine looper moth *Bupalus piniaria L.* in Britain. In *Site characteristics and population dynamics of Lepidopteran and Hymenopteran forest pests*, D. Bevan and J. T. Stoakley, Eds. Edinburgh: Forestry Commission Research and Development Paper 135:8 – 20.

Barrett, G. W. 1968. The effects of an acute insecticide stress on a semi-enclosed grassland ecosystem. *Ecology* 49: 1019 – 1035.

——. 1985. A problem-solving approach to resource management. *BioScience* 35:423 – 427.

——. 1988. Effects of Sevin on small mammal populations in agricultural and old-field ecosystems. *Journal of Mammalogy* 69: 731 – 739.

——. 1989. Viewpoint: A sustainable society. *BioScience* 39:754.

——. 1990. Nature's model. *Earth · Watch* 9:24 – 25.

——. 1992. Landscape ecology: Designing sustainable agricultural landscapes. *Journal of Sustainable Agriculture* 2: 83 – 103.

——. 1994. Restoration ecology: Lessons yet to be learned. In *Beyond preservation: Restoring and inventing landscapes*, D. Baldwin, J. de Luce, and C. Pletsch, Eds. Minneapolis: University of Minnesota Press, pp. 113 – 126.

——. 2001. Closing the ecological cycle: The emergence of integrative science. *Ecosystem Health* 7:79 – 84.

Barrett, G. W., and T. L. Barrett. 2001. Cemeteries as repositories of natural and cultural diversity. *Conservation Biology* 15:1820 – 1824.

Barrett, G. W., and P. J. Bohlen. 1991. Landscape ecology. In *Landscape linkages and biodiversity*, W. E. Hudson, Ed. Washington, D. C. Island Press, pp. 149 – 161.

Barrett, G. W., and A. Farina. 2000. Integrating ecology and economics. *BioScience* 50:311 – 312.

Barrett, G. W., and G. E. Likens. 2002. Eugene P. Odum: Pioneer of ecosystem ecology. *BioScience* 52:1047 –

1048.

Barrett, G. W. , and K. E. Mabry. 2002. Twentieth-century classic books and benchmark publications in biology. *BioScience* 52:282 – 285.

Barrett, G. W. , and C. V. Mackey. 1975. Prey selection and caloric ingestion rate of captive American kestrels. *The Wilson Bulletin* 87:514 – 519.

Barrett, G. W. , and E. P. Odum. 2000. The twenty-first century: The world at carrying capacity. *BioScience* 50: 363 – 368.

Barrett, G. W. , and J. D. Peles, Eds. 1999. *Landscape ecology of small mammals.* New York: Springer Verlag.

Barrett, G. W. , and. R. Rosenberg, Eds. 1981. *Stress effects on natural ecosystems.* New York: John Wiley.

Barrett, G. W. , and L. E. Skelton. 2002. Agrolandscape ecology in the twenty-first century. In *Landscape ecology in agroecosystems management*, L. Ryszkowski, Ed. Boca Raton, Fla. CRC Press, pp. 331 – 339.

Barrett, G. W. , T. L. Barrett, and J. D. Peles. 1999. Managing agroecosystems as agrolandscapes: Reconnecting agricultural and urban landscapes. In *Biodiversity in agroecosystems*, W. W. Collins and C. O. Qualset, Eds. Boca Raton, Fla. : CRC Press, pp. 197 – 213.

Barrett, G. W. , J. D. Peles, and S. J. Harper. 1995. Reflections on the use of experimental landscapes in mammalian ecology. In *Landscape approaches in mammalian ecology and conservation*, W. Z. Lidicker, Jr. , Ed. Minneapolis: University of Minnesota Press, pp. 157 – 174.

Barrett, G. W. , J. D. Peles, and E. P. Odum. 1997. Transcending processes and the levels of organization concept. *BioScience* 47:531 – 535.

Barrett, G. W. , N. Rodenhouse, and P. J. Bohlen. 1990. Role of sustainable agriculture in rural landscapes. In *Sustainable agricultural systems*, C. A. Edwards, R. Lai, P. Madden, R. H. Miller, and G. House, Eds. Ankeny, Iowa: Soil and Water Conservation Society, pp. 624 – 636.

Baskin, Y. 1999. Yellowstone fires: A decade later—ecological lessons in the wake of the conflagration. *BioScience* 49:93 – 97.

Bazzaz, F. A. 1975. Plant species diversity in old-field successional ecosystems in southern. Illinois. *Ecology* 56: 485 – 488.

Beecher, W. J. 1942. *Nesting birds and the vegetation substrate.* Chicago: Chicago Ornithological Society.

Bell, W. , and R. Mitchell. 1972. Chemotactic and growth responses of marine bacteria to algal extracellular products. *Biological Bulletin* 143:265 – 277.

Belovsky, G. E. , D. B. Botkin, T. A. Crowl, K. W. Cummins, J. F. Franklin, M. L. Hunter Jr. , A. Joern, D. B. Lindenmayer, J. A. MacMahon, C. R. Margules, and J. M. Scott. 2004. Ten suggestions to strengthen the science of ecology. *BioScience* 54:345 – 351.

Belt, C. B. , Jr. 1975. The 1973 flood and man's constriction of the Mississippi River. *Science* 189:681 – 684.

Benner, R. , A. E. Maccubbin, and R. E. Hodson. 1984. Anaerobic biodegradation of the lignin and polysaccaride components of lignocellulose and synthetic lignin by sediment microflora. *Applied and Environmental Microbiology* 47:998 – 1004.

Berger, P. J. , N. C. Negus, E. H. Sanders, and P. D. Gardner. 1981. Chemical triggering of reproduction, in *Microtus montanus. Science* 214:69 – 70.

Bergstrom, J. C. , and H. K. Cordell. 1991. An analysis of the demand for and value of outdoor recreation in the United States. *Journal of Leisure Research* 23:67 – 86.

Bernstein, B. B. 1981. Ecology and economics: Complex systems in changing environments. *Annual Review of Ecol-*

ogy and Systematics 12:309 – 330.

Bertalanffy, L. 1950. An outline of general systems theory. *British Journal of Philosophy of Science* 1:139 – 164.

——. 1968. *General systems theory: Foundations, development, application.* Rev. ed., 1975, New York: G. Braziller.

Beyers, R. J. 1964. The microcosm approach to ecosystem biology. *American Biology Teacher* 26:491 – 498.

Beyers, R. J., and H. T. Odum. 1995. *Ecological microcosms.* New York: Springer Verlag.

Birch, L. C. 1948. The intrinsic rate of natural increase of an insect population. *Journal of Animal Ecology* 17:15 – 26.

Blackmore, S. 1996. Knowing the Earth's biodiversity: Challenges for the infrastructure of systematic biology. *Science* 274:63 – 64.

Blair, W. F. 1977. *Big biology: The US/IBP.* Stroudsburg, Pa.: Dowden, Hutchinson, and Ross.

Bock, C. E., J. H. Bock, and M. C. Grant. 1992. Effect of bird predation on grasshopper densities in an Arizona grassland. *Ecology* 73:1706 – 1717.

Bolen, E. G. 1998. *Ecology of North America.* New York: John Wiley.

Bolliger, J., J. C. Sprott, and D. J. Mladenoff. 2003. Self-organization and complexity in historical landscape patterns. *Oikos* 100:541 – 553.

Bongaarts, J. 1998. Demographic consequences of declining fertility. *Science* 282:419 – 420.

Bormann, F. H., and G. E. Likens. 1967. Nutrient cycling. *Science* 155:424 – 429.

——. 1979. *Pattern and process in a forested ecosystem.* New York: Springer Verlag.

Bormann, F. H., D. Balmori, and G. T. Geballe. 2001. *Redesigning the American lawn: A search for environmental harmony.* New Haven, Conn.: Yale University Press.

Bormann, F. H., G. E. Likens, and J. M. Melillo. 1977. Nitrogen budget for an aggrading northern hardwood ecosystem. *Science* 196:981 – 983.

Boucher, D. H., S. James, and K. H. Keeler. 1982. The ecology of mutualism. *Annual Review of Ecology and Systematics* 13:315 – 347.

Boulding, K. 1962. *A reconstruction of economics.* New York: Science Editions.

——. 1966. The economics of the coming spaceship Earth. In *Environmental quality in a growing economy*, H. Jarrett, Ed. Baltimore, Md.: Johns Hopkins Press for Resources for the Future, pp. 3 – 14.

——. 1978. *Ecodynamics: A new theory of societal evolution.* Beverly Hills, Calif.: Sage.

Bowne, D. R., J. D. Peles, and G. W. Barrett. 1999. Effects of landscape spatial structure on movement patterns of the hispod cotton rat, *Sigmodon hispidus. Landscape Ecology* 14:53 – 65.

Box, E. 1978. Geographical dimensions of terrestrial net and gross productivity. *Radiation and Environmental Biophysics* 15:305 – 322.

Box, G. E. P., W. G. Hunter, and J. S. Hunter, Jr. 1978. *Statistics for experimenters.* New York: John Wiley.

Boyle, T. P., and J. F. Fairchild. 1997. The role of mesocosm studies in ecological risk analysis. *Ecological Applications* 7:1099 – 1102.

Bratton, S. 1992. *Six billion and more: Human population regulation and Christian ethics.* Louisville, Ky.: Westminster/John Knox Press.

Braun-Blanquet, J. 1932. *Plant sociology: The study of plant communities*, G. D. Fuller and H. S. Conard, Trans., Rev., and Eds. New York: McGraw-Hill.

——. 1951. *Pflanzensoziologie: Grundzüge der vegetationskunde.* Vienna: Springer Verlag.

Bray, J. R., and E. Gorham. 1964. Litter production in forests of the world. *Advances in Ecological Research* 2: 101 – 157.

Brewer, S. R., and G. W. Barrett. 1995. Heavy metal concentrations in earthworms following long-term nutrient enrichment. *Bulletin of Environmental Contamination and Toxicology* 54:120 – 127.

Brewer, S. R., M. Benninger-Truax, and G. W. Barrett. 1994. Mechanisms of ecosystem recovery following eleven years of nutrient enrichment in an old-field community. In *Toxic metals in soil-plant systems*, S. M. Ross, Ed. New York: John Wiley, pp. 275 – 301.

Brewer, S. R., M. F. Lucas, J. A. Mugnano, J. D. Peles, and G. W. Barrett. 1993. Inheritance of albinism in the meadow vole, *Microtus pennsylvanicus*. *American Midland Naturalist* 130:393 – 396.

Brian, M. W. 1956. Exploitation and interference in interspecies competition. *Journal of Animal Ecology* 25:335 – 347.

Brillouin, L. 1949. Life, thermodynamics, and cybernetics. *American Scientist* 37:354 – 368.

Brock, T. D. 1967. Relationship between primary productivity and standing crop along a hot spring thermal gradient. *Ecology* 48:566 – 571.

Brock, T. D., and M. L. Brock. 1966. Temperature options for algal development in Yellowstone and Iceland hot springs. *Nature* 209:733 – 734.

Brooks, J. L., and S. I. Dodson. 1965. Predation, body size, and composition of plankton. *Science* 150:28 – 35.

Brower, L. P. 1969. Ecological chemistry. *Scientific American* 220:22 – 29.

——. 1994. A new paradigm in conservation of biodiversity: Endangered biological phenomena. In *Principles of conservation biology*, G. K. Meffe and C. R. Carroll, Eds. Sunderland, Mass.: Sinauer, pp. 104 – 109.

Brower, L. P., and J. Brower. 1964. Birds, butterflies, and plant poisons: A study in ecological chemistry. *Zoologica* 49:137 – 159.

Brower, L. P., and S. B. Malcolm. 1991. Animal migrations: Endangered phenomena. *American Zoologist* 31: 265 – 276.

Brown, H. S. 1978. *The human future revisited: The world predicament and possible solutions*. New York: W. W. Norton.

Brown, J. H. 1971. Mammals on mountaintops: Nonequilibrium insular biogeography. *American Naturalist* 105: 467 – 478.

——. 1978. The theory of insular biogeography and the distribution of boreal birds and mammals. *Great Basin Naturalist Memoirs* 2:209 – 227.

Brown, J. H., and A. Kodric-Brown. 1977. Turnover rates in insular biogeography: Effect of immigration on extinction. *Ecology* 58:445 – 449.

Brown, J. L. 1964. The evolution of diversity in avian territorial systems. *The Wilson Bulletin* 76:160 – 169.

——. 1969. Territorial behavior and population regulation in birds, a review and reevaluation. *The Wilson Bulletin* 81:293 – 329.

Brown, L. R. 1980. *Food or fuel: New competition for the world croplands*. Worldwatch Paper 35. Washington, D. C.: Worldwatch Institute.

——. 2001. *Eco-economy: Building an economy for the Earth*. New York: W. W. Norton.

Brown, V. K. 1985. Insect herbivores and plant succession. *Oikos* 44:17 – 22.

Brugam, R. B. 1978. Human disturbance and the historical development of Linsley Pond. *Ecology* 59:19 – 36.

Brummer, E. C. 1998. Diversity, stability, and sustainable American agriculture. *Agronomy Journal* 90:1 – 2.

Brundtland, G. H. 1987. *Our common future*. World Commission on Environment and Development. New York: Oxford University Press.

Buell, M. F. 1956. Spruce-fir and maple-basswood competition in Itasca Park, Minnesota. *Ecology* 37:606.

Bullock, T. H. 1955. Compensation for temperature in the metabolism and activity of poikilotherms. *Biological Reviews* 30:311 – 342.

Butcher, S. S., R. J. Charlson, G. H. Orians, and G. V. Wolfe, Eds. 1992. *Global biogeochemical cycles*. London: Academic Press.

Butzer, K. W. 1980. Civilizations: Organisms or systems? *American Scientist* 68:517 – 523.

C

Cahill, J. F., Jr. 1999. Fertilization effects on interactions between above-and belowground competition in an old field. *Ecology* 80:466 – 480.

Cairns, J. 1992. *Restoration of aquatic ecosystems: Science, technology, and public policy*. Washington. D. C. : National Academy Press.

———. 1997. Global coevolution of natural systems and human society. *Revista de la Sociedad Mexicana de Historia Natural* 47:217 – 228.

Cairns, J. , K. L. Dickson, and E. E. Herrick, Eds. 1977. *Recovery and restoration of damaged ecosystems*. Charlottesville: University of Virginia Press.

Callahan, J. T. 1984. Long-term ecological research. *BioScience* 34:363 – 367.

Callicott, J. B. , Ed. 1987. *Companion to a Sand County Almanac*. Madison: University of Wisconsin Press.

Callicott, J. B. , and Freyfogle, E. T. , Eds. 1999. *For the health of the land: Previously unpublished essays and other writings/Aldo Leopold*. Washington, D. C. : Island Press.

Calow, P. , Ed. 1999. *Blackwell's concise encyclopedia of ecology*. Oxford: Blackwell.

Camazine, S. , J. L. Deneubourg, N. R. Franks, J. Sneyd, G. Theraulaz, and E. Bonabeau. 2001. *Self-organization in biological systems*. Princeton, N.J. : Princeton University Press.

Cannon, W. B. 1932. *The wisdom of the body*. 2nd ed. , 1939, New York: W. W. Norton.

Capra, F. 1982. *The turning point: Science, society, and the rising culture*. New York: Simon and Schuster.

Carpenter, J. R. 1940. Insect outbreaks in Europe. *Journal of Animal Ecology* 9:108 – 147.

Carpenter, S. R. , and J. F. Kitchell. 1988. Consumer control of lake productivity. *BioScience* 38:764 – 769.

———. 1993. *The trophic cascade in lakes*. Cambridge, U. K. : Cambridge University Press.

Carpenter, S. R. , J. F. Kitchell, and J. R. Hodgson. 1985. Cascading trophic interactions and lake productivity. *BioScience* 35:634 – 639.

Carroll, S. B. 2001. Macroevolution: The big picture. *Nature* 409:669.

Carson, R. 1962. *Silent spring*. New York: Houghton Mifflin.

Carson, W. P. , and G. W. Barrett. 1988. Succession in old-field plant communities: Effects of contrasting types of nutrient enrichment. *Ecology* 69:984 – 994.

Carson, W. P. , and S. T. A. Pickett. 1990. The role of resources and disturbance in the organization of an old-field plant community. *Ecology* 71:226 – 238.

Carson, W. P. , and R. B. Root. 1999. Top-down effects of insect herbivores during early succession: Influence on biomass and plant dominance. *Oecologia* 121:260 – 272.

———. 2000. Herbivory and plant species coexistence: Community regulation by an out-breaking phytophagous insect. *Ecological Monographs* 70:73 – 99.

Caswell, H. , F. Reed, S. N. Stephenson, and P. A. Werner. 1973. Photosynthetic pathways and selected herbivory: A hypothesis. *American Naturalist* 107:465 – 480.

Catton, W. R. , Jr. 1980. *Overshoot: Ecological basis of revolutionary change.* Urbana: Illinois University Press.

——. 1987. The world's most polymorphic species. *BioScience* 37:413 – 419.

Caughley, G. 1970. Eruption of ungulate populations, with emphasis on Himalayan thar in New Zealand. *Ecology* 51:53 – 72.

Chapin, F. S. , III, P. A. Matson, and H. A. Mooney. 2002. *Principles of terrestrial ecosystem ecology.* New York: Springer Verlag.

Chapin, F. S. , E. D. Schulze, and H. A. Mooney. 1992. Biodiversity and ecosystem processes. *Trends in Ecology and Evolution* 7: 107 – 108.

Chapman, R. N. 1928. The quantitative analysis of environmental factors. *Ecology* 9:111 – 122.

Chase, J. M. , and M. A. Leibold. 2003. *Ecological niches.* Chicago: University of Chicago Press.

Chave, J. , H. Muller-Landau, and S. A. Levin. 2002. Comparing classical community models: Theoretical consequences for patterns of species diversity. *American Naturalist* 159:1 – 23.

Chepko-Sade, B. D. , and Z. T. Halpin, 1987. *Mammalian dispersal patterns: The effects of social structure on population genetics.* Chicago: University of Chicago Press.

Chitty, D. 1960. Population processes in the vole and their relevance to general theory. *Canadian Journal of Zoology* 38:99 – 113.

——. 1967. The natural selection of self-regulatory behavior in animal populations. *Proceedings of the Ecological Society of Australia* 2:51 – 78.

Christian, J. J. 1950. The adreno-pituitary system and population cycles in mammals. *Journal of Mammalogy* 31: 247 – 259.

——. 1963. Endocrine adaptive mechanisms and the physiologic regulation of population growth. In *Physiological mammalogy*, W. V. Mayer and R. G. van Gelder, Eds. New York: Academic Press, pp. 189 – 353.

Christian, J. J. , and D. E. Davis. 1964. Endocrines, behavior, and populations. *Science* 146:1550 – 1560.

Cilek, J. E. , and J. A. Mulrennan. 1997. Pseudo-replication: What does it mean, and how does it relate to biological experiments? *Journal of the American Mosquito Control Association* 13:102 – 103.

Clark, E. H. , J. A. Haverkamp, and W. Chapman. 1985. *Eroding soils: The off-farm impacts.* Washington, D. C. : The Conservation Foundation.

Clark, W. C. 1989. Managing planet Earth. *Scientific American* 261:47 – 54.

Clausen, J. C. , D. D. Keck, and W. M. Hiesey. 1948. Experimental studies on the nature of species. Volume 3. Environmental responses to climatic races of *Achillea*. *Carnegie Institution of Washington Publication* 581:1 – 129.

Clean Air Act 1970. 42 *United States Code Annotated* Sections 7401 – 7671, 1990 Amendment.

Clements, F. E. 1905. *Research methods in ecology.* Lincoln, Nebr. : University Publishing Company.

——. 1916. Plant succession: Analysis of the development of vegetation. Washington, D. C. *Publications of the Carnegie Institute* 242:1512. Reprint, 1928, *Plant succession and indicators.* New York: Wilson.

Clements, F. E. , and V. E. Shelford. 1939. *Bio-ecology.* New York: John Wiley.

Cleveland, L. R. 1924. The physiological and symbiotic relationships between the intestinal protozoa of termites and their host with special reference to *Reticulitermes fluipes* Kollar. *Biology Bulletin* 46:177 – 225.

——. 1926. Symbiosis among animals with special reference to termites and their intestinal flagellates. *Quarterly Review of Biology* 1:51–60.

Cloud, P. E., Jr., Ed. 1978. *Cosmos, Earth, and man: A short history of the universe.* New Haven, Conn. Yale University Press.

Cockburn, A. 1988. *Social behaviour in fluctuating populations.* New York: Croom Helm.

Cody, M. L. 1966. A general theory of clutch size. *Evolution* 20:174–184.

——. 1974. Optimization in ecology. *Science* 183:1156–1164.

Cohen, M. N., R. S. Malpass, and H. G. Klein. 1980. *Biosocial mechanisms of population regulation.* New Haven, Conn.: Yale University Press.

Cole, L. C. 1951. Population cycles and random oscillations. *Journal of Wildlife Management* 15:233–251.

——. 1954. The population consequences of life history phenomena. *Quarterly Review of Biology* 29:103–107.

——. 1966. Protect the friendly microbes. In *The fragile breath of life*, Tenth Anniversary Issue, Science and Humanity Supplement. *Saturday Review*, 7 May 1966, pp. 46–47.

Coleman, D. C. 1995. Energetics of detritivory and microbiology in soil in theory and practice. In *Food webs: Integration of patterns and dynamics*, G. A. Polis and K. O. Winemiller, Eds. New York: Chapman and Hall, pp. 39–50.

Coleman, D. C., and D. A. Crossley, Jr. 1996. *Fundamentals of soil ecology.* San Diego, Calif.: Academic Press.

Coleman, D. C., P. F. Hendrix, and E. P. Odum. 1998. Ecosystem health: An overview. In *Soil chemistry and ecosystem health*, P. H. Wang, Ed. Madison, Wisc.: *Soil Science Society of America Special Publication* 52: 1–20.

Collins, R. J., and G. W. Barrett. 1997. Effects of habitat fragmentation on meadow vole, *Microtus pennsylvanicus* population dynamics in experimental landscape patches. *Landscape Ecology* 12:63–76.

Collins, S. L., A. Knapp, J. M. Briggs, J. M. Blair, and E. M. Steinauer. 1998. Modulation of diversity by grazing in native tallgrass prairie. *Science* 280:745–747.

Collins, W. W., and C. O. Qualset, Eds. 1999. *Biodiversity in agroecosystems.* Boca Raton, Fla.: CRC Press.

Colwell, R. K. 1973. Competition and coexistence in a simple tropical community. *American Naturalist* 107:737–760.

Connell, J. H. 1961. The influence of interspecific competition and other factors on the distribution of the barnacle, *Chthamalus stellatus. Ecology* 42:133–146.

——. 1972. Community interactions on marine rocky intertidal shores. *Annual Review of Ecology and Systematics* 3: 169–192.

——. 1975. Some mechanisms producing structure in natural communities: A model and evidence from field experiments. In *Ecology and evolution of communities*, M. L. Cody and J. Diamond, Eds. Cambridge, Mass.: Harvard University Press, pp. 460–490.

——. 1978. Diversity in tropical rain forests and coral reefs. *Science* 199:1302–1310.

——. 1979. Tropical rainforests and coral reefs as open nonequilibrium systems. *In Population dynamics*, R. M. Anderson, B. D. Turner, and L. R. Taylor, Eds. Oxford: Blackwell, pp. 141–163.

Connell, J. H., and R. O. Slayter. 1977. Mechanism of succession in natural communities and their role in community stability and organization. *American Naturalist* 111:1119–1144.

Cooke, G. D. 1967. The pattern of autotrophic succession in laboratory microecosystems. *BioScience* 17:717–721.

Cooper, N. 2001. *Wildlife in church and churchyard*, 2nd ed. London: Church House.

Costanza, R., Ed. 1991. *Ecological economics: The science and management of sustainability*. New York: Columbia University Press.

———. 2001. Visions, values, valuation, and the need for an ecological economics. *BioScience* 51:459 – 468.

Costanza, R., J. Cumberland, H. Daly, R. Goodland, and R. Norgaard. 1997. *An introduction to ecological economics*. Boca Raton, Fla.: St. Lucie Press.

Costanza, R., R. d'Arge, R. de Groot, S. Farber, M. Grasso, B. Hannon, K. Limburg, S. Naeem, R. V. O'Neill, J. Paruelo, R. G. Raskin, P. Sutton, and M. van den Belt. 1997. The value of the world's ecosystem services and natural capital. *Nature* 387:253 – 260.

Council on Environmental Quality (CEQ). 1981a. *Environmental quality*. 12th Annual Report. Washington, D.C.: United States Government Printing Office.

———. 1981b. *Global future—time to act*, G. Speth, Ed. Washington, D.C.: United States Government Printing Office.

Covey, S. R. 1989. *The seven habits of highly effective people: Restoring the character ethic*. New York: Simon and Schuster.

Cowles, H. C. 1899. The ecological relations of the vegetation of the sand dunes of Lake Michigan. *Botanical Gazette* 27:95 – 117; 167 – 202; 281 – 308; 361 – 391.

Crawley, M. J. 1989. Insect herbivores and plant population dynamics. *Annual Review of Entomology* 34:531 – 564.

———. 1997. Plant-herbivore dynamics. In *Plant ecology*, M. Crawley, Ed. Cambridge, Mass.: Blackwell, pp. 401 – 474.

Cross, J. G., and M. J. Guyer. 1980, *Social traps*. Ann Arbor: University of Michigan Press.

Crowner, A. W., and G. W. Barrett. 1979. Effects of fire on the small mammal component of an experimental grassland community. *Journal of Mammalogy* 60:803 – 813.

Cummins, K. W. 1967. Biogeography. *Canadian Geographic* 11:312 – 326.

———. 1974. Structure and function of stream ecosystems. *BioScience* 24:631 – 641.

———. 1977. From headwater streams to rivers. *The American Biology Teacher* 39:305 – 312.

Cummins, K. W., and M. J. Klug. 1979. Feeding ecology of stream invertebrates. *Annual Review of Ecology and Systematics* 10:147 – 172.

Currie, R. I. 1958. Some observations on organic production in the northeast Atlantic. *Rapports et Proces-Verbaux des Reunions. Conseil International pour l'Exploration de la Mer* 144:96 – 102.

Curtis, J. T., and R. P McIntosh. 1951. An upland forest continuum in the prairie forest border region of Wisconsin. *Ecology* 32:476 – 496.

D

Daily, G. C. 1997. *Nature's services: Societal dependence on natural ecosystems*. Washington, D.C.: Island Press.

Daily, G. C., S. Alexander, P R. Ehrlich, L. Goulder, J. Lubchenco, P. A. Matson, H. A. Mooney, S. Postel, S. H. Schneider, D. Tilman, and G. M. Woodwell. 1997. Ecosystem services: Benefits supplied to human societies by natural ecosystems. *Ecological Society of America Issues in Ecology* 2:2 – 15.

Dale, V. H., L. A. Joyce, S. McNulty, R. P. Neilson, M. P. Ayres, M. D. Flannigan, P. J. Hanson, L. C. Irland, A. E. Lugo, C. J. Peterson, D. Simberloff, F. J. Swanson, B. J. Stocks, and B. M. Wotton. 2001. Climate change and forest disturbances. *BioScience* 51:723 – 734.

Dales, R. P. 1957. Commensalism. In *Treatise on marine ecology and paleoecology*, J. W. Hedgpeth, Ed. Volume 1. Boulder, Colo. : Geological Society of America, pp. 391 – 412.

Daly, H. E. , and J. B. Cobb. 1989. *For the common good: Redirecting the economy towards community, the environment, and a sustainable future*. Boston: Beacon Press.

Daly, H. E. , and K. N. Townsend, Eds. 1993. *Valuing the Earth: Economics, ecology, ethics*. Cambridge: Massachusetts Institute of Technology Press.

Darwin, C. 1859. *The origin of species by means of natural selection*. Reprint, 1998, New York: Modern Library.

Daubenmire, R. 1966. Vegetation: Identification of typal communities. *Science* 151:291 – 298.

——. 1974. *Plants and environment: A textbook of plant autecology*, 3rd ed. New York: John Wiley.

Davidson, J. 1938. On growth of the sheep population in Tasmania. *Transactions of the Royal Society of South Australia* 62:342 – 346.

Davis, M. A. 2003. Biotic globalization: Does competition from introduced species threaten biodiversity? *BioScience* 53:481 – 489.

Davis, M. A. , and L. B. Slobodkin. 2004. The science and values of restoration ecology. *Restoration Ecology* 12: 1 – 3.

Davis, M. B. 1969. Palynology and environmental history during the Quaternary period. *American Scientist* 57: 317 – 332.

——. 1983. Quaternary history of deciduous forests of eastern North America and Europe. *Annals of the Missouri Botanical Garden* 70:550 – 563.

——. 1989. Retrospective studies. In *Long-term studies in ecology: Approaches and alternatives*. G. E. Likens, Ed. New York: Springer Verlag, pp. 71 – 89.

Day, F. P. , Jr. , and D. T. McGinty. 1975. Mineral cycling strategies of two deciduous and two evergreen tree species on a southern Appalachian watershed. In *Mineral cycling in southeastern ecosystems*, F. C. Howell, J. B. Gentry, and M. H. Smith, Eds. United States Department of Commerce. Washington, D. C. : National Technical Information Service, pp. 736 – 743.

Day, J. W. , G. P. Shaffer, L. D. Britsch, D. J. Reed, S. R. Hawes, and D. Cahoon. 2000. Pattern and process of land loss in the Mississippi Delta: A spatial and temporal analysis of wetland habitat change. *Estuaries* 23:425 – 438.

Dayton, R. K. 1971. Competition, disturbance, and community organization: The provision and subsequent utilization of space in a rocky intertidal community. *Ecological Monographs* 41:351 – 389.

——. 1975. Experimental evaluation of ecological dominance in a rocky intertidal algal community. *Ecological Monographs* 45:137 – 389.

Deevey, E. S. , Jr. 1947. Life tables for natural populations of animals. *Quarterly Review of Biology* 22:283 – 314.

——. 1950. The probability of death. *Scientific American* 182:58 – 60.

de Forges, B. R. , J. A. Koslow, and G. C. B. Poore. 2000. Diversity and endemism of the benthic seamount fauna in the southwest Pacific. *Nature* 405:944 – 947.

Delattre, P. , B. De Sousa, E. Fichet – Calvet, J. P. Quere, and P. Giraudoux. 1999. Vole outbreaks in a landscape context: Evidence from a six year study of *Microtus arvalis*. *Landscape Ecology* 14:401 – 412.

Deming, W. E. 1993. *The new economics*. Cambridge: Massachusetts Institute of Technology Press.

de Ruiter, P. C. , A. M. Neutel, and J. C. Moore. 1995. Energetics, patterns of interactive strengths and stability in real ecosystems. *Science* 269:1257 – 1260.

Des Marais, D. J. 2000. When did photosynthesis emerge on Earth? *Science* 289:1703 – 1705.

Dial, R., and J. Roughgarden. 1995. Experimental removal of insectivores from rainforest canopy: Direct and indirect effects. *Ecology* 76:1821 – 1834.

Drury, W. H., and I. C. T. Nisbet. 1973. Succession. *Journal of the Arnold Arboretum* 54:331 – 368.

Dublin, L. I., and A. J. Lotka. 1925. On the true rate of natural increase as exemplified by the population of the United States, 1920. *Journal of the American Statistical Association* 20:305 – 339.

Dunlap, J. C. 1998. Common threads in eukaryotic circadian systems. *Current Opinion in Genetics and Development* 8:400 – 406.

Duxbury, A. C. 1971. *The Earth and its oceans*. Reading, Mass.: Addison-Wesley.

Dwyer, E., J. M. Gregoire, and J. P. Malingrean. 1998. A global analysis of vegetation fires using satellite images: Spatial and temporal dynamics. *Ambio* 27:175 – 181.

Dybas, C. L. 2003. Bioethics in a changing world: Report from AIBS' s 54th annual meeting. *BioScience* 53:798 – 802.

Dyer, M. I., A. M. Moon, M. R. Brown, and D. A. Crossley, Jr. 1995. Grasshopper crop and midgut extract effect on plants: An example of reward feedback. *Proceedings of the National Academy of Sciences* 92:5475 – 5478.

Dyer, M. I., C. L. Turner, and T. R. Seastedt. 1993. Herbivory and its consequences. *Ecological Applications* 3:10 – 16.

E

Earn, D. J. D., S. A. Levin, and P. Rohani. 2000. Coherence and conservation. *Science* 290:1360 – 1364.

Edmondson, W. T. 1968. Water-quality management and lake eutrophication: The Lake Washington case. In *Water resource management and public policy*, T. H. Campbell and R. O. Sylvester, Eds. Seattle: University of Washington Press, pp. 139 – 178.

——. 1970. Phosphorus, nitrogen, and algae in Lake Washington after diversion of sewage. *Science* 169:690 – 691.

Edney, J. J., and C. Harper. 1978. The effect of information in resource management: A social trap. *Human Ecology* 6:387 – 395.

Edwards, C. A., R. Lal, P. Madden, R. H Miller, and G. House, Eds. 1979. Lake Washington and the predictability of limnological events. *Archiv für Hydrobiologie. Beiheft: Ergebnisse der Limnologie* 13:234 – 241.

——. 1990. *Sustainable agricultural systems*. Ankeny, Iowa: Soil and Water Conservation Society.

Effland, W. R., and R. V. Pouyat. 1997. The genesis, classification, and mapping of soils in urban areas. *Urban Ecosystems* 1:217 – 228.

Egler, F. E. 1954. Vegetation science concepts. Volume 1. Initial floristic composition—a factor in old-field vegetation development. *Vegetatio* 4:412 – 417.

Ehrlich, P. R. 1968. *The population bomb*. New York: Ballantine Books.

——. 2003. Bioethics: Are our priorities right? *BioScience* 53:1207 – 1216.

Ehrlich, P. R., and P. H. Raven. 1964. Butterflies and plants A study of coevolution. *Evolution* 18:586 – 608.

Eigen, M. 1971. Self-organization of matter and the evolution of biological macromolecules. *Naturwissenschaften* 58:465.

Einarsen, A. S. 1945. Some factors affecting ring-necked pheasant population density. *Murrelet* 26:39 – 44.

Ekbom, B., M. E. Irwin, and Y. Robert, Eds. 2000. *Interchanges of insects between agricultural and surrounding landscapes.* Dordrecht: Kluwer.

Elton, C. S. 1927. *Animal ecology.* London: Sidgwick and Jackson.

——. 1942. *Voles, mice, and lemmings: Problems in population dynamics.* Oxford: Clarendon Press.

——. 1966. *The pattern of animal communities.* London: Methuen.

Engelberg, J., and L. L. Boyarsky. 1979. The noncybernetic nature of ecosystems. *American Naturalist* 114:317 – 324.

Enserink, M. 1997. Life on the edge: Rainforest margins may spawn species. *Science* 276:1791 – 1792.

Errington, P. L. 1945. Some contributions of a fifteen-year local study of the northern bobwhite to a knowledge of population phenomena. *Ecological Monographs* 15:1 – 34.

——. 1963. *Muskrat populations.* Ames: Iowa State University Press.

Esch, G. W., and McFarlane, R. W., Eds. 1975. *Thermal ecology II.* Energy Research and Development Administration. Springfield, Va. : National Technical Information Center.

Evans, E. C. 1956. Ecosystem as the basic unit in ecology. *Science* 123:1127 – 1128.

Evans, F. C., and S. A. Cain. 1952. Preliminary studies on the vegetation of an old-field community in southeastern Michigan. *Contributions from the Laboratory of Vertebrate Biology of the University of Michigan* 51:1 – 17.

Evenari, M. 1985. The desert environment. In *Hot deserts and arid shrublands.* , M. Evenari, I. Noy-Meir, and D. W. Goodall, Eds. Ecosystems of the World, Volume 12A. Amsterdam: Elsevier, pp. 1 – 22.

F

Fahrig, L. 1997. Relative effects of habitat loss and fragmentation on population extinction. *Journal of Wildlife Management* 61:603 – 610.

Fahrig, L., and G. Merriam. 1994. Conservation of fragmented populations. *Conservation Biology* 8:50 – 59.

Farner, D. S. 1964a. The photoperiodic control of reproductive cycles in birds. *American Scientist* 52:137 – 156.

——. 1964b. Time measurement in vertebrate photoperiodism. *American Naturalist* 98:375 – 386.

Feener, D. H. 1981. Competition between ant species: Outcome controlled by parasitic flies. *Science* 214:815 – 817.

Feeny, P. P. 1975. Biochemical coevolution between plants and their insect herbivores. In *Coevolution of animals and plants*, L. E. Gilbert and P. H. Raven, Eds. Austin: University of Texas Press, pp. 3 – 19.

Ferré, F., and P. Hartel, Eds. 1994. *Ethics and environmental policy: Theory meets practice.* Athens: University of Georgia Press.

Field, C. B., J. G. Osborn, L. L. Hoffmann, J. F. Polsenberg, D. D. Ackerly, J. A. Berry, O. Bjorkman, Z. Held, P. A. Matson, and H. A. Mooney. 1998. Mangrove biodiversity and ecosystem function. *Global Ecology and Biogeography Letters* 7:3 – 14.

Finn, J. T. 1978. Cycling index: A general definition for cycling in compartment models. In *Environmental chemistry and cycling processes*, D. C. Adriano and I. L. Brisbin, Eds. United States Department of Energy Symposium Number 45. Springfield, Va. : National Technical Information Center, pp. 138 – 164.

Fischer, A. G. 1960. Latitudinal variations in organic diversity. *Evolution* 14:64 – 81.

Fisher, R. A. 1930. *The genetical theory of natural selection.* Oxford: Oxford University. Press.

——. 1935. *The design of experiments.* Edinburgh: Oliver and Boyd.

Flader, S. L., and Callicott, J. B., Eds. 1991. *The river of the Mother of God and other essays by Aldo Leopold.* Madison: University of Wisconsin Press.

Flanagan, R. D. 1988. Planning for multi-purpose use of greenway corridors. *National Wetlands Newsletter* 10:7 – 8.

Folke, C. , A. Jansson, J. Larsson, and R. Costanza. 1997. Ecosystem appropriation by cities. *Ambio* 26:167 – 172.

Food and Agricultural Organization (FAO). 1997. *Production Yearbook.* Rome: FAO.

Forbes, S. A. 1887. The lake as a microcosm. *Bulletin Scientifique.* Reprint, 1925, Peoria, Ill. : *Natural History Survey Bulletin* 15:537 – 550.

Force, J. E. , and G. E. Machlis. 1997. The human ecosystem, Part 2. *Society and Natural Resources* 10:369 – 382.

Forman, R. T. T. 1997. *Land mosaics: The ecology of landscapes and regions.* Cambridge, U. K. : Cambridge. University Press.

Forman, R. T. T. , and L. E. Alexander. 1998. Roads and their major ecological effects. *Annual Review of Ecology and Systematics* 29:207 – 231.

Forman, R. T. T. , and J. Baudry. 1984. Hedgerows and hedgerow networks in landscape ecology. *Environmental Management* 8:495 – 510.

Forman, R. T. T. , and M. Godron. 1986. *Landscape ecology.* New York: John Wiley.

Forman, R. T. T. , D. Sperling, J. A. Bissonette, A. P. Clevenger, C. D. Cutshall, V H. Dale, L. Fahrig, R. France, C. R. Goldman, K. Heanue, J. A. Jones, F. J. Swanson, T. Turrentine, and T. C. Winter. 2003. *Road ecology: Science and solutions.* Washington, D. C. : Island Press.

Fortescue, J. A. C. 1980. *Environmental geochemistry: A holistic approach.* Ecology Series 35. New York: Springer Verlag.

Franklin, J. 1989. Towards a new forestry. *American Forests* November/December, pp. 37 – 44.

French, N. R. 1965. Radiation and animal population: Problems, progress, and projections. *Health Physics* 11: 1557 – 1568. .

Fretwell, S. D. 1975. The impact of Robert MacArthur on ecology. *Annual Review of Ecology and Systematics* 6:1 – 13.

Fuchs, R. L. , E. Prennon, J. Chamie, F. C. Lo, and J. L. Vito. 1994. *Mega-city growth and the future.* New York: United Nations University. Press.

Futuyma, D. J. 1976. Food plant specialization and environmental predictability in Lepidoptera. *American Naturalist* 110:285 – 292.

Futuyma, D. J. , and M. Slatkin, Eds. 1983. *Coevolution.* Sunderland, Mass. : Sinauer.

G

Gadgil, M. , and W. H. Bossert. 1970. Life historical consequences of natural selection. *American Naturalist* 104: 1 – 24.

Gajaseni, J. 1995. Energy analysis of wetland rice systems in Thailand. *Agriculture, Ecosystems, and Environment* 52:173 – 178.

Garcia-Berthou, E. , and S. H. Hurlbert. 1999. Pseudo-replication in hermit crab shell selection experiments: Comment. *Bulletin of Marine Science* 65:893 – 895.

Gargas, A. , P. T. DePriest, M. Grube, and A. Tehler. 1995. Multiple origins of lichen symbiosis in fungi suggested by SSUrDNA phylogeny. *Science* 268:1492 – 1495.

Gasaway, C. R. 1970. Changes in the fish population of Lake Francis Case in South Dakota in the first sixteen years of impoundment. Technical Paper 56. Washington, D. C. : Bureau of Sport Fisheries and Wildlife.

Gates, D. M. 1965. Radiant energy, its receipt and disposal. *Meteorological Monographs* 6:1 – 26.

Gause, G. F. 1932. Ecology of populations. *Quarterly Review of Biology* 7:27 – 46.

——. 1934. *The struggle for existence.* New York: Hafner. Reprint, 1964, Baltimore, Md. : Williams and Wilkins.

——. 1935. Experimental demonstration of Volterra's periodic oscillations in the numbers of animals. *Journal of Experimental Biology* 12:44 – 48.

Gavaghan, H. 2002. Life in the deep freeze. *Nature* 415:828 – 830.

Gershenzon, J. 1994. Metabolic costs of terpenoid accumulation in higher plants. *Journal of Chemical Ecology* 20: 1281 – 1328.

Gessner, F. 1949. Der chlorophyllgehalt in see und seine photosynthetische valenz als geophysikalisches problem. *Schweizerische Zeitschrift für Hydrologic* 11:378 – 410.

Gibbons, J. W. , and R. R. Sharitz. 1974. Thermal alteration of aquatic ecosystems. *American Scientist* 62:660 – 670.

——, Eds. 1981. *Thermal ecology.* United States Atomic Energy Commission. Springfield, Va. : National Technical Information Center.

Giesy, J. P. , Ed. 1980. *Microcosms in ecological research.* United States Department of Energy Symposium Number 52. Springfield, Va. : National Technical Information Center.

Gilpin, M. E. 1975. *Group selection in predator-prey communities.* Princeton, N. J. :Princeton University Press.

Glasser, J. W. 1982. On the causes of temporal change in communities: Modification of the biotic environment. *American Naturalist* 119:375 – 390.

Gleason, H. A. 1926. The individualistic concept of the plant association. *Bulletin of the Torrey Botanical Club* 53: 7 – 26.

Gleick, P. H. 2000. *The world's water 2000 – 2001.* The Biennial Report on Freshwater Resources. Washington, D. C. : Island Press.

Glemarec, M. 1979. Problèmes d'écologie dynamique et de succession en Baie de Concerneau. *Vie Milou*, Volume 28 – 29, Fasc. 1, Ser. AB, pp. 1 – 20.

Gliessman, S. R. 2001. *Agroecosystem sustainability: Developing practical strategies.* Boca Raton, Fla. : CRC Press.

Goldman, C. R. 1960. Molybdenum as a factor limiting primary productivity in Castle Lake, California. *Science* 132:1016 – 1017.

Goldsmith, E. 1996. *The way: An ecological world-view.* Totnes, U. K. : Themis Books.

Golley, F. B. 1993. *A history of the ecosystem concept in ecology: More than the sum of the parts.* New Haven, Conn. : Yale University Press.

Gonzalez, A. , J. H. Lawton, F. S. Gilbert, T. M. Blackburn, and I. Evans-Freke. 1998. Metapopulation dynamics, abundance, and distribution in a microecosystem. *Science* 281:2045 – 2047.

Goodall, D. W. 1963. The continuum and the individualistic association. *Vegetatio* 11:297 – 316.

Goodland, R. 1995. The concept of environmental sustainability. *Annual Review of Ecology and Systematics* 26:1 – 24.

Goodland, R. , H. Daly, S. E. Serafy, and B. von Droste, Eds. 1991. *Environmentally sustainable economic development: Building on Brundtland.* Paris: United Nations Education, Scientific, and Cultural Organization

（UNESCO）．

Gopal, B. , and U. Goel. 1993. Competition and allelopathy in aquatic plant communities. *Botanical Review* 59：155 – 210.

Gorden, R. W. , R. J. Beyers, E. P. Odum, and E. G. Eagon. 1969. Studies of a simple laboratory microecosystem：Bacterial activities in a heterotrophic succession. *Ecology* 50：86 – 100.

Gore, J. A. , and E. D. Shields, Jr. 1995. Can large rivers be restored? *BioScience* 45：142 – 152.

Gornitz, V. , S. Lebedeff, and J. Hansen. 1982. Global sea level trend in the past century. *Science* 125：1611 – 1614.

Gosselink, J. G. , E. P. Odum, and R. M. Pope. 1974. *The value of the tidal marsh.* LSU – SG – 74 – 03, Louisiana State University. Baton Rouge：Center for Wetland Resources.

Gotelli, N. J. , and D. Simberloff. 1987. The distribution and abundance of. tallgrass prairie plants：A test of the core-satellite hypothesis. *American Naturalist* 130：18 – 35.

Gottfried, B. M. 1979. Small mammal populations in woodlot islands. *American Midland Naturalist* 102：105 – 112.

Gould, J. L. , and C. G. Gould. 1989. *Life at the edge.* New York：W. H. Freeman.

Gould, S. J. 1988. Kropotkin was no crackpot. *Natural History* 97：12 – 21.

——. 2000. Beyond competition. *Paleobiology* 26：1 – 6.

——. 2002. *The structure of evolutionary theory.* Cambridge, Mass. ：Harvard University Press.

Gould, S. J. , and N. Eldredge. 1977. Punctuated equilibria：The tempo and mode of evolution reconsidered. *Paleobiology* 3：115 – 151.

Graedel, T. E. , and P. J. Crutzen. 1995. *Atmosphere, climate, and change.* New York：Scientific American Library.

Grant, P. R. 1986. *Ecology and evolution of Darwin's finches.* Princeton, N. J. ：Princeton University Press.

Grant, P. R. , and B. R. Grant. 1992. Demography and the genetically effective sizes of two populations of Darwin's finches. *Ecology* 73：766 – 784.

Graves, W. , Ed. 1993. *Water：The power, promise, and turmoil of North America's fresh water.* National Geographic Special Edition, Volume 184. Washington, D. C. ：National Geographic Society.

Gray, P. E. 1992. The paradox of technological development. In *Technology and environment*, Washington, D. C. ：National Academy Press, pp. 192 – 205.

Grime, J. P. 1977. Evidence for the existence of three primary strategies in plants and its relevance to ecological and evolutionary theory. *American Naturalist* 111：1169 – 1194.

——. 1979. *Plant strategies and vegetation processes.* New York：John Wiley.

——. 1997. Biodiversity and ecosystem function：The debate deepens. *Science* 277：1260 – 1261.

Grinnell, J. 1917. Field test of theories concerning distributional control. *American Naturalist* 51：115 – 128.

——. 1928. Presence and absence of animals. *University of California Chronicles* 30：429 – 450.

Gross, A. O. 1947. Cyclic invasion of the snowy owl and the migration of 1945 – 1946. *Auk* 64：584 – 601.

Gruchy, A. G. 1967. *Modern economic thought：The American contribution.* New York：A. M. Kelley.

Gunderson, L. H. 2000. Ecological resilience—in theory and application. *Annual Review of Ecology and Systematics* 31：425 – 439.

Gunderson, L. H. , and C. L. Holling. 2002. *Panarchy：Understanding transformations in human and natural systems.* Washington, D. C. ：Island Press.

Gunn, J. M. , Ed. 1995. *Restoration and recovery of an industrial region：Progress in restoring the smelter – damaged landscape near Sudbury, Canada.* New York: Springer Verlag.

H

Haberi, H. 1997. Human appropriation of net primary production as an environmental indicator: Implications for sustainable development. *Ambio* 26:143 – 146.

Haddad, N. M., and K. A. Baum. 1999. An experimental test of corridor effects on butterfly densities. *Ecological Applications* 9:623 – 633.

Haeckel, E. 1869. Uber entwickelungsgang und aufgabe der zoologie. *Jenaische Zeitschrift für Medizin und Naturwissenschaft* 5:353 – 370.

Hagen, J. B. 1992. *An entangled bank: The origins of ecosystem ecology.* New Brunswick, N. J.: Rutgers University Press.

Haines, E. B., and R. B. Hanson. 1979. Experimental degradation of detritus made from salt marsh plants *Spartina alterniflora*, *Salicornus virginia*, and *Juncus roemerianus*. *Journal of Experimental Marine Biology and Ecology* 40:27 – 40.

Haines, E. B., and C. L. Montague. 1979. Food sources of estuarine invertebrates analyzed using $^{13}C/^{12}C$ ratios. *Ecology* 60:48 – 56.

Hairston, N. G. 1980. The experimental test of. an analysis of field distributions: Competition in terrestrial salamanders. *Ecology* 61:817 – 826.

Hairston, N. G., F. K. Smith, and L. B. Slobodkin. 1960. Community structure, population control, and competition. *American Naturalist* 94:421 – 425.

Haken, H., Ed. 1977. *Synergetics: A workshop.* Proceedings of the International Workshop on Synergetics at Schloss Elmau, Bavaria, 2 – 7 May 1977. Berlin: Springer Verlag.

Hall, A. T., P. E. Woods, and G. W. Barrett. 1991. Population dynamics, of the meadow vole, *Microtus pennsylvanicus*, in nutrient-enriched old-field communities. *Journal of Mammalogy* 72:332 – 342.

Hamilton, W. D. 1964. The genetical evolution of social behavior, I and II. *Journal of Theoretical Biology* 7:1 – 52.

Hamilton, W. J., III, and K. E. F. Watt. 1970. Refuging. *Annual Review of Ecology and Systematics* 1:263 – 286.

Hansen, A. J., and F. di Castri. 1992. *Landscape boundaries: Consequences for biotic diversity and ecological flows.* New York: Springer Verlag.

Hanski, I. A. 1982. Dynamics of regional distribution: The core and satellite species hypothesis. *Oikos* 38:210 – 221.

———. 1989. Metapopulation dynamics: Does it help to have more of the same? *Trends in Ecology and Evolution* 4: 113 – 114.

Hanski, I. A., and M. E. Gilpin, Eds. 1997. *Metapopulation biology: Ecology, genetics, and evolution.* San Diego, Calif.: Academic Press.

Hansson, L. 1979. On the importance of landscape heterogeneity in northern regions for breeding population density of homeotherms: A general hypothesis. *Oikos* 33:182 – 189.

Harborne, J. B. 1982. *Introduction to ecological biochemistry*, 2nd ed. London: Academic Press.

Hardin, G. J. 1960. The competitive exclusion principle. *Science* 131:1292 – 1297.

———. 1968. The tragedy of the commons. *Science* 162:1243 – 1248.

——. 1985. *Filters against folly: How to survive despite economists, ecologists, and the merely eloquent.* New York: Viking Press.

——. 1993. *Living within limits: Ecology, economics, and population taboos.* New York: Oxford University Press.

Hargrove, E. C. 1989. *Foundations of environmental ethics.* Englewood Cliffs, N. J.: Prentice Hall.

Harper, J. L. 1961. Approaches to the study of plant competition. In *Mechanisms in biological competition.* Symposium of the Society for Experimental Biology, Number 15, pp. 1 – 268.

——. 1969. The role of predation in vegetational diversity. In *Diversity and stability in ecological systems*, G. M. Woodwell and H. H. Smith, Eds. Brookhaven Symposium on Biology, Number 22. Upton, N. Y.: Brookhaven National Laboratory, pp. 48 – 62.

——. 1977. *Population biology of plants.* New York: Academic Press.

Harper, J. L., and J. N. Clatworthy. 1963. The comparative biology of closely related species. Volume VI. Analysis of the growth of *Trifolium repens* and *T. fragiferum* in pure and mixed populations. *Journal of Experimental Botany* 14:172 – 190.

Harper, S. J., E. K. Bollinger, and G. W. Barrett. 1993. Effects of habitat patch shape on meadow vole, *Microtus pennsylvanicus* population dynamics. *Journal of Mammalogy* 74:1045 – 1055.

Harris, L. D. 1984. *The fragmented forest: Island biogeography theory and the preservation of biotic diversity.* Chicago: University of Chicago Press.

Harrison, S., and N. Cappuccino. 1995. Using density-manipulation experiments to study population regulation. In *Population dynamics: New approaches and synthesis*, N. Cappuccino and P. W. Price, Eds. San Diego, Calif.: Academic Press, pp. 131 – 147.

Hartley, S. E., and C. G. Jones. 1997. Plant chemistry and herbivory, or why the world is green. In *Plant ecology*, M. Crawley, Ed. Cambridge, Mass. Blackwell, pp. 284 – 324.

Harvey, H. W. 1950. On the production of living matter in the sea off Plymouth. *Journal of the Marine Biology Association of the United Kingdom* 29:97 – 137.

Haughton, G., and C. Hunter. 1994. *Sustainable cities.* London: Jessica Kingsley.

Hawken, P. 1993. *The ecology of commerce: A declaration of sustainability.* New York: HarperBusiness.

Hawken, P., Lovins, A., and L. H. Lovins. 1999. *Natural capitalism: Creating the next industrial revolution.* Boston: Little, Brown.

Hawkins, A. S. 1940. A wildlife history of Faville Grove, Wisconsin. *Transactions of the Wisconsin Academy of Sciences, Arts, and Letters* 32:39 – 65.

Hazard, T. P., and R. E. Eddy. 1950. Modification of the sexual cycle in the brook trout, *Salvelinus fontinalis* by control of light. *Transactions of the American Fisheries Society* 80:158 – 162.

Heezen, B. C., C. M. Tharp, and M. Ewing. 1959. *The floors of the ocean. Volume 1. North Atlantic.* New York: Geological Society of America Special Paper 65.

Heffner, R. A., M. J. Butler, IV, and C. K. Reilly. 1996. Pseudo-replication revisited. *Ecology* 77:2558 – 2562.

Heinrich, B. 1979. *Bumblebee economics.* Cambridge, Mass.: Harvard University Press.

——. 1980. The role of energetics in bumblebee-flower interrelationships. In *Coevolution of animals and plants*, L. E. Gilbert and P. H. Raven, Eds. Austin: University of Texas Press, pp. 141 – 158.

Henderson, M. T., G. Merriam, and J. F. Wegner. 1985. Patchy environments and species survival: Chipmunks in an agricultural mosaic. *Biological Conservation* 31:95 – 105.

Hendrix, P. F. , R. W. Parmelee, D. A. Crossley, Jr. , D. C. Coleman, E. P. Odum, and P. Groffman. 1986. Detritus food webs in conventional and no-tillage agroecosystems. *BioScience* 36:374 – 380.

Hersperger, A. M. 1994. Landscape ecology and its potential application to planning. *Journal of Planning Literature* 9:14 – 29.

Hickey, J. J. , and D. W. Anderson. 1968. Chlorinated hydrocarbons and egg shell changes in raptorial and fish-eating birds. *Science* 162:271 – 272.

Higgs, E. S. 1994. Expanding the scope of restoration ecology. *Restoration Ecology* 2:137 – 146.

——. 1997. What is good ecological restoration? *Conservation Biology* 11:338 – 348.

Hills, G. A. 1952. The classification. and evaluation of site for forestry. *Ontario Department of Lands and Forests Research Report* 24.

Himmelfarb, G. 1962. *Darwin and the Darwinian revolution.* New York: W. W. Norton.

Hjort, J. 1926. Fluctuations in the year classes of important food fishes. *Journal du Conseil Permanent International pour l' Exploration de la Mer* 1:1 – 38.

Hobbie, J. E. 2003. Scientific accomplishments of the Long-Term Ecological Research program: An introduction. *BioScience* 53:17 – 20.

Hobbs, R. J. , and D. A. Norton. 1996. Toward a conceptual framework for restoration ecology. *Restoration Ecology* 4:93 – 110.

Holdridge, L. R. 1947. Determination of wild plant formations from simple climatic data. *Science* 105:367 – 368.

——. 1967. Determination of world plant formations from simple climatic data. *Science* 130:572.

Holland, J. H. 1998. *Emergence: From chaos to order.* Reading, Mass. Addison-Wesley.

Holling, C. S. 1965. The functional response of predators to prey density and its role in mimicry and population regulation. *Memoirs of the Entomological Society of Canada* 45.

——. 1966. The functional response of invertebrate predators to prey density. *Memoirs of the Entomological Society of Canada* 48.

——. 1973. Resilience and stability of ecological systems. *Annual Review of Ecology and Systematics* 4:1 – 23.

——. 1980. Forest insects, forest fires, and resilience. In *Fire regimes and ecosystem properties*, H. Mooney, J. M. Bonnicksen, N. L. Christensen, J. E. Lotan, and W. E. Reiners, Eds. United States Department of Agriculture, Forest Service General Technical Report WO – 26.

——. 1998. Two cultures of ecology. *Conservation Ecology* [online] 2:1 – 4. URL: http://www. consecol. org/vol2/iss2/art4.

Holling, C. S. , and L. H. Gunderson. 2002. Resilience and adaptive cycles. In *Panarchy: Understanding transformations in human and natural systems*, L. H. Gunderson and C. S. Holling, Eds. Washington, D. C. : Island Press, pp. 25 – 62.

Hooper, J. 2002. *An evolutionary tale of moths and men: The untold story of science and the peppered moth.* New York: W. W. Norton.

Hopkinson, C. S. , and J. W. Day. 1980. Net energy analysis of alcohol production from sugarcane. *Science* 207: 302 – 304.

Horgan, J. 1996. *The end of science.* Reading, Mass. : Addison-Wesley.

Horn, H. S. 1974. The ecology of secondary succession. *Annual Review of Ecology and Systematics* 5:25 – 37.

——. 1975. Forest succession. *Scientific American* 232:90 – 98.

——. 1981. Succession. In. *Theoretical ecology*, 2nd ed. , R. M. May, Ed. Sunderland, Mass. : Sinauer, pp.

253 – 271.

Howard, H. E. 1948. *Territory in bird life.* London: London Collins.

Hubbell, S. P. 1979. Tree dispersion abundance and diversity in a tropical dry forest. *Science* 203:1299 – 1309.

——. 2001. *The unified neutral theory of biodiversity and biogeography.* Princeton, N. J.: Princeton University Press.

Hulbert, M. K. 1971. The energy resources of the earth. *Scientific American* 224:60 – 70.

Humphreys, W. F. 1978. Ecological energetics of *Geolycosa godeffroyi* (Araneae: Lycosidae) with an appraisal of production efficiency of ectothermic animals. *Journal of Animal Ecology* 47:627 – 652.

Hunter, M. D. 2000. Mixed signals and cross-talk: Interactions between plants, insect herbivotes and plant pathogens. *Agricultural and Forest Entomology* 2:155 – 160.

Hunter, M. D., and P. W. Price. 1992. Playing chutes and ladders Heterogeneity and the relative roles of bottom-up and top-dowan forces in natural communities. *Ecology* 73:724 – 732.

Hurd, L. E., and L. L. Wolf. 1974. Stability in relation to nutrient enrichment in arthropod consumers of old – field successional ecosystems. *Ecological Monographs* 44:465 – 482.

Hurlbert, S. H. 1984. Pseudo-replication and the design of ecological field experiments. *Ecological Monographs* 54:187 – 211.

Huston, M. 1979. A general hypothesis of species diversity. *American Naturalist* 113:81 – 101.

Hutcheson, K. 1970. A test for comparing diversities based on the Shannon formula. *Journal of Theoretical Biology* 29:151 – 154.

Hutchinson, G. E. 1944. Nitrogen and biogeochemistry of the atmosphere. *American Scientist* 32:178 – 195.

——. 1948. On living in the biosphere. *Scientific Monthly* 67:393 – 398.

——. 1950. Survey of contemporary knowledge of biogeochemistry, Volume 3. The biogeochemistry of vertebrate excretion. *Bulletin of the American Museum of Natural History* 95:554.

——. 1957. *A treatise on limnology. Volume 1. Geography, physics, and chemistry.* New York: John Wiley.

——. 1964. The lacustrine microcosm reconsidered. *American Scientist* 52:331 – 341.

——. 1965. The niche: An abstractly inhabited hyper-volume. In *The ecological theatre and the evolutionary play.* New Haven, Conn. Yale University Press, pp. 26 – 78.

Huxley, J. 1935. Chemical regulation and the hormone concept. *Biological Reviews* 10:427.

Huxley, T. H. 1894. *Evidence of man's place in nature, man's place in nature, and other anthropological essays.* New York: D. Appleton. Reprint, 1959, Ann Arbor: University of Michigan Press.

I

Inouye, R. S., and G. D. Tilman. 1988. Convergence and divergence in vegetation along experimentally created gradients of resource availability. *Ecology* 69:12 – 26.

Irvine, W. 1955. *Apes, angels, and Victorians.* New York: McGraw-Hill.

J

Jackson, D. L., and L. L. Jackson, Eds. 2002. *The farm as natural habitat: Reconnecting. food systems with ecosystems.* Washington, D. C.: Island Press.

Jahnke, R. A. 1992. The phosphorus cycle. In *Global biogeochemical cycles*, S. S. Butcher, R. J. Charlson, G. H. Orians, and G. V. Wolfe, Eds. London: Academic Press, pp. 301 – 315.

Jansson, A. M., Ed. 1984. *Integration of economy and ecology: An outlook for the eighties.* Proceedings of the Wallenberg Symposia, Stockholm.

Jansson, A. , C. Folke, J. Rockström, and L. Gordon. 1999. Linking freshwater flows and ecosystem services appropriated by people: The case of the Baltic Sea drainage basin. *Ecosystems* 2:351 – 366.

Jantsch, E. 1972. *Technological planning and social futures.* New York: John Wiley.

——. 1980. *The self-organizing universe.* Oxford: Pergamon Press.

Janzen, D. H. 1966. Coevolution of mutualism between ants and acacias in Central America. *Evolution* 20:249 – 275.

——. 1967. Interaction of the bull's horn acacia, *Acacia cornigera* L. with an ant inhabitant, *Pseudomyrmex ferruginea* F. (Smith) in eastern Mexico. *University of Kansas Science Bulletin* 57:315 – 558.

——. 1987. Habitat sharpening. *Oikos* 48:3 – 4.

Jeffries, H. P. 1979. Biochemical correlates of a seasonal change in marine communities. *American Naturalist* 113: 643 – 658.

Jenkins, J. H. , and T. T. Fendley. 1968. The extent of contamination, detention, and health significance of high. accumulation of radioactivity in southeastern game populations. *Proceedings of the Annual Conference of Southeastern Association Game and Fish Commissioners* 22:89 – 95.

Jenny, H. , R. J. Arkley, and A. M. Schultz. 1969. The. pygmy forest – podsol ecosystem and its dune associates of the Mendocino coast. *Madrono* 20:60 – 75.

Johnson, B. L. , W. B. Richardson, and T. J. Naimo. 1995. Past, present, and future concepts in large river ecology. *BioScience* 45:134 – 152.

Johnson, S. 2001. *Emergence: The connected lives of ants, brains, cities, and software.* New York: Scribner.

Johnston, D. W. , and E. P. Odum. 1956. Breeding bird populations in relation to plant, succession on the Piedmont in Georgia. *Ecology* 37:50 – 62.

Jones, C. G. , R. S. Ostfeld, M. P. Richard, E. M. Schauber, and J. O. Wolff. 1998. Chain reactions linking acorns, gypsy moth outbreaks, and Lyme-disease risk. *Science* 279:1023 – 1026.

Jordan, C. F. 1985. Jari: A development project for pulp in the Brazilian Amazon. *The Environmental Professional* 7:135 – 142.

——. 1995. *Conservation.* New York: John Wiley.

Jordan, C. F. , and R. Herrera. 1981. Tropical rain forests: Are nutrients really critical? *American Naturalist* 117: 167 – 180.

Jordan, C. F. , and C. E. Russell. 1989. Jari: A pulp plantation in the Brazilian Amazon. *GeoJournal* 19:429 – 435.

Jordan, W. R. , Ⅲ. 2003. *The sunflower forest: Ecological restoration and the new communion with nature.* Berkeley: University of California Press.

Jordan, W. R. , Ⅲ, M. E. Gilpin, and J. D. Abet, Eds. 1987. *Restoration ecology: A synthetic approach to ecological research.* Cambridge, U. K. : Cambridge University Press.

Jørgensen, S. E. 1997. *Integration of ecosystem theories: A pattern.* Dordrecht: Kluwer.

Juday, C. 1940. The annual energy budget of an inland lake. *Ecology* 21:438 – 450.

——. 1942. The summer standing crop of plants and animals in four Wisconsin lakes. *Transactions of the Wisconsin Academy of Sciences, Arts, and Letters* 34:103 – 135.

Junk, W. J. , P. B. Bayley, and R. E. Sparks. 1989. The flood pulse concept in river-floodplain systems. *Canadian Special Publication of Fisheries and Aquatic Sciences* 106:110 – 127.

K

Kahn, A. E. 1966. The tyranny of small decisions: Market failures, imperfections, and the limits of economies. *Kyklos* 19:23 – 47.

Kahn, H., W. Brown, and L. Martel. 1976. *The next 200 years: A scenario for America and the world.* New York: William Morrow.

Kaiser, J. 2000. Rift over biodiversity divides ecologists. *Science* 289:1282 – 1283.

——. 2001. How rain pulses drive biome growth. *Science* 291:413 – 414.

Kale, H. W. 1965. Ecology and bioenergetics of the long-billed marsh wren, *Telmatodytes palustris griseus* (Brewster) in Georgia salt marshes. Publication Number 5. Cambridge, Mass.: Nuttall Ornithological Club.

Karlen, D. L., M. J. Mausbach, J. W. Doran, R. G. Cline, R. F. Harris, and G. E. Schuman. 1997. Soil quality: A concept, definition, and framework for evaluation, *Soil Science Society of America Journal* 61:4 – 10.

Karr, J. R., and I. J. Schlosser. 1978. Water resources and the land-water interface. *Science* 201:229 – 234.

Kates, R. W., W. C. Clark, R. Corell, J. M. Hall, C. C. Jaeger, I. Lowe, J. J. McCarthy, H. J. Schellnhuber, B. Bolin, N. M. Dickson, S. Faucheux, G. C. Gallopin, A. Grübler, B. Huntley, J. Jäger, N. S. Jodha, R. E. Kasperson, A. Mabogunje, P. Matson, H. Mooney, B. Moore III, T. O'Riordan, and U. Svedin, 2001. Sustainability science. *Science* 292:641 – 642.

Kauffman, S. A. 1993. *The origins of order: Self organizing and selection in evolution.* New York: Oxford University Press.

Keddy, P. 1990. Is mutualism really irrelevant to ecology? *Bulletin of the Ecological Society of America* 71:101 – 102.

Keith, L. B. 1963. Wildlife's ten-year cycle. Madison: University of Wisconsin Press.

——. 1990. Dynamics of snowshoe hare populations. *Current Mammalogy* 4:119 – 195.

Keith, L. B., and L. A. Windberg. 1978. A demographic analysis of the snowshoe hare cycle. *Wildlife Monographs* 58.

Keith, L. B., J. R. Cary, O. J. Rongstad, and M. C. Brittingham. 1984. Demography and ecology of declining snowshoe hare population. *Journal of Wildlife Management* 90:1 – 43.

Kelner, K., and L. Helmuth, Eds. 2003. Obesity. Special Section. *Science* 299:845 – 860.

Kemp, J. C., and G. W. Barrett. 1989. Spatial patterning: Impact of uncultivated corridors on arthropod populations within soybean agroecosystems, *Ecology* 70:114 – 128.

Kendeigh, S. C. 1944, Measurement of bird populations. *Ecological Monographs* 14:67 – 106.

——. 1982. *Bird populations in east central Illinois: Fluctuations, variations and development over half a century.* Champaign: University of Illinois Press.

Kennedy, D. 2003. Sustainability and the commons. *Science* 302:1861.

Kettlewell, H. B. D. 1956. Further selection experiments on industrial melanism in the Lepidoptera. *Heredity* 10: 287 – 301.

Killham, K. 1994. *Soil ecology.* New York: Cambridge University Press.

Kimball, A. 1957. Errors of the third kind in statistical consulting. *Journal of the American Statisticians Association* 52:133 – 142.

Kira, T., and T. Shidei. 1967. Primary production and turnover of organic matter in different forest ecosystems of the western Pacific. *Japanese Journal of Ecology* 17:70 – 87.

Klopatek, J. M. , and R. H. Gardner, Eds. 1999. *Landscape ecological analysis: Issues and applications.* New York: Springer Verlag.

Knapp, A. K. , J. M. Briggs, D. C. Hartnett, and S. L. Collins. 1998. *Grassland dynamics: Longterm ecological research in tallgrass prairie.* New York: Oxford University Press.

Koestler, A. 1969. Beyond atomism and holism: The concept of holon. In *Beyond reductionism.* The Alpbach Symposium, 1968. London: Hutchinson, pp. 192 – 232.

Kormondy, E. J. 1969. *Concepts of ecology.* Englewood Cliffs, N. J. : Prentice Hall.

Kozlowski, T. T. , and C. E. Ahlgren, Eds. 1974. *Fire and ecosystems.* New York: Academic Press.

Krebs, C. J. 1978. A review of the Chitty hypothesis of population regulation. *Canadian Journal of Zoology* 56: 2463 – 2480.

Krebs, C. J. , R. Boonstra, S. Boutin, and A. R. E. Sinclair. 2001. What drives the 10 – year cycle of snowshoe hares? *BioScience* 51:25 – 35.

Krebs, C. J. , S. Boutin, and R. Boonstra, Eds. 2001. *Ecosystem dynamics of the boreal forest: The Kluane project.* New York: Oxford University Press.

Krebs, C. J. , S. Boutin, R. Boonstra, A. R. E. Sinclair, J. N. M. Smith, M. R. T. Dale, K. Martin, and R. Turkington. 1995. Impact of food and predation on the snowshoe hare cycle. *Science* 269:1112 – 1115.

Krebs, C. J. , and K. T. DeLong. 1965. A *Microtus* population with supplemental food. *Journal of Mammalogy* 46: 566 – 573.

Krebs, C. J. , M. S. Gaines, B. L. Keller. J. H. Myers, and R. H. Tamarin. 1973. Population cycles in small rodents. *Science* 179:35 – 41.

Krebs, C. J. , and J. H. Meyers. 1974. Population cycles in small mammals. *Advances in Ecological Research* 8: 267 – 349.

Kroodsma, D. E. , B. E. Byers, E. Goodale, S. Johnson, and W. C. Liu. 2001. Pseudoreplication in playback experiments, revisited a decade later. *Animal Behavior* 61:1029 – 1033.

Kropotkin, P. A. 1902. *Mutual aid: A factor of evolution.* New York: McClure and Phillips. Reprint, 1937, Harmondsworth, U. K. : Penguin Books.

Kuenzler, E. J. 1958. Niche relations of three, species of Lycosid spiders. *Ecology* 39:494 – 500.

——. 1961a. Phosphorus budget of a mussel population. *Limnology and Oceanography* 6:400 – 415.

——. 1961b. Structure and energy flow of a mussel population. *Limnology and Oceanography* 6:191 – 204.

Kuhn, T. S. 1970. *The structure of scientific revolutions.* Chicago: University of Chicago Press.

L

Lack, D. L. 1947a. *Darwin's finches.* New York: Cambridge University Press.

——. 1947b. The significance of clutch size. *Ibus* 89:302 – 352.

——. 1966. *Population studies of birds.* Oxford: Clarendon Press.

——. 1969. Tit niches in two worlds or homage to Evelyn Hutchinson. *American Naturalist* 103:43 – 49.

Lal, R. 1991. Current research on crop water balance and implication for the future. In *Proceedings of the International Workshop on Soil Water Balance in the Sudano-Sahelian Zone, Niamey.* Wallingford, U. K. : IAHS Press, pp. 34 – 44.

Langdale, G. W. , A. P. Barnett, L. Leonard, and W. G. Fleming. 1979. Reduction of soil erosion. by the no-till system in the southern Piedmont. *Journal of Soil and Water Conservation* 34:226 – 228.

LaPolla, V. N., and G. W. Barrett. 1993. Effects of corridor width and presence on the population dynamics of the meadow vole, *Microtus pennsylvanicus*. *Landscape Ecology* 8:25–37.

Laszlo, E., Ed. 1977. *Goals for mankind: A report to the Club of Rome on the new horizons of global community*. New York: Dutton.

Laszlo, E., and H. Margenau. 1972. The emergence of integrating concepts in contemporary science. *Philosophy of Science* 39:252–259.

Lawton, J. H. 1981. Moose, wolves, daphnia, and hydra: On the ecological efficiency of endotherms and ectotherms. *American Naturalist* 117:782–783.

Lawton, J. H., and M. P. Hassell. 1981. Asymmetrical competition in insects. *Nature* 289:793–795.

Lawton, J. H., and S. McNeil. 1979. Between the devil and the deep blue sea: On the problem of being a herbivore. In *Population dynamics*, B. D. Turner and L. R. Taylor, Eds. London: Blackwell, pp. 223–244.

Leffler, J. W. 1978. Ecosystem responses to stress in aquatic microcosms. In *Energy and environmental stress in aquatic systems*, J. H. Thorp and J. W. Gibbons, Eds. United States Department of Energy. Springfield, Va.: National Technical Information Center, pp. 102–119.

Leibold, M. A., J. M. Chase, J. B. Shurin, and A. L. Downing. 1997. Species turnover and the regulation of trophic structure. *Annual Review of Ecology and Systematics* 28:467–494.

Leigh, R. A., and A. E. Johnston, Eds. 1994. *Long-term experiments in agricultural and ecological sciences*. Proceedings of the 150th Anniversary of Rothamsted Experimental Station, Rothamsted 14–17 July 1993. Oxford: CAB International.

Leopold, A. 1933a. *Game management*. New York: Scribner.

——. 1933b. The conservation ethic. *Journal of Forestry* 31:634–643.

——. 1943. Deer irruptions. *Wisconsin Conservation Bulletin*. Reprint, August 1943, *Wisconsin Conservation Department Publication Technical Bulletin* 321:3–11.

——. 1949. The land ethic. In *A Sand County almanac: And sketches here and there*, A. Leopold. New York: Oxford University Press, pp. 201–226.

Leopold, A. C. 2004. Living wigh the land ethic. *BioScience* 54:149–154.

Leslie, P. H., and T. Park. 1949. The intrinsic rate of natural increase of *Tribolium castaneum* Herbst. *Ecology* 30:469–477.

Leslie, P. H., and R. M. Ranson. 1940. The mortality, fertility, and rate of natural increase of the vole (*Microtus agrestis*) as observed in the laboratory. *Journal of Animal Ecology* 9:27–52.

Levine, M. B., A. T. Hall, G. W. Barrett, and D. H. Taylor. 1989. Heavy metal concentrations during ten years of sludge treatment to an old-field community. *Journal of Environmental Quality* 18:411–418.

Levins, R. 1966. The strategy of model building in population biology. *American Scientist* 54:421–431.

——. 1968. *Evolution in changing environments*. Princeton, N.J.: Princeton University Press.

——. 1969. Some demographic and genetic consequences of environmental heterogeneity for biological control. *Bulletin of the Entomology Society of America* 15:237–240.

Li, B. L., and P. Sprott. 2000. Landscape ecology: Much more than the sum of parts. *The LTER Network News* 13:12–15.

Lidicker, W. Z., Jr. 1988. Solving the enigma of microtine "cycles." *Journal of Mammalogy* 69:225–235.

——. 1995. The landscape concept: Something old, something new. in *Landscape approaches in mammalian ecology and conservation*, W. Z. Lidicker, Jr., Ed. Minneapolis: University of Minnesota Press, pp. 3–19.

Liebig, J. , Baron von. 1840. *Organic chemistry in its application to agriculture and physiology.* Reprint, 1847, *Chemistry in its application to agriculture and physiology*, L. Playfair, Ed. Philadelphia: T. B. Peterson.

Liebman, M. , and A. S. Davis. 2000. Integration of soil, crop and weed management in lowexternal – input farming systems. *Weed Rescarch* 40:27 – 47.

Lieth, H. , and R. H. Whittaker, Eds. 1975. *Primary productivity of the biosphere.* New York: Springer Verlag.

Ligon, J. D. 1968. Sexual differences in foraging behavior in two species of *Dendrocopus* woodpeckers. *Auk* 85: 203 – 215.

Likens, G. E. 1998. Limitations to intellectual progress in ecosystem science. In *Successes, limitations, and frontiers in ecosystem science*, M. L. Pace and P. M. Groffman, Eds. New York: Springer Verlag, pp. 247 – 271.

——. 2001a. Ecosystems: Energetics and biogeochemistry. In *A new century of biology*, W. J. Kress and G. W. Barrett, Eds. Washington, D. C. : Smithsonian Institution Press, pp. 53 – 88.

——. 2001b. Eugene P. Odum, the ecosystem approach, and the future. In *Holistic science: The evolution of the Georgia Institute of Ecology 1940 – 2000*, G. W. Barrett and T. L. Barrett, Eds. New York: Taylor and Francis, pp. 309 – 328.

Likens, G. E. , and F. H. Bormann. 1974a. Acid rain: A serious regional environmental problem. *Science* 184: 1176 – 1179.

——. 1974b. Linkages between terrestrial and aquatic ecosystems. *BioScience* 24:447 – 456.

——. 1995. *Biogeochemistry of a forested ecosystem*, 2nd ed. New York: Springer Verlag.

Likens, G. E. , F. H. Bormann, R. S. Pierce, J. S. Eaton, and N. M. Johnson. 1977. *Biogeochemistry of a forested ecosystem.* New York: Springer Verlag.

Likens, G. E. , C. T. Driscoll,. and D. C. Busco. 1996. Long-term effects of acid rain: Response and recovery of a forest ecosystem. *Science* 272:244 – 246.

Lindeman, R. L. 1942. The trophic-dynamic aspect of ecology. *Ecology* 23:399 – 418.

Lodge, T. E. 1994. *The Everglades handbook: Understanding the ecosystem.* Delray Beach, Fla. : St. Lucie Press.

Loomis, L. R. , Ed. 1942. *Five great dialogues.* Roslyn, N. Y. : Walter J. Black.

Lotka, A. J. 1925. *Elements of physical biology.* Reprint, 1956, *Elements of mathematical biology.* New York: Dover.

Loucks, O. L. 1986. The United States IBP: An ecosystems perspective after 15 years. In *Ecosystem theory and application*, N. Polunin, Ed. New York: John Wiley, pp. 390 – 405.

Lovejoy, T. E. , R. O. Bierregaard, Jr. , A. B. Rylands, J. R. Malcolm, C. E. Quintela, L. H. Harper, K. S. Brown, Jr. , A. H. Powell, G. V. N. Powell, H. O. R. Shubart, and M. B. Hays. 1986. Edge and other effects of isolation on Amazon forest fragments. In *Conservation biology: The science of scarcity and diversity*, M. E. Soule, Ed. Sunderland, Mass. : Sinauer, pp. 257 – 285.

Lovelock, J. E. 1979. *Gaia: A new look at life on Earth.* New York: Oxford University Press.

——. 1988. *The ages of Gaia: A biography of our living Earth.* New York: W. W. Norton.

Lovelock, J. E. , and S. R. Epton. 1975. The quest for Gala. *New Scientist* 65:304 – 306.

Lovelock, J. E. , and L. Margulis. 1973. Atmospheric homeostasis by and for the biosphere: The Gaia hypothesis. *Tellus* 26:1 – 10.

Lowrance, R. , P. F. Hendrix, and E. P. Odum. 1986. A hierarchical approach to sustainable agriculture. *American Journal of Alternative Agriculture* 1:169 – 173.

Lowrance, R. , R. Todd, J. Fail, Jr. , O. Hendrickson. , Jr. , R. Leonard, and L. Asmussen. 1984. Riparian forests as nutrient filters in agricultural watersheds. *BioScience* 34:374 – 377.

Luck, M. A., G. D. Jenerette, J. Wu, and N. B. Grimm. 2001. The urban funnel model and the spatially hetero-geneous ecological footprint. *Ecosystems* 4:782 – 796.

Ludwig, D., D. D. Jones, and C. S. Holling. 1978. Qualitative analysis of insect outbreak systems: The spruce budworm and forest. *Journal of Animal Ecology* 47:315 – 332.

Lugo, A. E., E. G. Farnworth, D. Pool, P. Jerez, and G. Kaufman. 1973. The impact of the leaf cutter ant *Atta columbica* on the energy flow of a tropical wet forest. *Ecology* 54:1292 – 1301.

Luo, Y., S. Wan, D. Hui, and L. L. Wallace. 2001. Acclimatization of soil respiration to warming in a tall grass prairie. *Nature* 413:622 – 625.

Lutz, W., W. Sanderson, and S. Scherbov. 2001. The end of world population growth. *Nature* 412:543 – 545.

Lyle, J. T. 1993. Urban ecosystems. *In Context* 35:43 – 45.

M

Mabry, K. E., and G. W. Barrett. 2002. Effects of corridors on home range sizes and interpatch movements of three small-mammal species. *Landscape Ecology* 17:629 – 636.

Mabry, K. E., E. A. Dreelin, and G. W. Barrett. 2003. Influence of landscape elements on population densities and habitat use of three small-mammal species. *Journal of Mammalogy* 84:20 – 25.

MacArthur, R. H. 1958. Population ecology of some warblers of northeastern coniferous forest. *Ecology* 39:599 – 619.

———. 1972. *Geographical ecology: Patterns in the distribution of species.* New York: Harper and Row.

MacArthur, R. H., and R. Levins. 1967. The limiting similarity, convergence, and divergence of coexisting spe-cies. *American Naturalist* 101:377 – 385.

MacArthur, R. H., and E. O. Wilson. 1963. An equilibrium theory of insular zoogeography. *Evolution* 17:373 – 387.

———. 1967. *The theory of island biogeography.* Princeton, N. J.: Princeton University Press.

MacDicken, K. G., and N. T. Vergara. 1990. *Agroforestry: Classification and management.* New York: John Wi-ley.

MacElroy, R. D., and M. M. Averner. 1978. *Space ecosynthesis: An approach to the design of closed ecosystems for use in space.* NASA Tech. Memo. 78491. National Aeronautics and Space Administration. Moffet Field, Ca-lif.: Ames Research Center.

Machlis, G. E., J. E. Force, and W. R. Burch. 1997. The human ecosystem, Part 1. The human ecosystem as an organizing concept in ecosystem management. *Society and Natural Resources* 10:347 – 367.

MacLulich, D. A. 1937. Fluctuations in the numbers of the varying hare, *Lepus americanus. University of Toronto Studies, Biology Series* 43.

Maly, M. S., and G. W. Barrett. 1984. Effects of two types of nutrient enrichment on the structure and function of contrasting old-field communities. *American Midland Naturalist* 111:342 – 357.

Mann, C. C. 1999. Genetic engineers aim to soup up crop photosynthesis. *Science* 283:314 – 316.

Margalef, R. 1958. Temporal succession and spatial heterogeneity in phytoplankton. In *Perspectives in marine biolo-gy*, Buzzati-Traverso, Ed. Berkeley: University of California Press, pp. 323 – 347.

———. 1963a. On certain unifying principles in ecology. *American Naturalist* 97:357 – 374.

———. 1963b. Successions of populations. New Delhi: Institute of Advanced Science and Culture. *Advance Frontiers of Plant Science* 2:137 – 188.

——. 1968. *Perspectives in ecological theory.* Chicago: University of Chicago Press.

Margulis, L. 1981. *Symbiosis in cell evolution: Life and its environment on the early Earth.* San Francisco W. H. Freeman.

——. 1982. *Early life.* Boston: Science Books international.

——. 2001. Bacteria in the origins of species: Demise of the Neo-Darwinian paradigm. In *A new century of biology*, W. J. Kress and. G. W. Barrett, Eds. Washington, D. C. : Smithsonian Institution Press, pp. 9 – 27.

Margulis, L. , and J. E. Lovelock. 1974. Biological modulation of the earth's atmosphere. *Icarus* 21:471 – 489.

Margulis, L. , and L. Olendzenski. 1992. *Environmental evolution: Effects of the origin and evolution of life on planet Earth.* Cambridge: Massachusetts Institute of Technology Press.

Margulis, L. , and C. Sagan. 1997. *Slanted truths: Essays on Gaia, symbiosis, and evolution.* New York: Copernicus.

——. 2002. *Acquiring genomes: A theory of the origins of species.* New York: Basic Books.

Marks, P. L. 1974. The role of the pin cherry, *Prunus pennsylvanica* in the maintenance of stability in northern hardwood ecosystems. *Ecological Monographs* 44:73 – 88.

Marquet, P. A. 2000. Invariants, scaling laws, and ecological complexity. *Science* 289:1487 – 1488.

Marquis, R. J. , and C. J. Whelan. 1994. Insectivorous birds increase growth of white oak through consumption of leaf-chewing insects. *Ecology* 75:2007 – 2014.

Marsh, G. P. 1864. *Man and nature: or physical geography as modified by human action.* New York: Scribner.

Martin, J. H. , R. M. Gordon, and S. E. Fitzwater. 1991. The case for iron. *Limnology and Oceanography* 36: 1793 – 1802.

Max – Neef, M. 1995. Economic growth and quality of life: A threshold hypothesis. *Ecological Economics* 15:115 – 118.

Maynard Smith, J. 1976. A comment on the Red Queen. *American Naturalist* 110:325 – 330.

McCormick, F. J. 1969. Effects of ionizing radiation on a pine forest. In *Proceedings of the second national symposium on radioecology*, D. Nelson and F. Evans, Eds. United States Department of Commerce. Springfield, Va. : Clearinghouse of the Federal Science Technical Information Center, pp. 78 – 87.

McCormick, F. J. , and F. B. Golley. 1966. Irradiation of natural vegetation: An experimental facility, procedures, and dosimetry. *Health Physics* 12:1467 – 1474.

McCrea, W. 1991. Arthur Stanley Eddington. *Scientific American* 264:66 – 71.

McCullough, D. R. 1979. *The George Reserve deer herd: Population ecology of a K-selected species.* Ann Arbor: University of Michigan Press.

——. 1996. *Metapopulations and wildlife conservation.* Washington, D. C. : Island Press.

McGill, B. 2003. A test of the unified neutral theory of biodiversity. *Nature* 422:881 – 885.

McGowan, K. J. , and G. E. Woolfenden. 1989. A sentinel system in the Florida scrub jay. *Animal Behaviour* 37: 1000 – 1006.

McHarg, I. L. 1969. *Design with nature.* Garden City, N. Y. : Natural History Press.

McIntosh, R. P. 1975. H. A. Gleason—individualistic ecologist, 1882 – 1975. *Bulletin of the Torrey Botanical Club* 102:253 – 273.

——. 1980. The relationship between succession and the recovery process in ecosystems. In *The recovery process in damaged ecosystems*, J. Cairns, Ed. Ann Arbor, Mich. Ann Arbor Sciences, pp. 11 – 62.

McLendon,T. and E. F. Redente. 1991. Nitrogen and phosphorus effects on secondary succession dynamics on a semi – arid sagebrush site. *Ecology* 72:2016 – 2024.

McMillan,C. 1956. Nature of the plant community. Volume 1. Uniform garden and light period studies of five grass taxa in Nebraska. *Ecology* 37:330 – 340.

McNaughton,S. J. 1976. Serengeti migratory wildebeest: Facilitation of energy flow by grazing. *Science* 191:92 – 94.

——. 1977. Diversity and stability of ecological communities: A comment on the role of empiricism in ecology. *American Naturalist* 111:515 – 525.

——. 1978. Stability and. diversity in grassland communities. *Nature* 279:351 – 352.

——. 1985. Ecology of a grazing. ecosystem: The Serengeti. *Ecological Monographs* 55:259 – 294.

——. 1993. Grasses and grazers, science and management. *Ecological Applications* 3:17 – 20.

McNaughton,S. J. , F. F. Banyikwa, and M. M. McNaughton. 1997. Promotion of the cycling of diet-enhancing nutrients by African grazers. *Science* 278:1798 – 1800.

McPhee,J. 1999. The control of nature: Farewell to the nineteenth century—the breaching of the Edwards Dam. *The New Yorker* 75:44 – 53.

McShea , W. J. , and W. M. Healy, Eds. 2002. *Oak forest ecosystems: Ecology and management for wildlife.* Baltimore, Md. ; Johns Hopkins University Press.

Meadows,D. H. 1982. Whole earth models and systems. *CoEvolution Quarterly*, Summer 1982, pp. 98 – 108.

——. 1996. The laws of the earth and the laws of economics. White River Junction, Vt: *The Valley News*, "The Global Citizen," syndicated biweekly column, 14 December 1996.

Meadows,D. H. , D. L. Meadows, and J. Randers. 1992. *Beyond the limits: Confronting global collapse, envisioning a sustainable future.* Post Mills, Vt. : Chelsea Green.

Meadows,D. H. , D. L. Meadows, J. Randers, and W. W. Behrens. 1972. *The limits to growth: A report for the Club of Rome's project on the predicament of mankind.* New York: Universe Books.

Meadows,D. H. , J. Richardson, and G. Bruckmann. 1982. *Groping in the dark: The first decade of global modelling.* New York: John Wiley.

Meentemeyer, V. 1978. Macroclimate and lignin control of litter decomposition rates. *Ecology* 59:465 – 472.

Meffe,G. K. and C. R. Carroll, Eds. 1994. *Principles of conservation biology.* Sunderland, Mass. :Sinauer.

——, Eds. 1997. *Principles. of conservation biology.* Sunderland, Mass. : Sinauer.

Menzel,D. W. and J. H. Ryther. 1961. Nutrients limiting the production of phytoplankton in the Sargasso Sea with special reference to iron. *Deep Sea Research* 7:276 – 281.

Merriam,C. H. 1894. Laws of temperature control of the geographic distribution of terrestrial animals and plants. *National Geographic Magazine* 6. : 229 – 238.

Merriam,G. 1991. Corridors and connectivity: Animal populations in heterogeneous environments. In *Nature conservation: The role of corridors*, D. Saunders and R. Hobbs,Eds. , Chipping Norton, Australia: Surrey Beatty and Sons, pp. 133 – 142.

Merriam,G. and A. Lanoue. 1990. Corridor use by small mammals: Field measurements for three experimental types of *Peromyscus leucopus. Landscape Ecology* 4: 123 – 131.

Merriam-Webster's collegiate dictionary, 10th ed. 1996. Springfield, Mass. : Merriam-Webster.

Mertz,W. 1981. The essential trace elements. *Science* 213: 1332 – 1338.

Mervis, J. 2003. Bye, bye, Biosphere 2. *Science* 302:2053.

Messerli,B. , and J. D. Ives, Eds. 1997. *Mountains of the world: A global priority.* New York Parthenon.

Michaels,P. J. , and R. C. Bailing. 2000. *The satanic gases.* Washington, D. C. :Cato Institute.

Middleton,J. , and G. Merriam. 1981. Woodland mice in a farmland mosaic. *Journal of Applied Ecology* 18: 703 – 710.

Mills,R. S. , G. W. Barrett, and M. P. Farrell. 1975. Population dynamics of the big brown bat *Eptesicus fucus* in southwestern Ohio. *Journal of Mammalogy* 56:591 – 604.

Minard,C. J. 1869. Carte figurative. Reprinted in *The visual display of quantitative information*, E. Tufte (1983). Cheshire, Conn. : Graphics Press,p. 41.

Mitchell,R. 1979. *The analysis of Indian agroecosystems.* New Delhi: Interprint.

Moffat,A. S. 1998a. Global nitrogen overload problem grows critical. *Science* 279:988 – 989.

——. 1998b: Ecology—Temperate forests gain ground. *Science* 282:1253.

Montague,C. L. 1980. A natural history of temperate western Atlantic fiddler crabs, genus *Uca* with reference to their impact, on the salt marsh. *Contributions in Marine Science* 23:25 – 55.

Mooney,H. A. , and P. R. Ehrlich. 1997. Ecosystem services: A fragmentary history. In *Nature's services: Societal dependence on natural ecosystems*, G. C. Daily, Washington, D.C. : Island Press, pp. 11 – 19.

Morehouse,W. , and J. Sigurdson. 1977. Science, technology, and poverty. *Bulletin of Atomic Science* 33:21 – 28.

Morello,J. 1970. Modelo de relaciones entra pastizales y lenosas colonzodores en el Chaco Argentino, *Idia* 276:31 – 51.

Morrison,D. A. and E. C. Morris. 2000. Pseudo-replication in experimental designs for manipulation of seed germination treatments. *Australian Ecology* 25:292 – 296.

Mosse,B. , D. P. Stribley, and F, Letacon, 1981. Ecology of mycorrhizae and mycorrhizal fungi. *Advances in Microbial Ecology* 5:137 – 210.

Mulholland,P. J. , J. D. Newbold, J. W. Elwod, L. A. Ferren, and J. R. Webster. 1985. Phosphorus spiraling in a woodland stream. *Ecology* 66:1012 – 1023.

Muller,C. H. 1966. The role of chemical inhibition (allelopathy) in vegetational composition. *Bulletin of the Torrey Botanical Club* 93:332 – 351.

——. 1969, Allelopathy as a factor in ecological process. *Vegetatio* 18:348 – 357.

Muller,C. H. , R. B. Hanawalt, and J. K. McPherson, 1968. Allelopathic control of herb growth in the fire cycle of California chaparral. *Bulletin of the Torrey Botanical Club* 95:225 – 231.

Muller,C. H. , W. H. Muller, and B. L. Haines. 1964. Volatile growth inhibitors produced by aromatic shrubs. *Science* 143:471 – 473.

Müller,F. 1997. State-of-the-art in ecosystem theory, *Ecological Modelling* 100: 135 – 161.

——. 1998. Gradients in ecological systems. *Ecological Modelling* 108:3 – 21.

——. 2000. Indicating ecosystem integrity—theoretical concepts and environmental requirements. *Ecological Modelling* 130:13 – 23.

Mullineaux , C. W. 1999. The plankton and the planet. *Science* 283:801 – 802.

Mumford,L. 1967. Quality in the control of quantity, In *Natural resources, quality and quantity*, Ciriacy – Wantrup and Parsons, Eds. Berkeley: University of California Press, pp. 7 – 18.

Munn , N. L. , and J. L. Meyer. 1990. Habitat-specific solute retention in streams. *Ecology* 71: 2069 – 2032.

Murie,A. 1944. Dall sheep. In *Wolves of Mount McKinley.* Fauna Series 5. Washington, D. C. : National Park Service.

Muscatine,L. C. , and J. Porter. 1977. Reef corals: Mutualistic symbioses adapted to nutrientpoor environments. *BioScience* 27:454 – 456.

Myers , R. A. , and B. Worm. 2003. Rapid worldwide depletion of predatory fish communities. *Nature* 423:280 – 283.

N

Naeem,S. , K. Hakansson, J. H. Lawton, M. J. Crawley, and L. J. Thompson. 1996. Biodiversity and plant productivity in a model assemblage of plant species. *Oikos* 76:259 – 264.

Naeem,S. , L. J. Thompson, S. P. Lawler, J. H. Lawton, and R. M. Woodfin. 1994. Declining biodiversity can alter the performance of ecosystems. *Nature* 368:734 – 737.

Naiman,R. J. , and H. Décamps, Eds. 1990. *The ecology and management of aquatic-terrestrial ecotones.* Park Ridge, N. J. : Parthenon.

National Academy of Sciences (NAS). 1971. *Rapid population growth: Consequences and policy implications*, R. Reveile, Ed. Baltimore, Md. :Johns Hopkins University Press.

——. 2000. *Transgenic plants and world agriculture.* Washington, D. C. : National Academy Press.

National Academy of Sciences/The Royal Society of London, 1992. *Population growth, resource consumption, and a sustainable world.* Joint statement.

National Research Council (NRC). 1989. *Alternative agriculture.* Washington, D. C. : National Academy Press.

——. 1993. *Soil and water quality: An agenda for agriculture.* Washington, D. C. : National Academy Press.

——. 1996a. *Ecologically based pest management: New solutions for a new century.* Washington, D. C, : National Academy Press.

——. 1996b. *Use of reclaimed water and sludge in food crop production.* Washington, D. C. : National Academy Press.

——. 2000a. *Professional societies and ecologically based pest management*, Washington, D. C. :National Academy Press.

——. 2000b. *The future role of pesticides in U. S. agriculture.* Washington, D. C. : National Academy Press.

Naveh,Z. 1982, Landscape ecology as an emerging branch of human ecosystem science. In *Advances in ecological research.* Volume 12. New York: Academic Press, pp. 189 – 209.

——. 2000. The total human ecosystem: Integrating ecology and economics. *BioScience* 50:357 – 361.

Naveh,Z. , and A. S. Lieberman. 1984. *Landscape ecology: Theory and application.* New York: Springer Verlag.

Nee,S. , A. F. Read, J. J. D. Greenwood, and P. H. Harvey. 1991. The relationship between abundance and body size in British birds. *Nature* 351:312 – 313.

Negus,N. C. , and P. J. Berger. 1977. Experimental triggering of reproduction in a natural population of *Microtus montanus. Science* 196: 1230 – 1231.

Newell , S. J. , and E. J. Tramer. 1978. Reproductive strategies in herbaceous plant communities in succession. *Ecology* 59:228 – 234.

Newman,E. I. 1988. Mycorrhizal links between plants: Their functioning and significance. *Advances in Ecological Research* 18: 243 – 270.

Newman,L. H. 1965. Man and insects. Reprinted in *The visual display of quantitative information*, E. Tufte (1983). Cheshire, Conn. : Graphics Press, pp. 104 – 105.

Nicholson,S. A. , and C. D. Monk. 1974. Plant species diversity in old-field succession on the Georgia piedmont.

Ecology 55:1075 – 1085.

Nicolis, G. , and I. Prigogine. 1977. *Self-organization in non-equilibrium systems: From dissipative structures to order through fluctuations.* New York: John Wiley.

Nixon, S. W. 1969. A synthetic microcosm. *Limnology and Oceanography* 14:142 – 145.

Novikoff , A. B. 1945. The concept of integrative levels of biology. *Science* 101:209 – 215.

O

Odum, E. P 1953. *Fundamentals of ecology.* Philadelphia: W. B. Saunders.

———. 1957. The ecosystem approach in the teaching of ecology illustrated with sample class data. *Ecology* 38:531 – 535.

———. 1959. *Fundamentals of ecology*, 2nd ed. Philadelphia: W. B. Saunders.

———. 1963. Primary and secondary energy flow in relation to ecosystem structure. Washington, D. C. : *Proceedings of the Sixteenth International Congress of Zoology*, pp. 336 – 338.

———. 1968. Energy flow in ecosystems: A historical review. *American Zoologist* 8:11 – 18.

———. 1969. The strategy of ecosystem development. *Science* 164:262 – 270.

———. 1977. The emergence of ecology as a new integrative discipline. *Science* 195:1289 – 1293.

———. 1979. The value of wetlands: A hierarchical approach. In *Wetland functions and values: The state of our understanding*, P. E. Greeson, J. R. Clark, and J. E. Clark, Eds. Minneapolis, Minn. : American Water Resources Association, pp. 16 – 25.

———. 1983. *Basic ecology*, 3rd ed. Philadelphia: W. B. Saunders.

———. 1984. The mesocosm. *BioScience* 34:558 – 562.

———. 1985. Trends expected in stressed ecosystems. *BioScience* 35:419 – 422.

———. 1989. Input management of production systems. *Science* 243:177 – 182.

———. 1992. Great ideas in ecology. for the 1990s. *BioScience* 42:542 – 545.

———. 1997. *Ecology: A bridge between science and society.* Sunderland, Mass. : Sinauer.

———. 1998a. *Ecological vignettes: Ecological approaches to dealing with human predicaments.* Amsterdam: Harwood.

———. 1998b. Productivity and biodiversity: A two-way relationship. *Bulletin of the Ecological Society of America* 79: 125.

———. 1998c. Source reduction, input management, and dual capitalism. In *Ecological vignettes: Ecological approaches to dealing with human predicaments*, E. P. Odum. Amsterdam: Harwood, pp. 235 – 236.

———. 2001. The technoecosystem. *Bulletin of the Ecological Society of America* 82:137 – 138.

Odum, E. P. , and G. W. Barrett. 2000. Pest management: An overview. In *Professional societies and ecologically based pest management*. National Research Council Report. Washington, D. C. : National Academy Press, pp. 1 – 5.

Odum, E. P. , and G. W. Barrett. 2004. Redesigning industrial agroecosystems: Incorporating more ecological processes and reducing pollution. *Journal of Crop Improvements*, in press.

Odum, E. P. , and L. J. Biever. 1984. Resource quality, mutualism, and energy partitioning in food chains. *American Naturalist* 124:360 – 376.

Odum, E. P. , and J. L. Cooley. 1980. Ecosystem profile analysis and performance curves as tools for assessing environmental impacts. In *Biological evaluation of environmental impacts*. Washington, D. C. : Council on Environmental Quality and Fish and Wildlife Service, pp. 94 – 102.

Odum, E. P. , and M. G. Turner. 1990. The Georgia landscape A changing resource. In *Changing landscapes: An ecological perspective*, I. S. Zonneveld and R. T. T. Forman, Eds. New York: Springer Verlag, pp. 137 – 164.

Odum, H. T. 1957. Trophic structure and productivity of Silver Springs, Florida. *Ecological Monographs* 27:55 – 112.

——. 1970. Summary: An emerging view of the ecological system at El Verde. In *A tropical rainforest*, H. T. Odum and R. F. Pigeon, Eds. Oak Ridge, Tenn. : USAEC, Division of Technical Information, pp. 1 – 191 – J – 281.

——. 1971. *Environment, power, and society*. New York: John Wiley.

——. 1983. *Systems ecology*. New York: John Wiley.

——. 1988. Self-organization, transformity, and information. *Science* 242:1132 – 1139.

——. 1996. *Environmental accounting: EMergy and environmental decision making*. New York: John Wiley.

Odum, H. T. , and E. C. Odum. 1982. *Energy basis for man and nature*, 2nd ed. New York: McGraw – Hill.

——. 2000. *Modeling for all scales*. San Diego, Calif. Academic Press.

——. 2001. *A prosperous way down: Principles and policies*. Boulder: University Press of Colorado.

Odum, H. T. , and E. P. Odum. 1955. Trophic structure and productivity of a windward coral reef community on Eniwetok Atoll. *Ecological Monographs* 25:291 – 320.

——. 2000. The energetic basis for valuation of ecosystem services. *Ecosystems* 3:21 – 23.

Odum, H. T. , and R. F. Pigeon, Eds. 1970. *A tropical rain forest: A study of irradiation and ecology at El Verde, Puerto Rico*. Springfield, Va. : National Technical Information Service.

Odum, H. T. , and R. C. Pinkerton. 1955. Times speed regulator, the optimum efficiency for maximum output in physical and biological systems. *American Scientist* 43:331 – 343.

Odum, H. W. 1936. *Southern regions of the United States*. Chapel Hill: University of North Carolina Press.

Odum, H. W. , and H. E. Moore. 1938. *American regionalism*. New York: Henry Holt.

Odum, W. E 1982. Environmental degradation and the tyranny of small decisions. *BioScience* 32:728 – 729.

——. 1988. Comparative ecology of tidal freshwater and salt marshes *Annual Review of Ecology and Systematics* 19: 137 – 176.

Odum, W. E. , and E. J. Heald. 1972. Trophic analysis of an estuarine mangrove community. *Bulletin of Marine Science* 22:671 – 738.

——. 1975. The detritus-based food web of an estuarine mangrove commuhity. In *Estuarine research*, G. E. Cronin, Ed. Volume 1. New York: Academic Press, pp. 265 – 286.

Odum, W. E. , and C. C. McIvor, 1990. Mangroves. In *Ecosystems of Florida*, R. J. Myers and J. J. Ewel, Eds. Orlando: University of Central Florida Press, pp. 517 – 548.

Odum, W. E. , E. P. Odum, and H. T. Odum. 1995. Nature's pulsing paradigm. *Estuaries* 18:547 – 555.

Office of Technology Assessment, United States Congress: 1982. *Global models, world futures, and public policy: A critique*. Washington, D. C. : United States Government Printing Office.

Oksanen, L. 1990. Predation herbivory, and plant strategies along gradients of primary productivity. In *Perspectives on plant competition*, J. B. Grace and D. Tilman, Eds. New York: Academic Press, pp. 445 – 474.

——. 2001. Logic of experiments in ecology: Is pseudo-replication a pseudo-issue? *Oikos* 94:27 – 38.

Oliver, C. D. 1981. Forest development in North America following major disturbances. *Forest Ecology and Manage-*

ment 3 : 153 – 168.

Oliver, C. D. , and E. P. Stephens. 1977. Reconstruction of a mixed-species forest in central New England. *Ecology* 58 : 562 – 572.

Olson, J. S. 1958. Rates of succession and soil changes on southern Lake Michigan sand dunes. *Botanical Gazette* 119 : 125 – 170.

O' Neill, R. V. , D. L. Deangelis, J. B. Waide, and T. F. H. Allen. 1986. *A hierarchical concept of ecosystems.* Princeton, N. J. : Princeton University Press.

Ophel, I. L. 1963. The fate of radiostrontium in a freshwater community. In *Radioecology*, V. Schultz and W. Klement, Eds. New York : Reinhold, pp. 213 – 216.

Opie, J. 1993. *Ogallala water for a dry land.* Lincoln : University of Nebraska Press.

Osborn, F. 1948. *Our plundered planet.* Boston : Little, Brown.

Ostfeld, R. S. 1997. The ecology of Lyme-disease risk. *American Scientist* 85 : 338 – 346.

Ostfeld, R. S. , and C. G. Jones. 1999. Peril in the understory. *Audubon*, July – August, pp. 74 – 82.

Ostfeld, R. S. , C. G. Jones, and J. O. Wolff. 1996. Of mice and mast : Ecological connections in eastern deciduous forests. *BioScience* 46 : 323 – 330.

Ostfeld, R. S. , R. H. Manson, and C. D. Canham. 1997. Effects of rodents on survival of tree seeds and seedlings invading old fields. *Ecology* 78 : 1531 – 1542.

——. 1999. Interactions between meadow voles and white-footed mice at forest-old-field edges : Competition and net effects on tree invasion of old fields : In *Landscape ecology of small mammals*, G. W. Barrett and J. D. Peles, Eds. New York : Springer Verlag, pp. 229 – 247.

P

Pacala, S. W. , and M. J. Crawley. 1992. Herbivores and plant diversity. *American Naturalist* 140 : 243 – 260.

Paine. R. T. 1966. Food web diversity and species diversity. *American Naturalist* 100 : 65 – 75.

——. 1974. Intertidal community structure : Experimental studies on the relationship between a dominant competitor and its principal predator. *Oecologia* 15 : 93 – 120.

——. 1976. Size-limited predation : An observational and experimental approach with the *Mytilus-Pisaster* interaction. *Ecology* 57 : 858 – 873.

——. 1984. Ecological determinism in the competition for space. *Ecology* 65 : 1339 – 1348.

Palmer, M. A. , C. M. Swan, K. Nelson, P. Silver, and R. Alvestad. 2000. Streambed landscapes : Evidence that stream invertebrates respond to the type and spatial arrangement of patches. *Landscape Ecology* 15 : 563 – 576.

Palmgren, P. 1949. Some remarks on the short-term fluctuations in the numbers of northern birds and mammals. *Oikos* 1 : 114 – 121.

Palo, R. T. , and C. T. Robbins. 1991. *Plant defenses against mammalian herbivory.* Boca Raton, Fla. : CRC Press.

Park, T. 1934. Studies in. population physiology : Effect of conditioned flour upon the productivity and population decline of *Tribolium confusum*. *Journal of Experimental Zoology* 68 : 167 – 182.

——. 1954. Experimental studies of interspecific competition. Volume 2. Temperature, humidity and competition in two species of *Tribolium*. *Physiological Zoology* 27 : 177 – 238.

Patrick, R. 1954. Diatoms as an indication of river change. Proceedings of the Ninth Industrial Waste Conference. *Purdue University Engineering Extension Series* 87 : 325 – 330.

Patten, B. C. 1959. An introduction to the cybernetics of the ecosystem trophic-dynamic aspect. *Ecology* 40:221 –
231.

——. 1966. Systems ecology: A course sequence in mathematical ecology. *BioScience* 16:593 – 598.

——. Ed. 1971. *Systems analysis and simulation in ecology.* Volume 1. New York: Academic Press.

——. 1978. Systems approach to the concept of environment. *Ohio Journal of Science* 78:206 – 222.

——. 1991. Network ecology: Indirect determination of the life-environment relationship in ecosystems. In *Theoreti-cal studies in ecosystems: The network perspective*, M. Higashi and T. P. Burns, Eds. Cambridge, U. K.:
Cambridge University Press, pp. 288 – 351.

Patten, B. C., and G. T. Auble. 1981. System theory and the ecological niche. *American Naturalist* 117:893 –
922.

Patten, B. C., and S. E. Jørgensen. 1995. *Complex ecology: The part-whole relation in ecosystems.* Englewood
Cliffs, N. J.: Prentice Hall.

Patten, B. C., and E. P. Odum. 1981. The cybernetic nature of ecosystems. *American Naturalist* 118:886 – 895.

Paul, E. A., and F. E. Clark. 1989. *Soil microbiology and biochemistry.* San Diego, Calif. Academic Press.

Pavlovic, N. B., and M. L. Bowles. 1996. Rare plant monitoring at Indiana Dunes National Lakeshore. In *Science
and ecosystem management in the national parks*, W. L. Halvorson and G. E. Davis, Eds. Tucson: University
of Arizona Press, pp. 253 – 280.

Peakall, D. B. 1967. Pesticide-induced enzyme breakdown of steroids in birds. *Nature* 216:505 – 506.

Peakall, D. B., and P. N. Witt. 1976. The energy budget of an orb web-building spider. *Comparative Biochemistry
and Physiology* 54A:187 – 190.

Pearl, R., and S. L. Parker. 1921. Experimental studies on the duration of life: Introductory discussion of the dura-
tion of life in *Drosophila. American Naturalist* 55:481 – 509.

Pearl, R., and L. J. Reed. 1930. On the rate of growth of the population of the United States since 1790 and its
mathematical representation. *Proceedings of the National Academy of Sciences* 6: 275 – 288.

Pearse, A. S., H. J. Humm, and G. W. Wharton, 1942. Ecology of sand beaches at Beaufort, North Carolina.
Ecological Monographs 12:136 – 190.

Pearson, O. P. 1963. History of two local outbreaks of feral house mice. *Ecology* 44:540 – 549.

Peles, J. D., and G. W. Barrett. 1996. Effects of vegetative cover on the population dynamics of meadow voles.
Journal of Mammalogy 77:857 – 869.

Peles, J. D., S. R. Brewer, and G. W. Barrett. 1998. Heavy metal accumulation by old-field plant species during
recovery of sludge-treated ecosystems. *American Midland Naturalist* 140:245 – 251.

Peles, J. D., M. F. Lucas, and G. W. Barrett. 1995. Population dynamics of agouti and albino meadow voles in
high-quality grassland habitats. *Journal of Mammalogy* 76:1013 – 1019.

Perry, J., and J. G. Perry. 1994. *The nature of Florida.* Gainesville, Fla.: Sandhill Crane Press. Reprint, 1998,
Athens: University of Georgia Press.

Peterman, R. M. 1978. The ecological role of mountain pine beetle in lodgepole pine forests, and the insect as a
management tool. In *Theory and practice of mountain pine beetle management in lodgepole pine forests*, Berry-
man, Stark, and Amman, Eds. Moscow: University ot Idaho Press.

Peterson, D. L., and V. T. Parker, Eds. 1998. *Ecological scale: Theory and applications.* New York: Columbia
University Press.

Petrusewicz, K., and R. Andrzejewski. 1962. Natural history of a free-living population of house mice, *Mus muscu-*

lus Linnaeus, with particular references to groupings within the population. *Ecology and Politics—Series A* 10:
85 – 122.

Phillipson, J. 1966. *Ecological energetics.* London: Edward Arnold.

Pianka, E. R. 1970. On *r*-and *K*-selection. *American Naturalist* 104:592 – 597.

——. 1978. *Evolutionary ecology*, 2nd ed. New York: Harper and Row.

——. 1988. *Evolutionary biology*, 4th ed. New York: Harper and Row.

——. 2000. *Evolutionary biology*, 6th ed. San Francisco: Benjamin/Cummings.

Picone, C. 2002. Natural systems of soil fertility: The webs beneath our feet. In *The Land Report* 73. Salina, Kans. :
The Land Institute, pp. 3 – 7.

Pielou, E. C. 1966. The measurement of diversity in different types of biological collections. *Journal of Theoretical
Biology* 13: 131 – 144.

——. 1974. *Population and community ecology: Principles and methods.* New York: Gordon and Breach.

Pierzynski, G. M. , J. T. Sims, and G. F. Vance. 2000. *Soils and environmental quality*, 2nd ed. Boca Raton,
Fla. : CRC Press.

Pimentel, D. , L. E. Hurd, A. C. Bellotti, M. J. Forster, I. N. Oka, O. D. Sholes, and R. J. Whitman. 1973.
Food productioh and the energy crisis. *Science* 182:443 – 449.

Pimentel, D. , and F. A. Stone. 1968. Evolution and population ecology of parasite-host systems. *Canadian Ento-
mologist* 100: 655 – 662.

Pimm, S. L. 1984. The complexity and stability of ecosystems. *Nature* 307:321 – 326.

——. 1997. Agriculture—In search of perennial solutions. *Nature* 389:126 – 127.

Pippenger, N. 1978. Complexity theory. *Scientific American* 238:114 – 124.

Pitelka, F. A. 1964. The nutrient recovery hypothesis for Arctic microtine cycles. In *Grazing in terrestrial and ma-
rine environments*, D. J. Crisp, Ed. Oxford: Blackwell, pp. 55 – 56.

——. 1973. Cyclic patterns in lemming populations near Barrow, Alaska. In *Alaska Arctic tundra*, M. E. Brittont
Ed. Technical Paper 25. Washington, D. C. : Arctic Institute of North America, pp. 119 – 215.

Platt, R. B. 1965. Ionizing radiation and homeostasis of ecosystems. In *Ecological effects of nuclear war*, Number
917, G. M. Woodwell, Ed. Upton, N. Y. : Brookhaven National Laboratory, pp. 39 – 60.

Polis, G. A. 1994. Food webs, trophic cascades and community structure. *Australian Journal of Ecology* 19:121 –
136.

Polis, G. A. , and D. R. Strong. 1996. Food web complexity and community dynamics. *American Naturalist* 147:
813 – 846.

Pollard, H. P. , and S. Gorenstein. 1980. Agrarian potential, population, and the Tarascan state. *Science* 209:
274 – 277.

Polynov, B. B. 1937. *The cycle of weathering*, A. Muir, Trans. London: T. Murby.

Pomeroy, L. R. 1959. Algal productivity in Georgia salt marshes. *Limnology and Oceanography* 4:386 – 397.

——. 1960. Residence time of dissolved phosphate in natural waters. *Science* 131:1731 – 1732.

——. Ed. 1974a. *Cycles of essential elements.* Benchmark Papers in Ecology. Stroudsburg, Pa. : Dowden, Hutchin-
son and Ross; New York: Academic Press.

——. 1974b. The ocean's food web, a changing paradigm. *BioScience* 24:299 – 304.

——. 1984. Significance of microorganisms in carbon and energy flow in aquatic ecosystems. In *Current perspectives
in microbial ecology*, M. J. Lug and C. A. Reddy, Eds. Washington, D. C. : American Society of Microbiolo-

gists, pp. 405 – 411.

Pomeroy, L. R., H. M. Mathews, and H. S. Min. 1963. Excretion of phosphate and soluble organic phosphorus compounds by zooplankton. *Limnology and Oceanography* 8 :50 – 55.

Popper, K. 1959. *The logic of scientific discovery.* New York: Harper and Row.

——. 1979. *Objective knowledge: An evolutionary approach.* New York: Clarendon Press.

Porcella, D. B. , J. W. Huckabee, and B. Wheatley, Eds. 1995. *Mercury as a global pollutant: Proceedings of the third international conference, Whistler, British Columbia, July* 10 – 14, 1994. Dordrecht; Boston: Kluwer.

Postel, S. L. 1989. *Water for agriculture: Facing the limits.* Worldwatch Paper 93. Washington, D. C. : Worldwatch Institute.

——. 1992. *Last oasis: Facing water scarcity.* New York: W. W. Norton.

——. 1993. The politics of water. *World · Watch* 6 :10 – 18.

——. 1998. Water for food production: Will there be enough in 2025? *BioSciencc* 48 :629 – 637.

——. 1999. When the world's wells run dry. *World · Watch* 12 :30 – 38.

Postel, S. L. , G. C. Daily, and P. R. Ehrlich. 1996. Human appropriation of renewable freshwater. *Science* 271 : 785 – 788.

Potter. V. R. 1988. *Global bioethics: Building on the Leopold legacy.* East Lansing: Michigan State University Press.

Power, M. E. 1992. Habitat heterogeneity and the functional significance of fish in river food webs. *Ecology* 73 : 1675 – 1688.

Preston, F. W. 1948. The commonness and rarity of species. *Ecology* 29 :254 – 283.

——. 1962. The canonical distribution of commonness and rarity: Parts 1 and 2. *Ecology,* 43 : 185 – 215; 410 – 432.

Price, P. W. 1976. Colonization of crops by arthropods: Nonequilibrium communities in soybean fields. *Environmental Entomology* 5 :605 – 611.

——. 1997. *Insect ecology.* New York: John Wiley.

——. 2003. *Macroevolutionary theory on macroecological patterns.* Cambridge, U. K. : Cambridge University Press.

Prigogine, I. 1962. *Introduetion to nonequilibrium statistical mechanics.* New York: Interscience.

Primack, R. B. 2004. *A primer of conservation biology,* 3rd ed. Sunderland, Mass. : Sinauer.

Provine, W. B. 1971. *The origins of theoretical population genetics.* Chicago: University of Chicago Press.

Prugh, T. , R. Costanza, J. H. Cumberland, H. Daly, R. Goodland, and R. B. Norgaard. 1995. *Natural capital and human economic survival.* Solomons, Md. : International Society for Ecological Economics Press.

Pulliam , H. R. 1988. Sources, sinks, and population regulation. *American Naturalist* 132 :652 – 661.

Pyke, G. H. , H. R. Pulliam, and E. L. Charnov. 1977. Optimal foraging: A selective review of theory and tests. *Quarterly Review of Biology* 52 :137 – 154.

R

Ramirez, C. C. , E. Fuentes-Contreras, L. C. Rodreiguez, and H. M. Niemeyer. 2000. Pseudoreplication and its frequency in olfactometric laboratory studies. *Journal of Chemistry and Ecology* 26 : 1423 – 1431.

Randolph, P. A. , J. C. Randolph, and C. A. Barlow. 1975. Age-specific energetics of the pea aphid. *Ecology* 56 : 359 – 369.

Randolph, P. A. , J. C. Randolph, K. Mattingly, and M. M. Foster. 1977. Energy costs of reproduction in the cotton rat, *Sigmodon hispidus. Ecology* 58 :31 – 45.

Rappaport, R. A. 1968. *Pigs for the ancestors: Ritual in the ecology of a New Guinea people.* New Haven, Conn. Yale University Press.

Rapport, D. J. , R. Costanza, and A. J. McMichael. 1998. Assessing ecosystem health. *Trends in Ecology and Evolution* 13:397 – 402.

Rasmussen, D. I. 1941. Biotic communities of Kaibab Plateau, Arizona. *Ecological Monographs* 11:229 – 275.

Redfield, A. C. 1958. The biological control of chemical factors in the environment. *American Scientist* 46:205 – 221.

Redman, C. L. , J. M. Grove, and L. H. Kuby. 2004. Integrating social science into the LongTerm Ecological Research (LTER) network: Social dimensions of ecological change and ecological dimensions of social change. *Ecosystems* 7:161 – 171.

Rees, W. , and M. Wackernagel. 1994. Ecological footprints and appropriated carrying capacity: Measuring the natural capital requirements of the human economy. In *Investing in natural capital: The ecological economics approach to sustainibility*, A. M. Jansson, M. Hammer, C. Folke, and R. Costanza, Eds. Washington, D. C. : Island Press.

Reifsnyder, W. E. , and H. W. Lull. 1965. *Radiant energy in relation to forests.* Technical Bulletin Number 1344. Washington, D. C. : United States Department of Agriculture, and Forest Service.

Rensberger, B. 1982. Evolution since Darwin. *Science* 82:41 – 45.

Rhoades, D. F. , and R. G. Cates. 1976. Toward a general theory of plant antiherbivore chemistry. In *Biochemical interactions between plants and insects*, J. Wallace and R. Mansell, Eds. Recent Advances in Phytochemistry, Volume 10. New York: Plenum Press, pp. 168 – 213.

Rhoades, R. E. , and V. D. Nazarea. 1999. Local management of biodiversity in traditional agroecosystems. In *Biodiversity in agroecosystems*, W. W. Collins and. C. O. Qualset, Eds. Boca Raton, Fla. : CRC Press, pp. 215 – 236.

Rice, E. L. 1952. Phytosociological analysis of a tallgrass prairie in Marshall County, Oklahoma. *Ecology* 33:112 – 116.

——. 1974. *Allelopathy.* New York: Academic Press.

Rich, P. H. 1978. Reviewing bioenergetics. *BioScience* 28:80.

Richards, B. N. 1974. *Introduction to the soil ecosystem.* New York: Longman.

Riechert, S. E. 1981. The consequences of being territorial: Spiders, a case study. *American Naturalist* 117:871 – 892.

Riedel, G. F. , S. A. Williams, G. S. Riedel, C. C. Gilmour, and J. G. Sanders. 2000. Temporal and spatial patterns of trace elements in the Patuxent River: A whole watershed approach. *Estuaries* 23:521 – 535.

Riley, G. A. 1944. The carbon metabolism and photosynthetic efficiency of the Earth. *American Scientist* 32:132 – 134.

Riley, J. , and P. Edwards. 1998. Statistical aspects of aquaculture research: Pond variability and pseudo-replication. *Aquaculture Research* 29:281 – 288.

Risser, P G. , J. R. Karr, and R. T. T. Forman. 1984. *Landscape ecology: Directions and approaches.* Champaign, Ill. : Natural History Survey, Number 2.

Robertson, G. P. , and P. M. Vitousek. 1981. Nitrification potential in primary and secondary succession. *Ecology* 62:376 – 386.

Rodenhouse, N. L. , P. J. Bohlen, and G. W. Barrett. 1997. Effects of habitat shape on the spatial distribution and density of 17-year periodical cicadas, Homoptera Cicadidae. *American Midland Naturalist* 137: 124 – 135.

Roe, E. 1998. *Taking complexity seriously: Policy analysis and triangulation and sustainable development.* Boston: Kluwer.

Romme, W. H., and D. G. Despain. 1989. Historical perspective on the Yellowstone fires of 1988. *BioScience* 39: 695 – 699.

Root, R. B. 1967. The niche exploitation, pattern of the blue-gray gnatcatcher. *Ecological Monographs* 37: 317 – 350.

——. 1969. The behavior and reproductive success of the blue – gray gnatcatcher. *Condor* 71: 16 – 31.

——. 1996. Herbivore pressure on goldenrods, *Solidago altissima*: Its variation and cumulative effects. *Ecology* 77: 1074 – 1087.

Rosenberg, D. K., B. R. Noon, and E. C. Meslow. 1997. Biological corridors: Form, function, and efficacy. *BioScience* 47: 677 – 687.

Rosenzweig, M. L. 1968. Net. primary production of terrestrial communities: Prediction from climatological data. *American Naturalist* 102: 67 – 74.

Rossell, I. M., C. R. Rossell, K. J. Hining, and R. L. Anderson. 2001. Impacts of dogwood anthracnose, *Discula destructiva* Redlin, on the fruits of flowering dogwood, *Cornus florida* L.: Implications for wildlife. *American Midland Naturalist* 146: 379 – 387.

Royall, R. 1997. *Statistical evidence.* London: Chapman and Hall.

Ryszkowski, L. 2002. *Landscape ecology in agroecosystems management.* Boca Raton, Fla.: CRC Press.

S

Sachs, A. 1995. Humboldt's legacy and the restoration of science. *World · Watch* 8: 29 – 38.

Salih, A., A. Larkum, G. Cox, M. Kuhl, and O. Hoegh-Guldberg. 2000, Fluorescent pigments in corals are photoprotective. *Nature* 408: 850 – 853.

Salsburg, D. 2001. *The lady tasting, tea.* New York: W. H. Freeman.

Salt, G. 1979. A comnment on the use of the term emergent properties. *American Midland Naturalist* 113: 145 – 148.

Sanderson, J., and Harris, L. D. 2000. *Landscape ecology: A top-down approach.* Boca Raton, Fla.: Lewis.

Santos, P. F., J. Phillips, and W. G. Whitford. 1981. The role of mites and nematodes in early stages of buried litter decomposition in a desert: *Ecology* 62: 664 – 669.

Sarbu, S. M., T. C. Kane, and B. K. Kinkle. 1996. A chemoautotrophically based cave ecosystem. *Science* 272: 1953 – 1955.

Sarmiento, F. O. 1995. The birthplace of ecology: Tropandean landscapes. *Bulletin of the Ecological Society of America* 76: 104 – 105.

——. 1997. The mountains of Ecuador as a birthplace of ecology and endangered landscape. *Environmental Conservation* 24: 3 – 4.

Sarmiento, J. L., and N. Gruber. 2002. Sinks for anthropogenic carbon. *Physics Today* 55: 30 – 36.

Schank, J. 2001. Is pseudo-replication a pseudo-problem? *American Zoologist* 41: 1577.

Schaus, M. H., and M. J. Vanni. 2000. Effects of gizzard shad on phytoplankton and nutrient dynamics: Role of sediment feeding and fish size. *Ecology* 81: 1701 – 1719.

Scheiner, S. M. 1993. Introduction: Theories, hypotheses, and statistics. In *Design and analysis of ecological experiments*, S. M. Scheiner and J. Gurevitch, Eds. New York: Chapman and Hall, pp. 1 – 13.

Schimel, D. S. 1995. Terrestrial ecosystems and the carbon cycle. *Global Change Biology* 1:77 – 91.

Schimel, D. S., I. G. Enting, M. Heimann, T. M. L. Wigley, D. Raynaud, D. Alves, and U. Siegenthaler. 1995. CO_2 and the carbon cycle. In *Climate change 1994*, J. T. Houghton, L. G. Meira Filho, J. Bruce, H. Lee, B. A. Callander, E. Haites, N. Harris, and K. Maskell, Eds. Cambridge, U. K. : Cambridge University Press, pp. 35 – 71.

Schindler, D. W. 1977. Evolution of phosphorus limitation in lakes. *Science* 195:260 – 262.

——. 1990. Experimental perturbations of whole lakes as tests of hypotheses concerning ecosystem structure and function. *Oikos* 57:25 – 41.

Schlesinger, W. H. 1997. *Biogeochemistry: An analysis of global change*. San Diego, Calif. : Academic Press.

Schoener, T. W. 1971. Theory of feeding strategies. *Annual Review of Ecology and Systematics* 2:369 – 404.

——. 1983. Field experiments on interspecific competition. *American Naturalist* 122:240 – 285.

Schreiber, K. F. 1990. The history of landscape ecology in Europe. In *Changing landscapes: An ecological perspective*, I. S. Zonneveld and R. T. T. Forman, Eds. New York: Springer Verlag, pp. 21 – 33.

Schultz, A. M. 1964. The nutrient recovery hypothesis for Arctic microtine cycles. Volume 2. Ecosystem variables in relation to Arctic microtine cycles. In *Grazing in terrestrial and marine environments*, D. J. Crisp, Ed. Oxford: Blackwell, pp. 57 – 68.

——. 1969. A study of an ecosystem: The Arctic tundra. In *The ecosystem concept in natural resource management*, G. Van Dyne, Ed. New York: Academic Press, pp. 77 – 93.

Schumacher, E. F. 1973. *Small is beautiful: A study of economics as if people mattered*. New York: Harper and Row.

Sears, P. B. 1935. *Deserts on the march*. 2nd ed. , 1947, Norman: University of Oklahoma Press.

Seigler, D. S. 1996. Chemistry and mechanisms of allelopathic interactions. *Agronomy Journal* 88:876 – 885.

Seligson, M. A. 1984. *The gap between rich and poor: Contending perspectives on political economy and development*. Boulder, Colo. : Westview Press.

Selye, Hans. 1955. Stress and disease. *Science* 122:625 – 631.

Severinghaus , J. P. , W. S. Broecher, W. F. Dempster, T. MacCallum, and M Wahlin. 1994. Oxygen loss in Biosphere-2. *Transactions of the American Geophysical Union* 75(33):25 – 37.

Shannon, C. 1950. Memory requirements in a telephone exchange. *Bell System Technical Journal* 29:343 – 347.

Shannon, C. E. , and W. Weaver. 1949. *The mathematical theory of communication*. Urbana: University of Illinois Press.

Shantz, H. L. 1917. Plant succession on abandoned roads in eastern Colorado. *Journal of Ecology* 5:19 – 42.

Shelford, V. E. 1913. *Animal communities in temperate America*. Chicago: University of Chicago Press. Reprint, 1977, New York: Arno Press.

——. 1929. *Laboratory and field ecology: The responses of animals as indicators of correct working methods*. Baltimore, Md. Williams and Wilkins.

——. 1943. The abundance of the collared lemming in the Churchill area, 1929 – 1940. *Ecology* 24:472 – 484.

Shelterbelt Project. 1934. Published statements by numerous separate authors. *Journal of Forestry* 32:952 – 991.

Shiva, V. 1991. The green revolution in the Punjab. *Ecology* 21:57 – 60.

Shugart, H. H. 1984. *A theory of forest dynamics: The ecological implications of forest succession models*. New York: Springer Verlag.

Silliman, R. P. 1969. Population models and test populations as research tools. *BioScience* 19:524 – 528.

Simberloff,D. S. 2003. How much information on population biology is needed to manage introduced species? *Conservation Biology* 17:83 – 92.

Simberloff,D. S. , and J. Cox. 1987. Consequences and costs of conservation corridors. *Conservation Biology* 1:63 – 71.

Simberloff, D. S. , and E. O. Wilson. 1969. Experimental zoogeography of islands: The colonization of empty islands. *Ecology* 50:278 – 296.

——. 1970. Experimental zoogeography of islands: A two-year record of colonization. *Ecology* 51:934 – 937.

Simon,H. A. 1973. The organization of complex systems. In *Hierarchy theory: The challenge of complex systems*, H. H. Pattee, Ed. New York: G Braziller, pp. 3 – 27.

Simon, J. L. 1981. *The ultimate resource*. Princeton, N. J. :Princeton University Press.

Simpson,E. H. 1949. Measurement of diversity. *Nature* 163:688.

Slobodkin,L. B. 1954. Population dynamics in *Daphnia. obtusa* Kurz. *Ecological Monographs* 24:69 – 88.

——. 1960. Ecological energy relationships at the population level. *American Naturalist* 95:213 – 236.

——.1964. Experimental populations of hydrida. *Journal of Animal Ecology* 33:1 – 244.

——. 1968. How to be a predator. *American Zoologist* 8:43 – 51.

——. 1980. *Growth and regulation of animal populations*, 2nd ed. New York: Dover.

Smith,B. D. 1998. *The emergence of agriculture*. New York: W. H. Freeman.

Smith, C. R. , H. Kukert, R. A. Wheatcroft, P. A. Jumars, and J. W. Deming. 1989. Vent fauna on whale remains. *Nature* 341:27 – 28.

Smith,F. E. 1969. Today the environment, tomorrow the world. *BioScience* 19:317 – 320.

——. 1970. Ecological demand and environmental response. *Journal of Forestry* 68: 752 – 755.

Smith, J. M. . 1964. Group selection and kin selection. *Nature* 201:1145 – 1147.

Smith,T. B. , R. K. Wayne, D. J. Girman, and M. W. Bruford. 1997. A role for ecotones in generating rainforest biodiversity. *Science* 276:1855 – 1857.

Smolin,L. 1997. *The life of the cosmos*. New York: Oxford University Press.

Snee, R. D. 1990. Statistical thinking and its contribution to total quality. *The American Statistician* 44:116 – 121.

Snow,C. P. 1963. *The two cultures: A second look*. New York: Cambridge University Press.

Soil Science Society of America (SSSA). 1994. *Defining and assessing soil quality*. Madison, Wisc. :Soil Science Society of America Special Publication 35.

Solbrig,O. T. 1971. The population biology of dandelions. *American Scientist* 59:686 – 694.

Solomon,M. E. 1949. The natural control of animal populations. *Journal of Animal Ecology* 18:1 – 32.

——. 1953. Insect population balance and chemical control of pests. Pest outbreaks induced by spraying. *Chemical Industries* 43:1143 – 1147.

Soon,Y. K. , T. E. Bates, and J. R. Moyer. 1980. Land application of chemically treated sewage sludge. Volume 3. Effects on soil and plant heavy metal content. *Journal of Environmental Quality* 9:497 – 504.

Soule,J. D. , and J. K. Piper. 1992. *Farming in nature's image: An ecological approach to agriculture*. Washington, D. C. Island Press.

Soulé, M. E. 1985. What is conservation biology? A new synthetic discipline addresses the dynamics and problems of perturbed species, communities, and ecosystems. *BioScience* 35:727 – 734.

——. 1991. Conservation: Tactics for a constant crisis. *Science* 253:744 – 750.

Soulé, M. E. , and D. Simberloff. 1986. What do genetics and ecology tell us about the design of nature reserves?

Biological Conservation 35:19 – 40.

Sowls, L. K. 1960. Results of a banding study of Gambel's quail in southern Arizona. *Journal of Wildlife Management* 24:185 – 190.

Sparks, R. E., J. C. Nelson, and Y. Yin. 1998. Naturalization of the flood regime in regulated rivers. *BioScience* 48:706 – 720.

Spiller, D. A., and T. W. Schoener. 1990. A terrestrial field experiment showing the impact of eliminating top predators on foliage damage. *Nature* 347:469 – 472.

Sprugel, D. G., and F. H. Bormann. 1981. Natural disturbance and the steady state in high altitude balsam fir forests. *Science* 211:390 – 393.

Spurlock, J. M., and M. Modell. 1978. *Technology requirements and planning criteria for closed life support systems for manned space missions.* Washington, D. C.: Office of the Life Sciences, National Aeronautics and Space Administration.

Stanton, M. L. 2003. *Interacting guilds: Moving beyond the pairwise perspective on mutualisms.* American Society of Naturalists Supplement to *The American Naturalist.* Chicago: University of Chicago Press.

Stearns, S. C. 1976. Life-history tactics: A review of ideas. *Quarterly Review of Biology* 51:3 – 47.

Steel, R. G. D., and J. H. Torrie. 1980. *Principles and procedures of statistics.* New York: McGraw-Hill.

Steinhart, J. S., and C. E. Steinhart. 1974. Energy use in the U. S. food system. *Science* 184:307 – 316.

Stenseth, N. C., and W. Z. Lidicker, Jr., Eds. 1992. *Animal dispersal: Small mammals as a model.* London: Chapman and Hall.

Stephens, D. W., and J. R. Krebs. 1986. *Foraging theory.* Princeton, N. J.: Princeton University Press.

Stephenson, T. A., and A. Stephenson. 1952. Life between tide-marks in North America: Northern Florida and the Carolinas. *Journal of Ecology* 40:1 – 49.

Sterner, R. W. 1986. Herbivores' direct and indirect effects on algal populations. *Science* 231:605 – 607.

Steven, J. E. 1994. Science and religion at work. *BioScience* 44:60 – 64.

Stevens, M. H. H., and W. P. Carson. 1999. Plant density determines species richness along an experimental productivity gradient. *Ecology* 80:455 – 465.

Stewart, P. A. 1952. Dispersal, breeding, behavior, and longevity of banded barn owls in North America. *Auk* 69:277 – 285.

Stickel, L. F. 1950. Populations and home range relationships of the box turtle, *Terrapene c. carolina* Linnaeus. *Ecological Monographs* 20:351 – 378.

Stiles, E. W. 1980. Patterns of fruit presentation and seed dispersal in bird-disseminated woody plants in the eastern deciduous forest. *American Naturalist* 116:670 – 688.

Stoddard, D. R. 1965. Geography and the ecological approach. The ecosystem as a geographical principle and method. *Geography* 50:242 – 251.

Stoddard, H. L. 1936. Relation of burning to timber and wildlife. *Proceedings of the National Association of Wildlife Conference* 1:1 – 4.

——. 1950. *The bobwhite quail: Its habits, preservation and increase.* New York: Scribner.

Stone, R. 1998. Ecology—Yellowstone rising again from the ashes of devastating fires. *Science* 280:1527 – 1528.

Strayer, D. L., M. E. Power, W. F. Fagan, S. T. A. Pickett, and J. Belnap. 2003. A classification of ecological boundaries. *BioScience* 53:723 – 729.

Strong, D. R., Jr., and J. R. Rey. 1982. Testing for MacArthur-Wilson equilibrium with the arthropods of the miniature *Spartina* archipelago at Oyster Bay, Florida. *American Zoologist* 22:355 – 360.

Strong, D. R. , J. H. Lawton, and T. R. E. Southwood. 1984. *Insects on plants*: *Community patterns and mechanisms*. Cambridge, Mass. ; Harvard University Press.

Strong, D. R. , D. Simberloff, L. G. Abele, and A. B. Thistle, Eds. 1984. *Ecological communities*: *Conceptual issues and the evidence*. Princeton, N. J. ; Princeton University Press.

Stueck, K. L. , and G. W. Barrett. 1978. Effects of resource partitioning on the population dynamics and energy utilization strategies of feral house mice, *Mus musculus* populations under experimental field conditions. *Ecology* 59:539 – 551.

Sugihara, G. , L. Beaver, T. R. E. Southwood, S. Pimm, and R. M. May. 2003. Predicted correspondence between species abundances and dendrograms of niche similarities. *Proceedings of the National Academy of Sciences* 100:4246 – 4251.

Sukachev, V N. 1944. On principles of genetic classification in biocenology. *Zurnal Obshcheij Biologij* 5:213 – 227. F. Raney and R. Daubenmire, Trans. *Ecology* 39:364 – 376.

Swan, L. W. 1992. The Aeolian biome: Ecosystems of the earth's extremes. *BioScience* 42:262 – 270.

Swank, W. T. , and D. A. Crossley, Jr. , Eds. 1988. *Forest hydrology and ecology at Coweeta*. Ecological Studies, Volume 66. New York: Springer Verlag.

Swank, W. T. , J. L. Meyer, and D. A. Crossley, Jr. 2001. Long-term ecological research: Coweeta history, and perspectives. In *Holistic science*: *The evolution of the Georgia Institute of Ecology*, 1940 – 2000, G. W. Barrett and T. L. Barrett, Eds. Boca Raton, Fla. ; CRC Press, pp. 143 – 163.

T

Taber, R. D. , and R. Dasmann. 1957. The dynamics of three natural populations of the deer, *Odocoileus hemionus columbianus*. *Ecology* 38: 233 – 246.

Tangley, L. 1990. Debugging agriculture: Can farming imitate nature and still make a profit? *Earthwatch* 9:20 – 23.

Tansley, A. G. , Sir. 1935. The use and abuse of vegetational concepts and terms *Ecology* 16:284 – 307.

Taub, F. B. 1989. Standardized aquatic microcosm development and testing. In *Aquatic ecotoxicology*: *Fundamental concepts and methodologies*, Volume 2, A. Boudou and F. Ribeyre, Eds. Boca Raton, Fla. ; CRC Press, pp. 47 – 92.

——. 1993. Standardizing an aquatic microcosm test. In *Progress in standardization of aquatic toxicity tests*, A. M. V. M. Soares and P. Calow, Eds. Boca Raton, Fla. ; Lewis, pp. 159 – 188.

——. 1997. Unique information contributed by multispecies systems: Examples from the standardized aquatic microcosm. *Ecological Applications* 7:1103 – 1110.

Taub, F. B. , A. Howell-Kübler, M. Nelson, and J. Carrasquero. 1998. An ecological life support system for fish for 100-day experiments. *Life Support Biosphere Science* 5:107 – 116.

Teal, J. M. 1957. Community metabolism in a temperate cold spring. *Ecological Monographs* 27:283 – 302.

——. 1958. Distribution of fiddler crabs in Georgia salt marshes. *Ecology* 39:185 – 193.

Tegen, I. , A. A. Lacis, and I. Fung 1996. The influence on climate forcing of mineral aerosols from disturbed soils. *Nature* 380:419 – 422.

Teubner. V. A. , and G. W. Barrett. 1983. Bioenergetics of captive raccoons. *Journal of Wildlife Management* 47: 272 – 274.

Thienemann. A, 1939. Grundzüge einer allgemeinen Oekologie. *Archiv für Hydrobiologie* 35:267 – 285.

Thomas,D J. , J. C. Zachas. T. J. Bralower, E. Thomas, and S. Boharty. 2002. Warming the fuel for the fire: Evidence for the thermal dissociation of methane hydrate during the Paleocene-Eocene thermal maximum. *Geology* 30: 1067 – 1070.

Thomas,D. N. , and G. S. Dieckmann. 2002. Ocean science—Antarctic Sea ice—a habitat for extremophites. Science 295:641 – 644.

Thompson,J. N. , O. J. Reichman. P. J. Morin, G. A. Polis, M. E. Power, R. W. Sterner, C. A. Couch, L. Gough, R. Holt, D. U. Hooper, F. Keesing, C. R. Lovell, B. T. Milne, M. C. Molles, D. W. Roberts, and S. Y. Strauss. 2001. Frontiers of ecology. *BioScience* 51:15 – 24.

Thorson,G. 1955. Modern aspects of marine level-bottom animal communities. *Journal of Marine Research* 14:387 – 397.

Tilman,D. 1986. Nitrogen-limited growth in plants from different successional stages. *Ecology* 67:555 – 563.

——. 1987. Secondary succession and the pattern of plant dominance along experimental nitrogen gradients. *Ecological Monographs* 57:189 – 214.

——. 1988. *Plant strategies and the dynamics and structure of plant communities*. Princeton, N. J. : Princeton University Press.

——. 1999. Diversity by default. *Science* 283:495 – 496.

Tilman,D. , and J. A. Downing. 1994. Biodiversity and stability in grasslands. *Nature* 367:363 – 365.

Tilman, D. , S. Naeem, J. Knops, P. Reich, E. Siemann, D. Wedin, M. Ritchie, and J. Lawton. 1997. Biodiversity and ecosystem properties. *Science* 278:1866 – 1867.

Tilman,D. , and D. Wedin. 1991. Dynamics of nitrogen competition between successional grasses. *Ecology* 72:1038 – 1049.

Tilman,D. , D. Wedin, and J. Knops. 1996. Productivity and sustainability influenced by biodiversity in grassland ecosystems. *Nature* 379:718 – 720.

Todes, D. P. 1989. Kropotkin's theory of mutual aid. In *Darwin without Malthus: The struggle for existence in Russian evolutionary thought*. New York: Oxford University Press, pp. 123 – 142.

Toynbee, A. 1961. *A study of history*. New York: Oxford University Press.

Transeau,E. N. 1926. The accumulation of energy by plants. *Ohio Journal of Science* 26:1 – 10.

Treguer, P. , and P. Pondaven. 2000. Global change—silica control of carbon dioxide. *Nature* 406: 358 – 359.

Troll,C. 1939. Luftbildplan und ökologische bodenforschung. Berlin: *Zeitschrift der Gesellschaft für Erdkunde*, pp. 241 – 298.

——. 1968. Landschaftsökologie. In *Pflanzensoziologie und landschaftsökologie*, R. Tüxen, Ed. The Hague: Berichte des Internalen Symposiums der Internationalen Vereinigung für Vegetationskunde, Stolzenau, Weser, 1963, pp. 1 – 21.

Tuckfield,R. C. 1985. *Geographic variation of song patterns in two desert sparrows*. Ph. D. Dissertation. Bloomington: Indiana University.

——. 2004. Purveying ecological science: Comments on Lele (2002). In *The nature of scientific evidence*, M. Taper and S. Lele, Eds. Chicago: University of Chicago Press, in press.

Tufte. E. R. 1997. *Visual explanations: Images and quantities, evidence and narrative*. Cheshire, Conn. : Graphics Press.

——. 2001. *The visual display of quantitative information*, 2nd ed. Cheshire, Conn. : Graphics Press.

Tukey,J. W 1977. *Exploratory data analysis*. Reading, Mass. : Addison-Wesley.

Tunnicliffe,V. 1992. Hydrothermal vent communities of the deep sea. *American Scientist* 80:336 – 349.

Turchin,P. , L. Oksanen, P. Ekerholm, T. Oksanen, and H. Henttonen. 2000. Are lemmings prey or predators? *Nature* 405:562 – 565.

Turner,B. L. , III. Ed. 1990. *The Earth as transformed by human action.* New York: Cambridge University Press with Clark University.

Turner,M. G. Ed. 1987. *Landscape heterogeneity and disturbance.* New York: Springer Verlag.

——.1989. Landscape ecology: The effects of pattern on process. *Annual Review of Ecology and Systematics* 20: 171 – 197.

Turner,M. G. , R. H. Gardner. and R. V O'Neill. 2001. *Landscape ecology in theory and practice: Pattern and process.* New York: Springer Verlag.

U

Ulanowicz,R. E. 1980. A hypothesis on the development of natural communities. *Journal of Theoretical Biology* 85: 223 – 245.

——. 1997. *Ecology, the ascendent perspective.* New York: Columbia University Press.

United Nations Environmental Program (UNEP). 1995. *Global biodiversity assessment*, V. H. Heywood. Ed. New York: Cambridge University Press.

Urban,D. L. , R. V. O'Neill. and H. H. Shugart. Jr. 1987. Landscape ecology. *BioScience* 37:119 – 127.

V

Van Andel,T. H. 1985. *New views of an old planet: Continental drift and the history of the Earth.* New York: Cambridge University Press.

——. 1994. *New views of an old planet: A history of global change*, 2nd ed. New York: Cambridge University Press.

Van Dover,C. L. 2002. Community structure of mussel beds at deep-sea hydrothermal vents. *Marine Ecology Progress Series* 230:137 – 158.

Van Dover,C. L. , C. R. German, K. G. Speer. L. M. Parson. and R. C. Vrijenhoek. 2002. Evolution and biogeography of deep-sea vent and seep invertebrates. *Science* 295:1253 – 1257.

Van Dyne,G. M. , Ed. 1969. *The ecosystem concept in natural resource management.* New York: Academic Press.

Van Mantgem,P. , M. Schwartz, and M. B. Keifer. 2001. Monitoring fire effects for managed burns and wildfires: Coming to terms with pseudo-replication. *Natural Areas Journal* 21:266 – 273.

Vanni, M. J. ,and C. D. Layne. 1997. Nutrient recycling and herbivory as mechanisms in the "top-down" effect of fish on algae in lakes. *Ecology* 78:21 – 40.

Vanni, M J. ,C. D. Layne, and S. E. Arnott. 1997. "Top-down" trophic interactions in lakes: Effects of fish on nutrient dynamics. *Ecology* 78:1 – 20.

Vannote,R. L. , G. W. Minshall, K. W. Cummins, J. R. Sedell, and C. E. Cushing. 1980. The river continuum concept. *Canadian Journal of Fisheries and Aquatic Science* 37:130 – 137.

Van Valen,L. 1965. Morphological variation and width of ecological niche. *American Naturalist* 99:377 – 390.

Varley, G. C. 1970. The concept of energy flow applied, to a woodland community. In *Quality and quantity of food.* Symposium of the British Ecological Society. Oxford: Blackwell, pp. 389 – 405.

Verboom, J. , A. Schotman, P. Opdam, and A. J. Metz. 1991. European nuthatch metapopulations in a fragmented agricultural landscape. *Oikos* 61:149 – 161.

Verhulst, P. F. 1838. Notice sur la loi que la population suit dans son accroissement. *Correspondence of Mathemat-*

ics and Physics 10:113 – 121.

Vernadskij, V. I. 1945. The biosphere and the noösphere. *American Scientist* 33:1 – 12.

——. 1998. *The biosphere*, rev. ed. A. S. McMenamin and D. B. Langmuir, Trans. New York: Copernicus Books.

Verner,T. 1977. On the adaptive significance of territoriality. *American Naturalist* 111:769 – 775.

Vicsek, T. 2002. Complexity: The bigger picture. *Nature* 418:131.

Vitousek, P. 1983. Nitrogen turnover in a ragweed-dominated old-field in southern Indiana. *American Midland Naturalist* 110:46 – 53.

Vitousek, P. M. , J. Aber. R. W. Howarth, G. E. Likens, P. A. Matson. D. W. Schindler, W. H. Schlesinger, and G. D. Tilman. 1997. Human alteration of the global nitrogen cycle: Causes and consequences. *Issues in Ecology*, 1: 1 – 15.

Vitousek. P. M. , P. R. Ehrlich, A. H. Ehrlich, and P. A. Matson. 1986. Human appropriation of the products of photosynthesis. *BioScience* 36:368 – 373.

Vitousek, P. M. , H. A. Mooney, J. Lubchenco. and J. M. Melillo. 1997. Human domination of Earth's ecosystems. *Science* 277:494 – 499.

Vitousek, P. M. , and W. A. Reiners. 1975. Ecosystem succession and nutrient retention: A hypothesis. *BioScience* 25:376 – 381.

Vogl, R. J. 1980. The ecological factors that produce perturbation dependent ecosystems. In *The recovery process in damaged ecosystems*, J. Cairns, Jr. , Ed. Ann Arbor, Mich. : Ann Arbor Science, pp. 63 – 69.

Vogt,W. 1948. *Road to survival*. New York: W. Sloane.

Vogtsberger, L. M. , and G. W. Barrett. 1973. Bioenergetics of captive red foxes. *Journal of Wildlife Management* 37:495 – 500.

Volkov, I. , J. R. Banavar, S. P. Hubbell, and A. Maritan. 2003. Neutral theory and relative species abundance in ecology. *Nature* 424:1035 – 1037.

Volterra, V. 1926. Variations and fluctuations of the number of individuals in animal species living together, In *Animal ecology*, R. N. Chapman, Ed. New York: McGraw-Hill, pp. 409 – 448.

Von Damm, K. L. 2001. Lost city found. *Nature* 412: 127 – 128.

W

Wackernagel, M. , and W. Rees. 1996. *Our ecological footprint: Reducing human impact on the Earth*. Gabriola Island, B. C. : New Society.

Waddington,C. H. 1975. A catastrophe theory of evolution. In *The evolution of an evolutionist*. Ithaca, New York: Cornell University Press, pp. 253 – 266.

Walsh, J. J. , and K. A. Steidinger. 2001. Saharan dust and Florida red tides: The cyanophyte connection. *Journal of Geophysical Research—Oceans* 106:11,597 – 11,612.

Walther, G. , E. Post, P. Convey, A Menzel, C. Parmesan, T. J. C. Beebee, J. Fromentin, O. Hoegh-Guldberg, and F. Bairlein 2002. Ecological responses to recent climate change. *Nature* 416:389 – 395.

Warington,R. 1851. Notice of observation on the adjustment of the relations between animal and vegetable kingdoms, by which the vital functions of both are permanently maintained. *Chemical Society Journal* (U. K.) 3:52 – 54.

Watt, K. E. F. 1963. How closely does the model mimic reality? *Memoirs of the Entomological Society of Canada* 31:109 – 111.

——. 1966. *Systems analysis in ecology.* New York: Academic Press.

——. 1973. *Principles of environmental science.* New York: McGraw-Hill.

Weaver, J. E. , and F. E. Clements. 1929. *Plant ecology.* 2nd ed. , 1938, New York: McGraw-Hill.

Wedin, D. A. , and D Tilman. 1996. Influence of nitrogen loading and species composition on the carbon balance of grasslands. *Science* 274: 1720 – 1723.

Wein, G. , S. Dyer, R. C. Tuckfield, and P. Fledderman. 2001. *Cesium-137 in deer on the Savannah River site.* Technical Report WSRC-RP-2001-4211. Aiken, S. C. : Westinghouse Savannah River Company.

Welch, H. 1967. *Energy flow through the major macroscopic components of an aquatic ecosystem.* Ph. D. Dissertation. Athens: University of Georgia.

Wellington, W. G. 1957. Individual differences as a factor in population dynamics: The development of a problem. *Canadian Journal of Zoology* 35: 293 – 323.

——. 1960. Qualitative changes in natural populations during changes in abundance. *Canadian Journal of Zoology* 38: 289 – 314.

Werner, E E. , and D J. Hall. 1974. Optimal foraging and size selection of prey by bluegill sunfish. *Ecology* 55: 1042 – 1052.

Wesson, R. G. 1991. *Beyond natural selection.* Cambridge: Massachusetts Institute of Technology Press.

West, G. B. , J. H. Brown, and B. J. Enquist. 1999. The fourth dimension of life: Fractal geometry and allometric scaling of organisms. *Science* 284: 1677 – 1679.

Whelan, R. W. 1995. *The ecology of fire.* Cambridge Studies in Ecology. Melbourne: Cambridge University Press.

White, L. 1980. The ecology of our science. *Science* 80: 72 – 76.

White, R. V. 2002. Earth's biggest "whodunnit": Unravelling the clues in the case of the end-Permian mass extinction. *Philosophical Transactions of the Royal Society of London* A 360(1801): 2963 – 2985.

Whitehead, F. H. 1957. Productivity in alpine vegetation. *Journal of Animal Ecology* 26: 241.

Whittaker, R. H. 1951. A criticism of the plant association and climatic climax concepts. *Northwest Science* 25: 17 – 31.

——. 1952. Vegetation of the Great Smoky Mountains. *Ecological Monographs* 26: 1 – 80.

——. 1960. Vegetation of the Siskiyou Mountains, Oregon and California. *Ecological Monographs* 30: 279 – 338.

——. 1967. Gradient analysis of vegetation. *Biological Review*, 42: 207 – 264.

——. 1975. *Communities and ecosystems*, 2nd ed. New York: Macmillan.

Whittaker, R. H. , and P. P. Feeny. 1971. Allelechemics: Chemical interaction between species. *Science* 171: 757 – 770.

Whittaker, R . H. , and G. E. Likens, Eds. 1973. The primary production of the biosphere. *Human Ecology* 1: 301 – 369.

Whittaker, R. H. , and G. M. Woodwell. 1969. Structure, production, and diversity of the oakpine forest at Brookhaven, New York. *Journal of Ecology* 57: 155 – 174.

——. 1972. Evolution of natural communities. In *Ecosystem structure and function*, J. A. Wiens, Ed. Corvallis: Oregon State University Press, pp. 137 – 156.

Wiegert, R. G. 1974. Competition: A theory based on realistic, general equations of population growth. *Science* 185: 539 – 542.

Wiener, N. 1948. *Cybernetics: Or control and communication in the animal and the machine.* New York: The Technology, Press, John Wiley.

Wiens, J. A. 1992. What is landscape ecology, really? *Landscape Ecology* 7:149 – 150.

Wilcox, B. A. 1984. In situ conservation of genetic resources: Determinants of minimum area requirements. In *National parks: Conservation and development*, J. A. Neeley and K. R. Miller, Eds. Washington, D. C. : Smithsonian Institution Press, pp. 639 – 647.

Wilhm, J. L. 1967. Comparison of some diversity indices applied to populations of benthic macroinvertebrates in a stream receiving organic wastes. *Journal of Water Pollution Control Federation* 39:1673 – 1683.

Williams, C. M 1967. Third-generation pesticides. *Scientific American* 217:13 – 17.

Williamson, M. H. 1981. *Island populations*. Oxford: Oxford University Press.

Wilson, C. L. 1979. Nuclear energy: What went wrong? *Bulletin of Atomic Science* 35:13 – 17.

Wilson, D. S. 1975. Evolution on the level of communities. *Science* 192:1358 – 1360.

——. 1977. Structured genes and the evolution of group-advantageous traits. *American Naturalist* 111:157 – 185.

——. 1980. *The natural selection of populations and communities*. Menlo Park, Calif. , and Reading, Mass. Benjamin/Cummings.

——. 1986. Adaptive indirect effects. In *Community ecology*, J. Diamond and T. J. Case, Eds. New York: Harper and Row. pp. 437 – 444.

Wilson, E. O. 1973. Group selection and its significance for ecology. *BioScience* 23:631 – 638.

——. 1980. Caste and division of labor in leaf-cutter ants, Hymenoptera: Formicidae: *Atta*, I: The overall pattern in *A. sexdens*. *Behavioral Ecology and Sociobiology* 7:143 – 156.

——. 1987. The arboreal ant fauna of Peruvian Amazon forests: A first assessment. *Biotropica* 2:245 – 251.

——. 1988. The current state of biological diversity. In *Biodiversity*, E. O. Wilson, Ed. Washington, D. C. : National Academy Press, pp. 3 – 18.

——. 1998. *Consilience: The unity of knowledge*. New York: Vintage Books.

——. 1999. *The diversity of life*. New York: W. W. Norton.

——. 2002. *The future of life*. New York: Vintage Books.

Wilson, E. O. , and E. O. Willis. 1975. Applied biogeography. In *Ecology and evolution of communities*, M. L. Cody and J. M. Diamond, Eds. Cambridge, Mass. : Harvard University Press, pp. 522 – 534.

Wilson, J. T. , Ed. 1972. *Continents adrift: Readings from Scientific American*. San Francisco: W. H. Freeman.

Wilson, S. D. , and D. Tilman. 1991. Components of plant competition along an experimental gradient of nitrogen availability. *Ecology* 72:1050 – 1065.

——. 1993. Plant competition and resource availability in response to disturbance and fertilization. *Ecology* 74:599 – 611.

Winemiller, K. O. , and E. R. Pianka. 1990. Organization in natural assemblages of desert lizards and tropical fishes. *Ecological Monographs* 60:27 – 55.

Winterhalder, K. , A. F. Clewell, and J. Aronson. 2004. Values and science in ecological restoration—A response to Davis and Slobodkin. *Restoration Ecology* 12:4 – 7.

Witherspoon, J. P. 1965. Radiation damage to forest surrounding an unshielded fast reactor. *Health Physics* 11:1637 – 1642.

——. 1969. Radiosensitivity of forest tree species to acute fast neutron radiation. In *Proceedings of the second national symposium on radioecology*, D. J. Nelson and F. C. Evans, Eds. Springfield, Va. : Clearinghouse of the Federal Science Technical Information Center, pp. 120 – 126.

Wolfanger, L. A. 1930. *The major soil divisions of the United States: A pedologic-geographic survey*. New York: John

Wiley.

Wolff, J. O. 1986. The effects of food on midsummer demography of white-footed mice, *Peromyscus leucopus*. *Canadian Journal of Zoology* 64:855 – 858.

Wolfgang, L. , W. Sanderson, and S. Scherbov. 2001. The end of world population growth. *Nature* 412: 543 – 545.

Woodruff, L. L. 1912. Observations on the origin and sequence of the protozoan fauna of hay infusions. *Journal of Experimental Zoology* 12:205 – 264.

Woodwell, G. M. 1962. Effects of ionizing radiation on terrestrial ecosystems. *Science* 138:572 – 577.

——, Ed. 1965. *Ecological effects of nuclear war*, Number 917. Upton, N. Y. : Brookhaven National Laboratory.

——. 1967. Toxic substances and ecological cycles. *Scientific American* 216:24 – 31.

——. 1977. Recycling sewage through plant communities. *American Scientist* 65:556 – 562.

——. 1992. When succession fails. In *Ecosystem rehabilitation*: *Preamble to sustainable development*, Volume 1, M. K. Wali, Ed. The Hague: SPB, pp. 27 – 35.

Woodwell, G. M. , and R. H. Whittaker. 1968. Primary production in terrestrial communities. *American Zoologist* 8:19 – 30.

Woodwell, G. M. , C. F. Wurster, and P. A. Isaacson. 1967. DDT residues in an East Coast estuary: A case of biological concentration of a persistent insecticide. *Science* 156:821 – 824.

Wynne-Edwards, V. C. 1962. *Animal dispersion in relation to social behavior*. New York: Hafner.

——. 1965. Self-regulating systems in populations of animals. *Science* 147:1543 – 1548.

Z

Zewail, A. H. 2001. Science for the have-nots: Developed and developing nations can build better partnerships. *Nature* 410:741.

鸣　谢

　　这两页是版权页的扩展。作者已经尽最大努力寻找所有版权材料的所有人,并保证获得版权所有人的使用许可。如果因为任何材料的使用而发生版权问题,作者将非常乐意在未来的重印或再版中进行必要的修正。感谢下述材料的版权所有人给予的使用许可。

Chapter 1. 3：© NASA

Chapter 2. 32：left, Courtesy of Wayne. T. Swank **32**：right, Courtesy of the U. S. Forest Service **35**：left, Courtesy of Nicholas Rodenhouse **35**：right, Courtesy of Soil Conservation Service **43**：© Tim McKenna/CORBIS **46**：top, Courtesy of Gary W. Barrett **46**：bottom, Courtesy of Gary W. Barrett **63**：top, Courtesy of J. Whitfield Gibbons **63**：bottom, Courtesy of Gary W. Barrett **66**：top, Courtesy of Space Biosphere Ventures **66**：bottom, Courtesy of Space Biosphere Ventures

Chapter 3. 104：Courtesy of Nicholas Rodenhouse **116**：© Michael and Patricia Fogden/CORBIS **131**：Courtesy of Gary W. Barrett

Chapter 4. 147：© Wally Eberhart/Visuals Unlimited **166**：© Farrell Grehan/CORBIS

Chapter 5. 188：© Niall Benvie/CORBIS **192**：Courtesy of Gary W. Barrett **195**：top, © Raymond Gehman/COR-BIS **195**：center, Courtesy of the Joseph W. Jones Ecological Research Center at Ichauway **195**：bottom, Courtesy of the Joseph W. Jones Ecological Research Center at Ichauway **198**：top, Courtesy of Donald W. Kaufman **198**：bottom, Courtesy of Gary W. Barrett **215**：Courtesy of Terry L. Barrett **219**：Courtesy of Gary W. Barrett

Chapter 6. 249：left, © The American Society of Mammalogists **249**：right, © The American Society of Mammalogists **262**：© Tom Tietz/Getty Images **277**：Courtesy of Gary W. Barrett **278**：Courtesy of the Florida Fish and Wildlife Conservation Commission **279**：left, Courtesy of Gary W. Barrett **279**：right, Courtesy of the Florida Fish and Wildlife Conservation Commission

Chapter 7. 294：Courtesy of Terry L. Barrett **299**：© Cleve Hickman, Jr./Visuals Unlimited **300**：Courtesy of Walter Carson **303**：top, Courtesy of C. H. Muller **303**：bottom, Courtesy of C. H. Muller **310**：Courtesy of S. A. Wilde, University of Wisconsin **332**：Courtesy of Steven J. Harper **333**：© Dan Guravich/CORBIS

Chapter 8. 339：left, Courtesy of Gary W. Barrett **339**：right, Courtesy of Gary W. Barrett **343**：© Royalty－Free/CORBIS **344**：Courtesy of D. G. Sprugel and F. H. Bormann **349**：Courtesy of Terry L. Barrett **360**：© The Visual Communications Unit at Rothamsted

Chapter 9. 378: top left, Courtesy of Gary W. Barrett **378**: top right, Courtesy of Gary W. Barrett **379**: Courtesy of the Woodland Cemetery and Arboretum Archives **380**: Courtesy of Gary W. Barrett **381**: left, Courtesy of Gary W. Barrett **381**: right, Courtesy of Gary W. Barrett **382**: top left, © Joe Sohm/Visions Of America, LLC/PictureQuest **382**: top right, Courtesy of Nicholas Rodenhouse **382**: bottom left, © University Archives, NDSU, Fargo **383**: top left, Courtesy of Gary W. Barrett **383**: right, Courtesy of Nicholas Rodenhouse **383**: bottom left, Courtesy of Gary W. Barrett **385**: top, Courtesy of Jerry O. Wolff, University of Memphis **385**: bottom, Courtesy of Gary W. Barrett, Ecology Research Center, Miami, University of Ohio **400**: left, Courtesy of Gary W. Barrett **400**: right, Courtesy of Terry L. Barrett **402**: Courtesy of Gary W. Barrett **407**: Courtesy of Terry L. Barrett **409**: © The Atlanta Journal-Constitution

Chapter 10. 416: top, Courtesy of Woods Hole Oceanographic Institution and D. M. Owen **416**: bottom, Courtesy of Woods Hole Oceanographic Institution and D. M. Owen **421**: top, © Terry Donnelly/Getty Images **421**: bottom, Courtesy of Lawrence Pomeroy **423**: left, Courtesy of Frank B. Golley **423**: right, © Cousteau Society/Getty Images **425**: bottom left, Courtesy of Gary W. Barrett **425**: bottom right, Courtesy of Gary W. Barrett **430**: top, Courtesy of Eugene P. Odum **430**: bottom, © East Momatiuk/National Geographic/Getty Images **431**: top left, Courtesy of Lawrence Pomeroy **431**: top right, Courtesy of Lawrence Pomeroy **431**: bottom right, Courtesy of Lawrence Pomeroy **437**: top, Courtesy of R. E. Shanks, E. E. Clebsch, and J. Koranda **437**: bottom, Courtesy of R. E. Shanks, E. E. Clebsch, and J. Koranda **440**: left, Courtesy of the U. S. Forest Service **440**: top right, Courtesy of the U. S. Forest Service **440**: bottom right, © Darrell Gulin/CORBIS **441**: left, Courtesy of Gary W. Barrett **441**: top right, Courtesy of Eugene P. Odum **441**: bottom right, Courtesy of Tall Timbers Research Station. **444**: Courtesy of Donald W. Kaufman **445**: Courtesy of the Joseph W. Jones Ecological Research Center at Ichauway **446**: top, © Donald I. Ker, Ker and Downey Safaris Limited, Nairobi, East Africa **446**: bottom, Courtesy of Eugene P. Odum **447**: © Rich Reid/National Geographic/Getty Images **449**: top, Courtesy of Eugene P. Odum **449**: bottom, Courtesy of R. H. Chew **451**: Courtesy of Carl F. Jordan. **453**: top, © Adalberto Rios Szalay/Sexto Sol/Getty Images **453**: bottom, © Paul Edmondson/Getty Images **454**: © Chris Hellier/CORBIS **456**: top, Courtesy of Thomas Luhring **456**: bottom, Courtesy of Thomas Luhring

Chapter 11. 471: © Hulton-Deutsch Collection/CORBIS

索　引

译　后　记

　　本书第一版于 1953 年出版，其后于 1959、1971、1983、2005 年再版。每次再版都有较大的更新，1981 年译者业师钱国桢先生与其同事翻译出版了本书第三版，把 E. P. Odum 的生态学引入我国，该书也是译者接触到的第一部国外的生态学经典教科书。1999 年译者翻译了 E. P. Odum 的《生态学——科学和社会的桥梁（*Ecology—A Bridge between Science and Society*）》一书，但由于版权问题一直没能正式出版。这次在高等教育出版社的大力支持下，终于能将本书——《生态学基础》（第五版）翻译出版，希望有助于推动我国高校的生态学教育发展和我国的生态文明建设。

　　四位年轻的生态学博士参与了本书的翻译工作，王伟博士把本书作为在上海大学生命科学学院开设的生态学课程的课本，对本书内容有较好的把握，她与王天慧博士一起承担了本书基本概念方面的翻译（约 20 万字）和所有插图的清绘和校译；何文珊博士在生态演替方面有很好的研究实践，承担了与生态演替相关内容的翻译（约 7 万字）；李秀珍博士是我国景观生态学的后起之秀，承担了景观生态相关内容的翻译（约 5 万字）。笔者完成了其余部分的翻译和统稿。本书出版得到了高等教育出版社李冰祥博士的大力协助，周婧和沙晨燕等研究生协助整理和打印文稿，在此一并表示感谢。

　　本书虽是经典的生态学教科书，但本版更新的内容较多，如引入了新的生态学领域"自然资本论"和"生态服务功能"等，补充了"生态学专业学生的统计学思维"等，对自然科学、社会科学甚至哲学的许多领域都有涉及。译者对原文尚有一些理解不透或遗漏，以致可能造成译文谬误之处，敬请广大读者批评指正。

陆健健

2008 年 6 月 8 日

郑 重 声 明

高等教育出版社依法对本书享有专有出版权。任何未经许可的复制、销售行为均违反《中华人民共和国著作权法》,其行为人将承担相应的民事责任和行政责任,构成犯罪的,将被依法追究刑事责任。为了维护市场秩序,保护读者的合法权益,避免读者误用盗版书造成不良后果,我社将配合行政执法部门和司法机关对违法犯罪的单位和个人给予严厉打击。社会各界人士如发现上述侵权行为,希望及时举报,本社将奖励举报有功人员。

反盗版举报电话:(010)58581897/58581896/58581879

传　　真:(010)82086060

E - mail: dd@ hep. com. cn

通信地址:北京市西城区德外大街 4 号
　　　　　高等教育出版社打击盗版办公室

邮　　编:100120

购书请拨打电话:(010)58581118

策划编辑　李冰祥
责任编辑　陈正雄
封面设计　张　楠
版式设计　余　杨
责任校对　王　雨
责任印制　刘思涵

图字:01-2007-3740号

Higher Education Press is authorized by Cengage Learning to publish and distribute exclusively this simplified Chinese edition. This edition is authorized for sale in the People's Republic of China only (excluding Hong Kong, Macao SAR and Taiwan). Unauthorized export of this edition is a violation of the Copyright Act. No part of this publication may be reproduced or distributed by any means, or stored in a database or retrieval system, without the prior written permission of the publisher.

本书中文简体翻译版由圣智学习出版公司授权高等教育出版社独家出版发行。此版本仅限在中华人民共和国境内(但不允许在中国香港、澳门特别行政区及中国台湾地区)销售。未经授权的本书出口将被视为违反版权法的行为。未经出版者预先书面许可,不得以任何方式复制或发行本书的任何部分。

Copyright © 2005 by Brooks/Cole, a division of Thomson Learning, Inc. Thomson Learning™ is a trademark used herein under license.

Original language published by Cengage Learning. All Rights reserved. 本书原版由圣智学习出版公司出版。版权所有,盗印必究。

图书在版编目(CIP)数据

生态学基础:第五版/[美]奥德姆(Odum, E. P.),
[美]巴雷特(Barrett, G. W.)著;陆健健等译. —北京:
高等教育出版社,2009.1(2022.12 重印)
书名原文:Fundamentals of Ecology
ISBN 978-7-04-025153-1

I. 生… II. ①欧…②巴…③陆… III. 生态学
IV. Q14

中国版本图书馆 CIP 数据核字(2008)第 163569 号

出版发行	高等教育出版社	网 址	http://www.hep.edu.cn
社 址	北京市西城区德外大街4号		http://www.hep.com.cn
邮政编码	100120	网上订购	http://www.landraco.com
印 刷	中农印务有限公司		http://www.landraco.com.cn
开 本	787mm × 1092mm 1/16		
印 张	34.5		
字 数	800 000	版 次	2009 年 1 月第 1 版
购书热线	010-58581118	印 次	2022 年 12 月第 3 次印刷
咨询电话	400-810-0598	定 价	99.00 元

本书如有缺页、倒页、脱页等质量问题,请到所购图书销售部门联系调换。
版权所有 侵权必究
物 料 号 25153-A0